国家电网有限公司
STATE GRID
CORPORATION OF CHINA

国家电网有限公司
技能人员专业培训教材

水轮发电机组运行

国家电网有限公司　组编

U0261561

中国电力出版社
CHINA ELECTRIC POWER PRESS

图书在版编目（CIP）数据

水轮发电机组运行/国家电网有限公司组编. —北京：中国电力出版社，2020.3
国家电网有限公司技能人员专业培训教材
ISBN 978-7-5198-4437-0

Ⅰ．①水… Ⅱ．①国… Ⅲ．①水轮发电机–发电机组–运行–技术培训–教材 Ⅳ．①TM312

中国版本图书馆 CIP 数据核字（2020）第 040852 号

出版发行：中国电力出版社
地　　址：北京市东城区北京站西街 19 号（邮政编码 100005）
网　　址：http://www.cepp.sgcc.com.cn
责任编辑：杨伟国（010-63412366）　董艳荣
责任校对：黄　蓓　朱丽芳　闫秀英
装帧设计：郝晓燕　赵姗姗
责任印制：吴　迪

印　　刷：三河市百盛印装有限公司
版　　次：2020 年 7 月第一版
印　　次：2020 年 7 月北京第一次印刷
开　　本：710 毫米×980 毫米　16 开本
印　　张：43
字　　数：827 千字
印　　数：0001—2000 册
定　　价：128.00 元

本 书 编 委 会

主　　任　吕春泉

委　　员　董双武　张　龙　杨　勇　张凡华

　　　　　王晓希　孙晓雯　李振凯

编写人员　李奎生　周　军　郑国辉　徐　峰

　　　　　曹爱民　战　杰　李　峥　王　涛

　　　　　韩文敬

前　言

　　为贯彻落实国家终身职业技能培训要求，全面加强国家电网有限公司新时代高技能人才队伍建设工作，有效提升技能人员岗位能力培训工作的针对性、有效性和规范性，加快建设一支纪律严明、素质优良、技艺精湛的高技能人才队伍，为建设具有中国特色国际领先的能源互联网企业提供强有力人才支撑，国家电网有限公司人力资源部组织公司系统技术技能专家，在《国家电网公司生产技能人员职业能力培训专用教材》（2010 年版）基础上，结合新理论、新技术、新方法、新设备，采用模块化结构，修编完成覆盖输电、变电、配电、营销、调度等 50 余个专业的培训教材。

　　本套专业培训教材是以各岗位小类的岗位能力培训规范为指导，以国家、行业及公司发布的法律法规、规章制度、规程规范、技术标准等为依据，以岗位能力提升、贴近工作实际为目的，以模块化教材为特点，语言简练、通俗易懂，专业术语完整准确，适用于培训教学、员工自学、资源开发等，也可作为相关大专院校教学参考书。

　　本书为《水轮发电机组运行》分册，由李奎生、周军、郑国辉、徐峰、曹爱民、战杰、李峥、王涛、韩文敬编写。在出版过程中，参与编写和审定的专家们以高度的责任感和严谨的作风，几易其稿，多次修订才最终定稿。在本套培训教材即将出版之际，谨向所有参与和支持本书籍出版的专家表示衷心的感谢！

　　由于编写人员水平有限，书中难免有错误和不足之处，敬请广大读者批评指正。

目　录

第二部分 水轮发电机组机械运行

第三部分　厂用交直流系统运行

第四部分　电气一次设备运行

第五部分　继电保护与自动装置运行

第六部分　监控系统与安全经济运行

第一部分

辅助设备机械运行

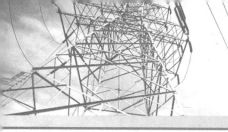

第一章

油 系 统 运 行

▲ 模块 1 油系统概述（Z49E1001）

【模块描述】本模块介绍水电厂油系统的任务及组成。通过原理讲解，了解油系统的分类和作用，掌握油系统图的组成及各部件的作用等相关知识。

【模块内容】

水电厂的动力设备分为主机和辅助设备两大部分。辅助设备主要由油、水、气系统组成。

一、水电厂油系统的主要任务及组成

1. 油系统的主要任务

（1）接受新油。

（2）储备净油。

（3）给设备供、排油。

（4）向运行设备添油。

（5）油的监督、维护和取样化验。

（6）油的净化处理。

（7）废油的收集及处理。

2. 油系统的组成

（1）油库：放置各种油槽，如运行油槽、添油槽、净油槽及油池。

（2）油处理室：设有净油及输送设备，如油泵、滤油机、烘箱。

（3）油再生设备：如吸附器。

（4）管网：连接各种设备的管路。

（5）测量及控制元件：用以监视和控制用油设备的运行情况。如温度信号器、压力控制器、油位信号器、油混水信号器等。

（6）油化验室：如化验仪器、设备、药物等。

二、油系统的分类和作用

水电厂的油系统分为透平油系统和绝缘油系统两部分。

对大中型水电厂，这两个油系统均分开设置。油系统由油泵、油罐、油净化设备、吸附装置、管网和控制元件等组成，用来完成接受新油、储备净油、设备充排油、添油、油的净化处理及化验等工作。

（一）透平油系统

透平油系统主要由透平油库及油处理系统、机组部分的供排油系统组成。

透平油系统主要供机组轴承润滑用油和调速系统、进水阀和液压阀等操作用油。透平油在设备中的主要作用是润滑、散热和液压操作（即传递能量）。

目前国产透平油（汽轮机油）有 HU–22、HU–30、HU–46 和 HU–57 四种。其牌号意义是相当于 50℃时运动黏度的平均值。

透平油系统根据功能分为润滑油系统和压力油系统。

1. 润滑油系统的组成和作用

（1）润滑油系统的组成。水轮发电机组有推力、上导、下导和水导轴承。这些轴承（除部分轴用水润滑外）是用油来润滑和散热的，因此，这些轴承都装在油槽内。根据机组的型式不同，轴承的结构也有所不同。悬吊式小型机组的推力轴承和上导轴承大多共用一个油槽；大型机组的推力轴承和上导轴承用的油槽是分设的；伞式机组推力轴承和下导轴承大多共用一个油槽；其他也有推力、上导、下导、水导轴承各设一个油槽的。

（2）润滑油系统的作用。

1）润滑：机组在运行中，轴领与轴瓦或推力瓦与镜板接触的两个金属表面间，因摩擦会使轴承发热损坏，甚至不能运行。为了减少因这种固体摩擦所造成的不良情况，在轴与轴瓦间加了一层油膜。因油有相当大的附着力，能够附在固体表面上，使其由固体的摩擦转变为液体的摩擦，从而提高设备运行的可靠性，延长使用寿命，保证机组的安全运行。

2）散热：油在轴承中，不仅减少了金属间的摩擦，而且还减少了由于摩擦而产生的热量。在机组的轴承油槽中设有油的循环系统，通过油的循环把摩擦产生的热量传给冷却器，再由冷却器中的水把热量带走，使轴瓦能经常地保持在允许的温度下运行。

2. 压力油系统的组成和作用

（1）压力油系统的组成。压力油系统主要包括调速器压油装置系统、快速闸门或主阀压力油系统、高压减载装置压力油系统。

（2）调速器压油装置系统组成及部件的作用。

1）集油槽：用以收集调速器的回油和漏油。

2）压油罐：用作储存压力油，并向调速器和某些辅助设备的液压操作阀供给压力油。

3）油泵：用以向压油罐输送压力油。

4）阀组：包括安全阀、减载阀、止回阀。

（3）压力油系统的作用。压力油系统的主要作用是传递能量。

由于油的压缩性极小，操作稳定、可靠，在传递能量过程中压力损失小，所以水电厂常用油作为传力的介质。把油加压以后，用来开闭快速闸门（或主阀）和进行机组的开、停机操作等。在调速系统中，油用来控制配压阀、导水机构接力器活塞的位置。另外，油还可以用来操作其他一些辅助设备。

（二）绝缘油系统

国产绝缘油有 10 号、25 号和 45 号三种。其牌号意义是油的凝固点（如 10 号即凝固点不高于−10℃）。

绝缘油系统主要供变压器、油断路器等电气设备用油。

绝缘油的作用主要是绝缘、散热和消弧。

绝缘油又分为：

（1）变压器油：供变压器、互感器用油。

（2）断路器油：供各种断路器用油。

（3）电缆油：供电缆用油。

【思考与练习】

1. 水电厂油系统的主要任务是什么？

2. 水电厂压力油系统由哪些主要部分组成？

3. 水轮机组运行时，润滑油的作用是什么？

◢ 模块 2 油系统运行操作（Z49E1002）

【模块描述】本模块介绍油系统运行的基本要求及操作。通过原理介绍、操作过程详细介绍，了解油系统运行操作的原则，掌握油系统检修与恢复措施操作票、高压油顶起油泵系统检修与恢复措施。

【模块内容】

一、油系统运行的基本要求

（1）运行中的油除应按有关规定检验外，还应定期取油样目测其透明度，判断有无水分和过量杂质。如发现有异常，应进行油质化验；化验不合格时，应进行过滤或更换新油。

（2）在运行设备的油槽上进行滤油时，应设有专人看守。要注意油槽中的油面，以防止在过滤中因油面变化而影响设备安全运行。

（3）运行值班人员必须按规定检查机组各处用油的油位、油色、油流和油温是否正常。

（4）对油库的备用油应按规定储备，并应每年至少取样化验一次，使备用油经常处于完好状态。备用油注入设备前必须经过化验合格。

（5）机组各轴承检修后，机组启动前必须做充油试验，检查油槽、管路无漏油现象，油面合格，并记录充油后的油槽油面。

（6）各类油泵在无压情况下运行 1h 及额定负荷的 25%、50%、75%、100%各运行 15min，必须符合下列要求。

1）运转中无异常振动及响声，各连接部分不应松动及渗漏。

2）油泵外壳振动不大于 0.05mm，油泵轴承处外壳温度不超过 60℃。

3）齿轮油泵的压力波动小于设计值的±1.5%。

4）油泵输油量不小于设计值。

5）油泵电动机电流不超过额定值。

6）螺杆油泵停止时不应反转。

二、压油装置系统运行中的检查

混流式机组的调速器压油装置系统图如图 1-1-2-1 所示。

（1）检查 1 号压油泵出口阀 1101 全开。

（2）检查 2 号压油泵出口阀 1102 全开。

（3）检查压油泵电动机引线和接地完好，接线牢固。

（4）检查集油槽油面合格（20%～90%）。

（5）检查压油罐液位合格（20%～90%）。

（6）检查压油罐油压合格（3.6～4.0MPa）。

（7）检查集油槽充油阀 1131 全闭。

（8）检查集油槽排油阀 1132 全闭。

（9）检查压油罐排油阀 1103 全闭。

（10）检查压油罐给风阀 1323 全闭。

（11）检查压油罐气水分离器排污阀 1327 全闭。

（12）检查压油罐排风阀 1326 全闭。

（13）检查接力器排油阀 1105、1106、1107、1108 全闭。

（14）压油泵安全阀 1CAF、2CAF 安装良好，无漏油现象。

（15）压油泵卸荷阀 1CXH、2CXH 安装良好，无漏油现象。

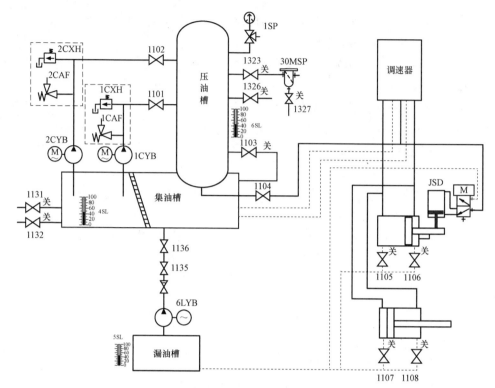

图 1-1-2-1 混流式机组的调速器油压装置系统图

MSP—汽水分离器；JSD—机组锁锭；LYB—漏油泵

（16）检查各表阀安装良好，无漏油现象。

（17）压油装置系统各压力、液位传感器安装良好。

三、压油装置油面调整

1. 压油罐油面过低、油压过低的调整

直接手动启动油泵打油，打油过程中监视油面不能过高，打油至停泵压力，重新检查油压油面，再次进行调整。

2. 压油罐油面过低、油压正常的调整

首先打开排气阀排气，使油压降低（但不低于启动油泵压力）；然后手动启动油泵打油即可。打油至停泵压力，重新检查油压、油面，再次进行调整。

3. 压油罐油面正常、油压过低的调整

首先打开给气阀给气，至油压合格即可。

4. 压油罐油面过高、油压过低的调整

首先打开给气阀充气至额定压力，然后打开排油阀排油（但油压不低于启泵压力）。

至油面、油压合格即可。

5. 压油罐油面过高、油压正常的调整

首先打开排油阀排油，油压不低于启动油泵压力时关闭排油阀。重新检查油压、油面，再次进行调整，至油面、油压合格即可。

6. 集油槽油面过高的调整

确是正常情况下油槽油面过高时，联系油库工作人员，做好接收油准备；打开排油阀排油至油面合格即可。

7. 集油槽油面过低的调整

确是正常情况下油槽油面过低时，联系油库工作人员，做好接收油准备；打开给油阀供油至油面合格即可。

四、压油装置操作的注意事项

（1）对压油泵定期进行切换时，将原自动泵选择开关切入一次即可，检查另一台压油泵为自动泵（两台泵自动切换）。

（2）压油装置电动机测绝缘时，应将选择开关切除，并且拉开该压油泵动力电源隔离开关。

（3）压油罐排压前，应联系检修是否操作导叶，将导叶开到检修要求的位置。

（4）压油罐有压力时，漏油装置不允许退出工作，漏油泵进、出口阀不许关闭。

（5）压油罐调油面手动充风时，应注意监视压油罐油压和油位。充风未结束时，操作人员不得擅自离开现场，调油面结束后应将动过的阀门恢复到原状。

（6）进行机组检修时，主阀油槽及压油罐的油不能同时排回集油槽，防止集油槽跑油。

五、压油装置检修与恢复措施操作票

（一）压油装置检修与措施操作票

（1）关闭主阀（快速闸门）。

（2）打开蜗壳排水阀，检查蜗壳水压为零。

（3）1 号压油泵选择开关切至"切除"位置。

（4）2 号压油泵选择开关切至"切除"位置。

（5）1 号压油泵电源隔离开关拉开，检查在开位。

（6）2 号压油泵电源隔离开关拉开，检查在开位。

（7）取下 1 号压油泵熔断器。

（8）取下 2 号压油泵熔断器。

（9）关闭漏油泵出口阀 1135。

（10）关闭漏油泵出口阀 1136。

（11）关闭 1 号压油泵出口阀 1101。

（12）关闭 2 号压油泵出口阀 1102。

（13）打开排风阀 1326。

（14）检查 1SP 压力为零。

（15）打开排油阀 1103。

（16）检查压油罐液位 6SL 为零。

此时应注意集油槽液位 4SL 不得过高。

（17）打开集油槽排油阀 1132，排油。

（18）检查集油槽液位 4SL 为零。

注意：必须漏油装置检修措施已做完。

（二）压油装置大修恢复应具备的条件及检修恢复措施操作票

1. 压油装置大修恢复应具备的条件

（1）检修工作已结束，相关工作票已收回。

（2）检修安全措施已恢复，检修工作人员撤离现场，现场达到安全文明生产要求。

（3）检修质量符合有关规定要求，验收合格。

（4）检修人员对相关设备的检修、调试、更改情况做好详细的书面交代，并附图纸资料。

（5）各部照明及事故照明电源完好。

（6）关闭尾水管进人孔、蜗壳进人孔和所有吊装孔。

（7）关闭蜗壳排水阀、钢管排水阀、尾水盘型阀，并检查关闭严密。

2. 压油装置检修恢复措施操作票

（1）关闭压油罐排风阀 1326。

（2）关闭压油罐排油阀 1103。

（3）关闭集油槽排油阀 1132。

（4）装上 1 号压油泵熔断器。

（5）装上 2 号压油泵熔断器。

（6）合上 1 号压油泵电源隔离开关，检查在合位。

（7）合上 2 号压油泵电源隔离开关，检查在合位。

（8）打开集油槽给油阀 1131，集油槽充油至合格位。

（9）打开 1 号压油泵出口阀 1101。

（10）打开 2 号压油泵出口阀 1102。

（11）启动压油泵监视，调整压油罐油压、油面。

（12）检查压油罐液位 6SL 合格。

（13）检查压油罐压力 1SP 合格。

（14）检查集油槽液位 4SL 合格。

（15）关闭集油槽给油阀 1132。

（16）1 号压油泵选择开关切"自动"位置。

（17）2 号压油泵选择开关切"备用"位。

（18）关闭蜗壳排水阀 1263。

注意：如果要开启主阀，必须检查压力钢管进人孔、蜗壳进人孔、尾水管进人孔全部关闭。按手动开主阀操作票开启。

压油装置恢复措施必须在漏油装置检修恢复措施已做完后才做。

六、高压油顶起装置系统检修与恢复措施操作票

高压油顶起装置系统图如图 1-1-2-2。

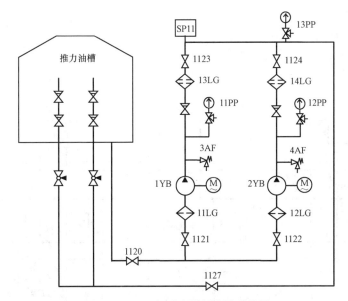

图 1-1-2-2　高压油顶起装置系统图

（一）高压油顶起装置系统检修措施操作票

（1）1 号高压油顶起油泵选择开关切至"切除"位置。

（2）2 号高压油顶起油泵选择开关切至"切除"位置。

（3）拉开 1 号高压油顶起油泵电源隔离开关，检查在开位。

（4）拉开 2 号高压油顶起油泵电源隔离开关，检查在开位。

（5）取下 1 号高压油顶起油泵熔断器。

（6）取下 2 号高压油顶起油泵熔断器。

（7）关闭取油口阀 1120。

（8）关闭出油口阀 1127。

（二）高压油顶起装置系统检修恢复措施操作票

（1）装上 1 号高压油顶起油泵熔断器。

（2）装上 2 号高压油顶起油泵熔断器。

（3）合上 1 号高压油顶起油泵电源隔离开关，检查在合位。

（4）合上 2 号高压油顶起油泵电源隔离开关，检查在合位。

（5）1 号高压油顶起油泵选择开关切至"自动"位置。

（6）2 号高压油顶起油泵选择开关切至"备用"位置。

（7）打开取油口阀 1120。

（8）打开出油口阀 1127。

七、透平油库系统的操作案例

透平油库及油处理系统图如图 1-1-2-3 所示。

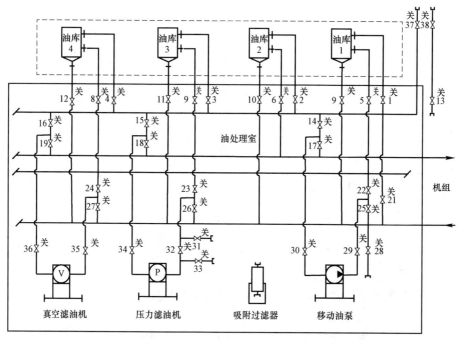

图 1-1-2-3　透平油库及油处理系统图

[案例] 漏油装置检修与恢复措施

（一）1号机漏油装置检修措施操作票

（1）漏油泵选择开关切"手动"位，排油至不能再排。

（2）漏油泵选择开关切"切除"位置。

（3）拉开漏油泵电源隔离开关，检查在开位。

（4）取下漏油泵熔断器。

（5）关闭漏油泵出口阀 1135。

（6）关闭漏油泵出口阀 1136。

（二）1号机漏油装置检修恢复措施操作票

（1）装上漏油泵熔断器。

（2）合上漏油泵电源隔离开关，检查在合位。

（3）漏油泵选择开关切"自动"位置。

（4）打开漏油泵出口阀 1135。

（5）打开漏油泵出口阀 1136。

【思考与练习】

1. 机组油盆检修后，为何要进行充油试验？

2. 机组油压装置大修后恢复服役，要具备哪些条件？

3. 参照机组高压油顶起装置系统图 1-1-2-2，简述该系统检修停役需要执行哪些措施？

▲ 模块 3　油系统的运行维护与试验（Z49E1003）

【模块描述】本模块介绍油系统的运行维护与试验的基本知识。通过原理讲解，了解压油装置巡回检查项目，掌握压油罐、机组高压油顶起系统充油试验的步骤。

【模块内容】

一、压油装置巡回检查项目

（1）检查两台压油泵选择开关一台自动、一台备用，符合当前系统要求。

（2）检查油泵电动机旋转正常，无剧烈振动、串动现象，定子绕组外皮及轴承温度不超过规定值，电动机外壳接地牢固。

（3）检查两台压油泵电动机接地线连接良好。

（4）检查压油罐油压正常。

（5）检查压油罐油面在合格范围内。

（6）检查两台压油泵出口阀全开。

（7）检查"故障""事故"油压继电器及各压力传感器的控制阀均在全开。

（8）检查各压力传感器安装良好，无漏油现象。

（9）检查自动充风电磁阀安装良好。

（10）检查手动充风阀、排风阀、排油阀均在全闭状态。

（11）检查调速系统总油源阀及液压阀操作油源阀均在全开状态。

（12）检查集油槽油面在合格范围内。

（13）检查集油槽油温不低于 10℃。

（14）测量及控制元件如温度信号器、压力控制器、油位信号器、油混水信号器等工作正常，无漏油现象。

二、压油罐充油、充压试验

混流式机组的调速器压油装置系统图如图 1-1-2-1 所示。

1. 试验条件

（1）主阀未开。

（2）压力油系统全部检修完毕，管路及各元件均安装好，经检查验收合格。

（3）调速装置检修完毕，其各部件均处于可投入使用状态。

（4）漏油槽的所有设备已检修完毕，油位及油泵的控制系统投入使用。

（5）集油槽已充好油。

（6）1104 阀关闭。

（7）高压气系统工作正常。

2. 试验操作票

（1）检查压油装置各油阀位置正确。

（2）检查压油装置各气阀位置正确。

（3）1 号压油泵选择开关切至"切除"位置。

（4）2 号压油泵选择开关切至"切除"位置。

（5）装上 1 号压油泵熔断器。

（6）装上 2 号压油泵熔断器。

（7）检查动力电源电压表指示正常。

（8）合上 1 号压油泵动力电源隔离开关，检查在合位。

（9）合上 2 号压油泵动力电源隔离开关，检查在合位。

（10）检查漏油装置系统工作正常。

（11）将自动压油泵选择开关切至"手动"位置。

（12）检查压油泵启动，向压油罐打油至油面合格。

（13）1 号压油泵选择开关切至"切除"位置。

（14）2 号压油泵选择开关切至"切除"位置。

（15）打开高压气充气阀 1323，向压油罐充气至 4.0MPa。

（16）关闭高压气充气阀 1323。

（17）1 号压油泵选择开关切至"自动"位置。

（18）2 号压油泵选择开关切至"自动"位置。

注意：随时检查油、气管路及各部位无渗漏。

三、机组高压油顶起系统充油试验

（一）试验条件

（1）机组大修措施已恢复。

（2）推力油槽油面合格。

（二）操作票

高压油顶起系统图如图 1–1–2–2 所示。

（1）高压油顶起油泵 1YB 选择开关切至"手动"位置。

（2）高压油顶起油泵 2YB 选择开关在"自动"位置。

（3）检查油泵 1YB 运行正常。

（4）检查油压表 12YX 指示正常。

（5）检查自动化元件工作正常。

（6）检查各处阀门、管路无漏油现象。

（7）高压油顶起油泵 1YB 选择开关切至"自动"位置。

（8）高压油顶起油泵 2YB 选择开关切至"手动"位置。

（9）检查油泵 2YB 运行正常。

（10）检查油压表 13PP 指示正常。

（11）检查自动化元件工作正常。

（12）检查各处阀门、管路无漏油现象。

（13）高压油顶起油泵 2YB 选择开关切至"备用"位置。

【思考与练习】

1. 压油罐充油充压试验前需要具备什么条件？

2. 参照图 1–1–2–2 高压油顶起系统图写出高压油顶起系统充油操作主要步骤。

▲ 模块 4　油系统故障处理（Z49E1004）

【模块描述】本模块介绍油系统故障现象分析与处理。通过故障分析，掌握压油泵启动频繁，压油罐油压下降故障，推力轴承油槽油面下降，油槽进水，导轴承油位异常，漏油槽油面过高，集油槽油面异常故障，高压油顶起油泵备用泵启动，压油罐油压下降等故障。

【模块内容】

一、压油泵启动频繁

（一）故障现象

（1）压油罐液位升高。

（2）集油槽液位降低。

（3）工作泵频繁启动。

（4）无备用泵启动故障。

（二）故障原因分析

（1）压油罐排气阀关闭不严，漏气；压油罐给气阀（无自动补气功能，平时管路中无气）关闭不严，漏气。

由于阀门关闭不严，造成的油压下降，必须通过油泵打油用油量来保持压力。这样压油罐中的油气比例遭到破坏，使压油罐的蓄能能力降低，在耗用同样油的情况下，压油罐内压力下降较快，导致油泵启动频繁。

（2）控制回路电源接触不良或控制回路中启动继电器不能正常工作。

（三）故障处理

（1）应将调速器切在手动方式下运行，使运行中的用油量减少，停机后检修处理故障。

（2）将工作油泵切为备用，备用油泵切为工作泵。进行检修处理时，检查各触点的接触情况，对虚接处进行处理或更换继电器。

二、压油罐油压下降故障

（一）故障现象

（1）中央控制室电铃响，光字报警台"机械故障"光字牌亮。

（2）机旁盘机组故障灯亮，"压油罐压力过低"故障光字牌亮。

（3）压油罐压力在故障压力以下。

（4）压油装置自动泵在空转、备用泵启动；或自动泵在停、备用泵在转；或自动泵、备用泵均在转。

（5）随机报警画面显示：压油罐油压下降故障。

（二）故障原因分析

（1）由于动力盘无电源或电动机电源开关切至"切除"位置。

（2）两台泵误放在备用或切除位置，没有任一台放自动位置。

（3）如果自动泵在空转，就是由于卸荷阀打开卡住未落下，处于卸压状态。

（4）如果自动泵在运行，安全阀打开。原因是油泵的出口阀误关造成安全阀打开或安全阀故障打开，不能正常打油。

（5）自动泵在停，备用泵在转。

1）卸荷阀卡住拒动造成电动机过负荷，引起过电流继电器动作或熔断器 FU 烧断。

2）由于电动机与油泵轴不同心，启动时整劲使电动机启动电流过大，造成电动机过负荷，引起过电流继电器动作或一次熔断器烧断。

3）由于熔断器接触不良、烧断，造成电动机二相启动，引起过电流保护动作或熔断器又断一相。

4）控制回路无电或二次熔断器烧断。

5）由于电源电压过低，使电动机启动电流过大，使继电器动作。

6）自动泵在转，备用泵也在转。

a. 由于电力系统振荡或调整系统失灵，引起调速器不稳，频繁动作开关导叶，使压油罐油压急剧下降，工作泵正常运行也不能维持正常油压而降至备用泵启动压力。

b. 由于某种原因油管跑油，造成压力下降至备用泵启动压力。

（三）故障处理

（1）若动力盘无电源引起的故障，请示值长同意进行甲乙侧 380V 电源切换，电动机电源开关切至"切除"位置，合上即可。

（2）如因无自动泵而引起的故障，应迅速将任一台油泵放自动位置。

（3）属于因自动泵故障而引起的故障，应将备用泵放自动，原自动泵切除，并作检修处理。

（4）若工作油泵在正常运转，而油压仍在继续下降，可将调速器切手动运行，若油压下降较快应考虑停机并关主阀。

（5）若压油罐油面很高，应检查排风阀是否闭严、是否有跑油之处。如有应设法处理，并进行油面调整。

（6）因系统振荡或调速器失灵而引起的油压下降故障，可用开度限制控制导叶开度变化，或将调速器切手动运行，待油压正常后，复归备用泵和掉牌。

（7）处理完故障后应将油泵恢复至正常运行状态（且做好切换记录），并复归掉牌。

（8）检查各部无异常，待压油罐压力恢复正常后，将压油泵恢复原系统运行。

三、推力轴承油槽油面下降故障

（一）故障现象

（1）中央控制室电铃响，语音报警。

（2）机旁盘：机组故障灯亮。

（3）光字报警台"机械故障"光字牌亮。

（4）光字报警台机械故障内的"推力油槽油面下降"光字牌亮。

（5）检查推力轴承油槽油面下降至报警线（下下限）以下（红色或闪光）。

（6）随机报警画面显示：推力轴承油槽油面下降故障。

（7）监控界面显示推力轴承油槽油面下降至下下限以下（红色或闪光）。

（二）故障原因分析

（1）运行中推力油槽密封盘根老化，长期漏油引起推力油槽油面下降，推力油槽液位信号器 4SL 动作报警。

（2）推力油槽供、排油阀关闭不严，漏油。

（3）推力油槽液位计因某种原因破碎或密封不严漏油。

（4）推力油槽取油阀关闭不严，漏油。

（5）高压油顶起装置系统漏油，引起推力油槽油面下降。

（6）推力油槽液位信号器本身有故障引起误动作报警。

（三）故障处理

（1）检查推力油槽油面确实下降，应首先监视推力轴承温度的大小和上升速度快慢。若推力轴承温度较高应正常停机。

（2）若推力轴承温度较高且上升速度较快应紧急停机。

（3）若推力轴承温度不是很高和上升速度不快，应检查推力油槽是否有明显漏油之处。若能处理设法处理，联系检修添油，使油面合格。机组正常运行后复归机械故障信号复归。停机后再由检修处理漏油问题。

（4）如果推力油槽油面正常，检查推力油槽液位信号器 4SL 是否有故障。若因推力油槽液位信号器故障引起，可断开故障点运行并复归机械故障信号复归，停机后再处理。

四、油槽进水

（一）现象

（1）油混水监测装置 YHS 越限随机报警。

（2）监控系统上位机自动弹出故障。

（3）相应油槽油面升高，可能液位信号器越限报警。

（4）机旁盘机械故障信号光字牌点亮。

（二）故障原因

（1）技术供水冷却器破裂。

（2）油槽结露。

（三）故障处理

总控室值班人员根据上位机随机报警信号，调出机组水力机械图画面，检查机组轴承供水压力、油位及瓦温是否正常，轴承供水、油位如不正常，应监视轴承瓦温上升情况。

（1）检查机组轴承供水压力是否过高，给、排水阀门位置是否正常，如压力异常，应按运行规范进行调整。

（2）检查油槽油位、油色是否正常，如油色异常，应联系维护人员进行油质化验。

（3）检查集油槽、漏油槽如果进水，应进一步检查各部排油管路工作是否正常，查明进水原因，联系维护人员处理。

五、导轴承油位异常

（一）故障现象

（1）监控系统上位机出现导轴承油位异常随机报警信号。

（2）监控系统上位机自动弹出故障机组"光字牌监视图"，油面异常信号、机械故障信号光字牌点亮。

（3）机旁盘油面异常信号光字牌灯亮。

（4）机旁盘机械故障信号光字牌灯亮。

（二）故障处理

（1）根据上位机随机报警信号，调出机组水力机械图，检查机组轴承油位、瓦温变化情况，同时检查轴承冷却器供水压力是否超出运行规范要求。

（2）如果轴承油位升高，检查油色是否正常，轴承冷却器供水压力是否超出运行规范要求、阀门位置是否正确。

（3）如果轴承油位降低，检查轴承是否有漏油、轴承排油阀是否关闭良好。

六、漏油槽油面过高故障

（一）故障现象

（1）中央控制室电铃响，光字报警台机械故障光字牌灯亮。

（2）PLC 装置屏机组故障灯亮；漏油槽油面升高，故障光字牌亮。

（3）检查漏油槽液位计油面高于报警值。

（4）漏油泵在运转或停止。

（5）调速用油系统画面：漏油槽油面上升至报警线以上。

（6）随机报警画面显示：漏油槽油面过高故障。

（二）故障原因分析

（1）漏油泵失去电源。

（2）误将漏油泵选择开关 SA 放错位置，使油泵不能正常启动。

（3）漏油泵进口止回阀不严或油泵轴承盘根密封不严、漏油，造成油泵启动抽空，不能打油，引起故障。

（4）电动机与油泵轴不同心，启动时别劲，使过电流保护动作或电源熔丝烧断，油泵不能正常运行。

（5）电动机内部故障着火、断线造成过电流保护动作。

（6）漏油系统漏油量突然增大，使漏油泵排油量小于漏油量，造成油面过高。

（三）故障处理

（1）油泵失去电源，设法查明原因，恢复供电，启动油泵排油，油面正常后，复归漏油槽油面升高故障光字牌。

（2）误将漏油泵选择开关 SA 放错位置时：应立即将漏油泵选择开关 SA 切自动，启动泵排油，正常后复归信号。

（3）油泵故障，检查漏油量增大故障处理方法如下。

1）联系值长，使机组带固定负荷。

2）联系检修，准备油桶，防止漏油槽跑油。

3）做停泵检修措施，检修漏油泵，处理漏油，启动油泵打油，油面正常后，复归信号。

（4）当漏油泵因故障而不能运行时，应准备接油工具，防止跑油，同时立即汇报值长，联系维护人员处理。

（5）当油泵启动频繁且油位过高时，应查明原因，尽快通知相关人员进行维护处理。

七、集油槽油面异常故障

（一）故障现象

（1）中控室电铃响，语音报警，机械故障光示牌亮。

（2）集油槽油位升高或降低至报警值。

（二）故障原因分析

1. 集油槽油位降低

集油槽漏油或压油罐漏风、油泵启动不停等引起压油罐油面过高，造成集油槽油面过低。

2. 集油槽油位升高

压油罐供风阀未关严等引起压油罐油面过低，造成集油槽油面过高。

（三）故障处理

（1）油槽漏油引起的故障，应设法堵塞滤油处，处理完毕后，添加新油至规定油面，复归集油槽面过低故障信号。

（2）压油罐油面过高引起的故障查明原因，处理后调整压油罐油面即可，最后复归集油槽油面过低故障信号。

（3）压油罐油面过低引起的集油槽面过高，查明原因关闭供风源，并调整压油罐油面至规定范围，复归集油槽油面过高故障信号。

（4）当检查压油罐、漏油槽油位正常，而集油槽油位过低或过高时，应联系维护人员添油或排油。

（5）判断是否误发信号，确定后复归掉牌。

八、高压油顶起油泵备用泵启动

（一）故障现象

（1）中央控制室：电铃响，水力机械故障光字牌灯亮。

（2）机旁自动盘：故障蓝灯亮，高压油顶起油泵备用泵启动故障掉牌。

（3）故障光字牌：高压油顶起油泵备用泵启动故障光字牌灯亮。

（4）备用泵启动，自动泵在停或转。

（二）故障原因分析

（1）失去动力电源，熔断器烧断。

（2）有人误将自动泵放错位置，不在自动位。

（3）油泵进、出口阀误关。

（4）管路破裂。

（5）阀门处及管路严重漏油等引起自动泵不能打至额定压力。

（6）电动机的各种故障，使油泵不能正常运转。

（三）故障处理

（1）失去动力电源故障处理如下：

1）将自动泵切至"切除"位置，备用泵切至"自动"位置运行。

2）将本机动力电源拉开。

3）投入与本机组相邻机组的联络开关。

4）将原自动泵切至"自动"位置运行良好。

5）将原备用泵切至"备用"位置。

（2）误将自动泵放错位置时，应迅速将自动泵切至自动位。

（3）误关阀或漏油应迅速打开阀门或设法堵漏。如漏油严重，应将自动泵切至"切除"位置，备用泵切自动运行，设法处理。

（4）由电动机的各种故障引起时，应作如下处理：

1）备用泵切自动运行。

2）自动泵切除，拉开动力电源开关，检修故障泵。

九、压油罐油压下降事故

（一）事故现象

（1）中央控制室风鸣器响，光字报警台机械事故光字牌亮。

（2）机旁盘机组事故黄灯亮，低油压事故光字牌亮。

（3）机组分闸、调速器动作导叶全关，紧急停机。

（4）压油罐油压降至事故油压以下。

（5）压油装置自动泵、备用泵均在转或在停。

（6）集油槽油面过低。

（二）事故原因分析

（1）由于电网事故引起振荡或调速系统失灵引起调速器不稳，导致导叶开度大行程的频繁开关，使油压急剧下降。

（2）由于某种原因供油管跑油或压油罐有严重的漏气之处引起油压下降。

（3）由于集油槽跑油，造成集油槽油面过低或没油，使两台泵均启动也不能正常供油供压，而造成事故低油压。

（4）由于压油罐中油位过高，调速器动作时造成压油罐油压急剧下降。

（5）由于两台泵均有故障，所以无电源或开关在切位。

（三）事故处理

（1）系统振荡或调速系统失灵，停机后要详细检查整个调速系统，排除故障。

（2）油路跑油、压油罐漏气引起的事故应查明漏点，检修处理。

（3）油泵电源、开关位置引起的故障，仅处理电源和将开关放至适当的位置即可。油泵故障引起的应检修油泵。

（4）事故停机过程中，应监视各自动器具的动作情况，动作不良时手动帮助。

（5）应检查导叶全关后锁锭是否已自动加锁。

（6）停机过程中导叶确实无法关闭时，应关主阀。

【**思考与练习**】

1. 压油罐油压下降故障的原因有哪些？

2. 推力轴承油槽油面下降故障的现象有哪些？

3. 高压油顶起油泵备用泵启动故障的原因有哪些？

第二章

技术供水系统运行

◢ 模块 1 技术供水系统概述（Z49E2001）

【模块描述】本模块介绍掌握技术供水系统的相关知识。通过原理讲解，了解系统组成、技术供水的作用、供水方式、对水质的要求、水的净化及处理。

【模块内容】

技术供水系统是水电厂辅助设备中最基本的系统之一。水电厂的供水包括技术供水、消防供水和生活供水。

技术供水的主要对象是发电机空气冷却器、发电机推力轴承及导轴承油冷却器、水轮机导轴承及主轴密封、水冷式变压器、水冷式空气压缩机、深井泵的润滑等。

技术供水系统由水源、管道和控制元件等组成。根据用水设备的技术要求，要保证一定的水量、水压、水温和水质。

水源由取水设备、水处理设备等全套或其中一部分组成。由于水电厂的水头不同，构成的供水方式也不同，一般可分为自流供水系统、水泵供水系统和混合（自流和水泵）供水系统三类。

管道是将从水源引来的水流分配到机组的各个用水设备上，并用各种控制元件（如阀门）和仪表等，操作供水设备，控制、监视管道中水流的运行。

水电厂的河流有时含有大量的泥砂、杂质等，易使管道堵塞和淤积，因此技术供水系统对水质也有一定的要求。在技术和结构上应该采用适当的措施保证技术供水系统的正常工作。对自动化较高的水电厂，应该在管道系统上根据运行的要求，设置适当的操作阀门，监视和控制水量、水压和水温的各种自动化元件，如自动减压阀、电磁液压阀、示流信号器、流量计等。

一、技术供水的作用

技术供水的主要作用是冷却、润滑，有时也用作传递能量。

冷却：机组、变压器和辅助设备运行时产生的热量必须及时地散发出去，使各设备维持在要求的温度范围内，以保证设备的安全运行。

润滑：当水轮机的导轴承采用橡胶轴承时，就需要用水作为润滑剂，这既经济，又维护方便，同时对设备起到冷却作用。

传递能量：使用压力水用以操作液压阀门和射流泵。

现就技术供水任务具体如下：

1. 冷却用水

（1）发电机的冷却用水。

（2）机组轴承的冷却用水。

（3）水冷式变压器的冷却用水。

（4）水冷式空气压缩机的冷却用水。

2. 润滑用水

（1）水轮机橡胶导轴承的润滑用水。

（2）水轮机端面密封的润滑。

（3）传递能量的压力水。

二、技术供水对水质的要求

（1）要有足够的供水量。为了保证机组冷却、润滑等的需要，必须要有足够的供水量，否则起不到冷却和润滑的作用。但供水量过多也造成浪费，应根据需要适当掌握。

（2）要有足够的供水水压。既要保证足够的供水量，又要克服管路中的阻力损失，并使水能够通畅地排除，就要有足够的供水水压。其压力的大小与水管管径、长度和管内情况有关。如压力过小，很难达到足够的供水量，起不到机组的冷却、润滑等作用。

（3）要有一定好的供水水质。各水源都含有不同程度的杂质，具有不同的物理化学性质。因此，对冷却水尤其是润滑水的水质的要求，应是既清洁又含泥砂少。对于含杂质较多的水源应设有水处理设备。

（4）要有一定的供水水温冷却水管道。进口水温一般为 4～20℃，水温过低水管易被冻结，水温在 30℃以上又达不到冷却目的，同时容易形成水垢。这样既不便于运行、维护，又不便于检修，因此要求水温保持在一定的范围内。

【思考与练习】

1. 水电厂技术供水的主要用户有哪些？

2. 水电厂技术供水的取水方式有哪些？

3. 水电厂技术供水对水质有哪些要求？

▲ 模块 2 技术供水系统运行操作（Z49E2002）

【模块描述】本模块介绍技术供水系统的基本规定、供水流程。通过原理讲解，掌握技术供水系统正常操作、自动控制的知识讲解，掌握技术供水系统运行操作的原则。

【模块内容】

一、技术供水系统的基本规定

（1）技术供水系统应包括如下内容：

1）为发电机（发电电动机，下同）的空气冷却器、轴承冷却器、水轮机（水泵水轮机，下同）的轴承冷却器、水冷式变压器冷却器、水冷式空气压缩机的冷却器、压油装置集油箱冷却器、水冷式变频器等提供冷却水，为水内冷发电机组提供二次冷却水。

2）为水轮机的橡胶导轴承、水轮机主轴和止漏环密封提供润滑冷却水，为深井泵轴承提供润滑水等。

3）为发电机、变压器、油罐室、油处理室等机电设备提供消防用水。

4）为空调设备冷却、空气降温、洗尘提供水源，为厂内生活用水提供水源。

（2）技术供水系统应包括水源、水的净化、供水泵（水泵供水时）、管网和控制阀件、供水的监视和保护等。

（3）水源的选择应根据用水设备对水量、水压、水温及水质的要求，结合电厂的具体条件合理选定。可供选择的水源有水库、尾水渠、顶盖取水、地下水，靠近水电厂的小溪水。并应满足下列要求：

1）技术供水系统应满足设备用水量的要求。在未获得制造厂提供的数据时，可按投入运行的、水头和容量相近的设备用水量初定；也可按经验公式或统计曲线初步估算；最后应以设备制造厂提供的数字核实。

2）技术供水系统的水压应由冷却器的水力压降、管路系统水力压降和管路出口背压（尾水反压）三部分决定。

水轮发电机组的空气冷却器和各轴承冷却器进口的最大工作压力应按实际设计条件确定。宜采用 0.15～0.3MPa，如要求加大工作压力，应向制造厂提出要求。

水冷式变压器进水最高压力应按变压器油冷却器内油压高于水压确定。

3）水轮发电机组的空气冷却器和各轴承冷却器、水冷式变压器的冷却器等的进水温度宜按 25℃设计，如超过 25℃，应向制造厂提出要求；如长年低于 25℃，可按经验曲线折减冷却水量。

4）冷却水源水质中应尽量不含有漂浮物。冷却水源存在水生物时，应考虑相应的措施。

　　在冷却水中，悬浮物颗粒粒径宜小于 0.15mm，粒径在 0.025mm 以上的泥沙含量应小于总含沙量的 5%，总含沙量宜小于 5kg/m³。对多泥沙河流，在采取清除水草、杂物及管路水流换向运行等有效措施后，冷却器内流速不低于 1.5m/s 时，允许总含沙量不大于 20kg/m³。

　　碳酸盐硬度在冷却水水温为 20～25℃、游离二氧化碳为 10～100mg/L 时，当量应为 2～7mg/L。

　　冷却水的 pH 值宜为 6～8。

　　如果冷却水经处理后仍达不到上述要求，在设备订货时，应向设备制造厂提出相应要求。

　　（4）水的净化设施应满足的技术要求：

　　1）拦污栅（网）。拦污栅（网）栅条的间距（或孔目大小）应根据水中漂浮物的大小确定，其净间距宜为 30～40mm。过栅流速与供水管经济流速有关，过栅流速相应为 0.5～2m/s，不宜超过 3m/s。

　　2）滤水器。滤水器的滤网宜用不锈钢制作。滤网用钢板钻孔制作时，其孔径宜为 2.5～6mm，滤水器内水的过网流速不宜大于 0.5m/s。

　　3）对多泥沙河流电站，可考虑水力旋流器、沉淀池、坝前斜管取水口等除沙方案，经技术经济分析选取。

　　（5）供水泵、管网和阀件应符合如下要求：

　　1）应保证在各种运行水头、尾水位变动幅度范围内，满足各项设备总用水量和水压的要求。

　　2）技术供水管网、阀件的配置，应使各分支管路流量的分配符合系统设计的要求，各管路节点的压力分布合理，最高部位不出现真空，最低部位不出现超过规定的水压。

　　（6）供水方式有如下几种可供选择，应做技术经济比较后选定：

　　1）水泵供水（包括射流泵供水）。分单元供水、分组供水和集中供水三种供水方式。

　　2）自流供水（包括自流减压方式）。分单元自流供水和集中自流供水两种方式。

　　3）水泵和自流混合供水方式。

　　4）水泵加中间水池的供水方式。

　　5）自流加中间水池的供水方式。

　　6）顶盖取水供水方式。

　　（7）可根据不同水头采用不同的供水方式。

　　1）工作水头小于 15m 时，宜采用水泵供水方式。

　　2）工作水头为 15～80m 时，宜采用自流供水方式。

3）工作水头在 70～120m 时，宜采用自流减压或射流泵以及顶盖取水的供水方式。

4）水电厂工作水头大于 100m，选用供水方式时应进行技术经济比较。宜优先考虑水泵供水、射流泵供水或水轮机顶盖取水供水方式。

5）工作水头变化范围较大，单一的供水方式不能满足水压力和水量的要求或不经济时，宜采用水泵和自流、自流和自流减压等两种方式结合的供水方案。

（8）有下列情况之一的，经过技术经济论证应采用中间水池的供水方式。

1）水库水位变化较大，不易得到稳定的供水压力。

2）水源水量不稳定。

3）水中含沙量过大，需进行沉沙处理（沉沙池兼作中间水池）。

4）向水冷变压器提供安全、稳定水压。

5）设置小水轮机作能量回收减压后，需对流量进行调节。

6）水轮机主轴密封和橡胶轴承润滑水水质不能满足要求需要配置水池时。

7）顶盖取水流量不稳定。

8）设有消防水池可兼作中间水池的。

（9）冷却和润滑供水宜组成同一个技术供水系统。当冷却水的水质达不到润滑水水质要求时，可单独设置润滑水的供水系统。

（10）取水口的要求。

1）取水口应设置拦污栅（网），可设有压缩空气吹污管或其他清污设施。

2）坝前取水口不设检修闸门时，对取水管路上的第一道工作阀门应有检修和更换的措施，例如增加一个可以封堵取水口的法兰或检修阀门。

3）布置于水库或前池最低水位以下的取水口顶部应低于最低水位至少 0.5m。对冰冻地区，取水口应布置在最厚冰层以下，并采取破冰防冻措施。布置在前池边的取水口，应注意防冰问题。

4）对坝前取水口的供水系统，兼作消防水源且又无其他消防水源时，水库最低水位以下的全厂取水口应有两个。

5）对河流含沙量较高和工作深度较大的水库，坝前取水口应按水库的水温、含沙量及运行水位等情况分层布置。

6）设在蜗壳进口处或机组压力钢管上的取水口，不应放在流道断面的底部和顶部。

（11）设置中间水池的供水方式，宜采用集中供水系统。

（12）水泵供水方式，宜优先采用单元供水系统。每单元可设 1～2 台工作水泵，一台备用水泵。当采用水泵集中供水系统时，工作水泵的配置数量，对大型水电厂宜为机组台数的倍数（包括 1 倍），对中型水电厂宜不少于两台。备用水泵台数可为工作水泵台数的 1/2～1/3，但不少于 1 台。

（13）供水系统应有可靠的备用水源。常用的备用形式如下：

1）对单元自流供水系统，可设联络总管，起互为备用作用。当厂房距主坝较近时，可用坝前取水作备用。

2）对坝前取水的自流集中供水方式，可用压力钢管取水作为备用。

（14）每台机组的主供水管上应装能自动操作的工作阀门，并应装设手动旁路切换检修阀门。机组主供水管路上应装设滤水器，并应符合如下要求：

1）当采用旋转式滤水器时，可装设 1 个；当过水量大于 1000m³/h 时，为使滤水器尺寸不致过大，宜装设 2 个。

当采用固定式滤水器时，宜装设 2 个。

2）滤水器应装设冲污排水管路。对大容量机组，多泥沙水电厂滤水器的冲污水应排至下游尾水。中型水电厂往下游排污有困难，且滤水器的排污水量不大时，可排至集水井。

（15）自流减压供水系统采用的自动减压阀（装置）应动作准确、稳定可靠。其流量恒定特性和压力稳定特性应符合设计要求。对水头变幅较小的水电厂，可装设固定式（或手动调节式）减压装置。

装有自动减压阀、顶盖取水或射流泵的供水系统，在减压阀、顶盖取水或射流泵后应装设安全阀或其他排至下游的安全泄水设施，以保证用水设备的安全。安全泄水阀的口径应按阀后允许升高的压力值和泄水阀出口压力值及泄放的最大流量等条件核算。

（16）供水系统的中间水池应有排污管、排水阀、溢流道，冰冻地区还应设有保温设施。中间水池的有效容积，作为机组冷却供水时，应保证至少连续供水 10～15min。

（17）对水流含沙量较大或有防止水生物要求和存在少量漂浮物不易滤除时，冷却器管路宜设计成正、反向运行方式。管路上选用的示流信号器（示流器）也应为双向工作式。

（18）采用水泵供水方式时，水泵设备的最小工作流量不少于总用水量的 105%～110%。

（19）供水管内的经济流速，宜在 1.0～3.0m/s 范围内选用。当有防止水生物要求或防泥沙淤积时，可适当加大流速至 3～7m/s。

（20）供水管路系统有需排空积水或积气的部位应装检修排水或排气阀门。

（21）水轮发电机冷却器排水应排至下游尾水渠或尾水管，总排水管出口高程可按地区环境布置在正常尾水位以上或以下。如需防止钻鼠、进蛇、做雀巢时，宜布置在水下。对有冰冻影响的，为防止排水管口结冰，出水口高程应在最低尾水位及最大可能冰厚以下。

（22）自尾水管或尾水洞取水的水泵供水或射流泵供水系统，取水管上宜设有排出气体和检修用阀门。

二、技术供水系统的供水流程

某水电厂冷却系统技术供水系统图如图 1-2-2-1 所示。水轮机型式是悬吊式机组，推力轴承、上导轴承装设在不同的油盆内，发电机无下导轴承，水导轴承采用油冷却的巴氏合金瓦。

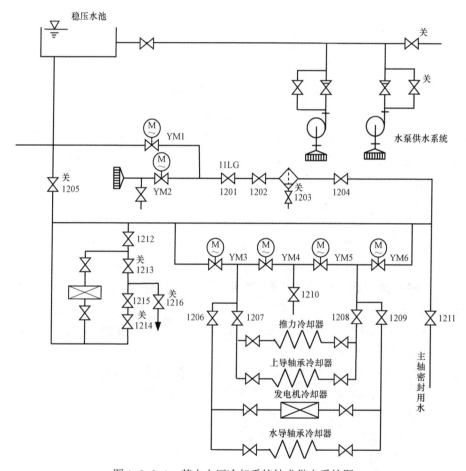

图 1-2-2-1 某水电厂冷却系统技术供水系统图

电动阀门 YM3～YM6 是倒换冷却水向的，正常时一组关闭，一组打开，如 YM3、YM5 全开，YM4、YM6 关闭，或者与此顺序相反。1203 阀是滤水器的排污阀，也兼顾调节水轮发电机组总冷却水压的功能。1205 阀是公用冷却水母管与 1 号机冷却水母管的联络阀，正常时在关闭位置，当 1204 阀前的滤水器堵塞、减压阀损坏时，开启 1205 阀，关闭 1204 阀及其前面的阀门，仍不影响机组的运行。

```
备用水源→YM1┐
工作水源→YM2→1201→1202减压阀→滤水器→1204→机组冷却

        ┌→1211阀主轴密封用水
水母管 ┤ 1212→变压器油水冷却器→1215→1216排至下游河道
        └→YM3→1206→空冷、水导轴承冷却器→1209→YM5→1210排至下游河道
              └→1207→推力、上导轴承冷却器→1208┘
```

三、技术供水系统的倒换水向操作

在汛期，河流中的含沙量增多，由于泥沙在冷却器中的淤积，将会影响到冷却效果，除了适当提高冷却水压进行冲洗外，还可以倒换水向从相反的方向冲洗冷却器，以避免冷却器中的管道因阻塞而引起事故。汛期含沙量大时，停机后冷却水系统一般不停运，以免水中泥沙沉积下来，将冷却器中的管道阻塞。但是主轴密封用水若不是采用洁净水时，在停机后必须停用，以免水中的泥沙沉积在密封水箱里，开机后加剧密封处的磨损，使密封效果变差。

1. 倒换水向的原则

（1）将断水保护装置改投信号（或停用该保护装置）。

（2）降低冷却水总水压，以防误操作时造成管路憋压的严重后果。

（3）将倒水向操作的两个关闭阀门打开，将两个原先开放的阀门关闭，即先开后关的原则。

这样既能防止冷却水不中断，也能防止因排水不畅导致设备憋压，造成损坏。

2. 技术供水系统的倒换水向操作票

如图 1-2-2-1 所示，1 号机水系统由正向供水倒至反向供水运行的操作票要求：

（1）停用冷却水中断保护装置（对于有断水保护的机组而言）。

（2）减压阀关小，适当降低冷却水压。

（3）1206、1207、1208、1209 阀调至 50%开度位置。

（4）打开 YM4 阀。

（5）打开 YM6 阀。

（6）关闭 YM3 阀。

（7）关闭 YM5 阀。

（8）打开 1206 阀。

（9）打开 1207 阀。

（10）打开 1214 阀。

（11）打开 1213 阀。

（12）关闭 1212 阀。

（13）关闭 1215 阀。

（14）减压阀调整冷却水压至正常。

（15）1209 阀调整发电机冷却水、水导轴承冷却水压正常。

（16）1208 阀调整推力、上导轴承冷却水压正常。

（17）检查各部水压、流量是否正常。

（18）冷却水中断保护装置投运。

四、技术供水系统的自动化

（一）技术供水系统自动化应包括的内容

（1）实现技术供水系统自动化。

（2）对技术供水系统的水压、水温、水量、水流和水位进行自动监测。

（3）对排水系统的水位、水压和水流进行自动监控。

（4）为技术供水系统的安全运行提供保护、报警信号。

（二）技术供水系统和机组供水自动化应符合的要求

（1）技术供水系统机组段的控制，应随同机组的启动同步投入运行，随机组的停机而退出；备用水源自动投入时，应同时发出报警信号。

（2）水泵集中技术供水系统的控制，应随启动机组的台数，对应投入供水泵的台数，并能随机组的停机而退出运行；备用供水泵与主供水泵应能任意互换，备用泵自动投入时，应同时发出报警信号。

（3）当水泵集中供水系统的控制按压力控制方式时，应随任意一台机组启动而投入任一台供水泵以建立控制水压；以后按供水压力的升降自动投入或退出任意给定顺序的供水泵。全厂机组停机后，技术供水系统应全部退出。

（4）当压油装置集油箱有冷却供水要求时，宜随同机组自动控制，人工调节冷却水量。

（三）技术供水系统应设置的表计和信号

（1）总供水管路应设有压力和温度监测仪表。

（2）滤水器前后宜配置差压监视信号。

（3）需要监测冷却耗水量的机组，其流量监测装置宜布置在机组排水总管上。当测流装置要求水流不能含有气泡时，宜布置在进水总管上。推力轴承冷却器管路上应根据需要装设流量仪表。

（4）供水系统的中间水池应设有水位信号器，进水管路应装设随水位变化而自动调节的阀门和断水保护信号装置。

（5）对水温需要监测的冷却器，其进、出口应设置冷却水温度计或温度信号计。

（6）推力轴承、空气冷却器、上下导轴承、水导轴承各自的排水管路上宜设置水流监视仪表或示流信号器。

（7）水轮机主轴密封润滑主供水，应能随机组启停自动投入和停止。当主供水源发生故障时，密封备用水源应能自动投入，并同时发出故障信号；供水中断时应有报警信号。

（8）橡胶水导轴承的润滑供水应随机组启、停自动投入和停止，并应设示流信号器，当主供水源故障断水时，应能自动投入备用水源，同时发信号；供水中断超过规定时间，应发出紧急事故信号。

（9）自流减压、顶盖取水和射流泵供水系统中，可能过压时，应能自动发出压力过高、过低信号。

（10）水冷变压器冷却水的投入应与变压器运行同步，进水管上应装有监视压力的信号装置，排水管路上应装设示流信号器。

（11）水冷式空气压缩机供水应能随空气压缩机启停自动投入和停止，排水管路上宜设示流器或示流信号器。

（四）技术供水系统的自动运行

某厂技术供水图如图 1-2-2-2 所示。

1. 自动开机过程技术供水系统的投入

自动开停机过程涉及的机械、电气各方面的问题较多，监视检查的内容也较多，在此只介绍与技术供水系统有关的内容，技术供水系统投入控制回路如图 1-2-2-3 所示。

（1）技术供水系统投入控制回路电源工作正常。

1）110V 操作电源工作正常。

2）自动空气断路器 9Q 在投入位置。

3）熔断器 FU 工作正常。

（2）自动开机条件具备。

1）机组无开停令：停机继电器 22KM 未励磁。

2）快速闸门（主阀）无关令：关快速闸门（主阀）26KM 未励磁。

3）风闸上腔无压力：上腔压力继电器 35SP1 复归。

4）风闸下腔无压力：下腔压力继电器 35SP2 复归。

5）快速闸门（主阀）全开：全开位置触点 ZWX 闭合。

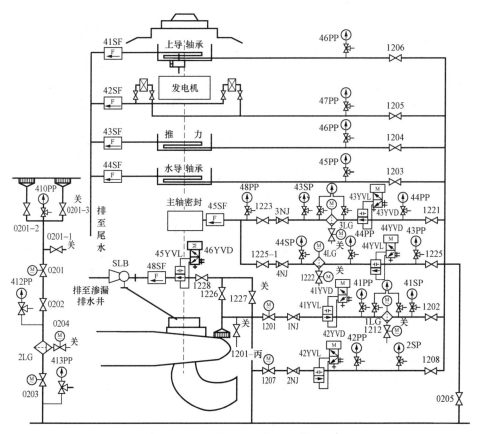

图 1-2-2-2　某厂一号机供水系统图

6）出口断路器跳开：出口断路器跳开位置触点 QF 闭合。

7）机组无事故：事故停机继电器 27KM 未励磁。

8）导叶全关：导叶空载位置触点 DSY 闭合。

9）总冷却水电磁阀 41YVD 未投入：总冷却水电磁阀 41YVD 投入位置触点 41YVDg 未投入。

10）开机备用条件具备信号灯亮。

（3）下达自动开机令。

1）检查自动操作系统设备完好、工作正常，机组保护投入正常，调速器和油压装置工作正常。

2）操作自动开机。自动开机的方式有计算机监控操作台全自动或半自动开机、机旁盘现地开机等方式。远方或现地开机时，机旁盘开停机控制方式把手应放在对应的位置。

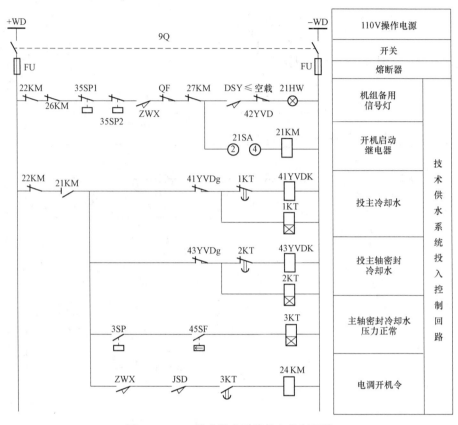

图 1-2-2-3 技术供水系统投入控制回路

操作开机把手 21SA，使 21SA 2-4 触点接通。

3）开机继电器 21KM 励磁。开机启动继电器回路通过 22KM、26KM、35SP1、35SP2、ZWX、QF、27KM、DSY、21SA 2-4、21KM 回路接通，21KM 线圈励磁。

（4）投入主冷却水电磁阀 41YVD。机组无停机信号，机组停机继电器常闭触点 22KM 闭合；因开机启动继电器 21KM 线圈励磁，常开触点 21KM 闭合；因主冷却水电磁阀位置触点 41YVDg 闭合，且延时断开常闭时间继电器 1KT 闭合，投主冷却水电磁阀主线圈 41YVDK 励磁，主冷却水电磁阀 41YVD 动作，投入主冷却水，同时时间继电器 1KT 线圈励磁计时；时间继电器 1KT 延时时间到，延时断开常闭时间继电器 1KT 断开；主冷却水电磁阀主线圈 41YVDK 失磁，主冷却水电磁阀位置触点 41YVDg 断开，主冷却水电磁阀主线圈 41YVDK 不带电。

因为电磁阀 41YVD 为双线圈电磁阀，投入是通过主线圈 41YVDK，退出是通过副线圈 41YVDg 励磁，所以在电磁阀主线圈 41YVDK 失磁时，电磁阀未动作关闭。

（5）投入主轴密封水电磁阀 43YVD。机组无停机信号，机组停机继电器常闭触点 22KM 闭合；因开机启动继电器 21KM 线圈励磁，常开触点 21KM 闭合；因主轴密封水电磁阀位置触点 43YVDg 闭合，且延时断开常闭时间继电器 2KT 闭合，投主轴密封水电磁阀主线圈 43YVDK 励磁，主轴密封水电磁阀动作，投入主轴密封水。同时时间继电器 2KT 线圈励磁计时；时间继电器 2KT 延时时间到，延时断开常闭时间继电器 2KT 断开；主轴密封水电磁阀主线圈 43YVDK 失磁，主轴密封水电磁阀位置触点 3YVDg 断开，主轴密封水电磁阀主线圈 43YVDK 不带电。

（6）主轴密封水压力正常。因主冷却水电磁阀 41YVD 投入，主轴密封水电磁阀主线圈 43YVD 投入，冷却水系统通过 1201、1NJ、41YVD、1LG、1202、1221、3LG、3NJ、1223、45SF，给主轴密封供水。在水压无故障时，主轴密封水管路各处压力合格。

这时电触点压力表 43SP 处压力合格，43SP 动合触点闭合，示流继电器 45SP 处压力合格，示流继电器动合触点闭合；同时闭触点 22KM 闭合，常开触点 21KM 闭合；使得时间继电器 3KT 线圈励磁。

在因时间继电器 3KT 延时时间到时，因主阀全开位置触点闭合，接力器锁锭已拔出，使得中间继电器 24KM 励磁，下达调速器开机令，调速器开导叶开机。

2. 自动停机过程供水系统的退出

（1）检查自动操作系统设备完好、工作正常，调速器和油压装置工作正常。

（2）操作自动停机。自动停机的方式有计算机监控操作台自动停机、紧急停机、机旁盘现地停机等方式。远方或现地停机时，机旁盘开停机控制方式把手应在对应的位置。

（3）自动停机过程中监视自动器具的动作，如有不良时，在保证机组安全运行情况下可以手动帮助。监视转速下降至机械加闸转速时，机械加闸回路动作。如果机械加闸达到规定的转速以下不能投入，且机组又无其他故障、事故时，可将机组重新开启至一定的转速，处理后再停机。

（4）退出技术供水系统。风闸投入触点闭合且机组转速为零时，主冷却水电磁阀位置触点 41YVDK 闭合，如图 1-2-2-4 所示，且延时断开常闭时间继电器 4KT 闭合，退出主冷却水电磁阀副线圈 41YVDK 励磁，主冷却水 41YVD 动作，退出主冷却水，同时时间继电器 4KT 线圈励磁计时；时间继电器 4KT 延时时间到，延时断开常闭时间继电器触点 4KT 断开；主冷却水电磁阀副线圈失磁，主冷却水电磁阀位置触点 41YVDK 断开，主冷却水电磁阀副线圈不带电。

主轴密封水、备用主轴密封水、备用冷却水的退出动作过程同主冷却水。

一般情况下 4KT、5KT、6KT、7KT 的设定时间基本相等。

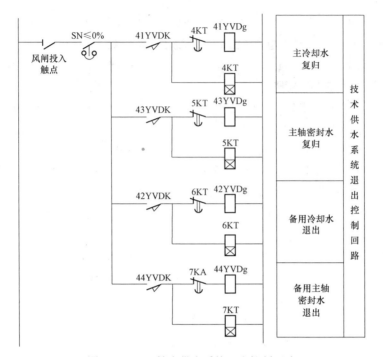

图 1-2-2-4　技术供水系统退出控制回路

3. 机组运行中备用水的投入

备用水的投入条件是机组下达了调速器开机令，即 24KM 动合触点闭合或机组转速大于 80%。备用水投入回路如图 1-2-2-5 所示。

（1）备用冷却水的投入。如果电触点压力表 41SP 处压力小于规定值，41SP 动断触点断开；41SF、42SF、43SF、44SF、45SF 任何一处压力小于规定值时，相应的示流继电器动断触点动作，回路接通。这时时间继电器 9KT 线圈励磁计时。

时间继电器 9KT 计时时间到，时间继电器 10KT 延时闭合触点动作，备用冷却水电磁阀主线圈 42YVDk 励磁，投入备用水电磁阀 42YVD。

（2）备用密封水的投入。如果电触点压力表 43SP 处压力小于规定值，43SP 动断触点断开；主轴密封示流继电器 45SF 处压力小于规定值，示流继电器动断触点 45SF 动作，回路接通。这时时间继电器 11KT 线圈励磁计时。

时间继电器 11KT 计时时间到，延时闭合触点 12KT 动作，备用密封水电磁阀主线圈 4YVDk 励磁，投入备用密封水电磁阀 4YVD。

4. 技术供水系统的故障

（1）滤过器堵塞故障报警。当机组转速大于 5%后，如果滤过器的压差表 SP 压力

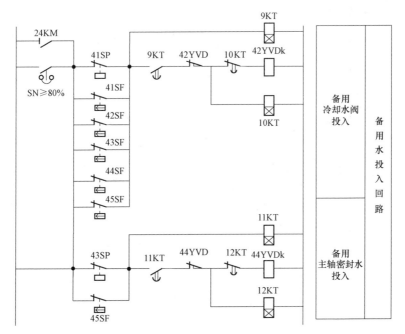

图 1-2-2-5　备用水投入回路

大于规定值时，相应的 SP 动断触点断开，相应的信号器即接通报警。技术供水报警信号回路如图 1-2-2-6 所示。

（2）冷却水中断故障。当机组转速大于 5% 后，如果冷却水（润滑水）压力小于规定值，相应的 SF 动断触点断开，相应的信号器即接通报警。

（3）主轴密封水中断事故。在机组下达了调速器开机令（即 24KM 动合触点闭合）或机组转速大于 80% 时，如果润滑水压力小于规定值，相应的 45SF 动断触点断开，使得时间继电器 18KT 励磁，延时时间到时，时间继电器延时动断触点 18KT 闭合，使得事故停机继电器 27KM 励磁，发出事故停机令，事故停机。

五、机组冷却水系统由反向倒至正向运行

某水电厂机组冷却水系统图如图 1-2-2-7 所示。

机组冷却水系统由反向倒至正向运行操作票如下：

（1）值长令：机组冷却水系统由反向倒至正向运行。

（2）机组断水保护连接片退出切除或改投信号侧。

（3）开 1202 阀，适当降低总冷却水压。

（4）调 1207 阀至中间位置。

（5）调 1208 阀至中间位置。

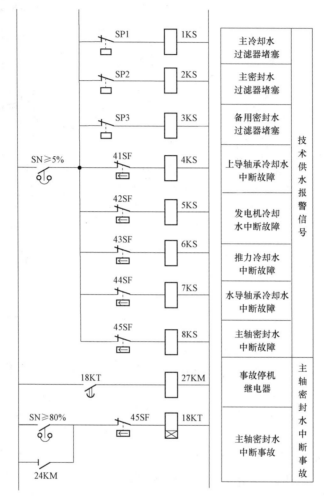

图 1-2-2-6 技术供水报警信号回路

（6）调 1209 阀至中间位置。

（7）调 1210 阀至中间位置。

（8）打开 1205 阀。

（9）打开 1203 阀。

（10）关闭 1206 阀。

（11）关闭 1204 阀。

（12）1209 阀全开。

（13）1210 阀全开。

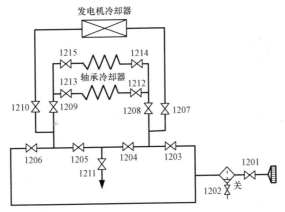

图 1-2-2-7 某水电厂机组冷却水系统图

注：1206、1204 开为反向供水。

（14）1207 阀关小。

（15）1208 阀关小。

（16）关闭 1202 阀，调整总冷却水压正常。

（17）用 1208 阀调整轴承冷却器冷却水压正常。

（18）用 1207 阀调整发电机冷却器水压正常。

（19）机组断水保护投入正常位置。

（20）向值长汇报。

（21）盖"已执行"章。

【思考与练习】

1. 水电厂技术供水泵一般如何配置？

2. 水电厂技术供水系统自动化包括哪些内容？

3. 水电厂机组启动过程中技术供水系统如何动作？

▲ 模块 3 技术供水系统运行维护与试验（Z49E2003）

【模块描述】本模块介绍技术供水系统运行维护与试验。通过知识讲解，掌握技术供水系统的通水耐压试验、机组冷却水系统充水试验等，掌握技术供水系统运行维护与试验的有关规定。

【模块内容】

一、技术供水系统的通水耐压试验

通水耐压试验的目的是在技术供水系统检修后，对技术供水系统进行通水，检查检修后的技术供水系统管路各部分的连接、密封是否完好，以及技术供水系统的耐压强度是否合格，并调节好各阀门的位置，以满足各冷却器在水压和水量方面的要求，为以后的自动开机做准备。

（一）试验原则

保证排水流畅，且在通水过程中，采用逐级提高水压和加大水流量的原则，以防止水系统因排水不畅导致管路憋压，使水压过高而损坏设备。技术供水系统通水耐压时间通常为 30min。

（二）试验条件

（1）有关管路、电磁阀、示流信号器及滤过器等均检修安装完毕。

（2）用水设备已检修完毕。

（3）自动排水装置投入运行。

（4）压力油系统及其元件的充油试验已完成。

（5）水轮机自动控制系统已检修完毕。

（三）试验步骤

（1）压力油系统投入正常运行。

（2）机组技术用水投入正常运行。

（3）投入水源，检查各管路无漏水，水压及水流均正常。

（4）检查备用水源自动投入应良好。

（5）无异常后，恢复到正常运行状态。

（四）试验操作票

某厂 1 号发电机–变压器组冷却水系统图如图 1-2-2-1 所示，通水耐压试验操作票如下：

（1）打开 1210 阀。

（2）打开 1208 阀。

（3）打开 1209 阀。

（4）1206 阀稍微开启。

（5）1207 阀稍微开启。

（6）打开 YM3 阀。

（7）打开 YM5 阀。

（8）关闭 YM4 阀。

（9）关闭 YM6 阀。

（10）打开水导轴承冷却器进、出口阀。

（11）水导油位作标记。

（12）打开发电机冷却器进、出口阀。

（13）打开推力冷却器进、出口阀。

（14）推力油位作标记。

（15）打开上导轴承冷却器进、出口阀。

（16）上导轴承油位作标记。

（17）打开 1216 阀。

（18）打开 1215 阀。

（19）检查 1213、1214 阀关闭。

（20）变压器油水冷却器水阀、油阀全开。

（21）1212 阀稍微开启。

（22）变压器冷却器潜油泵手动启动投运（保证变压器油水冷却器中油压大于水压）。

（23）打开 1203 阀（防止憋压）。

（24）打开 1204 阀。

（25）检查减压阀全关。

（26）打开 1201 阀。

（27）检查 YM2 是否全关。

（28）打开 YM1 阀。

（29）减压阀稍微开启。

（30）检查各管网系统有无渗漏。

（31）检查各油盆油位是否正常。

（32）减压阀开大，适当升高机组冷却水压。

（33）检查各部分有无渗漏。

（34）1206 阀适当开大。

（35）1207 阀适当开大。

（36）1211 阀适当开大。

（37）减压阀开大，调整机组冷却总水压至正常。

（38）1206 阀调整发电机冷却器冷却水、水导轴承冷却水流量（水压）至正常。

（39）1207 阀调整推力、上导轴承冷却水流量（水压）至正常。

（40）1212 阀调变压器冷却水流量（水压）正常。

（41）通水耐压时间到后，全关闭 YM1。

（42）变压器潜油泵停运。

二、1 号机组冷却水系统充水试验

机组冷却水控制系统如图 1-2-2-3 所示。

（一）1 号机组冷却水系统充水试验条件

（1）机组大修措施已恢复。

（2）钢管已充水。

（3）检查蜗壳水压正常。

（二）1 号机组冷却水系统充水试验操作票（见图 1-2-2-2）

（1）检查备用冷却水电磁阀 42YVD 在关闭状态。

（2）投入冷却水电磁阀 41YVD。

（3）检查总水压在 0.25～0.40MPa。

（4）投入示流继电器试验连接片 XB。

（5）检查上导轴承水压 48PP 在 0.2～0.30MPa 之间。

（6）检查发电机冷却水水压 47PP 在 0.2～0.30MPa 之间。

（7）检查发电机冷却水水压在 0.1～0.20MPa 之间。

（8）检查推力水压 46PP 在 0.2～0.30MPa 之间。

（9）检查水导轴承水压 45PP 在 0.15～0.20MPa 之间。

（10）检查各阀门、滤过器、管路无漏水现象。

（11）检查各冷却器无漏水现象。

（12）通过 1206 阀逐渐打开和逐渐关闭，检查示流继电器 41SF 工作正常。

（13）通过 1205 阀逐渐打开和逐渐关闭，检查示流继电器 42SF 工作正常。

（14）通过 1204 阀逐渐打开和逐渐关闭，检查示流继电器 43SF 工作正常。

（15）通过 1203 阀逐渐打开和逐渐关闭，检查示流继电器 44SF 工作正常。

（16）退出示流继电器试验连接片 5XB。

（17）复归冷却水电磁阀 41YVD。

（18）检查总水压为零。

（19）检查各部水压（48PP、47PP、46PP、45PP）为零。

三、机组冷却水系统充水试验

某厂机组冷却水系统图如图 1-2-2-7 所示。

机组冷却水系统充水试验操作票如下：

（1）值长令：机组冷却水系统充水试验。

（2）联系有关检修班组。

（3）检查 1201 阀在关闭。

（4）检查 1213 阀在关闭。

（5）检查减压阀在关闭。

（6）滤水器排水 1203 阀打开。

（7）滤水器排气阀开。

（8）检查 1202 阀在开。

（9）打开 1204 阀。

（10）打开 1206 阀。

（11）关闭 1205 阀。

（12）关闭 1207 阀。

（13）打开 1210 阀。

（14）打开 1211 阀。

（15）1208 阀稍微开启。

（16）1209 阀稍微开启。

（17）打开 1212 阀。

（18）打开 1213 阀。

（19）减压阀稍微开启。

（20）待冷却水管道内空气排完后，滤水器排气阀关闭。

（21）按检修要求开减压阀调整总水压正常。

（22）滤水器排水 1203 阀关闭。

（23）用 1208 阀调空气冷却器水压正常。

（24）用 1209 阀调轴承冷却器冷却水压正常。

（25）全面检查各部位正常。

（26）通水完毕后，1213 阀关闭。

（27）汇报。

（28）盖"已执行"章。

【思考与练习】

1. 水电厂技术供水系统通水耐压试验的原则是什么？

2. 简述技术供水系统通水耐压试验的操作步骤。

3. 根据图 1-2-3-3 拟写机组冷却水系统充水试验操作票。

▲ 模块 4　技术供水系统故障处理（Z49E2004）

【模块描述】本模块介绍技术供水系统的故障现象分析处理。通过故障分析，掌握推力轴承冷却水中断故障、主轴密封备用润滑水投入故障、水轮机上盖水位升高故障、技术供水系统冷却设备温度升高时的检查处理。

【模块内容】

一、推力轴承冷却水中断故障

（一）故障现象

（1）电铃响，语音警报，随机报警窗口有机组机械故障、推力冷却水中断或伴随主冷却水压力降低等报警信号。

（2）机旁盘 PLC 装置屏：机组机械故障灯亮。推力冷却水中断故障报警。

（3）机组技术供水系统：某厂技术供水系统图如图 1-2-2-2 所示。

1）推力水压 48PP 有可能低于 0.2MPa。

2）总水压同时不合格（小于 0.25MPa）。

3）备用冷却水电磁阀 42YVD 投入。

（二）故障原因分析

（1）主冷却水滤过器 1LG 前总水压为零时，可能是 1201 电控阀和 41YVD 油源阀、液压阀、电磁配压阀误动或故障。

（2）总水压不足，可能是蜗壳取水口堵塞、止回阀故障、调节阀 1202 误动、滤过器 1LG 堵塞或冷却水供水总管路有漏水之处。

（3）推力轴承冷却水水压不足，可能是调节阀 1206 误动或分管路有漏水之处。

（4）推力轴承示流继电器 43SF 高压侧水管堵塞或管路漏水。

（5）由于推力轴承示流继电器 41SF 本身故障而引起的误报警。

（三）故障处理

（1）检查备用冷却水投入正常，总水压合格，复归信号；检查主冷却水滤过器前总水压为零时，如果电控阀、电磁阀误关则打开即可；若电控阀、油源阀、电磁阀、电磁配压阀故障（发卡）可用备用水运行，然后根据情况做好措施进行检修。

（2）总水压不足时，检查处理方式如下：

1）由于总调节阀误关或开度过小引起时，调节 1202 阀来提高总水压在正常范围内，复归备用水恢复主供水运行，并监视各部轴承和冷风器水压合格。

2）检查滤水器是否在清扫过程；滤水器的排污阀 1212 是否关闭，如果没有关闭将其关闭。

3）主冷却水滤过器前后压差过大，说明故障是由于滤过器堵塞引起的，应清扫滤过器。

4）冷却水供水总管路大量跑水时，应停机处理。

5）止回阀阀体损坏时，停机后联系检修处理。

6）若电控阀 1201、止回阀、电磁配压阀 1YVD、主供水滤过器 1LG 及管路无异常，确定为蜗壳取水口堵塞引起总水压降低，应做好措施对蜗壳取水口进行反充风吹扫。

（3）检查总水压正常，推力轴承冷却水水压不合格，应调整204来恢复水压。

如果供水管路有漏水之处，应联系检修设法堵塞，使水压恢复正常。若无法堵塞和无法保证机组的正常供水应停机处理。

（4）如果各水压合格，管路又无漏水之处，信号复归不了，可判定为推力冷却水示流继电器43SP误动，联系检修处理。

待主冷却水正常后，复归备用水，恢复主供水运行。

（5）若主供水和备用冷却水水压同时降低，应按上述原则检查处理，并注意监视各部轴承及冷风器温度在允许范围内；若短时间不能恢复正常而影响机组安全运行时，应请示调度停机，联系检修处理。

二、主轴密封备用润滑水投入故障（主轴密封润滑水中断故障）

（一）故障现象

（1）电铃响，语音警报；机械故障光字牌亮。

（2）机组机械故障中：主轴密封水中断、备用密封水投入等光字牌亮。

（3）机组技术供水系统中：主轴密封备用润滑水电磁配压阀44YVD投入；主轴密封润滑水示流继电器45SF可能动作；主轴密封润滑水水压低于故障压力0.15MPa。

（4）机旁盘：PLC装置屏上机组机械故障灯亮，主轴密封水中断、备用密封水投入等光字牌亮。

（二）故障原因分析

（1）主轴密封水43SP水压为零，可能是电磁配压阀43YVD误动或发卡，导致备用水电磁配压阀4YVD动作。

（2）主轴密封水水压不足，44PP低于0.15MPa或43SP低于0.15MPa，可能是调节阀1221误动、止回阀故障、3LG滤过器堵塞或分管路有漏水之处。

（3）由于主轴密封润滑水示流继电器45SF高压侧水管堵塞或管路中漏水引起。

（4）运行中由于导叶开度的突然变化，使水轮机顶盖上方产生负压，密封水压力继电器瞬间下降波动，引起报警。

（5）由于主轴密封示流继电器45SF本身故障引起误报警。

（6）冷却水总水压故障引起的处理方式同本模块推力轴承冷却水故障处理。

（三）故障处理

（1）检查备用密封水投入情况及顶盖上水情况。如漏水量增大应维持顶盖水位正常。

（2）检查总水压为零时，可能是电控阀201和电磁配压阀41YVD误动或故障。

（3）若电控阀、电磁阀误关则打开即可，复归主轴备用密封水电磁阀及信号；若电控阀、电磁阀故障（发卡），检查备用水源电磁配压阀 42YVD 投入，根据情况做好措施检修 1201 电控阀或 41YVD 电磁配压阀。

（4）主轴密封水 44PP 水压为零（同时总水压也为零），可能是常开阀 1223、1224 或电控阀 1201 和电磁配压阀 41YVD、43YVD 误动或发卡，根据情况做好措施检修，不能检修时尽快停机。

（5）检查滤水器 3LG 是否在清扫过程；滤水器的排污阀 1222 是否关闭，如果没有关闭将其关闭之。

（6）如果因主轴密封润滑水滤过器 3LG 堵塞引起的水压不足，可进行滤过器清扫，打开 1222 阀排污。

（7）如果因主轴密封润滑水示流继电器 45SF 高压侧水管堵塞，水压表显示水压正常，机组可强行运行，待停机后处理；如果因管路中漏水引起，危及机组安全运行时应在短时间内正常停机或紧急停机。

（8）由于管路中有阀门误关引起，打开阀门或调整阀门开度使水压恢复正常。复归主轴密封备用润滑水电磁配压阀 4YVD 和主轴密封备用润滑水故障信号。

（9）因主轴密封润滑水压力继电器 43SP 瞬间下降波动引起。此时复归主轴密封备用润滑水 44YVD 即可复归。

（10）如果各水压合格，管路又无漏水之处，信号复归不了，可判定为主轴密封水示流继电器 45SP 误动，待停机后处理。

（11）检查水压恢复正常后，复归主轴密封备用润滑水 44YVD 和故障信号。

三、主轴密封备用润滑水中断事故

（一）事故现象

（1）中央控制室：

1）蜂鸣器响，语音报警。

2）机械事故、机组故障光字牌亮。

3）主轴密封备用润滑水投入、主轴密封水导润滑水中断信号。

（2）机旁盘：

1）机组事故黄灯亮。

2）机组故障灯亮。

3）掉牌继电器主轴密封备用润滑水投入、主轴密封水导润滑水中断信号动作。

（3）调速器事故电磁阀动作，紧急停机，事故停机。

（4）导叶全关，开度限制全闭。

（5）水导可能出现胶皮烧焦味。

（6）机组技术供水运行监视图：主轴密封润滑水水压 43SP、44PP 为零。

（二）事故原因分析

（1）主轴密封润滑水中断故障的同时，主轴密封备用润滑水电磁阀 44YVD 不能投入或投入后无水源。

（2）主轴密封润滑水中断时由于管路大量跑水引起，主轴密封备用润滑水电磁阀 44YVD 投入后仍跑水严重或主轴密封备用润滑水电磁阀 44YVD 前后阀门误关，不能正常供水。

（三）事故处理

（1）停机过程中监视自动器具动作情况，不良时手动帮助。

（2）机组全停后，复归主轴密封备用润滑水电磁阀 44YVD 和水故障信号。全面检查，分析断水原因，汇报值长，联系维护人员检查处理。

（3）通过润滑水充水试验和备用润滑水充水试验查明事故原因。

四、水轮机上盖水位升高故障

（一）故障现象

（1）中控室电铃响，语音报警，机械故障光示牌亮。

（2）水轮机上盖水位上升。

（二）故障处理

（1）检查水轮机上盖水位是否真正升高。

（2）检查射流泵未启动，应将射流泵控制连接片退出，手动投入射流泵电磁阀 45YVD。如射流泵仍未运行，检查供水阀是否关闭，如供水阀不能处理，可打开备用供水阀。将水排至正常后复归电磁阀，投入射流泵控制连接片，并联系维护查找原因处理。

（3）若射流泵运行正常，水位仍然上升，则检查漏水增大的原因，及时处理。

（4）若水位只升不降，危及水导油槽时，应请求减负荷至空载，必要时联系停机处理。

（5）若水导油槽已进水，应尽快联系停机处理。

五、技术供水系统冷却设备温度升高时的检查处理

（1）对照同一设备的不同表计（温度调节仪和温度巡检仪），判断表计是否准确。

（2）若是水轮发电机组轴承温度升高，检查机组是否运行在振动区，应避免机组长时间运行在振动区。

（3）若是发电机温度升高，检查三相电流是否平衡，并设法消除。

（4）检查温度升高部分的油面、油色、水压、水流量情况，分析原因。

（5）适当提高冷却水压，能够倒换水向运行的机组尽量倒换水向运行。针对汛期含沙量高的特点，可反复切换水系统运行方式。

（6）若采取措施后，温度还继续升高，应降低机组出力，甚至倒至空载运行。

（7）若温度上升至故障停机温度，应监视自动器具动作情况。

［案例一］水导备用润滑水投入故障（见图1-2-4-1）

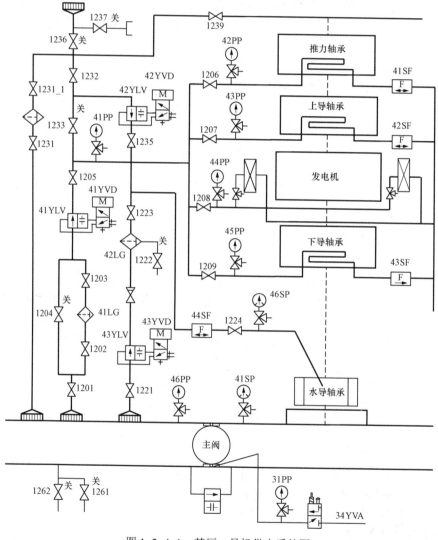

图 1-2-4-1　某厂一号机供水系统图

（一）故障现象

（1）中央控制室电铃响，水力机械故障灯亮。

（2）机旁自动盘故障兰灯亮，水导备用润滑水投入掉牌。

（3）水导备用润滑水电磁阀 42YVD 投入。

（4）水导润滑水示流继电器 44SF 动作。

（5）故障光字牌：水导备用润滑水故障光字牌亮。

（6）液位棒型图：水导润滑水水压 46PP 不合格（小于 0.05MPa）。

（二）故障原因分析

（1）由于运行中 42LG 滤过器堵塞引起水压不足，导致备用水电磁阀 42YVD 动作。

（2）由于水导润滑水示流继电器 46PP 高压侧水管堵塞，管路中漏水引起；或者由于管路中阀门误关引起。

（3）运行中由于导叶开度的突然变化，使水轮机顶盖上方产生负压，水导润滑水压力继电器 46SP 瞬间下降波动引起警报。

（三）故障处理

（1）如果因水导润滑水滤过器 42LG 堵塞引起的水压不足，可进行滤过器清扫。打开 1222 阀，检查水压恢复正常后，复归水导轴承备用润滑水 42YVD 和水导轴承备用润滑水故障掉牌。

（2）如果因水导轴承润滑水示流继电器 44SF 高压侧水管堵塞，水压表显示水压正常，机组可强行运行，待停机后处理。

（3）如果因管路中漏水引起，应在短时间内正常停机或紧急停机。

（4）由于管路中有阀门误关引起，打开阀门或调整阀门开度使水压恢复正常。复归水导轴承润滑水电磁阀 42YVD 和水导轴承备用润滑水故障掉牌。

（5）因水导润滑水压力继电器 46PP 瞬间下降波动引起。此时复归水导备用润滑水 42YVD 即可复归。

（6）待压力稳定后，复归水导备用润滑水故障掉牌。

[案例二] 某厂机组主轴密封故障原因分析及处理

某厂水轮机主轴密封分为检修密封和工作密封两种，其中检修密封为橡胶围带式结构，工作密封为橡胶活塞式结构。

（一）结构。主轴密封结构图如图 1-2-4-2 所示。

为了保证稀油润滑轴承的正常工作，必须在导轴承下采用密封装置，以防止压力水流从主轴和顶盖之间渗入导轴承，破坏导轴承的正常工作。因此，密封装置的好坏是稀油润滑导轴承工作一个相当关键的问题。

主轴密封是水轮机重要保护装置之一，如果出现问题，导轴承就有被水淹的危险，妨碍水轮机的正常工作，影响机组的安全稳定运行。

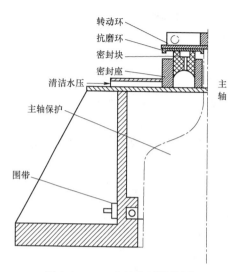

图 1-2-4-2　主轴密封结构图

（二）主轴密封的工作原理

工作密封块下腔通入 0.02～0.10MPa 压力清洁水，使密封块克服自身质量上浮起来。顶住固定在主轴上的转动环上。转动环固定在主轴上，随主轴一起转动，密封块安装在活塞座里，密封块中对称布 2 根 ϕ20 定位销，限制密封块只能作上下运动，不能作环向运动和径向运动。在密封块上下端面之间均布 8 个 ϕ4 通流孔。

当密封块下腔无压时，密封块能靠自重落到底部，当活塞下腔通入压力水后，密封块在水压作用下上升到顶端，使顶盖与主轴之间的漏水水流受到阻碍，在顶起密封块的同时，水流经通流孔到密封块上端：当密封块与转环接触后，接触面之间就产生了流动水膜，只有一小部分水流漏出。同时，这一定的漏水量也保证密封块不受到干磨过热而烧毁，主轴密封起到密封效果。

当机组处于检修或停机时，检修密封投入，围带通入 0.6～0.7MPa 压缩空气，其非约束部分受压鼓起，与大轴保护罩紧密接触，从而阻断尾水窜入水轮机顶盖的通道，起密封作用。

（三）常出现的故障

机组投产以来，曾多次出现下述情况：机组主轴密封漏水量偏大，顶盖水位上升，导致水淹水导迫使机组停机，使机组安全运行可靠性大幅降低。

（四）故障原因分析

从故障现象分析来看，水轮机工作密封的效果如何主要取决于密封块的端面与转环的不锈钢抗磨板接触是否密实，密实好，漏水量小：密实不好，漏水量大。密封块在工作过程中会出现下面几种情况：

（1）开机时，由于压力水管道结垢，压力水流不流入密封块下腔，密封块不能顶起，这时密封块与转环之间有间隙，漏水量偏大。

（2）开机时，由于管道管径偏小原因，导致进入密封块下腔压力水流流量偏小，小于通流孔的水量，不能形成压力，密封块不能顶起，密封块与转环之间有间隙，漏水量偏大。

（3）停机时，转动环在机组轴向推力作用下，将密封块下压 2～3mm，密封块被卡在密封块座上，不能顶起，漏水量偏大。

（4）转动环在某点的速度方向 v 是其作圆周运动的切线方向，其摩擦力 f 的方向与 v 相反，由力学性质密封块工作中所受的力除重力 mg、水压 p 外，还有摩擦力产生的力 $F'=f$，在 F' 的作用下，密封块有随转环转动的趋势，但受到定位销的约束，于是出现密封块与定位销紧紧贴合的结果，时间长就存在倾斜、断裂。密封块定位销孔变形、密封块断裂。定位销钉受力分析图如图 1-2-4-3 所示。

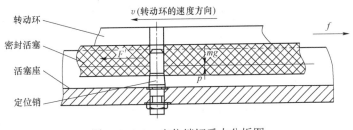

图 1-2-4-3　定位销钉受力分析图

（5）当机组作调相运行时，顶盖与主轴间无水流漏出。这时密封块与抗磨环之间的摩擦变为干摩擦，密封块过热使其表面橡胶碳化，使磨损加剧，增加了检修频率。

（五）故障处理

（1）定位销钉：将密封座上销钉孔封堵，密封块销钉孔用硅胶封堵，从根本上消除销钉对密封块的卡阻作用。

（2）在密封块工作面上开设一条 20mm×20mm 润滑水槽，使 8 只均布 $\phi4$ 通流孔连成一体，改善其工作面的润滑条件，以减少密封块的磨损量。

（3）将原设计的密封水管 DN15 镀锌管改成 DN25 不锈钢金属软管，改善其进入密封座的压力。

（4）增设一套 0.7MPa 压缩空气管路，以便停机时密封块被卡在密封座时，压力水又顶不起密封块开启此套管路，顶起密封块，使之与转环紧贴，减少其漏水量，以保证顶盖水位不能迅速上升，保证水淹导轴承事故不会发生。

【思考与练习】

1. 水轮机运行时，推力轴承冷却水中断故障如何处理？

2. 水轮机运行时，顶盖水位高故障如何处理？

3. 水轮机运行时，主轴密封冷却水供水中断如何处理？

第三章

排 水 系 统 运 行

▲ 模块 1　检修、渗漏排水系统（Z49E3001）

【模块描述】本模块介绍检修、渗漏排水系统概述。通过原理讲解，了解排水系统内容、方式和一般规定。

【模块内容】

一、水电厂的排水系统

水电厂的排水系统分为检修排水系统和渗漏排水系统。

（一）生产用水的排水

水电厂生产用水的排水包括发电机空气冷却器、发电机推力轴承和上、下导轴承油冷却器的冷却水、稀油润滑的水轮机导轴承油冷却器的冷却水、油压装置的冷却水等。

这类排水的特征是排水量较大，设备位置较高，能靠自压排至下游。因此，一般都将它们列入技术供水系统的组成部分，不再列入排水系统。

（二）机组和厂房水下部分的检修排水

每当检查、修理机组的水下部分或厂房水工建筑物水下部分时，必须将水轮机蜗壳、尾水管和压力引水管内的积水排除。

检修排水的特征是排水量大，所在位置较低只能采用水泵排水。为了缩短机组检修期限，排水时间要短，并特别注意尾水闸门、进水口闸门或主阀的漏水量，选择容量足够的水泵，避免不能抽干或排水时间过长等不良后果。排水方式应可靠，注意防止因排水系统的某些缺陷引起尾水倒灌入厂房，造成水淹厂房的危险。

（三）渗漏排水

（1）机械设备的漏水、水轮机顶盖与大轴密封的漏水：混流式水轮机通常用于不少于两根具有足够断面的排水管，穿过固定导叶中部孔，把这一部分漏水自流排入集水井；轴流式水轮机则专门用水泵按水位自动控制启停，将这一部分漏水直接排至下游。

管道法兰、伸缩节、进入孔盖等处的漏水。

（2）下部设备的生产排水如冲洗滤水器的污水、水冷式空气压缩机的冷却水、油水分离器及储气罐的排水、空气冷却器壁外的冷凝水、空调用水的排水等，当无法直接靠自压排至厂外时，纳入渗漏排水系统。

（3）厂房下部生活用水的排水。

（4）厂房水工建筑物的渗水，低洼处积水，地面排水。

渗漏排水的特征是排水量小，不集中，并很难用计算方法确定；位置较低不能靠自压排出。因此，需设置集水井将上述渗漏水收集起来，然后用水泵抽出。

合理设计渗漏排水系统，才能保证厂房不致积水，不致潮湿。

二、检修排水方式

检修排水有直接排水、间接排水、分段排水和移动水泵排水 4 种。分段排水和移动水泵排水只用于容量不大的水电厂上。

1. 直接排水

检修排水泵以管道和阀门与各台机组的尾水管相接。当机组检修时，水泵直接从尾水管抽水排出（采用卧式离心泵）。

2. 间接排水（廊道排水）

厂房水下部分设有相当容积的排水廊道。当机组检修时，通过阀门和管道将尾水管积存水排向排水廊道流至集水井，再由检修排水泵从集水井抽水排出（一般采用深井泵）。

检修集水井与各尾水管之间用管道相连，并设阀门控制，尾水管的积水可自流排入集水井；集水廊道在厂房最低处沿纵轴向设一廊道，各尾水管的积水直接排入廊道，常用于河床式厂房。

3. 分段排水

每两台机组之间设集水井及水泵，构成一个检修排水系统。

4. 移动水泵

不设集水井，直接将临时水泵装在需检修的机组处进行排水。

三、渗漏排水的方式

厂内渗漏水，一般通过排水沟和排水管，引至设在厂房最底部的集水井中，再用专设的渗漏排水泵排至下游。渗漏水量是选择确定渗漏排水设备参数的重要依据，但它一般很难通过计算方法予以确定，原因是它与电站的地质条件、水工建筑物的布置和时光情况、设备的制造和安装质量、季节影响等多种因素有关。

通常在确定渗漏水量时，先由水工部分提出厂房水工建筑物的渗漏水量估算值，然后参考已运行的类似电站的渗漏情况，分析电厂的实际情况，并留有一定的余地，确定出渗漏水量值。

【思考与练习】

1. 水电厂内排水系统分为哪几类？其主要排水用户是什么？
2. 检修排水系统有哪几种排水方式？
3. 渗漏排水系统有哪几种排水方式？

▲ 模块 2　检修、渗漏排水系统运行与维护（Z49E3002）

【模块描述】本模块介绍检修、渗漏排水系统运行与维护的基本要求。通过原理讲解，掌握系统运行基本要求、运行中的注意事项，定期工作，掌握巡回检查与维护项目、自动控制过程和正常操作。

【模块内容】

一、检修、渗漏排水系统运行基本要求

（1）排水泵正常情况下以手动、自动方式运行，当具有备用、轮流其他运行方式时，应进行定期试验。深井排水泵启动前，应投入润滑冷却水，水泵退出运行后，关闭润滑冷却水。

（2）各部定值符合运行规范，并不得随意改变，保护及自动装置完好。

（3）排水泵运行中电流异常增大或下降应立即停止水泵运行，查明原因处理。

（4）排水泵运行中出现异常振动或声音时，应立即停止水泵运行，进行检查。

（5）排水泵出口压力表指示异常增大或减少时，应立即停止水泵运行，进行检查。

（6）排水泵压力表及真空表指针无剧烈跳动。

（7）排水泵禁止长时间空转运行。

（8）排水泵长时间未投入运行，将要投入运行时必须测量其电动机绝缘合格。绝缘不合格时，联系维护采取措施，提高电动机绝缘水平。

（9）两台水泵由同一段母线供电时，应避免两台水泵同时启动，分别启动投入运行。

（10）排水泵电动机工作电流不超过额定值，也不能过小，如太小应检查排水泵是否工作效率低或抽空。

（11）排水泵出口阀均在开适当位置，各部冷却水源阀在全开状态。

（12）排水泵在正常时应放"自动"位置，当需控制尾水管水位或做试验时可放"手动"启动。

（13）排水泵无机组检修时，根据现场规定允许切除电源。

（14）深井排水泵检修后的首次启动或停泵时间超过 1h，水泵启动前给水泵必须充润滑水。

（15）深井排水泵运行中，轴承内的油顺油杯外溢时，应立即停止水泵运行。

（16）深井排水泵止水轴承正常不应严重漏水。

（17）深井排水泵应避免空转。

（18）深井排水泵停泵后不能马上再次启动水泵。

（19）排水泵室温冬季时不低于5℃，否则设法提高室温。

二、检修、渗漏排水系统巡回检查与维护项目

（一）排水泵室巡回检查项目

1. 动力控制盘巡回检查

（1）检查排水泵电源盘电源隔离开关投切正常，熔断器接触良好。

（2）检查排水泵控制开关位置正确。

（3）检查排水泵自动控制盘各指示灯显示正确，故障指示灯均在灭。

（4）检查排水泵控制回路各继电器状态正常。

（5）检查电压表、电流表指示正常。

（6）各电源开关抽屉锁锭把手的位置应在锁锭中，不允许随意操作，改变其位置。

（7）二次接线端子无松脱，检查可编程控制器（PLC）各模块工作正常。

（8）检查整流变压器无异常现象。

（9）检查UPS运行正常。

（10）软启动器（无触点开关）控制箱检查。

1）检查电源、工作指示灯亮。

2）检查启动、停止指示灯指示正确。

3）检查过载、断相指示灯在灭。

4）检查箱内的风机工作正常。

5）检查各接线无有过热现象。

6）检查一次熔丝没有熔断的。

2. 排水泵正常运行时检查

（1）电源开关、操作把手位置正确。

（2）排水泵运行电流稳定，不超过额定值，各部接线端部不过热。

（3）电气设备及自动装置良好，软启动器工作正常，冷却风机投入，内部无异味。

（4）电动机运行正常，无异声，轴承不过热，无剧烈振动。

（5）磁力启动器无异声，触点无烧黑现象。

（6）排水泵体不振动，内部无异声，进、出口阀门位置正确，排水管水流正常，压力表指示正常。

（7）各连接螺栓紧固，无剧烈振动、窜动现象。

（8）深井排水泵轴承不过热，止水盘根漏水不过大。

（9）深井排水泵轴承油位合格，润滑水系统工作正常。

（10）深井排水泵启动前的给水时间及启动后的低转速时间正常。

（11）集水井水位正常。

3. 水泵长期停用或检修后检查

水泵长期停用或检修后，启动前应根据水泵结构检查：

（1）各部连接螺栓紧固。

（2）各电气回路定值整定符合运行规范要求。

（3）软启装置工作正常，电动机转向正确。

（4）电动机接线完好，绝缘合格，接地线完整，保护罩良好，周围无异物。

（5）轴承油位、油质合格。

（6）深井排水泵润滑水系统能正常工作，润滑水电磁阀、示流继电器良好，接线完整。

（7）各继电器、磁力启动器位置正确，触点无烧损现象。

（8）各阀门位置正确，进、出口阀全开，检修措施全部恢复。

（9）各连接螺栓紧固。填料压盖上的螺栓松紧适当，允许有少量漏水。

（10）水泵及电动机周围不得有杂物堆放。

（二）排水泵正常维护项目

（1）检查水泵内部的声音是否正常。

（2）检查水泵的振动、窜动是否过大。

（3）检查水泵、电动机温度是否正常，应无异味。

（4）检查水泵盘根密封是否良好，应无大量漏水。

（5）检查各阀门位置是否正确，各部分无漏水。

（6）检查各泵排水压力是否符合运行规范。

（7）水泵及其电动机周围清洁、无杂物。

（8）检测电动机绝缘是否良好。

（9）手动盘动联轴节，检查水泵与电动机转动是否灵活。

（10）检水泵轴承中润滑油是否足够、油质是否良好。

（11）各连接部位应牢固可靠，无松动现象。

（12）继电器触点、磁力启动器位置正确。电动机工作正常，运转电流平稳，否则查明原因处理。

（13）电动机及水泵运行中轴承温度正常，无剧烈振动和窜动现象，否则查明原因处理。

（14）水泵启动前，润滑油、冷却水预给水时间正常，水泵停运后不倒转。

（15）水泵运行中应在高效区间运行，可以用出口阀门来调节。

（16）水泵运行中，排水正常，其密封装置可允许少量漏水。

（17）深井排水泵启、停间隔时间必须大于 5min 之后启动。

（18）轴承润滑、冷却系统正常，深井排水泵检查润滑水压正常。

（19）检查水泵停止时，止回阀在关闭状态。

（20）运行中如发现异声、水泵抽不上水、电动机或泵体温度过高、电动机冒烟及有焦味时，应停止运行，并检查原因，联系处理。

（21）每次巡回时监视各集水井的水位符合运行规范要求，水位控制浮子工作正常，各部地漏无堵塞，水中无过多油污及杂物。

（22）各排水泵的旋转方向为逆时针方向。当排水泵抽尾水管水时，应加强监视水泵电流是否正常，防止水泵抽空，发现排水泵抽空时应立即将该泵停止运行。

（23）当动力电源切换时，应考虑各水泵的运行方式。

（24）检查排水泵控制盘内各元器件时，注意不得触及晶闸管外壳，防止触电。

（25）巡回检查时，应按启动按钮起动自动泵，检查运行情况是否良好。

（26）检查各操作柜内的防潮电热工作是否正常，不良时联系维护处理。

三、排水泵运行中及启动注意事项

1. 排水泵的操作注意事项

（1）水泵启动前，必须确认冷却、润滑水投入良好，并注意排水去向。

（2）投入联络电源隔离开关时，应注意各段电源隔离开关的位置。

2. 排水泵运行中的注意事项

（1）排水泵应定期进行切换。

（2）排水泵"自动"运行时，必须确定机电设备良好、水位控制系统动作正常、深井水泵润滑水系统正常。

（3）保护与自动装置良好，定值不得随意改变。

（4）运行电流异常增大或降低时，应立即停止运行，并通知维护处理。

（5）正常情况下，水泵启动频繁，应查明原因及时处理。

（6）禁止水泵长时间空转或停止后反转。

（7）电动机绝缘电阻值用 500V 或 1000V 绝缘电阻表测定接近或低于 0.5MΩ 时，应进行干燥，合格后再投入运行。电动机绝缘电阻值低于 0.5MΩ 时，禁止启动。

3. 手动启动深井排水泵时注意事项

（1）深井水泵启动前，应先手动投入润滑水 2~3min。

（2）深井水泵启动达正常转速不带负荷时，应立即停止运行。

（3）深井水泵启动经 4min 自耦变压器不能自动切除时，应立即停止运行。

（4）深井水泵水位在停止水位以上才能启动。

（5）禁止手按启动按钮直接进行深井水泵启动。

4. 停泵条件

排水泵发生下列异常问题时，应立刻停泵。

（1）电动机通电后不转或转速低，发出不正常鸣叫声。

（2）电动机转速低，轴承油面看不见或油色发黑。

（3）电动机运行中有异声，并且发热。

（4）运行中电流表波动较大或超过额定电流时。

（5）电动机、水泵传动装置有异声，内部有明显的金属摩擦声，水泵剧烈地振动。

（6）电动机及电气设备有绝缘焦味、冒烟、着火及其他不良现象。

（7）电动机过热或局部发热，轴承温度过高时。

（8）水泵轴承无润滑油或轴承温度升高。

（9）排水泵轴承冷却水管无水排出。

（10）水泵运行中不出水或水流断续、运行效率低时。

（11）水泵密封轴承过热时。

5. 禁止投入运行情况

正常情况下，水泵有下列情况之一者禁止投入运行。

（1）深井排水泵润滑冷却水不能投入正常工作。

（2）深井排水泵不能降压启动或启动不正常。

（3）水泵运行不吸水或输水管路大量漏水。

（4）轴承盘根过热或大量漏水。

（5）电动机故障或绝缘不合格。

（6）启动时，电动机、水泵有较大异声或异常振动。

（7）集水井水位过低。

四、检修排水系统定期工作

（1）定期测定备用排水泵电动机绝缘一次，若绝缘电阻值小于 0.5MΩ 时，应联系维护处理。

（2）排水泵定期切换。

（3）排水泵启动试验。

（4）装设防洪阀时每年汛期到来之前，进行动作试验一次。

【思考与练习】

1. 启动检修、渗漏系统排水泵前，需要重点检查哪些项目？

2. 检修、渗漏排水泵运行时，巡检需要关注哪些项目？

3. 水泵发生哪些异常情况需要退出运行？

▲ 模块 3　检修、渗漏排水系统检修措施（Z49E3003）

【模块描述】本模块介绍检修、渗漏排水泵检修措施与恢复措施。通过原理介绍，掌握排水系统检修措施与恢复措施的有关规定。

【模块内容】

检修、渗漏排水系统检修时，需要对排水泵做隔离和复役措施。

一、排水泵检修措施

（1）将检修排水泵选择开关放切位。

（2）拉开操作电源。

（3）拉开排水泵动力电源。

（4）取下动力电源熔断器。

（5）全闭排水泵出口阀。

（6）关闭深井排水泵润滑冷却水源阀。

（7）在所拉开开关操作把手处悬挂"禁止合闸，有人工作"标示牌。

（8）在所关闭的阀门挂"禁止开放"标示牌。

二、排水泵检修措施恢复

（1）工作票收回，现场检查无异物。

（2）测量电动机绝缘合格。

（3）打开深井排水泵润滑冷却水源阀。

（4）全开检修排水泵出口阀。

（5）合上操作电源。

（6）合上排水泵动力电源。

（7）排水泵选择开关切至"手动位置"，启动试验良好。

（8）排水泵恢复正常运行。

三、正常操作注意事项

（1）操作排水泵管路上的阀门时，两手用力要均匀，开、闭到头后不要再操作，防止损坏阀杆。

（2）若排水泵抽尾水管水同时又带另一台机尾水管运行，在停止排水泵前应将尾水管吸水阀全闭。

（3）排水泵电动机测绝缘时，应将其选择开关切除，电源隔离开关拉开，绝缘测定后恢复正常。

【思考与练习】

1. 检修、渗漏排水泵隔离需要执行哪些操作？

2. 检修、渗漏排水泵复役需要执行哪些操作？

▲ 模块 4　检修、渗漏排水系统故障处理（Z49E3004）

【模块描述】本模块介绍检修、渗漏排水泵检修措施与恢复措施。通过原理介绍，掌握排水系统检修措施与恢复措施的有关规定。

【模块内容】

一、渗漏、检修排水泵故障检查

（一）集水井水位很高，泵不能运转检查内容

（1）动力电源是否中断。

（2）自动回路是否不良。

（3）是否缺相启动（有缺相启动声）。

（4）启动电阻是否断线。

（5）电动机是否损坏。

（二）离心泵抽不上水检查

（1）检查集水井水位是否过低。

（2）检查水泵填料箱或吸水管法兰是否进气。

（3）检查水泵底阀是否被杂物堵塞。

（三）深井排水泵抽不上水检查

（1）叶轮磨损大、轴向间隙大。

（2）转动轴断裂，电流明显降低。

（3）吸水管路破裂，大量漏水；或接头漏水。

（4）取水口堵塞。

（5）连接导水管螺栓松动，漏水。

二、渗漏、检修排水系统故障处理

（一）集水井水位过高

1. 故障现象

（1）语音报警，出现集水井水位过高（廊道上水）故障信号。

（2）现地辅助设备屏集水井水位过高（廊道上水）状态灯、光字牌灯亮。

2. 故障处理

（1）利用计算机监控系统，调出厂房检修排水系统图画面，检查集水井水位情况，应加强监视，并做好事故预想。

（2）用工业电视监视系统，对廊道上水情况进行检查核实。

（3）现场检查集水井水位是否过高，根据自动泵运行情况做如下处理：

1）若自动泵启动，排水泵工作正常，应查明来水过多原因；水位有上升趋势，应手动启动备用泵运行。

2）自动泵未启动时，手动启动备用泵，并查明原因，设法恢复；无法处理，联系维护。

3）若集水井水位继续上升，水泵无法抽下时，应使用其他排水方式将水位控制在正常范围内。

（二）排水泵电源中断

1. 故障现象

（1）语音报警，出现排水泵电源中断故障信号。

（2）现地辅助设备屏排水泵电源中断，排水泵故障状态灯、光字牌点亮。

2. 故障处理

（1）检查排水泵所在机旁动力电源是否断电，如果断电，且短时间无法恢复，应拉开此电源的进线隔离开关，并挂牌，投入机旁联络进行供电，电源恢复后，应恢复原系统运行。

（2）检查排水泵的电源开关是否跳开，如跳开，应检查电源熔断器是否熔断，水泵外观有无异常，水泵电动机有无烧损、过热现象，出现异常时应退出运行。

（3）检查电源熔断器如果熔断，且水泵及电动机无异常，在更换熔断器后启动水泵试验一次，如水泵运转正常，则恢复其运行；否则退出运行；联系维护人员检查处理。

（三）排水泵抽水运行不停止

1. 根据如下情况判断

（1）检查集水井水位是否过低。

（2）检查控制电极处是否有异物或过脏引起。

2. 故障处理

将工作排水泵退出运行，联系维护人员处理。

（四）排水泵软启故障或过流保护动作

1. 故障现象

（1）语音报警，出现水泵软启故障或过流保护动作报警信号。

（2）现地辅助设备屏排水泵软启故障或水泵过流保护动作状态灯、光字牌点亮。

2. 故障处理

（1）将故障泵控制开关切至"切除"位置，检查水泵软启故障或过流保护动作原因，有无过流或断相。

（2）检查电动机有无过热及烧损现象。

（3）检查电源隔离开关、开关、熔断器是否工作正常。

（4）检查无异常时，复归保护、启动试验正常后，恢复运行，否则联系维护人员检查处理。

（五）排水泵润滑水中断

1. 故障现象

（1）语音报警，出现水泵断水保护动作报警信号。

（2）现地辅助设备屏排水泵断水，排水泵故障状态灯、光字牌灯亮。

2. 故障处理

（1）将故障泵控制开关切至"切除"位置，检查水泵断水保护动作原因。

（2）检查全厂消防水工作是否正常，水泵给水控制阀位置是否正确。

（3）检查水泵给水电磁阀、示流器工作是否正常。

（4）查明断水原因，做相应处理。

【思考与练习】

1. 简述排水泵运行时电源丢失如何处理。

2. 简述排水泵运行时电源中断如何处理。

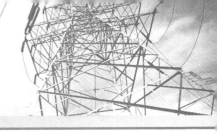

第四章

气 系 统 运 行

▲ 模块 1　高压、低压供气系统概述（Z49E4001）

【模块描述】本模块介绍高压、低压供气系统的基本要求。通过原理讲解，了解供气系统的基本要求，提高压缩空气质量的措施。

【模块内容】

根据压缩空气各用户所需工作压力的不同，水电厂的压缩空气系统大致可分为高压（工作压力在 2MPa 以上）和低压（工作压力在 0.6MPa 以下）两个系统。属于高压的有压油槽充气和配电装置用气，属于低压系统的有机组制动用气、调相压水用气、防冻吹冰用气、风动工具及其他工业用气。但实际上每个单一系统都是整个电站压缩空气系统有机联系的组成部分。不仅工作压力相同的用户要求组成总和压缩空气系统，就是工作压力不同的用户也可以组成总和压缩空气系统，即高低压综合系统。

综合系统比单一系统有许多优越性，首先在经济上较合理，可减小压气设备总容量，节省投资；其次，在技术上比较可靠，可互为备用，提高气源可靠性；第三，设备布置集中，便于运行维护。因此，在设计水电厂的压缩空气系统时，应首先考虑对各用户建立综合供气系统的合理性。

通常应将机组制动用气、调相压水用气、风动工具及其他工业用气组成综合系统，因为这些用户工作压力相同且都布置在厂房里，此系统称为厂内低压空气系统。如果把供压油槽充气的高压气系统也联在一起，即组成水电厂厂内压缩空气系统，包括厂内低压压缩空气系统和厂内高压压缩空气系统。这样即可利用高压空气压缩机经减压后作为低压压缩空气系统的备用，可取消低压空气压缩机的备用机组。空气压缩装置一般布置在安装场下面或水轮机层有空闲的房间里，这样可以接近用户缩短气管长度，同时使空气压缩机离运行人员工作的场所远一些，以避免噪声影响运行值班人员的注意力。

容量在 50 万 kW 以上和机组台数在 6 以上的水电厂，可考虑分组设置专用的空气压缩装置，这些设备分别布置在相应的机组段内。

供配电装置用气的压缩空气系统通常也单独设置，其设备可布置在闸门室或坝顶专用的平房中。当其用户离厂房较近（200m 以内），也可考虑与厂内低压压缩空气系统联合，但其设备容量应能满足冬季运行时厂内用户与防冻用户同时供气的需要。

一、设计综合系统时，压缩空气设备的容量选择原则

（1）每一类用户应设有各自的储气罐，其容积按单一系统的要求计算。但风动工具和空气围带用气一般不单独设置储气罐、可分别由调相储气罐和制动储气罐引取。

（2）供压油槽和空气断路器的空气压缩机容量常按单一系统要求计算。

（3）供调相压水、机组制动、风动工具和防冻用气的低压系统，其空气压缩机容量按正常运行用气和检修用气之和的最大同时用气量确定。

设计压缩空气系统时，应保证满足所有用户的供气要求，同时满足某些用户对压缩空气质量的要求。在检修压气装置的个别元件时，应不致中断电站主要生产过程。同时不宜增大设备和管道的备用容量。空气压缩机的台数及其生产率都应是保证所有用户供气需要的最小值。过多的储气罐、管道接头和配件都会增加压缩空气漏损，从而增加空气压缩机的容量或连续运转时间。

根据运行经验，管道的修理机会是很少的，可不设备用。当需要进行管道计划性检修时，可对用户暂停供气。但对空气断路器的配气网则必须采用双母管或环形母管，以保证配电装置工作可靠性。

二、设计压缩空气系统时应遵守的主要技术安全要求

（1）由空气压缩机直接供气的储气罐，其压力应与空气压缩机额定压力相等。若储气罐在较小压力下工作时，则应在罐与机之间装减压阀。

（2）若高压和低压管道之间有连接管时，则在管道上应安装减压阀，在减压阀后面装置安全阀和压力表。若需用低压空气压缩机向高压干管输送空气时，在连接管上应装设止回阀。

（3）在每台空气压缩机和储气罐上均应装设触点压力表、安全阀等监视保护元件，在空气压缩机上还应装设温度信号器、油水分离器等元件。

如果空气压缩装置所服务的对象需要经常消耗定量空气时，则空气压缩机的运转必须自动化，例如机组调相压水充气、空气断路器用气和防冰用气的空气压缩装置。

若空气压缩装置所服务的是不经常需要供应压缩空气的用户，则空气压缩机可以不必自动化，入压油槽充气和风动工具用气的压气装置。

三、自动化的空气压缩机上所装置的自动化元件应保证的操作

（1）储气罐的压力降到工作压力的下限值时，工作空气压缩机应自动投入运转，压力达到上限值后，应自动断开。

（2）储气罐的压力下降到允许值时，备用空气压缩机应自动投入运转，压力达到上限值后，应自动断开。

（3）用来排泄油水分离器水分和空气压缩机卸荷用的电磁阀，应在空气压缩机停机后或启动时自动操作。

（4）若装有电磁控制的泄放阀时，其自动操作时应保持储气罐或配气管路中的压力为规定值。

（5）当储气罐或配气管中的压力不超过规定的最高或最低压力值时，应发出警告信号。

（6）当空气压缩机中间级压力超过正常压力、排气管中空气温度过高或冷却系统发生故障时，空气压缩机应自动紧急停机。

【思考与练习】

1. 水电厂常用气系统按照气压等级分为几类？如何分类？

2. 简述设计压缩空气系统时，应遵守哪些主要技术安全要求？

3. 水电厂综合设计时压气设备的容量应按什么原则选择？

◢ 模块 2　高压、低压供气系统运行与维护（Z49E4002）

【模块描述】本模块介绍高压、低压供气系统运行与维护。通过原理讲解，掌握供气系统巡视检查与运行维护、定期工作的规定，掌握自动控制过程、正常操作要求等。

【模块内容】

一、高压供气系统运行基本要求

（1）正常运行时，各空气压缩机的运行均以自动为主要运行方式，空气压缩机一台置自动，其他置备用或轮流。如有上位机与现地控制位置时，其运行控制方式应为远方控制，只有做各种试验时方可切至现地控制位置。

（2）供气系统发生故障，值班人员应立即到现场，查找故障原因设法处理。

（3）空气压缩机和储气罐的各级压力表指示稳定，没有异常摆动现象，各级安全阀没有漏风排风现象。

（4）空气压缩机和储气罐出口压力应保证在规定范围内。

（5）空气压缩机油槽油面均在标线之内，否则要及时联系检修添油。油面过低时将其停用。

（6）当动力电源切换时，应考虑各空气压缩机的运行方式。

（7）风冷却的空气压缩机，运行中检查风扇运行良好，否则将空气压缩机停止运行，并联系检修处理。

（8）空气压缩机运行中各油压合格，各部温度正常，无异常升高现象。

（9）空气压缩机运行中，无异常振动现象，轴承没有窜动现象，各转动部位没有异声。

（10）空气压缩机的启动、停止压力正常，其打压效率正常。

（11）空气压缩机长时间未投入运行，在投入运行前必须测量其电动机绝缘合格。绝缘不合格时，联系维护采取措施，提高电动机绝缘水平。

（12）空气压缩机电动机轴承温度不得超过规定值。

（13）空气压缩机电源电压在许可范围内。

（14）压缩机不得长时间超过规定运行。

（15）PLC（可编程逻辑控制器）断电或出现异常情况时，应现地手动控制并加强监视。

（16）空气压缩机必须在空载情况下启动，卸荷系统失灵时，应停运空气压缩机，联系维护人员检查处理。

（17）空气压缩机长时间停运，再次投入运行前应联系维护人员进行全面检查，并按维护保养要求进行启动试验，正常后方可投入运行。

（18）空气压缩机运行的各参数应符合运行规范要求，各部整定值不得随意改变，保护不得退出。

（19）空气压缩机停运时，应及时放出其冷却器的冷凝水。

（20）排污系统失灵时，空气压缩机应停止运行，并联系维护处理。

（21）空气压缩机冷却水中断时，应立即停止运行。待温度降到 40℃ 以下时，方可投入冷却水。

（22）无特殊情况，空气压缩机必须保证有一台处于良好状态。

（23）空气压缩机和储气槽的安全阀、自动装置、保护罩应经常保持清洁、可靠、完整。

（24）冬季各压缩机室温不低于 10℃，否则设法提高室温，确保空气压缩机安全运行。

二、高压供气系统巡视检查与运行维护

（一）运行巡视检查项目

1. 动力盘的检查

（1）检查动力电源隔离开关位置正确。

（2）抽屉开关的锁锭把手在投入位置，不允许随意操作改变其位置。

（3）检查熔断器完好，指示灯显示正常。

（4）检查电压表、电流表指示正常。

2. 控制盘的检查

（1）检查运行方式选择把手位置正确。

（2）检查操作、控制电源投入工作正常，无异常信号。

（3）自动控制及保护装置完整、可靠，各部参数整定符合运行规范要求。

（4）触点压力表定值正确。

（5）检查各种指示灯显示正常。

3. 空气压缩机的检查

（1）检查空气压缩机的各出口管路、阀门没有漏风的现象。

（2）检查水冷空气压缩机的水压正常。

（3）各部阀门位置正确。

（4）油箱油质、油位符合运行规范要求。

（5）电动机保护罩完好，吸气网良好，各部螺栓、销钉等部件连接紧固。

（6）电动机电源引线、接地线连接良好。

（7）空气压缩机室应保持干燥、清洁，地面无杂物、积水等。

4. 高压空气压缩机启动前的检查

（1）检查各连接螺栓紧固，吸气网良好。

（2）检查各级压力表及油压表无指示。

（3）检查动力电源开关、隔离开关及操作电源熔断器完好。

（4）检查各部测温表计指示正常。

（5）检查油槽油位、油色合格。

（6）检查启停压力表定值正确，触点无烧黑现象。

（7）检查故障压力表定值正确。

（8）检查动力盘电流表、电压表指示正常。

（9）检查自动盘内各连接片投退符合当前系统要求。

（10）检查自动盘内各继电器触点无烧损现象，无掉牌告警信号。

（11）检查各指示灯指示正常。

（12）检查电动机外壳接地良好，旋转设备周围无杂物。

5. 运行中的巡回检查

（1）检查空气压缩机空载启动正常、排污阀开闭正常。

（2）检查各级压力表及油压表指示正常、有无剧烈摆动现象，冷却水管路无漏水。

（3）检查各部温度在正常范围之内。

（4）检查空气压缩机运行中不排污、油管不漏油、风管不漏风、水管不漏水。

（5）检查各级安全阀未动作。

（6）检查各级气缸无异声，转动部分及吸气网良好。

（7）检查冷却器无漏水现象。

（8）检查压缩机、电动机振动及轴向窜动不过大，且无异声。

（9）检查动力盘电流表指示正常。

（10）检查动力盘内磁力启动器无异声，开关、隔离开关无过热现象。

（11）检查自动盘内各压力信号表指示正常、无告警，各指示灯指示正常。

（12）检查压缩机自启起、停止正常。

（13）检查压缩机连续工作不得超过厂家规定小时数。

（14）检查冷却水压在合格范围内。

（15）检查高低压储气罐压力正常、安全阀未动作、排污阀无漏气现象。

（16）检查各阀门位置正确，管路无漏气现象。

（二）运行维护项目

（1）值班人员应经常监视空气压缩机启动是否频繁、打气时间是否过长、储气罐压力是否在正常范围内变化。若运行时间过长需查明原因，检查是否有漏风处或用风量过大，检查空气压缩机工作效率是否正常。

（2）空气压缩机的安全阀、自动装置、保护罩应经常保持清洁、可靠、完整。

（3）检查空气压缩机控制面板指示正确、运行泵的指示灯亮、计时器计时正常、显示器自动显示正常。

（4）检查压力传感器和压力开关接线良好，导线无过热现象。

（5）控制盘内防潮电热工作正常。

（6）检查空气压缩机的启动、停止均在空载工况下进行。

（7）空气压缩机转速额定后，各排污闸应关闭，运行中不应有排污现象。

（8）空气压缩机运行中其电流不许超过额定电流，否则联系检修查找原因处理。

（9）动力盘和启动盘各元件无过热、无打火现象。

（10）水冷的空气压缩机出口水温不高于 40℃。

（11）检查空气压缩机运行中无有漏油、漏气现象。

（12）检查空气压缩机制动水分离器排水情况，在正常工况下在规定时间内自动排水一次，否则手动排水一次。

（13）当空气压缩机发生电动机过流故障时，应检查电动机是否故障、空气压缩机机械部分是否发卡，检查电动机无异常可复归一次热元件，若热元件再次动作，应通知维护处理，同时检查备用空气压缩机启动正常。

（14）当空气压缩机本体出现故障警报时，应检查空气压缩机是否停止运行，否则立即停止空气压缩机运行，检查相应的故障情况，设法处理，并通知维护处理。

（15）当空气压缩机动力电源故障或控制电源故障时，此时空气压缩机本体操作面板相应的电源灯灭，应检查三相交流电源空气断路器是否分闸、继电器接触是否良好、熔断器是否熔断，查明原因进行处理。

三、高压供气系统运行中的注意事项

（1）空气压缩机如果频繁启动或连续运行时间过长，应查明原因及时处理。

（2）空气压缩机运行中如果冷却水中断、停运，应查明原因，须待空气压缩机自然降温正常后再投入冷却水，经手动盘车正常后才能投入运行。

（3）PLC 断电或出现异常情况时，空气压缩机应现地手动控制并加强监视。

（4）空气压缩机注塞泵、油箱油位、油气分离器接近下限时，应及时联系维护人员加油，空气压缩机油气分离器的加油应在油气分离器卸压后进行。

（5）禁止空气压缩机在取下皮带和风扇保护罩的情况下投入运行。

（6）高压系统带压时，禁止对空气压缩机和系统进行任何的检修维护工作。

（7）排放高压气压时，禁止在阀前经过或对着工作人员，以免伤人。在操作高压系统阀门时，应侧身操作，禁止面对阀体进行操作。

（8）打开高压风系统的任何气阀时，务必小心地慢慢打开，禁止快速开启阀门。

（9）空气压缩机在检修做措施前，手动启动空气压缩机，并打开滤水排放口运行 2～3min 之后再停泵做措施。

（10）空气压缩机在检修之后，在分离器排放口打开工况下启动空转规定时间之后将其排放口关闭，再将空气压缩机投入正常运行系统。

（11）手动启动空气压缩机时，先手动卸载规定时间之后才能启动空气压缩机。

（12）空气压缩机检修后或长时间停运后的第一次启动时，测电动机绝缘。

（13）遇有下列情况下之一，禁止启动空气压缩机，联系维护人员处理：

1）保护装置不完善、失灵或不能投入运行时。

2）油箱内油质不合格，油位超运行规范时。

3）润滑油泵泵油不正常，油压超运行规范时。

4）空气压缩机冷却装置不能投入运行时。

5）排污或卸载部分不能工作正常。

6）有剧烈振动或出现撞击时。

7）电动机有明显故障时。

（14）各控制触点压力表校验时的注意事项：

1）检修断开电源后，关闭压力表阀门。

2）自动启停控制触点压力表校验时，由备用触点改为自动触点启动空气压缩机。受其控制空气压缩机切备用运行或退出运行。

3）备用触点压力表校验时，受其控制空气压缩机退出运行。

4）信号用触点压力表校验时，应加强储气罐压力监视。

5）保护用触点压力表校验时，有关空气压缩机退出运行。

四、高压供气系统定期工作

高压供气系统应定期做好如下维护工作：

（1）定期对空气压缩机进行一次排水。

（2）定期对储气罐进行一次排污。

（3）定期进行空气压缩机自动、备用切换一次，按设备轮换制度进行切换。具有自动轮换功能的不执行此项。

五、高压空气压缩机操作控制

（一）手动操作

（1）检查空气压缩机的油压、油位是否正常。

（2）检查有关系统的阀门位置是否正确（包括冷却水阀）。

（3）检查空气压缩机电源是否正常。

（4）手动盘动空气压缩机的联轴器，检查其转动应灵活。

（5）空气压缩机现场应清洁、无杂物。

（6）手动打开卸载阀，启动空气压缩机，待空气压缩机启动结束，运行平稳后，复归卸载阀。

（7）监视系统压力恢复正常。

（8）手动打开卸载阀。

（9）待空气压缩机卸载完毕、运转平稳后，停运空气压缩机。

（二）空气压缩机的减载启动

活塞式空气压缩机对空气的压缩是间歇进行的，活塞向上移动挤压空气时承受较大的力，而向下移动吸入空气时阻力较小。刚启动时飞轮和转动部分尚未积蓄足够的动能，缸内空气压力会造成相当大的启动力矩，使电动机过载甚至无法启动。为了顺利启动，应在转动正常之前降低气缸内的压力，这即是空气压缩机的减载启动。可在空气压缩机排气管或气水分离器上安装卸荷阀来实现减载启动。当气水分离器采用电磁阀控制排污时，若与空气压缩机操作回路联动，空气压缩机启动时延时关闭，则也可启到减载启动的作用。

六、低压供气系统运行规定

（1）正常运行时，空气压缩机一台置自动，其他置备用或轮流。如有上位机与现地控制位置时，其运行控制方式应为远方控制，只有做各种试验时方可切至现地控制位置。

（2）低压空气压缩机出口压力应保证在规定范围内（一般为 0.5～0.7MPa）。

（3）严格监视空气压缩机油槽油面均在标线之内，否则要及时联系检修添油。油面过低时将其停用。

（4）空气压缩机出口阀均在开启位置。

（5）水冷式空气压缩机运行中不允许冷却水中断。发现冷却水中断时，立即将其停止运行，待气缸使冷却器温度下降后，查明原因恢复冷却水，调整水压正常方可将其恢复自动运行。

（6）水冷式空气压缩机冷却水源阀在全开状态。

（7）运行中的空气压缩机各部油压、温度应在正常范围内。

（8）运行中空气压缩机，打压效率正常，轴承振动、窜动在规定范围内。

（9）压缩机不得长时间超过规定运行。

（10）空气压缩机电源电压在许可范围内。

（11）冬季各压缩机室温不低于 10℃，否则设法提高室温、确保空气压缩机安全运行。

（12）空气压缩机油槽添油时，需将泵停止并做防转措施后，方可进行添油。

（13）空气压缩机在一般故障时，禁止按动紧急停机按钮，有明显损坏时，方可按紧急停泵按钮。

（14）空气压缩机大修后的启动试验，首先应空载运行，检查无异常后转入负荷运行，运行中应检查润滑油泵泵油是否正常，同时按运行规范调整好冷却水给水压力。

（15）空气压缩机油箱油位、油气分离器接近下限时，应及时联系维护人员加油，空气压缩机油气分离器的加油应在油气分离器卸压后进行。

（16）空气压缩机应在无负荷的情况下启动。

（17）空气压缩机长时间停运，再次投入运行前应联系维护人员测量电动机绝缘合格。

（18）对于某些空气压缩机还需经手动盘车正常后才能投入运行。

（19）空气压缩机停车退出运行时，应打开手动疏水阀排出水气分离器中的冷凝水。

（20）空气压缩机手动注油不少于规定时间。

（21）储气罐压力正常，安全阀未动作，排污阀无漏气现象。

（22）启动空气压缩机必须具备下列条件，否则不准启动：

1）空气压缩机各油箱油面、油色、油温正常。

2）所有保护装置应投入运行，并应动作可靠。

3）各电磁阀动作灵活、不发卡。

4）电动机绝缘合格，应大于 0.5MΩ。

5）需要手动盘车时，转动部分应灵活、不发卡。

6）各部螺栓紧固良好，无折断、松动现象。

7）风扇传动皮带拉力均匀，无断裂。

8）无妨碍运转的障碍物。

9）电动机电源线、接地线完好。

10）气缸盖无裂纹。

11）传动装置的皮带轮、靠背轮保护罩安装牢靠。

12）各阀门位置符合运行要求。

七、低压供气系统巡视检查项目

（一）空气压缩机系统正常巡视检查内容

（1）动力电源隔离开关位置正确。

（2）抽屉开关的锁锭把手在投入位置，不允许随意操作改变其位置。

（3）电压表、电流表指示正常。

（4）运行方式选择把手位置正确。

（5）各种指示灯显示正常。

（6）操作、控制电源投入工作正常，熔断器完好，无异常信号。

（7）自动控制及保护装置完整可靠，各部参数整定符合运行规范要求。

（8）触点压力表定值正确。

（9）电动机保护罩完好，吸气网良好，各部螺栓、销钉等部件连接紧固。

（10）电动机电源引线、接地线连接良好。

（11）空气压缩机室应保持干燥、清洁，地面无杂物、积水等。

（12）各空气压缩机的出口管路、阀门没有漏风的现象。

（13）水冷空气压缩机的水压正常。

（14）空气压缩机停泵状态时进气口无喷油现象。

（15）各部阀门位置正确。

（16）油箱油质、油位符合运行规范。

（二）空气压缩机检修后启动前的检查内容

（1）自动控制及保护装置完整、可靠，触点压力表定值正确，各部参数整定符合运行规范要求。

（2）动力电源开关、隔离开关位置正确。

（3）控制电源投入工作正常，无异常信号。

（4）各部阀门位置正确，出口阀全开。

（5）冷却系统能正常工作。

（6）油箱油质、油位符合运行规范要求。

（7）电动机保护罩完好，吸气网良好，各部螺栓、销钉等部件连接紧固，无折断、松动现象。

（8）电动机绝缘合格。

（9）电动机电源引线、接地线连接良好，空气压缩机周围无异物。

（10）空气压缩机皮带松紧合格，手动盘车机械部分良好。

（11）检修措施已全部恢复。

（三）空气压缩机运行中的检查内容

（1）控制盘内各操作开关位置正确，各状态指示灯显示正确。

（2）空气压缩机运行正常，各控制触点压力表、油压表、温度表指示正常，定值符合运行规范要求；触点式压力表整定位置无变化，无漏气、漏油现象。

（3）电源电压、电流指示正常。

（4）保护与自动装置正常，继电器触点位置正确，触点无烧黑现象。

（5）各继电器工作正常，接线完好、无松动。

（6）各接触器开关触头接触良好，无过热烧损现象。

（7）气缸无异声、转动部分及吸气阀连接良好，各连接螺栓紧固，电动机不剧烈振动、窜动，不过热。

（8）油箱内油质合格，油位、油温、油压符合运行规范要求，机构润滑正常。

（9）润滑油泵打油正常，注油器工作正常。

（10）润滑油面、油压正常，无漏油、甩油现象。

（11）空气压缩机启动、停止排污或卸载部分工作正常。

（12）空气压缩机安全阀工作正常，各阀门位置正确，无漏风、漏水现象。

（13）冷却装置工作正常，供水量、供风量满足排气温度要求，冷却水压力、示流（包括水流指示和水流继电器）、排气温度符合运行规范要求。

（14）水气分离器中的冷凝水自动排放情况。

八、低压空气压缩机及其附属设备运行维护与定期工作

（一）空气压缩机系统的日常检查及必要的清洗、维护工作

（1）检查空气压缩机的安全阀、自动装置、保护罩，应经常保持清洁、可靠、完整。

（2）检查压缩空气的压力、温度。

（3）检查电动机启动和运行中的电流强度。

（4）检查空气压缩机润滑系统的工作情况。如油量、油温、油泵及管道是否正常。

（5）检查及清洗空气压缩机进口滤清器。

（6）手动操作的排污阀，每昼夜至少排污一次。

（7）设有备用空气压缩机的，应定期检查并切换一次。

（8）空气压缩机至储气罐的管道，包括气水分离器，应每季度清洗一次。

（9）储气罐内部每半年清洗一次。

（10）厂内其他输气管道每年清洗一次。

（11）压缩空气系统的管道、设备，通常用苏打水冲洗，压缩空气吹干。

（二）低压供气系统定期工作

（1）空气压缩机定期进行自动、备用切换一次，按设备轮换制度进行切换。具有自动轮换功能的不执行此项。

（2）定期对储气罐进行一次排污。

九、空气压缩机操作控制过程

空气压缩机有手动、自动、备用和轮流 4 种控制方式。小型电站的高压空气压缩机常用手动操作，以使系统简化。低压空气压缩机则常用自动方式，以保证储气罐工作压力。低压部分的额定工作压力为 0.7MPa，最低工作压力为 0.5MPa，用 3 个电触点压力表控制两台空气压缩机来实现。压力信号器整定范围如图 1-4-2-1 所示；1YX 控制自动空气压缩机，压力低至 0.55MPa 时启动，压力升至 0.7MPa 时停止；2YX 控制备用空气压缩机，在自动空气压缩机已运转但供气不足，压力继续下降到 0.5MPa 时启动备用空气压缩机，压力升高到 0.7MPa 时停止；第三个压力信号 3YX 用于事故情况，压力低至 0.475MPa 发气压过低信号，压力高至 0.75MPa 时发气压过高信号。

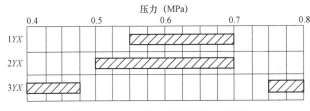

图 1-4-2-1 压力信号器整定范围

【思考与练习】

1. 简述高压供气系统正常巡回检查内容。

2. 高压供气系统运行维护有哪些规定及注意事项？

3. 低压供气系统日常维护有哪些主要内容？

模块 3　机组用气系统（Z49E4003）

【模块描述】本模块介绍机组用气系统概述。通过原理讲解和图形示例，了解机组制动用气、机组调相压水用气、空气围带用气、风动工具和防冻吹冰用气、油压装置用气的基本知识。

【模块内容】

由于空气具有极好的弹性，即可压缩性，是储存压能的良好介质，因此，用它来储备能量作为操作能源是十分合适的。因为，压缩空气使用方便，易于储存和输送，所以在水电厂中压缩空气得到了广泛的应用。无论机组是在运行中，还是在检修和安装过程中，均需使用压缩空气。

水电厂中使用压缩空气的设备和机械有下列几方面：

（1）油压装置压力油槽充气。

（2）机组停机时制动装置用气。

（3）机组作调相运行时转轮室内压水用气。

（4）检修维护时风动工具及吹污清扫用气。

（5）水轮机导轴承或主轴密封检修密封围带充气。

（6）蝴蝶阀止水围带充气。

（7）变电站配电装置中空气断路器及气动操作的隔离开关的操作及灭弧用气。

（8）寒冷地区的水工建筑物闸门、拦污栅及调压井等处的防冻吹冰用气。

根据上述用户的性质和要求，水轮机调节系统和机组控制系统的油压装置均设在水电厂主厂房内，要求气压较高，故其组成的压缩空气系统称为厂内高压压缩空气系统；机组制动、调相压水、风动吹扫和空气围带等也都在厂内，要求气压较低，故可根据电站具体情况组成联合气系统，称为厂内低压压缩空气系统；空气断路器一般布置在厂外，要求气压较高，其所组成的系统称为厂外高压压缩空气系统；水工闸门、拦污栅、调压井等都在厂外，要求气压较低，故称厂外低压压缩空气系统。

【思考与练习】

1. 水电厂内，压缩空气的主要用户有哪些？

2. 厂内高压压缩空气系统的主要用户有哪些？

模块 4　机组用气系统运行操作（Z49E4004）

【模块描述】本模块介绍机组用气系统的运行操作。通过原理讲解，掌握用气系统的正常手动、自动操作，控制回路，动作流程，基本要求。

【模块内容】

一、制动系统正常操作

（一）自动加闸操作

1. 自动操作过程

机组在停机过程中，当转速降低至规定值（通常为额定转速的 35%～40%）时，由转速信号器控制的电磁空气阀 31YVA 自动打开，如图 1-4-4-1 所示，压缩空气进入制动闸，对机组进行制动。制动延续时间由时间继电器整定，经过一定的时限后，使电磁空气阀复归（关闭），制动闸与大气相通，压缩空气排出，制动完毕。排气管最好引到厂外或地下室，以免排气时在水轮机室内产生噪声和排出油污，吹起灰尘。

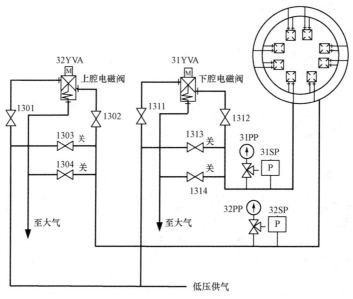

图 1-4-4-1　机组制动用气系统

2. 控制回路动作

机组在停机过程中停机继电器 22KM 励磁，如图 1-4-4-2 所示。

当制动方式采用机械制动（或混合制动），转速降低至规定值 35%～40% 时，转速信号器 SN 闭合，中间继电器线圈 KM 励磁，动合触点闭合，风闸下腔的电磁空气阀 31YVAK 励磁自动打开供气，压缩空气进入制动闸，对机组进行制动。

当机组转速为零后，制动延时继电器 12KT 延续时间到时 5～6 间 12KT 触点闭合，同时 121KT 励磁。因为时间继电器动合触点 KM 闭合，5～6 间 12KT 触点闭合，使风闸下腔的电磁空气阀 31YVAg 励磁自动打开排气，上腔电磁空气阀 32YVAK 励磁自动

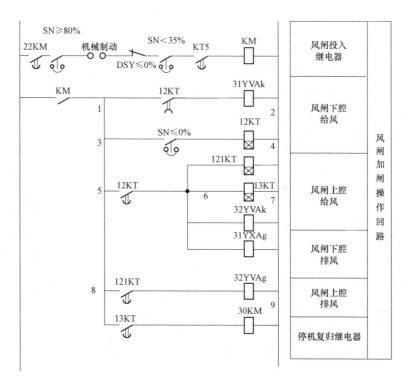

图 1-4-4-2　机组制动用气操作回路图

打开给上腔供气。

当延时继电器 121KT 延续时间到时 8～9 间 121KT 触点闭合，上腔电磁空气阀 32YVAg 励磁自动打开使上腔排气。当延时继电器 13KT 延续时间到时 131KT 触点闭合，致使继电器 30KM 励磁，给停机继电器一个复归信号，停机结束。

（二）手动加闸操作

图 1-4-4-1 中，制动装置并联一套手动操作阀门 1313 和 1314，以便当自动化元件失灵或检修时，可以手动操作阀门 1313 和 1314，保证工作的可靠性。制动装置中的压力继电器是用来监视制动状态的，其动断触点串在自动开机回路中，当制动闸处于无压状态即落下时，才具备开机条件。

1. 电磁空气阀加闸

（1）下腔电磁空气阀 31YVA 推向给风侧。

（2）检查下腔风压 31PP 压力合格。

（3）检查机组转速为零。

（4）下腔电磁空气阀 31YVA 推向排风侧。

（5）检查下腔风压 31PP 压力为零。

（6）上腔电磁空气阀 32YVA 推向给风侧。

（7）检查下腔风压 32PP 压力合格。

（8）上腔电磁空气阀 32YVA 推向排风侧。

（9）检查上腔风压 32PP 压力为零。

2. 纯手动加闸（电磁空气阀拒动时）

（1）关闭 1312 阀。

（2）打开 1313 阀。

（3）检查下腔风压 31PP 压力合格。

（4）检查机组转速为零。

（5）关闭 1313 阀。

（6）打开 1312 阀。

（7）检查下腔风压 31PP 压力为零。

（8）关闭 1302 阀。

（9）打开 1303 阀。

（10）检查下腔风压 32PP 压力合格。

（11）关闭 1302 阀。

（12）打开 1303 阀。

（13）检查上腔风压 32PP 压力为零。

二、机组调相压水供气

发电机自动发电转调相操作时，应检查调相供风系统工作正常、调相风源风压合格、机组有功功率降至零值。

通过计算机监控操作台或调速器发出调相指令。

值班员现场监视自动器具的动作及压气情况。动作不良时手动帮助。以保证尾水管内的水位在转轮以下，不允许转轮在水中运行。调相压水在气压充足的情况下未压下水时，应查明原因及时处理。

转调相成功后，监视无功功率调节情况正常。

对导叶漏水过大的机组，可关主阀调相，如图 1-4-4-3 所示。

1. 水轮发电机组发电转调相的原理

水轮发电机组在发电状态下运行时，水流的能量转换为水轮机旋转的机械能，通过主轴传递转矩，经过发电机的磁电转换，将机械能转换为电能，定子电流的方向是从定子流向系统。水力矩是机组的动力矩，电磁力矩和各种损耗为阻力矩。机组按一

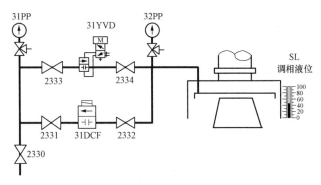

图 1-4-4-3 调相用气系统

定的功率因数运行（有功多、无功少）。当系统感性负荷增加时，系统电压下降较多，为了维持系统电压，要求水轮机调相运行。此时，导叶全关，使水力矩为零，转子励磁电流为过励，因为转子磁极由超前于定子合成等效磁极的状态变成了滞后的状态，所以定子电流的方向发生了改变。在电磁力矩的作用下，水轮发电机以额定转速按原来的旋转方向输入有功电流，来维持机组旋转。但励磁电流为过励，发电机的输出为感性无功，承担系统的无功负荷，从而稳定了系统的电压。为了减少水轮机转动时的损耗，通常将水面压到转轮以下。

如图 1-4-4-3 所示，机组调相（断路器合闸、导叶开度为零）后，31YVD 和 31DCF 同时励磁，打开供气压水，直到调相液位 SL 压至下限时，31YVD 关闭。调相运行中转轮室因为漏气，使得调相液位 SL 不断地上升，这时可通过由接入转轮室支管上设置的管径较小的旁通管 31DCF 管路供给气源来补充漏气。

调相进气管的给气口位置对压水效果也有很大影响，根据调相压水模型试验资料，图 1-4-4-4 中从 1 给气时效果最好，漏气最少；3 给气效果最差，大量空气随竖向回流逸向下游；2 介于两者之间。由于 1 处开设进气孔比较困难，一般都在 2 处，即通过顶盖进气孔给气。进气口宜多设几个，大机组可设 4 个或更多，以使进气均匀，便于形成空气室，迅速将水压离转轮。

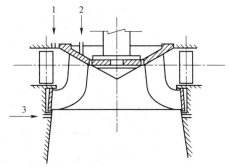

图 1-4-4-4 调相给气口位置示意

2. 自动发电转调相控制回路

首先卸有功负荷至零，然后将发电调相开关 42SA 拨向调相侧，如图 1-4-4-5 所示，断路器在合闸位置时，发电变调相继电器 1KS 励磁，开度、开限逐渐关至零，调相继电器 2KS 励磁，调相灯亮。此时压水电磁阀 31YVD、31DCF 励磁打开，液位逐渐下降至规定范围内。根据需要带上所需无功负荷。

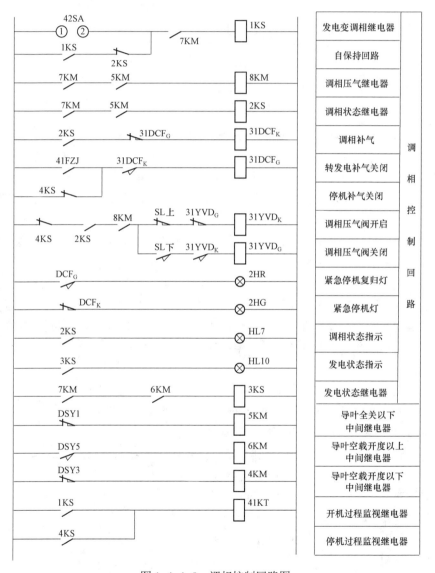

图 1-4-4-5　调相控制回路图

当液位压至 SL 下限时（见图 1-4-4-6），31YVD 关闭。依靠 31DCF 补气来补充转轮室各处漏气造成的气量减少。

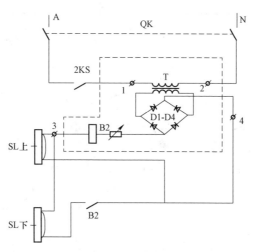

图 1-4-4-6　电极式液位信号器

　　因为转轮室各处漏气可能造成液位的逐渐上升，当液位升至 SL 上限时，31YVD 打开进行补气。调相结束（2KS 失磁）后，31DCF 和 31YVD 关闭。

3. 自动发电转调相流程

自动发电转调相流程如图 1-4-4-7 所示。

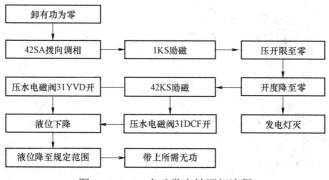

图 1-4-4-7　自动发电转调相流程

4. 自动调相转发电流程

自动调相转发电流程如图 1-4-4-8 所示。

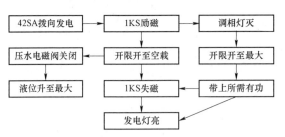

图 1-4-4-8　自动调相转发电流程

三、水泵水轮机压水调相和水泵启动过程压水用气

（1）以水轮机或水泵转向作同步调相运行时，为减少机组的功率损耗，在水泵启动工况时，为减小启动力矩，宜利用压缩空气将水泵水轮机转轮室中的水压离转轮，使转轮在空气中运转。

（2）压水用压缩空气系统宜由空气压缩机、储气罐及配管、阀门等组成单独系统。其配置方式宜分 3 种：

1）单元方式：对 1 台水泵水轮机设置一套压缩空气系统。

2）共用方式：对 N 台（$N \geqslant 2$） 水泵水轮机设置一套共用的压缩空气系统。

3）组合方式：对 N 台（$N \geqslant 2$） 水泵水轮机，空气压缩机是共用的，而储气罐则是每台水泵水轮机单独设置。储气罐之间可以各自独立，也可以装设连通阀门。

压水用空气压缩机系统配置方式示意系统图如图 1-4-4-9 所示。

关于储气罐和空气压缩机的功能划分问题，有下列三种方法：

a. 从压水开始到排气的全过程都由储气罐供气。

b. 从压水开始到尾水管内的水面降到规定水位为止的过程，即 1 次压水操作，由储气罐供气，此后的漏气补给和在一定时间内恢复储气罐的压力，则由空气压缩机来负担。

c. 从压水开始到排气为止的全过程都由空气压缩机供气。

由于 1 次压水操作的时间仅约 1min，如图 1-4-4-9（c）那样只用空气压缩机供气，供气量太少，即使从压水开始时刻空气压缩机就启动，也不过约 1min 空气压缩机供气的裕量，故选用图 1-4-4-9（b）较合理。

1 次压水操作时间当然是越短越好，但在过短时间内压水操作，可能引起给气阀剧烈的局部降温，以致结冰；从调查情况看，1min 左右并没有发现什么问题。因此，取约 1min 比较符合实际情况。

（3）要压低水面，应有足够的给气量，使水尽量迅速脱离转轮。从压水开始至尾水管内的水面降到规定水位为止的 1 次压水操作过程，宜仅由储气罐供气。此后的漏

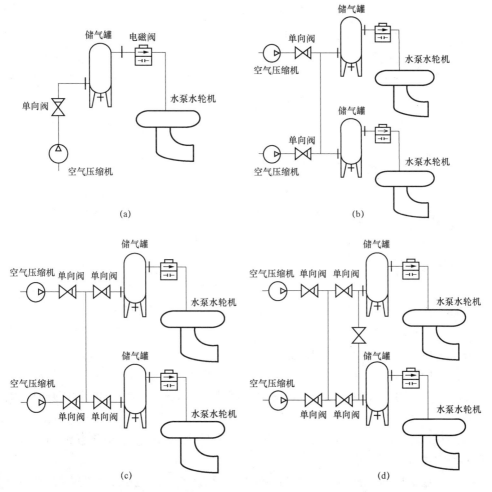

图 1-4-4-9　压水用空气压缩机系统配置方式示意系统图
（a）单元方式；（b）共用方式；（c）（d）组合方式

气补给和在一定时间内恢复储气罐压力，由空气压缩机负担。1 次压水操作的时间宜取 1min。

（4）储气罐总容积的选择应符合如下要求：

1）计算转轮室和尾水管内的实际充气体积 V_d（m³）。

2）在尾水管中，压缩空气将水位压至转轮以下的最优距离为 0.7～1.0 倍的尾水管进口直径。

3）压低水面到规定水位时，尾水管内的最大压力 p_d 应按可能最高尾水位确定。

4）储气罐内允许最低压力 p_r 应按 $p_r = p_d + 0.3$（MPa）计算。

（5）空气压缩机总容量选择应按如下要求：

1）空气压缩机的总容量应按照压缩空气系统的配置方式比较下列两种情况取大值：1台（单元方式）或全部水泵水轮机完成1次压水操作后，在规定时间内，能够使储气罐压力恢复到正常工作压力下限值时所需的容量和能够补给1台（单元方式）或全部水泵水轮机在压水操作完成后的漏气量所需的容量。

2）储气罐的压力恢复时间宜取60～120min。对单元方式取小值，对共用方式取大值。

3）根据主轴密封形式，宜按表1–4–4–1选取漏气量平均值。

表1–4–4–1　　　　　　　　　　**主 轴 密 封 漏 气 量 表**

项目	参　　　数
密封形式	漏气量平均值（m³/min）（大气压下）
盘根箱	取压水充气容积的1%～2%V_d（p_d+0.1）
填料箱	取压水充气容积的4%～5%V_d（p_d+0.1）

（6）压水操作总次数包括备用的压水操作次数，宜按下列情况选取：

1）对单元方式应取（1+α）次（α=0.5～1）。当水泵水轮机首次压水操作不成功到第2次压水操作的允许间隔时间短时，宜取α=1；允许间隔时间长时，宜取α=0.5。

2）共用方式，对于全部N台（$N \geq 2$）水泵水轮机，压水操作次数取（$N+\alpha$）次，$\alpha \leq 1$。当到再次压水操作的允许间隔时间短时，宜取α=1；允许间隔时间长时，宜取α<1。

3）组合方式中，储气罐间没有装设连通阀门的，同单元方式；装设有连通阀门的，同共用方式。

（7）应根据压缩空气系统的装置方式和选用的空气压缩机台数，设置备用空气压缩机。对单元方式，宜设置备用空气压缩机；对共用方式或组合方式，宜省去备用空气压缩机。

【思考与练习】

1. 简述机组风闸投退流程。

2. 机组调相运行时为何要压水？

3. 简述机组调相运行启动时压水的动作流程。

▲ 模块5　机组用气系统运行维护与试验（Z49E4005）

【模块描述】本模块介绍机组用气系统运行维护与试验相关事项。通过原理讲解，掌握压缩空气系统的定期维护、机组机械制动系统试验、压油罐充压试验条件、方法和试验步骤。

【模块内容】

一、压缩空气系统的定期维护

（1）运行值班人员和设备专责人应按规定巡回检查压缩空气系统的供气质量和压力，以保证元件（或装置）的正常运行，当发现有异常及漏气现象，应及时处理。

（2）压缩空气系统的压力表应定期检验，并保证可靠。

（3）机组运行中的制动给气系统和调相给气系统应经常保持正常。在机组停机或调相过程中，运行值班人员要注意监视系统各元件（或装置）的动作情况；如发现异常，应及时处理。

（4）运行值班人员应定期对气水分离器和储气罐进行排污，当发现其含水和含油量过大时，应及时查明原因并进行处理。

二、机组机械制动系统试验

1. 试验条件

（1）压缩空气系统检修工作全部完成，压缩机处于正常运行状态，风闸风源风压合格。

（2）发电机的制动系统检修完毕，制动器已投入运行。

（3）水轮机自动控制系统检修完毕。

2. 试验步骤

（1）检查管路及各元件接头无漏气。

（2）投入控制电源。

（3）分别以手动和自动方式进行制动系统试验，全过程的动作应正常。

（4）无异常后，恢复正常运行状态。

3. 1号机风闸充风试验操作票

机组制动用气系统如图 1-4-5-1 所示。

（1）检查制动风源风压 31PP 正常。

（2）关闭排风阀 1312。

（3）打开给风阀 1313。

（4）检查风闸风压 33PP 在 0.6～0.8MPa。

（5）检查压力继电器 33SP 工作正常。

（6）检查全部风闸均已顶起。

（7）检查各阀门、管路无漏风现象。

（8）关闭给风阀 1313。

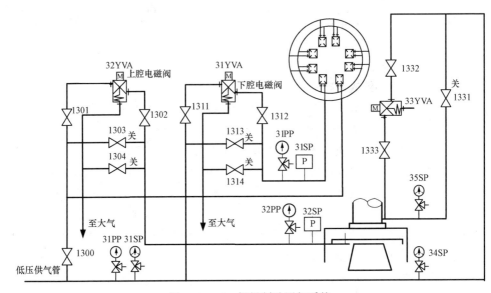

图 1-4-5-1　机组制动用气系统

（9）打开排风阀 1312（此时 1314 应在开）。

（10）检查风闸风压 33PP 为零。

（11）检查全部风闸均已落下。

（12）关闭排风阀 1302。

（13）打开给风阀 1303。

（14）检查风闸风压 32PP 在 0.6～0.8MPa。

（15）检查压力继电器 32SP 工作正常。

（16）检查各阀门、管路无漏风现象。

（17）关闭给风阀 1303。

（18）打开排风阀 1302（此时 1304 应在开）。

（19）检查风闸风压 32PP 为零。

（20）打开下腔电磁空气阀 31YVA。

（21）检查风闸风压 33PP 在 0.6～0.8MPa。

（22）检查全部风闸均已顶起。

（23）检查各阀门、管路无漏风现象。

（24）关闭下腔电磁空气阀 31YVA。

（25）检查风闸风压为零。

（26）检查全部风闸均已落下。

（27）打开上腔电磁空气阀 32YVA。

（28）检查风闸风压 32PP 在 0.6~0.8MPa。

（29）检查各阀门、管路无漏风现象。

（30）关闭下腔电磁空气阀 32YVA。

（31）检查风闸风压为零。

三、压油罐充压试验

对压油槽在检修后由低压系统预充气问题，有两种看法。

一种看法认为可先由厂内低压系统向压油槽充气，然后用油泵打油至规定油面，再继续充以中压压缩空气，以减轻高（中）压空气压缩机的负担，缩短充气时间。

另一种看法，着重考虑供气质量。为避免压力油罐中的湿气凝结，从而锈蚀配压阀和接力器，在压油装置检修后，不宜用低压气系统对压力油罐进行预充气。

【思考与练习】

1. 水电厂压缩空气系统定期维护的主要项目是什么？

2. 简述机组机械制动系统的试验步骤。

3. 简述压油罐冲压试验的气罐预充方式。

▲ 模块 6　高压、低压供气系统检修措施（Z49E4006）

【模块描述】本模块介绍高压、低压供气系统检修措施与恢复措施。通过流程示例，掌握供气系统检修措施与恢复措施的基本要求与检修操作票。

【模块内容】

一、高压空气压缩机检修措施

（一）高压空气压缩机检修措施

（1）选择把手切至"停用"位置。

（2）退出相关保护连接片。

（3）拉开动力电源开关。

（4）拉开动力电源隔离开关。

（5）检查三相动力电源隔离开关在开位。

（6）取下控制回路熔断器。

（7）全闭水冷式空气压缩机冷却水源阀。

（8）全闭空气压缩机出口阀。

（二）高压空气压缩机检修恢复措施

（1）工作票已交回，作业交待完毕。

（2）现场检查无异常。

（3）检查各油箱、油面、油色、油温合格。

（4）高压空气压缩机盘车灵活、不别劲。

（5）全开空气压缩机出口阀。

（6）检查各部测温元件安装良好。

（7）检查各压力表安装良好。

（8）开水冷式空气压缩机冷却水源阀至适当位置，调整水压合格。

（9）合上动力电源隔离开关。

（10）检查动力电源隔离开关在合位。

（11）合上动力电源开关。

（12）装上控制回路熔断器。

（13）投入相关保护连接片。

（14）选择把手切至"手动"位置，启动试验"良好"。

（15）选择把手切至"自动"位置。

二、高压储气罐检修措施

（一）高压储气罐检修做措施

（1）空气压缩机控制开关放"切"位。

（2）全关储气罐进气阀。

（3）全关储气罐出气阀。

（4）全关储气罐联络阀。

（5）全开储气罐排污阀。

（6）检查储气罐压力指示降为零。

（二）高压储气罐检修措施恢复

（1）全关储气罐排污阀。

（2）全开储气罐进气阀。

（3）空气压缩机控制开关放"手动"位。

（4）检查空气压缩机运行。

（5）检查储气罐压力指示在规定范围。

（6）空气压缩机控制开关放"切"或其他位。

（7）全开储气罐出气阀。

（8）全开储气罐联络阀。

三、低压空气压缩机检修措施

（一）低压空气压缩机检修措施

（1）审阅工作票，确认可以工作时，方可做措施。

（2）选择把手切至"切除"位置（如在"自动"位时，应将另一台放"自动"位）。

（3）拉开电源（拉开开关，取下熔断器）。

（4）水冷式空气压缩机全闭冷却水源阀。

（5）关闭空气压缩机出口阀，使其脱离系统。

（二）低压空气压缩机检修恢复措施

（1）工作票已交回，作业交待完毕。

（2）现场检查无异常，各部元件安装良好。

（3）油箱油位在规定范围内。

（4）全开空气压缩机出口阀。

（5）开水冷式空气压缩机冷却水源阀至适当位置，调整水压合格。

（6）合上电源（合上开关，装上熔断器）。

（7）选择把手切至"手动"位置，启动试验"良好"。

（8）检查调相空气压缩机停止正常。

（9）试验后将其放"自动"方式。

四、低压储气罐检修措施

（一）低压储气罐检修做措施

（1）空气压缩机控制开关放"切"位。

（2）全关储气罐进气阀。

（3）全关储气罐出气阀。

（4）全关储气罐联络阀。

（5）全开储气罐排污阀。

（6）检查储气罐压力指示降为零。

（二）低压储气罐检修措施恢复

（1）全关储气罐排污阀。

（2）全开储气罐进气阀。

（3）空气压缩机控制开关放"手动"位。

（4）检查空气压缩机运行正常。

（5）检查储气罐压力指示在规定范围。

（6）空气压缩机控制开关放"切"或其他位。

（7）全开储气罐出气阀。

（8）全开储气罐联络阀。

【思考与练习】

1. 高压空气压缩机检修隔离，主要执行哪些措施？

2. 低压空气压缩机检修完复役，主要执行哪些措施？

3. 低压气罐检修完毕复役，主要执行哪些措施？

▲ 模块 7 高压、低压供气系统故障处理（Z49E4007）

【模块描述】本模块介绍高压、低压供气系统故障现象分析处理。通过故障分析，掌握供气系统的各种故障。

【模块内容】

一、水电厂供气系统故障处理

当水电厂供气系统发生故障时，应按照以下指导，根据现场情况进行处理。

（1）值班人员获知空气压缩机故障时，应立即到现场查明原因及时处理。若工作空气压缩机发生严重性故障，应将备用空气压缩机投入自动运行。

（2）空气压缩机故障已停止运行，无掉牌时应检查热元件是否动作，若动作应检查电动机外部有无异常、有无卡阻等现象，如没有发现异常现象，复归热元件，然后再启动试验，若启动不良则将空气压缩机停止运行，联系维护处理。

（3）空气压缩机出现气压下降警报或手动启动不良时，检查热元件和保护均没有动作，应检查启动回路二次熔断器是否良好，一次熔断器有无熔断，如熔断进行更换。

（4）当发生供气系统欠压故障报警时，应检查供气系统管路是否有漏风或跑风现象。检修人员进行压力油罐充压过程中，如果管路有漏风或跑风的，应设法制止，如果因用风过量时，应通知暂停用风，待气压正常后再用风。

（5）当气系统下降到事故气压时，强制启动所有工作泵，待风压正常再停泵后，联系检修查找自动泵与备用泵为什么不能自动正常启动原因。

（6）当发生气系统压力过高，强制停泵报警时，应将故障空气压缩机退出运行，查找原因并联系检修处理。

（7）发生空气压缩机故障时，要立即联系检修处理，尽快恢复空气压缩机正常运行，确保气系统的正常运行。

（8）当各种故障排除后，对于有些空气压缩机需要将复位键复位一次，才能恢复自动功能。

（9）空气压缩机运行中，只要电气保护动作，应立即做停泵措施，并联系检修处理。

（10）空气压缩机事故停机后，应按如下方法进行处理。

1）操作把手切。

2）复归掉牌或信号继电器。

3）全面检查，未发现异常时，手动启动试验，不良时通知检修处理。

（11）高压空气压缩机运行中，有下列情况之一者，应立即停止运行，通知维护人员处理：

1）运行中有较大异声，底脚螺栓松动或折断，并剧烈振动。

2）曲轴箱、气缸、阀片有强烈撞击者。

3）电动机冒烟或发出绝缘焦味，电动机断相运行。

4）电动机轴承或卷线发热超过允许值。

5）风扇皮带断裂或靠背轮处有杂物。

6）各级气缸压力过高，超过整定值，安全阀失灵。

7）管路损坏造成大量漏气。

8）气缸急剧发热或气缸、缸盖有裂纹。

9）油箱或气缸盖向外冒烟。

10）轴承润滑油压力过低或过高。

11）曲轴润滑油压小于规定值。

12）排污阀排污不复归。

（12）当空气压缩机发生下列故障时，可将故障压缩机退出运行，将另一台切至自动运行：

1）排气温度过高。

2）过流保护动作。

3）一级、二级、三级压力过高。

4）一级、二级传感器故障。

5）单台泵动力电源故障。

6）发生单台泵的强制停泵。

（13）当空气压缩机发生下列故障时，可将工作、备用空气压缩机同时停止运行：

1）高压传感器故障。

2）控制电源故障。

3）发生强制停泵故障。

4）PLC 故障时。

二、常见气系统故障处理

（一）空气压缩机辅助设备控制 PLC 故障

1. 故障现象

语音报警，出现辅助设备控制 PLC 故障信号。

2. 故障处理

（1）将空气压缩机退出 PLC 监控，人为手动启、停监视其运行。

（2）将故障 PLC 退出运行，做好安全措施，联系维护人员处理。

（二）空气压缩机电源中断

1. 故障现象

（1）语音报警，出现空气压缩机电源中断报警信号。

（2）现地辅助设备屏空气压缩机电源中断，空气压缩机故障状态灯、光字牌灯亮。

2. 故障处理

（1）检查断电空气压缩机所在动力电源是否断电，如果断电，且短时间无法恢复，应拉开此电源的进线隔离开关，并挂牌，投入机旁联络进行供电，电源恢复后，应恢复原系统运行。

（2）检查断电空气压缩机的电源开关是否跳开，如跳开，应检查电源熔断器是否熔断，空气压缩机有无异常，空气压缩机电机有无烧损、过热现象，如果有应将此空气压缩机退出运行。

（3）检查电源熔断器如果熔断，空气压缩机及电动机无异常，应更换电源熔断器，启动空气压缩机试验一次，如空气压缩机运转正常，则恢复其运行；否则，退出运行，联系维护人员检查处理。

（三）空气压缩机软启故障

1. 故障现象

（1）语音报警，出现风泵软启故障报警信号。

（2）现地辅助设备屏空气压缩机软启故障，空气压缩机故障状态灯、光字牌灯亮。

2. 故障处理

（1）将故障空气压缩机控制开关放切除，将备用空气压缩机放自动。

（2）检查空气压缩机软启故障动作原因，有无过流或断相、过热及烧损现象。

（3）检查电源开关、熔断器是否工作正常。

（4）检查无异常时，复归保护、启动试验正常后，恢复运行，否则联系维护人员检查处理。

（四）空气压缩机过流保护动作

1. 故障现象

（1）语音报警，出现空气压缩机过流报警信号。

（2）现地辅助设备屏空气压缩机过流，空气压缩机故障状态灯、光字牌灯亮。

2. 故障处理

（1）将故障空气压缩机控制开关放切除，将备用空气压缩机放自动。

（2）检查空气压缩机过流保护动作原因，有无断相、过热及烧损现象。

（3）检查电源开关、熔断器是否工作正常。

（4）检查无异常时，复归保护、启动试验正常后，恢复运行，否则，联系维护人员检查处理。

（五）空气压缩机备用启动

1. 故障现象

（1）语音报警，出现空气压缩机备用泵启动报警信号。

（2）现地辅助设备屏空气压缩机备用启动状态灯、光字牌点亮。

（3）备用空气压缩机在运转，自动空气压缩机可能没转。

2. 故障处理

（1）检查储气罐压力是否正常，检查压力表整定值是否变化。

（2）监视风压上升情况，停止后将选择开关放自动。

（3）自动泵未启动时，应查明原因设法投入运行。

（4）若自动泵、备用泵均启动时，检查有无大量用气、跑气之处，或启动不带负荷的现象。若因临时用风过多，应通知有关部门人员减少用风量或停止用风，如有跑气处应设法隔离。

（5）储气罐压力正常后，复归信号，联系维护人员处理。

（六）空气压缩机排气压力过高

1. 故障现象

（1）语音报警，出现空气压缩机排气压力过高报警信号。

（2）现地辅助设备屏空气压缩机排气压力过高状态灯、光字牌灯亮。

（3）气缸排气压力超过允许值，安全阀可能动作。

（4）空气压缩机停运。

2. 故障处理

（1）将故障空气压缩机放切，将备用空气压缩机放自动。

（2）检查空气压缩机外观有无异常，故障泵无异常后，复归保护信号，现地启动试验，检查监听汽缸有无异声。

（3）正常后恢复空气压缩机运行，否则联系维护人员处理。

（七）空气压缩机排气压力过低

1. 故障现象

（1）语音报警，出现空气压缩机排气压力过低报警信号。

（2）现地辅助设备屏故障状态灯、光字牌灯亮。

2. 故障处理

（1）检查故障空气压缩机排污或卸载装置工作是否正常。

（2）检查空气压缩机有无大量跑气或负荷大量用气之处，如用气量过大，应适当减少供气量。

（3）正常后复归信号，否则联系维护人员处理。

（八）空气压缩机油温过高报警

1. 故障现象

（1）语音报警，出现空气压缩机油温过高报警信号。

（2）现地辅助设备屏空气压缩机油温过高故障状态灯、光字牌灯亮。

（3）空气压缩机油温超过整定值。

2. 故障处理

（1）检查空气压缩机油位、油质是否合格。

（2）检查冷却水是否正常。

（3）检查空气压机机械部分是否发卡、松动。

（4）检查机体是否漏气。

（5）检查保护信号是否误动，通知维护人员处理。

（九）空气压缩机排气温度过高

1. 故障现象

（1）语音报警，出现空气压缩机排气温度过高报警信号。

（2）现地辅助设备屏空气压缩机排气温度过高状态灯、光字牌灯亮。

（3）空气压缩机停运。

2. 故障处理

（1）将故障空气压缩机放切，将备用空气压缩机放自动。

（2）检查冷却装置工作是否正常。

（3）检查油箱油位是否符合运行规范、润滑油泵泵油是否正常。

（4）检查空气压缩机冷却系统工作是否正常，如冷却供水量、冷却器、冷却风扇工作情况。

（5）检查各部正常，待故障空气压缩机自然降温正常后，恢复空气压缩机运行，否则联系维护人员处理。

（十）空气压缩机润滑油压过低

1. 故障现象

（1）语音报警，出现空气压缩机润滑油压过低报警信号。

（2）现地辅助设备屏空气压缩机润滑油压过低，空气压缩机故障状态灯、光字牌点亮。

（3）油压表指示低于规定值。

（4）空气压缩机停运。

2. 故障处理

（1）检查曲轴箱油位是否符合运行规范、曲轴齿轮润滑油泵泵油是否正常。

（2）检查空气压缩机运行的环境温度是否超出运行规范，油加热器是否投入工作。

（3）检查各部正常、恢复空气压缩机运行，否则联系维护人员处理。

（十一）储气罐压力异常

1. 故障现象

（1）语音报警，出现储气罐压力异常报警信号。

（2）现地辅助设备屏储气罐压力过低或过高故障状态灯、光字牌灯亮。

2. 故障处理

（1）如储气罐压力过高、空气压缩机在运行，应立即手动停止其运行，检查空气压缩机失控原因，联系维护人员处理。

（2）如储气罐压力过低，空气压缩机在运行，应检查空气压缩机排污或卸载装置工作是否正常，空气压缩机如果未启动，应检查空气压缩机是否故障。

（3）检查有无大量用气、跑气之处，如用气量过大，应适当减少供气量；如有跑气处，应设法隔离。

待储气罐压力正常后，复归信号，联系维护人员处理。

【思考与练习】

1. 运行中空气压缩机出现过流保护动作，应如何处理？

2. 水电厂低压气系统运行过程中出现气体压力过低，分析原因有哪些？如何处理？

3. 当气系统压力下降到事故压力时，对运行有何影响，如何处理？

模块 8　机组用气系统故障处理（Z49E4008）

【模块描述】本模块介绍机组用气系统故障现象分析处理。通过故障分析，掌握制动闸瓦的各种故障。

【模块内容】

一、制动闸瓦未落下故障

（一）故障现象

（1）操作员台：电铃响，语音警报，随机报警窗口有机组机械故障等报警信号。

（2）报警台：机械故障中，相应的风闸未落下，光字牌灯亮。

（3）监控台：低压用气系统中，闸瓦未落下，灯闪亮；开机过程画面中，机组停机后备用白灯 HW 不亮。

（4）PLC 装置屏：发电机备用状态灯不亮，机组机械故障灯亮。

（5）机组运行中有胶皮烧焦味。

（二）故障原因分析

（1）风闸顶起后，由于闸瓦活塞 O 形密封圈发卡，致使闸瓦不能落下。

（2）由于闸瓦活塞或活塞杆加工精度不够，闸瓦落下时摩擦力过大，致使风闸闸瓦不能落下。

（3）复位弹簧弹性不够或反冲扫活塞气压不足。

（三）故障处理

如果机组开机时发现机械刹车无法自动退出，可以先手动退出，若手动仍无法退出，则应立即将机组停机，并做好进风洞工作的简单隔离（防转动以及电气简单隔离后，进入风洞，对机械刹车装置进行检查，发现有未退出的则应用专用撬棍将刹车板撬下来，然后利用自动投退回路对机械刹车进行多次试验。

二、机组运行中风闸顶起故障

（一）故障现象

（1）机组振动加大。

（2）风洞感烟元件蜂鸣器响。

（3）机组有持续的异声，风洞盖板有烟冒出，有石棉焦味；刹车柜、风闸下腔气压表有压力。

（4）监控台：闸瓦未落下灯闪亮，有随机报警信号。

（二）故障原因分析

（1）机组运行中制动风系统自动误加闸。

（2）机组运行中人为误操作风闸加闸供风阀。

（3）机组运行中由于机组的振动等原因使风闸振动误顶起而不能落下。

（4）停机过程时制动风系统已解除而风闸未落下。

（三）故障处理

（1）用手动迅速解除机械制动，然后将电磁阀两侧阀门关闭。

（2）紧急停机，注意监视停机过程。

（3）检查制动闸皮、制动环的破坏磨损情况。

（4）分析判断查找原因后进行处理，经试验无问题后，才能开机。

三、调相压水气罐压力低报警

（一）故障现象

（1）监控系统出现报警。

（2）压力下降出现闭锁机组调相启动信号。

（二）故障原因

（1）调相压水气罐压力过低。

（2）调相压水气罐压力开关故障。

（三）故障处理

（1）检查调相压水气罐的压力是否正常。

（2）检查供气管路有无漏气。

（3）确认机组主压水阀和补气阀在关闭位置。

（4）确认压力开关隔离阀打开位置。

（5）确认压力开关气罐压力降时能正确动作。

（6）开启补气回路对气罐进行补气升高压力。

【思考与练习】

1. 机组运行中风闸误顶起故障的原因有哪些？

2. 如何防止机组运行时风闸误顶起？

3. 调相压水气罐气压低可能原因有哪些，如何处理？

第二部分

水轮发电机组机械运行

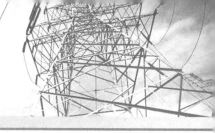

第一章

主 阀 系 统 运 行

模块 1　主阀概述（Z49F1001）

【模块描述】本模块介绍主阀的分类、作用和一般规定。通过功能介绍，了解主阀的一般规定。

【模块内容】

一、主阀的作用

水电厂为了满足机组运行与检修的需要，常常在压力钢管的不同位置装设闸门或阀门对水流加以控制，装在水轮机蜗壳前的阀门称为主阀。

（一）主阀的作用

（1）岔管引水的水电厂，构成检修机组的安全工作条件。当一根输水总管给几台机组供水时，若停机检查或检修其中某台水轮机时，关闭该机组的主阀即可从事检修工作而不影响其他机组正常运行。

（2）停机时减少机组的漏水量，重新开机时缩短机组所需要的时间。机组停机后，由于水轮机导叶的端面和立面密封大多为接触密封，不可避免存在一定量的漏水量，从而造成导叶密封处的间隙空蚀损坏，使漏水量进一步加大。一般导叶漏水量为水轮机最大流量的 2%～3%，严重的可达到 5%，一方面造成水能的大量损失，另一方面会引起机组的低转速运行，损坏推力瓦。因此，当机组长时间停机时，将其主阀关闭就可以大大减少机组的漏水量，也解决了机组长期运行后，因导叶漏水量增大而不能停机的问题。

在引水管较长的引水式电站中，当机组停止运行或者检修时，可以只关主阀，不关上游进口闸门，使引水管道处于充水等待工作状态，缩短机组重新启动的时间，保证水力机组运行的速动性和灵活性。

（3）防止飞逸事故的扩大。当机组甩负荷又恰逢调速器发生故障不能关闭导叶时，主阀能在动水下迅速关闭，切断水流，防止机组飞逸的时间超过允许值，避免事故扩大。

（二）对主阀的要求

（1）应有严密的止水装置，减少漏水量。

（2）主阀只有全开和全关两种状态，不允许部分开启来调节流量，以免造成过大的水力损失和影响水流稳定而引起过大的振动。

（3）主阀必须在静水中开启，可在动水下关闭。

二、主阀的分类

按主阀结构的不同可将主阀分为蝴蝶阀、球阀和快速闸门3种。

（1）蝴蝶阀。水头在200m以下的电站广泛采用蝶阀，根据阀体轴的装置型式蝶阀又分为立轴蝶阀（阀体轴为垂直布置）和横轴蝶阀（阀体轴为水平布置）。它具有尺寸小、结构简单、造价低、操作方便、漏水量较大，且有自行关闭的趋势的特点。

（2）球阀。水头在250m以上的电站采用球阀，它具有全开时水流阻力小、全关时密封性能好、漏水量小及尺寸大、结构复杂、造价高的特点。

（3）快速闸门。对于引水管道较长设有调压井的水电厂，快速闸门安装在调压井的上游管道上；对于引水管道较短没有调压井的水电厂，快速闸门安装在管道的取水口处。

三、主阀系统的规定

（一）主阀系统的基本技术要求

（1）主阀关闭位置止水装置的漏水量不超过规定值。

（2）主阀及其操动机构应有足够的强度，主阀操作应有可靠的压力油源。

（3）主阀在动水条件下能迅速关闭，使机组飞逸时间不超过规定值。

（4）主阀正常运行只有全开与全关两个位置，不允许作部分开启来调节流量。

（二）主阀操作的规定

在下列情况下需关主阀或进水口闸门，必要时关尾水闸门：

（1）水导轴承、导叶轴套、真空破坏阀检修。

（2）压油装置排油、排压、失去压力。

（3）调速器、接力器检修。

（4）受油器检修。

（5）主轴密封检修。

（6）事故配压阀分解检修。

（7）打开压力钢管进人孔、蜗壳进人孔或尾水管进人孔的工作时。

（8）多个导叶剪断销剪断，导致导叶失控时。

（三）主阀、进水口闸门操作的基本要求

（1）操作闸门前必须将尾水管进人孔、蜗壳进人孔和压力钢管进人孔关闭。

（2）检查尾水管排水阀、蜗壳排水阀关闭。

（3）操作闸门必须先关进水口闸门后再关尾水阀门，或先开尾水闸门后再开进水口闸门。

（4）主阀、进水口工作闸门能在机组发生事故时快速动水关闭。

（5）主阀、进水口工作闸门应能正常操作打开或关闭。

（6）主阀、进水口工作闸门和尾水闸门只有在平压后方可打开（筒形阀除外）。

（7）机组正常运行时，液压控制的进水口闸门自动降到规定值位置，闸门控制油泵应能正常自动启动，将进水口闸门开启至正常位置。

（8）主阀、进水口工作闸门应具备中控室、机旁控制盘和现场控制操作的条件。

【思考与练习】

1. 在水电厂，主阀的作用是什么？

2. 根据形式和结构的不同，主阀如何分类？

3. 为保障水电厂安全稳定运行，对主阀有何技术要求？

◢ 模块 2 蝶阀、球阀、快速闸门的自动控制（Z49F1002）

【模块描述】本模块介绍蝶阀、球阀、快速闸门的自动控制过程。通过图形举例，掌握系统图和控制回路图、流程图，掌握自动动作过程。

【模块内容】

一、快速闸门系统的自动控制

快速闸门是水轮机进口蝶阀的一种，现以某电站的液压自动控制的快速闸门为例叙述其自动控制系统的工作原理。

快速闸门机械液压系统见图 2-1-2-1，在图 2-1-2-1 上，快速闸门的操作有自动和手动两种操作方式，开启快速闸门靠液压力，关闭快速闸门靠闸门的自重落下。

1. 自动开启快速闸门

按下油泵启动按钮，油泵空载启动，油在下述油路内循环 8s 并使油压升高到 14MPa，油的走向：油泵出口经工作油路→插装阀 CV1→插装阀 CV2→常开阀门 SV2→集油槽→滤油器→常开阀门 SV3→油泵入口。

按下启门按钮`81YV、83YV 励磁，`81YV 励磁打开 CV5，83YV 励磁关闭 CV2，靠系统油的压力来启动闸门，油的走向：压力油由油泵的出口→插装阀 CV1→常开阀门 SV5→插装阀 CV5→插装阀 CV4→常开阀门 SV8→油缸下腔；油缸上腔的油→常开阀门 SV1→常开阀门 SV4→集油槽。

油缸下腔进压力油、上腔排油，使活塞上移，由闸门控制器控制活塞移动到充水开度，此时闸门没有开启而将旁通阀开启向机组侧充水，平压后活塞继续向上移动并带动闸门开启至全开位置，到全开位置后由闸门控制器自动将油泵停止。

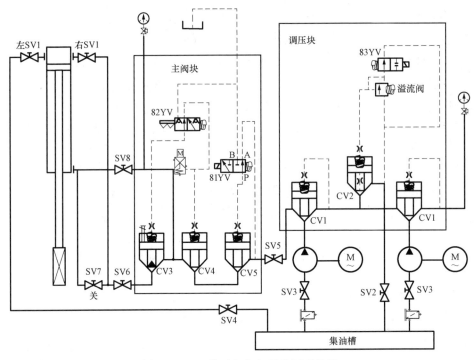

图 2-1-2-1 快速闸门机械液压系统图

2. 自动关闭快速闸门

按下关门按钮，82YV 励磁并打开 CV3，闸门靠其自重快速关闭，油的走向：油缸下腔的油→常开阀门 SV8→插装阀 CV3→常开阀门 SV6→常开阀门右 SV1→油缸上腔。

油缸上下腔连通平压，则闸门靠自重快速下移并带动油缸内的活塞下移，油缸上腔会产生局部真空，部分油由集油槽经常开阀门 SV4、左 SV1，被产生的真空吸入油缸上腔，填补活塞快速下移所产生的空间。闸门快速关闭后闸门控制器 82YV 自动断电，油路恢复原态。闸门的关闭速度可通过插装阀 CV3 来调整。

3. 手动开启快速闸门

手动开启快速闸门时油的走向与自动开启快速闸门时相同，不同的是油泵的启动，81YV、83YV 励磁到充水开度时油泵的停止，平压后油泵的再次启动及停止均需手动控制。

4. 手动关闭快速闸门

手动关闭快速闸门有两种方式，一种方式是快速关闭，另一种方式是慢速关闭。按下手动操作按钮，插装阀 CV3 打开执行快速关快速闸门的动作油的走向同自动快速关闭闸门。闸门检修及调整调试时需要慢速关闭快速闸门，此时可以手动开启常闭阀门 SV7，闸门下降的速度由 SV7 开度的大小来调节，油的走向：油缸下腔的油→常闭阀门 SV7→常开阀门右 SV1 油缸上腔；集油槽的油→常开阀门 SV4→常开阀门 SV1→油缸上腔。

二、蝶阀系统的自动控制

竖轴蝶阀机械液压系统图如图 2-1-2-2 所示，蝶阀的操作压力油由 5YB 油泵提供，油泵出口设置一单向阀 81YFS，用于防止接力器内压力油在油泵停止后倒流。81YVD、82YVD 是电磁配压阀，81YVD 用于控制旁通阀的开启与关闭。82YVD 用于控制接力器上、下腔的进排油，从而控制蝶阀的开启与关闭。91SS 是水压锁锭阀，只有在机组侧水压是蝶阀前水压的 80% 及以上时，该锁锭才会拨出，水压锁锭拨出后 82YVD 才

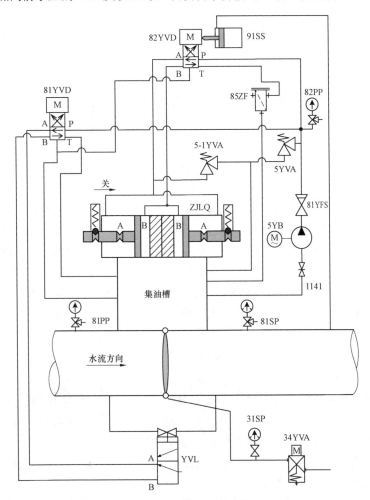

图 2-1-2-2　竖轴蝶阀机械液压系统图

会动作。蝶阀的每个接力器上都有个弹簧球形锁定，在接力器全开与全关位置时会自动投入，当接力器向开启及关闭方向移动时它会自动拨出。34YVA 是一个电磁空气阀，用于控制蝶阀空气围带密封的供排气。蝶阀关闭时间为 1min 50s。

1. 自动开启蝶阀

开蝶阀条件具备的情况下，操作蝶阀把手发开蝶阀令，首先 34YVA 脱开线圈励磁，蝶阀密封橡胶围带排风，31SP 压力降为 0MPa；蝶阀油泵启动，油压正常后，旁通阀开放电磁阀 81YVD 励磁，油路走向：压力油→5YB 出口→81YFS→81YVD 的 P 孔→81YVD 的 B 孔→旁通阀的下腔。旁通阀的上腔的压力油→81YVD 的 A 孔→81YVD 的 T 孔→排回集油槽。结果是旁通阀活塞上移，水由压力钢管旁通管和旁通阀向机组侧充水，充水至平压，水压锁锭 91SS 拨出，为蝶阀开放电磁阀 82YVD 励磁作准备。蝶阀开放电磁阀 82YVD 励磁，油路走向：压力油→5YB 出口→81YFS→82YVD 的 P 孔→82YVD 的 B 孔→蝶阀接力器的 B 腔。蝶阀接力器的 A 腔的压力油→82YVD 的 A 孔→82YVDV 的 T 孔→85ZF→排回集油槽。结果是蝶阀接力器向开侧移动，弹簧球形锁锭自动拨出，通过传动机构带动阀体打开至全开位置，蝶阀全开后，蝶阀油泵停止。

2. 自动关闭蝶阀

1. 操作蝶阀把手发关蝶阀令，首先蝶阀油泵启动，油压正常后，蝶阀关闭电磁阀 82YVD 励磁，油路走向：压力油→5YB 出口→81YFS→82YVD 的 P 孔→82YVD 的 A 孔→蝶阀接力器的 A 腔。蝶阀接力器的 B 腔的压力油→82YVD 的 B 孔→82YVD 的 T 孔→85ZF→排回集油槽。结果是蝶阀接力器向关侧移动，通过传动机构带动阀体关至全关位置，蝶阀全关后弹簧球形锁锭自动投入。旁通阀关闭电磁阀 81YVD 励磁，油路走向：压力油→5YB 出口→81YFS→81YVD 的 P 孔→81YVD 的 A 孔→旁通阀的上腔。旁通阀的下腔的压力油→81YVD 的 B 孔→81YVD 的 T 孔→排回集油槽。结果是旁通阀活塞下移，旁通阀全关，机组侧水压降低到一定数值后水压锁锭 91SS 自动投入，防止没有平压就开蝶阀。旁通阀全关后蝶阀油泵停止。34YVA 投入线圈励磁，蝶阀密封橡胶围带给风，31SP 压力升为 0.7MPa，蝶阀密封投入。

3. 手动开启蝶阀

手动开启蝶阀时油的走向与自动开启蝶阀时相同，不同的是 81YVD$_K$ 线圈励磁、82YVD$_K$ 线圈励磁、84YVA$_K$ 线圈励磁及油泵的启动及停止都需到各设备所在地分别进行手动操作，另外还要按启动蝶阀油泵→围带排气→开旁通阀→机组侧水压合格→开蝶阀→停止油泵的操作顺序进行操作，当然操作的过程中还有一些检查项目。

三、球阀系统的自动控制

图 2-1-2-3 所示为球阀机械液压系统图，82YVD 是一个电磁配压阀，用于控制接力器的开启与关闭。81YVD 是一个电磁配压阀，用于控制旁通阀的开启与关闭。YVL1、

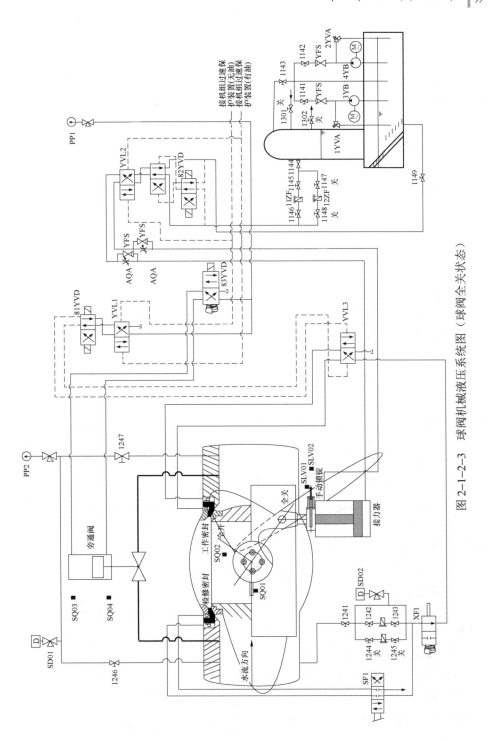

图 2-1-2-3　球阀机械液压系统图（球阀全关状态）

YVL2、YVL3 都是二位四通阀，机组过速时用 YVL2 控制接力器的关闭，用 YVL1 控制工作密封的投入。SD01、SD02 是差压控制器，SD01 用于开球阀前向机组侧充水时监测球阀前后的压差，SD02 用于监测滤水器前后的压差。SQ01～SQ04 及 SLV01、SLV02 是行程开关，SQ01 和 SQ02 用于指示球阀的位置，SLV01 和 SLV02 用于指示接力器手动锁锭的位置，SQ03 和 SQ04 用于指示旁通阀的位置。SF1 是一个手动三位四通阀，用于控制检修密封的投入与退出。1PP 用于测量压力钢管水压，2PP 用于测量油压。

【思考与练习】

1. 根据图 2-1-2-1 简述快速闸门的开启过程。

2. 根据图 2-1-2-2 简述蝶阀的关闭过程。

3. 根据图 2-1-2-3 简述球阀的开启过程。

▲ 模块 3 蝶阀、球阀、快速闸门的正常操作（Z49F1003）

【模块描述】 本模块介绍蝶阀、球阀、快速闸门的正常操作过程。通过图文结合和原理讲解，了解闸门的计算机监控操作、现地自动操作及手动操作步骤。

【模块内容】

一、快速闸门系统的操作

快速闸门的开启方式有远方操作、现地自动和现地手动 3 种。远方操作是自动的，而现地操作有两种方式，分别是自动和手动。下面均以开启快速闸门为例说明快速闸门的操作方法。

（一）计算机监控操作（远方操作）

远方操作是在上位机操作员站进行，可在操作员站上选择开、关快速闸门的操作，则弹出快速闸门系统监视画面。在该画面中可以监视各电磁阀和油泵的动作情况、快速闸门开度的具体数值、油泵出口压力和闸门下腔油压。在快速闸门流程画面有开、关快速闸门的流程，快速闸门开启流程见图 2-1-3-1。

（二）现地自动操作

现地自动操作是在快速闸门室进行的，可通过操作快速闸门的控制盘上的按钮，监视盘上各种指示灯，按如下步骤进行操作，参见图 2-1-2-1。

（1）检查导叶全关，快速闸门全关。

（2）将现地/远方转换开关切现地。

（3）检查 1 号泵转换开关、2 号泵转换开关位于自动位置。

（4）按下快速闸门的控制盘上闸门开启红色按钮。

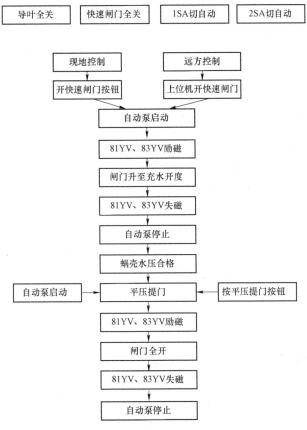

图 2-1-3-1 快速闸门开启流程

（5）检查自动泵启动，油压合格。

（6）检查闸门开度控制器指示闸门至充水开度。

（7）检查油泵停止。

（8）检查机组侧蜗壳水压合格。

（9）按下快速闸门的控制盘上现地平压提门绿色按钮。

（10）检查 1 号泵（或 2 号泵）启动、油压合格。

（11）检查闸门开度控制器上指示闸门至全开开度。

（12）检查油泵停止。

（13）检查闸门全开红灯亮。

（14）将现地/远方转换开关切远方。

由快速闸门的自动控制回路不难看出，现地自动关快速闸门时不需要将现地/远方转换开关切现地，直接按下快速闸门的控制盘上闸门关闭绿色按钮，就可以将快速闸门关闭。

（三）现地手动操作

手动操作与自动操作的不同之处是油泵及电磁阀的操作需人为进行，操作步骤如下：

（1）检查导叶全关，快速闸门全关。

（2）1号泵转换开关切至手动位置。

（3）检查油泵启动、油压合格。

（4）将电磁阀83YV推向开侧。

（5）将电磁阀81YV推向开侧。

（6）监视闸门开度控制器指示闸门至充水开度。

（7）将电磁阀81YV推向闭侧。

（8）将电磁阀83YV推向闭侧。

（9）将1号泵转换开关切至停止位。

（10）检查油泵停止。

（11）检查机组侧水压合格。

（12）1号泵转换开关切手动。

（13）检查油泵启动、油压合格。

（14）将电磁阀83YV推向开侧。

（15）将电磁阀81YV推向开侧。

（16）检查闸门开度控制器指示闸门至全开开度。

（17）检查闸门全开红灯亮。

（18）将电磁阀81YV推向闭侧。

（19）将电磁阀83YV推向闭侧。

（20）1号泵转换开关切至自动位。

（21）检查现地/远方转换开关在远方位。

二、蝶阀系统的操作

（一）蝶阀的自动操作

蝶阀的自动操作远方操作是在机盘上进行的，上位机操作员站可显示蝶阀系统监视画面。在该画面显示蝶阀的机械液压系统图，可以监视各电磁阀的动作情况和油泵的状态。在蝶阀流程画面有开、关蝶阀的流程，如图2-1-3-2和图2-1-3-3所示。

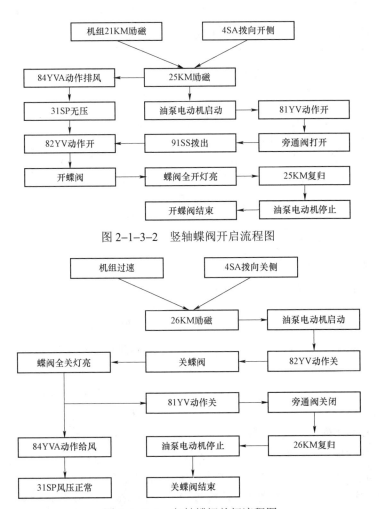

图 2-1-3-2　竖轴蝶阀开启流程图

图 2-1-3-3　竖轴蝶阀关闭流程图

（二）蝶阀的手动操作

蝶阀的手动操作是在蝶阀室进行的，按如下步骤进行手动开启蝶阀的操作。竖轴蝶阀机械液压系统如图 2-1-2-2 所示。

（1）蝶阀油泵切换开关切至"手动"位置。

（2）检查蝶阀油泵启动，油压合格。

（3）旁通阀电磁 81YVD 推向开侧，检查旁通阀全开。

（4）检查机组侧 81SP 水压合格。

（5）检查水压锁锭 91SS 拨出。

（6）电磁空气阀 84YVA 推向排风侧。

（7）检查围带风压表 31SP 风压为零。

（8）蝶阀开启电磁阀 82YVD 推向开向，开蝶阀。

（9）检查蝶阀全开，蝶阀全开灯亮。

（10）蝶阀油泵切换开关切至"自动"位置。

（11）检查蝶阀油泵停止。

（三）快速闸门系统的巡回检查

快速闸门系统每周要进行巡回两次，巡回检查项目如下：

（1）油泵正常，两台均在自动。

（2）各动力盘各元件位置正确，指示灯正常。

（3）各开关无过热现象，运行工况良好，无异声。

（4）开度指示仪指示位置正确。

（5）整流器红灯亮，表计指示正确。

（6）盘内连接片机组正常时在退出位置。

（7）开度指示仪显示正常，无告警灯亮，油系统压力正常。

（8）快速闸门在开启或关闭过程中，各阀、油管路接头与焊口均无渗漏现象。

（9）在快速闸门开启过程中，各表计指示平衡。

（10）正常运行中各电磁阀的接线、电气触点压力表的接线均处于良好状态，没有松动、脱落现象。

（11）集油槽油位不低于"零"线。

（12）集油槽油温不低于 10℃。

（13）正常运行中，各电器没有过热现象。

（14）快速闸门在全开位置时，应检查开度仪指示在全开位置，全关位置时，开度仪指示为零。

三、球阀系统的操作

球阀的开启方式有两种，分别是自动和手动操作，自动操作又分远方和就地，但两者的动作过程是相同的。

（一）计算机监控操作（远方操作）

远方操作在上位机操作员站进行，可在操作员站上选择开、关球阀的操作，则弹出开启球阀系统监视画面。在该画面显示球阀的机械液压系统图，可以监视各电磁阀的动作情况、压油装置油压的具体数值和油泵的状态。在球阀流程画面有开、关球阀的流程，开球阀的流程如图 2-1-3-4 所示，关球阀流程如图 2-1-3-5 所示。

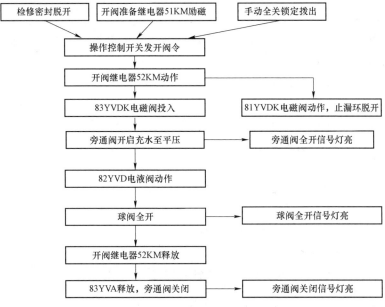

图 2-1-3-4　球阀开启流程图

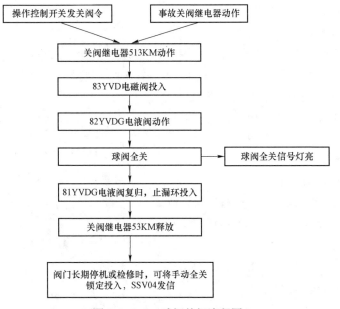

图 2-1-3-5　球阀关闭流程图

（二）球阀的手动操作

球阀的手动操作是在球阀室进行的。

（1）若是机组正常停机后的开启球阀，则按如下步骤进行手动开启球阀的操作。

1）检查水轮机导叶在全关位置。

2）检查球阀在全关位置。

3）检查机组无事故。

4）检查球阀压油装置油压合格。

5）将接力器手动锁锭拨出。

6）将旁通阀电磁阀 83YVD 投到开启位置。

7）检查旁通阀在全开位置。

8）检查旁通阀全开灯亮。

9）将工作密封电磁阀 81YVD 投到脱开位置。

10）检查 81PP 压力表、水压合格。

11）将接力器电磁阀 82YVD 投到开启位置。

12）检查球阀在全开位置。

13）检查球阀在全开灯亮。

14）将旁通阀电磁阀 83YVD 投到关闭位置。

15）检查旁通阀在全关位置。

16）检查旁通阀全关灯亮。

若是机组检修后的开启球阀操作，则要加上退出检修密封的操作。

（2）假定机组要长时间停机或停机后要进行检修，则关闭球阀的操作步骤如下：

1）检查球阀压油装置油压合格。

2）将接力器电磁阀 82YVD 到关闭位置。

3）检查球阀在全关位置。

4）检查球阀在全关灯亮。

5）将接力器手动锁锭投入。

6）将检修密封换向阀 SF1 推到投入位置。

7）将工作密封电磁阀 81YVD 推到投入位置。

【思考与练习】

1. 简述快速闸门程序自动开启流程。

2. 简述蝶阀现地手动开启流程。

3. 简述球阀现地手动关闭流程。

▲ 模块 4 蝶阀、球阀、快速闸门的运行监视与维护
（Z49F1004）

【模块描述】本模块介绍主阀系统运行监视与维护系统的一般规定。通过基本原理讲解，掌握主阀系统的巡回检查基本要求和运行监视、定期工作。

【模块内容】

一、主阀系统（包括蝶阀与球阀系统）运行监视与维护系统的一般规定

（1）主阀和旁通阀应在全关或全开位置，竖轴主阀全关时指示器在零位，全开时指示器在 90°位置。横轴主阀全关或全开时各锁锭在相应投入位置。

（2）主阀集油箱的油面在正常范围内，操作油和润滑油颜色正常。

（3）主阀、旁通阀及空气围带、给排气操作器具都应在正确位置，油泵的电动机电磁开关把手在正常工作位置。

（4）竖轴主阀上下导轴承处的排水管不应排压力水，横轴主阀两端轴承处不应漏水。

（5）冷却水系统各阀在正常位置，总水压在规定范围内，压力钢管和蜗壳的排水阀全关且无漏水。

二、球阀系统的巡回检查

球阀系统每周要进行巡回两次，巡回检查项目如下：

（1）压油装置油压正常。

（2）球阀系统油压表指示正常。

（3）集油槽油位正常。

（4）各阀门位置正确。

（5）油泵正常，油泵操作把手位置正确。

（6）各动力盘各元件位置正确，指示灯正常。

（7）各开关、隔离开关无过热现象，运行工况良好，无异声。

（8）各阀、油管路接头与焊口均无渗漏现象。

（9）正常运行中各电磁阀的接线、电气触点压力表的接线均处于良好状态，没有松动、脱落现象。

（10）正常运行中，各电器没有过热现象。

三、快速闸门系统的巡回检查

1. 快速闸门控制室

（1）快速闸门控制室应保持干燥，无漏水、漏油等现象，当潮湿度较大时，应开启闸门控制室的除湿机。

（2）控制屏盘面完好，盘内干燥，无潮湿、无异音、无异味，PLC温度正常，散热良好，各交直流电源均投入，各电磁阀、PLC及油泵、音响、公用等控制回路电源开关均投入，相应指示灯亮，交流配电屏上各电源开关均投入，电压表指示正常。

（3）控制屏上无异常报警，若有报警应及时通过按闸门复归按钮。

（4）各快速闸门控制方式正常下应处于"快速闸门自动控制"位置。

（5）正常情况时各快速闸门的PLC及公用PLC均应投入，各PLC均应正常工作，电源正常。

（6）各PLC上的输入/出信号正确。

（7）各快速闸门码盘开度指示仪显示闸门开度应和当时情况一致，正常时应在全开位置（即上限位置），其"电源开关"应投入且该灯亮，"正常运行"灯闪烁。

（8）泵站油箱应无漏油、渗油等现象，油位、油温应正常。

（9）各快速闸门液压控制阀组无漏油、渗油等现象，供油阀、排油阀位置正常，闸门液压缸无杆腔压力正常。

2. 快速闸门

（1）各快速闸门液压缸部分无渗油、漏油现象，快速闸门液压锁锭正常时（快速闸门全开时）应投入，其两个锁锭杆应全部伸出，补油箱油位应正常。

（2）快速闸门旁通管（阀）应无渗水、漏水现象，上游侧快速闸门旁通阀正常时应处于全关位置，下游侧旁通阀应处于全开位置。

（3）快速闸门开度重锤指示装置的钢丝绳连接正常，无断股等异常现象，其重锤（底部）指示刻度应与闸门当时状态一致。

（4）快速闸门机械开度极限位置开关连接正常，无松脱等异常现象，其直杆式指示杆应处于全开位置，若下滑应及时提门（严禁在机组开机过程中提门）。

（5）快速闸门码盘工作应正常。

（6）快速闸门旁通阀控制盘和进/排气阀控制盘内无潮湿、无焦味等异常现象，盘柜加热器投入，盘内各电源开关均投入。

【思考与练习】

1. 简述在主阀系统正常运行时，巡检需要重点关注哪些内容？

2. 简述主阀系统日常维护的相关规定。

3. 简述闸门系统日常巡检的要点。

模块 5 蝶阀、球阀、快速闸门的故障处理（Z49F1005）

【模块描述】本模块介绍蝶阀、球阀、快速闸门的故障现象分析处理。通过故障分析，掌握油管压力过高、快门下滑、主阀误关、油泵的各种故障。

【模块内容】

一、快速闸门常见故障与处理

在上位机操作员站，报警画面的机械故障菜单中有快门油管压力过高、快速闸门下滑 300mm、1 号泵未自动、2 号泵未自动、1 号备用泵启动、2 号备用泵启动、1 号泵拒动、2 号泵拒动、快速闸门交流电源消失、快速闸门直流电源消失、快速闸门 UPS 电源消失、1 号泵过热保护动作、2 号泵过热保护动作、1 号泵断相保护动作、2 号泵断相保护动作故障光字牌。故障处理参照图 2-1-2-1。

（一）快速闸门油管压力过高故障

1. 故障现象

中控室电铃响，语音报警，报警画面的机械故障光字牌亮，快速闸门油管压力过高故障光字牌亮。

2. 故障原因分析

当 CV2 与溢流阀组成的带泄荷功能的系统中的元件故障时，使泵在启动过程中不能泄荷，泵出口压力迅速升高至 18MPa 时，电动机出口压力继电器动作，发出快门油管压力过高故障信号。油泵继续运行，电动机将过负荷，使其热元件动作，发泵过热保护动作故障信号，同时泵将停止运行。

3. 故障处理

若泵没有停止，则应迅速将运行油泵的转换开关切至"停止"位，并检查油泵停止，联系检修处理 CV2 与溢流阀，检修处理完后，将油泵的转换开关切至"自动"位，并按下复位按钮，为下次油泵的自动启动作准备。

（二）快速闸门下滑 300mm 故障

1. 故障现象

中控室电铃响，语音报警，报警画面的机械故障光字牌亮，快速闸门下滑 300mm 故障光字牌亮，备用泵启动故障光字牌亮。

2. 故障原因分析

快速闸门长时间在全开位置，由于闸门的自重会将其下腔的油慢慢地挤出一部分，使下腔油压降低，造成闸门下滑。下滑 200mm 自动泵启动，如果继续下滑 300mm 则备用泵启动并发故障信号。如果是由于 SV7 没有完全关闭造成的快速闸门下滑，那么故障信号会频繁出现。

3. 故障处理

快速闸门因长时间在全开位置而出现的下滑，只需按下复位按钮，为下次油泵的自动启动作准备；如果故障信号频繁出现，就要检查 SV7 阀的状态，检查与下腔相连接的油管路有没有渗漏油处。

（三）油泵未自动故障

1. 故障现象

中控室电铃响，语音报警，报警画面的机械故障光字牌亮，油泵未自动故障光字牌亮。

2. 故障原因分析

油泵手动启动后，没有切至自动位；油泵的转换开关触点故障。该信号只有在机组转速高于额定转转速的80%时才会发出。

3. 故障处理

将油泵的转换开关切自动位，如果转换开关已损坏则进行更换。

（四）油泵拒动故障

1. 故障现象

中控室电铃响，语音报警，报警画面的机械故障光字牌亮，油泵拒动故障光字牌亮。

2. 故障原因分析

由控制回路可知，当油泵切换把手在自动位置，油泵自动启动中间继电器已经励磁，但电动机磁力启动器的动断触点没有打开，时间超过整定值，便发出泵拒动故障信号。故障原因是油泵控制回路中熔断器熔断或复归按钮未复归，使磁力启动器线圈不能励磁。

3. 故障处理

检查油泵的控制回路，若是熔断器熔断，则查找过电流的原因，消除后更换熔断器。若是复归按钮没有复归，则手动复归按钮。

二、蝶阀系统的故障

蝶阀与快速闸门及球阀的主要区别是蝶阀在全开位置要承受一定的动水压力，蝶阀在正常运行时处于全开或全关状态，运行中的蝶阀在机组带负荷的情况下自行关闭的现象被称为被水冲关。若运行中出现活门缓慢偏离全开状态，旋转30°～70°，使蝶阀处于部分关的状态，称为部分冲关。蝶阀部分冲关对水轮发电机组的影响和危害主要是引起水轮机机械振动；高速水流将在阀体后面产生空蚀区，使活门受到空蚀破坏；产生机械整劲，使接力器缸振动，严重时崩断连接螺杆；减少机组出力。

如果蝶阀全开后锁定没能投入到位，都会使蝶阀被水冲关。

（一）故障现象

（1）监控系统、保护系统工作正常，其信号和音响报警系统没有动作，没有进行减负荷的操作时发现上位机发电机出口的有功功率表指示缓慢下降。

（2）蝶阀全开灯灭。

（3）部分冲关角度较小时，水轮机调速器工作正常，没有明显变化，导水叶开度没有变化，但在蝶阀室可看到蝶阀开度指针正向关的方向缓慢移动；部分冲关角度较大时，没有进行减负荷的操作，调速器导叶开度增大。

（4）部分冲关现象较严重时，蝶阀室有明显响声，有时在蝶阀室可看到空气阀跑水。

（5）当阀体在30°～70°范围内，蝶阀被水冲关的过程太快时，压力钢管内会产生很大的水锤压力，产生强烈的振动。

（6）蝶阀油槽油面过高，蝶阀已关一定的角度。

（二）故障原因分析

蝶阀产生部分冲关现象的原因比较复杂，在排除了误拧操作把手、误碰关蝶阀继电器，以及蝶阀开启后锁锭没有投入等因素后，还有可能引起部分冲关的原因如下：

（1）蝶阀接力器活塞磨损，使活塞腔盘根密封不严，压力油从关闭腔漏失，致使活塞在不平衡压力下向关侧运动，进而带动阀体转向关的位置。当关断到一定位置时，剩余的压力油起作用，阻止阀体继续转向全关位置。

（2）蝶阀转动轴承未能落到位造成阀轴偏离安装中线，致使阀体上产生关闭力矩，或轴承磨损、打滑，造成蝶阀轴承摩擦力矩减小，以致运行中，在某一原因（如接力器压力油漏失）或振动下，阀体向关侧偏转。

（3）偶然的水流不平衡在阀体上产生不平衡力矩，使阀体转向关侧。

（4）蝶阀检修未能达到质量标准，主要是转动轴未能落到位或中心轴线偏移，使蝶阀不能按要求保持稳定状态。

（5）未能将阀体开启到全开位置，留有行程空间，埋下部分冲关的隐患。

（三）故障处理

（1）卸负荷卸至空载。

（2）调速器开限闭至空载。

（3）蝶阀油泵切换把手切至手动。

（4）启动油泵，检查蝶阀阀体全开。

（5）检查蝶阀锁锭投入良好。

（6）蝶阀油泵切换开关切至自动。

（7）慢慢将开限开至正常位置，带上所需负荷。

三、球阀系统的故障

（一）球阀阀体无法打开

1. 故障原因分析

（1）球阀打开命令没有发出。

（2）油压回路故障。

（3）球阀限位开关信号回路故障。

2. 故障处理

（1）球阀打开命令是否发出，继电器是否励磁，检查其信号指示回路正常。

（2）检查球阀闭锁开启液压阀退出，紧急关闭手动阀在可以开启球阀位置。

（3）检查球阀接力器的开闭腔压力表压力指示正确，检查接力器开启腔排油阀关闭，无漏油现象。

（4）检查主配压阀有否阻塞现象，并检修之。

（5）检查球阀限位开关信号回路是否故障，并及时进行处理或更换。

（二）球阀在开启过程中不正常关闭

1. 故障原因分析

（1）尾闸全开信号丢失。

（2）机组出现其他跳机信号。

（3）球阀开启自动执行过程中，某单步长时间不能执行。

（4）球阀控制 PLC 程序混乱。

2. 故障处理

（1）检查尾闸全开信号是否丢失，处理尾闸。

（2）检查机组是否出现其他跳机信号，找出机组跳机原因。

（3）检查球阀是否在开启自动执行过程中，某单步长时间不能执行，找出某单步不能执行的原因，并处理之。

（4）检查球阀控制柜 PLC 程序是否混乱，并复归之。

【思考与练习】

1. 简述快速闸门异常下滑如何处理。

2. 简述蝶阀全开后锁锭未投如何处理。

3. 简述球阀阀体无法打开的处理步骤。

▲ 模块 6　快速闸门、蝶阀、球阀的检修措施（Z49F1006）

【模块描述】本模块介绍快速闸门、蝶阀、球阀的检修措施和检修恢复措施。通过原理讲解，掌握检修措施操作票和检修恢复措施操作票。

【模块内容】

一、快速闸门检修与恢复措施

机组大修时，如果有在转轮室等水下部分进行的大修项目，为保证检修人员的安全，防止水下部分充水，需要对快速闸门做措施。快速闸门机械液压系统如图 2-1-2-1 所示。

（一）快速闸门检修措施操作票

（1）关闭快速闸门。

（2）关闭检修闸门。

（3）关闭尾水管取水门。

（4）打开蜗壳排水阀。

（5）打开钢管排水阀。

（6）快速闸门 1 号油泵切换把手切至"切除"位置。

（7）快速闸门 2 号油泵切换把手切至"切除"位置。

（8）拉开快速闸门 1 号油泵电源，检查在开位。

（9）拉开快速闸门 2 号油泵电源，检查在开位。

（10）取下快速闸门 1 号油泵操作回路熔断器。

（11）取下快速闸门 2 号油泵操作回路熔断器。

（二）快速闸门检修恢复措施操作票

（1）装上快速闸门 1 号油泵操作回路熔断器。

（2）装上快速闸门 2 号油泵操作回路熔断器。

（3）合上快速闸门 1 号油泵电源，检查在合位。

（4）合上快速闸门 2 号油泵电源，检查在合位。

（5）快速闸门 1 号油泵切换把手切至"自动"位。

（6）快速闸门 2 号油泵切换把手切至"自动"位。

（7）关闭钢管排水阀。

（8）关闭蜗壳排水阀。

快速闸门做措施时，快速闸门前面的检修闸门，是否关闭要根据是否是一台机组从检修闸门处取水而定。检修闸门和尾水管取水门可以在钢管充水试验或尾水管充水试验时再恢复开启。开启检修闸门和尾水管取水门时，必须检查压力钢管进人孔、蜗壳进人孔、尾水管进人孔已经全部关闭，之后方可开启检修闸门和尾水管取水门。

二、蝶阀检修与恢复措施

竖轴蝶阀机械液压系统如图 2-1-2-2 所示。

（一）蝶阀检修措施操作票

（1）关闭主阀。

（2）关闭检修闸门。

（3）关闭尾水管取水门。

（4）打开蜗壳排水阀。

（5）打开钢管排水阀。

（6）主阀油泵切换把手切至"切除"位置。

（7）拉开主阀油泵电源隔离开关，检查在开位。

（8）取下主阀操作回路熔断器 3 只。

（9）电磁阀推向排风侧。

（10）关闭围带风源阀。

注意：主阀根据检修的需要可以不关闭，但检修措施必须做。

（二）蝶阀检修恢复措施操作票

（1）装上主阀操作回路熔断器 3 只。

（2）合上主阀油泵电源隔离开关，检查在合位。

（3）主阀油泵切"自动"位置。

（4）关闭主阀。

（5）打开围带风源阀。

（6）电磁阀推向给风侧。

（7）关闭蜗壳排水阀；

（8）关闭钢管排水阀。

注意：检修闸门和尾水管取水门可以在钢管充水试验或尾水管充水试验时再恢复开启。如果要开启检修闸门和尾水管取水门，必须检查压力钢管进人孔、蜗壳进人孔、尾水管进人孔全部关闭。

（三）主阀检修恢复应具备的条件

（1）检修工作已结束，相关工作票已收回。

（2）检修安全措施已恢复，检修工作人员撤离现场，现场达到安全文明生产要求。

（3）检修质量符合有关规定要求，验收合格。

（4）检修人员对相关设备的检修、调试、更改情况做好详细的书面交代，并附图纸资料。

（5）各部照明及事故照明电源完好。

（6）关闭尾水管进人孔、蜗壳进人孔和所有吊装孔。

三、球阀检修与恢复措施

（一）球阀检修措施

（1）检查机组在停机稳态。

（2）将机组现地控制盘控制方式切至"现地手动"位置。

（3）检查机组机械刹车在"投入"状态。

（4）检查机组球阀在"全关"状态。

（5）将机组球阀紧急关闭液压阀切至"紧急关闭"位置。

（6）将球阀控制方式切至"关闭"位置。

（7）将机组球阀工作旁通阀控制方式切至"关闭"位置。

（8）检查机组球阀工作旁通阀在全关位置并投入机械锁锭。

（9）投入机组球阀阀体全关位置机械锁锭。

（10）关闭机组球阀检修旁通阀。

（11）检查机组球阀检修旁通阀在"关闭"位置。

（12）将机组球阀检修旁通阀控制方式切至"关闭"。

（13）将机组球阀检修密封投/退四通阀切至"投入"位置。

（14）检查机组球阀检修密封在"投入"位置。

（15）关闭机组球阀主油阀。

（16）检查机组球阀主油阀在"关闭"位置。

（17）将球阀主油阀控制方式切至"关闭"。

（二）球阀检修恢复措施

（1）关闭机组球阀接力器关闭腔排油阀。

（2）检查机组球阀接力器关闭腔排油阀在"关闭"位置。

（3）将机组球阀检修密封投/退四通阀切至"退出"位置。

（4）检查机组球阀检修密封在"退出"位置。

（5）退出球阀工作旁通阀机械锁锭。

（6）退出球阀本体机械锁锭。

（7）打开机组球阀工作密封供水阀。

（8）检查机组球阀工作密封供水阀在"打开"位置。

（9）打开机组球阀，禁止开启隔离阀。

（10）检查机组球阀禁止开启隔离阀在"打开"位置。

（11）打开机组球阀手动紧急关闭阀。

（12）检查机组球阀手动紧急关闭阀在"打开"位置。

（13）打开球阀系统油压反馈阀。

（14）检查4号球阀系统油压反馈阀在"打开"位置。

（15）将4号球阀紧急关闭阀切至"非紧急关闭"。

（16）打开机组球阀主油阀。

（17）检查机组球阀主油阀在"打开"位置。

（18）将机组球阀主油阀控制方式切至"自动"。

（19）打开机组球阀检修旁通阀。

（20）检查机组球阀检修旁通阀在"打开"位置。

（21）将机组球阀检修旁通阀控制方式切至"自动"。

（22）将球阀控制方式切至"自动"。

（23）检查球阀系统运行条件满足。

【思考与练习】

1. 简述快速闸门检修措施。

2. 简述快速闸门检修恢复措施。

3. 简述蝶阀检修措施。

4. 简述蝶阀检修恢复措施。

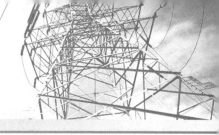

国家电网有限公司
技能人员专业培训教材　水轮发电机组运行

第二章

压 油 装 置 运 行

◢ 模块 1　压油装置系统概述（Z49F2001）

【模块描述】本模块介绍水电厂压油装置系统的基本知识。通过原理讲解，掌握压油装置系统的分类、作用及基本要求。

【模块内容】

机组压油装置为高压油装置系统，也称油压装置，由以下部件组成：

（1）集油槽：用以收集调速器的回油和漏油。

（2）压油罐：用作储存压力油，并向调速器和某些辅助设备的液压操作阀供给压力油。

（3）油泵：用以向压油罐输送压力油。

（4）阀组：包括安全阀、减载阀、止回阀。

压油装置的作用是连续产生压力油，以供给调速系统操作导水机构用。运行中当压力油突然大量消耗时，为了不使压油罐油压下降很多，油槽内仅装有约 40% 容积的油，约 60% 的容积是压缩空气。由于空气具有可压缩的特性，与弹簧一样可储藏能量，使压油罐压力在使用时，仅能在很小的范围内变动。油槽压力是靠压油泵维持的，只有在储气量少于规定值时才向压油罐补气。

某混流式机组的调速器压油装置系统图如图 1-1-2-1 所示。

压油装置系统装设有两台压油泵，其中一台自动，一台备用。1101、1102 阀分别是 1、2 号压油泵的出口阀，1103 阀是压油罐的排油阀，1104 阀是去接力器及接力器锁锭用油的阀门，1105、1106、1107、1108 阀是接力器的排油阀，1131、1132 阀是集油槽的供排油阀，1135、1136 阀是漏油槽的出口阀，1CAF、2CAF 阀是 1CYB、2CYB 压油泵的安全阀，1CXH、2CXH 阀是 1CYB、2CYB 压油泵的卸荷阀。实线代表有压力的油管路，虚线代表无压力的管路。

压油装置系统的主要作用是传递能量。

由于油的压缩性极小，操作稳定、可靠，在传递能量过程中压力损失小，所以水电厂常用它来作为传力的介质。把油加压以后，用来开闭快速闸门（或主阀）和进行机组的开、停机操作等。在调速系统中，油用来控制配压阀、导水机构接力器活塞的位置。另外，油还可以用来操作其他一些辅助设备。

【思考与练习】

1. 机组压油装置的主要作用是什么？

2. 机组压油装置由哪些主要部件组成？

3. 机组压油装置油罐内油和压缩空气的体积比如何控制？为什么？

◢ 模块 2　压油装置系统运行操作（Z49F2002）

【模块描述】本模块介绍压油装置系统运行操作规定。通过原理讲解，掌握运行中的检查、油面调整，压油装置系统操作的注意事项。

【模块内容】

水电厂机组压油装置系统的运行操作主要目的是保证气罐的压力、油位在规定范围，满足机组运行的要求。

一、压油装置系统运行检查

（1）检查各阀门、管路连接良好，无漏油、漏水、漏气现象。

（2）压力油罐压力表前测压阀在常开位置，读数正常。

（3）压力油罐油位正常，正常时油位在开始补气和停止补气之间。

（4）压力油罐油温表指示正常，正常时油温小于 45℃。

（5）压力油泵正常运行时无异声，温度、振动正常。

（6）压力油罐、压力油泵、油泵电动机、集油槽等装置接地正常。

（7）集油槽油位、油色、油温正常，空气呼吸器无堵塞现象。

（8）压力油泵出口卸载阀运行正常。

（9）压力油系统各手动阀、液压阀位置正确。

（10）压力油罐补气回路正常，无漏气现象。

（11）各传感器、压力表固定良好，外壳无破裂。

二、压油装置系统常用操作

1. 自动补气

（1）自动补气装置在"自动"位置。

（2）检查压力油罐油位正常。

2. 手动补气

（1）将油泵操作开关转换至"切除"。

（2）检查补气压力在额定值，打开补气阀。

（3）缓慢打开压力油罐的排油阀，当压力、油位降至规定值时，关闭排油阀。

（4）待压力油罐压力上升到额定油压时，重复上款操作。

（5）待油位降至规定值时，停止补气，关闭补气阀。

（6）将油泵恢复运行。

三、压油装置系统油泵的运行方式

（1）油泵应至少保证一台"自动"，一台"备用"。

（2）手动操作油泵时，应注意监视油压，操作人员严禁离开操作现场。

（3）应定期进行备用油泵的启动试验。

【思考与练习】

1. 水电厂压油装置系统有哪几种补气方式？

2. 水电厂压油装置系统手动补气操作流程是什么？

3. 水电厂压油装置系统在正常运行时其油泵的运行方式怎样？

模块 3　压油装置系统运行维护与试验（Z49F2003）

【模块描述】本模块介绍压油装置系统的运行维护与试验。通过原理讲解，掌握压油装置系统巡回检查项目、压油罐充油充压试验的有关规定。

【模块内容】

一、压油装置的巡检

（1）压油装置系统油压、油位正常，油质应定期化验，保持合格，油温在允许范围内（10～50℃）。

（2）各管路、阀门、油位计无漏油和漏气现象，各阀门位置正确。

（3）油泵运转正常，无异常振动、过热现象。

（4）油泵应至少有一台在"自动"，其余在"备用"。油泵安全阀开启，关闭压力应正确，动作时无啸叫。

（5）自动补气装置应完好，失灵时应手动进行补气。

（6）漏油箱油位正常，油泵运行正常。

二、压油装置系统的定期维护

（1）定期对油泵进行主、备用切换。

（2）定期对漏油泵进行手动启动试验。

（3）定期对自动补气阀组进行启动试验。

三、压油罐充油试验

（1）在压力油罐检修之后应进行压力油罐的充油试验。

（2）实验前应先检查：

1）压力油系统全部检修完毕，管路及各元件均安装好，经检查验收合格。

2）漏油槽的所有设备已检修完毕，油位及油泵的控制系统投入使用。

3）集油槽已充好油。

（3）启动油泵向油罐注油至指定油位。

（4）开启油罐供气管路阀门向油罐补气至指定压力。

（5）调整压力油罐的压力、油位在规定范围。

（6）保持压力油罐的压力至指定时间。

【思考与练习】

1. 压油装置系统巡检包括哪些主要内容？

2. 压油装置系统定期维护包括哪些内容？

3. 压油装置系统充油试验的主要步骤是什么？

▲ 模块4 压油装置系统故障处理（Z49F2004）

【模块描述】本模块介绍压油装置系统故障现象分析处理。通过故障分析，掌握压油泵启动频繁、声音过大，压油罐油压下降、油面异常等故障。

【模块内容】

一、油压降低处理

（1）检查自动泵、备用油泵是否启动，若未启动，应立即手动启动油泵。如果手动启动不成功，则应检查二次回路及动力电源。

（2）若自动油泵在运转，检查集油箱油位是否过低、安全减载阀组是否误动、油系统有无泄漏。

（3）若油压短时不能恢复，则把调速器切至手动，停止调整负荷并做好停机准备。必要时可以关闭进水闸门停机。

二、压力油罐油位异常处理

（1）压力油罐油位过高或过低，应检查自动补气装置工作情况，必要时手动补气、排气，调整油位至正常。

（2）集油箱油面过低，应查明原因，尽快处理。

三、漏油装置油位过高

（1）漏油箱油位过高，而油泵未启动时，应手动启动油泵，查明原因尽快处理。

（2）油泵启动频繁且油位过高时，应检查电磁配压阀是否大量排油及接力器漏油是否偏大，联系检修人员处理。

四、压油装置系统油泵启动频繁

（1）压油装置系统一般根据油罐压力启动油泵，根据油位启动补气。

（2）油泵启动频繁，应先检查气罐压力是否正常。

（3）通过多个表计判断油泵启动的压力传感器是否正常。

（4）判断油泵卸载阀是否正常。

（5）检查气罐是否存在漏气。

五、压油装置系统油泵启动声音过大

（1）检查油泵三相电流是否正常。

（2）检查油泵散热风扇运行是否正常。

（3）检查油泵卸载是否正常。

【思考与练习】

1. 水电厂压油装置系统油压过低如何处理？

2. 水电厂压油装置系统压力油罐油位异常如何处理？

3. 水电厂压油装置系统漏油箱油位过高如何处理？

第三章

调速器运行

▲ 模块 1　调速器正常操作（Z49F3001）

【模块描述】本模块介绍调速器正常操作事宜。通过原理讲解，掌握调速器远方/现地的正常操作，正确进行调速器运行方式切换操作、机组工况转换操作；现地熟练完成调速器手动开、停机和紧急停机操作。

【模块内容】

目前，调速器按控制核心基本上可分为两类，即可编程控制器型和 32 位微处理器型，常见的型式有 WT/WST—PLC 型可编程微机调速器，SAFR—2000 型双微机调速器。型式不同其调速柜盘面采用的操作界面也不同，操作方法也不同，这里仅就共性的部分作出说明（其余不同的部分参见具体调速器使用说明书）。

机组的开机、停机操作根据电网调度员命令有计划地进行。正常时现地手动操作必须填写操作票，经审定后由两人进行操作，其中技术高的一人作监护人。现场操作时实行核对复诵制。

一、调速器现地操作

（一）调速器运行方式切换操作

1. 自动切手动

通过手/自动切换阀或切换把手直接进行切换，切换后可操作机械开限机构（手操机构）实现手动开关导叶，控制、调节机组。切换过程可实现无扰动。

2. 手动切自动

通过手/自动切换阀或切换把手直接进行切换，切换过程可实现无扰动。切换后应将机械开限机构开至全开位置，以免影响自动调节。

对双调机组，在轮叶切换到自动位置前，应先手动调整轮叶实际开度与协联输出信号基本一致，并检查轮叶平衡表（指示灯）处于平衡状态，然后进行切换。

（二）调速器手动操作

1. 手动开机

开机前应确认调速器已具备手动开机条件，调速器在"手动"位置，通过手动操动机构开启导叶。将开度缓慢打开至空载开度以上，待转速升到 50%以上时，慢慢压回开度限制至空载，以减少低转速运行时间。同时观察转速表，防止机组过速。待机组转速额定后，将调速器切至自动运行，同时停止高压油顶起装置。双调机组轮叶宜在"自动"位置，如果轮叶在"手动"位置，应同时调整轮叶开度，使其符合协联关系。

2. 手动调整负荷

机组并网后，调速器在"手动"位置，通过手动操动机构调整导叶开度，实现增、减负荷，同时监视有功功率表的变化。调整过程中应使机组避开振动区运行，并注意避免机组进相或超负荷运行。

3. 手动停机

调速器在"手动"位置，通过手动操动机构关小导叶开度，机组减负荷至空载，待发电机出口断路器跳开后，完全关闭导叶。监视机组转速，当下降到相应的规定转速时，自动或手动启动高压油顶起油泵、手动投入制动风闸及接力器锁锭。待机组静止后，解除风闸，检查制动闸瓦是否全部落下。

4. 紧急停机

当机组出现事故需紧急停机时，在机旁调速柜上也可直接操作紧急停机按钮或紧急停机电磁阀，实现事故停机。

二、调速器的监控系统操作

（一）自动开、停机操作

调速器的自动操作是和水轮机正常操作融合在一起的，属于水轮机正常操作步骤的一部分，此处不再重复提出，可参照水轮机正常操作的内容学习掌握。但应注意，自动开、停机操作时必须做好相应的检查。

1. 自动开机后的检查

（1）注意机组运转声音有无异常，运行是否稳定。

（2）调速器无异常抽动和跳动，调节稳定、灵活。

（3）压油装置及机组各部分油色、油面正常。

（4）检查调速柜各指示仪表、指示灯显示状态是否正常。

2. 自动停机后的检查

（1）调速器各部件连接有无异常。

（2）压油装置有无异常。

（3）发电机风洞无异常，制动闸瓦全部落下。

（4）导水机构剪断销有无剪断。

（5）水车上盖漏水是否增大。

（二）工况转换操作

1. 发电机变调相机运行操作

（1）用计算机或有功调节把手降有功功率为零。

（2）自动或手动压导叶开度为零，使导叶关闭。

（3）若机组有调相压水设备时，可投入压水。

2. 调相机变发电机运行操作

（1）若投入调相机调相压水运行可撤除压水。

（2）自动或手动打开开度限制至空载位置。

（3）若机组需带负荷运行，可打开开度限制至全开。

【思考与练习】

1. 调速器按控制核心可分哪几类？

2. 简述调速器在手动模式，手动开机的步骤。

3. 简述调速器在手动模式，手动调整负荷的步骤。

4. 简述调速器在自动开机后的主要检查内容。

▲ 模块2 调速器监视、检查和维护（Z49F3002）

【模块描述】本模块包含调速器监视、检查和维护的基本要求与注意事项。通过原理讲解，掌握水轮机运行中对调速器的监视、检查与调速器维护项目。

【模块内容】

一、监控界面中的运行监视

目前，各水电厂的水轮机调速器都采用微机型调速器，这为计算机监控提供了方便条件。虽然各水电厂的计算机监控系统界面因设计者及现场设备的不同而不同，但运行人员都可以通过相关参数显示界面，对调速器进行监视检查。通常监视检查时应做到：

（1）通过查看机组转速、导叶开度（桨叶角度）指示等，判断机组是否正常运行或处于停机、启动等状态，并对比其与机组工况显示的一致性。

（2）对比电网频率、机组频率是否一致，并参照有功功率变化，分析判断其是否符合当前机组工况，如有异常及时查找原因。

（3）对比当前运行水头与显示值是否一致，若是人工设定水头，与实际值相差不应太大；机组在空载时应同时检查空载开度与水头是否匹配，以免因水头设定值不合适而造成调节不稳定或并网困难。

（4）在调速器动态过程中，认真观察机组转速、导叶开度（桨叶角度）、平衡表指示、机组负荷等相互之间是否对应，从中及时发现异常情况，正确处理。

（5）根据需要随时查看调速器手、自动运行方式，发现调速器有故障指示时，结合当前双微机工作的主从状态，做出正确的分析。

（6）掌握调速器的运行参数值及其调整修改情况，观察调速器的稳定性，判断参数匹配是否合理、是否适应当前工况。

（7）进行开、停机操作时或在机组发生事故、调速器出现故障时，应查看接力器锁锭的状态、紧急停机电磁阀的状态，以便进行正确操作或处理。

二、巡回检查

巡回检查主要是到设备现场查看，及时发现和处理在中控室无法监视和处理的问题。为确保及时性，巡回必须定期进行。调速器巡回检查主要是到调速器柜、主接力器、油管路进行查看。巡查时应做到：

（1）观察调速柜盘面各表计有无损坏、失灵，指示值是否正常，机组转速表和频率表的指示值应相对应，导叶开度与接力器实际行程、机组负荷应相对应，正常稳定状态时，平衡表指示应为零。观察开关位置是否正确，指示灯显示是否正确。

（2）观察调速器电气柜内电气元件是否正常、接线有无断点。

（3）观察调速器机械柜内元件（手/自动切换阀、紧急停机电磁阀、滤油器切换阀、位移传感器、电液转换器或伺服阀、反馈钢丝绳）的外观情况和所处状态、油压表指示情况，特别是要注意电液转换器或伺服阀工作是否正常，漏油量是否偏多，各液压元件、接头等处应无漏油，引导阀、辅助接力器、相应连杆等应有明显微调动作，位移传感器接线是否完好等。

（4）观察主接力器缸体有无渗漏现象、锁锭位置是否合适、动作是否灵活。

（5）检查调速器油管路、阀门有无渗漏现象，各阀门所处状态是否正确等。

三、调速器的维护

调速器运行中应定期进行维护，这是预防故障产生的重要措施，可以有效地保障调速器的正常工作。

（1）调速器手/自动切换阀要定期进行切换操作，以检查电磁阀的动作是否灵活、可靠，有关指示信号是否正确，从而保证在调速器自动状态出现故障时能及时、平稳地转为手动控制状态，避免故障扩大甚至造成事故。

（2）调速器滤油器也应定期进行切换操作（一般每周一次，各厂规程规定可能不同），并经常清扫滤网，特别是在滤油器压差异常（超过 0.25MPa）时必须进行切换，并清扫滤网。

（3）调速器机械柜内有关部位应定期加油，以防锈蚀或发卡。

（4）调速器紧急停机电磁阀每隔半年应进行一次动作试验，防止因长期不用而动作失灵。

【思考与练习】

1. 在机组运行时，对调速器主要监视哪些重点参数？

2. 定期维护时，对调速器机械柜内部主要检查内容是什么？

3. 调速器系统需要定期切换的工作内容是什么？

模块3　调速器试验（Z49F3003）

【模块描述】本模块介绍调速器试验内容。通过原理讲解，掌握调速器试验项目的相关措施，掌握各项试验的基本方法，并能配合试验人员完成有关设备的操作。

【模块内容】

一、调速器的主要试验项目

新安装或经检修后的机组在正式投入运行前，必须按 GB/T 9652.2《水轮机调速系统试验》或 DL/T 496《水轮机电液调节系统及装置调整试验导则》进行一系列调整试验，试验结果应达到 GB/T 9652.1《水轮机调速系统技术条件》及 DL/T 563《水轮机电液调节系统及装置技术规程》所规定的指标，并且直至机组带负荷稳定运行 72h 无故障为止。试验的目的是检验安装或检修的质量，核定消除机组缺陷的质量情况。对调速器的要求是必须达到良好的静、动态特性，从而保证水轮发电机组安全、可靠地运行。现场设备运行人员要配合试验人员进行试验工作。

试验一般按机组空载和负载分为两个阶段进行。

1. 空载阶段主要进行的试验项目

（1）接力器开关时间的调整和紧急停机试验。

（2）调速器静特性试验及转速死区测定。

（3）手动开、停机试验。

（4）自动开、停机试验。

（5）空载扰动试验及自动空载转速摆动值测定。

2. 负载阶段主要进行的试验项目

（1）负荷扰动试验。

（2）甩负荷试验。

（3）事故低油压关闭导叶试验。

（4）带负荷 72h 连续运行试验。

二、空载阶段试验的相关措施

（一）接力器开关时间的调整和紧急停机试验

接力器开关时间也称为开关机时间，它是通过调整机械柜内主配压阀顶部的调整螺母而实现调整的（有些型式的调速器，其开关机时间调整机构装在主配压阀出油口上，一般在调整合适后就不再调整了）。因为开关机时间直接影响调速器的动态调节特性及紧急停机速度，所以在调整以后要通过紧急停机试验检验。紧急停机试验在无水状态下进行，做此试验时运行人员只需操作紧急事故停机按钮即可，并应分别在现地、机旁、中控室等部位，检查紧急事故停机按钮动作的可靠性。

（二）调速器静特性试验及转速死区测定

调速器静特性试验在无水状态下进行，主要是检验调速器的整体工作性能。试验时需实测频率和接力器行程数据，通过绘制曲线计算求取非线性度和转速死区指标。

（三）启动前的准备检查

机组启动是在三充试验合格之后进行启动前对调速器进行准备检查，其工作状态应符合下列要求：

（1）压油装置处于自动运行状态；压油装置油泵在工作压力下运行正常，无异常振动和发热；集油槽油位正常；漏油装置处于自动位置。

（2）由手动操作将压油装置的压力油通向调速系统，调速器液压操作柜油压指示正常；检查各油压管路、阀门、接头及部件等均无渗油现象。

（3）调速器的滤油器位于工作状态；电气–机械/液压转换器工作正常。

（4）调速器处于机械"手动"或电气"手动"位置。

（5）调速器的导叶开度限制位于全关位置。

（6）调速器频率给定值整定为 50Hz。

（7）永态转差系数 b_p 暂调整到 2%～4%之间。

（8）接力器锁锭装置信号指示正确，处于锁锭状态。

（四）手动开、停机试验

运行人员负责机组启动试运行的操作及机电设备的安全运行。

1. 手动开机

（1）拔出接力器锁锭，对装有高压油顶起装置的机组，手动投入高压油顶起装置，转子顶起高度应按厂家规定，不使转动部分与固定部分相撞。油压维持一段时间后撤去，制动闸应都落下。

（2）手动打开调速器的导叶开度限制机构，待机组开始转动后，将导叶关回，由各部观察人员检查和确认机组转动与静止部件之间无摩擦或碰撞情况。

（3）确认各部正常后，手动打开导叶启动机组，当机组转速接近50%额定值时，暂停升速，观察各部运行情况。检查无异常后继续增大导叶开度，当机组升速至80%额定转速（或规定值）后，可手动切除高压油顶起装置，并校验电气转速继电器相应的触点。

（4）当达到额定转速，机组进入空载运行后；校验电气转速表应指示正确，记录当时水头下机组的空载开度。

（5）在机组升速过程中，应加强对各部位轴承温度的监视，按规定时间隔量测记录轴承温度，待温度稳定后记录稳定的油位值，此值应符合设计规定值，并标好各部油槽的运行油位线，监视水轮机主轴密封、各部位水温、水压及顶盖排水情况，记录排水泵工作周期；记录各部水力量测系统表计读数和机组监测装置的表计读数（如发电机气隙、蜗壳差压、机组流量、运行摆度、振动值等）。

（6）机组启动过程中，应密切监视各部位运转情况。如发现金属碰撞或摩擦、水车室窜水、推力瓦温度突然升高、推力油槽或其他油槽甩油、机组摆度过大等不正常现象，应立即停机检查。

2. 手动停机

（1）机组稳定运行至各部瓦温稳定后，关闭开度限制机构，进行手动停机，当机组转速降至50%~60%的额定转速时，如由高压油顶起装置，手动将其投入。

（2）当机组转速降至15%~20%额定转速（或合同规定值）时，手动投入机械制动装置直至机组停止转动，解除制动装置，使制动器复归。手动切除高压油顶起装置，监视机组不应有蠕动。

（3）停机过程中应检查下列各项：

1）监视各部位轴承温度、油槽油面的变化情况。

2）检查转速继电器的动作情况。

3）录制停机转速和时间关系曲线。

（4）停机后投入接力器锁锭和检修密封，关闭主轴密封润滑水。根据具体情况确定是否需要关闭蝴蝶阀（球阀）或筒阀。

3. 停机后应做好的检查和调整

（1）检查各部位螺栓、销钉、锁片及键是否松动或脱落。

（2）检查转动部分的焊缝是否有开裂现象。

（3）检查发电机上下挡风板、挡风圈、导风叶是否有松动或断裂。

（4）检查风闸的摩擦情况及动作的灵活性。

（5）在相应水头之下，整定开度限制机构及相应空载开度触点。

（6）调整各油槽油位继电器的位置触点。

（五）自动开、停机试验

无励磁自动开、停机试验应分别在机旁和中控室进行。试验时应按要求做好记录和检查。

1. 自动开机准备

（1）调速器处于"自动"位置，功率给定处于"空载"位置，频率给定置于额定频率，调速器参数在空载最佳位置，机组各附属设备均处于自动状态。

（2）对于无高压油顶起装置的巴氏合金推力轴瓦机组，应通过油泵顶起发电机转子，使推力轴瓦充油。

（3）确认所有水力机械保护回路均已投入，且自动开机条件已具备。

（4）首次自动启动前应确认接力器锁锭及制动器实际位置与自动回路信号相符。

2. 自动开机

（1）检查机组自动开机顺序是否正确，检查技术供水等辅助设备的投入情况。

（2）检查推力轴承高压油顶起装置的工作情况。

（3）检查电气液压调速器动作情况。

（4）记录自发出开机脉冲至机组开始转动所需的时间。

（5）记录自发出开机脉冲至机组达到额定转速的时间。

（6）检查测速装置的转速触点动作是否正确。

3. 自动停机

（1）检查自动停机程序是否正确，各自动化元件动作是否正确、可靠。

（2）记录自发出停机脉冲至机组转速降至制动转速所需时间。

（3）检查机械制动装置自动投入是否正确，记录自制动器加闸至机组全停的时间。

（4）检查测速装置转速触点动作是否正确、调速器及自动化元件动作是否正确。

（5）当机组转速降至设计规定转速时，推力轴承高压油顶起装置应能自动投入。当机组停机后应能自动停止高压油顶起装置，并解除制动器。

（六）空载扰动试验及自动空载转速摆动值测定

1. 调速器空载扰动试验应符合的要求

（1）扰动量一般为±8%。

（2）转速最大超调量不应超过转速扰动量的30%。

（3）超调次数不超过两次。

（4）从扰动开始到不超过机组转速摆动规定值为止的调节时间应符合设计规定。

（5）选取最优一组调节参数，机组在该组参数下空载运行，转速相对摆动值，对于大型调速器不应超过额定转速的±0.15%；对于中小型调速器，不超过±0.25%。

2. 进行空载扰动试验时的注意事项

（1）电液转换器或电液伺服活塞阀的振动应正常。

（2）检查调速器测频信号，应波形正确，幅值符合要求。

（3）进行手动和自动切换试验，接力器应无明显摆动。

（4）频率给定的调整范围应符合设计要求。

（5）记录压油装置油泵向油槽送油的时间及工作周期。在调速器自动运行时记录导叶接力器活塞摆动值及摆动周期。

三、负载阶段试验的相关措施

（一）负荷扰动试验

（1）水轮发电机组带、甩负荷试验应相互穿插进行。

（2）进行机组快速增、减负荷试验。根据现场情况使机组突变负荷，其变化量不应大于额定负荷的25%，并应自动记录机组转速、蜗壳水压、尾水管压力脉动、接力器行程和功率变化等的过渡过程。负荷增加过程中，应注意观察监视机组振动情况，记录相应负荷与机组水头等参数，如在当时水头下机组有明显振动，应快速越过。

（3）进行机组带负荷下调速系统试验。检查在速度和功率控制方式下，机组调节的稳定性及相互切换过程的稳定性。对于转桨式水轮机，应检查调速系统的协联关系是否正确。

（4）调整机组有功负荷时，应先分别在现地调速器上进行，再通过计算机监控系统控制调节。

（5）水轮发电机组带负荷试验，有功负荷应逐步增加，观察并记录机组各部位运转情况和各仪表指示。观察和测量机组在各种负荷工况下的振动范围及其量值，测量尾水管压力脉动值，观察水轮机补气装置工作情况，必要时进行补气试验。

（二）甩负荷试验

甩负荷试验主要是为了检查调节系统在甩负荷时的过渡过程品质，以进一步确定调速器参数组合，同时校核转速上升率、水压上升率。机组初带负荷后，应检查机组及相关机电设备各部运行情况，无异常后可根据系统情况进行甩负荷试验。

（1）机组甩负荷试验应在额定负荷的25%、50%、75%和100%下分别进行，同时应录制过渡过程的各种参数变化曲线及过程曲线，记录有关数值，记录各部瓦温的变化情况。机组甩25%额定负荷时，记录接力器不动时间。检查并记录真空破坏阀的动作情况与大轴补气情况。机组甩负荷后调速器的动态品质应达到如下要求：

1）甩100%额定负荷后，在转速变化过程中超过稳态转速3%以上的波峰不应超过2次。

2）机组甩100%额定负荷后，从接力器第一次向关闭方向移动起到机组转速相对摆动值不超过±0.5%为止所经历的总时间不应大于40s。

3）机组甩25%负荷后，接力器不动时间不大于0.4～0.5s。

4）水轮发电机甩负荷时，蜗壳水压上升率、机组转速上升率等，均应符合调节保证计算规定。

（2）若受电站运行水头或电力系统条件限制，机组不能按上述要求带、甩额定负荷时，可根据当时条件对甩负荷试验次数与数值进行适当调整，最后一次甩负荷试验应在所允许的最大负荷下进行。

（3）对于转桨式水轮机组甩负荷后，应检查调速系统的协联关系和分段关闭的正确性，以及突然甩负荷引起的抬机情况。

（4）以下试验可结合机组甩负荷试验同时进行：

1）调节系统静态特性试验。在机组甩25%、50%、75%和100%的额定负荷时（不停机），记录响应稳定后的频率值。据此可绘制调节系统静态特性曲线。

2）调速器低油压关闭导叶试验。

3）事故配压阀动作关闭导叶试验。

4）动水关闭工作闸门或关闭主阀（筒阀）的试验（根据设计要求和电站具体情况选择进行）。

（三）带负荷72h连续运行试验

调节系统和装置的全部试验及机组所有其他试验项目完成后，应拆除全部试验接线，使机组所有设备恢复到正常运行状态，全面清理现场，然后进行带负荷72h连续运行试验。试验中应对各有关部位进行巡回监视并做好运行情况的详细记录。

【思考与练习】

1. 调速器试验的主要目的是什么？

2. 调速器试验分别在调速器什么状态下进行？

3. 调速器负载试验主要包括哪些试验内容？

4. 调速器空载试验主要包括那些试验内容？

▲ 模块4 调速器故障处理（Z49F3004）

【模块描述】本模块介绍调速器运行故障现象分析处理。通过故障分析，掌握调速器故障类型，分析故障原因，掌握调速器运行中的常见故障处理。

【模块内容】

一、整机运行故障

机组在运行时发生的故障现象有些是由调速器整机工作引起的，这类故障常见的有：

（一）自动开机时开限没有打开

1. 故障原因

多数是由于二次接线、开关量板卡、D/A 转换器等存在问题，但也可能是 CPU 的问题。

2. 故障处理

应检查二次接线及微机调节器内板卡，有损坏时必须更换新板卡。

（二）自动开机时机组转速达不到额定值

1. 故障原因

（1）机组频率测量或电网频率测量有问题。

（2）水头较低时，原整定的空载开度不能保证机组达到额定转速。

2. 故障处理

（1）检查频率测量环节，必要时更换板卡。

（2）增大空载开度并打开开限。

（三）机组空载运行中过速，甚至出现过速保护动作，紧急停机

1. 故障原因

（1）导叶反馈断线。

（2）导叶反馈传感器有偏差。

（3）计算机输出故障。

2. 故障处理

（1）若导叶反馈无指示或者一直指在某一值，但接力器一直开到全开，造成过速时，可判断是导叶反馈断线。应检查反馈接线并恢复正常。

（2）若导叶反馈指示小于实际开度，造成空载转速总是高出额定转速，可判断是导叶反馈传感器有偏差。只要调整导叶反馈传感器，使实际开度与反馈指示值一致即可。

（3）若计算机数字显示正常，而输出模拟指示为最大，可断定是计算机输出 D/A 转换器故障。应更换板卡处理。

（四）增、减负荷缓慢

1. 故障原因

调节参数整定不当，缓冲时间常数 T_d、暂态转差系数 b_t 太大或比例增益 K_p 太小。

2. 故障处理

T_d、b_t 和 K_p 既影响系统的响应速度又影响系统的稳定性，应在保证调节系统有稳定余量的前提下，适当减小 T_d 和 b_t 或加大 K_p。

（五）功率给定调负荷时接力器拒动，负荷不变

1. 故障原因

电液转换器卡紧或接线断开、功率给定单元故障，致使功给变化的信号传输中断。

2. 故障处理

应检查电液转换器或功给单元并进行处理。

（六）溜负荷或自行增负荷

1. 故障原因

（1）电液转换器发卡或工作线圈断线、接地。

（2）计算机 D/A 转换器故障。

（3）调相令节点有干扰信号或与外壳短路。

（4）计算机 CPU 故障。

（5）调速器电源有接地现象。

（6）机组运行点特殊。

2. 故障处理

（1）电液转换器发卡是调速器溜负荷或自增负荷的主要原因之一。若卡在关机侧，则造成全溜负荷，导叶关到零。若卡于开机侧，则使接力器开启，导致自增负荷，直到限制开度为止。应检查电液伺服阀，排除故障。

（2）电液转换器工作线圈断线时，调节信号为零，若电液伺服阀的平衡位置偏关，则接力器要减小某一开度，造成溜负荷；若其平衡位置偏开，则接力器开启，造成自行增负荷。处理方法也是检查电液转换器线圈，排除故障。

（3）D/A 转换器输出减少或为零，应更换 D/A 转换器板卡。

（4）检查调相令节点，排除干扰或短路故障。

（5）检查计算机 CPU，必要时更换 CPU。

（6）用万用表（不能用绝缘电阻表）逐个检查计算机调速器电源、电液转换器线圈，排除接地现象（对地电阻一般均在 5MΩ 以上）。

（7）通过调整工况参数等避免机组运行于以下的特殊点：即接近发电机最大出力点处，且功角 δ 接近 90°（此点运行时若频率下降，水轮机将要增大出力，主动力矩增加，而发电机功角不能突变，再加励磁系统强励特性不好的情况下，反而导致发电机功率下降，而溜掉部分负荷，若机组主动力矩增加过多，超过发电机极限功率，将使发电机失步而产生联锁反应，负荷可能全部溜光）。

（七）机组并网运行（承担调频任务或在孤立电网中）时，转速和出力周期性摆动

1. 故障原因

（1）电网频率波动。

（2）转子电磁振荡与调速器共振。

（3）机组引水管道水压波动与调速器发生共振。

2. 故障处理

（1）用示波器录制导叶接力器位移和电网频率波动的波形，比较两者波动的频率，如果一致，则为电网频率波动所引起，此时应从整个电网来分析解决频率波动问题，其中对调频机组的水轮机调速器性能及其参数整定，应重点分析。

（2）用示波器录制发电机转子电流、电压、调速器自振荡频率和接力器行程摆动的波形，将之进行比较即可判定是否为共振。可用改变缓冲时间常数 T_d 以改变调速器自振频率的办法来解决。

（3）机组引水管道水压波动与调速器发生共振时，通过改变缓冲时间常数 T_d 或积分增益 K_I 来消除水压波动与调速器间的共振。

（八）机组并网运行（承担调频任务或在孤立电网中）转速和出力非周期摆动

1. 故障原因

（1）并列的多台机组调速器的永态转差系数 b_p 整定得太小，而且各台机组的转速死区和缓冲时间常数 T_d 不相同甚至相差很大。

（2）水轮机空蚀、转桨式水轮机协联破坏引起效率突然下降。

（3）电液转换器油压漂移。

2. 故障处理

（1）多台并列运行机组同时产生接力器及负荷摆动时，应将大部分机组，尤其死区较大的机组的 b_p 值增大，并尽可能使各台机组的 T_d 值相等或接近相等，一般即可稳定。

（2）效率突然下降引起摆动时应密切监视调节系统的调节趋稳过程，一般可自行趋于稳定，暂不处理，待停机时再处理。信号干扰引起偶然摆动时也不需处理。

（3）更换合格的电液转换器，要求达到油压在正常变化范围内变化时所引起的主接力器位移不大于全行程的 5%。

（九）机组甩负荷时转速上升过高

1. 故障原因

可能是导叶关闭时间 T_s 太大或导叶关闭规律不合理。

2. 故障处理

分析甩负荷时示波器录制的各主要参数变化情况，区别不同情况，或减小 T_s 值，或减小 b_t 值。

（十）机组甩负荷时水压上升过高

1. 故障原因

可能是 T_s 值太小、导叶关闭规律不合理、装设的调压阀动作不灵等。

2. 故障处理

增加 T_s 值，调整调压阀的开启时间或灵活性，改善导叶关闭规律。

（十一）机组甩负荷时转速与水压均过高

1. 故障原因

可能是水轮机与实际水头不适应、调压阀动作不正常、导叶关闭规律不合理等。

2. 故障处理

核算水轮机适应的水头、调整调压阀、改变导叶关闭规律。

（十二）转桨式水轮机转速上升或波动太大

1. 故障原因

导叶接力器与轮叶接力器关闭时间相差过大。

2. 故障处理

实测两者时间差，并做适当的调整，增大加负荷时的缓冲时间。

（十三）转桨式水轮机发生抬机现象

1. 故障原因

可能是导叶和轮叶接力器关闭时间太短，真空破坏阀和补气阀不起作用。

2. 故障处理

增加两个接力器的关闭时间，提高补气阀的灵活性并加大补气量，改善导叶关闭规律。

二、电气部分故障

（一）计算机故障灯亮

1. 故障原因

计算机运行异常。

2. 故障处理

有备用机的应切至备用机运行，公用部分故障或无备用机的可切换至手动运行，同时脱开电液转换器连接的杆座，一般对计算机故障采取更换板卡法进行排除。

（二）机频消失，中控室发调速器故障信号，现场有机频故障信号

1. 故障原因

计算机测频单元损坏造成。

2. 故障处理

若发生在开机过程中应立即停机或改手动方式开机；若发生在并网运行中，对具有容错功能的调速器可继续自动运行，否则应切至手动运行，并尽快作更换板卡处理。

（三）电调柜电源指示灯灭

1. 故障原因

电源回路断开。

2. 故障处理

如果是电调工作电源消失，则应检查备用电源是否投入；若同时失去工作电源与备用电源，应将调速器切手动运行，查明失电原因，并恢复供电。

三、机械柜元件故障

（一）主配压阀开机时振动

1. 故障原因

（1）油管路或液压阀中窝存空气。

（2）主配压阀放大系数过大。

2. 故障处理

（1）通过观察油管路或液压有关部位有无油气泡鉴别是否窝存空气。可多次移动主配压阀和接力器活塞排除内部空气。

（2）核算放大系数，改善杆件的传递比。

（二）主配压阀卡死

1. 故障原因

（1）油路内有水锈住、油内有脏东西卡住。

（2）辅助接力器装配不良或上下不同心。

2. 故障处理

（1）进行油的净化和过滤。

（2）重新装配，使主配压阀和辅助接力器相互同心。

（三）电液转换器线圈架不动或行程不足

1. 故障原因

可能是工作线圈断线、接地等造成不能工作或线圈架恢复弹簧刚度不足。

2. 故障处理

必须用绝缘电阻表来检查线圈情况、检查恢复弹簧刚度等，如有问题则必须更换线圈、弹簧。

（四）电液转换器控制套旋转不良

1. 故障原因

（1）组合弹簧歪斜，组件装配不良，不符合设计要求。

（2）控制套口碰伤。

（3）控制套和阀塞间隙过小或不圆。

2. 故障处理

（1）更换弹簧。

（2）检查装配质量。若发现有碰伤之处，必须用专用研棒研磨。

（3）检查和更换控制套。

（五）喷油过大或过小

1. 故障原因

节流孔堵塞或选择不当。

2. 故障处理

（1）检查清理节流孔。

（2）选择合适的节流孔。一般南方电站节流孔选ϕ0.9，北方电站节流孔选ϕ1.0～ϕ1.1，北方电站节流孔冬季可选ϕ1.2。

（六）导叶反馈电位器（传感器）故障

1. 故障原因

（1）钢带断开。

（2）电位器与钢带之间活动脱节。

（3）电位器接线断线。

2. 故障处理

（1）重新更换钢带。

（2）检查固定精密电位器轴的螺钉，将其锁紧。

（3）检查接线，重新连接。

【思考与练习】

1. 水轮发电机组自动开机时开限没有打开调速器系统可能的原因有哪些？

2. 水轮发电机机组空载运行中过速，导致停机，可能的原因有哪些？

3. 调速器主配压阀开机时振动过大，可能的原因是什么？如何处理？

4. 导叶反馈电位器故障，可能的原因有哪些？如何处理？

第四章

水 轮 机 运 行

▲ 模块 1　水轮机运行基本技术要求（Z49F4001）

【模块描述】本模块介绍水轮机运行技术规定。通过技术规范原理讲解，掌握水轮机正常异常运行情况下的基本技术要求。

【模块内容】

一、机组监控自动化系统的基本技术要求

（一）由机组自动化元件组成的系统应满足的要求

（1）机组手动、自动开机和停机。

（2）手动、自动控制机组的油水风系统。

（3）自动监视机组的冷却、润滑、密封水的通断。

（4）自动监视各轴承油槽油位。

（5）自动监视水轮机顶盖的水位。

（6）自动监视压油槽、集油槽、漏油槽的油位。

（7）自动监视机组各部温度。

（8）自动监视机组导水机构的工作状态和位置。

（9）自动发出机组相应转速的信号。

（10）能满足机组相应工况的互相转换的要求。

（11）计算机监控水电厂，计算机监控系统应设置可靠的备用电源。

（12）机组过速且调速器失控需关闭导叶时，可由过速限制机构关导叶或关主阀（快速闸门）来达到停机。

（13）机组能做调相运行时，能自动控制水轮机转轮室的水位。

（14）要求有两套过速保护时，应由机械型和电气型两种转速信号器发信号。

（二）机组有特殊要求时应满足的要求

（1）机组作调相运行时，能自动控制水轮机转轮室的水位。

（2）要求冷却水管路正、反方向通水时，示流器能正、反向运行。

（3）要求监视回油箱、漏油箱和各轴承油箱积水情况的机组，应能自动监视。

（4）要求有两套过速保护时，应由机械型和电气型两种转速信号器（或装置）发信号。

（5）轴承润滑油采用外循环冷却时，应由相应的自动化元件监视和控制循环润滑油和冷却水的供给。

（三）机组发生下列不正常运行情况时应发出故障报警信号

（1）压油装置集油槽油位超过故障报警信号值。

（2）压油装置备用油泵启动或油压超过故障报警信号值。

（3）漏油箱油位超过报警规定值。

（4）机组各轴承油位超过故障报警信号值。

（5）机组各轴承瓦温、油温超过故障报警信号值。

（6）机组冷却水水流中断或水压降低至故障报警信号值。

（7）水导润滑水中断（备用润滑水投入）或降低至故障报警信号值。

（8）机组启动或停机在正常时间内未完成。

（9）水轮机顶盖水位超过故障报警信号值。

（10）导水机构剪断销剪断。

（11）机组主轴密封水压降低至故障报警信号值。

（12）技术供水滤过器进、出口压差超过故障报警信号值。

（13）备用机组自行转动（机组潜动）。

（14）机组振动和摆度超过故障报警信号值。

（15）集油槽、漏油槽及各轴承油箱内积水超过报警规定值。

（16）蜗壳水压与工业用水取水口水压的压差超过报警规定值。

（17）拦污栅前后压差超过报警规定值。

（18）其他异常情况。

（四）机组运行中在下列情况下应事故停机

（1）压油装置油压降低到事故油压规定值。

（2）各部轴承温度超过事故停机规定值。

（3）水导润滑水主、备用水都中断或降到规定值，并超过规定时间。

（4）有关的电气事故保护动作。

（5）机组转速超过过速保护动作规定值。

（6）机组发生异常振动和摆度超过事故停机规定值（当设有自动振动、摆度测量装置时）。

（7）蜗壳水压或取水口水压压差超过事故停机规定值。

（8）拦污栅前后压差超过事故停机规定值。

（9）其他危及水轮机安全运行的紧急事故。

（五）机组运行中在下列事故和故障之一时应人为操作紧急停机按钮

（1）已发生人身事故，危害人身及设备安全时，应立即停止有关设备运行。

（2）机组过速超过140%以上，导叶还未关闭。

（3）已发生设备损坏，又确认保护拒动。

（4）机组有严重振动、撞击，超过测试装置警报值，不能继续运行（或继续恶化）时。

（5）机组各轴承温度迅速上升超过事故温度时。

（6）各轴承油槽大量跑油或进水时。

（7）压油槽油压迅速下降至事故油压以下。

（8）确认发电机着火。

（六）机组运行中遇下列情况时，值班人员可以未经允许先行关闭主阀（快速闸门）或进水口工作闸门，解列停机，停机后汇报

（1）机组发生事故，调速器失去控制能力。

（2）机组转速超过过速规定值，主阀（快速闸门）或进水闸门没有关闭。

（3）事故过程中剪断销剪断，无法停机。

（4）事故处理过程中，导叶漏水严重。

（5）压力钢管破裂（或进人孔），大量漏水。

（6）水轮机顶盖破裂，严重漏水。

（7）导叶严重漏水，停机过程转速下降太慢。

（8）导叶严重漏水，机组发生潜动，被水冲转。

（七）弹性金属塑料推力轴承的机组应遵守的规定

（1）瓦体最高允许运行温度一般控制在55℃；轴瓦报警和停机温度按发电机额定运行工况时瓦体温度增加10～15℃。

（2）定期清扫推力油槽及槽内各部件，经常保持油的清洁程度，油槽热油温度控制不超过50℃。

（3）正常停机后，可以连续启动，其间隔时间和启动次数不作限制；瓦温在5℃以上时允许冷态启动。

（4）停机时间在30d以内时，可以不顶起转子开机；停机时，允许转速降低至10%额定转速投入制动系统；在制动系统故障，需要立即停机时，方允许惰性停机，但一年内不超过3次。

（5）运行中如出现冷却水中断，应立即排除；当瓦体温度不超过55℃，油槽内热

油温度不超过 50℃时，可以暂时运行，继续运行时间根据断水试验结果确定；在此期间应时刻监视油温、瓦温上升情况，恢复冷却水时，要缓慢高速至正常压力。

（八）机组发生电气事故停机时，值班员应马上到现场进行下列处理

（1）监视自动器具动作，若动作不良手动操作。

（2）检查发电机有无着火现象。

（3）检查发电机轴承有无异常现象。

（4）监视风闸投入情况，若动作不良手动操作。

（九）发电机内部冒出浓烟处理

在发生电气事故停机时，发现从发电机内部冒出浓烟，应及时通知中控室切 MK 确认着火后进行下列处理。

（1）确认发电机无电压后，立即接上消火水源，打开给水阀进行消火。

（2）关闭消火水管排水阀。

（3）若热风口开放，必须立即设法关闭。

（4）检查消火水情况，见下部盖板应有水流出。

（5）确认火已熄灭后，关上给水阀，退出活接头，打开排水阀。

二、调速系统基本技术要求

（1）水轮机调速器应能实现机组以自动和手动方式启动、停机和紧急停机。

（2）调速器和油压装置的工作容量选择合理，导叶实际最大开度要对应于接力器最大行程的 80%以上。

（3）接力器的开启和关闭时间应能在设计范围内任意整定。

（4）对于大型机组的电液调速器和重要水电厂中型机组的电液调速器，应设置一个以上测频信号源，并应设置开度限制装置以限制机组的最大功率，当测频单元输入信号全部消失时应能使机组维持原来所带的有功功率和无功功率，并发出报警，而且不影响机组的正常运行和事故停机。

（5）电源装置应安全可靠，并应设置两套电源，交直流互为备用，故障时可自动转换并发出信号。电源转换引起的导叶接力器行程变化不得大于导叶接力器全行程的 2%。

（6）水轮机调节系统的技术性能要求应符合 GB/T 19652.1《水轮机调速器与油压装置技术条件》的要求。

（7）反击式水轮机的导水机构必须设有防止破坏及事故扩大的保护装置。

（8）水轮机导水机构的接力器应设有机械锁锭装置。

（9）油压装置的性能要求。

1）油压装置正常工作油压的变化范围应在工作油压的±5%以内。当油压高于工

作油压上限 2%以上时，安全阀应开始排油；当油压高于工作油压上限的 16%以前，安全阀应全部打开，并使压力罐中的油压不再升高；当油压低于工作油压下限以前，安全阀应安全关闭；当油压低于工作油压下限的 6%～8%时，备用油泵应启动；当油压继续降低至事故低油压时，作用于紧急停机的压力信号器应立即动作。

2）油压装置各压力信号器动作油压值与整定值的偏差不应超过整定值的±2%。

3）油泵运转应平稳，其输油量不小于设计规定值。

4）自动补气装置及油位信号装置，动作应正确、可靠。

三、快速闸门的基本技术要求

（1）快速闸门关闭位置止水装置的漏水量不超过规定值。

（2）快速闸门及其操动机构应有足够的强度，快速闸门操作应有可靠的压力油源。

（3）快速闸门在动水条件下能迅速关闭，使机组飞逸时间不超过规定值。

（4）快速闸门正常运行只有全开与全关两个位置，不允许作部分开启来调节流量。

四、水轮机运行的基本要求

（1）在水轮机的最大和最小水头范围内，水轮机应在技术条件规定的功率范围内（见表 2–4–1–1）稳定运行。必要时可采取提高振动稳定性的措施（如补气等）。

表 2–4–1–1　　　　　　　　相应水头下的机组最大保证功率　　　　　　　　　%

水轮机型式	相应水头下的机组 最大保证功率	水轮机型式	相应水头下的机组 最大保证功率
混流式	45～100	转桨式	35～100
定桨式	75～100	冲击式	25～100

（2）水轮机需超额定功率运行时应报上级主管部门批准；水轮机因振动超限需限制运行范围，其具体数据均需经过试验鉴定后确定，并报上级主管部门备案认定后方可执行。

1）反击式水轮机在一般水质条件下的空蚀损坏应符合相关规定。当水中含沙量较大时，应对水轮机的空蚀磨损量作出保证，其保证值可根据过机流速、泥沙含量、泥沙特性及水电厂运行条件等由供需双方商定。

2）水轮机导轴承温度和油温应控制在规定值范围（5～50℃）之内。

3）机组一般应在自动调整情况下运行，导叶开度限制应置于相应最大功率的开度位置。只有在调整器电气控制部分故障而机械控制部分正常时，机组才可改为手动运行。

4）水轮机运行中其保护、信号及自动装置应正常投入，各保护、信号及自动装置的整定值只能由专业人员按规定的程序调整。

五、发电工况下的水轮机运行

（1）在满足电网要求下，水轮机按效率试验确定的运转特性曲线要求，尽量运行在最优效率区。

（2）空载运行时间尽量短，避免在振动区长期运转。

（3）应定期进行水轮机相对效率实测试验，积累资料，执导水轮机经济运行。

六、调相工况下的水轮机运行

（1）应具备有效的调相压气装置，以保尾水管内的水位在转轮以下，不允许转轮在水中运行。

（2）调相压水在气压充足情况下未压下水时，应查明原因，及时处理。

（3）如果导叶漏水较大，使气压保持时间较短，可将快速闸门或工作闸门关闭。

（4）在压水条件下调相运行时，如需停机，应该先由调相运行转为发电运行，把转轮室内压缩空气排除后再停机。

【思考与练习】

1. 水轮发电机组运行，对调速器系统技术条件有何要求？

2. 水轮发电机组运行中如出现冷却水中断，如何根据瓦温来采取适当的措施？

3. 水轮发电机组运行，对快速闸门系统技术条件有何要求？

4. 水轮发电机组运行中发生电气故障停机，值班员到现场应做哪些事故处理工作？

模块 2　水轮机正常操作（Z49F4002）

【模块描述】本模块介绍水轮机正常操作内容。通过原理讲解，掌握水轮机开停机操作，发电、调相的转换操作，水轮发电机组尾水管、压力钢管、蜗壳充水操作。

【模块内容】

一、水轮机开停机操作

（一）水轮机启动应具备的条件

（1）水轮发电机组进水口闸门和下游尾水闸门应全开。

（2）各部动力电源、操作电源、信号电源投入，各表计信号指示正确。

（3）调速系统工作正常，各电磁开关、表计指示位置正确，并在自动工况。

（4）各电磁阀位置正确。

（5）机组油压装置及漏油装置工作正常。

（6）制动系统正常，风闸均在复位位置。

（7）水轮机轴承油位、油质合格，水导轴承保护和供水系统正常。

（8）水轮机油、水、气系统处于备用状态，各阀门处于正常位置，各补气阀、真空破坏阀在复位状态，无漏水现象。

（9）水轮机保护和自动装置应投入。

（10）水轮机各部应处于随时允许启动状态。

（11）备用机组的开机条件监视指示灯应亮。

（二）自动开机

（1）检查自动操作系统设备完好、工作正常，机组保护投入正常，调速器和压油装置工作正常，开机准备信号灯亮。

开机准备信号灯亮的条件如下：

1）机组无事故。

2）断路器在分闸位置。

3）接力器锁锭在拔出位置。

4）制动气源压力正常，但未加制动。

5）快速闸门或蝶阀、球阀在全开位置（与机组联动操作的阀无此要求）。

（2）操作自动开机。自动开机的方式有计算机监控操作台全自动或半自动开机、机旁盘现地开机等方式。远方或现地开机时，机旁盘开停机控制方式把手应放在对应的位置。

自动开机过程中监视自动器具的动作，如有不良时，在保证机组安全运行情况下可以手动帮助，否则经值长同意将机组停止运行，联系检修人员处理。

（3）机组并网后，监视有功功率和无功功率调节情况及运行参数正常。

（4）某水电厂混流式机组自动开机控制流程图如图 2-4-2-1 所示。

（三）自动停机

（1）检查自动操作系统设备完好、工作正常，调速器和油压装置工作正常。

（2）操作自动停机，监视装置动作正确。

（3）自动停机的方式有计算机监控操作台自动停机、紧急停机、机旁盘现地停机等方式。远方或现地停机时，机旁盘开停机控制方式把手应在对应的位置。

（4）自动停机过程中监视自动器具的动作，如有不良时，在保证机组安全运行情况下可以手动帮助。

（5）监视转速下降到电气制动转速时投入电制动，下降至加闸转速时加闸回路动作。

（6）如果机械加闸达到规定的转速以下不能投入，且机组又无其他故障、事故时，可将机组重新开启至一定的转速，处理后再停机。

（7）监视停机回路自动复归、电制动自动复归、风闸自动复归、冷却水自动复归、停机继电器自动复归，机组各部恢复到备用状态，机组备用状态灯亮。

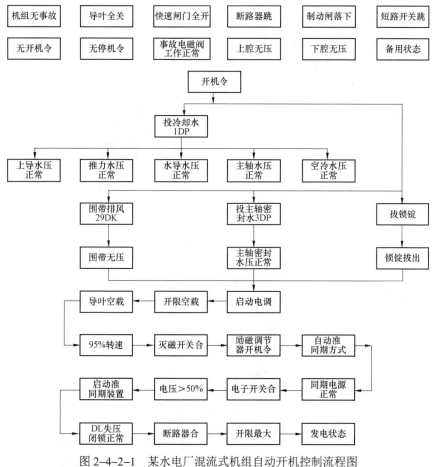

图 2-4-2-1　某水电厂混流式机组自动开机控制流程图

（8）某混流式机组停机流程图如图 2-4-2-2 所示。

（四）手动开机

（1）开机前机组应处于备用状态，开机准备信号灯亮。

（2）投入机组的冷却水，检查各部水压应在规定值范围内。

（3）投入水轮机导轴承润滑水（指橡胶轴承），并检查示流继电器指示正常，润滑水水压指示应在规定值范围内。

（4）投入水轮机主轴密封用水，检查水压正常。

（5）对外循环式的机组轴承，检查油泵有一台自动启动开始供润滑油或手动启动，并检查油流通畅，冷却系统正常。

（6）接力器锁锭拔出。

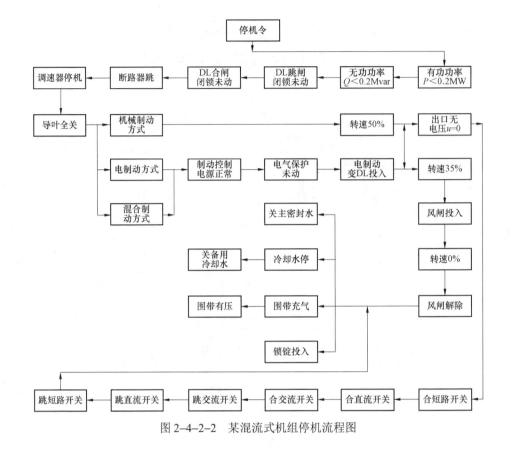

图 2-4-2-2 某混流式机组停机流程图

（7）调速器置于手动方式，打开导叶至空载开度位置。

（8）机组并网运行正常后，调速器应置于自动方式运行。

（五）手动停机

（1）检查机组有功功率、无功功率减为零后，再操作机组解列。

（2）当机组与电网解列灭磁后，调速器用手动方式将导叶关闭。

（3）监视机组转速，待降到加闸转速时，手动加闸，机组停稳后手动撤销风闸，并检查风闸应全部下落，对设有高压减载装置的机组应手动启动高压油泵。

（4）切除机组的冷却水和润滑水，对外循环式的发电机轴承，应检查油泵自动停止（或手动停止）。

二、发电改调相的操作

（一）自动方式

（1）检查调相系统正常，中控室操作发电改调相。

（2）监视自动装置动作情况。

（3）改调相成功后，监视无功功率调节情况正常和受电功率正常。

（二）手动方式

（1）将机组的有功功率降到零。

（2）手动将导叶关至全关。

（3）关闭尾水管补气阀和顶盖泄压阀，打开给气电磁阀向转轮室充入压缩空气进行压水。

（4）待压水正常后，复位给气电磁阀，调相过程中应及时补气压水。

三、调相改发电的操作

（一）自动方式

（1）中控室操作调相改发电。

（2）监视调相改发电过程中装置动作情况正常。

（3）监视机组有功功率和无功功率调节情况正常。

（二）手动方式

（1）检查快速闸门在全开。

（2）手动复归调相回路。

（3）关闭调相补气阀，打开尾水管补气阀和顶盖泄压阀。

（4）手动将导叶打开至空载位置。

（5）按电网要求调整机组有功功率和无功功率。

四、运行操作流程

运行操作流程如图 2-4-2-3 所示。

［案例］1 号机手动开停机操作票（参见图 1-1-2-1、1-2-2-2、1-4-4-1）

（一）1 号机手动开机操作票

（1）检查机组备用条件满足。

（2）检查压油槽压力、油面合格。

（3）复归接力器锁锭电磁阀 16YVD。

（4）检查接力器锁锭 91SS 拔出。

（5）退出停机联锁连接片。

（6）投入主冷却水电磁阀 41YVD。

（7）检查各部冷却水水压合格。

（8）投入主轴密封水电磁阀 43YVD。

（9）检查主轴密封水压合格。

（10）复归空气围带电磁阀 33YVD 排风。

（11）检查围带风压为零。

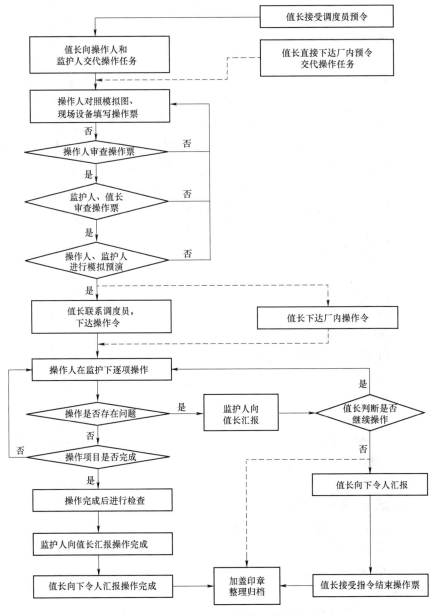

图 2-4-2-3 运行操作流程图

（12）检查导叶控制开度和开度给定在零。

（13）调速器切"机手动"。

（14）检查机手动红灯亮。

（15）将导叶开度开至空载，检查步进电动机运转正常。

（16）检查导叶打开正常，转速达到额定。

（17）检查步进电动机工作正常，导叶平衡表为零。

（18）调速器切"自动"位。

（19）手动起励。

（20）机组同期并列。

（21）检查电气开限100%。

（22）投入停机联锁连接片。

（23）根据调令调功：增加无功负荷，有功负荷。

（二）1号机手动停机操作票

（1）检查压油槽压力、油面合格。

（2）机组卸负荷、解列。

（3）手动逆变。

（4）调速器切"机手动"。

（5）检查机组手动红灯亮。

（6）按减少按钮将导叶开度减至零，检查步进电动机运转正常。

（7）检查导叶关闭正常，转速逐渐降低。

（8）转速下降至36%，手动加闸。

（9）检查导叶平衡表为零。

（10）调速器切"自动"位。

（11）投入空气围带电磁阀33YVA充风。

（12）检查围带风压合格。

（13）投入接力器锁锭电磁阀16YVD。

（14）检查接力器锁锭91SS投入。

（15）复归主轴密封电磁阀3YVD。

（16）检查主轴密封水压为零。

（17）复归冷却水电磁阀41YVD。

（18）检查冷却水总水压为零。

（19）检查机组备用条件满足。

（三）手动加闸操作

1. 方式一

（1）下腔电磁空气阀31YVA推向给风侧。

（2）检查下腔风压31PP（31SP）压力合格。

（3）检查机组转速为零。

（4）下腔电磁空气阀 31YVA 推向排风侧。

（5）检查下腔风压 31PP（31SP）压力为零。

（6）上腔电磁空气阀 32YVA 推向给风侧。

（7）检查下腔风压 32PP（32SP）压力合格。

（8）上腔电磁空气阀 32YVA 推向排风侧。

（9）检查上腔风压 32PP（32SP）压力为零。

2. 方式二（电磁空气阀拒动时）

（1）关闭 1312 阀。

（2）打开 1313 阀。

（3）检查下腔风压 31PP 压力合格。

（4）检查机组转速为零。

（5）关闭 1313 阀。

（6）打开 1312 阀。

（7）检查下腔风压 31PP 压力为零。

（8）关闭 1302 阀。

（9）打开 1303 阀。

（10）检查下腔风压 32PP 压力合格。

（11）关闭 1302 阀。

（12）打开 1303 阀。

（13）检查上腔风压 32PP 压力为零。

【思考与练习】

1. 水轮发电机组启动应具备什么条件？

2. 水轮发电机组手动开机的主要步骤有哪些？

3. 水轮发电机组手动停机的主要步骤有哪些？

▲ 模块 3 水轮机运行中监视、检查与维护（Z49F4003）

【模块描述】本模块包含机组监视、检查和维护的基本要求与注意事项。通过原理讲解，掌握水轮机开停机后及运行中监视、检查与维护项目。

【模块内容】

一、机组运行监视与维护的基本要求

（1）现场运行规程应对巡回检查作明确的规定，巡回检查必须到位，发现设备异

常要及时处理。

（2）设备的检查既要全面又要有重点，一般要注意巡回操作的设备状态、控制方式、参数设置正确，检修过的设备完好，原有设备存在的小缺陷未扩大，机组未发生冲击和事故，还要注意巡视经常转动部分和其他薄弱环节等。

（3）机组遇有下列情况应加强机动性检查：

1）机组检修后第一次投入运行；

2）机组新设备投入运行；

3）机组遇事故处理后投入运行；

4）机组有比较严重的缺陷尚未消除；

5）机组超有功功率或无功功率运行；

6）顶盖漏水较大或顶盖排水不流畅；

7）洪水期或下游水位较高；

8）在振动区运行或做振动试验；

9）试验工作结束后；

10）天气恶劣明显变化（大风、大雨、温差等）；

11）机组大发电和尖峰时；

12）机组监视、检查和维护的基本方式有人工巡检和自动检测系统巡检两种形式。

二、水轮机开机、停机后的监视

（一）水轮机开机后的监视

（1）监视水轮机振动情况正常。

（2）监视机组制动装置处于正常工作状态，可以随时启动。

（3）监视机旁各指示仪表指示正常。

（4）监视机组各部水压正常。

（5）监视机组摆度、水导轴承运行情况正常。

（6）监视水轮机主轴密封和顶盖排水情况正常。

（7）监视调速器机械液压机构各连接部分良好，电气控制回路正常，有功调节动作正常。

（8）监视机组信号和操作电源正常。

（9）监视机械系统和电气系统有关设备操作项目完成。

（二）水轮机停机后的监视

（1）调速器各部件连接无异常。

（2）压油装置和油系统无异常。

（3）机组轴承油面正常。

（4）机组转动部分无异常。

（5）制动系统在复位状态。

（6）与机组停机相关的技术供水系统正常。

（7）水轮机顶盖漏水不大。

（8）导叶全关，剪断销未剪断。

（9）机旁控制盘各指示仪表指示正常。

（三）水泵水轮机 S 区运行的监视

由于水泵水轮机转轮多为低比转速形式，转轮形状扁平、直径大、转速高。所以以水泵水轮机容易进入水轮机制动工况乃至反水泵工况运行。

从水力机械的全特性图 2-4-3-1 上观察：

图 2-4-3-1 中椭圆圈中区域里面：流量 Q' 的等开度曲线急速向下弯曲，和横轴 n' 几乎垂直，甚至像 n' 减小的方向弯曲而成一个 S 形。这样当机组在此区域里面

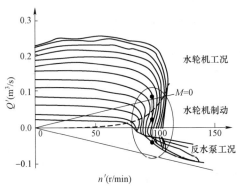

图 2-4-3-1 水力机械全特性图

运行的时候，对应的一条等开度线上就有 3 个不同的流量分别在水轮机工况、水轮机制动工况和反水泵工况。

在水电厂生产实践中，机组性能受 S 形特性的影响主要集中在以下几个工况：

1. 在水轮机工况低水头启动的时候

针对机组在低水头启动时候不稳定的问题，现在电厂常采用预开导叶的方法，既预先打开对称的两个小导叶增加流量，这样其他的导叶只要开到一个比较小的开度就可以了，而机组在导叶小开度的时候比较稳定，机组可以平稳地度过 S 形特性区。

2. 在调相工况转发电工况（或者是逆过程）的时候

当机组在由发电调相转发电（或者发电转发电调相）的时候，在转轮室排气或者压水的过程中，溅到转轮叶片上的水会由于离心力的作用被转轮向上甩出，给机组造成了一部分吸收的负荷。

在机组调相工况转换的过程中，由于功率的流向发生了变化，会造成机组大轴扭矩的突然变化。解决的方法之一就是先将机组解列，在转轮室中气、水的转换结束以后再并网发电。

三、机组运行检查与维护

（一）压油装置的检查和维护

（1）压力罐压力正常、油位正常，无渗漏油和漏气现象。

（2）压力测量及控制装置工作正常。

（3）集油箱油位、油质合格，并无油位异常信号。

（4）各阀门位置正确，安全阀工作正常。

（5）电动机引线和接地完好，电压指示正常，压油泵工作正常。

（二）调速器系统的检查和维护

（1）调速器运行稳定，无异常抽动、跳动和摆动现象。

（2）正常运行时转速指示在 100%。平衡表指示在平衡位置，电调盘面各指示灯正常。

（3）开度限制、手自动切换阀、事故电磁阀在相应位置。

（4）发现调速器油压与压力罐油压相差较大时，应切换过滤器并进行清洗。

（5）电液转换器动作正常。

（6）各连接部件和管路连接良好，无松动、脱落和渗漏油现象。

（7）手动状态下运行时开度指示与实际开度相符合。

（8）电气柜各电源开关、熔丝均在投入状态，电源指示灯指示正常，风机运转正常。

（9）控制装置板面指示灯指示正常，选择开关位置正确。各电气元件无过热、脱落断线等异常情况。

（10）当机组处于稳定运行时，微机调速器面板上平衡表应无输出，双微机均在运行。

（11）引导阀、主配压阀工作正常，事故配压阀在相应位置。

（12）主接力器反馈机构钢丝绳无松动、无断股、无异常现象。

（13）各端子引线良好，无脱落、断线、破损现象。

（三）机组自动盘、动力盘、制动系统的检查和维护

（1）机组自动控制系统盘面开关位置正确，指示正常。

（2）盘后各熔丝、电源开关接线紧固无松动，各继电器触点正常，无抖动、烧毛或黏结现象，各端子无松动脱落。

（3）各保护连接片投切位置正确，测温系统完好，各温度值在正常范围，机组摆度振动监测仪和机组效率在线监测仪的巡视测量显示正常。

（4）各动力电源开关和空气断路器位置正确，机组电压、电流、有功功率、无功功率指示在正常范围内。

（5）制动系统各阀门位置正确、气压正常、整个系统无漏气现象，空气电磁阀和电触点压力表工作正常。

（6）自动装置动作正确，管路阀门位置正确。

（四）水轮机部分的检查和维护

（1）水导轴承油槽油色、油位合格，油槽无漏油、甩油，外壳无异常过热现象，冷却水压指示正常。定期进行油质化验。

（2）水轮机室的接力器无抽动、无漏油，回复机构传动钢丝绳无松动和发卡现象，机构工作正常。

（3）检查漏油装置油泵和电动机工作正常，漏油泵在自动状态，漏油箱油位在正常范围内，控制浮子及信号器完好。

（4）导叶剪断销无剪断或跳出，信号装置完好，机组运转声音正常，无异常振动、摆动现象。

（5）水轮机主轴密封无大量漏水，导叶轴套、顶盖补气阀无漏水，顶盖各部件无振动、松动，排水畅通，排水泵工作正常。

（6）转桨式水轮机的叶片密封正常，受油器无漏油现象。

（7）各管路阀门位置正确，无漏油、漏气、漏水现象，过滤器工作正常，前后压差不应过大，否则应打开排污阀清扫排污。

（8）各电磁阀和电磁配压阀位置正确，各电气引线装置完好，无过热变色、氧化现象。

（9）蜗壳、尾水管进人孔门螺栓齐全、紧固，无剧烈振动现象，压力钢管伸缩节正常，地面排水保持畅通。

（五）主阀的检查和维护

（1）主阀和旁通阀应在全关或全开位置，竖轴主阀全关时指示器在零位，全开时指示器在90°位置。横轴主阀全关或全开时各锁锭销子在相应投入位置。

（2）主阀集油箱的油面在正常范围内，操作油和润滑油颜色正常。

（3）主阀、旁通阀及空气围带、给排气操作器具都应在正确位置，油泵的电动机电磁开关把手在正常工作位置。

（4）竖轴主阀上下导轴承处的排水管不应排压力水，横轴主阀两端轴承处不应漏水。

（5）冷却水系统各阀在正常位置，总水压在规定范围内，压力钢管和蜗壳的排水阀全关且无漏水。

（六）水轮机导轴承的检查和维护

（1）新安装的水轮机导轴承，机组在启动运行期间应设专人监视其温度变化，发现有异常，应迅速检查并处理。

（2）热备用机组运行后，按水轮发电机组规定的时间检查和记录轴承温度。当轴承温度在稳定的基础上突然升高 2～3℃时，应检查该轴承工作情况和油、水系统工作情况，测量水轮机摆度，并注意加强检查。

（3）水轮机导轴承的油位应在规定的范围内，若油面过高或过低应查明原因，及时进行处理。

（4）轴承油色应正常，若油色变化时，应停机处理，以避免烧损轴瓦。

（5）运行中必须定期检查冷却水和润滑水的工作情况，供水水质应符合标准，水压在正常范围之内。

（七）水泵（供水泵及顶盖排水泵）的检查和维护

1. 水泵在检修或长期停用后，启动前应进行的检查

（1）水泵及其电动机周围洁净无杂物。

（2）电动机绝缘良好。

（3）水泵与电动机的连接牢固、可靠，无松动。

（4）在水泵不运转时盘动联轴器，水泵和电动机转动灵活。

（5）盘根不可压得过紧，盘根处不应有大量漏水、甩水。

（6）水泵轴承润滑正常，油质良好。

（7）水泵充水水源或水泵润滑水正常。

（8）水泵进、出口阀门已打开。

（9）水泵电源正常，控制回路良好。

2. 水泵运行时应作的检查

（1）水泵内部的声音无异常。

（2）水泵的振动情况正常。

（3）水泵电动机温度正常，无异味。

（4）水泵盘根密封水良好、无大量甩水。

（5）水泵抽水情况正常。

（6）水泵启动前后电源正常。

四、机组运行中的注意事项

（1）在正常停机中，制动方式以电制动为主，机械制动为辅，当制动系统均发生故障不能制动时，允许惰性停机，但一年之内采用惰性停机方式不许超过 5 次。在惰性停机过程严格监视推力瓦温变化情况及是否有异常升高情况，发生异常时立即汇报有关领导。

（2）在停机中如果电制动失败时，应严格监视机组转速，待转速下降到 36%时，

机械制动自动投入，不良时手动帮助，待机组全停后手动解除风闸。

（3）机组在大修后或推力油槽排油或停机备用 10 天以上，在启动之前必须转动 1 次。

（4）机组自动启动过程中，其自动器具拒动时，若紧急开机应查明原因手动帮助。

（5）当停机中发生自动器具拒动时，手动帮助之。

（6）当有人在水轮内部工作时，蜗壳内不应有水，将该机组的快闸（主阀关闭）门及尾水闸门落下，做好防止误开安全措施，该机组的蜗壳排水阀开。

（7）有人在发电机转子上工作时，应将快速闸门关闭，并做好防止误开措施，导叶关，调速环锁锭投入，若快速闸门漏水过甚时，应将蜗壳排水阀开或投入机械制动装置。

（8）机组主供水系统中常开阀处于全开位置。

（9）机组正常运行时，其备用水源的电动阀，手动阀均处于全开位置。备用水系统正常在全压状态运行，发生水压降低时查找原因进行处理，恢复全压状态运行。

（10）当机组运行中发生剧烈的振动时，应监测其振幅是否在允许值之内，否则及时汇报有关领导。如果机组在振动区内运行时，可通知监盘人员调整机组出力，使机组迅速避开振动区运行。

（11）开快速阀门之前，应将蜗壳进人孔关，蜗壳排水阀、尾水管排水阀关并锁锭，投入机械锁锭，尾水管人孔关，尾水闸门提起，压油装置油压正常，并且导叶关，调速环加锁，接力器闭侧有油压，具备上述条件之后方开快速闸门。

（12）机组轴承温度或油温较正常温度升高 2～3℃时，应检查油面、油色是否正常，如果由于油面过低或油色不正常而引起温度升高时，立即将机组出力降至空载运行，尤其是推力轴承温度升高更应如此，再汇报有关领导。检查水压、水流是否正常，如果机组轴承温度升高由于冷却水压过低或中断造成，要立即调整冷却水至正常工作状态。

（13）在恢复过程中尽量降低机组出力运行，待冷却水压正常后，再提高机组出力，否则联系停机。

（14）机组轴承温度升高，如果是由于机组轴承摆度增大引起的，已威胁设备安全运行，要立即解列停机。

（15）机组运行中调速器的电气开限放机组的额定出力位置，如果由于系统振荡引起调速器运行不稳时，方可用电气开限限制导叶开度。

（16）PLC 调速器正常在开度调整方式下运行，只有开度调整失灵时，可切至频率给定方式运行。

注：如果实现功率反馈时，也可切至功率给定方式运行。

（17）PLC 调速器正常工况下频率跟踪投入状态，只有机组做有关试验时方可将频率跟踪退出。

（18）机组发生冲击或系统发生振荡时，应检查风洞及机组各部有无异音，尤其是对机组轴承的温度、摆度，机组的振动要进行监测，检查是否有异常变化，发现异常及时进行停机处理。

（19）机组运行中，发生某部水流中断或流量不足报警时，处理如下：

1）检查滤水器是否在清扫过程；

2）检查滤水器的排污是否关闭，如果没有关闭将其关闭；

3）检查滤水器前后水压表指示是否有压差，如果压差太大时可先投入备用水，再按手动冲洗按钮进行滤水器清扫，清扫后复归备用水；

4）检查各阀门的位置是否正确，否则调整正常；

5）检查是否是流量计或示流器失灵误动，汇报有关领导，联系检修处理。

（20）机组运行中，如果某部排水温度报警时，检查被冷却部件的温度是否也偏高时，应检查其给水侧的水压是否合格，否则调整水压合格。

（21）当机组长时间满负荷稳定运行时，应严格监视各部温度，特别是卷线温度保持不超过规定。

（22）机组运行中，如水轮机密封润滑水压不合格时，投入备用润滑水后，进行滤水器清扫，清扫后复归备用润滑水，检查润滑水压合格。

（23）机组运行中动力电源切换时应考虑如下问题：

1）考虑机组压油泵运行方式及漏油槽油位；

2）考虑供水系统滤水器处非清扫状态；

3）考虑机组 PLC 工作电源。

（24）机组运行或备用中，压油装置的两台压油泵均放在投入位置，压油罐的压力与油面均在正常范围之内，集油槽油面也在正常范围之内。

（25）制动方式选择把手正常在电制动位置或混合制动位置，只有在电制动装置故障不能正常投入时或电气事故时方可将选择把手切至机制动位置。

五、机组启动前的注意事项

（1）机组如有下列情况之一者禁止启动：

1）快速闸门（主阀）或尾水闸门未全开；

2）机组保护装置失灵；

3）各部轴承油面不合格；

4）机组的冷却水或润滑水不能供水时；

5）机械制动装失灵或制动压缩空气中断，电制动不能投入时；

6）压油装置不能维持正常油压，调速器工作不正常时；

7）PLC 工作不正常时；

8）测温装置失灵时；

9）机组的 AC 电源、DC 电源不能正常供给时；

10）上位机监控系统不正常。

（2）若机组停机备用超过 240h，应尽量使机组轮流启动运行。

1）如因检修推力油槽曾经排油，在启动前必须顶转子 1 次。

2）如停机备用超过 240h，在启动前必须顶转子之后再启动机组。

3）推力瓦为弹性金属塑料瓦的机组，停机备用 20 天内启机，不用顶转子。停机超过 20 天启机，必须顶转子一次方可启机。

4）推力瓦为弹性金属塑料瓦的机组，运行中允许冷却水中断 15min，在此期间应严格监视瓦温的变化情况。

（3）冷却水或润滑水系统经过检修，启动前需作充水试验，检查有无漏水和阀门开闭位置是否正常。

1）冬季室外温度降至 0～2℃时，各机组的消火系统防冻阀门应开，防止冻坏备用水管路。

2）厂内室温应尽量保持在 5℃以上，低于 5℃时打开运行机组的热风口，提高厂房室温。冷风口必须装有空气滤过网。

（4）机组检修压油装置排压或接力器排油，则在启动机组前必须进行接力器充油试验。

以手动方式将导叶全行程开、关一次，但必须注意以下事项：

1）快速闸门（主阀）关，并做防止误开措施；

2）检查蜗壳无水压；

3）机械制动装置能正常投入。

（5）启动前准备起动程序表或方案，机组检修后在起动前，须进行如下工作：

1）在检修作业交待完毕，工作票全部收回；

2）确认发电机与水轮机室内无人工作及其他东西存在；

3）对机组进行全面检查，并恢复措施，保证机组具备正常备用状态；

4）记录各轴承油面、瓦温；

5）启动方式可根据要求进行。

（6）正常开关主阀（快速闸门）操作时，必须在导水叶关闭、接力器加锁（或闭侧有油压）中进行。

（7）风闸系统经过检修，必须进行风闸试验，方可启动机组。

（8）机组各轴承检修后，机组启动前必须做充油试验，检查油槽、管路无漏油现象，油面合格，并记录充油后的油槽油面。

（9）检修后的机组在启动前，须做下列工作：

1）检修工作交待完毕，工作票全部收回；

2）确认发电机与水轮机室内无人工作且无其他东西存在；

3）对机组进行全面检查并恢复措施，保证机组处于正常备用状态；

4）记录各轴承油面、瓦温、油温；

5）启动方式可根据当时的系统及启动前准备程序表或按方案进行。

六、机组备用注意事项

（1）备用机应具备的随时可以启动状态：

1）蜗壳经常在全压力情况下，导水叶关闭，调速环锁锭；

2）水轮机保护正常；

3）压油装置应保持正常工作油压；

4）机组的油、水、风系统保持正常工作状态；

5）各动力交流电源正常，机组的直流电源正常；

6）PLC调速器工作正常，机械开限在适当位置；

7）机组各种传感器及其他监测元件一切正常；

8）PLC控制装置工作正常。

（2）备用机组非得值长准许，不可进行运行中不允许的作业。

（3）备用机组应视运行状态进行巡回检查，特别注意各轴承油面及油温应合格，油温不低于5℃，压油装置油温不低于10℃。

七、机组的定期维护和状态维护

（一）机组的定期维护

为了保证设备正常运行的安全可靠，主辅机设备应按规定进行定期试验、切换维护工作，发现问题及时通知检修人员处理。机组在正常情况下要做如下定期工作：

（1）切换油压装置的油泵。

（2）切换进水口工作闸门的工作油泵。

（3）调速器各连杆关节注油。

（4）调速器过滤器切换。

（5）测量发电机、水轮机主轴的摆度。

（6）应根据备用机组推力瓦油膜要求定期顶转子或手动开机空转1次。

（7）根据水位、水质情况，及时选用工业取水口，以保证水质要求。

（8）机组冷却系统过滤器定期清扫排污。

（9）各气水分离器定期放水、排污。

（10）机组技术供水总管定期冲淤。

（11）机组冷却系统定期正、反向运行，空气冷却器冲淤（一般在雨季或水中含沙较高时）。

定期检查冲击式水轮机的水斗、喷针、喷嘴。

（二）机组的状态维护

根据机组的运行状态分析，发现设备有异常趋势，及时对设备进行维护，保证机组的安全运行。

八、机组振动、摆度的测量

（1）人工测量：

1）应在几种有功功率下测量摆度，并与最近测得的水导摆度进行比较，如摆度值明显增加应查明原因。

2）机组各部振动值应不超过表 2–4–3–1 规定的数值。

（2）对于装设有自动监测各部轴承摆度仪、振动仪的要有信号报警，报警后应及时检查并作必要的处理。

表 2–4–3–1 水轮发电机组各部位振动允许值 mm

序号	项 目		额定转速（r/min）			
			<100	100～250	250～375	375～750
			振动运行值（双振幅）			
1	立式机组	带推力轴承支架的垂直振动	0.10	0.08	0.07	0.06
2		带导轴承支架的水平振动	0.14	0.12	0.10	0.07
3		定子铁芯部分机座水平振动	0.04	0.03	0.02	0.02
4	卧式机组各轴承垂直振动		0.14	0.12	0.10	0.07

注 振动值系指机组在各种正常运行工况下的测量值

【思考与练习】

1. 在什么情况下需要对机组进行加强性巡检？

2. 水轮机开机前应进行什么检查？

3. 水轮机停机后应进行什么检查？

4. 水轮机的定期维护应包含什么项目？

模块4 振动摆度对机组运行的影响（Z49F4004）

【模块描述】本模块介绍机组振动摆度类型、危害与防范措施。通过原理讲解，掌握振动的分类、振动的危害、消除振动的措施、机组振动摆度的分析与处理。

【模块内容】

水轮发电机组的振动是一个普遍存在的问题，一般来说机组都存在着振动和摆动。在水电厂运行中将它规定在某一允许范围内，超出允许范围则要找出原因和采取消除措施。

一、振动的分类

1. 按干扰力分类

振动可分为自激振动和强迫振动。在自激振动中维持振动的干扰力是由运动本身所产生或控制的，运动停止则干扰力消失。受迫振动中维持振动的干扰力的存在与运动无关，即使运动消失，干扰力仍然存在。

使机组产生振动的干扰力来自以下方面：

（1）机械部分的惯性力、摩接力及其他力。这些力引起的振动为机械振动。

（2）过流部分的动水压力，它引起的振动称为水力振动。

（3）发电机电气部分的电磁力。它引起的振动叫做电磁振动。

2. 按振动方向分类

按振动方向可分为横向振动和垂直振动。

3. 按振动部位分类

按振动部位可分为轴振动、支座（机架与轴承）振动和基础振动等。

必须指出在机组振动中轴振动占着重要地位。大部分振动因素和轴振动紧密相连而且轴振动又会向机组静止部分传递。轴振动有如下两种主要形式。

（1）弓状回旋。这是一种横向振动，振动时转予中心绕某一固定点作圆周运动。其半径即为振幅。

（2）振摆。这时轴中心没有圆周运动，但整个转子在垂直平面中绕某一平衡位置来回摇摆。

二、振动的危害

机组的振动是国内外各电站安全运行中存在的普遍而又突出的问题。因为机组振动的振幅超过一定范围时轻者要缩短机组的使用年限或增加检修的次数及检修工期，振动强烈的机组不能投入运行，否则危害极大。日本有几座电站因强烈振动使得压力钢管爆裂，造成电站淹没，人员伤亡。

振动可以引起共振，共振的危险性很大。我国某电站由于叶片出口边产生的"卡门涡列"的频率与转轮叶片的自振频率一致而共振，使得4台转轮共产生67条裂纹，运行不到 5 年全部报废更新。

尾水管中压力脉动引起的振动，一方面使尾水管壁遭受破坏，另一方面会引起出力摆动和运行不稳定。如有的电站由于振动使尾水管里衬开裂、脱落。由于振动严重，使定子固定螺栓、空气冷却器螺钉剪断等都发生过。

常见的水轮发电机组振动分类如图 2-4-4-1 所列。

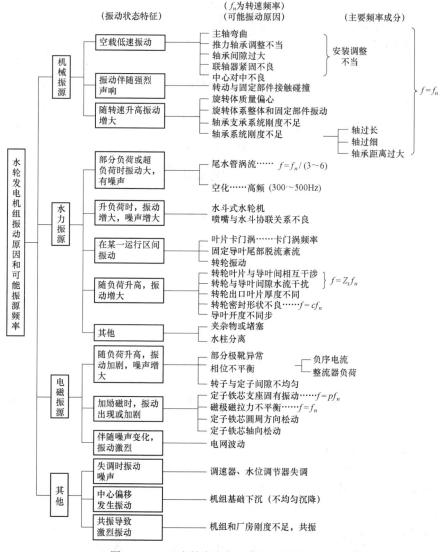

图 2-4-4-1　水轮发电机组振动原因分类图

f—振动频率；f_n—转速频率；Z_r—叶片个数；p—磁极对数；c—常数

三、消除振动的措施

水力机组由许多部件组成，若有一个或几个部件工作不正常都可能引起机组振动。机组振动是各方面缺陷的集中表现。当振幅超过允许范围，必须设法降低，而降低振动值的关键在于找出振源，然后根据不同情况采取相应措施。

寻找振源的困难在于水力机组由许多部件组成，而且振动与机械、电气、水力多种因素密切相关。要在诸多因素中找出一两个主要原因往往很困难。因此要进行多方面调查研究，了解振动的各种表现。并进行一系列试验研究和分析。水轮机的振动通常是有规律的，其规律性一般表现在振幅和频率的变化上。通过现场调查、振动试验及综合分析，通常情况下是可以查明振动原因的，然后根据不同情况采取不同的措施消除或减缓振动。对于振因不明的振动，则可尽量避开振动区域运行；对于水力因素引起的振动，通常可以采取下列方法处理。

1. 调整止漏环间隙

高水头水轮机止漏环间隙过小，要适当加大止漏环偏心进行处理。

2. 轴心孔和尾水管补气

当下游水位较高，自动补气困难时则要强迫补气。

3. 加支撑消振

在叶片出口边之间加焊支撑，对涡列引起叶片振动有一定效果。

4. 设置导流栅

在尾水管直锥段内装设导流栅可减小出力摆动和压力脉动。

四、机组振动摆度的分析与处理

（一）水力因素

1. 机组导叶或叶片开口不均

（1）振动现象及特点。机组振幅随机组的过流量增加而加大，振频为导叶数或叶片数与转频的乘积。

（2）处理措施。处理开口不均匀度达到合格要求。

2. 由尾水管内偏心涡带引起的振动

（1）振动现象及特点。机组振动、摆度在某个工况突然增大；振频约为 $f/（3\sim6）$ 转频；尾水管压力脉动大。

（2）处理措施。尾水管采用有效的补气措施，增装导流装置或阻水栅。

（3）梳齿间隙相对变化率大引起压力脉动增大而加剧振动

1）振动现象及特点。振动摆度随机组过流量增大而增加，梳齿压力脉动也随机组过流量增大而增加，各量的振频与转频相同，当发生自激振动时，振频很接近于系统的固有频率。

2）处理措施。查出使间隙相对变化率大的原因，如间隙过小、偏心摆度过大、梳齿不圆度过大等，视情节处理；可以用综合平衡法控制机组的运转状态，减小不平衡力。

3. 转轮叶片形线不好

（1）振动现象及特点。机组振动、摆度随机组过流量增大而增加，振频为转频。

（2）处理措施。校正转轮叶片形线。

4. 由叶片出口卡门旋涡引起的振动

（1）振动现象及特点。机组振动、摆度随机组过流量增大而增加；振频 $f=(0.2\sim 1.18)\times W/b$（$W$ 为叶片出水边相对流速，b 为叶片出水边厚度）。

（2）处理措施。修正叶片出水边形状；增强叶片的刚度，改变其自振频率；破坏卡门涡频率。

5. 转轮叶片断裂或相邻的几个剪断销同时折断

（1）振动现象及特点。机组振动、摆度突然增加，有时发出怪叫的噪声，常为高频振动。

（2）处理措施。必须处理修复叶片或更换已断的剪断销。

6. 由空蚀引起的振动

（1）振动现象及特点。机组在某负荷工况下振动大；尾水管人孔噪声大，尾水管压力脉动也大；振频为高频。

（2）处理措施。自然补气或强迫补气；叶片修型或加装分流翼；泄水锥修型。

（二）机械因素

1. 水轮机、发电机轴线不正

（1）振动现象及特点。机组一启动，轴摆度就较大且轴摆度的大小与转速的变化无很明显的关系，有时负荷下降，轴摆度减小；振频为转频。

（2）处理措施：校正轴线。

2. 推力头与镜板结合螺栓松动（推力头与镜板间绝缘垫变形或破裂）

（1）振动现象及特点。机组摆度值在各种工况下都比较大，而且为无规律变化现象；上机架垂直振动存在不规则的振动。

（2）处理措施：上紧螺栓；处理已破的绝缘垫，并盘车校正轴线。

3. 镜板波浪度大

（1）振动现象及特点。推力瓦受力不均，运行中摆度大。

（2）处理措施：处理镜板波浪度。

4. 推力头与轴配合间隙大

（1）振动现象及特点。盘车时数据不规则，运行中摆度值大，且有时大时小现象，极小的径向力变化便可使轴摆度相位和大小改变。

（2）处理措施：在拆机检修时，采用电刷镀工艺将推力头内孔适当减小；若不能拆机，则用综合平衡法控制摆度增大。

5. 三导轴承不同心（或轴承与轴承不同心）

（1）振动现象及特点。机组各导轴承径向振动大，且与转速无关；负荷增加时振动增大；振频为转频。

（2）处理措施：重新调整轴承中心与间隙。

6. 导轴承间隙过大（导轴承调整不当或导轴承润滑不良）

（1）振动现象及特点。

1）某导轴承处经向振动大、摆度大，动态轴线变化不定。此时，振频由转频变为固有频率。

2）振幅随负荷增加而加大。

（2）处理措施：重新调整轴承间隙。

7. 振动系统构件刚度不够（或联结螺栓松动）

（1）振动现象及特点。机组某部分振动明显，振幅随机组负荷增加而加大；振频为转频。

（2）处理措施：增加刚度或紧固螺栓。

8. 转子质量失均，与发电机同轴的励磁机转子不正

（1）振动现象及特点。振动振幅值随转速的增加而增大，且与转速的平方成直线关系；振频为转频。

（2）处理措施：作现场平衡试验，校正励磁机转子。

（三）电磁因素

1. 定子椭圆度大

（1）振动现象及特点。发电机定子外壳径向振幅值随励磁电流增加而加大，频率为转频，振动相位与相应部位处轴摆度的相位相同。

（2）处理措施：处理发电机定子椭圆度，使之合乎要求。

2. 定子铁芯铁片松动

（1）振动现象及特点。发电机定子轴向、切向、径向振动随转速增加而增加，随励磁电压的增加而增加，冷态启动时尤为严重，有时发出"嗡"或"吱"的噪声，发电机定子切向、径向振幅出现 50Hz 或 100Hz 的频率，在励磁和带负荷工况下，振幅随时间增加而减小。

（2）处理措施：将定子铁芯硅钢片压紧，紧固压紧螺栓和顶紧螺栓并加固，严重时需要重新叠片；处理定子结合缝松动。

3. 发电机定子镗内磁极不均匀辐向位置

（1）振动现象及特点。振幅随励磁电流的增加而增加；振幅随温度的增加而增加；振频与转频相同，有时出现与磁极数有关的频率。

（2）处理措施：调整空气间隙至合格；磁极不平衡量较小时，可以用综合平衡加配重控制。

4. 转子匝间短路

（1）振动现象及特点。振幅值随励磁电流增加而加大，当励磁电流增大到一定程度振动值趋向稳定；振频为转频。

（2）处理措施：更换匝间短路线圈；在短路的线匝对称方向人为地短路一匝，使之平衡，不对称力抵消。可短时间内运行。

5. 三相负荷不平衡

（1）振动现象及特点。静子振幅增大，有转速频率及转频的奇次谐波分量出现，严重时使阻尼条疲劳断裂和部件损坏。

（2）处理措施：控制相间电流差值，一般 10 万 kW 及以下的水轮发电机组，三相电流之差不超过额定电流的 20%；容量超过 10 万 kW 者不超过 15%；直接水冷定子绕组发电机不超过 10%。

【思考与练习】

1. 水轮发电机组运行时的振动受到哪些因素的影响？

2. 针对机组的水力振动，可能原因是什么，可采取什么措施？

3. 针对机组的电磁振动，可能原因是什么，可采取什么措施？

▲ 模块 5　空蚀、泥沙磨损对机组的影响（Z49F4005）

【模块描述】本模块介绍水轮机的空蚀特性，水轮机机的泥沙磨损特性、影响和防止措施，通过原理讲解，掌握水轮机的空蚀特性知识、空蚀对水轮机运行稳定性的影响和防止措施。

【模块内容】

一、水轮机的空蚀特性

（一）空蚀的破坏作用

1. 机械破坏作用

在通流部件压力低于汽化压力的地方会有蒸汽和空气从水中析出，成为夹杂在水中的气泡群，它随着水流运动被带到高压区，在高压作用下，气泡受压，被压缩到一定的程度开始溃裂，重新凝结成水。在气泡瞬息破裂时伴随发生两种水击压力，一种是水流力图在瞬间充满原气泡占据的空间而产生的冲击压力；另一种是气泡破裂自身所产生的聚能压力。这些压力形成微观的水击效应，由于发生在极短的瞬间，因此这种顺势水击压力相当大，可达几百个大气压。

过流表面的某些局部区域，气泡的产生与溃灭处于反复循环的动态过程。产生周期性的脉冲水击压力，使过流表面承受反复的冲击载荷。这样，材料在两种形式上遭到破坏，一种形式属于在屈服点内的疲劳破坏，气泡溃灭后周围流体高速射流挤入金属晶格，冲击过去之后流体又力图从这些金属晶格中流出，正反两种作用都导致晶粒脱落。另一种形式属于超过屈服点后产生塑性变形而直至破坏。

2. 化学破坏作用

化学破坏作用来源于局部高温和氧化。当气泡被压缩时要放出热量。气泡溃灭时形成的高速射流可以产生局部高温。从理论上讲，当射流速度高达 1600～2000m/s 时，可使钢材熔化。在气泡破裂时，局部高温可达数百度，在这种高温高压的作用下，引起金属材料的局部氧化。

3. 电化破坏作用

气泡在高温高压下产生放电现象，即产生电化作用，金属表面的局部温差也形成热电偶，从而对金属表面产生电解作用。

空蚀对金属表面的破坏作用主要是机械破坏作用。在机械作用的同时，化学破坏作用和电化破坏作用，加速了机械破坏过程。

空蚀对金属材料的破坏，一般是首先使金属表面失去光泽而变暗，接着变毛糙而发展成为麻点，进而成蜂窝状（海绵状），严重时可使叶片穿孔、开裂和成块脱落。

空蚀破坏造成的后果和影响是十分有害的：空蚀直接破坏水轮机的过流部件，特别是转轮叶片，严重时可使叶片穿孔、缺口，甚至脱落；水轮机在空蚀情况下运行，出力和效率都要显著降低，并且要引起噪声、机组的强烈振动和运行不稳定；空蚀缩短了检修周期、延长了检修工期，空蚀检修要耗用大量的贵重金属材料和人力物力。因此，在设计、制造、安装、运行和维修中，采取有效措施，以防止和减缓水轮机的空蚀程度，是极为必要的。

（二）空蚀的类型

根据空蚀发生的部位和发生条件的不同，水轮机的空蚀一般可分为三类。

1. 翼型空蚀

翼型空蚀一般指发生在转轮叶片上的空蚀。它在反击式水轮机中普遍存在。

反击式水轮机转轮叶片迫使水流的动量矩发生改变。它意味着叶片的正面和背面必然存在压差。叶片的正面（工作面）为正压，而背面（非工作面）一般为负压。当负压区的压力低于汽化压力时就可能发生空蚀。因此，背面的低压区是造成空蚀的条件。

混流式转轮翼型空蚀的主要部位如图 2-4-5-1 所示。

轴流式转轮翼型空蚀的主要部位如图 2-4-5-2 所示。

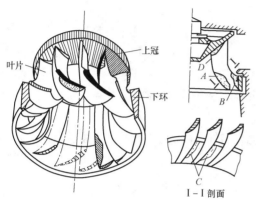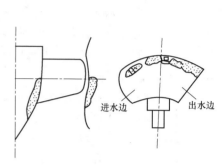

图 2-4-5-1　混流式转轮翼型空蚀的主要部位　　图 2-4-5-2　轴流式转轮翼型空蚀的
主要部位

翼型空蚀主要是由于翼型设计不合理，制造质量差（如形状走样）以及表面加工粗糙等造成的。

2. 空腔空蚀

反击式水轮机在非设计工况下运行时转轮出口水流具有一定的圆周分量，水流在尾水管中产生旋转，旋转水流的中心产生涡带（见图 2-4-5-3）。涡带的中心形成很大的真空。真空涡带周期性地扫射尾水管管壁，造成尾水管管壁的空蚀破坏。这种空蚀形式称为空腔空蚀。

空腔空蚀不但使尾水管管壁遭到破坏，而且由于祸带产生压力，脉动形成强烈的噪声和剧烈的振动严重时使机组不能稳定运行。

3. 间隙空蚀

图 2-4-5-3　尾水管中的涡带

水轮机各过流部件的间隙处产生的空蚀称为间隙空蚀。间隙空蚀是水流通过狭窄的间隙和较小的通道时因局部流速增高致使压力降低所产生的。它通常发生在导叶间隙处和止漏环间隙处，以及轴流式水轮机叶片和转轮室间隙处；在水斗式水轮机中喷嘴和针阀间隙处，也有间隙空蚀发生。

（三）空蚀的等级

为了衡量和比较水轮机空蚀的程度需要制定对空蚀浸蚀的评定标准。目前使用的

标准有多种，我国采用单位时间叶片背面单位面积上平均浸蚀深度作为评定标准。即

$$K = \frac{V}{FT}$$

式中　K——浸蚀指数，mm/h；

　　　V——浸蚀体积，m²·mm；

　　　T——有效运行时间，h（不包括调相运行时间）；

　　　F——一叶片背面总面积 m²。

　　为了区别各种水轮机的空蚀程度，一般将浸蚀指数分成五级并换算成相应的年平均浸蚀速度，见表 2-4-5-1。一般在Ⅲ级以上的属于严重空蚀。

表 2-4-5-1　　　　　　　　　　　　水轮机空蚀浸蚀等级

浸蚀等级	浸蚀指数 K（×10⁻⁴mm/h）	浸蚀速度（mm/年）	空蚀程度
Ⅰ	<0.057	<0.05	轻微
Ⅱ	0.057～0.228	0.05～0.2	一般
Ⅲ	0.228～0.057	0.2～0.5	中等
Ⅳ	0.570～1.140	0.5～1.0	较重
Ⅴ	>1.140	>1.0	严重

二、空腔空蚀对水轮机运行稳定性的影响

　　水轮机的运行稳定性一般指水轮机稳定于某一工况下运行而无超出规范的振动、噪声和压力脉动。水轮机的工作稳定性是一项重要的性能指标。

　　混流式水轮机振动和运行不稳定一般在低负荷运行即导叶开度在 40%～60%时出现其压力脉动值可达运行水头的 12%左右。

　　空腔空蚀时引起的空蚀噪声主要由水力振动引起。例如，压力脉动引起的激振空蚀气泡急剧溃裂引起冲击波传播到金属部件和涡带的振摆等。

　　空腔空蚀时产生的压力脉动、振动和摆动以及空蚀噪声等对水轮机的稳定运行影响很大。在水轮机运行中应合理拟定运行方式，改善水轮机运行工况尽量避开空蚀较严重的运行工况区。特别是对混流式和定桨式水轮机应尽可能减少或避免在低水头低负荷下运行。同时可采取一些措施以减缓空腔空蚀。例如，不少电站采用尾水管十字架补气后收到了较好的效果。

三、水轮机的空蚀防护

　　空蚀对水轮机的正常运行是十分有害的，引起水轮机空蚀破坏的因素又很复杂。国内外对空蚀的防护作了大量的观测、试验和研究，总结出一些防空蚀的经验。目前对空蚀的防护措施主要有下列几个方面。

（一）设计方面

1. 改善水轮机转轮的水力设计

近年一些水力设计与试验成果表明改进尾水管及转轮上冠的设计，能有效减轻空腔空蚀，提高运行稳定性。目前的设计倾向是加长锥管和加大扩散角以及加长转轮的泄水锥。

2. 优化选型设计

水轮机翼型空蚀与吸出高度有密切关系。为了减轻空蚀破坏，应选择适合电站自然条件而空蚀性能好的水轮机。选型设计中水轮机的比转速 n_s、空蚀系数 σ、吸出高度 H_s 均是密切相关的。比转速越高空蚀系数越大，H_s 越小，挖方与土建投资越大。这几者之间不能过分强调某一方面，不可顾此失彼，应统筹比较，采用优化配合。

（二）制造方面

1. 提高制造加工的工艺水平

制造质量的好坏，对空蚀性能影响很大。如某转轮空蚀性能较好，但在一些电站运行空蚀严重，经检查确认是制造时翼型误差较大引起的。为了提高加工工艺水平，制造厂家应采用先选的加工工具和机具，严格控制加工精度，提高检测水平，以保证转轮叶片铸造与加工后的翼型与叶片木模图一致。

加工工艺另一个重要质量指标是翼形表面质量与内部质量。实践证明叶片表面的粗糙度，波浪度，出水边厚薄不均，铸件存在砂眼、夹渣和气孔等都将加剧空蚀破坏。

2. 采用抗空蚀的材料

提高转轮抗空蚀性能的另一措施是采用优良的抗空蚀材料。抗空蚀材料应具有韧性强、硬度高、抗拉力强、疲劳极限高、晶粒细密、可焊性好等综合性能。从冶金及金属材料的情况看，目前只有不锈钢和铝铁青铜近似兼有这些特性。因此，现在倾向于，采用以镍铬为基础的各类高强度不锈钢整铸和铸焊转轮，或者以普通碳钢或低合金钢为母材，堆焊或喷焊镍铬不锈钢作保护层。

（三）运行方面

改善运行条件并采用适当的运行措施。水轮机的空化和空蚀与水轮机的运行条件有着密切的关系，而人们在翼型设计时，只能保证在设计工况附近不发生严重空化，在这种情况下一般而言，不会发生严重的空蚀现象。但在偏离设计工况较多时，翼型的绕流条件、转轮的出流条件等将发生较大的改变，并在不同程度上加剧翼型空化和空腔空化。因此，合理拟定水电厂的运行方式，要尽量保持机组在最优工况区运行，以避免发空空化和空蚀。对于空化严重的运行工况区域应尽量避开，以保证水轮机的稳定运行。

在非设计工况下运行时，可采用在转轮下部补气的方法，对破坏空腔空化空蚀，减轻空化空蚀振动有一定作用。目前，中小机组常采用自然补气和强制补气两种方法。

（四）检修方面

1. 加强空蚀检修

空蚀破坏有一定的潜伏期，及时检查及处理空蚀痕迹，能有效控制空蚀损坏，从而避免空蚀痕迹发展为凹坑。某水电厂1、2号机组发现有微细裂纹和轻度空蚀未及时处理，不到两年发生严重裂纹。

2. 金属堆焊修整

对遭受空蚀破坏的区域要削除已空蚀物质，打磨清理至基本金属，进行堆焊多块小面积要铲磨连成一片处理；堆焊的材料应采用抗空蚀性能好的材料；同时要注意堆焊质量，不得有气孔、夹渣等。在补焊时，可根据空蚀轻微或空蚀的叶片翼型来修改相应的堆焊部位的翼型。

3. 采用抗空蚀材料作表面防护

鉴于空蚀破坏主要是力学性质的破坏，国内外均重视研究采用各种合成树脂、合成橡胶、工程塑料等高分子化合物作涂料保护金属表面。应用这种抗蚀涂层主要优点是降低检修费用，简化检修工艺，延长大修周期。

四、水轮机的泥沙磨损

由于磨损使金属表面不平整加剧了局部空蚀的发生和材料的破坏。

混流式水轮机磨损部位主要有叶片、上冠下环内表面、抗磨板、导水叶及尾水管里衬。轴流式水轮机磨损部位主要有叶片、转轮室、轮毂、顶盖、导水叶、底环和尾水管里衬。水斗式水轮机主要是水斗、喷嘴和针阀。

水轮机的磨损对运行和检修影响很大，它可造成过流部件的损坏以及出力与效率下降磨损和空蚀联合作用，使过流部件的破坏加剧，影响电站的安全运行。对磨损问题必须引起足够的重视。

（一）引起泥沙磨损破坏的因素

1. 磨损物质的特性

磨损物质的特性主要指磨损物质的沙粒成分、颗粒大小、硬质、形状等。

2. 受磨材料的特性

受磨材料的特性指水轮机过流部件金属材料的内部组织及成分、粗糙度、表面尺寸、硬度等。表面硬度越高，材料显微组织越密实，晶体结构越均匀，抗磨性能越好。

3. 水流的一些特性

指水流含泥沙的浓度、水流速度大小及方向等。水流含泥沙的浓度越大，水流速度越大，磨损越大。另外，过流部件形状与水流运动不一致则会出现冲角入流，增加磨损。

4. 运行方式的影响

当在非设计工况下运行时会引起空蚀和磨损，对机件的联合作用表现为：

（1）空蚀和磨损联合作用时间在材料的空蚀潜伏期内，材料破坏仅与水流速度、泥沙含量及沙粒特性有关，即主要为磨损。

（2）若空蚀与泥沙磨损作用时间超过了材料的空蚀潜伏期，则破坏作用明显加大。

（3）当材料的空蚀潜伏期短、空蚀强度超过磨损强度时，主要为空蚀作用。

（二）防止泥沙磨损的措施

（1）合理布置水利枢纽、尽可能减少进入水轮机的泥沙。在多泥沙河流上修筑水电厂时取水枢纽应采取防沙、排沙措施，如修建沉沙池、拦沙槛等；取水口与排沙口应有足够的高差便于粗颗粒、大含沙量的泥沙水流通过排沙孔排出。

（2）合理选用机型适当降低水轮机参数。目前还没有专门设计防泥沙磨损的转轮，只能在相同条件下，用降低水轮机的水流速度、加大通道尺寸和加厚叶片等方法来减缓磨损破坏，即选择能量参数较低的机型。

（3）采用抗磨材料。可采用抗磨材料整铸或者在易磨损部位铺焊或堆焊抗磨材料。抗磨性能较好的金属材料和非金属材料有镍铬合金、铬五铜、坏氧金刚涂料和复合尼龙涂料等。

（4）改善运行条件。混流式水轮机在 50%出力以下、轴流转桨式水轮机在 30%~40%出力以下运行时，容易产生振动和空蚀，且会加剧空蚀和泥沙磨损的联合作用。因此，要避免在低出力工况区运行。

【思考与练习】

1. 水轮机运行发生空蚀的原因是什么？

2. 水轮机运行时，哪些部位容易发生空蚀？

3. 如何防止水轮机空蚀伤害？发生空蚀如何处理？

4. 水轮机泥沙磨损如何处理？

◢ 模块 6 水轮机故障处理的基本要求及故障分类（Z49F4006）

【模块描述】本模块介绍水轮机故障处理的基本要求。通过原理讲解和故障分析，掌握水轮机故障原因和分类，掌握水轮机常见故障。

【模块内容】

一、水轮机故障处理的基本要求

（一）事故发生时的处理要点

（1）根据仪表显示和设备异常现象判断事故确已发生。

（2）进行必要的前期处理，限制事故发展，解除对人身和设备的危害。

（3）在事故保护动作停机过程中，注意监视停机过程，必要时加以帮助，使机组解列停机，防止事故扩大。

（4）分析事故原因，作出相应处理决定。

（二）故障处理的一般原则

（1）迅速限制故障的发展，消除故障的根源，并解除对人身和设备安全的危险。必须时将设备停电。

（2）在故障处理过程中，要特别注意保持和恢复厂用电。

（3）保持正常设备的运行。在可能的情况下，在未直接要受到牵连和损害的机组上增加负荷，以保证全厂出力不变，使电网电压、频率不变。

（4）在事故保护动作停机过程中，注意监视停机过程，必要时加以手动帮助，使机组解列停机，防止事故扩大。

（5）迅速对已停电的用户恢复供电。

（6）根据光字牌、语音提示、各种表计、继电保护自动装置的动作和信号，作全面的分析，判断事故的性质和范围。

（7）迅速检查和试验，查明事故原因，做好安全措施，通知检修人员对故障设备进行处理和检修。

（三）事故处理一般程序

（1）判断故障性质。发生事故时，根据计算机 CRT 图像显示、光字牌报警信号、系统中有无冲击摆动现象、继电保护及自动装置动作情况、仪表及计算机打印记录、设备的外部象征等进行分析、判断。

（2）判明故障范围。根据保护动作情况及仪表、信号反映，值班人员应到故障现场，严格执行安全规程，对一次设备进行全面检查，以确定故障范围。如母线故障时，应检查与母线相连的断路器和隔离开关、母线绝缘子，从而确定故障点。

（3）解除对人身和设备安全的威胁。若故障对人身和设备安全构成威胁，应立即设法消除，必要时可停止设备运行。

（4）保证非故障设备的运行。应特别注意将未直接受到损害的设备进行隔离，必要时启动备用设备。

（5）做好现场安全措施。对于故障设备，在判明故障性质后，值班人员应做好现场安全措施，以便检修人员进行抢修。

（6）及时汇报。值班人员必须迅速、准确地将事故处理的每一阶段情况报告给值长或值班长，避免事故处理发生混乱。

二、水轮机故障原因及分类

水轮机故障是指水轮机完全或部分丧失工作能力，也就是丧失了基本工作参数所确定的全部或部分技术能力的工作状态。

（一）故障原因

根据水轮机故障特性，水轮机故障原因一般有：

（1）介质侵蚀作用或相邻零件相互摩擦作用的结果。例如空蚀、泥砂磨损、相邻运动零件间的磨损、橡胶密封件的老化等。

（2）突变荷载作用超过材料允许应力而使零件折断或产生不允许的变形，例如剪断销被剪断等。

（3）交变荷载长期作用，使零件产生疲劳破坏，例如转轮叶片裂纹等。

（4）制造质量隐患的突然发展。

（5）水轮机以外的间接原因。

（6）安装、检修、运行人员的错误处理。

（二）故障分类

根据水轮机故障出现的性质，故障可分为渐变故障和突发故障。

渐变故障多由零件磨损和疲劳现象的累积结果产生。这种故障使水轮机某些零部件或整机的参数逐渐变化，例如过流部件的泥砂磨损和空蚀将导致水轮机效率逐渐下降。这种故障的发展及后果有规律性，可用一定精度的允许值（如振动、摆度、效率下降）来表示。

突发故障具有随机性，整个运行期间都可能发生。其现象为运行参数或状态突然或阶跃变化。例如，零部件突然断裂、振动突然增大等。突发故障的原因多为设计、制造、安装或检修中存在较严重缺陷或设计运行条件与某些随机运行条件不符或设备中突然落入异物等。

通过加强运行中的维护，进行定期的停机检修，使设备保养在最佳运行状态，可以减缓渐变故障的发展过程，预防突发故障及渐变故障在突发因素下转化为突发故障。

三、水轮机常见故障处理

（一）出力下降

并列运行机组在原来开度下出力下降或单独运行机组开度不变时转速下降。这两种情况多由拦污栅被杂物堵塞而引起，尤其是在洪水期容易发生。对于长引水渠的引水式电站，也可能由于渠道堵塞或渗漏使水量减小而引起。另外，也可能因导叶或转轮叶片间有杂物堵塞使流量减小而引起。

清除堵塞处的杂物可消除这种故障，在洪水期应注意定时清除拦污栅上的杂物。

如果出力下降逐渐严重，且无流道堵塞现象，则可能是转轮或尾水管有损坏使效率下降，应停机检查，进行相应处理。

（二）水轮机振动

水轮机在运行中发生较强烈的振动，多由于超出正常运行范围而引起，如过负荷、低水头低负荷运行或在空蚀振动严重区域运行。这时，只要调整水轮机运行工况即可。对于空蚀性能不好，容易发生空蚀的水轮机，则应分析空蚀原因，采取相应措施，如抬高下游水位、减小吸出高度、加强尾水管补气等来减小振动。

消除水轮机振动的措施：

在查明水轮机振动的原因后，对不同情况采取不同措施：

（1）尾水管装十字架补气：十字架本身可以破坏尾水管中旋流，减小压力脉动；另外，涡带内补气也可消除振动。

（2）轴心补气：从主轴中心孔向转轮下补气，有时也能消除水力原因引起的振动。

（3）阻水栅防振：在尾水管内加装阻水栅，使之改变涡带的旋转频率，破坏共振。

（4）加支撑筋消振：在转轮叶片间加支撑筋，对解决涡列引起的叶片振动有一定效果。

（5）调整止漏环间隙：当高水头水轮机止漏环间隙小时，要适当加大；如有偏心，要设法消除，使之均匀，可以得到良好的消振效果。

（6）避开振动区运行：当掌握水轮机振动区后，在没有解决振动问题之前，应尽可能避开此区域运行。

（7）如属机械原因引起的振动，查明原因后，分别通过平衡、调整轴线或调整轴瓦间隙等办法解决。

（三）运行时发生异常响声

运行时发生的异常响声，如为金属撞击声，多为转动部分与固定部分之间发生摩擦，应立即停机检查转轮、主轴密封、轴承等处，如确有摩擦，则应进行调整。

另外，水轮机流道内进入杂物、轴承支座螺栓松动、轴承润滑系统故障、水轮机空蚀等也会引起水轮机发生异常响声，应根据响声的特点，结合其他现象（如振动、轴承温度、压力表指示等）分析原因，采取相应处理措施。

（四）水轮机振动、摆度超过规定值

（1）如是在已确定的振动禁区运行，应避开该振动工况区。

（2）分析机组振动、摆度的测量结果。

（3）检查轴承运行情况。

（4）对转桨式水轮机，检查机组协联关系是否变化。

（5）分析振动原因，进行相应处理。

（6）振动严重超过规定值时应手动紧急停机（无振动保护装置时）。

（五）空载开度变大

开机时，导叶开度超过当时水头下的空载开度时才达到空载额定转速，如果检查拦污栅无堵塞，则是由于进水口工作闸门或水轮机主阀未全开造成。检查它们的开启位置，并使其全开。

（六）停机困难

停机时，转速长时间不能降到制动转速。这种故障的原因是导叶间隙密封性变差或多个导叶剪断销剪断，因而不能完全切断水流。

如果是导叶剪断销剪断，应迅速关闭主阀或进水口工作闸门，切断水流。对于前一种原因，其故障现象是逐渐发展的，应在加强维护工作中予以消除。

（七）顶盖淹水

这种故障多为顶盖排水系统工作不正常或主轴密封失效，漏水量过大引起。

对顶盖自流排水的水轮机，检查排水通道有无堵塞。水泵排水的则检查水位信号器，并将水泵切换为手动。对顶盖射流泵排水则检查射流泵工作水压。如果排水系统无故障，则可能是主轴密封漏水量过大，应对其进行检查，调整或更换密封件。另外，应注意是否因水轮机摆度变大引起主轴密封漏水过大。

如果顶盖淹水严重，不能很快处理，则应停机，以免水进入轴承，使故障扩大。

（八）压力表计指示不正常

这种故障的原因是测量管路中有空气或堵塞，应进行排气或清扫。如测量管路正常，则可能是表计损坏，应予以更换。

因此，油和水的表阀要装设三通阀，为了排气；而气阀不装三通阀，防止漏气。

（九）拦污栅堵塞

（1）检查拦污栅前后差压指示，如未超过规定值，机组可降低功率运行，但应立即进行清污。

（2）检查进水口处漂浮物情况。

（3）拦污栅确实堵塞严重应立即联系停机处理。

（十）轴流转桨式机组的受油器甩油的故障处理

（1）检查操作油压正常、集油箱油位未下降、受油器转动油盆无大量甩油，判明浮动瓦无磨损，如甩油严重应联系停机处理。

（2）如果情况不是很严重，电网需要机组发电，则可短期内运行，但必须手动控制转轮叶片角度运行。

（十一）轴流式水轮机的抬机故障

抬机现象常见于低水头且具有长尾水管的轴流式水轮机中。

抬机高度往往由转轮与支持盖之间的间隙所限。当发生严重抬机时，它会导致水轮机叶片的断裂、顶盖损坏等。也会导致发电机电刷和集电环的损坏，发电机转子风扇损坏而甩出，引起发电机烧损的恶性事故等。

1. 预防抬机的措施

（1）在保证机组甩负荷后其转速上升值不超过规定的条件下，可适当延长导叶的关闭时间或导叶采用分段关闭。

（2）采取措施减少转轮室内的真空度，如向转轮室内补入压缩空气，装设在顶盖上的真空破坏阀要求经常保持动作准确和灵活。

（3）装设限制抬机高度的限位装置，当机组出现抬机时，由限位装置使抬机高度限制在允许的范围内，以免设备损坏。

2. 产生的不良影响

轴流转浆式水轮发电机组在甩负荷过程中若关闭过快，将会产生如下不良影响：

（1）反水锤式抬机，增加负轴向力。

（2）机组转速上升加快，浆叶的制动作用减小。

（3）机组振动增大，出现水流与叶片撞击，尾水压力脉动增大，严重时可导致设备损坏事故。

【思考与练习】

1. 简述水轮机事故处理的原则。

2. 简述水轮机异响的原因是什么？如何消除。

3. 简述水轮机振动的原因是什么？如何消除。

▲ 模块 7　机组机械故障处理（Z49F4007）

【模块描述】本模块介绍机组机械故障的现象分析处理。通过故障分析，掌握轴承的液位、温度，发电机冷热风、机组着火、轴电流、机组过速、振动摆度等故障。

【模块内容】

一、推力轴承瓦温升高故障

（一）故障现象

（1）中央控制室电铃响，语音报警。水力机械故障灯亮。

（2）机旁自动盘故障蓝灯亮，推力轴承瓦温升高，故障光字牌掉牌。

（3）测温盘推力瓦膨胀型温度计升至故障温度以上。

（4）巡检仪指示故障点及故障温度以上。

（5）故障光字牌：推力轴承瓦温升高故障光字牌亮。

（6）温度棒型图：推力轴承瓦温升高至故障温度以上。

（二）故障原因分析

（1）由于推力冷却水水压不足或中断造成冷却效果差，引起推力瓦温升高而报警。此时推力油槽油温较高，推力各瓦间温差较小。并有推力冷却水中断故障光字牌。

（2）由于推力瓦的标高调整不当（此时机组刚启动不久）或运行中的变化（此时机组振动较大）造成推力瓦之间受力不均，使受力大的推力瓦瓦温升高而报警。

此时推力各瓦间温差较大。

（3）由于推力轴承绝缘不良，产生轴电流，破坏油膜，造成推力瓦与镜板间摩擦力增大，使推力瓦温升高而报警。

此时推力各瓦间温差较小。油色变深变黑。其他轴承也同样受影响。

（4）机组振动摆度增大引起推力瓦间受力不均，受力大的推力瓦瓦温升高而报警。

此时推力各瓦间温差较大，相邻推力瓦间温度相差不大。

（5）由于推力油槽油质劣化或不清洁造成润滑条件下降，引起推力瓦温升高而报警。

此时可能有轴电流，或有推力油槽油面升高。

（6）推力油槽油面降低引起润滑条件下降造成推力瓦温升高。此时有推力油槽油面下降掉牌。

（7）开停机时油压减载系统工作不正常引起润滑条件下降，造成推力瓦温升高。

（8）由于推力轴承测温元件损坏、温度计或巡检仪故障引起误报警。

（三）故障处理

（1）在推力瓦温故障的同时若有推力冷却水中断故障掉牌，应检查推力冷却水。

1）若推力冷却水水压不足造成冷却效果差，应检查和处理调节阀和滤过器以及管路渗漏情况；

2）若推力冷却水中断造成冷却效果差，应检查和处理常开阀和电磁阀。

（2）各推力瓦间温差较大，且机组振动摆度较大时，应考虑推力瓦的标高问题。

由于推力瓦的标高调整不当或运行中的变化造成推力瓦之间受力不均，应紧急停机。停机后检修处理。

（3）在推力瓦温故障的同时若有轴电流故障掉牌，油色变深变黑。应测量轴电流和化验油质。监视推力轴承瓦温和油温温度运行或停机处理。同时要监视其他各油轴承的温度。确是轴电流引起应检修、更换绝缘垫。

（4）推力瓦温升至故障、振动摆度较大，应尽快停机检查处理。

（5）推力油槽油质劣化或不清洁造成的推力瓦温升高，应化验推力油槽油质和检查推力油槽油面。

待停机后处理，并换油和清扫油槽。

若有推力油槽油面升高应检查冷却器和推力油槽内的供水管。

（6）推力油槽油面下降引起的推力瓦温升高。应检查油压减载系统推力油槽的给排油阀是否有漏油之处、推力油槽的挡油板是否有油甩出、密封盘根处是否漏油、推力油槽液位计是否破碎漏油。

确是推力油槽漏油引起，应立即监视推力瓦温的高低和上升的速度的大小，正常停机或紧急停机。

停机后处理漏油点，并联系检修给油槽添油。

（7）开停该启动油压减载系统时未启动或压力继电器失灵引起。

（8）以上各项无任何现象时，应检查测量和显示温度的零部件。

二、推力轴承瓦温升高事故

（一）事故现象

（1）中央控制室蜂鸣器响，语音报警。水力机械事故光字牌亮，事故黄灯亮。

（2）机旁自动盘事故黄灯亮，推力轴承瓦温事故光字牌掉牌。

（3）测温盘推力轴承温度计升至事故温度以上。

（4）巡检仪指示事故点及事故温度以上。

（5）故障光字牌：推力轴承瓦温升高事故光字牌亮。

（6）温度棒型图：推力轴承瓦温升高至事故温度以上。

（二）事故原因分析

（1）由于推力冷却水水压不足或中断造成冷却效果差，引起推力瓦温升高而报警，处理故障不及时引起。

此时推力油槽油温较高，各推力瓦间温差较小。

（2）由于推力瓦的标高调整不当（此时机组刚启动不久）或运行中的变化（此时机组振动较大）造成推力瓦之间受力不均，使受力大的推力瓦瓦温升高而报警。

此时推力各瓦间温差较大。

（3）由于推力轴承绝缘不良，产生轴电流，破坏油膜，造成推力瓦与镜板间摩擦力增大，长时间不处理，使推力瓦瓦温升高至事故而报警。

此时推力各瓦间温差较小。油色变深变黑。

（4）机组振动摆度增大引起推力瓦间受力不均，受力大的推力瓦瓦温升高而报警。

此时推力轴承各瓦间温差较大，相邻瓦间相差不大。

（5）由于油质劣化或不清洁造成润滑条件下降，引起推力瓦温升高而报警。

此时可能有轴电流，或有推力油槽油面升高。

（6）推力油槽油面降低引起润滑条件下降造成推力瓦温升高。

此时有推力油槽油面降低掉牌。

（7）由于推力轴承测温元件损坏、温度计或巡检仪故障引起误报警。

此时没有推力轴承瓦温故障。

（三）事故处理

（1）在推力瓦温事故的同时若有推力冷却水故障掉牌，应检查推力冷却水。

事故停机后应做冷却水充水试验：

1）若推力冷却水水压不足造成冷却效果差，应检查和处理调节阀和滤过器以及管路渗漏情况；

2）若推力冷却水中断造成冷却效果差，应检查和处理常开阀和电磁阀。

（2）推力各瓦间温差较大，且振动摆度较大时，应考虑推力瓦的标高问题。停机后检修处理。

（3）在推力瓦温事故的同时若有轴电流故障掉牌，油色变深变黑，应化验油质；推力油槽油质确有问题应检查绝缘垫；下次运行时一定要测量轴电流。

（4）推力瓦温升至事故温度、机组振动摆度较大，应尽快停机检查处理。

（5）推力油槽油质劣化或不清洁造成的瓦温事故，应化验推力油槽油质或检查推力油槽油面；停机处理，并换油和清扫油槽；若有推力油槽油面升高应检查推力冷却器和油槽内的供水管。

（6）推力油槽油面下降引起的推力瓦温升高。

1）检查油压减载系统、推力油槽的给排油阀是否有漏油之处；

2）推力油槽的挡油板是否有油甩出；

3）密封盘根处是否漏油、推力油槽液位计是否破碎漏油。

4）确是各处漏油引起，应立即紧急停机。

5）停机后处理漏油点，并联系检修给油槽添油。

（7）以上各项无任何现象时，应检查测量和显示温度的零部件。

三、推力轴承油槽油温升高故障

（一）故障现象

（1）中央控制室电铃响，语音报警，水力机械故障灯亮。

（2）机旁自动盘故障蓝灯亮，推力油槽油温故障掉牌。

（3）巡检仪指示故障点及故障温度。

（4）测温盘推力油温升至故障，推力瓦温较正常均有升高。

（5）故障光字牌：推力轴承瓦温升高，故障光字牌亮。

（6）温度棒型图：推力轴承瓦温升高至故障温度。

（二）故障原因分析

（1）由于推力冷却水水压不足或中断造成冷却效果差，引起推力油槽油温升高故障。此时推力油槽油温较高，推力轴承各瓦间温差较小。并有推力冷却水中断故障光字牌。

（2）因为推力油槽油面下降引起。

此时推力油槽油面较低，并有推力油槽油面下降故障掉牌。

（3）推力轴承绝缘不良，产生轴电流，破坏油膜，造成推力瓦与镜板间摩擦力增大，使推力瓦油温升高而报警。

此时推力轴承各瓦间温差较小，油色变深变黑。其他轴承油温度也同样受影响。

（4）由于推力轴承测温元件损坏、温度计或巡检仪故障引起误报警。

（5）推力冷却水水压正常，测温元件、温度计或巡检仪无故障，可能是推力冷却器管路堵塞引起冷却效果差造成油温升高。

（6）推力冷却器破裂引起推力油槽油质变坏，造成润滑条件下降，使推力油槽油温升高。

（三）故障处理

（1）在推力油槽油温故障的同时若有推力冷却水故障掉牌，应检查冷却水。

1）若推力冷却水水压不足造成冷却效果差，应检查和处理调节阀和滤过器以及管路渗漏情况；

2）若推力冷却水中断造成冷却效果差，应检查和处理常开阀和电磁阀。

（2）因为推力油槽油面下降引起，应检查推力油槽的漏油点：

1）若能处理，应及时处理并给推力油槽添油。在监视推力轴瓦的温度下运行，待推力瓦温、推力油槽油温正常后复归掉牌。

2）若不能处理应尽早停机，停机后处理。

（3）如果推力冷却水水压正常，联系检修班组，检查推力轴承测温元件、温度计和巡检仪，查出故障点时，将故障点断开（或停机处理），并复归掉牌。

（4）在推力油槽油温故障的同时有轴电流故障掉牌、油色变深变黑：

1）测量轴电流和化验油质。

2）监视推力瓦温、推力油槽油温运行或停机处理。

3）同时要监视其他各油轴承的温度。

4）确是轴电流引起应检修、更换绝缘垫。

（5）如果推力冷却水水压正常，检查推力轴承瓦温测温元件未损坏、温度计和巡检仪正常，可能是冷却器管路堵塞造成，只有停机处理。

（6）如果推力油槽油温故障的同时，推力油槽液位较正常运行有较大的升高，应监视推力瓦温运行（或停机），化验推力油槽油质。确是推力冷却器破裂引起推力油槽油质变坏，待停机后处理。

四、推力轴承油槽油面下降故障

（一）故障现象

（1）中央控制室电铃响，语音报警，水力机械故障灯亮。

（2）机旁自动盘故障兰灯亮，推力轴承油槽油面下降故障掉牌。

（3）检查推力轴承油槽油面下降至报警线以下。

（4）故障光字牌：推力轴承油槽油面下降故障光字牌亮。

（5）液位棒型图：推力轴承油槽油面下降至报警线以下。

（二）故障原因分析

（1）运行中推力油槽密封盘根老化，长期漏油引起推力油槽油面下降，推力油槽液位信号器动作报警。

（2）推力油槽供、排油阀关闭不严漏油，造成推力油槽油面下降，推力油槽液位信号器动作报警。

（3）推力油槽液位计因某种原因破碎或密封不严漏油，造成推力油槽油面下降，推力油槽液位信号器动作报警。

（4）推力油槽取油阀关闭不严漏油，造成推力油槽油面下降，推力油槽液位信号计动作报警。

（5）油压减载装置系统漏油引起推力油槽油面下降。

（6）推力油槽液位信号器本身故障引起误动作报警。

（三）故障处理

检查推力油槽油面确实下降，应首先监视推力轴承温度的大小和上升速度快慢：

（1）若推力轴承温度较高应正常停机。

（2）若推力轴承温度较高且上升速度较快应紧急停机。

（3）若推力轴承温度不是很高和上升速度不快，应检查推力油槽是否有明显漏油之处。若能处理设法处理，联系检修加油，使油面合格。机组正常运行后复归掉牌。停机后再由检修处理漏油问题。

（4）如果推力油槽油面正常，检查推力油槽液位信号器是否有故障。若因推力油槽液位信号器故障引起，可断开故障点运行并复归掉牌，停机后再处理。

五、发电机冷风温度升高故障

（一）故障现象

（1）中央控制室电铃响，水力机械故障灯亮。

（2）机旁自动盘故障蓝灯亮，发电机冷风温度升高故障掉牌。

（3）测温盘冷风温度计升至故障温度。

（4）巡检仪指示故障点及故障温度。

（5）故障光字牌：发电机冷风温度升高故障光字牌亮。

（6）温度棒型图：发电机冷风温度升高至故障温度。

（二）故障原因分析

（1）检查发电机冷风温度计、冷风温度均升高，上部风洞内冷却器温度也升高，证明冷却水不足引起冷风温度升高报警。

（2）如果只有发电机冷风温度计或巡检仪某个测点冷风温度升高报警，但风洞内冷却温度不高，此时证明测温仪表或测温元件失灵。

（3）在夏季室外温度、水温都较高，机组长时间处于满负荷运行，机组卷线温度也升高，导致冷风温度升高而报警。

（三）故障处理

（1）如果由于发电机冷却水不足而引起的冷风温度升高报警时，调整发电机冷却器水压，使发电机水压提高但不能超过规程规定的运行参数（发电机冷却器总水压小于 0.25MPa，每个发电机冷却器总水压小于 0.15MPa）。

待冷却温度降至正常后，发电机冷风温度升高故障掉牌。

（2）如果是发电机测温元件或仪表失灵而报警，可断开误报警回路，复归发电机冷风温度升高故障掉牌。

（3）夏季机组长时间满负荷运行而引起的，可提高冷却水压，但不允许超过规定值。（发电机冷却器总水压小于 0.25MPa，每个发电机冷却器总水压小于 0.15MPa）

若仍不见效，可将发电机冷风温度警报值提高至不警报为止（一般不超过 40℃）。复归发电机冷风温度升高故障掉牌。

六、发电机热风温度升高故障

（一）故障现象

（1）中央控制室电铃响，水力机械故障灯亮。

（2）机旁自动盘故障蓝灯亮，发电机热风温度升高故障。

（3）测温盘热风温度计升至故障温度。

（4）巡检仪指示故障点及故障温度。

（5）故障光字牌：发电机热风温度升高故障光字牌亮。

（6）温度棒型图：发电机热风温度升高至故障温度。

（二）故障原因分析

（1）由于冷风温度升高而导致热风温度升高报警。

（2）由于测温元件或表计失灵而引起误报警。

（三）故障处理

（1）如果是发电机冷风温度升高而引起的故障，处理方法可参照冷风故障处理，提高冷却水压。

（2）如果因为发电机热风温度表计或元件失灵引起的，可断开故障回路运行。复归发电机热风温度升高故障掉牌。

七、一级轴电流故障

（一）轴电流简介

为防止轴承绝缘损坏造成轴电流损伤镜板，水轮发电机须设有轴电流装置。

轴电流装置结构如下：

1. 传统结构

推力头与镜板之间或推力轴承与机架垫之间装设多层绝缘垫。20 世纪 80 年代前的发电机广泛采用。

2. GE 结构

上导轴承座圈与上机架固定座圈支承架之间装设多层搭接绝缘垫板。

3. 发展结构

上导滑转子与顶轴之间用无碱玻璃布和聚酯胶绕制成型的玻璃钢绝缘。绝缘电阻满足要求，并便于测定。应用于 20 世纪 90 年代后投运的水电厂。

绝缘层间设有检测绝缘电阻的装置。轴电流装置结构如图 2-4-7-1 所示。

推力轴承油槽绝缘，未充油前用 1000V 绝缘电阻表测量时，其绝缘电阻不低于 1.0MΩ；充油后，绝缘电阻不得低于 0.33MΩ。

安装或检修后应进行装置的动作试验，方法如下：将轴电流互感器与轴电流继电器接上连线并加上电源；用模拟方法使互感器分别通以 50Hz 和 150Hz 的电流，其继电器上的显示值应与通过互感器的电流值相同，并分别试验检查在机组开机、空载、加电压及 25%、50%、75%、100%负荷时的轴电流情况，并整定继电器的各报警触点与停机触点，停机触点应具有延迟动作及自保持性能，试验结果应符合规定要求，其精度应不低于 1.5 级。轴电流互感器应有良好的防潮、绝缘性能。

（二）故障现象

（1）中央控制室电铃响，语音报警，随机报警窗口有轴电流、机组机械故障等报警信号。

（2）机旁自动盘，故障灯亮，轴电流故障掉牌，并且复归不了。

（3）在下部轴承测轴电流，表计有电流指示。

（三）事故原因分析

（1）由于推力轴承或上下导轴承绝缘损坏，使转动部件与固定部件接触，形成轴电流回路。

（2）由于推力油槽内有微量的水或灰尘，造成瞬间轴电流。

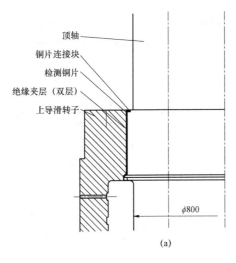

(a)

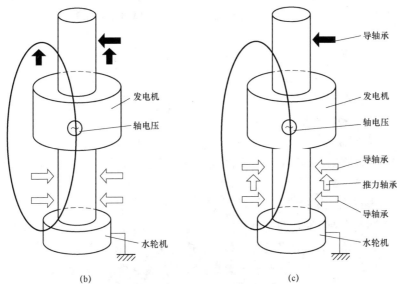

(b)　　　　　　　　　　　　　　　　(c)

图 2-4-7-1　轴电流装置结构

（a）轴承处设有绝缘；（b）轴承处无绝缘悬式机组；（c）轴承处无绝缘半伞式机组

◀━━　轴承处设有绝缘；　◁═　轴承处无绝缘

（3）由于运行或检修人员在上导测摆度时，误用摆度表，将主轴与上导油槽短接瞬间产生轴电流报警。

（四）故障处理

（1）复归信号。

（2）属于绝缘或油质问题引起的轴电流故障，待有检修时分解处理。

（3）属于检修人员测摆度时引起的，可将测摆度工具用绝缘材料包上。

八、二级轴电流故障

（一）故障现象

（1）中央控制室电铃响，语音报警，随机报警窗口有轴电流、机组机械故障等报警信号。

（2）机旁自动盘，故障灯亮，轴电流故障掉牌，并且复归不了。

（3）在下部轴承测轴电流，表计有安培级电流指示。

（4）出现推力、上导、下导瓦温升高。

（二）故障原因分析

（1）由于推力轴承或上导轴承绝缘损坏，使转动部件与固定部件接触，形成轴电流回路。

（2）由于推力轴承或上导轴承冷却器破裂造成油槽进水，绝缘破坏而产生轴电流。

（三）故障处理

（1）属于绝缘或油质问题引起的轴电流故障，应联系调度转移负荷停机，停机过程监视各部轴承温度上升情况。

（2）机组全停后，化验机组各油槽油质，由检修查找原因处理。

九、机组过速度事故

（一）故障现象

（1）中央控制室，蜂鸣器响，事故黄灯亮，机组有功表计为零，机组出口断路器红灯灭，主阀红灯灭。

（2）机旁有机组升速声。

（3）故障光字牌：机组过速度光字牌亮。

（4）机旁自动盘，事故黄灯亮，机组过速度事故掉牌。

（5）主阀油泵启动，主阀全开位置灯灭（正在关主阀）。

（6）发电机负荷表为零，电压表指示升高（过电压保护可能动作）。

（7）导叶全关，开限全闭，转速升高大于 140%。

（8）平衡表有关机信号，紧急停机灯亮。

（二）故障原因分析

（1）上游水位在高水位状态，自动开机过程中由于电液转换器卡在开侧，空载开度增大。

（2）在停机时，机组解列，调速器故障，使导叶开度不关，造成机组过速。

（3）在停机时，电液转换器有开机信号。

（4）由于甩负荷时电液转换器卡住，导叶开度较大，使机组产生过速。

（5）在开机过程中，导叶反馈信号中断，造成导叶开度增大到开限位置。

（6）调速器在手动，机组未并网，因开限大于空载开度而造成机组过速。

（7）转速继电器误动作造成误报警。

（三）故障处理

（1）确认机组已过速时应监视过速保护装置能否正常动作，若拒动应操作紧急停机按钮，并关闭主阀。

（2）检查导叶全关、开限全闭、调速器是否失常。（若导叶未全关，用事故配压阀关导叶停机）

（3）如在事故停机过程中，剪断销剪断或主配压阀发卡引起机组过速也应手动操作使导叶和主阀或工作闸门关闭。

（4）监视风闸投入良好，不良时手动帮助。

（5）检查主阀自动关闭良好，动作不良时手动操作关主阀。

（6）检查压油罐油压是否下降，如下降应检查原因进行处理。

（7）在停机过程中监视各转动部件是否有异常声音和气味。

（8）机组全停，主阀全关后，拉开主阀动力电源开关。

（9）巡检仪停用，拉开控制回路直流电源。

（10）检查事故原因，联系检修处理。

（11）机组过速停机后，对机组进行全面检查完毕，才可以启动机组，机组启动后测量摆度，正常后方可并入系统运行。

十、发电机着火事故

（一）故障现象

（1）发电机上部盖板的瓦斯放出口或密封不严处有浓烟冒出。

（2）发电机窥视孔看到有烟或火星，并从闻味孔中闻到绝缘烧焦味。

（3）其他现象与发电机短路时的现象大致相符。

（二）故障原因分析

（1）发电机年久失修，线圈绝缘因长期处于高温运行而老化，机组振动使其剥落；或线圈绝缘受污油腐蚀使其破坏，造成发电机线圈短路引起。

（2）发电机线圈未能定期作预防性耐压试验，绝缘受损部位未能及时察觉，加上线圈脏污和处于低温运行，凝结水造成线圈短路。

（3）发电机过电压，使绝缘击穿短路。

（4）机组过速时使转动部件的个别部件损坏，在离心力的作用下将损坏部件甩出，击伤发电机线圈，造成发电机扫膛。

（5）空气冷却器冷却水管破裂或发电机消火用水误投入，引起发电机绝缘破坏，导致发电机着火。

（三）事故处理

（1）从发电机风洞缝隙处闻到烧焦气味，看到冒出烟雾、火星，判定发电机确实着火。

（2）确认发电机出口断路器和灭磁开关跳开，若未跳开时应手动跳开。

（3）若热风口在开放，必须立即关闭。

（4）汇报值长：立即接上消火水源，打开给水阀进行消火，并检查消火水源水压，不得过高或过低。

（5）检查消火情况，见下部盖板应有水流出。

（6）确认灭火后，关闭给水阀，退出消火水源，使消火装置恢复正常状态。

（7）消火过程中应注意下列各项：

1）不准破坏密封；

2）运行人员不准进入风洞内；

3）不准用砂或泡沫消火；

4）灭火后进入风洞时，必须戴防毒面具。

十一、电气保护动作

（一）事故现象

（1）中央控制室蜂鸣器响，语音报警。水力机械保护事故光字牌亮。

（2）机旁自动盘，水机事故黄灯亮，电气保护动作掉牌。

（3）故障光字牌：电气保护动作光字牌亮。

（4）调速器开限全闭，导叶开度全关。

（5）调速器平衡表有关导叶信号，停机电压投入。

（二）事故原因分析

电气任何停机事故都可引起电气保护动作。

（三）事故处理

（1）紧急停机电磁阀动作，导叶全关，开限全闭。

（2）监视机组停机各自动器具动作良好，动作不良时手动帮助。

十二、机械保护直流电源故障

（一）故障现象

（1）中央控制室电铃响，水车直流中断光字牌灯亮。

（2）调速器故障锁锭投入。

（3）电调柜直流灯灭。

（二）故障原因分析

（1）由于直流系统故障或本机直流电缆断线造成直流中断。

（2）某种原因引起的直流盘熔断器（FU）熔断。

（3）本机直流系统接地等被迫脱离厂用直流系统而停电。

（三）故障处理

（1）短时间能使直流恢复正常时处理如下：

1）开限闭至导叶开度一致。

2）调速器切手动运行，并设专人监视。

3）直流恢复正常后，调速器切回自动运行，开限放最大位置。

（2）短时间内直流不能恢复正常时：应手动停机。并做禁止机组启动的措施。

十三、导叶剪断销剪断

（一）故障现象

（1）导叶剪断销剪断信号灯亮。

（2）机组振动增大，摆度增大。

（3）短时间内产生原因不明的负荷增大。

（二）原因分析

（1）导叶间被杂物卡住。

（2）导叶开关过快，使剪断销受冲击剪切力而剪断。

（3）各导叶连臂尺寸调整不当或锁紧螺母松动。

（4）导叶尼龙套吸水膨胀将导叶轴抱得过紧。

（5）水轮机顶盖和底环抗磨板采用尼龙材料，尼龙抗磨板凸出。

（三）故障处理

（1）先确认剪断销已经剪断，通知检修人员处理。

（2）若机组振动较大，应首先调整导叶开度使水轮机不在振动区运行，再通知检修人员处理。

（3）先检查确定剪断销剪断的数目。如果每个剪断销都有信号，检查信号即可。

1）剪断的剪断销数目较少时：

a. 若机组振动、摆度在允许范围内，调速器切手动运行；

b. 调整机组负荷使导叶剪断后的拐臂与副拐臂重合；

c. 更换拐臂。

2）剪断的剪断销数目较多（2个以上）时：

a. 应手动停机；

b. 若手动停机不能停下时，应关主阀；

c. 做好防止误开机措施，处理剪断销。

十四、自动开机过程发生事故电磁阀误动

（一）故障现象

机组开机过程中发生紧急停机现象。

（二）故障处理

（1）全闭机械开限。

（2）调速器切手动。

（3）推出 23XB 连接片。

（4）复归事故电磁阀。

（5）手轮开机时 n=100%。

（6）双计算机 AC、DC 电源切入 1 次。

（7）检查双计算机工作正常。

（8）调速器切自动。

（9）机械开限放空载。

（10）投入 23XB 连接片。

（11）通知中控室并列

（12）机组并列后机械开限放机组最大出力位置。

（13）调整电开限小于机械开限 3%～5%。

（14）双微机人工水头修改一次。

十五、系统振荡

（一）故障现象

（1）定子电流表的指针剧烈摆动，电流可能超过正常值。

（2）发电机电压表的指针剧烈摆动，且经常偏低。

（3）有功功率表的指针全刻度摆动。

（4）转子电流表的指针在正常值附近摆动。

（5）频率表指示忽高忽低摆动。

（6）发电机发出鸣音，其节奏与仪表指针一致。

（7）调速器频繁地增减负荷。

（8）电液调速器平衡表指针摆动。

（9）接力器频繁地开关。

（10）可能有剪断销剪断的信号出现。

（11）压油槽的油泵电动机启动频繁。

（12）压油槽油面降低，油压降低。

（二）故障原因分析

（1）定子电流表的指针剧烈摆动：这是因为各并列发电机电动势间的夹角发生了变化，出现了电动势差，在电动势差的作用下，发电机之间流过环流。又因为转子转速的摆动，使电动势间的夹角时大时小，力矩和功率时大时小因而造成环流时大时小，所以定子电流表的指针剧烈摆动。

（2）发电机电压表的指针剧烈摆动：这是因为失步电机与其他发电机其电动势间夹角在变化，引起电压摆动。因为电流比正常时大，压降也就大，引起电压降低。

（3）有功功率表的指针全刻度摆动：因为发电机在未失步时的振荡过程中送出的功率时大时小，以及失步时有时送出有功有时吸收有功的缘故。

（4）转子电流表的指针在正常值附近摆动：发电机在振荡或失步时，定子磁场和转子之间就有相对速度。转子线圈和其他金属部分中都会感应交流电流，这个电流的大小与定子电流的大小有关，还与转子、定子磁场间的相对速度有关。因为定子电流的波动，所以这个电流也就波动，在转子线圈中这个波动的电流叠加在原来的磁场电流上，就使得转子电流表的指针在正常值附近摆动。

（5）频率表指示忽高忽低摆动：振荡和失步时，发电机的输出功率不断地变化，作用在转子上的力矩也相应地变化，因而转速也相应地变化。

（6）发电机发出鸣音：其节奏与上列各表计的摆动合拍。

（7）调速器频繁的增减负荷：因系统功率和频率的变化而使调速器相应地增减负荷。

（8）电液调速器平衡表指针摆动：因频率的变化，使电液转换器两工作线圈的电流差值变化。

（9）接力器频繁地开关：调速器频繁地发出增减负荷指令。

（10）可能有剪断销剪断的信号出现：因导水叶的忽开忽关，使剪断销受过大的剪切力而剪断。

（11）压油槽的油泵电动机启动频繁；压油槽油面降低，油压降低。

1）因为调速器频繁地开关导叶，接力器频繁地用油造成压油槽油面降低，油压降低，使得油泵始终处于启动运行状态。

2）发电机电压频繁的变化，时常偏低，造成油泵电动机电压偏低时停止运行，电压正常时又启动运行，启启停停。

（三）故障处理

1. 判断哪台机组失步

在发生振荡或失步时，往往是并列运行着的各台发电机的表计都在摆动，运行人员可从以下几方面来判断哪台机组失步：

（1）失步的机组摆度较大。

（2）失步机组的有功功率表指针摆动方向正好和其他机组的相反。

（3）从发生振动前的操作原因或故障地点来估计，推断可能是哪台机组失步，并与根据前两点判断的结果对证。

2. 区别对待不同的振荡

（1）若是发生趋向于稳定的振荡，即振荡逐渐减小，则不需要进行操作，振荡几次便可恢复稳定运行。

值班人员务必做好处理事故的准备工作。

（2）若是不能趋于稳定的振荡，这时自动调节励磁装置及自动调速器均须切至自动运行，使之能随系统的电压及频率的变化而及时地调节机组的无功及有功功率，以利于恢复同步。

对有功功率采取限制负荷运行，可以防止导叶大幅度地开关，以免发生剪段销剪断及调速系统低油压事故。

3. 处理故障

若造成失步时，应迅速创造恢复同期的条件，一般可采取下列措施：

（1）迅速增加失步发电机的励磁。这样可以迅速地提高发电机电动势，增大发电机功率极限，使在转子上的阻力增加。也就是说，增加励磁的结果，使定子、转子间的磁拉力增加，使发电机较容易在平衡点附近时被拉入同步。

对于有自动调节励磁的发电机，不要退出自动励磁调节器和强励，可任其自由动作。

（2）适当减少失步发电机的有功功率。

关小导水叶，这好比是减少转子上的加速力矩，使其容易迁入同步。

（3）如按上述方法进行处理，经 1～2min 仍未进入同步状态时，则可按现场规程将失步电机与系统解列。

4. 减小系统振荡的方法

电力系统中采用的快速保护、高速开关、强励、自动电压调节器、快速励磁系统和灵敏的原动机调速系统等措施，都是为了提高系统的稳定。

在机组结构方面，装置阻尼绕组能对振荡起压抑作用。当转子的速度高于或低于同步转速时，定子气隙磁场会在阻尼绕组里感生电动势，由电动势作用产生了电流，电流和定子气隙磁场相作用就产生了阻尼力矩。阻尼力矩是制动力矩的性质，总是阻碍转子的振荡的。

此外，增大机组的转动惯量和减少发电机电抗，都有助于提高稳定性。

【思考与练习】

1. 机组运行时由于冷却水供水故障，造成推力轴承温度升高如何处理？

2. 机组运行时由于运行在振动区导致机组振动加大如何处理？

3. 机组运行时调速器关键管路发生漏油，如何处理？

第五章

水轮发电机组检修与恢复措施

▲ 模块 1 水轮发电机组检修及试验概述（Z49F5001）

【模块描述】本模块介绍水轮发电机组检修及试验规范。通过原理讲解，掌握水轮发电机组检修及试验基本规范、要求。

【模块内容】

一、水轮发电机组检修概述

为了使水轮发电机组经常处于良好的工作状态，保证水电厂不间断地向系统和用户安全、平稳、可靠地发电，应该确保参与水电厂生产过程的所有动力设备和电气设备均具有很高的运行可靠性，使它们经常处于良好的工作状态。因此，除了在运行中经常地监视和维护之外，还必须对水电厂全部动力设备和电气设备定期地进行检查和维修，更换难以修复的易损件，修复在运行中已明显损坏且可修复的部件，检查有关设备的性能。做好水电厂机组的检修，是保证机组安全、经济运行，提高机组可利用系数，充分发挥设备潜力的重要措施，是设备全过程管理的一个重要环节。

水电厂的检修，主要是机组有计划的检修和事故后的抢修。

水轮发电机组计划检修工作按周期长短和工作内容可分为 A、B、C、D 四级，以及定期检修、状态检修、改进性检修、故障检修。

（1）A 级检修是指对发电机组进行全面的解体检查和修理，以保持、恢复或提高设备性能。

（2）B 级检修以 C 级检修标准项目为基础，有针对性地解决 C 级检修工期无法安排的重大缺陷。

（3）C 级检修是指根据设备的磨损、老化规律，有重点地对机组进行检查、评估、修理、清扫。C 级检修可进行少量零件的更换、设备的消缺、调整、预防性试验等作业。

（4）D 级检修是指当机组总体运行状况良好，而对主要设备的附属系统和设备进行消缺。

（5）定期检修是一种以时间为基础的预防性检修，根据设备磨损和老化的统计规律，事先确定检修等级、检修间隔、检修项目、需用备件及材料等的检修方式。

（6）状态检修是指根据状态监测和诊断技术提供的设备状态信息，评估设备的状态，在故障发生前进行检修的方式。

（7）改进性检修是指对设备先天性缺陷或频发故障，按照当前设备技术水平和发展趋势进行改造，从根本上消除设备缺陷，以提高设备的技术性能和可用率，并结合检修过程实施的检修方式。

（8）故障检修是指设备在发生故障或其他失效时，进行的非计划检修。

二、水轮发电机组检修试验概述

（一）水轮发电机组自动操作回路模拟动作试验

模拟动作试验就是模仿机组运行情况，机组并不转动也不带电压，但有关设备装置（如导叶、蝴蝶阀、断路器及其他自动装置）均按实际情况动作。

模拟试验可分两步进行，首先检查回路的正确性和各电气器具动作的灵活性。这时冷却水管不通水源，导叶不动作。其次让导叶动作，有可能时可接通水源，检查自动操作回路中各触点的整定值是否合适，动作是否连续。

经检查接线正确、各元件动作灵活时，再作主要设备参加动作的试验，在绝对保证进水口闸门不开启下，让导叶和油断路器均参加动作。若有可能，则可在主水源或备用水管内通入水压，制动系统通入气压，调速系统给以油压，重新检查一次全部管路系统的所有手动阀门，使它们都处于准备运行状态。

以上模拟动作试验中，压力钢管均不能充水，这点应切切注意。机组自动化元件（或装置）及其系统系统性试验内容如下：

（1）经分解检修或电气回路改变以及线头拆动等作业完毕后，必须进行元件（或装置）的动作试验和系统传动试验，试验无误后，方可投入运行。

（2）应按展开图检查自动化回路的动作情况，按正常操作的步骤进行。

（3）检查回路正确性时，不但应进行动作回路的试验，而且必须做闭锁回路的试验。

（4）动作试验前，应全面考虑各种不安全因素，并采取有效的防范措施，如串电、触点遮断容量以及是否有不能长期通电的器具等技术问题。

（5）试验时，应严格按照图纸和有关规程进行，不得凭记忆进行短路或拆掉任意回路，如果确实需要临时甩掉线头的，需事前填写安全措施票记入工作手册中，以便事后恢复。

（6）在通电或充油、充水、充气试验时，事前应按试验顺序填好安全措施票。试验中应该切、合的开关和隔离开关与熔断器，该开、闭的阀门，该甩开的端子号，该上的短路线，该操作的把手，该记录的读数，以及试验完毕恢复到正常状态的操作，均应填入安全措施票中。试验时，应按安全措施票中明确的顺序进行操作，试验应由两人进行，一人监护，一人操作，每完成一项，都在该项的前面划"√"号，试验中出现异常情况时，应立即停止操作，并找出异常的原因，待消除后再继续做试验。

（7）传动试验必须同运行值班人员配合进行，禁止在试验设备上作业。

（二）水轮发电机组进水阀自动控制系统试验

1. 试验条件

（1）进水阀及辅助设备的机电检修已全部完毕，并投入运行。

（2）水轮机已检修完毕，压力管道和蜗壳等部位的人孔均关闭。

（3）导水叶已全关，并投入锁锭。

（4）元件（或装置）及单系统的试验均已合格，油、水、气系统均处于正常运行状态。

（5）漏油槽的控制系统和排水的控制系统均处于自动运行状态。

（6）水轮机自动控制系统全部投入运行状态。

2. 模拟试验（电气回路及自动化元件动作，而进水阀本体以及旁通阀不动作）

（1）投入控制电源。

（2）关闭进水阀、旁通阀的压力油管路的进口阀。

（3）当有空气围带时应做好防止排气和断气的措施。

（4）操作进水阀控制回路的把手，分别进行开启和关闭的传动试验。

（5）检查进水阀各元件的开启和关闭的动作情况应良好。

（6）无异常后恢复正常状态。

3. 进水阀手动关闭试验

（1）在控制盘上，将进水阀的操作把手扭向闭侧。

（2）旁通阀和进水阀同时关闭。

（3）全关后，空气围带自动投入压缩空气。

（4）程序完成后，进水阀关闭的信号应正确。

（5）根据厂家对机组要求，调整分段关闭装置投入时的导叶接力器位置及接力器的延缓时间。

（6）投入分段关闭装置。

（7）机组甩负荷时，观测分段关闭装置的动作情况并记录有关数据。

4. 保护停机关进水阀试验

检查机组及进水阀或快速闸门的各自动化元件（或装置）及其系统的动作应正确无误。

（三）水轮发电机组引水设备充水试验

1. 充水条件

（1）对于引水式水电厂，引水隧洞至调压井段已充水；对于坝后式或河床式水电厂，坝前水位已蓄至最低发电水位。

（2）充水前应确认进水口检修闸门和工作闸门处于关闭状态。确认蝴蝶阀（球阀或筒形阀）处于关闭状态，蜗壳取、排水阀，尾水管排水阀处于关闭状态。确认调速器、导水机构处于关闭状态，接力器锁锭投入。确认水轮机主轴检修密封在投入状态。确认尾水闸门处于关闭状态。确认尾水洞（尾水渠）已充水，尾水洞（尾水渠）检修闸门已开启。

（3）充水前必须确认电站厂房检修排水系统、渗漏排水系统运行正常。

（4）与充水有关的各通道和各层楼梯照明充足，照明备用电源可靠，通信联络设施完备，事故安全通道畅通，并设有明显的路向标志。

2. 尾水管充水

（1）利用尾水倒灌或机组技术供水排水管供水等方式向尾水管充水，在充水过程中随时检查水轮机顶盖、导水机构、主轴密封、测压系统管路、尾水管进人门等处的漏水情况，记录测压表计的读数。

（2）充水过程中必须密切监视各部渗、漏水情况，确保厂房及其他机组安全，发现漏水等异常现象时，应立即停止充水进行处理，必要时将尾水管排空。

（3）待充水至与尾水位平压后，提起尾水闸门，并锁锭在门槽口上。

3. 压力管道和蜗壳充水

（1）打开检修闸门充水阀，观察检修闸门与工作闸门间水位上升情况，平压后提起检修闸门。观察工作闸门下游侧的漏水情况。

（2）打开工作闸门充水阀，向压力管道充水，监视压力管道水压表读数，检查压力管道充水情况。对引水式水电厂，则可开启调压井工作闸门的旁通阀或蝴蝶阀（或球阀）的旁通阀向压力管道及蜗壳充水。

（3）检查钢管伸缩节、蜗壳进人门的漏水情况。监视蜗壳的压力上升情况。

（4）检查水轮机顶盖、导水机构、筒形阀和主轴密封的漏水情况及顶盖排水情况。有条件时，可测量记录筒形阀及导水叶的漏水量。

（5）检查蜗壳弹性垫层排水情况。

（6）观察各测压表计及仪表管接头漏水情况，并监视水力量测系统各压力表计的读数。

（7）安装有蝴蝶阀（或球阀）的引水系统，在压力管道充水时，应先检查蝴蝶阀（或球阀）关闭状态下的渗漏情况，然后打开旁通阀向蜗壳充水。有条件时，测量蝴蝶阀（或球阀）的漏水量。

（8）充水过程中，检查压力管道通气孔的排气是否畅通，同时注意应使蜗壳中的积气完全排出。

（9）蜗壳平压后，记录压力管道与蜗壳充水时间。

4. 充水平压后的观测检查和试验

（1）以手动或自动方式进行工作闸门静水启闭试验，调整、记录闸门启闭时间及压力表计读数。进行远方启闭操作试验，闸门应启闭可靠，位置指示正确。

（2）设有事故紧急关闭闸门的操作回路时，则应在闸门控制室、机旁和电站中央控制室分别进行静水紧急关闭闸门的试验，检查油压启闭机或卷扬启闭机离心制动的工作情况，并测定关闭时间。

（3）若装有蝴蝶阀（或球阀），当蜗壳充满水后，操作蝴蝶阀（或球阀），检查阀体启闭动作情况，记录开启和关闭时间。在手动操作试验合格后，进行自动操作的启闭动作试验。分别进行现地和远方操作试验，蝴蝶阀（或球阀）在静水中启闭应正常。

（4）装有水轮机筒形阀的机组，蜗壳充水后按要求对筒形阀进行现地和远方操作试验。

（5）压力管道充满水后应对进水口、明敷钢管的混凝土支墩等水工建筑物进行全面检查，观察是否有渗漏、支墩变形、裂缝等情况。

（6）观察厂房内渗漏水情况，及渗漏排水泵排水能力和运转的可靠性。

（7）操作机组技术供水管路各阀门设备，通过蜗壳取水口使机组技术供水系统充水，并调整水压至工作压力（或流量符合要求），检查减压阀、滤水器、各部位管路、阀门及接头的工作情况。

（四）机组油水风系统三充试验

1. 压力油系统充油试验

（1）试验目的。为了排除调速系统和接力器内部空气，防止开机过程中由于设备内部的空气被压缩和伸张造成调速系统的振动而振坏油管路和设备部件。当调速系统和接力器排油检修后做一次接力器充油试验时，将导水叶全行程开闭几次将空气排出。

（2）试验条件。

1）压力油系统全部检修完毕，管路及各元件均安装好，经检查验收合格。

2）调速装置检修完毕，其各部件均可投入使用状态。

3）漏油槽的所有设备已检修完毕，油位及油泵的控制系统投入使用。

4）集油槽已充好油，压油槽油压达到额定值。

（3）试验步骤。

1）投入水力机械系统的控制电源。

2）漏油泵及压油泵投入使用。

3）检查蝴蝶阀、球阀或筒形阀操作用油的总阀门，其应处于关闭状态。

4）检查导水叶在全关位置，其锁锭在投入状态。

5）开放压力油路的控制阀，并检查压力油管路系统及其元件有无外渗漏。

6）分别以手动和自动方式操作压力油系统上的各元件，检查其动作应符合要求。

7）对压力油系统的安全阀、切换阀、事故配压阀进行整定调整试验。

8）试验结果无异常后，恢复到正常运行状态。

2. 技术供水系统试验

（1）试验目的。检查机组冷却系统管道及空冷器等设备检修质量，在额定水压下应无渗漏。

（2）试验条件。

1）有关管路、电磁阀、示流信号器及滤过器等均检修安装完毕。

2）用水设备的检修已完毕。

3）自动排水装置投入运行。

4）压力油系统及其元件的充油试验已完成。

5）水轮机自动控制系统已检修完毕。

（3）试验步骤。

1）压力油系统投入正常运行。

2）机组技术供水投入正常运行，投入水源，检查各管路无漏水，水压及水流均正常。

3）关闭各支路供水阀门，打开蜗壳供水总阀，向技术供水系统总管充水。注意监视减压阀进、出口水压力。

4）调节减压阀，使减压阀出水压力达到设计值。

5）机组技术供水总管充水运行稳定后，依次进行下列各支路充水：

a. 发电机空气冷却器冷却水供排水系统。

b. 机组水导冷却水供排水系统。

c. 机组上、下导轴承冷却水供排水系统。

d. 机组推力轴承冷却水供排水系统。

e. 水轮机主轴密封水供排水系统。

6）调节各支路供排水压力值至制造厂要求值。

7）充水过程中，应检查以下项目：

a. 整个技术供水系统中各管道、阀门、接头不应有漏水现象。

b. 整个技术供水系统中各压力表、温度计、示流信号器指示正确，压力开关、压差变送器、电磁阀、电磁流量计等自动化元件的运行情况应正常。

c. 各支路水压应符合制造厂和设计要求。

8）检查备用水源自动投入应良好。

9）无异常后，恢复到正常运行状态。

3. 机组机械制动系统试验

（1）试验目的。检查风闸动作情况，制动系统在顶转子和制动加闸时有无漏油、漏气现象。

（2）试验条件。

1）压缩空气系统检修工作全部完成，压缩机处于正常运行状态，气压已正常。

2）发电机的制动系统检修完毕，制动器已投入运行。

3）水轮机自动控制系统检修完毕。

（3）试验步骤。

1）检查管路及各元件接头无漏气。

2）投入控制电源。

3）分别以手动和自动方式进行制动系统试验，全过程的动作应正常。

4）无异常后，恢复正常运行状态。

（五）发电机定子绝缘电阻、吸收比和转子绝缘电阻的测量

1. 试验目的

测量绝缘电阻主要是判断绝缘状况，如是否受潮、有无局部缺陷等。用绝缘电阻表测量绝缘电阻绝对值，测量吸收比（R_{60}/R_{15}），可以判断绝缘的受潮程度。通过绝缘电阻检查绝缘属于非破坏性试验。

绝缘电阻常用兆欧（MΩ）作计量单位（1MΩ=10^6Ω），故将测量绝缘电阻用的仪表称为绝缘电阻表。绝缘电阻表由一个手摇发电机、表头和 3 个接线柱（即 L：线路端；E：接地端；G：屏蔽端）组成。其手摇直流发电机或晶体管变换器产生一个电压为 500～5000V，是用来测量被测设备的绝缘电阻和高值电阻的仪表，能得到符合实际工作条件的绝缘电阻值。

发电机定子绕组绝缘如受潮气、油污的侵入，不仅绝缘下降，而且会使其吸收特性的衰减时间缩短，即吸收比 $K=R_{60}/R_{15}$ 的值减少。由于吸收比对于受潮反应特别灵敏，所以一般以它作为绝缘是否干燥的主要标准之一。

2. 试验方法

（1）准备好安全器具，如绝缘鞋、手套、绝缘棒等。

（2）绝缘电阻表使用时应放在平稳、牢固的地方，且远离大的外电流导体和外磁场。

（3）被测物表面要清洁，减少接触电阻，确保测量结果的正确性。

（4）测量前必须将被测设备电源切断。

（5）根据被测试设备不同的电压等级，正确选用相应电压等级的绝缘电阻表。额定电压在 1000V 以下的设备，应选用 500V 或 1000V 的绝缘电阻表；额定电压在 1000V 以上的设备，选用 2500V 和量程不低于 10 000MΩ 的绝缘电阻表。测量转子回路绝缘一般使用 500～1000V 绝缘电阻表。

（6）选择多股导线作连接线。

（7）绝缘电阻表 E 端接地，L 端接至被测物。阴雨天及被测试设备产生表面泄漏电流时，使用 G 端防止泄漏电流流入测量仪表产生误差。

（8）校表。测量前应将绝缘电阻表进行一次开路和短路试验，检查绝缘电阻表是否良好。将两连接线开路，摇动手柄，指针应指在"∞"处，再把两连接线短接一下，指针应指在"0"处，对不符合上述条件者可以用调节旋钮调整，否则不能使用。

（9）测量前后，对被试品应充分放电，时间至少 1min，以免残余电荷影响测量的准确性和危及人身安全。测量大容量发电机绝缘电阻时，放电时间不少于 5min。

（10）以恒速摇动手柄，使转速接近 120r/min［（125±25）r/min 范围内］，绝缘电阻表达到额定转速再搭上火线，由于被测设备有电容等充电现象，要摇测 1min 后再读取测量数值。

（11）测量吸收比（R_{60}/R_{15}）时采用秒表计时，取加压 15s 和 60s 的绝缘电阻值。

（12）测量完后，应先断开火线，再停止摇动绝缘电阻表手柄转动或关断绝缘电阻表电源。

（13）记录被测试设备温度及环境温度。

3. 试验结果分析

（1）定子绕组绝缘电阻受脏污、潮湿、温度等的影响很大，规程中仅对所测得的数值和历次的数据相比较、三相数据相比较、同类发电机间相比较。在相似条件（温度、湿度）下，不应降至前一次的 1/5～1/3，否则应查明原因，设法消除。

定子绕组对机壳或绕组间用 2500V 绝缘电阻表测得的绝缘电阻值在换算至 100℃ 时，应不低于按式（2-5-1-1）计算的数值，即

$$R = \frac{U_N}{1000 + 0.01S_N} \qquad (2-5-1-1)$$

式中　R——绝缘电阻，MΩ；

　　　U_N——水轮发电机的额定线电压，V；

　　　S_N——水轮发电机的额定容量，kVA。

对干燥清洁的水轮发电机，在室温 t（℃）时的定子绕组绝缘电阻值 R_t（MΩ）可按式（2–5–1–2）进行修正，即

$$R_t = R \times 1.6^{\frac{100-t}{10}} \qquad (2\text{--}5\text{--}1\text{--}2)$$

（2）对于单个定子绕组电阻值，要求各相绝缘电阻不平衡系数不应大于 2（最大一相的 R_{60} 与最小一相的 R_{60} 之比）。

（3）对于沥青云母带浸胶绝缘、环氧粉云母绝缘沥清浸胶及烘卷云母绝缘的吸收比（环境温度为 10～30℃）应不小于 1.3，环氧粉云母绝缘吸收比小于 1.6，否则应查明原因，设法消除。

（4）转子单个磁极挂装前及挂装后在室温 10～30℃用 1000V 绝缘电阻表测量时，其绝缘电阻值应不小于 5MΩ，挂装后转子整体绕组的绝缘电阻值应不小于 0.5MΩ。

对于运行的机组，为了监视转子绕组及励磁回路绝缘的变化情况，常用内阻电流电压表来测定集电环对地电压，并按式（2–5–1–3）确定励磁回路的绝缘电阻值，即

$$R = R_V \left(\frac{U}{U_1 + U_2} - 1 \right) \times 10^{-6} \qquad (2\text{--}5\text{--}1\text{--}3)$$

式中　　R——绝缘电阻，MΩ。

R_V——直流电压表的内阻，其内阻应不小于 105Ω。

U——正负集电环间的电压，V。

U_1——正集电环对地电压，V。

U_2——负集电环对地电压，V。

【思考与练习】

1. 水轮机组检修如何分级？

2. 水轮机组在检修后要进行哪些试验？

3. 水轮机组技术供水试验的目的是什么？如何进行？

▲ 模块 2　水轮发电机组检修与恢复措施（Z49F5002）

【模块描述】本模块介绍水轮发电机组充水、充油、充气试验，介绍水轮发电机组检修与恢复措施内容。通过原理讲解，掌握水轮发电机组检修与恢复各种措施、参考操作票。

【模块内容】

一、水轮发电机的检修维护工作

（一）发电机检修基本安全措施

（1）拉开发电机、励磁机（励磁变压器）的断路器和隔离开关。

（2）待发电机完全停止后，在其操作把手、按钮和机组的启动装置、励磁装置、同期并车装置、盘车装置的操作把手上悬挂"禁止合闸，有人工作！"的标示牌。

（3）若本机尚可从其他电源获得励磁电流，则此项电源也应断开，并悬挂"禁止合闸，有人工作！"的标示牌。

（4）拉开断路器、隔离开关的操作能源，并悬挂"禁止合闸，有人工作！"的标示牌。

（5）将电压互感器从高、低压两侧断开。

（6）在发电机和断路器间或发电机定子三相出口处（引出线）验明无电压后，装设接地线。

（7）检修机组中性点与其他发电机的中性点连在一起的，则在工作前应将检修发电机的中性点分开。

（二）发电机检修维护一般规定

（1）检修发电机应填用变电站（发电厂）第一种工作票。

（2）发机组停用检修，只需第一天办理开工手续，以后每开工时，应由工作负责人检查现场，核对安全措施。检修期间工作票始终由工作负责人保存在工作地点。在同一机组的几个电动机上依次工作时，可填用一张工作票。

（3）转动着的发电机，即使未加励磁，也应认为有电压。禁止在转动着的发电机的回路上工作，或用手触摸高压绕组。必须不停机进行紧急修理时，应先将励磁回路切断，投入自动灭磁装置，然后将定子引出线中性点短路接地，在拆装短路接地线时，应戴绝缘手套、穿绝缘靴或站在绝缘垫上，并戴防护眼镜。

（4）测量轴电压和在转动着的发电机上用电压表测量转子绝缘的工作，应使用专用电刷，电刷上应装有 300mm 以上的绝缘柄。

（5）在转动着的发电机上调整、清扫电刷及滑环时，应由有经验的电工担任，并遵守下列规定：

1）工作人员应特别小心，不使衣服及擦拭材料被机器挂住，扣紧袖口，发辫应放在帽内。

2）工作时站在绝缘垫上（该绝缘垫为常设固定型绝缘垫）不得同时接触两极或一极与接地部分，也不能两人同时进行工作。

（三）水轮机检修维护一般规定

（1）进入水轮机（水泵）内部工作时，应采取下列措施：

1）严密关闭进水闸门（或进水阀），排除输水钢管内积水，并保持输水管道排水阀和蜗壳排水阀全开启，做好隔离水源措施，防止突然来水。

2）落下尾水门，并做好堵漏工作。

3）尾水管水位应保证在工作点以下。

4）切断调速器操作油压，并在调速器上挂"禁止操作，有人工作！"标示牌，做好防止活动导水叶和转轮桨叶突然转动的措施。

5）切断水导轴承、主轴密封润滑水源和调相充气气源等，并挂"禁止操作，有人工作！"标示牌。

（2）机组在检修期间检修门全关时，如开旁通阀，提工作门排除门槽积水，应事先检查蜗壳和检修平台上是否有人和设备，为防止突然进人，人孔门处应悬挂"止步，危险！"标示牌。

（3）在导水叶区域内或水车室调速环拐臂处工作时，如果导叶处于全关状态，应切断油压，投入接力器锁锭，并在调器的操作把手上悬挂"禁止操作，有人工作"的标示牌。

如果导叶根据工作需要处于打开状态，应切断油压，在切断油压的隔断阀门上锁，并悬挂"禁止操作，有人工作"标示牌。必要时调速系统压油槽压力应泄掉。

如果仅在以上区域进行检查、维护等简单的检修工作，不会危及人员安全时，可只投入接力器锁锭，并在接力器锁锭操作按钮上悬挂"禁止操作，有人工作"的标示牌。

蜗壳有水压时，调速系统应保持正常油压。

（4）进水阀检修时，应采取下列措施。

1）应严密关闭进水口检修闸门及尾水闸门，切断闸门的操作票，做好彻底隔离水源措施。隔离阀（闸）门的操作把手或控制按钮上，应悬挂"禁止操作，有人工作"的标示牌。阀（闸）门应加锁。

2）关闭所有可能向检修区域管道来压（油、水、气）的管路阀门，切断操作源并上锁。

3）打开上游输水管道排水阀和蜗壳的排水阀，放掉内部的水，同时要切断排水阀的操作源并上锁、挂标示牌。

4）退出进水阀的上、下游密封，打开进水阀阀芯排水阀，并做好上、下游密封的操作源的隔离措施。

5）根据检修工作需要，必要时还要切断进水阀的操作油压（或水压），并将机械锁锭投入。

6）对带有配重块的进水球阀拐臂，检修拐臂时还要做好防止配重块坠落的安全措施。

（5）检修期间，上游输水管道排水阀和蜗壳排水阀应保证在全开位置，以确保上、下游闸门等地方的渗漏水能顺利排掉。

（6）进水阀进行无水试验时，应将工作票交回运行，经工作负责人与运行值班人员共同检查确保安全后，解除有关安全措施。试验内容范围内的操作经运行值班人员审查同意后，可由检修有关人员执行；试验结束后，应立即通知运行值班人员恢复安全措施并取回未终结的工作票。

二、水轮发电机组检修措施

机组检修，需要将该机组与电力系统及厂内系统完全分离开来，因此，做好机组检修措施是运行人员设备操作的主要内容。做检修措施时一般应遵循由一次设备到二次设备，由主设备到辅助设备的原则。机组大修措施原则和一般检修措施可视检修工作要求而定。

（一）机组检修措施

（1）按上级检修设备的安排计划，制定检修措施操作票。

（2）接调令机组解列自动停机。停机过程中运行人员应测量并记录机组停机时间。

（3）关闭机组进水口闸门（或阀门）并做好措施，同时测量并记录机组引水钢管水压下降至零的时间。

（4）拉开机组出口断路器两侧隔离开关，并投入断路器两侧接地开关。

（5）打开机组保护、后备保护出口。

（6）切除励磁系统所有交、直流工作及控制电源。

（7）切除主变压器冷却系统工作及控制电源。

（8）拉开主厂用变压器与发电机相关联的断路器。

（9）投入发电机出口接地开关。

（10）关闭排水廊道密封门，加锁锭。

（11）打开钢管盘形阀。

（12）联系检修维护人员落尾水门并进行堵漏。

（13）打开尾水盘形阀，启动检修排水泵排水，排水结束后，打开排水廊道密封门。

（14）打开导叶至全开，主配压阀加垫块。

（15）压油系统总油阀关闭，压油槽排气，降油压至零。

（16）检查漏油泵工作是否正常，接力器排油。

（17）机组自动操作交、直流电源，调速器工作电源及信号电源全部切除。

（18）机组冷却水总阀关闭，各冷却器内部排水。

（19）撤除主轴密封水。

（20）全面检查所做措施，注意对相关机组及系统的影响。

（21）措施齐全并经调度许可后，方可办理检修开工工作票。

（二）机组检修恢复措施

（1）收回所有检修工作票，现场检查检修质量，检查蜗壳、钢管人孔门关闭是否正常。

（2）检查机组冷却器安装是否完毕，各阀门是否处于正常运行为止，水系统通水试验应正常。

（3）检查调速器安装是否完毕，油系统阀门应在正常工作位置，压油槽充气，压油装置试验正常，取掉主配压阀所加垫块。

（4）检查接力器排油阀是否关闭，打开总油阀，接力器充油应正常。

（5）动作导叶开、关数次，油系统排气。注意漏油泵运行情况，水车室转动部分无人作业。

（6）关闭尾水盘形阀，加锁锭。

（7）尾水充水，监视充水情况，待尾水门内外平压后提尾水门，关闭充水阀。

（8）关闭钢管盘形阀并加锁锭。

（9）投入水机交、直流电源，进行水机模拟连动试验（包括计算机监控及常规回路）。

（10）开启机组进水口闸门（或阀门）。

（11）配合保护检修人员做机组电气保护连动试验。

（12）拉开发电机出口接地开关。

（13）恢复厂用主变压器与机组的正常联系。

（14）投入主变压器冷却系统工作及控制电源，检查各阀门位置正确。并进行通水试验，其结果正常。

（15）投入励磁系统所有交、直流工作及控制电源。

（16）配合检修做好机组启动及各项机械、电气试验。

（17）机组后备保护正常投入。

（三）尾水充水措施

（1）全关机组蜗壳进人门及尾水进人门。

（2）全关机组蜗壳放空阀，锁锭投入。

（3）投入空气围带。

（4）关闭蜗壳取水阀。

（5）关闭尾水盘形阀，且关闭严密，锁锭装置已投入。

（6）顶盖排水泵及其电源处于完好状态。

（7）水机室用于顶盖紧急备用排水的潜水泵已准备就绪。

（8）手动操作调速器将机组导叶打开 3%～5% 开度。

（9）打开尾水充水阀，向尾水充水。

（10）充水过程中，观察尾水管进口测压表、顶盖及蜗壳测压表。

（11）充水过程中，观察顶盖自流排水情况。

（12）待平压后，用尾水门机提起尾水门，并进行静水下的起落试验。试验完后，将尾水门全开并锁锭在门槽上。

（13）进行顶盖排水泵排水调试。

（14）充水结束后关闭导叶，投入接力器锁锭。

（15）关闭尾水充水阀。

（16）压力钢管及蜗壳充水。

（17）检查压力钢管排气孔应通畅。

（18）投入主轴检修密封（空气围带），检查气压值应正常。

（19）检查调速器油压装置处于正常工作状态，压力油罐压力及油位正常。手动操作调速器，使导叶全行程开、关数次无异常情况。检查完成后将导叶全关，并投入接力器锁锭和调速器锁锭，漏油装置处于自动运行状态。

（20）全关蝶阀，并投入锁锭。

（21）用压力油泵经风闸，将转子顶起一次，然后撤除油压，落下转子。

（22）投入发电机制动风闸，使机组处于制动状态。

（23）打开检修闸门充水阀。向检修闸门和工作闸门间充水。注意观察水位上升和工作闸门下游侧漏水情况。

（24）平压后，用门机提进水口检修闸门，并锁锭在门槽内或置于门库中。

（25）缓慢打开工作门充水阀，向压力钢管充水。注意监视压力钢管水压力表读数，检查压力钢管充水情况。对于引水式水电厂，则可开启调压井工作闸门充水阀和蝴蝶阀（或球阀）的旁通阀向压力钢管和蜗壳充水。

（26）如蜗壳前有蝴蝶阀（或球阀），则应先检查蝴蝶阀（球阀）的漏水情况，然后打开蝶阀旁通阀，向蜗壳充水，记录蜗壳充水时间。

（27）待平压后，以手动和自动方式使工作闸门在静水中启闭试验 3 次，调整、记录闸门启闭时间及表计读数。在机旁及中控室作远方操作试验，闸门应启闭正确、可靠。在试验完成后，置于全开位置，并进行锁锭。

（28）蜗壳平压后，打开蝴蝶阀（球阀），进行静水下的开关试验，检查阀体启闭动作，记录阀体开启和关闭时间，在手动操作合格后，进行自动操作的启闭动作试验，分别进行现地和远方操作试验。试验完后，全开蝴蝶阀（球阀），关闭旁通阀。

三、水轮发电机组检修措施操作案例

（1）关主阀。

（2）关闭检修闸门。

（3）关闭尾水管取水门。

（4）打开蜗壳排水阀，蜗壳排水。

（5）打开钢管排水阀，钢管排水。

（6）主阀油泵切至"切除"位置。

（7）拉开主阀油泵电源开关，检查在开位。

（8）关闭围带风源阀。

（9）拉开水车操作回路电源。

（10）拉开机组自动化元件电源。

（11）压油泵切换。

（12）关闭压油泵出口阀。

（13）打开排风阀。

（14）打开排油阀，压油罐排油。

（15）打开接力器排油阀。

（16）关闭调速器总油源阀。

（17）漏油泵切至手动位，漏油泵排油。

（18）漏油泵切至"切除"位置。

（19）拉开漏油泵电源开关。

（20）关闭漏油泵出口阀。

（21）打开压油槽排风阀。

（22）检查压油槽液位为零。

（23）打开集油槽排油阀，排油。

（24）检查集油槽液位为零。

（25）打开总排油阀。

（26）打开推力油槽油阀。

（27）打开上导油槽油阀。

（28）关闭围带风源阀。

（29）退出过速保护。

（30）关闭冷却水工作水源总阀。

（31）关闭备用工作水源总阀。

（32）启动检修水泵抽空尾水管内水。

【思考与练习】

1. 水轮机隔离需要执行哪些隔离措施？

2. 水轮机隔离恢复需要执行哪些隔离措施？

第三部分

厂用交直流系统运行

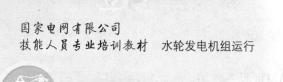

第一章

水电厂厂用交流系统运行

 模块 1　水电厂厂用系统（Z49G1001）

【模块描述】本模块介绍厂用电运行方式分正常运行方式和非正常运行方式。通过原理讲解，掌握正常运行方式指正常情况下，全部设备投入运行时厂用电经常采用的运行方式。

以下着重介绍水电厂厂用系统，并以某电厂的实例介绍厂用电的运行方式。

【模块内容】

一、厂用电电压的确定

发电厂的厂用电负荷主要是电动机和照明，给厂用负荷供电的电压主要决定于厂用负荷的电压、供电网络、发电机组的容量和额定电压等级。

目前生产的电动机，电压为 380V 时，额定功率在 200kW 以下；电压为 3～6kV 时，最小额定功率分别为 75kW 和 200kW；1000kW 及以上的电动机，电压一般为 6kV 或 10kV。同功率的电动机一般当电压高时，尺寸和质量大、价格高、效率低、功率因数也低。但从供电网络方面来看，电压高时可以减小供电电缆的截面，减少变压器和线路等元件的电能损耗，使年运行费用减小。所以，发电厂厂用电电动机的功率范围很大，可从几千瓦到几兆瓦。发电机组容量越大，所需厂用电动机也越大，因此，选用一种电压等级的电动机，往往不能满足要求。

水电厂厂用电供电电压一般选用高压和低压两级。我国有关规程规定，发电机单机容量为 60MW 及以下、发电机电压为 10.5kV 时，可采用 3kV；容量为 100～300MW 的机组，宜采用 6kV；容量为 300MW 以上的机组，当技术经济合理时，也可采用两种高压厂用电电压。

低压厂用电系统中性点宜采用高电阻接地方式，以三相三线制供电；也可采用动力和照明网络共用的直接接地方式。

当厂用电压为 6kV 时，200kW 以上的电动机宜采用 6kV，200kW 以下宜采用 380V。当厂用电压为 3kV 时，100kW 以上的电动机宜采用 3kV，100kW 以下者宜采用 380V。

对于水电厂，由于水轮发电机组辅助设备使用的电动机功率不大，一般只用380/220V 一级电压，采用动力和照明共用的三相四线制系统供电。但坝区和水利枢纽，距厂区较远，且有些大型机械需要另设专用变压器，可用 6～10kV 供电。

当发电机额定电压与厂用高压一致时，可由发电机出口或发电机电压母线直接引线取得厂用高压。为了限制短路电流，引线上可加装电抗器。当发电机额定电压高于厂用高压时，则用高压厂用降压变压器，取得厂用高压。380/220V 厂低压，则用低压厂用降压变压器取得。

二、厂用电系统接线特点

厂用电是保证发电厂安全经济运行的先决条件，因此，厂用电除了要求安全可靠不间断供电外，还应有供电的灵活性、经济性，检修方便及操作简便，以便适应发电厂在正常运行、事故、检修等各种情况下的供电要求。

为了满足上述要求，水电厂厂用电电压等级一般分为两级，有 10kV 和 0.4kV 或 6.3kV 和 0.4kV 两级，即高压和低压两个电压等级。将发电机端电压母线通过厂用变压器接入 10kV（6.3kV）母线段。为了保证其供电可靠性，还应设置备用柴油发电机。0.4kV 设有机组自用电盘、厂内照明盘、厂内公用电盘、厂房坝段用电盘等，各采用双电源接线。

三、厂用电的运行方式

正常运行时 10kV（6.3kV）母线应以机组带厂用分支供电为主要运行方式，这样可有独立的一个电源点；同时，也为其他相连母线提供可靠备用，当机组失去电压或厂用分支无法运行时，应以其他独立电源送电为主，以保证对相邻母线电源的独立性，用于防备再有故障时，相邻母线之间能互为备用。

四、厂用变压器保护

（1）电流速断：保护范围为厂用变压器高压侧引出线及线圈的相间短路保护。

（2）过电流：保护范围为厂用变压器低压侧及动力母线相间故障的主保护，厂用变压器高压侧相间故障的后备保护。

（3）零序电流：保护范围为厂用变压器低压侧和厂用负荷单相接地短路的保护。

（4）温度保护：保护范围为厂用变压器本体温度升高的保护。

五、水电厂厂用电系统运行案例

某发电厂厂用电 10kV 结构简图如图 3-1-1-1 所示。

可知，厂用电 10kV 母线任一段上都有 3 个或 3 个以上独立电源，供电可靠性有足够的保证。0.4kV 各供电点（机组、照明、公用电、坝上等）都是双电源供电，能互为备用，也能满足可靠性的要求。最后，厂用电考虑到复合性故障（发电机电源全部消失），还设有厂内独立的柴油发电机电源,确保厂用电供给和急需的重要负荷供电,

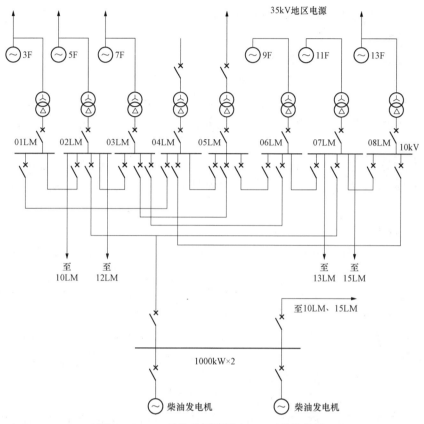

图 3-1-1-1　某发电厂厂用电 10kV 结构简图

使事故尽快控制并恢复正常，确保厂用电切换至正常方式运行。厂用电应分散而置，避免过于集中、事故时相互影响、易使事故扩大等对安全的不利因素，从而保证供电的可靠性。

【思考与练习】

1. 厂用电电压等级是如何确定的？

2. 厂用变压器有哪些保护？

3. 以本模块中某发电厂左岸电站厂用电 10kV 接线图为例，说明厂用电的正常运行方式。

◢ 模块 2　厂用电系统正常操作及维护（Z49G1002）

【模块描述】本模块介绍水电厂厂用电系统正常操作及维护。通过原理讲解，掌握断路器正常操作及维护、厂用电系统正常操作和维护、水电厂厂用电系统倒闸操作。

【模块内容】

一、断路器正常操作及维护

（1）断路器经检修后，其检修试验数据合格，工作票全部收回，现场检查无异物，安全措施全部拆除，方可投入运行。断路器在投入前必须做合、切闸试验一次。

（2）断路器事故分闸次数应不超过规定次数，动作后应记入记录簿中，达到次数后，通知检修人员。

（3）断路器在运行中出现操作回路断线，应首先判明故障点。是否是分闸线圈回路断线、断路器转换触点不良或是位置监视回路故障。若回路断线无法恢复应联系检修处理。

（4）油断路器在任何情况下，均不允许带电压手动合闸。

（5）少油断路器在事故分闸后，应对断路器进行检查，如有喷油现象时应及时联系检修人员处理。

（6）小车断路器，在由"工作"位置拉出或由"检修"位置、"试验"位置推入操作前后，应检查二次回路连接情况及辅助触头接触良好，操作中不得损坏。

（7）小车断路器试验时应拉至"试验"位置进行，并考虑有关操作回路中的相互闭锁问题。

二、厂用电系统正常操作和维护

1. 厂用系统正常操作一般规定

（1）厂用电系统所属一次、二次设备均属厂内管辖，当班值长有权决定厂用电的运行方式，并为此负责，厂用电设备停送电操作由值长统一指挥。

（2）厂用母线电压正常时，应保持在额定值的±5%范围内（380～420V），如长时间超过此范围，则应考虑切换厂用变压器分接头，电压调整至允许范围内运行。

（3）正常运行时厂用电分段运行,400V倒闸操作前应做好全厂厂用电消失的事故预想。

（4）备用电源自动投入（BZT）装置正常运行时必须投入，以保证在厂用变压器发生故障时能及时投入备用电源，保证主辅设备的连续安全运行。

（5）在操作隔离开关前应检查断路器在断开位置，防止带负荷拉合隔离开关。

（6）对于双电源供电的动力柜，当一段电源失电时，应及时切换至另一段供电，操作时应遵循先断后合的原则，防止非同期并列。

（7）现地手动拉合400V厂用电母联断路器时应尽量缩短操作时间。

（8）厂用电切换操作，正常必须采用远方操作方式，若厂用电断路器存在机构切换不可靠等问题，可采用现地操作方式，但应通知检修人员，尽快处理正常。

（9）在厂用变压器大修或高低压引线及母线拆装检修后，必须核对相序正确，方可投运。

（10）厂用变压器检修，在停电后和检修完送电前均应摇测绝缘电阻，并作记录，其检修完送电时，绝缘电阻值不低于前次同温度下的 50%，否则需经有关部门批准。

（11）有双电源的动力柜，任一回路电缆经拆装检修或更换后，恢复运行前必须与另一回路电缆核对相序正确后，方可投运。

（12）禁止在机组并列调负荷和解列以及厂房桥机起重大部件时，进行机组动力电源和厂用电系统的切换操作。

（13）厂用电切换后，应检查各厂用负荷的运行情况，尤其是机组运行时，应检查轴承润滑油系统和发电机、变压器冷却系统各设备是否运行正常，并复归由于倒换厂用电而引发的信号。

（14）在机组停电前，必须事先切换厂用电和停用该单元的厂用变压器。

（15）为避免深井水泵启动电流的冲击，在进行厂用电切换前应保持集水井在低水位。

（16）厂用变压器各侧断路器及母联断路器，在远方进行合、切闸操作后，必须及时去现场检查操作质量。

（17）母联断路器进行检修或检查工作时，应解除备用电源自动投入装置（BZT），以免厂用电事故时危及检修人员的安全。

（18）柴油机发电机组远方启动、400V 厂用电备用电源自动投入装置（BZT）自动切换、事故照明自动切换装置三项设备定期试验工作每月一次。

（19）高压线路停、送电操作由当班值长与有关管理单位联系后进行。

（20）高压线路停电检修时，由检修单位于检修前三天提出书面申请或口头申请，于检修前一天批复。

（21）临时性检修，由检修单位与运行单位或当班值长联系，并做好安全措施。

（22）配电变压器电源的切换以机组分支线断路器环并、环解的方式进行。

（23）高压母线倒闸操作时应注意防止非同期合闸。

（24）400V 厂用电源和负荷停、送电操作中应注意的事项：

1）进行动力电源和重要负荷电源的切换。

2）备用电源自动投入装置的切换。

3）注意厂用变压器过负荷和切、合中的负荷。

4）在切换时严禁非同期并列。

5）操作结束时，应检查变压器风机运转情况，机组油泵电源，厂房通风机以及高、低压气机等。

6）400V 母线倒闸操作时应注意防止非同期合闸。

2. 厂用电系统巡回检查项目

（1）厂用变压器有无异常声音、声响是否变大。

（2）套管应清洁、无破裂、无放电痕迹及其他现象。

（3）母线引线及负荷侧引线接触良好，无发热、变色，支持瓶无裂缝或歪斜。

（4）厂用变压器中性点及外壳接地是否良好。

（5）厂用变压器三相电压、负荷电流是否正常和平衡。

（6）备用电源自动投入装置应投入正常。

（7）保护盘继电器完好，连接片位置、表计指示、指示灯指示正确。

（8）各配电屏动力柜熔断器完好，无熔断。

（9）断路器、隔离开关投入位置是否正确？接触是否良好。

（10）各动力柜电缆头引线有无过热、烧焦现象。

三、水电厂厂用电系统倒闸操作案例

某电厂厂用电接线图如图 3-1-2-1 所示。

厂用高压变压器（21T）停电检修措施如下：

（1）通知××农电局（ ）：下套线路瞬间停电。

（2）通知载波（ ）：倒厂用电。

（3）通知维护（ ）：综合楼线路瞬间停电。

（4）通知生活区电工班（ ）：生活区线路瞬间停电。

（5）上位机：退出自用段备用电源自动投入装置（绿灯亮）。

（6）上位机：退出公用段备用电源自动投入装置（绿灯亮）。

（7）上位机：拉开 6.3kV 21 号配电变压器 121 断路器。

（8）检查 6.3kV 21 号配电变压器 121 断路器在"分"位。

（9）检查 6.3kV 21 号配电变压器 121 断路器三相电流 I=（ ）A。

（10）上位机：合上 6.3kV Ⅰ、Ⅱ段母线联络 140 断路器。

（11）检查 6.3kV Ⅰ、Ⅱ段母线联络 140 断路器在"合"位。

（12）检查 6.3kV Ⅰ、Ⅱ段母线联络 140 断路器三相电流 I_a=（ ）A、I_b=（ ）A、I_c=（ ）A。

（13）上位机：投入自用段备用电源自动投入装置（红灯亮）。

（14）上位机：投入公用段备用电源自动投入装置（红灯亮）。

（15）拉开 13.8kV 50Hz 分支线联络 550 断路器。

（16）检查 13.8kV 50Hz 分支线联络 550 断路器三相"绿灯"亮。

（17）检查 13.8kV 50Hz 分支线联络 550 断路器三相在"开位"。

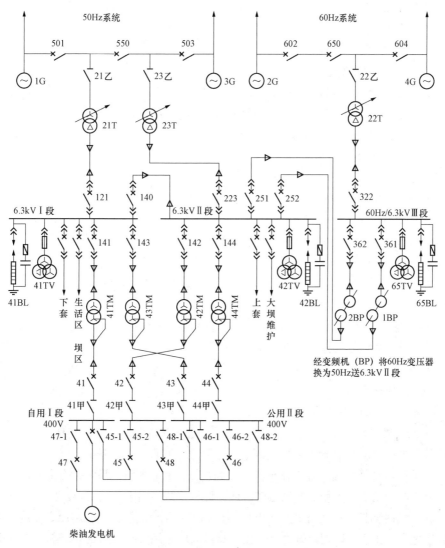

图 3-1-2-1　某电厂厂用电接线图

（18）检查 13.8kV 一号机分支线 501 断路器三相在"开位"。

（19）（指令）拉开 13.8kV 21 号变压器 21 乙隔离开关。

（20）检查 13.8kV21 号变 21 乙隔离开关三相确已拉开。

（21）6.3kV Ⅰ 段：140 断路器合闸回路闭锁 H 连接片上、下全投入。

（22）6.3kV Ⅰ 段：检查 6.3kV21 号配电变压器 121 断路器在分位。

（23）6.3kVⅠ段：将 6.3kV21 号配电变压器 121 断路器拉至"检修"位置。

（24）保护盘：21 号变重瓦斯 4H 连接片切至"中"。

（25）21 号配电变压器高压侧验电（　　）。

（26）21 号配电变压器低压侧验电（　　）。

（27）21 号配电变压器高压侧装设地线（　　）一组。

（28）21 号配电变压器低压侧装设地线（　　）一组。

（29）JK3 盘：拉开 21 乙隔离开关操作电源。

（30）全面检查，悬挂标示牌。

【思考与练习】

1. 厂用断路器正常操作及维护有哪些规定？

2. 厂用系统正常操作有哪些规定？

3. 试拟写本厂厂用变压器停电的操作票。

▲ 模块 3　厂用电源自动切换（Z49G1003）

【模块描述】本模块介绍厂用电自动切换运行。通过原理讲解，掌握厂用电切换原理及分析、切换方式方法及操作。

【模块内容】

一、厂用电切换

（一）厂用电切换方式

1. 按断路器动作顺序分类（动作顺序以工作电源切向备用电源为例）

（1）并联切换：先合上备用电源，两电源短时并联，再跳开工作电源。

（2）串联切换：先跳开工作电源，在确认工作断路器跳开后，再合上备用电源。母线断电时间至少为备用断路器合闸时间。此种方式多用于事故切换。

（3）同时切换：这种方式介于并联切换和串联切换之间。合备用命令在跳工作命令发出之后、工作断路器跳开之前发出。母线断电时间大于 0ms 而小于备用断路器合闸时间，可设置延时来调整。这种方式既可用于正常切换也可用于事故切换。

2. 按启动原因分类

（1）正常手动切换：由运行人员手动操作启动，快切装置按事先设定的手动切换方式（并联、同时）进行分合闸操作。

（2）事故自动切换：由保护触点启动，发电机–变压器组、厂用变压器和其他保护出口跳工作电源断路器的同时，启动快切装置进行切换。快切装置按事先设定的自动切换方式（串联同时）进行分合闸操作。

（3）异常情况自动切换：有两种异常情况，一是母线失压。母线电压低于整定电压达整定延时后，装置自行启动，并按自动方式进行切换。二是工作电源断路器误跳，由工作断路器辅助触点启动装置，在切换条件满足时合上备用电源。

3. 按切换速度分类

（1）快速切换。

（2）短延时切换。

（3）同期捕捉切换。

（4）残压切换。

（二）各种切换原理

1. 快速切换

某电厂厂用电部分接线图如图 3-1-3-1 所示。

工作电源由发电机端经厂用高压工作变压器引入，备用电源由电厂高压母线或由系统经启动/备用变压器引入。正常运行时，厂用母线由工作电源供电，当工作电源侧发生故障时，必须跳开工作电源断路器 1QF，合上 2QF，跳开 1QF 时厂用母线失电，由于厂用负荷多为异步电动机。电动机将惰行，母线电压为众多电动机的合成反馈电压，称其为残压，残压的频率和幅值将逐渐衰减。

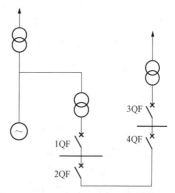

图 3-1-3-1　某电厂厂用电部分接线图

快速切换的整定值有两个，即频差和相角差，在装置发出合闸命令前瞬间将实测值与整定值进行比较，判断是否满足合闸条件，由于快速切换总是在启动后瞬间进行，因此频差和相差整定可取较小值。

2. 同期捕捉切换

同期捕捉切换运用于 MFC2000 快切装置，实时跟踪残压的频差和角差变化，尽量做到在反馈电压与备用电源电压向量第一次相位重合时合闸，这就是所谓的"同期捕捉切换"。若能实现同期捕捉切换，特别是同相点合闸，对电动机的自启动也很有利，因此时厂用电母线电压衰减到 65%～70%，电动机转速不至于下降很大，且备用电源合上时冲击最小。

同期捕捉切换之"同期"与发电机同期并网之"同期"有很大不同，同期捕捉切换时，电动机相当于异步发电机，其定子绕组磁场已由同步磁场转为异步磁场，而转子不存在外加原动力和外加励磁电流。因此，备用电源合上时，若相角差不大，即使存在一些频差和压差，定子磁场也将很快恢复同步，电动机也很快恢复正常异步运行。所以，此处同期指在相角差零点附近一定范围内合闸（合上）。

3. 残压切换

当残压衰减到 20%～40% 额定电压后实现的切换通常称为"残压切换"。残压切换虽能保证电动机安全，但由于停电时间过长，电动机自启动成功与否、自启动时间等都将受到较大限制。如图 3-1-3-1 情况下，残压衰减到 40% 的时间约为 1s，衰减到 20% 的时间约为 1.4s。而对另一机组的试验结果表明，衰减到 20% 的时间为 2s。

二、厂用电切换注意事项

由于厂用母线上电动机的特性有较大差异，合成的母线残压特性曲线与分类的电动机相角、残压曲线的差异也较大，所以安全区域的划定严格来说需根据各类电动机参数、特性、所带负荷等因素通过计算确定。实际运行中，可根据典型机组的试验确定母线残压特性。试验表明，母线电压和频率衰减的时间、速度和达到最初反相的时间，主要取决于试验前该段母线的负载。负载越多，电压、频率下降得越慢，达到首次反相和再次同相的时间越长。而相同负载容量下，负荷电流越大，则电压频率下降得越快，达到最初反相和同相的时间越短。

快速切换的思想在快速断路器问世以后才得以实现。快速断路器的合闸时间一般小于 100ms，有的甚至只有 40～50ms，这为实现快速切换提供了必要条件。假定事故前工作电源与备用电源同相，并假定从事故发生到工作断路器跳开瞬间，两电源仍同相，则若采用同时方式切换，且分合闸错开时间（断电时间）整定得很小（如 10ms），则备用电源合上时相角差也很小，冲击电流和自启动电流均很小。若采用串联切换，则断电时间至少为合闸时间，备用电源合闸时的冲击电流也不是很大，一般不会造成设备损坏或快切失败。

快速切换能否实现，不仅取决于断路器条件，还取决于系统结线、运行方式和故障类型。

三、关于快速切换时间

快速切换时间涉及两个方面：一是断路器固有跳合闸时间；二是快切装置本身的动作时间。

【思考与练习】

1. 什么是厂用电的快速切换？

2. 厂用电的切换方法有哪些？

3. 厂用电的切换应注意哪些事项？

▲ 模块4　厂用电系统故障处理（Z49G1004）

【**模块描述**】本模块介绍了水电厂厂用电系统故障现象、分析及处理方法。通过处理方法介绍，掌握6.3kV、400V系统故障处理方法，了解厂用电系统其他设备故障处理方法。

【**模块内容**】

一、6.3kV线路事故分闸

6.3kV线路事故分闸后，联系有关管理单位同意后，强送电一次。不良时通知有关单位查寻故障点。

二、6.3kV系统接地处理

1. 故障性质分析与判断

（1）完全接地。如果发生单相完全接地，则故障相的电压降到零，非故障相的电压升高到线电压，此时电压互感器开口三角处出现100V电压，电压继电器动作，发出接地信号。

（2）不完全接地。当发生单相（如A相）不完全接地时，即通过高电阻或电弧接地，中性点电位偏移，这时故障相的电压降低，但不为零。非故障相的电压升高，它们大于相电压，但达不到线电压。电压互感器开口三角处的电压达到整定值，电压继电器动作，发出接地信号。

（3）电弧接地。如果发生单相完全接地，则故障相的电压降低，但不为零，非故障相的电压升高到线电压。此时电压互感器开口三角处出现100V电压，电压继电器动作，发出接地信号。

（4）母线电压互感器一相二次熔断器熔断。此现象为中央信号电铃响，出现"电压互感器断线"光字牌，一相电压为零，另外两相电压正常。处理对策是退出低压等与该互感器有关的保护，更换二次熔断器。

（5）电压互感器高压侧出现一相（A相）断线或一次熔断器熔断。此时故障相电压降低，但指示不为零，非故障相的电压并不高。这是由于此相电压表在二次回路中经互感器线圈和其他两相电压表形成串联回路，出现比较小的电压指示，但不是该相实际电压，非故障相仍为相电压。互感器开口三角处会出现35V左右电压值，并启动继电器，发出接地信号。对策是处理电压互感器高压侧断线故障或更换一次熔断器。

（6）串联谐振。由于系统中存在容性和感性参数的元件，特别是带有铁芯的铁磁电感元件，在参数组合不匹配时会引起铁磁谐振，并且继电器动作，发出接地信号。可通过改变网络参数，如断开、合上母联断路器或临时增加或减少线路予以消除。

（7）空载母线虚假接地。在母线空载运行时，也可能会出现三相电压不平衡，并且发出接地信号。但当送上一条线路后接地现象会自行消失。

（8）绝缘监测仪表的中性点断线时电网发生单相接地。三相电压正常，接地信号已发出。这是由于系统确已接地，但因电压表的中性点断线，故绝缘监测仪表无法正确地表示三相电压情况。此时电压互感器开口三角处的电压达到整定值，电压继电器动作，发出接地信号。

（9）绝缘监测继电器触点粘接，电网实际无接地。接地信号持续发出，三相电压正常，而查找系统无接地，因为绝缘监测继电器触点粘接，未真实反映电网有无单相接地。处理对策是检查绝缘监测继电器有无触点粘接，若出现触点粘接，更换绝缘监测继电器。

2. 接地现象

（1）语音报警或电铃响，"接地"光字牌亮。

（2）绝缘监视电压三相指示值不同，接地相电压降低或等于零，其他两相电压升高或为线电压，此时为稳定接地。

（3）若绝缘监视电压不停地摆动，则为间歇性接地。

3. 接地处理

（1）发生单相接地故障后，值班人员应马上复归音响信号，做好记录，迅速报告当班值长和有关负责人员，并按值长命令寻找接地点，但具体查找方法由现场值班人员自己确定。

（2）切换绝缘监视电压表，判别该段单相接地的性质和相别。

（3）先详细检查电气设备有无明显的故障迹象，如果不能找出故障点，再进行线路接地的寻找。

（4）按先次要负荷、后重要负荷的顺序选择 6.3kV 线路接地点。

（5）分割电网。即把电网分割成电气上不直接连接的几个部分，以判断单相接地区域。如将母线分段运行，并列运行的变压器分列运行。分网时，应注意分网后各部分的功率平衡、保护配合、电能质量和消弧线圈的补偿等情况。

（6）对多电源线路，应采取转移负荷、改变供电方式来寻找接地故障点。

（7）利用备用厂用高压变压器倒换厂用电，判别是哪段接地，并可判别工作厂用高压变压器是否接地，若判断为工作厂用高压变压器低压侧接地时，应将工作厂用高压变压器停电，由备用厂用高压变压器供电。

（8）将接地段低压厂用变压器逐一倒至备用电源运行选择接地点。

（9）派人检查故障段 6.3kV 一次系统，寻找故障点。

（10）所有负荷及电源均未接地时，则认为是母线或电压互感器接地，在做好必要的安全措施后，按电压互感器停电操作程序将 TV 停电测绝缘。

（11）将接地母线停电检查测绝缘。

（12）以上寻找接地点的时间不得超过 2h。

（13）选择某条线路接地后，通知有关单位查寻故障点。如永久性接地达 2h，应将该线路停电。

4. 寻找接地点的注意事项

（1）在进行寻找接地点的倒闸操作中或巡视配电装置时，必须严格执行电业安全工作规程中的规定，值班人员应穿绝缘靴，戴绝缘手套，不得触及设备外壳和接地金属物。

（2）在进行寻找接地点的每一操作项目后，必须注意绝缘监视信号及表计的变化和转移情况。

（3）在进行寻找接地点的倒闸操作时，应严格遵守倒闸操作的原则，严防非同期并列事故的发生。

（4）接地段上的设备分闸后，禁止强送，尽可能避免接地段设备启动。

（5）为了减少停电的范围和负面影响，在寻找单相接地故障时，应先操作双回路或有其他电源的线路，再试拉线路长、分支多、历次故障多和负荷轻以及用电性质次要的线路，然后试拉线路短、负荷重、分支少、用电性质重要的线路。双电源用户可先倒换电源再试拉。专用线路应先行通知或转移负荷后再试拉。若有关人员汇报某条线路上有故障迹象时，可先试拉这条线路。

（6）若电压互感器高压侧熔断器熔断，不得用普通熔断器代替。必须用额定电流为 0.5A 装填有石英砂的瓷管熔断器，这种熔断器有良好的灭弧性能和较大的断流容量，具有限制短路电流的作用。

（7）处理接地故障时，禁止停用消弧线圈。若消弧线圈温升超过规定时，可在接地相上先作人工接地，消除接地点后，再停用消弧线圈。

三、厂用高压变压器过流保护动作

如厂用高压变压器电流速断保护停用，按照厂用高压变压器电流速断保护动作处理。如 6.3kV 线路、低压厂用变压器故障引起的，当故障消除后，并迅速恢复厂用电系统的供电。

四、厂用高压变压器电流速断保护动作

（1）检查现场及保护动作情况，根据情况通过备用厂用高压变压器恢复厂用电。

（2）将故障厂用高压变压器停电并测定绝缘电阻。

（3）将故障厂用高压变压器做检修措施，通知检修处理。

（4）如未发现任何故障，请示总工程师，可进行递升加压试验，良好后投入运行。

五、厂用高压变压器过负荷

（1）联系 6.3kV 次要负荷线路设法减负荷。

（2）监视变压器温度不超过规定值。

六、400V 母线事故处理

（1）如备用电源自动投入装置在停用状态，可对该故障母线强送电一次。

（2）如备用电源自动投入装置动作不成功，确认母线故障，应倒负荷，恢复重要负荷的供电。

（3）若备用电源自动投入装置或断路器不良时，应查明原因或联系检修处理。

（4）自用段瞬时失去电源时，恢复后应检查主变压器风机是否良好。

七、400V 负荷自动开关分闸处理

自动开关分闸可强送电一次。如不良可查明原因或联系检修处理后，恢复送电。

八、厂用电失去处理

1. 事故原因

（1）系统事故停机。

（2）厂用变压器或线路故障，备用电源投不上。

（3）保护误动或电气误操作。

2. 事故现象

（1）工作照明灯熄火，事故照明投入。

（2）语音报警或事故喇叭响。

（3）部分或全部动力设备电流到"零"，分闸的电动机状态显示由"红"变"黄"，操作员站报警栏中出现各种"故障"报警。

3. 事故处理

（1）若是部分失去厂用电，备用设备自动投入成功，则检查各用电设备运行正常，调整各运行参数至正常。

（2）若是部分失去厂用电，备用设备未自动投入，手动强送也不成功时，应把故障设备隔离，然后强送电一次，如不成功，待恢复厂用电后，再次启动，调整有关参数，强送不超过两次，高压动力设备只准强送电一次。

（3）若是系统事故，全厂失去厂用电时，拉开失去厂用电的动力设备断路器，待恢复供电后，根据需要逐次投入运行。

（4）在进行上述处理过程中要密切注意机组运行状况，若某参数达到故障停机条件时，应立即停机。

【思考与练习】

1. 什么是厂用电的快速切换？

2. 厂用电的切换方法有哪些？

3. 厂用电的切换应注意哪些事项？

第二章

直流系统运行

▲ 模块 1 蓄电池直流系统的接线与运行方式（Z49G2001）

【模块描述】本模块介绍直流系统。通过原理讲解，掌握直流系统的作用及要求、直流系统电压的选用、蓄电池直流系统的运行方式。

【模块内容】

一、直流系统的作用及要求

直流系统的用电负荷极为重要，供给继电保护、自动控制、信号、计算机监控、事故照明、交流不间断电源等，对供电的可靠性要求很高。直流系统的可靠性是保障发电厂安全运行的决定条件之一。

由蓄电池组和硅整流充电器组成的直流供电系统称为蓄电池组直流系统。

为供给发电厂、变电站的断路器操作、信号装置、继电保护装置、自动装置、远动装置、通信设备、事故照明、直流油泵、热工保护和自动控制、交流不停电电源装置（UPS）的用电，一般都装设专用的蓄电池组直流系统。

蓄电池组直流系统运行时，要求有足够的可靠性和稳定性，即使在全厂停电，交流电源全部消失的情况下，也要求直流系统能持续地向直流负载供电，特别是大容量机组对其运行的安全性和可靠性提出了更高的要求。我国中、小容量机组的发电厂，一般设置一套独立的全厂公用的蓄电池直流系统，根据需要，该直流系统装设 2～3 套蓄电池。设置一组蓄电池时，机组的控制（断路器控制、信号回路、继电保护回路）和动力（断路器合闸回路）直流负荷合在一起供电，设置两组蓄电池时，控制和动力直流负荷分开供电。

二、直流系统电压的选用

为了满足上述滞留负载的供电要求，直流系统的电压一般按下述规定选用：

（1）控制负荷、动力负荷、直流事故照明等公用的蓄电池组直流系统，电压采用 220V 或 110V。

（2）控制负荷专用的蓄电池组直流系统电压（含网控直流事故照明）采用 110V。

（3）动力负荷和直流事故照明负荷专用的蓄电池组直流系统电压采用 220V。

（4）对强电回路（电压在 100V 及以上的回路），需电池组直流系统电压采用 220V 或 110V；对 500kV 变电站弱电回路（电压在 48V 及以下，电流为毫安级的回路），直流电压采用 48V。

三、蓄电池直流系统的运行方式

（一）蓄电池直流系统接线

1. 全厂公用的直流系统接线

直流系统接线图如图 3-2-1-1 所示，220V 直流母线有两段，两段母线之间联络隔离开关 SAs，每段母线上分别装有一组蓄电池组和一台充电器，老式电厂直流母线上装有定期充电用的冲电机（直流发电机）和用于浮充电的硅整流装置。目前采用的新式充电器即可用于浮充电，也可用于定期充电和均衡充电。故老式的充电机已经不采用。

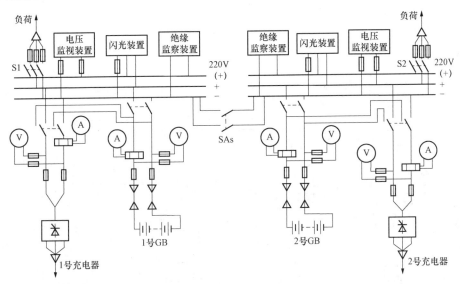

图 3-2-1-1　直流系统接线图

2. 控制与动力直流负荷合用的直流系统接线

控制与动力直流负荷合用的直流系统接线图如图 3-2-1-2 所示。其接线为直流母线分成两段，两段母线之间设有联络隔离开关 SA1、SA2，一组蓄电池通过隔离开关同时接入两分段母线，两分段母线上各装一台充电器。

3. 控制与动力直流负荷分开的直流系统接线

控制与动力直流负荷分开的直流系统接线如图 3-2-1-3 所示。

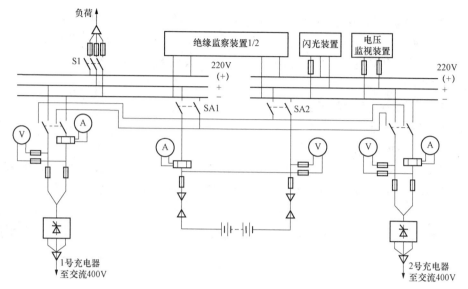

图 3-2-1-2 直流系统接线图

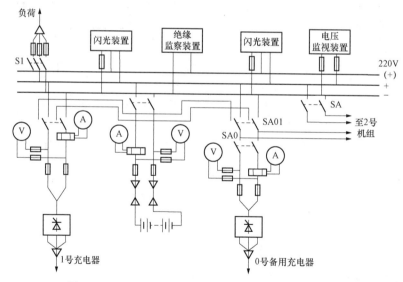

图 3-2-1-3 动力负荷（或控制负荷）直流系统接线图

其接线为直流母线为一段，母线上装有一组蓄电池和一台充电器，另一台充电器作两台机组的公共备用。当厂内有多台机组时，每段直流母线之间通过联络电缆和联络隔离开关相连，可以互为备用。

（二）蓄电池直流系统正常运行方式

1. 全厂公用的直流系统运行方式

正常运行时，直流母线分段运行，分段隔离开关 SAs 断开，每一母线上的充电器与蓄电池组并列运行，采用浮充电运行方式。直流系统按浮充电方式运行时，充电器一方面向直流母线供给经常性直流负荷（如信号灯），同时还以很小的电流向蓄电池组浮充电，以补偿蓄电池的自放电损耗。当直流系统中出现较大的冲击性直流负荷时（如短路器合闸时的合闸电流），由蓄电池组供电，冲击负荷消失后，母线负荷仍由充电器供电，蓄电池组转入浮充电状态。

正常运行时，必须保证直流系统有足够的浮充电流。任何情况下，不得用充电器单独向各个直流工作母线供电。

直流系统每段母线均设有绝缘监察装置、电压监察装置、闪光装置，正常运行时均投入。

2. 控制与动力负荷分开的直流系统运行方式

正常运行时，机组的 110V 控制直流系统、220V 动力直流系统均按浮充电方式运行。1 号充电器投入浮充电运行、0 号备用充电器处于备用状态，分别作 1 号、2 号机组直流系统充电器的备用，0 号备用充电器与 1 号、2 号机组直流系统充电器之间的联络隔离开关 SA01、SA02（在 2 号机组直流系统中）均处于断开位置。

1 号机组与 2 号机组直流系统之间的联络隔离开关 SA 断开，两机组的直流系统互为备用。母线上的绝缘监察装置、电压监察装置、闪光装置均投入运行。

（三）直流负荷的供电方式

1. 单回路集中供电方式

将事故照明、不经常使用的直流负荷、部分次要的直流负荷等由一条回路集中供电。单回路直流供电图如图 3-2-1-4 所示，通过 FU1 的回路为单回路集中供电的回路。

影响直流系统正常运行的主要因素是直流电压和直流系统绝缘电阻，而直流系统绝缘电阻的大小取决于设备本身的绝缘电阻、负荷出线的回路数、回路电缆的长度。回路数越多，回路越长，导致系统绝缘下降的可能性越大，故对于一些不重要的负荷，尽量采用单回路集中供电方式，以提高直流系统的绝缘水平。

2. 单回路独立供电方式

对于不经常使用，但又非常重要的直流负荷，采用单回路独立供电。全厂事故报警等直流负荷采用此供电

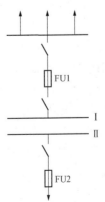

图 3-2-1-4　单回路直流供电图

方式（见图 3-2-1-4 通过 FU2 的回路）。

3. 双回路集中供电

对于操作、信号、保护等重要且比较集中的直流负荷，采用双回路集中供电。双回路取自同一直流母线的电源，电源侧隔离开关和熔断器均在接通位置，双回路在负荷端的某点用开关断开，即供电回路采用双回路开环运行。发电厂的主控制室和室外配电装置等均采用此供电方式。双回路集中供电直流回路图如图 3-2-1-5 所示。

开关 SA1、SA2 合上，熔断器 FU1、FU2 装上，开关 SA3 合上，SA4 断开（或合上 SA4、断开 SA3）。当 k 点发生一极接地时，值班人员到现场拉开 SA3，合上 SA4，即恢复正常供电。然后拉开 SA1，取下 FU1，处理接地故障。

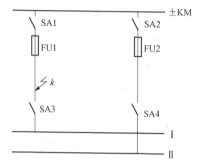

图 3-2-1-5 双回路集中供电直流回路图

【思考与练习】

1. 直流系统的作用是什么？

2. 什么是直流系统浮充电方式？

3. 蓄电池直流系统的正常运行方式如何？

▲ 模块 2 蓄电池直流系统运行维护（Z49G2002）

【模块描述】本模块介绍直流系统运行维护规定。通过原理讲解，掌握直流系统运行的规定、直流系统的运行维护、直流系统的运行操作、充电器使用注意事项。

【模块内容】

一、直流系统运行的规定

（1）蓄电池和充电器装置必须并列运行。充电器供直流母线上的正常负荷电流和蓄电池组的浮充电流，蓄电池组作为冲击负荷和事故负荷的供给电源。

（2）正常情况下，直流母线不允许脱离蓄电池组运行。

（3）充电器故障时，可短时由蓄电池组单独供给负荷。若短时不能恢复，必须退出故障充电器，投入备用充电器与蓄电池组并列运行。

（4）当两组直流系统均有接地信号时，严禁将其并列运行，也不宜将两组蓄电池长期并列运行。只有在特殊情况下，如直流接地选择、处理事故等，才允许短时并列运行。

（5）双回路供电且负荷侧有联络开关时，不论电源是否在同一母线上，均应在负荷侧"解列点"断开，各自供电，不得并列；若置于两组直流母线之间的负荷环网回路必须切换时，应合上母线联络开关后，方可进行不停电切换。切换完毕，还必须在断开点挂"解列点"标志牌。

（6）直流系统的任何并列操作，必须先在并列点处核对极性及电压差正常（电压差为2～3V）后，方可进行并列。

（7）充电器有"手动""自动""浮充""均充"四种切换方式。正常运行时应采用"自动""浮充"方式，若自动方式因故障不能运行时，则切换至备用充电器运行。"均充"运行方式只在对蓄电池组进行充放电时采用。"手动""浮充"方式一般不宜作为长期带负荷运行方式，只有在"自动""浮充"方式及备用充电器均不能正常投入工作时，才允许按此方式短时间带负荷运行。

（8）在对一组蓄电池进行定期充放电期间，为保证直流系统的可靠运行，公用的备用充电器仍只能作备用，不允许将它用于对检修保养的蓄电池进行充、放电。

二、直流系统的运行维护

1. 直流系统的运行监视

（1）直流母线电压监视。正常运行方式时，应监视并维持直流母线电压在规定范围。通常直流母线的运行电压比额定电压高3%～5%，即220V直流系统，母线运行电压为227～231V；110V直流系统，母线运行电压为113～116V。当母线电压过高或过低时，电压监察装置报警，此时应将母线电压调整在规定范围。

（2）浮充电流的监视。正常运行时，应监视浮充电流在规定值。浮充电流的大小决定蓄电池的使用寿命。浮充电流过大，使蓄电池过充电，造成正极板脱落物增加；浮充电流过小，使蓄电池欠充电，造成负极板脱落物增加及硫化，故浮充电流过大或过小都影响蓄电池的寿命。根据运行经验，浮充电流的大小以使单个电池的电压保持在2.1～2.2V为宜，当单个电池的电压在2.1V以下时，应增加浮充电流，超过2.2V时，应减少浮充电流。

浮充电流的大小计算如式3-2-2-1所示。

$$I = (0.01 \sim 0.03)Q_N/36 \tag{3-2-2-1}$$

式中　I——浮充电流，A；

　　　Q_N——蓄电池的额定容量，Ah。

（3）直流系统的绝缘监视。利用直流绝缘监察装置检测直流系统的绝缘。值班人员接班前，都要通过直流绝缘监察装置测量正极和负极对地电压，根据测得电压值大小，判断直流系统对地的绝缘状况。当绝缘监察装置报警时，则说明直流系统对地绝缘严重降低或接地，应及时查找接地故障点并处理。

（4）蓄电池容量的监视。蓄电池组装有"蓄电池容量监视装置"。蓄电池运行时，该装置监视其容量变化，当该装置显示其容量低于额定值时，应及时加以补充。

2. 直流系统的维护与检查

（1）直流盘的检查。直流盘的检查内容如下：

1）盘上闪光装置动作应正常；

2）各仪表及指示灯指示应正常；

3）盘内无异常响声及气味；

4）盘面、盘内清洁无杂物；

5）盘上各开关、隔离开关、熔断器完好。

（2）蓄电池的维护与检查。

1）蓄电池的维护工作主要有电解液的配制；向蓄电池加注蒸馏水或电解液，使电解液液面和密度保持在正常范围；蓄电池进行定期充、放电；蓄电池端电压、密度、液温的监视与测量，并做好记录；处理蓄电池内部缺陷（如极板短路、生盐、脱落）；保持蓄电池及室内清洁等。

2）蓄电池的检查项目有检查蓄电池室应清洁、干燥、阴凉、通风良好、无阳光直射、室温为 5～40℃、相对湿度不大于 80%；检查电解液应透明、无沉淀、液面正常且无渗漏；电解液密度、温度、单电池电压正常；各连接头及连接线无松脱、短路、接地现象；极板颜色正常，无腐蚀变形现象；室内无火种隐患。

3. 阀控式蓄电池的运行维护

（1）蓄电池应放置在通风、干燥、远离热源处和不易产生火花的地方，安全距离为 0.5m 以上。在环境温度为 0～25℃内，每下降 1℃，其放电容量约下降 1%，所以电池宜在 15～20℃环境中工作。

（2）要使蓄电池有较长的使用寿命，应使用性能良好的自动稳压限流充电设备。当负载在正常范围内变化时，充电设备应达到±2%的稳压精度，才能满足电池说明书中所规定的要求。浮充使用的蓄电池非工作期间不要停止浮充。

（3）必须严格遵守蓄电池放电后，再充电时的恒流限压充电→恒压充电→浮充电的充电规律，条件允许的最好使用高频开关电源型充电装置，以便随时对蓄电池进行智能管理。

（4）新安装或大修后的阀控式蓄电池组，应进行全核对性放电实验，以后每隔 2～3 年进行一次核对性放电实验，运行了 6 年的阀控式蓄电池，每年作一次核对性放电实验。若经过 3 次核对性放、充电，蓄电池组容量均达不到额定容量的 80%以上，可认为此组阀控式蓄电池寿命终止，应予以更换。

（5）维护测量蓄电池时，操作者面部不得正对蓄电池顶部，应保持一定角度或距离。

（6）蓄电池运行期间，每半年应检查一次连接导线，螺栓是否松动或腐蚀污染，松动的螺栓必须及时拧紧，腐蚀污染的接头应及时清洁处理。电池组在充放电过程中，若连接条发热或压降大于 10mV 以上，应及时用砂纸等对连接条接触部位进行打磨处理。

（7）不能把不同厂家、不同型号、不同种类、不同容量、不同性能以及新旧不同的电池串、并在一起使用。

4. 充电器的维护检查

（1）启动前的检查项目：

1）检查装置有无异常，如紧固件有无松动、导线连接处有无松动、焊接处有无脱焊等；

2）检查绝缘电阻应满足要求，主电路个部分用 500～1000V 绝缘电阻表测量，其绝缘电阻应不小于 0.5MΩ；

3）装置上的各表计、信号、指示灯、短路器、选择开关、开关等均应正常。

（2）运行中的检查项目：

1）充电器各元件、接头无过热现象；

2）运行中无异常响声、强振和放电现象；

3）浮充电流在正常范围，充电母线电压在规定范围；

4）表计指示及信号正确，各熔断器无熔断现象。

三、直流系统的运行操作

1. 充电器浮充电方式投入的操作

充电器模拟操作图如图 3-2-2-1 所示。

启动操作之前，对充电器装置进行全面检查应无异常，装置的开关及隔离开关均在断开位置，主回路电源熔断器、控制、测量及直流输出熔断器均完好，将表盘上的"电压调节""电流调节"旋钮反时针方向调至最小位置。充电器装置按"自动""浮充"方式与直流母线并列的操作步骤如下：

（1）装上充电器直流输出熔断器 FU2。

（2）装上充电器交流输入熔断器 FU1。

（3）合上交流电源侧开关 SA1，并检查已

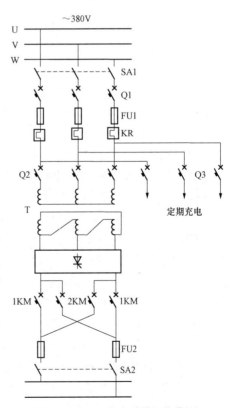

图 3-2-2-1 充电器模拟操作图

合好。

（4）装上电源开关 Q1 的控制熔断器，按下启动按钮，将 Q1 合上。

（5）将充电器的"手动–自动"切换开关切至"自动"位置（自动稳压）。

（6）检查充电器表计盘上的"电压调节""电流调节"旋钮在最小位值。

（7）合上充电器（晶闸管整流器）的控制电源开关。

（8）装上浮充开关 Q2 的控制熔断器后合上 Q2。

（9）调节"电压调节"旋钮，使电压平稳上升至正常值，待正常后再降至零值。

（10）合上直流母线开关 SA2，并检查已合好。

（11）合上直流接触器 1KM（逆变接触器 2KM 在断开位置）。

（12）调节"电压调节"和"电流调节"旋钮（电流调节配合电压调节）至适当位置，使电压升至规定值。至此，充电器浮充电方式投入操作完毕。

如果该充电器用于对蓄电池组均衡充电或定期充电，则将上述的 Q2 断开，合上 Q3，便转为均衡充电或定期充电运行方式。

2. 充电器的停用操作

（1）将充电器的"电压调节"和"电流调节"旋钮反时针方向调至最小位置，检查电压、电流应回零。

（2）拉开浮充开关 Q2，并取下其控制熔断器。

（3）拉开充电器的控制电源开关。

（4）将充电器运行方式切换开关切至"停用"位置。

（5）拉开直流接触器 1KM。

（6）拉开直流母线开关 SA2。

（7）拉开交流电源 Q1，并取下控制熔断器。

（8）拉开交流电源开关 SA1。

（9）取下熔断器 FU1、FU2。

四、充电器使用注意事项

（1）使用时，必须严格执行规程。

（2）在合交流电源开关之前，必须将电压、电流调节旋钮（即电位器）调至零位，预防输出电压或电流初始值设置过高，在给电瞬间产生过电压或过电流而损坏整流主电路元件或系统中其他电器设备。

（3）当装置出现故障时，保护动作并报警。为安全处理故障，可拉开交流电源短路器。若装置出现输出过电压或过电流故障时，可将电压、电流调节旋钮转到零位，按动两次报警、保护复归按钮后，装置自动解除保护功能，再重新旋转电压、电流旋钮，使装置输出达到实际使用值。

（4）不允许装置在低于50%额定输出电压状态下，长期连续满负荷运行。否则，将导致晶闸管整流元件温升过高而损坏。

【思考与练习】

1. 直流系统运行有哪些规定？
2. 直流系统运行时应监视什么？
3. 充电器浮充电方式投入的操作项目有哪些？

▲ 模块3　直流系统绝缘监察装置（Z49G2003）

【模块描述】本模块介绍直流系统绝缘监察装置运行。通过原理讲解，掌握直流系统绝缘监察装置分类、原理，直流系统绝缘在线巡回检测仪的原理和使用。

【模块内容】

直流系统是自动控制、信号系统、继电保护和自动装置的工作电源，它的可靠性直接影响到电力系统的安全运行。因此，当直流系统发生一点接地故障时，应尽快排除，防止发生另一点接地故障失去直流电源，影响一次系统的正常运行。

一、装置分类

（1）利用电桥原理的电磁式绝缘监察装置。

（2）利用"信号寻迹"原理的绝缘监察装置。

（3）直流回路漏电流在线巡回监测仪。

（4）相位差磁调制式直流系统绝缘监察装置。

二、直流系统绝缘监察装置原理

（1）早期的直流系统接地故障报警装置是利用电桥平衡原理实现的，电桥平衡原理如图3-2-3-1所示。

当发生任意一极接地时，电桥平衡被破坏，继电器R1励磁发出报警信号。这种装置原理简单，但不能判断故障点。

（2）利用"信号寻迹"的工作原理，如"直流系统接地低频探测仪""直流系统接地故障探测装置"。这些装置有如下特点：

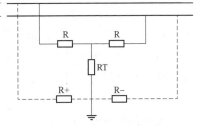

图3-2-3-1　电桥平衡原理图

1）需在直流系统上施加低频交流励磁；

2）根据直流母线分段数，配置相应检测主机台数，制约直流母线的运行方式；

3）随着直流系统对地电容的增大，装置叠加在被测系统的交流分量也随之增大；

4）直流系统对地电容对这类装置的正常工作有较大的影响。

（3）直流回路漏电流在线巡回监测仪：这类装置是直接用倍频磁调制器作直流电流传感器，巡回检测每个传感器的输出，并送给计算机进行处理。在实际应用过程中，这种方法涉及严重的干扰问题，主要有环境电磁干扰及被测直流电流中的纹波干扰。为了抑制干扰，采取的处理措施很复杂。另外，传感器的输入（被测直流电流）与输出二次谐波电压之间的关系为非线性，且每个传感器的特性参数离散性较大，使用前必须逐个进行预测标定，每一传感器的标定参数必须记录在控制程序中，若增加或更换 1 个传感器则需对控制软件作修改，使用、维护很不方便，系统适应性差。要对多路直流回路进行检测，相应的检测、处理方法就很复杂。最后，从整个绝缘监测系统来看，该类装置需要增加 1 套母线电压测量电路来监视直流系统的绝缘水平，若直流系统出现正、负母线绝缘电阻等值下降情况时，这类装置不能起到监测作用。

（4）新型直流系统绝缘监察装置的基本工作原理：用直流漏电电流传感器套穿在各路直流回路的正负出线上，当回路绝缘水平正常时，穿过传感器的直流电流大小相等，方向相反，即 $I+(-I)=0$，此时传感器中的合成直流磁场为零，其输出也就为零；当回路绝缘水平下降到一定范围或出现接地故障时，此时 $I+(-I)\neq0$，该回路中出现合成直流电流，对应于该回路的传感器中合成直流磁场就不为零，其输出也就不为零。因此，可以通过巡回检测各路传感器的输出是否为零，来判定整个直流系统是否出现接地故障，并确定故障回路。上述检测方法是根据直流电桥的原理来实现的，该方法能否实现的关键是要求直流电流传感器测量精度高，并且有足够的分辨率。

三、直流系统绝缘在线巡回检测仪

1. 概述

直流系统绝缘在线巡回监测仪用于发电厂、变电站、大型厂矿配电房的直流系统。在直流系统发生接地故障时，用该仪器检测出接地故障点。该装置改变过去逐一拉合断路器查找接地故障线路传统方法，不需停电、不需断开用电设备即可以数字显示接地支路编号，同时报警。在直流系统发生故障时微机可对各条支路进行扫查，对多点接地也同样如此。在安装电流互感器时，不需断开支路电源、安装方便。该装置可长期对直流系统各条支路进行扫描监测，解决了直流系统接地难查的困难。直流系统绝缘在线巡回检测仪原理图如图 3-2-3-2 所示。

2. 工作原理

该装置由主机（计算机）和电流互感器组成，由主机向被测系统加入低频信号，当系统中有接地故障时，主机自动巡检扫描各条支路上的电流互感器与测量回路接通，当巡检到接地线路装置便显示出接地线路编号。

3. 面板图

直流系统绝缘在线巡回监测仪正面板示意图如图 3-2-3-3 所示。

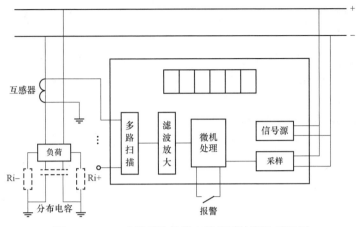

图 3-2-3-2　直流系统绝缘在线巡回检测仪原理图

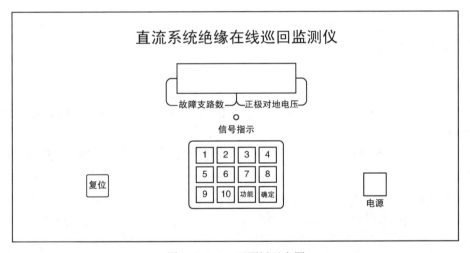

图 3-2-3-3　正面板示意图

4. 键盘使用说明

本机上电后，警界定值为 30V，或称电压偏移量。其含义是直流系统正常正对地为+110V，负对地为-110V，当直流系统有接地或虚接地时，可能是正接地或负接地，这时，电压有可能是正对地 140V 或负对地 80V。这时电压偏移正常值 30V。警界定值可以修改。

【思考与练习】

1. 画出电桥平衡原理监察装置的原理图，并说明其工作原理。

2. 说明直流系统绝缘在线巡回检测仪使用方法。

模块 4　GZDW 高频开关直流电源（Z49G2004）

【模块描述】本模块介绍 GZDW 高频开关直流电源运行。通过功能介绍，掌握 GZDW 高频开关直流电源组成、作用、性能特点，操作的要求和注意事项。

【模块内容】

一、GZDW 高频开关系统概述

1. 高频开关直流电源微机监控模块型号

型号为 EFK–02C。其中，EFK——微机监控模块；02——设计序号；C——液晶显示。

2. EFK–02C 的性能特点

（1）在满足系统监控的基础上，还可以管理 120 节以下蓄电池和 48 路以下的支路绝缘巡检。

（2）智能监控及管理，严格按充电曲线完成对蓄电池的均充、浮充、转换的全过程；也可实现放电功能。

（3）可与远程控制系统进行通信，实现对直流系统的四遥。

（4）具有母线、支路绝缘监测功能。

（5）可对直流系统的各项运行参数和工作状态进行监控，满足 3000Ah 以下蓄电池的技术要求，并进行温度补偿。

（6）工业级单片机，12 位 A/D、D/A、RS232/485 接口，平板液晶显示。功能简介如下：

1）手动（或自动）均、浮充转换；

2）充电电流限制；

3）按出厂设定的充电曲线自动运行；

4）放电功能（见放电模块手册）；

5）系统保护及记录；

6）四遥功能；

7）分路接地检测；

8）系统绝缘监察；

9）蓄电池组管理；

10）单体蓄电池检测；

11）系统参数设置；

12）声光报警功能。

3. 直流系统监测功能

（1）监控装置对直流系统进行实时监测，当系统出现故障时，除在本装置屏幕上显示告警外，还可通过 RS232/485 上报给上位机。

（2）监测交流三相电压、合闸母线电压、控制母线电压、合母对地电压、控母对地电压、负母对地电压、电池电流、充电机电流、控制母线电流、电池温度。

（3）对交流过欠压、合闸母线过欠压、控制母线过欠压进行告警及交流缺相关机保护功能。

（4）对充电模块故障、电池故障、空气断路器脱扣、熔断器熔断、直流系统接地、支路接地进行告警，提供电气隔离的输出触点供本地告警使用。

4. 电池充放电管理

均按充电曲线自动完成均、浮充转换的全过程。阀控式密封铅酸电池充电曲线图如图 3-2-4-1 所示。

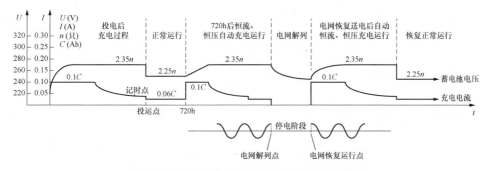

图 3-2-4-1　阀控式密封铅酸电池充电曲线图

在正常情况下，EFK 监控模块控制充电模块对蓄电池进行浮充充电。在下述情况下，将使充电模块自动进入均充状态：

（1）蓄电池连续浮充 720h 以上。

（2）交流电源中断时间超过 10min，交流恢复供电时。

除上述两种情况外，如需要对蓄电池进行人工均充时，只需按左右键使光标移到"浮充"图标处，按确定键，充电模块就会进入均充状态。在均充状态下，若交流中断，交流恢复时，充电模块将继续工作在均充状态。

5. 蓄电池状态监测

本设备可根据用户要求配置蓄电池监测模块（子机 RGB-20J），最多可配置 6 台子机，监测 120 节蓄电池装置，完成蓄电池端电压监测和蓄电池异常告警。

6. 绝缘接地检测

（1）母线接地监测：EFK 具有母线接地监测功能，当母线对地绝缘降低至告警设置值以下时，会发出告警，同时液晶屏显示正母线接地或负母线接地。

（2）馈线绝缘监测：本设备可以根据用户要求配置馈线绝缘监测模块（子机 RKM–24L）。本设备具有馈线绝缘监测功能，当母线对地绝缘降低至告警设置值以下时，会发出告警，同时液晶屏显示故障馈线支路号。

7. 通信功能

本设备具有两个通信口。一个通信口（RS232 或 RS485）用于与远程控制系统进行通信，完成远程控制功能。另一个（RS485）用于同子机（RKM–24L 和 RGB–20J）的通信。

8. "四遥" 功能

"四遥" 功能为遥控、遥调、遥测、遥信。

二、TEP–M 系列高频开关电源模块

1. TEP–M 系列高频开关概述

TEP–M 系列高频开关电源模块作为对蓄电池进行充电的设备，广泛适用于发电厂、变电站的直流操作电源系统以及 UPS 等设备中。

2. 模块方框图

模块电气原理框图如图 3–2–4–2 所示。

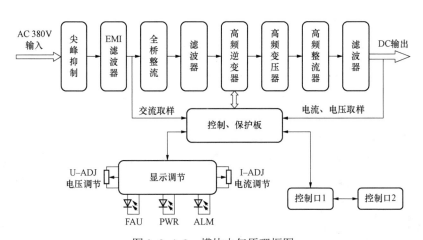

图 3–2–4–2　模块电气原理框图

3. 前面板介绍

前面板图如图 3–2–4–3 所示。

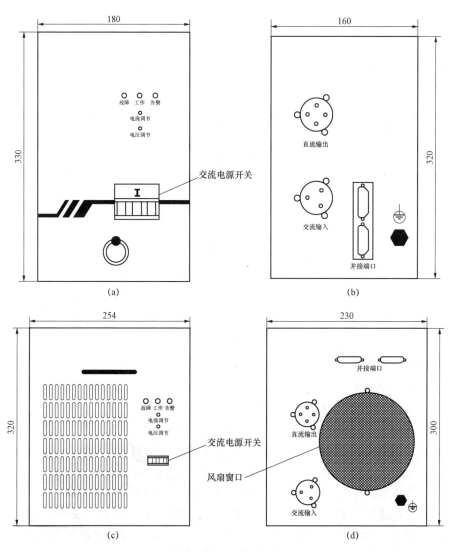

图 3-2-4-3　前面板图

（a）10A 高频开关整流模块前视图；（b）10A 高频开关整流模块后视图；

（c）25A 高频开关整流模块前视图；（d）25A 高频开关整流模块后视图

（1）黄灯：告警指示。

当输入过欠压、输出过欠压、过热时，黄灯亮。

注：输入过欠压、输出过压、过热时，模块无输出；输出欠压时，模块有输出。

（2）绿灯：工作指示。

逆变桥工作时，此灯亮，否则不亮。

（3）红灯：故障指示。

当输入电压正常，输出无过压；模块没过热时，逆变桥不工作；红灯亮，表示机器有故障。

注：模块开机时有 2～5s 黄灯与红灯一起亮，非故障。

（4）电流调节（I–ADJ）。调节单模块最大限流点。$0.2～1I_{max}$ 连续可调。

（5）电压调节（U–ADJ）。调节单模块输出电压值，198～320V 连续可调。

（6）空气断路器：交流三相输入开关。

【思考与练习】

1. GZDW 高频开关直流电源作用是什么？

2. 说明 TEP–M 系列高频开关电源面板释义。

▲ 模块 5 UPS 原理（Z49G2005）

【模块描述】本模块介绍 UPS 原理组成、作用和工作原理。通过基本原理讲解，了解 UPS 原理组成、作用，掌握工作原理。

【模块内容】

一、UPS 简介

1. UPS 的作用和功能

UPS 是交流不停电电源的简称。是发电厂计算机、继电保护、监控仪表及某些不能中断供电重要负荷不可缺少的供电装置，还广泛用于通信、信息处理系统、卫星地面站、数控系统及某些工厂复杂控制检测系统。以上用电设备及系统对供电可靠性、连续性及供电质量要求很高，一般电网及常规保安电源已不能满足要求。特别是随着工矿企业用电量的增加，非线性负荷越来越多。这些负荷对电网产生种种干扰，致使电网波形奇变，电噪声日益严重。有时甚至突然中断供电，这将造成计算机停运、各种控制系统失电等一系列严重后果。UPS 装置就是为此而开发的。它主要功能是在正常、异常和供电中断事故情况下，均能向重要用电设备及系统提供安全、可靠、稳定、不间断、不受倒闸操作影响的交流电源。

2. UPS 的组成及工作原理

UPS 由整流器、逆变器、隔离变压器、静态开关、手动旁路开关等设备组成，其系统原理接线见图 3–2–5–1。

UPS 的工作原理是正常工作状态下，由厂用电源向其输入交流，经整流器整流滤波为直流后再送入逆变器，变为稳频稳压的工频交流。当 UPS 输入交流电源因故中断

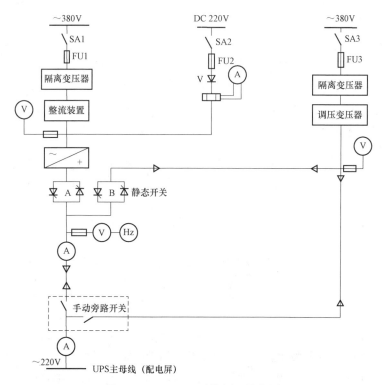

图 3-2-5-1 UPS 系统原理接线图

或整流器发生故障时，逆变器由蓄电池组供电，则仍可做到无间断地继续向负荷提供优质可靠的交流电。如果逆变器发生故障，还可自动切换至旁路备用电源供电。当负载启动电流太大时，UPS 也可自动切换至备用电源供电，启动过程结束后，再自动恢复由 UPS 供电。

UPS 技术性能在很大程度上取决于逆变器的性能，它对 UPS 装置输出波形及其谐波含量、装置效率、可靠性、对负荷变化的瞬态响应能力、噪声，甚至装置的体积、质量均有决定性影响。目前逆变器型式有方波型、纯正弦型、准方波型（QSW）、稳压变压器型（CVT）、阶梯波型（SW）、脉宽调制型（PWM）、脉宽调制阶梯波型（PWSW）、微处理器控制合成正弦波型。

供电电源为 3 路，其中 2 路交流电源来自厂用保安段（或其中 1 路来自一独立的市电电源），这两路交流电源可经静态开关自动切换或经手动旁路开关手动切换。第三路电源来自 220V 直流屏，由蓄电池组供电，经隔离二极管 V 引导逆变器前。3 路电源配合使用，保证 UPS 系统在设备故障、电源故障乃至全厂停电时，均能不间断地向 UPS 配电屏负荷供电。

二、UPS 组成元件简介

1. 整流装置

整流器又称充电器，按其接线有三相全控桥式整流形式，也有三相半控桥式整流形式。如为三相半控桥式整流器，当输入电压发生变化或负载电流发生变化时，它能向逆变器提供一稳定的直流电源。它由输入变压器、整流器及控制板、输出滤过器组成，三相半控桥式整流装置原理图如图 3-2-5-2 所示。

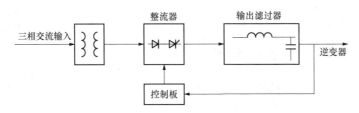

图 3-2-5-2 三相半控桥式整流装置原理图

（1）输入变压器。用来改变交流电源输入电压的大小，以提供给整流器一个合适的电压值。

（2）整流器。由 3 个二极管和 3 个晶闸管组成三相全波半控桥式整流电路。在每个半波内以固定的时间发出触发脉冲来调节晶闸管的导通角（导通时间）。改变导通角的大小，使设备能随输入的变化而维持恒定的输出，一个较长的导通时间能增大直流输出电压；相反，一个较短的导通时间能降低直流输出电压。

（3）输出过滤器。用来减小整流器输出的波纹系数。该滤过器是由一个电感线圈和一组电容器组成的 L 形滤过器。

（4）控制板。用来提供触发晶闸管的脉冲，脉冲的相位是晶闸管输出电压的一个函数，控制板把整流器输出的电压值与内部的给定值比较，产生一个误差信号。用这个误差信号调整整流器晶闸管的导通角。如果整流器的输出下跌，控制板产生了一个相应的信号量去增大晶闸管的导通角，从而可以增加整流器的输出电压至正常值。控制板还有保护功能，若整流输出电压异常高，则能立即关闭触发脉冲。

2. 逆变器

以稳压变压器型（CVT）逆变器为例，它由输入回路、功率开关、振荡器、输出回路组成。

（1）输入回路。输入回路是一个直流电源滤过器，给功率开关提供稳定的直流电源。提供给逆变器的电源除交流电源（通过整流器整流的电源）外，还有蓄电池直流电源。这种逆变器的输入回路中还有一个逻辑二极管，由此二极管去控制蓄电池的投入或停用。

（2）功率开关。功率开关的交替反极性导通，将直流电源装换成功率很大的方波。它的工作过程可用机械开关来仿真，如图 3-2-5-3 和 3-2-5-4 所示。

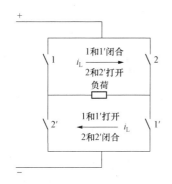

图 3-2-5-3　机械仿真功率开关图

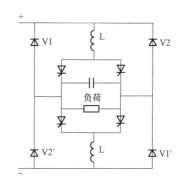

图 3-2-5-4　电气功率开关图

机械仿真功率开关图，开关 1 和 1′操作起来是同步的，开关 2 和 2′操作起来也是同步的。当开关 1 和 1′闭合时，开关 2 和 2′打开，负荷电流的方向如图 3-2-5-3 中的箭头所示，开关 2 和 2′闭合时，开关 1 和 1′打开，负荷电流方向为逆反向。随着每一组开关交替地合上和打开，使负荷电流反复颠倒极性，一个电流的交替正、反向就被电路实现了。电气功率开关图表示机械仿真开关被一个电气开关（晶闸管）所代替。电气功率开关图中的 L 和 C 分别表示换向电感和换向电容，其作用是：当相反的一对晶闸管导通时，能可靠地关闭另一对晶闸管。V1、V1′、V2、V2′是相位二极管，其作用是使负荷电压近似等于电源电压的幅值。

（3）振荡器。振荡器是逆变器的核心，由它发出一定频率的导通脉冲去控制功率开关电路。振荡器的方框图如图 3-2-5-5 所示。

在图 3-2-5-5 中，由逆变器输入端取得直流电源用于启动多谐振荡器，多谐振荡器的输出被微分后送入集成电路触发器，触发器的输出去控制功率开关。触发器的输出波形是一个方波，触发器输出的方波频率与功率开关的输出

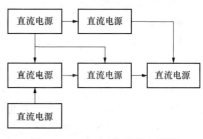

图 3-2-5-5　振荡器的方框图

频率相同，因此，功率开关的输出频率由多谐振荡器确定。为了保证功率开关可靠导通，触发器输出的方波必须经功率放大器放大至足够大的功率，而开关电路用来确保放大器在最初启动时，使触发电路能输出一个完整的脉冲。振荡器方框图中的高频启动框图被用来重复多谐振荡器频率，以防止逆变器输出回路铁磁谐振稳压器的饱和。

（4）输出回路。输出回路由恒压变压器及滤波电容器组成。其作用是滤去功率开关输出方波中的高次谐波，使输出波形近似于正弦波，并保持输出电压的恒定。

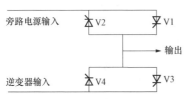

图 3-2-5-6　静态开关的电路

3. 静态开关

静态开关的电路图如图 3-2-5-6 所示。

静态开关的基本元件由晶闸管组成。一般机械开关有固有动作时间，而静态开关的动作时间为零，所以，静态开关提供了有效的零秒切换。当晶闸管 V1、V2 导通时，由旁路电源向负荷供电。反之，由逆变器向负荷供电。由于静态开关的 V1、V2 和静态开关的 V3、V4 动作时间为零秒，而且静态开关还具有先闭合后断开的功能，故当由逆变器供电切换至旁路电源供电时，其间无供电中断，保证了供电的连续性。当然，静态开关的切换必须满足同步条件，即旁路电源与逆变器输出电压的频率和相位应相等。上述一切过程都是自动完成的。

【思考与练习】

1. UPS 的作用是什么？

2. 画图说明 UPS 整流装置的工作原理。

3. 画图说明 UPS 逆变装置的工作原理。

▲ 模块 6　阀控式蓄电池的使用与维护（Z49G2006）

【模块描述】本模块介绍影响阀控式蓄电池使用寿命的主要因素。通过原理讲解，掌握阀控式蓄电池的使用与维护。

【模块内容】

蓄电池作为一种独立的操作电源，具有可靠性高的优点，在变电站和发电厂中广泛应用。早期使用的普通铅酸蓄电池过载能力低，易产生酸腐蚀；20 世纪 80 年代以后，逐步被镉镍蓄电池替代，虽然其具有可靠性高、体积小、压降小、耐过充能力强、放电电压平稳、放电倍率高、寿命较长等优点，但也有电池电压低、使用数量大、维护工作量相对较大且较繁琐等缺点；而阀控式蓄电池具有防爆安全、使用数量少、电池单体电压高、维护方便等优点。目前由于充电设备的更新换代，尤其是高频开关电源的应用，使相关指标（稳压、稳流、纹波系数等）要求较严的阀控式蓄电池得到了广泛的应用。阀控式蓄电池主要有贫液式和胶液式两类。由于阀控式蓄电池全密封、无须加水维护，故常冠以"免维护"的称号。"免维护"这一词给使用者带来了认识上的误区，导致使用者放松了对阀控式蓄电池的日常维护和管理。因此，正确使用和维护阀控式蓄电池具有十分重要的意义。

一、阀控式蓄电池原理

阀控式蓄电池在充电过程中和充电终止时会出现水被电解的现象，通常情况下，正极出现氧气，负极出现氢气。由于电池采用免维护极板，使氢气析出时电位提高，加上反应区域和反应速度的不同，使正极出现氧气先于负极出现氢气。

由于阀控式蓄电池结构，使电池内部保留一定压力和气体，保证上述反应循环进行，与此同时也抑制负极氢气的析出，控制了电池内水分的消耗，所以电池可以密封运行。

二、影响阀控式蓄电池使用寿命的主要因素

阀控式蓄电池全浮充正常使用寿命在 10 年以上，理论上可到 20 年，但在实际使用中，影响阀控式蓄电池使用寿命的因素很多，主要有：

1. 环境温度

环境温度过高对蓄电池使用寿命的影响很大。温度升高时，蓄电池的极板腐蚀将加剧，同时将消耗更多的水，从而使电池寿命缩短。蓄电池在 25℃ 的环境下可获得较长的寿命，长期运行温度若升高 10℃，使用寿命约降低一半。

2. 过度充电

长期过充电状态下，正极因析氧反应，水被消耗，H^+ 增加，从而导致正极附近酸度增加，板栅腐蚀加速，使板栅变薄，加速电池的腐蚀，使电池容量降低；同时因水损耗加剧，将使蓄电池有干涸的危险，从而影响蓄电池寿命。

3. 过度放电

蓄电池过度放电主要发生在交流电源停电后，蓄电池长时间为负载供电。当蓄电池被过度放电到其电压过低甚至为零时，会导致电池内部有大量的硫酸铅被吸附到蓄电池的阴极表面，在电池的阴极造成"硫酸盐化"。硫酸铅是一种绝缘体，它的形成必将对蓄电池的充、放电性能产生很大的负面影响，因此在阴极上形成的硫酸盐越多，蓄电池的内阻越大，电池的充、放电性能就越差，蓄电池的使用寿命就越短。

4. 长期浮充电

蓄电池在长期浮充电状态下，只充电而不放电，势必会造成蓄电池的阳极极板钝化，使蓄电池内阻增大，容量大幅下降，从而造成蓄电池使用寿命缩短。

三、阀控式蓄电池的正确使用和维护

蓄电池应放置在通风、干燥、远离热源处和不易产生火花的地方，安全距离为 0.5m 以上。在环境温度为 0~25℃ 内，每下降 1℃，其放电容量约下降 1%，因此，电池宜在 15~20℃ 环境中使用。

为了蓄电池有较长的使用寿命，可采用性能良好的自动稳压限流充电设备。当负载在正常范围内变化时，充电设备应达到 ±2% 的稳压精度，才能满足电池说明书中所

规定的要求。浮充使用的蓄电池非工作期间不要停止浮充。

必须严格遵守蓄电池放电后，再充电时的恒流限压充电→恒压充电→浮充电的充电规律，条件允许的最好使用高频开关电源型充电装置，以便随时对蓄电池进行智能管理。

新安装或大修后的阀控式蓄电池组，应进行全核对性放电实验，以后每隔 2～3 年进行一次核对性放电实验，运行了 6 年的阀控式蓄电池，每年作一次核对性放电实验。若经过 3 次核对性放充电，蓄电池组容量均达不到额定容量的 80% 以上，可认为此组阀控式蓄电池寿命终止，应予以更换。

维护测量蓄电池时，操作者面部不得正对蓄电池顶部，应保持一定角度或距离。

蓄电池运行期间，每半年应检查一次连接导线，螺栓是否松动或腐蚀污染，松动的螺栓必须及时拧紧，腐蚀污染的接头应及时清洁处理。电池组在充放电过程中，若连接条发热或压降大于 10mV 以上，应及时用砂纸等对连接条接触部位进行打磨处理。

不能把不同厂家、不同型号、不同种类、不同容量、不同性能以及新旧不同的电池串、并在一起使用。

【思考与练习】

1. 影响阀控式蓄电池使用寿命的主要因素有哪些？

2. 阀控式蓄电池的正确使用和维护注意哪些事项？

▲ 模块 7　UPS 系统正常运行与维护（Z49G2007）

【模块描述】本模块介绍 UPS 系统正常运行与维护规定。通过原理讲解，掌握系统运行方式、UPS 系统运行监视与维护。

【模块内容】

一、UPS 系统运行方式

UPS 系统为单相两线制直接接地系统，输入电源为三相交流或直流，输出电压为单相交流。UPS 系统接线原理图如图 3-2-5-1 所示。

1. 正常运行方式

正常运行时，熔断器 FU1 装上，开关 SA1 合上，电网三相交流电源（即电厂 380V 保安段）通过整流器整流后送给逆变器，经逆变器转换，输出 50Hz、220V 的单相交流电压，再经静态开关 A 向 UPS 配电屏供电。直流电源开关 SA2 合上，熔断器 FU2 装上，直流电源处于备用状态；旁路电源开关 SA3 合上，熔断器 FU3 装上，旁路电源、静态开关 B、手动旁路开关处于备用状态。

2. 非正常运行方式

（1）电网三相交流电源消失或整流器故障时，由直流电源供电。由于直流电源回路采用二极管切换，或逆变器输入回路采用逻辑二极管，由二极管控制直流电源的投入或停用。当整流器自动退出运行后，二极管能自动将 UPS 电源切换至 220V 直流电源供电。经逆变器转换后，保持 UPS 母线供电不中断。当电网三相交流电源及整流器恢复正常时，则又自动恢复到 UPS 正常运行方式。

（2）当 UPS 装置需要检修而退出运行时，由旁路电源经静态开关 B 直接向 UPS 配电屏供电；或静态开关故障，旁路电源用手动旁路开关向 UPS 配电屏供电。UPS 检修完毕或静态开关故障处理完毕，退出旁路电源供电，恢复 UPS 正常运行方式。

二、UPS 系统运行监视与维护

（1）监视 UPS 装置运行参数正常。如一相 50kVA 型的 UPS 装置，其输入交流为 380V、126A、50Hz；输入直流为 210～280V、245A；输出单相交流为 220V、227A、50Hz，运行温度为 0～40℃。正常运行时，监视运行参数应在铭牌规定范围内。

（2）检查 UPS 系统开关位置正确，运行良好。

（3）保持 UPS 装置及母线室温度正常，清洁，通风良好。

（4）检查 UPS 装置内各部分无过热，无松动现象；各灯光指示正确。

三、UPS 系统操作

1. UPS 系统投入运行前检查

（1）收回有关工作票，拆除与检修有关的临时安全措施，检查盘内应清洁、无杂物，检测绝缘应符合要求。对新投入和大修后的 UPS 整流器，在投入前还应核对相序和极性。

（2）检查系统接线正确，接头无松动。

（3）检查系统各开关均应在"断开"位置。

（4）检查 UPS 柜内整流器电源输入电压应正常。

（5）检查 UPS 各元件完好，符合投运条件。

（6）检查旁路调压器升压和降压调节应灵活、完好。

2. UPS 系统投入运行操作

经过投入运行之前检查且一切正常之后，UPS 系统投入运行操作按下列顺序进行：

（1）合上 UPS 系统控制、保护及信号电源自动空气断路器（或熔断器）。

（2）合上 UPS 正常输入工作电源开关 SA1，装上电源熔断器 FU1。

（3）按下"充电器运行"按钮（即整流器充电按钮），充电器投入，对应状态指示灯亮。

（4）合上直流电源（蓄电池组）至 UPS 系统开关 SA2，装上直流电源熔断器 FU2，对应指示灯亮。

（5）按下"逆变器运行按钮"，逆变器运行灯亮，大约 10s 后向负荷供电。

（6）合上 UPS 系统备用电源开关 SA3，装上备用电源熔断器 FU3，调整输出电压为规定值。

（7）检查同步灯亮（表示旁路电源与逆变器输出频率和相位相等，满足静态开关切换所必需的同步条件）。

（8）全面检查 UPS 运行符合所需方式，各信号灯光指示正确。

3. UPS 系统退出运行操作

（1）拉开备用电源开关 SA3，取下备用电源熔断器 FU3。

（2）同时按下"逆变器停止"与"复归"按钮。使逆变器停止，全部报警器复位。

（3）拉开直流电源开关 SA2，取下直流电源熔断器 FU2。

（4）按下"充电器停止"按钮，使充电器关机。

（5）拉开正常交流工作电源进线开关 SA1，取下电源熔断器 FU1。

（6）将手动旁路开关（手动备用开关）切换至"旁路位置"。

（7）全面检查，灯光熄灭，电源均断开。

4. UPS 系统切至旁路操作

（1）检查 UPS 系统旁路回路正常，处于备用状态。

（2）按下"手动备用开关"，使 UPS 转入备用电源供电。

（3）8s 后，UPS 系统切至旁路运行。

（4）检查灯光指示正确，输出电压正常。

（5）拉开正常交流工作电源进线开关 SA1。

（6）全面检查。

【思考与练习】

1. UPS 的正常运行方式是什么？运行监视与维护注意哪些事项？

2. UPS 系统投入与退出运行如何操作？

◢ 模块 8 直流系统故障处理（Z49G2008）

【模块描述】本模块介绍直流系统故障现象分析处理。通过故障分析，掌握直流系统各种故障。

【模块内容】

一、直流系统接地故障的原因分析及危害

（一）直流系统接地故障的原因分析

直流系统分布范围广、外露部分多、电缆多，且较长。因此，很容易受尘土、潮气的腐蚀，使某些绝缘薄弱元件绝缘降低，甚至绝缘破坏，造成直流接地。分析直流

接地的原因有如下几个方面：

（1）二次回路绝缘材料不合格、绝缘性能低；或年久失修，严重老化；或存在某些损伤缺陷，如磨伤、砸伤、压伤、扭伤或过流引起的烧伤等。

（2）二次回路及设备严重污秽和受潮、接地盒进水，使直流对地绝缘严重下降。

（3）小动物爬入或小金属零件掉落在元件上造成直流接地故障，如老鼠、蜈蚣等小动物爬入带电回路；某些元件有线头、未使用的螺钉、垫圈等零件，掉落在带电回路上。

（二）直流系统接地故障的危害

直流接地故障中，危害较大的是两点接地，可能造成严重后果。直流系统发生两点接地故障，便可能构成接地短路，造成继电保护、信号、自动装置误动或拒动，或造成直流熔断器熔断，使保护及自动装置、控制回路失去电源。在复杂的保护回路中同极两点接地，还可能将某些继电器短接，不能动作于分闸，致使越级分闸。

直流系统接地故障，不仅对设备不利，而且对整个电力系统的安全构成威胁。因此，规程规定直流接地达到下述情况时，应停止直流网络上的一切工作，并进行接地点查找，防止造成两点接地。直流系统接地时，接地动作电压数值如下：

（1）直流电源为220V者，接地在50V以上。

（2）直流电源为24V者，接地在6V以上。

二、直流系统故障处理

（一）直流母线电压过高或过低

1. 故障现象

中央音响信号"电铃"响，"直流母线故障"光字牌亮，直流母线电压指示偏高允许值。

2. 故障处理

（1）检查电压监察装置电压继电器动作是否正确。

（2）观察充电器装置输出电压和直流母线绝缘监视仪表显示，或用万用表测量母线电压，综合判断直流母线电压是否异常。

（3）调整充电器输出，使直流母线电压和浮充电流恢复正常。

（4）若直流母线电压异常，为充电器装置故障引起，则应停用该充电器，倒换为备用充电器运行。

（二）直流系统接地查找

1. 查找直流接地故障的一般顺序和方法

（1）分清接地故障的极性，分析故障发生的原因。

（2）若站内二次回路有工作或有设备检修试验，应立即停止。拉开其工作电源，看信号是否消除。

（3）用分网法缩小查找范围，将直流系统分成几个不相联系的部分。

注意：不能使保护失去电源，操作电源尽量用蓄电池带。

（4）对于不太重要的直流负荷及不能转移的分路，利用"瞬时停电"的方法，查该分路中所带回路有无接地故障。

（5）对于重要的直流负荷，用转移负荷法，查该分路而带回路有无接地故障。查找直流系统接地故障，后随时与调度联系，并由两人及以上配合进行，其中一人操作，一人监护并监视表计指示及信号的变化。利用瞬时停电的方法选择直流接地时，应按照下列顺序进行：

1）断开现场临时工作电源；

2）拉合事故照明回路；

3）拉合同信电源；

4）拉合附属设备；

5）拉合充电回路；

6）拉合合闸回路；

7）拉合信号回路；

8）拉合操作回路；

9）拉合蓄电池回路。

在进行上述各项检查选择后仍未查出故障点，则应考虑同极性两点接地。当发现接地在某一回路后，有环路的应先解环，再进一步采用取熔断器及拆端子的办法，直至找到故障点并消除。

2. 查找接地故障时的注意事项

（1）瞬停直流电源时，应经调度同意，时间不应超过 3s，动作应迅速，防止失去保护电源及带有重合闸电源的时间过长。

（2）为防止误判断，观察接地现象是否消失时，应从信号、光字牌和绝缘监察表计指示情况综合判断。

（3）尽量避免在高峰负荷时进行。

（4）防止人为造成短路或另一点接地，导致误分闸。

（5）按符合实际的图纸进行，防止拆错端子线头，防止恢复接线时遗留或接错；所拆线头应做好记录和标记。

（6）使用仪表检查时，表计内阻应不低于 $2000\Omega/V$。

（7）查找故障，必须两人及以上进行，防止人身触电，做好安全监护。

（8）防止保护误动作，必要时在顺断操作电源前，解除可能误动的保护，操作电源正常后再投入保护。

3. 故障现象

中央音响信号"电铃"响；"直流母线故障"光字牌亮；直流系统绝缘监视装置"绝缘降低"指示灯亮；测量直流母线正、负极对地电压，极不平衡。

4. 故障处理

为防止一点接地后又出现另一点接地，引起保护误动或拒动，或造成两极接地短路，烧坏蓄电池，必须迅速消除直流系统一点接地故障。寻找接地点的方法、原则和顺序如下：

（1）寻找接地点的方法。采用瞬时停电法寻找接地点，即瞬时拉开某直流馈线开关，又迅速合上（切断时间不超过 3s）。拉开时，若接地信号消失，且各极对地电压指示正常，则接地点在该回路中。

（2）寻找接地点的原则。

1）对于双母线的直流系统，应先判明哪一母线发生接地；

2）按先次要负荷后重要负荷、先室外后室内顺序检查各直流馈线，然后检查蓄电池、充电设备、直流母线；

3）对次要的直流馈线（如事故照明、信号装置、合闸电源）采用瞬停法寻找，对不允许短时间停电的重要馈线（如分闸电源），应先将其负荷转移，然后再用瞬停法寻找接地点。

（3）寻找接地点按以下顺序进行。

1）判明接地极性和接地程序。利用直流绝缘监察装置测量正、负极对地电压。绝缘良好时，正、负极对地电压相等或均为零；若正极对地电压升高或等于母线电压，负极电压降低或等于零，则为负极绝缘降低或接地；反之，为正极绝缘降低或接地。

2）检查检修设备或刚送电设备的直流馈线回路是否接地。

3）检查直流照明和动力回路是否接地。

4）检查闪光装置、直流绝缘监察装置回路是否接地。

5）检查控制、信号回路是否接地（先停用有关保护）。

6）检查充电装置和蓄电池是否接地。

7）经上述检查未找出接地点，则为母线接地。

（三）充电器装置故障

1. 装置输出发生过电压与过电流

当装置输出发生过电压与过电流时，装置能够自动保护并发出声光报警信号。此时，应将电压、电流调节旋钮转到零位，按动两次报警、保护复归按钮，再重新调节电压、电流调节旋钮，使电压或电流达到实际使用值。

2. 交流输入故障

当输入交流出现故障时，装置能够自动保护并发出声光报警信号。此时，应拉开装置输入的电源开关，解除装置的电铃声响，待输入交流故障排除后，再合上电源开关，按正常操作程序重新启动装置。

3. 熔断器熔断

当装置整流变压器 T 的一次保护熔断器（或二次保护熔断器）熔断时，装置能够自动保护，并发出声光报警信号。此时，应拉开交流输入电源开关，查找熔断其熔断原因。排除故障后，更换与原熔断器容量相同的熔体，按正常操作程序重新启动装置。

4. 装置达不到额定标称电压

当装置达不到标称额定电压时，第一步检查装置三相交流输入相序是否与装置要求相符；第二步检查整流变压器二次电压是否满足要求（即 $U=1.35U_2$。其中 U 为直流输出电压，U_2 为整流变压器输出电压，1.35 为三相整流系数）；第三步检查 6 路脉冲波形是否正常；第四部检查整流主电路 6 只晶闸管有无损坏。

（四）充电器装置分闸

1. 故障现象

充电器装置盘上的事故喇叭响："整流装置交流失电"光字牌亮；充电器装置输出电流为零；蓄电池组处于放电状态，直流母线电压下降。

2. 故障处理

（1）复归音响信号。

（2）检查信号及保护动作情况，判明分闸原因。

（3）将充电器装置停电，并进行外部检查。

（4）外部检查无异常，若是交流电源熔断器熔断引起，则更换熔断器后，按正常操作程序将充电器恢复运行。

（5）若是直流电压高或低引起分闸（伴随有"电压高"或"电压低"光字牌），则将信号复归后，再将装置启动，调整输出电压至正常值。

（6）若启动后又分闸，则应倒换至备用充电器运行。

（五）蓄电池出口熔断器熔断

1. 故障现象

"蓄电池熔断器熔断"光字牌亮（或"蓄电池熔断器监视灯"灭），直流母线电压波动，蓄电池浮充电流为零。

2. 故障处理

（1）复归中央音响信号。

（2）检查蓄电池出口熔断器已熔断；调整充电器装置输出，保持直流母线正常供电；测量蓄电池出口电压和熔断器两端电压差，判明熔断器熔断原因并更换熔体，恢复正常运行。

（3）一时不能查明原因或故障一时不能消除，则将该直流工作母线退出运行，倒换为另一直流母线供电。

（六）直流系统母线失压

1. 故障现象

失压母线电压至零；"直流母线故障"光字牌亮；充电器装置分闸，输出电流到零；直流盘配电各路负荷、电源监视灯均熄灭，该直流系统控制盘信号灯全部熄灭。

2. 故障处理

（1）拉开母线上所有负荷，检查母线是否正常。

（2）检查蓄电池出口熔断器是否熔断。

（3）检查充电器装置分闸原因。

（4）如是蓄电池故障引起，则应将该直流系统母线与另一台机组直流系统联络运行。该故障蓄电池和对应的充电器装置退出运行。

（七）蓄电池室着火

蓄电池室着火时，将该蓄电池及其充电装置停止运行，并将该直流母线倒换由另一台机组直流系统供电，用二氧化碳或四氯化碳灭火器灭火。

（八）UPS 系统故障处理

1. 充电器故障

（1）故障现象。"充电器故障"红灯闪亮；自动切换至 220V 直流电源向逆变器供电，"蓄电池运行"红灯闪亮。

（2）故障原因。充电器短路、断相、晶闸管温度过高。

（3）故障处理。

1）按下"复归"按钮，先复位信号灯。

2）按下"手动备用开关"与"逆变器停止"控制按钮。

3）检查 UPS 应已转换至备用电源供电，逆变器已关机。

4）按下"充电器停止"按钮。

5）检查充电器关机。

6）拉开 UPS 正常交流工作电源进线开关 SA1，取下电源熔断器 FU1。

7）通知检修部门处理故障。

2．逆变器故障

（1）故障现象。"逆变器故障"红灯闪亮；静态开关动作，系统切换至旁路电源供电，"备用电源供电"红灯闪亮。

（2）故障原因。逆变器输入电压超限，逆变器输出电压超限，逆变器晶闸管温度过高。

（3）故障处理。

1）按下"复归"按钮，复位各信号灯。

2）按下"手动备用开关"，UPS切向备用电源供电。

3）检查UPS应已转换至备用电源供电，逆变器已关机。

4）按下"充电器停止"按钮。

5）检查充电器关机。

6）拉开UPS正常交流工作电源进线开关SA1，取下电源熔断器FU1。

7）通知检修部门处理故障。

3．静态开关闭锁

（1）故障现象。"静态开关闭锁"红灯闪亮。

（2）故障原因。系统切至备用电源后，静态开关多次（4min内连续8次）切向逆变器供电均未成功，静态开关闭锁在备用电源侧，不能实现从备用电源向逆变器供电的转换。

（3）故障处理。

1）按下"复归"按钮，复位信号灯亮。

2）按下"手动备用开关"，系统切向备用电源供电。

3）检查是否为过载引起，如过载，则应减载。

4）如非过载所致，应查找原因并排除故障。

（九）其他异常故障

（1）由于充电器停止运行，转由蓄电池直流电源供电。

（2）三相交流输入、直流输入电源均失去，静态开关自动将系统切至旁路电源供电。

（3）逆变器输出过电流，当过电流倍数为额定电流的1.2倍（可整定为1、1.2、1.3、1.5倍）时，静态开关自动将系统切至旁路备用电源供电。

（4）输入直流电压低于210V，整流器输出电压低于240V，旁路电源故障及冷却风机故障等均发报警信号。

【思考与练习】

1. 直流系统接地故障的原因是什么？
2. 直流系统接地故障有哪些危害？
3. 直流系统接地故障查找故障的方法是什么？

第四部分

电气一次设备运行

第一章

水轮发电机运行

▲ 模块 1　水轮发电机运行概述（Z49H1001）

【模块描述】本模块介绍水轮发电机运行的基本概念。通过概念解释，掌握水轮发电机基本要求、发电机运行维护要求。

【模块内容】

一、水轮发电机基本要求

（1）水轮发电机（以下简称发电机）应能在下列使用环境条件下连续额定运行：

1）海拔不超过 1000m。

2）厂房内相对湿度不超过 85%。

3）冷却空气温度不超过 40℃。

4）水直接冷却的发电机直接冷却部分进水温度不超过 40℃。

5）空气冷却器、油冷却器、水直接冷却的发电机热交换器进水温度不超过 28℃，不低于 5℃。

（2）每台发电机均应有制造厂的额定铭牌。运行中的发电机本体、冷却系统等主要附属设备应保持完好，整个机组应能在规定参数下带额定负荷，在允许运行方式下长期运行。

（3）发电机应按国家和行业标准有关试验规程的项目、标准和期限进行预防性试验。为了检查制造、安装和检修后的质量以及掌握发电机的参数和特性，应按有关规定进行必要的试验，以决定发电机是否可以投入运行。

（4）新安装的发电机，应按制造厂规定的期限进行大修。如无制造厂的规定，则应在运行一年后进行一次检查性大修。以后的大修间隔应按国家和行业标准的有关规定及机组实际运行情况确定。

（5）每台发电机都应有必要的运行备品、专用工具和技术资料，其主要内容包括：

1）运行维护所必需的备品。

2）发电机的安装维护使用说明书和随机供应的产品图纸。

3）发电机安装、检查和交接试验的各种记录。

4）发电机运行、检修、试验和开停机的记录（包括技术文件）。

5）发电机缺陷和事故、轴承摆度记录。

6）发电机及其附属设备的定期预防性试验及绝缘分析记录。

7）现场运行规程。

（6）控制室或发电机室应有发电机的油、水、气系统图，并应悬挂在现场。发电机所有的水、气、油管路均应按表4-1-1-1规定着色，并标出介质流向。

表4-1-1-1 发电机附属管路着色规定

管道类别	底色	管道类别	底色
供油管	桔黄色	排水管	绿色
排油管	黄色	压缩空气管	白色
供水管	蓝色	消防水管	红色

（7）冷却水系统总供水和各部冷却水管路均应装设控制阀门、滤过器、测量元件，其冷却水压控制范围和冷风、冷却水温度的控制调整原则应在现场运行规程中明确。装有自动流量调节装置的冷却系统，当自动调节装置故障时，应能采用手动调节。手动调节原则应规定冷风温度、瓦温控制范围。供水系统必要时应装有防冻排水阀。冷却水含泥沙杂质较多的电厂，水冷却器的供排水方向应定期轮换。大容量机组空气冷却器较多，在管路系统设计中应考虑各冷却器水量分配的均衡性，宜采用环管双路对称供水方式。

（8）密闭式通风冷却的发电机，应保持通风系统的严密性。发电机通风系统不应有短路，发电机的轴封应保持严密或符合制造厂的规定。发电机引出线两侧装设防护网门并加锁，风扇的方向和风挡板的位置应该正确。

（9）发电机应根据制造厂的规定与实际运行经验，确定各部轴瓦报警和停机的温度值，报警时应迅速查明原因并消除。发电机各轴承油槽的运行油面和静止油面位置应按制造厂要求，分别标出。

（10）轴承应有可靠的绝缘措施，为防止轴承绝缘损坏造成轴电流损伤镜板，应装设轴电流保护。

（11）外循环润滑冷却（强油循环）的发电机轴承，油压应按制造厂规定执行。油泵应有备用的交流电源，以提高轴承运行的可靠性。

（12）推力轴承瓦可采用巴氏合金瓦或弹性金属塑料瓦。采用巴氏合金瓦时，一般应设置高压油顶起装置；采用弹性金属塑料瓦时，不应再设高压油顶起装置。

（13）发电机的推力轴承、导轴承的结构，应有密封，以防止油雾污染绕组、滑环。装有高压油顶起装置的发电机推力轴承，应安装两台高压油泵，其装置配有两套可靠的工作电源。

（14）发电机灭火系统应设有自动控制、手动控制和应急操作 3 种控制方式。灭火介质可采用水、二氧化碳或对绝缘无损害的无公害的介质。

（15）发电机的转子绕组应能承受 2 倍额定励磁电流，持续时间为：

1）空气冷却的水轮发电机不少于 50s。

2）直接冷却或加强空气冷却的水轮发电机不少于 20s。

（16）水轮发电机应能适应在系统中调峰、调频及开、停机频繁的运行要求。调峰用水轮发电机允许年启动次数一般不超过 1000 次，具体次数应在专用技术协议或合同中规定。

（17）水轮发电机应采用自动准同期方式与电力系统并列。在水轮发电机与电力系统并列时，当冲击电流引起的应力不大于机端三相突然短路所引起的应力的 1/2 时，水轮发电机可在相应的电压偏差、频率偏差和相位偏差下以准同期方式与电力系统并列。

二、发电机运行维护要求

（1）所有安装在发电机仪表盘上的电气指示仪表，发电机定子绕组、定子铁芯、进出风，发电机各部轴承的温度及润滑系统、冷却系统的油位、油压、水压等的检查、记录间隔时间应根据设备运行状况、机组运行年限、记录仪表和计算机配置等具体情况在现场运行规程中明确。

（2）发电机及其附属设备应按现场运行规程的规定，进行定期巡视和检查。

（3）润滑油和轴承的允许温度及油压、进出风温度和冷却水水压均应在现场运行规程中规定。

（4）发电机润滑、轴承、冷却水系统的定期试验、切换、清扫、排污等维护工作应在现场运行规程中明确工作项目和周期。

（5）发电机的运行管理与监督应根据发电厂管理体制、值班方式的具体情况，指定专门单位的专人担任，其职责分工应在现场运行规程中明确规定。

（6）"无人值班"（少人值守）电厂的发电机及其电气机械仪表的巡视检查和表计记录应在现场运行规程中明确规定。

【思考与练习】

1. 水轮发电机应能在哪些使用环境条件下连续额定运行？

2. 发电机的转子绕组应能承受 2 倍额定励磁电流，持续时间分别为多少？

3. 发电机所有的水、气、油管路的颜色分别是什么？

模块 2 水轮发电机运行监视与维护（Z49H1002）

【**模块描述**】本模块介绍水轮发电机运行监视与维护规定。通过原理讲解，掌握发电机运行规定、发电机巡视与维护注意事项。

【**模块内容**】

水轮发电机组有发电成本低、机组启动快、负荷易于调整、能快速担负事故负荷、机组结构型式多、运行方式灵活等特点，这就要求运行人员了解各种运行方式的原理，掌握对它们的操作技能，并进行监视和维护。水轮发电机设备的运行监视和巡回检查是运行值班人员确保机组安全运行、日常维护重要的工作之一。

一、发电机运行规定

1. 发电机额定参数运行

（1）发电机按照制造厂铭牌规定数据运行的方式称为额定运行方式，发电机可在这种方式下长期连续运行。

（2）转子电流的额定值应采用在额定功率因数和电压波动在额定值的±5%、频率变化在±1%范围，能保证发电机额定出力时的电流值。

（3）发电机投入运行后，未做温升试验前，如无异常现象按照发电机的铭牌数据带负荷。在未进行温升试验以前，发电机不允许超过铭牌的额定数值运行，同时也不允许无根据地限制容量。如果经过温升试验，证明发电机在温升方面确有较大裕度，经上级主管部门批准后可以超过额定数值按新的数据运行。

（4）经过改进后提高出力的发电机需通过温升试验和其他必要的试验，按提高出力数据运行的方式经上级主管部门批准后，可以作为发电机正常运行方式。

（5）转子绕组、定子绕组及定子铁芯的最大温度为发电机在额定进风温度及额定功率因数下，带额定负荷连续运行时所发生的温度，这些温度根据温升试验的结果来确定，其值应在绝缘等级和制造厂所允许的限度以内。

（6）当水轮发电机组铭牌设置最大容量时，发电机应允许在最大负荷下连续安全运行。最大负荷时的功率因数、定子和转子最大工作电流以及发电机各部温度应按制造厂的规定在现场运行规程中写明。

2. 发电机变参数（电压、频率、功率因数变化时）运行

（1）在下列情况下，发电机可按额定容量运行：

1）在额定转速及额定功率因数时，电压与其额定值的偏差不超过±5%。

2）在额定电压时，频率与其额定值的偏差不超过±1%。

3）在电压和频率同时偏差（两者偏差分别不超过±5%和±1%）且均为正偏差时，两者偏差之和不超过 6%；若电压和频率不同时为正偏差时，两者偏差的百分数绝对值之和不超过 5%。

当电压与频率偏差超过上述规定值时应能连续运行，此时输出功率以励磁电流不超过额定值、定子电流不超过额定值的 105%为限。

（2）发电机连续运行的最高允许电压应遵守制造厂规定，但最高不得大于额定值的 110%。发电机的最低运行电压应根据稳定运行的要求来确定，一般不应低于额定值的 90%。如果发电机电压母线有直接配电的线路，则运行电压尚应满足用户电压的要求。此时定子电流的大小以转子电流不超过额定值为限。

（3）发电机在运行中功率因数变动时，应使其定子和转子电流不超过当时进风温度下所允许的数值。

（4）允许用提高功率因数的方法把发电机的有功功率提高到额定视在功率运行，但应满足电网稳定要求。

（5）发电机是否能进相运行应遵守制造厂的规定。制造厂无规定的应通过特殊的温升试验和稳定验算来确定。进相运行的深度决定于发电机端部结构件的发热和在电网中运行的稳定性。

（6）允许作调相机运行的发电机，在调相运行时，其励磁电流不得超过额定值。

3. 发电机进风温度变化时运行

（1）由于环境温度影响，进风温度超过额定值时，如果转子绕组、定子绕组及定子铁芯温度经过试验未超过其绝缘等级和制造厂允许的温度时，可以不降低发电机的容量。但当这些温度超过允许值时，则应减少定子和转子电流直到上述允许温度为止。

（2）当进风温度低于额定值时，定子和转子电流可以增加到其绕组温度现场规定的范围内。

（3）如果发电机尚未进行温升试验，则当进风温度高于或低于额定值时，定子电流的允许值应按制造厂家给定的定子绕组及定子铁芯允许温度掌握。

（4）当进风温度低于额定值时，允许定子和转子电流增加至进风温度较额定值低10℃为止。

（5）对密闭式冷却的空冷发电机，其最低进风温度，应以空气冷却器不凝结水珠为标准。

（6）空冷发电机的各空气冷却器上必须装有测温元件，便于值班人员对冷风温度进行调整。

4. 轴承与冷却器运行

（1）推力、导轴承瓦温正常运行中不得高于规范值，当发电机轴承瓦温比正常运行瓦温升高2～3℃时，应查明原因及时处理，各轴承正常运行瓦温应符合现场运行的要求。发电机在正常运行工况下，其轴承的最高温度应采用埋置检温计法测量，且不应超过下列数值：

1）推力轴承巴氏合金瓦：80℃。

2）推力轴承塑料瓦体：55℃。

3）导轴承巴氏合金瓦：75℃。

（2）推力轴承和导轴承为浸油式的油槽油温允许最低值，采用巴氏合金瓦时油温不低于10℃或采用弹性金属塑料瓦时油温不低于5℃，应允许机组启动。在紧急情况下，水轮发电机可不施加制动惰性停机。强迫外循环润滑油油温不能低于15℃，否则应设法加温。

（3）采用弹性金属塑料推力轴承的机组应遵守以下规定：

1）轴瓦报警和停机温度按发电机额定运行工况时瓦体温度增加10～15℃。

2）定期清扫推力油槽及槽内各部件，经常保持油的清洁程度，油槽热油温度控制不超过50℃。

3）正常停机后，可以连续启动，其间隔时间和启动次数不作限制；瓦温在5℃以上时，允许冷态启动。

4）停机时间在30天以内时，可以不顶起转子开机；停机时，允许转速降低至10%额定转速，投入制动；在制动系统故障，需要立即停机时，方允许惰性停机，但一年内不超过3次。

5）运行中如出现冷却水中断，应立即排除；当瓦体温度不超过55℃、油槽内热油温度不超过50℃时，可以暂时运行，继续运行时间根据断水试验结果确定；在此期间应时刻监视油温、瓦温上升情况，恢复冷却水时，要缓慢调整至正常压力。

（4）空气冷却器和油冷却器应采用紫铜、铜镍合金的无缝管或其他能防锈蚀的管材。试验压力应为最大工作压力的1.5倍，且历时60min无渗漏。水压降不应超过0.10MPa。空气冷却器的设计应确保水轮发电机在额定电压有±5%的波动、进水温度在规定的温度下，冷却器出口的空气温度不高于40℃。

5. 发电机负荷调整及允许温升

绕组、定子铁芯等部件允许温升限值见表4-1-2-1。

表 4-1-2-1　　　　　　　　绕组、定子铁芯等部件允许温升限值　　　　　　　　℃

水轮发电机部件	不同等级绝缘材料的最高允许温升限值					
	B 级			F 级		
	温度计法	电阻法	检温计法	温度计法	电阻法	检温计法
空气冷却的定子绕组	—	80	85	—	100	105
定子铁芯	80	—	85	100	—	105
水直接冷却定子绕组、转子绕组和定子铁芯的出水	25	—	25	25	—	25
两层及以上的转子绕组	—	80	—	—	100	—
表面裸露的单层转子绕组	—	90	—	—	110	—
不与绕组接触的其他部件	这些部件的温升应不损坏该部件本身或任何与其相邻部件的绝缘					
集电环	80	—	—	90	—	—

　　发电机并入电网以后，有功负荷增加的速度不受限制。加负荷时，必须注意监视发电机冷却介质温升、铁芯温度、绕组温度等。空气冷却及水直接冷却的发电机在额定工况长期连续运行时，定子、转子绕组和定子铁芯等的温升限值应不超过表 4-1-2-1 的规定。

　　6. 发电机接地电流允许值

　　为确保大型发电机的安全，不使单相接地故障发展成相间或匝间短路，应该使单相接地故障处不产生电弧或者使接地电弧瞬间熄灭，这个不产生电弧的最大接地电流被定义为发电机单相接地的安全电流，其值与发电机额定电压有关，具体数值见表 4-1-2-2。当单相接地电流小于上述安全电流时，定子接地保护动作后只发信号而不分闸，但应及时处理，转移负荷，平稳停机，以免再发生另一点接地故障而烧毁发电机。

表 4-1-2-2　　　　　　　　　发电机接地电流允许值

发电机额定电压（kV）	单相接地电流允许值（A）
6.3 及以下	4
10.5	3
13.8～15.75	2（氢冷发电机可取为 2.5）
18 及以上	1

　　7. 发电机解列与制动

　　（1）在正常情况下，发电机解列前必须将有功功率和无功功率降至空载，然后再断开发电机的断路器。完成以上步骤时，方可进行停机操作。对 220kV 系统中容量 200MW 以下的水轮发电机组，解列前必须将未接地的变压器中性点投入。发电机仅于检修或停机时间较长时才将母线隔离开关拉开和关闭水轮机前的阀门。

（2）当发电机设有电气制动装置并与机械制动装置配合使用时，机组转速下降到不低于 50%额定转速，可投入电气制动装置；转速继续下降到 5%～10%额定转速，可投入机械制动装置直至停机。电气制动时定子绕组电流为 1.0～1.1 倍额定电流，其温升应满足规定要求。

（3）发电机采用机械制动时，其压缩空气压力一般为 0.5～0.8MPa。制动器应能在规定的时间内，使水轮发电机组的旋转部分从 20%～30%额定转速（当推力轴承采用巴氏合金瓦时）和 10%～20%额定转速（当推力轴承采用弹性金属塑料瓦时）到完全停止旋转（水轮机导叶漏水量产生的转矩不大于水轮机额定转矩的 1%时），且转子的制动环表面没有热损伤。

8. 发电机消防

在电站的消防水压范围内，沿定子绕组端部的线喷雾强度设计应考虑水量损失系数，保证灭火时不小于 15L/min，水喷雾持续时间为 24min。水灭火系统的喷头前供水压力应不小于 0.35MPa。

二、发电机运行监视

对运行中的水轮发电机组及设备，必须认真负责地进行监视，备用机组也应像运行中机组一样被认真监视。运行人员每值至少要对机组进行两次巡回检查，运行中的机组定期巡回检查一般是 1 次/h，监视发电机运行情况，记录个仪表指示，写好运行日志。巡视中要精力集中、仔细观察，检查中要充分发挥人的感官作用，如眼看、耳听、鼻闻、手摸等，同时要多思索分析，以便及早发现隐患，一旦发现设备有缺陷和异常情况时，要及时汇报，迅速进行处理。一般巡回检查事项如下：

1. 发电机表计及参数的监视

发电机运行时应注意监视各参数及各部分表计变化。做到随时掌握并调整机组运行参数（电压、电流、频率、功率、有功、无功、转速、温度、压力、液位、流量、压差、示流器和振摆值等）在规定范围内，按经济运行原则合理分配机组负荷，避免机组在振动区长时间运行。根据设备的运行状况、天气变化、系统方式改变、新设备投入、大负荷等情况，加强巡视，发现异常及时处理，确保机组的安全稳定运行与电能质量。

2. 温度监视

应经常监视发电机的绕组、铁芯、轴承温度。当温度超过绝缘材料的极限温度时，绝缘材料的特性会恶化，机械强度会降低且迅速老化。在高温作用下，绝缘材料的寿命随温度升高呈负指数曲线下降，老化的绝缘材料，在电流的电动力作用下会开裂、破碎，易引发线圈短路事故。定子铁芯温度过高，能使硅钢片间的绝缘材料迅速损坏，引起涡流增大，铁损增加，进而会使铁芯温度继续升高，长期恶性循环会导致定子铁芯及线圈被烧坏。轴承油槽内透平油作为润滑剂，可以减少磨损，防止轴瓦因温度升高而烧瓦。发电机运行时绕组、定子铁芯、轴瓦等部件允许温升应在绝缘等级和厂家允许的温度以内。

为避免发电机的绕组、铁芯与轴承温度升高使绝缘材料、铁芯寿命缩短及轴承烧瓦事故，运行中必须严格控制发电机及轴承各部分的温度，限值不能超过规定的数值。如果温度发生迅速或倾向性变化（局部过热或突然升高），应及时停机检查并找出原因处理。

3. 轴承油槽油位、油色监视

推力轴承和上、下导轴承油槽油位、油色应正常，无漏油及甩油现象。浸油式轴承油面应定期检查、经常监视，如油面高出正常油面，可能是由于油冷却器漏水引起；如果油面低于正常油面，可能是油槽漏油或是管路阀门没有关好引起。对油色检查应细心，如油色发白则油内可能有水进入；油色发黑可能是因轴电流或轴瓦磨损，当发现异常时应及时分析，并进行适当处理。

4. 振动与音响监视

发电机定子、转子运行中无异常振动和声音。应定期测量发电机振摆值和音响，所测数值应不超过规定数值，如果振动和音响变化（强烈振动，噪声和摆度显著加大）应停机检查并处理。

5. 绝缘监视

应定期检查发电机绕组的绝缘电阻。运行中发电机风洞内应无异常气味（绝缘烧焦），出口母线和中性点引出线连接处的电流引出装置无烧红过热现象，各套管、绝缘子没有闪烁放电现象。如果发电机绝缘电阻发生显著变化，如异常下降、转子一点接地时，应停机检查和处理。

6. 空气冷却器与消防系统监视

各空气冷却器温度应均匀，无过热、结露及漏水现象。冷却器应经常检查，如发现冷却器流量减少或堵塞，冷却后空气或油温明显升高应及时处理。发电机消防系统各阀门位置正确、关闭良好，水压指示正常。

7. 制动系统监视

制动系统除手动给气阀全闭外，其他手动阀均应全开。电磁给气阀关闭严密无漏气，系统气压表指示正常。要经常检查制动器，尤其在每次启动前必须检查制动器系统是否正常。当制动系统不正常或在升起情况下（有压力），是不允许启动发电机的。

8. 机旁盘、测温盘监视

机旁盘、测温盘（温度巡检仪等）上元器件无异常情况。检查机旁盘各动力设备的空气断路器在合闸位置，电源开关、隔离开关在合闸位置，各熔断器完好无损，机组保护盘无掉牌，各连接片投、切位置正确，各继电器工作良好、整定值无变化，测温装置工作良好、指示正确。水温、油温、轴承温度、空气冷却器的冷风和热风温度都在正常范围内，无异常变化。动力盘交流电压表指示要正常，如果电压较低，可提高厂用电压，以防止油、水、气各系统的电动机因电压低启动力矩不足而烧损；各电动机电流表指示要正常，未超过额定电流值。

三、发电机运行维护

机组运行中的维护，就是对检查和监视中发现的缺陷和不安全因素，通过分析后加以及时处理。维护工作的一般内容包括维护机组清洁、保持各油槽油量、调整某些有关运行参数、使其在允许范围内。保证各连接部分牢固、各转动部分灵活，防止各电气元件受潮，使自动元件完好。

（一）机组油、水、气系统的运行维护

1. 油系统的运行维护

（1）运行中的汽轮机油除应按有关规定检验外，还应定期取油样目测其透明度，判断有无水分和过量杂质。如发现有异常，应进行油质化验；化验不合格时，应进行过滤或更换。

（2）在运行设备的油槽上进行滤油时，应设有专人看守。要注意油槽中的油面，以防止在过滤中因油面变化而影响设备安全运行。

（3）运行值班人员，必须按规定检查机组各处用油的油位、油色、油流和油温是否正常。

2. 水系统的运行维护

（1）运行值班人员应按规定检查水压表、流量计所指示的水压和流量是否正常。

（2）运行值班人员和设备专责人应按规定巡回检查各处用水的水质、水压、流量、水位和水温；发现有异常时，应及时采取措施进行处理。

（3）对机组用水的过滤器应定期清扫、维修和切换，以保证水质、水量和水压符合要求。

（4）机组润滑水的水温最低不低于 5℃；当水温低于 5℃时，应采取提高水温的措施。

（5）机组的冷却水和润滑水，在洪水季节应加强巡回检查并取样分析；如发现水质指标超过规定值时，应采取措施进行处理。

（6）机组水导橡胶瓦的备用润滑水源应保证可靠，并定期做投入试验。

3. 压缩空气系统的运行维护

（1）运行值班人员和设备专责人应按规定巡回检查压缩空气系统的供气质量和压力，以保证元件（或装置）的正常运行，当发现有异常及漏气现象时，应及时处理。

（2）压缩空气系统的压力表应定期检验，并保证可靠。

（3）机组运行中的制动给气系统和调相给气系统，应经常保持正常。在机组停机或调相过程中，运行值班人员要注意监视系统各元件（或装置）的动作情况。如发现异常，应及时处理。

（4）运行值班人员应定期对气水分离器和储气罐进行排污，当发现其含水和含油量过大时，应及时查明原因并进行处理。

（二）发电机运行维护

（1）备用中的发电机应进行必要的监视和维护，使其经常处于完好状态，随时能立即启动。当发电机长期处于备用状态时，应采取适当的措施防止绕组受潮，并保持绕组温度在 5℃ 以上。

（2）具有多台机组的水电厂，现场应制定机组轮换运行的制度。

（3）立式机组在停机期间，可隔一定时间（新机不超过 24h，运转 3 个月以后性能良好的机组不超过 72h，运转 1 年以后性能良好的机组不超过 240h）空载转动 1 次，或用油泵将机组转子顶起 1 次，即采用制动器顶起转子 5～10mm。

1）当停机超过上述规定时间或油槽排油检修时，在机组启动前，必须用油泵将转子顶起，使推力轴瓦与镜板间进油。

2）立式水轮发电机的推力轴承采用高压油顶起或电磁吸力减载方式时，应按规定的启动程序启动。

（4）推力轴承为巴氏合金轴瓦的机组运行中冷却水不得中断。

（5）推力、上导轴承油质合格，油位比正常运行油位变化 2～3mm，或其油混水装置自动报警时，应全面检查是否有轴承漏油或冷却器漏水情况，查明原因及时处理，各轴承正常运行油位应符合运行规范的要求。

（6）发电机进、出风温差显著增大，应分析原因，采取措施，予以解决。

（7）发电机每次停机后，应检查绕组、轴承冷却供水是否已停止，全部制动装置均已复归，为下次开机做好准备。

（8）机组在调相工况运行停机时，应先将转轮室内空气排掉再停机。

（9）冬季室外温度降至 0～2℃ 时，各机组的消火系统防冻阀门应开，防止冻坏备用水管路。

（10）发电机间室温应尽量保持在 5℃ 以上，低于 5℃ 时可以打开运行机组的热风口来提高厂房室温。冷风口必须装有空气滤过网。

（11）厂房内不得有危害发电机绝缘的酸、碱性气体。要经常保持厂房和发电机的清洁，定期擦抹各部件表面灰尘。

四、发电机巡视与维护注意事项

设备巡视检查既要全面又要有重点。一般要注意上一班和本班操作过的设备位置是否有异常现象、检修过的设备和原有设备存在的小缺陷是否扩大、机组有无发生过冲击或事故，以及经常转动部分和其他薄弱环节等。发电机运行中有如下注意事项：

（1）设备在正常运行中应定期巡视，新设备的投入、大发电或设备存在缺陷及处理后应增加机动巡回次数，发现异常及时汇报。

（2）当发电机受系统冲击、分闸、甩负荷或电力系统发生振荡后，应全面检查发电机各部有无异常。发生外部短路后，也应对发电机进行外部检查。

（3）发电机正常运行中应保持冷却系统的严密性，盖板应保持密闭，防止外部灰尘、潮气进入发电机内部。热风口按现场规定开关，当发电机检修或着火时，应关闭热风口。

（4）发电机停机时，无论采取何种制动方式应能连续制动，直到停止转动为止。采用电制动停机时，应对停机过程中定子电流进行监视。当电制动和制动器发生故障时不能启动发电机。

（5）发电机发生过速或飞逸转速后，应检查发电机转动部件是否松动或被损坏。

（6）发电机在运行中如有下列现象出现，应立即停机检查：

1）发生异常声响，产生突发性的撞击、剧烈振动和摆度增大。

2）发电机转速大于$140\%n_n$（额定转速），导叶还未关闭。

3）发电机飞逸，电压急剧上升。

4）推力轴承或导轴承瓦温迅速上升超过上限温度，发生烧瓦事故。

5）轴承油槽大量跑油或进水时。

6）发电机定、转子或其他电气设备冒烟起火。

【思考与练习】

1. 发电机在正常运行工况下，不同轴承的最高温度不应超过什么数值？

2. 发电机消防，在电站的消防水压范围内，沿定子绕组端部的线喷雾强度设计应考虑水量损失系数，保证灭火时不小于（　）L/min，水喷雾持续时间为（　）min。水灭火系统的喷头前供水压力应不小于（　）MPa。

3. 发电机在运行中有哪些现象出现应立即停机检查？

▲ 模块 3　水轮发电机正常运行（Z49H1003）

【模块描述】本模块介绍水轮发电机组正常运行操作。通过原理讲解，掌握包括开停机、并列运行、功率的调节、频率的调节，用计算机监控系统操作案例说明机组各种操作控制。

【模块内容】

一、正常开机

水轮发电机启动、停机操作应根据值长的命令进行。操作时要严格遵守现场规程中相关规定，保证启停机组可靠运行。一般情况下采用计算机监控系统或常规控制方式实现自动开停机操作。

发电机开始转动后，即认为发电机及其所属全部电气设备均已带电。当发电机转速升至额定转速时，应检查发电机运行声音、机旁盘各种仪表指示、励磁系统、调速系统、配电装置、发电机–变压器组保护及其他自动装置等机组辅助设备运行正常，同期装置投入后自动调整发电机电压和频率，完成并网操作，向用户或系统供电。

二、并列运行

现代的发电厂中，发电机一般都是并联运行的，以满足电力系统在经济的条件下运行。水轮发电机并联运行，就是两台或多台发电机将其三相出线分别接在共同的母线上，或通过变压器、输电线连接在电力系统的相应母线上，共同向负载供电。

（一）并列的条件

水轮发电机正常启动后将并入电网运行，把水轮发电机并联至电网的过程称并列。为了使机组并网后保持稳定的同步运行，在并列过程中必须满足以下 4 个条件：

（1）待并发电机频率和电网频率相同，允许频差不能超过 $0.2\%\sim0.5\%f_n$（f_n 表示额定频率）。

（2）待并发电机电压与电网电压大小相等、波形一致，应为正弦波，电压差一般不超过 $\pm5\% U_n$（U_n 表示额定电压）。

（3）待并发电机电压与电网相序相同。

（4）待并发电机电压与电网相位相同、相角相等，通常要求相位角差值在 $\pm10°$ 以内。

（二）并列的方式

水轮发电机与电网并列的方式有准同期和自同期两种。准同期并列方式有手动、半自动和自动操作，自同期并列方式可以手动和自动操作，目前广泛采用自动准同期并列法。

1. 准同期并列

准同期并列是将待并发电机调整到符合并列条件后才进行合闸并网的操作，一般大型发电机采用此方式。用准同期并列的优点是合闸时没有冲击电流或电磁力矩；缺点是操作复杂，费时较多。尤其当电力系统出现某些事故，急需将发电机并入电网时，电网频率和电压因故障而发生剧烈波动，用准同期并列不容易调节，使并网困难。随着电力系统发展壮大，机组自动化水平不断提高，水轮发电机采用微机同期装置可以满足自动准同期方式下短时间内完成并网需要。例如，国内某区域电网中的所有大型水电厂采用自动准同期已经逐步取代自同期来实现快速并列。

2. 自同期并列

自同期并列的操作过程，先由原动机把发电机带动至接近同步速度（稍低于机组额定转速），在没有加上直流励磁电流的情况下，合上断路器将发电机并入电网，在定子绕组中产生三相冲击电流，形成旋转磁场。为了在合闸的瞬间避免过电压现象，先把励磁绕组通过转子回路电阻短路，发电机接入电网后，随即加上励磁，将发电机转子拉入同步运行。这种方法的优点是操作简便、迅速，缺点是合闸时冲击电流较大，影响发电机寿命。此种方式作为准同期的一种补充，常用于紧急情况下的发电机并网或在准同期并列不能用时采用。

三、功率的调节

1. 有功功率的调节

当发电机并入电网以后，尚处于空载状态，这时发电机的输入机械功率 P_1 恰好和空载损耗 P_0 相平衡，没有多余部分可以转化为电磁功率，即 $P_1=P_0$，$T_1=T_0$（T_1 为输入转矩，T_0 为空载转矩），发电机处于平衡状态。如果增加输入机械功率 P_1，使 $P_1>P_0$，则输入功率扣除了空载损耗之后，其余部分将转变为电磁功率 P_{em}，即 $P_1-P_0=P_{em}$，发电机将输出有功功率。发电机输出的有功功率是由原动机输入的机械功率转换来的，因此要改变发电机输出的有功功率，必须相应地改变由原动机输入的机械功率。

发电机定子中的三相交流电流产生旋转磁场（定子磁场），它的旋转方向、旋转速度与其转子磁场的旋转方向、速度相同。但是定子磁场轴线和转子磁场轴线并不重合，它们在空间上相差一个位移角 δ（功率角），见图 4-1-3-1。发电机向电力系统输送有功功率时，发电机内部的物理过程就好像弹簧；输送的有功越多，δ 角越大，弹簧拉力越大，弹簧拉得越长，弹簧内的拉应力也就越大。

发电机有功调节也可以用位移角的空间物理概念来加以说明。空载时 $P_{em}=0$，$P_1=P_0$，$T_1=T_0$，由功角特性可见，此时 $\delta=0$，转子磁场和空气隙磁场重合。增加输入功率 P_1，也就是增大发电机的输入转矩 T_1，原来的平衡状态受到了破坏。因为 $T_1>T_0$，转子将加速，而电网是无限大电网，电压和频率均为常数，空气隙合成磁场的大小和转

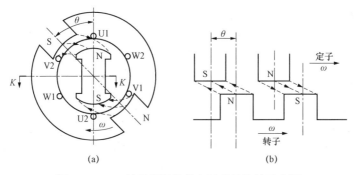

图 4-1-3-1 转子磁场拉着定子磁场旋转示意图

(a) 发电机模型截面图；(b) 从 K–K 断面展开图

U1、V1、W1、U2、V2、W2—1、2 两点的定子三相；ω—转子角速度；θ—定子与转子形成的夹角

速都固定不变，转子加速使转子磁场超前于空气隙合成磁场，出现一个正的位移角。δ 角的增大引起电磁功率的增大，发电机便输出有功功率，当 δ 增大到某一数值时，使相应的电磁功率达到 $P_{em}=P_1-P_0$ 时，输入转矩 T_1 恰好与电磁阻力转矩 T_{em} 和空载转矩 T_0 之和相等，转子加速的趋势即停止，发电机便达到了一个新的平衡状态。由此可见，要调节与电网并联的同步发电机的输出有功功率，只需要调节发电机的输入机械功率，这时发电机内部会自行改变位移角，δ 相应地改变电磁功率和输出功率，达到新的平衡状态。

有功功率、无功功率通过一个电磁场相互作用并联系。并入大电网正常运行的发电机增、减有功负荷时，若不相应调节励磁电流，会因功角 δ 改变而引起无功功率发生变化，其定子电流的大小和性质也相应变化，可能改变发电机的运行状态（进相或迟相运行）。

2. 无功功率的调节

当发电机带电感性负载时，电枢反应具有去磁性质，这时为了维持发电机端电压不变，必须增大励磁电流。由此可见，无功功率的改变依赖于励磁电流的调节。

为了简单起见，以隐极式同步电机为例，并忽略电枢电阻，来分析无功功率和功角的关系，也就是无功功率的功角特性。

发电机的输出无功功率为

$$Q = VI\sin\delta \qquad (4\text{-}1\text{-}3\text{-}1)$$

取 Q 为正值，画出不计电枢电阻时的相量图，如图 4-1-3-2 所示。

由图有

$$E_0\cos\delta = V + IX_s\sin\theta$$

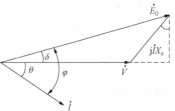

图 4-1-3-2 不计电阻时相量图

将上式代入式（4-1-3-1）得

$$Q = \frac{E_0 V}{X_s}\cos\delta - \frac{V^2}{X_s} \qquad (4\text{-}1\text{-}3\text{-}2)$$

式（4-1-3-2）即为无功功率的功角特性，当励磁不变时，Q 与 δ 的关系为余弦关系。当发电机与无穷大电网并联时，调节励磁电流的大小，就可以改变发电机输出的无功功率，不仅能改变无功功率的大小，而且能改变无功功率的性质，当过励磁时，电枢电流是滞后电流，发电机输出感性无功功率；当欠励磁时，发电机输出容性无功功率，电枢电流是超前的。

在有功功率保持不变时，表示电枢电流 I 和励磁电流 I_f 之间的关系的曲线 $I = f(I_f)$，由于其形状像字母"V"，故常称之为 V 形曲线。对于不同的有功功率，有不同的 V 形曲线；输出的功率值越大，曲线越向上移。同步发电机的 V 形曲线如图 4-1-3-3 所示，当励磁电流调节至某一数值时，电枢电流为最小，该点即 V 形曲线上的最低点，此时发电机的功率因数便为 1，V 形曲线族最低点的连线表示 $\cos\theta = 1$。该线的右边为过励状态，是功率因数滞后的区域，表示发出感性无功功率；该线的左侧为欠励状态，是功率因数超前的区域，发出的是容性无功功率。

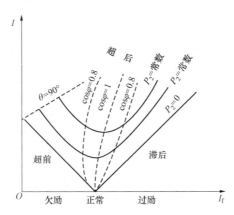

图 4-1-3-3 同步发电机的 V 形曲线

V 形曲线左侧有一个不稳定区（$\delta > 90°$）。由于欠励区域靠近不稳定区，发电机一般不宜在欠励状态下运行。因为水轮发电机的额定功率因数一般要求在 0.8（迟相）以上，所以正常情况下发电机是在过励工况运行。

电网中并联运行的发电机，当改变原动机方面的功率输入时，发电机的位移角 δ 将相应地跟着变化，起着调节有功功率的作用，但此时如果励磁保持不变，则输出的无功功率也会发生变化。如只要求改变有功功率，在调节原动机方面的功率输入的同时，适当地改变发电机的励磁；反之，若不调节原动机输入功率，而只调节发电机的励磁，则只能改变它的无功功率，并不会引起有功功率的改变，此时空载电势 E_0 和位移角 δ 都随着励磁的改变而发生了变化。

四、频率的调节

电力系统频率波动的原因是发电机输入功率和输出功率（负荷）之间的不平衡，电力系统负荷变化是引起电网频率变化的主要原因。当原动机功率和发电机电磁功率之间产生不平衡时，必然引起发电机转速的变化，即引起电力系统频率的变化。尽管原动机功率不是恒定不变的，但它主要取决于本台发电机的原动机和调速器的特性，因而是相对容易控制的因素；而发电机电磁功率的变化则不仅与本台发电机的电磁特性有关，更取决于电力系统的负荷特性及其他发电机的运行工况，是难以控制的因素，是引起电力系统频率波动的主要原因。

（一）频率一次调节

频率一次调节是指利用系统固有的负荷频率特性，以及发电机的调速器的作用，阻止系统频率偏离标准的调节方式。

（二）频率一次调节的基本原理

1. 负荷的频率一次调节作用

当电力系统中原动机功率或负荷功率发生变化时，必然引起电力系统频率的变化，此时，存储在系统负荷的电磁场和旋转质量（如电动机、照明镇流器等）中的能量会发生变化，以阻止系统频率的变化，即当系统频率下降时，系统负荷会减少；当系统频率上升时，系统负荷会增加。这被称为系统负荷的惯性作用，它用负荷的频率调节效应系数（又称系统负荷阻尼常数）D 来表示，即

$$D = \Delta P / \Delta f \qquad (4-1-3-3)$$

式中　ΔP——系统负荷变化值；

Δf——频率变化值。

系统负荷阻尼常数 D 常用标幺值来表示，其典型值为 $1\sim2$。$D=2$ 意味着 1% 的频率变化会引起系统负荷 2% 的变化。

2. 发电机的频率一次调节作用

当电力系统频率发生变化时，系统中所有的发电机的转速即发生变化，如转速的变化超出发电机组规定的不灵敏区，该发电机的调速器就会动作，改变其原动机的导水叶位置，调整原动机的功率，以求改善原动机功率或负荷功率的不平衡状况，即当系统频率下降时，发电机的导水叶开度就会增大，增加原动机的功率；当系统频率上升时，发电机的导水叶开度就会减小，减少原动机的功率。发电机调速器的这种特性被称为机组的调差特性，它用调差率 R 来表示，即

$$R = [(N_0-N)/N_R]100\% \qquad (4-1-3-4)$$

式中 N_0——无载静态转速（主阀在无载位置）；

N——满载静态转速（主阀全开）；

N_R——额定转速。

调差率 R 的实际涵义是，如 $R=5\%$，则系统频率变化 5%，将引起主阀位置变化 100%。

由于具有一次调节作用的电力系统中存在发电机的转速（即系统频率）的负反馈调整环节，将起到稳定系统频率的作用。

3. 频率一次调节的特点

（1）一次调节对系统频率变化的响应快，电力系统综合的一次调节特性时间常数一般在 10s 左右。

（2）发电机的一次调节采用的调整方法是有差特性法，其优点是所有机组的调整只与一个参变量有关（即与系统频率有关），机组之间互相影响小。但是，它不能实现对系统频率的无差调整。

4. 频率一次调节在频率控制中的作用

（1）自动平衡第一种负荷分量，即那些快速的、幅值较小的负荷随机波动。

（2）对异常情况下的负荷突变，起缓冲作用。

5. 频率一次调节与其他频率调节方式的关系

频率一次调节是控制系统频率的一种重要方式，但由于它的作用衰减性和调整的有差性，不能单独依靠一次调节来控制系统频率。要实现频率的无差调整，必须依靠频率的二次调节。

（三）频率二次调节

1. 频率二次调节的基本概念

由于发电机组一次调节实行的是频率有差调节，因此，早期的频率二次调节，是通过控制调速系统的同步电机，改变发电机组的调差特性曲线的位置，实现频率的无差调整。为使原动机的功率与负荷功率保持平衡，需要依靠人工调整原动机功率的基准值，达到改变原动机功率的目的。在现代电力系统中，大型发电厂采用了集中计算机控制。这就是电力系统频率的二次调节，即自动发电控制（AGC）。

2. 频率二次调节的特点

（1）频率的二次调节（不论是分散的，还是集中的调整方式）采用的调整方式对系统频率是无差的。

（2）频率的二次调节对机组功率往往采用比例分配，使发电机组偏离经济运行点。

3. 频率二次调节在频率控制中的作用

（1）根据电力系统频率二次调节的这些特点可知，由于二次调节的响应时间较慢，因而不能调整那些快速的负荷随机波动，但它能有效地调整分钟级及更长周期的负荷波动。

（2）频率二次调节的另一主要作用是实现频率的无差调整。

4. 频率二次调节与其他频率调节方式的关系

由于响应时间的不同，频率二次调节不能代替频率一次调节的作用；而频率二次调节的作用开始发挥的时间，与频率一次调节的作用开始逐步失去的时间基本相当，因此，两者在时间上配合好，对系统发生较大扰动时快速恢复系统频率相当重要。国外某 60Hz 电网在发电机分闸时，频率一、二次调节的作用情况，见图 4-1-3-4。

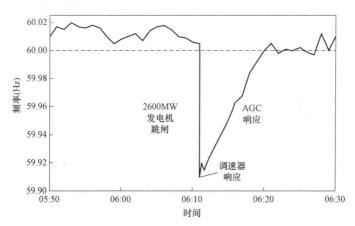

图 4-1-3-4 发电机分闸时，频率一、二次调节的作用情况

5. 水轮发电机在频率控制中的响应特性

水轮发电机的发电功率变化范围大，响应速率高，适应负荷变化能力强，因此，一般水轮发电机是作为电力系统调频机组的首选。根据 IEEE 的统计资料，绝大部分的水轮发电机的响应速率每秒在 1%～2%之间，但为减小长水管中水锤的损害，高水头的水电机组应适当降低响应速率。

五、水轮发电机组正常运行操作

（一）发电机升压操作

当机组转速升到额定转速后，合上灭磁开关 SD 励磁，并调整励磁升压。升压时应注意如下事项：

（1）三相定子电流应等于零。

（2）升压过程中，应防止空载电压过高。发电机在额定转速、额定电压时，应检查励磁电流的调节手柄是否在空载位置，同时比较此时的励磁电流和电压值是否与正常空载值相近。

（3）三相定子电压值大小应平衡。

（二）发电机同期与并列操作

（1）发电机电压升到额定值后，即可准备同期（并网）操作。发电机同期（并列）方式有准同期与自同期两种。

1）准同期。先建立发电机电压，然后与系统同步。调励磁和频率，待"电压"与"频率"满足条件后，投入同期表（一般改用组合式同期表）切换开关 SA，先投"粗略同期"检查监视电压表、频率表；再投"精确同期"，检查同期表（S）指针转动情况。选择时机，投入发电机的主断路与系统并列。

2）自同期。水轮发电机启动后转速接近额定转速时（相差±2%），在不加励磁的情况下先合发电机的主断路器，然后再合上灭磁开关 SD 加励磁的并网。

3）发电机准同期并列操作。操作方法有手动、半自动、自动 3 种。小型水电厂的水轮发电机多采用手动和半自动准同期。对于乡村小型水电厂，还使用简易的灯光法同期并列方式。

（2）为了防止非同期并列，有下列情况之一者禁止合闸：

1）同期表指针旋转过快时不准合闸。原因是此时待并发电机的频率与系统频率或两者的相位相差较大，不易掌握适当的合闸时间，往往会造成非同期合闸。

2）同期表跳动而不是平稳地摆动经过红线，禁止合闸。原因是这可能是同步表内部机构卡阻或触点松动引起表示不正确，也往往造成非同期合闸。

3）同期表经过红线不动时禁止合闸。

4）同期闭锁继电器 KES 动合触点断开，合闸无效。

（三）水轮发电机的增（减）负荷操作

当水轮发电机组并入电网后，运行值班人员可根据电网调度指令要求进行功率调整。用改变过机流量或励磁电流大小的方法控制输出功率，监视定子电流和励磁电流不越限。调整有功功率和无功功率的操作方法如下：

1. 增（减）有功功率

利用计算机监控系统在上位机或盘台操作把手上进行有功功率给定设定，也可以在现地操作增（减）有功功率按钮调节，调整机组有功功率到额定值。装设 AGC 控制功能机组可以根据调令要求投入自动方式，按照工作水头、上下限值、等微增率等控制原则实现自动调频。

2. 增（减）无功功率

利用计算机监控系统在上位机或盘台操作把手上进行无功功率给定设定，也可以在现地操作增（减）无功功率按钮（把手）或手动方式下通过给定设置进行调节，调整机组无功功率到规定值。装设 AVC 控制功能机组，按照机端电压、励磁电流、系统电压、无功曲线允许范围等控制原则实现自动调压。

六、H 9000 计算机监控系统操作案例

各项操作控制命令的操作步骤如下:

1. 开机

在主结线图、隔离开关操作联锁、开机、停机流程图中执行。

(1)将鼠标光标指向 X 号机组中的任一发电机符号内,按下 MB1(鼠标左按钮);弹出菜单 Unit4STArl 窗口。

(2)将鼠标光标指向"取消"按钮,可取消该菜单,结束本次操作。

(3)将鼠标指向"开机"按钮,按下 MB1,在开机条件满足情况下,经核对无误,弹出菜单。

(4)将鼠标指向"执行"按钮,按下 MB1,此时,开机命令发出本次操作完成。

(5)如果条件不满足,则弹出"操作条件显示判断窗口",如图 4-1-3-5 所示,可以观察哪些条件尚未满足。

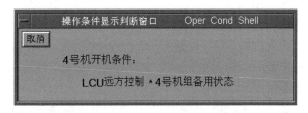

图 4-1-3-5　操作条件显示判断窗口

在操作条件显示画面中,"＊"代表"与"条件,"＋"代表"或"条件,各条件以数据库中对应点的 entry-name 命名,条件满足,该名以绿色显示;不满足,该名以红色显示。"="前面的字符串表示结果,比如该列中的"4#机开机条件"代表整个操作条件的计算结果,同样绿色显示代表满足条件,红色代表条件不满足。

2. 停机

按"停机"钮,步骤同 1. 开机。

3. 有功调节

给定目标值操作(在主结线图中)

(1)将鼠标指向 X 号机组中任一发电机的有功参数值位置上,按下 MB1,弹出菜单,如图 4-1-3-6 所示。

(2)将鼠标指向"有功调节"按钮,按下 MB1,弹出菜单,如图 4-1-3-7 所示。

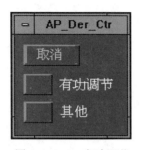

图 4-1-3-6 有功调节

图 4-1-3-7 数据输入

调节数值移动滑块来回调整。

（3）修改调节数据有两种方法：

1）利用滑块修改数据值：将鼠标指向移动滑块，按下 MB1，移动滑块。"改为"框中数值随滑块移动而变化。当滑块在最左端时，对应参数值为最小值；当滑块在最右端时，对应参数值为最大值。因此，当"改为"框中数值为目标值时，松开 MB1，即选择好修改值。再用 MB1"认可"。此时，命令下达，完成有功调节操作。

2）利用键盘修改数据值：将鼠标指向"改为"框，按下 MB1，"改为"框四周颜色加深，表示可以输入数据，用键盘敲入参数值，按下"回车"键，滑块自动滑到对应位置，如给定值超限，会弹出报警窗口，取消该操作即可。在确认无误后，用 MB1"认可"，此时，命令下达，完成有功调节操作。

若发现输入值有误，想重新修改参数值时，在键盘上用 Backspace 键，抹去原来数据，重新在"改为"框中输入新数据。

3）按"取消"按钮可以退出本次调节操作，不发调节命令。

【思考与练习】

1. 为了使机组并网后保持稳定的同步运行，在并列过程中必须满足的 4 个条件是什么？

2. 什么是频率的一次调节？

3. 什么是频率的二次调节？

4. 当机组转速升到额定转速后，合上灭磁开关 SD 励磁，并调整励磁升压。升压时应注意哪些事项？

5. 为了防止非同期并列，有哪些情况之一者禁止合闸？

▲ 模块 4　水轮发电机的特殊运行（Z49H1004）

【模块描述】本模块介绍水轮发电机组特殊方式下有关运行情况。通过原理讲解，掌握发电机电压、频率及功率因数变化时运行，发电机过负荷、不对称、调相、进相及充电运行等情况下对水轮发电机组带来的影响和运行规定。

【模块内容】

一、发电机电压、频率及功率因数变化时运行

（一）发电机电压变化时的运行

发电机电压在额定值的±5%范围内变动时允许长期运行。若超出这个范围，就会对发电机有不良的影响。

1. 电压高于额定值

当电压超过额定值时，发电机磁通增加，磁场增强。在有功功率和定子额定电流不变的情况下，发电机容量增加，无功功率增加，功率因数下降。由于无功功率增加，引起励磁电流增加，使转子表面和转子绕组的温度升高。当发电机运行电压达 $1.3 \sim 1.4$ 倍额定值时，转子表面会发热，进而影响转子绕组的温度。这是因漏磁通和高次谐波磁通的增加而引起附加损耗增加的结果。这种损耗发热与电压的平方成正比，使转子发热、绕组温度升高。例如，一台 6500kW（375r/min）立式水轮发电机，当电压上升 10%时，发电机磁路各部分都相当饱和，励磁绕组温升比额定电压上升 1.4 倍。

由于电压升高，铁芯内磁通密度增加，铁芯饱和程度增加，磁通外溢引起漏磁增加。由于损耗近似与磁通的平方成正比，铁耗增加使定子铁芯温度升高；漏磁穿过定子结构部件（如支持筋、机座、齿压板等）形成环路而产生涡流，可能出现局部高温。

电压过高时将对定子绕组产生威胁。对于运行多年绝缘老化的机组或有潜伏性绝缘缺陷的发电机，容易产生危险，造成绝缘击穿事故。

2. 电压低于额定值

当电压低于额定值时，将使发电机容量成正比地降低，为保持额定容量不变，势必增大定子电流，超过额定值时使定子绕组温度升高。虽然电压降低时铁耗减少，但由于定子电流增大，相应铜耗加大，通常铜耗引起的温升常大于铁耗引起的温升，因而使定子绕组总温升仍要增大。

在一定功率因数下，当定子电流增加时，电枢反应去磁效应增加，因而转子励磁电流也要增加，由此励磁绕组温升可能要超过允许值。因此，当电压在额定允许值以下运行时，发电机应降低额定功率。

电压低于额定允许值时，还会影响机组运行的静态稳定、励磁调节的稳定以及厂用电动机的运行。从发电机的功角特性看出，当电压降低时，功率极限幅值降低，要保持输出功率不变，必然增大功角运行，使功角接近 $90°$，静态稳定性降低；从发电机的空载特性看出，电压过分降低时，发电机可能在空载特性曲线的不饱和部分，即直线部分运行，励磁电流稍有变化，电压就有较大的变化，造成励磁调节困难，甚至

可能破坏运行稳定性；电压过低将引起厂用电压降低，使自启动的电动机启动力矩不足而烧毁。

（二）发电机频率变化时的运行

频率的变化和整个电力系统的有功平衡情况有关。在电力系统运行频率变化允许值范围内，发电机能保持额定功率不变，否则输出功率就要受到限制。发电机频率变动时参数变化，将引起各种损失的变化。发电机铁芯损失在频率变动很大范围时变化不大；附加损耗与频率的平方成正比增加，频率升高其损失增加不大，频率下降时由于主磁通增加，磁通从有效铁芯中被挤出使结构部件中的附加损失剧增；空气摩擦损失和通风损失与转速的立方成正比，将使空气温升增加但不明显。此时，电站运行人员应注意监视有关部分的温度。

1. 频率降低的影响

由于发电机电压与频率、磁通成正比，当频率降低时，若要维持额定电压不变，必须增大磁通。需要增加励磁电流，要受到励磁绕组温升的限制。为不使转子过热，维持转子电流保持不变，则必须降低发电机负荷。

频率下降引起转子转速下降，从而引起发电机的通风量减少，其结果是发电机的冷却条件变坏，各部分温度升高，需要发电机限负荷更多。发电机限负荷会影响系统频率，频率降低又带来电压减低，产生恶性循环，进一步恶化了电力系统稳定水平。

频率降低，使厂用电动机的转速下降，致使发电厂的生产过程不能按正常程序进行。例如技术供水不足、循环风量不够、风压不足、压油装置打油较慢而油压降低、水泵抽水量减少等。频率过低时，运行人员要考虑机组本身主轴带动的油泵的油流、油压不足而引起各部轴承温度升高，以及对继电保护和自动装置的影响。

2. 频率升高的影响

频率升高后使发电机转子离心力加大，将对转动部分特别是接头部分产生变形和破坏，转子在高速下运行将对转动部分的金属部件产生不应有的应力变形，从而影响机组寿命。因此，需要避免发电机长期超速运行。

（三）功率因数变化时的运行

一般发电机都在功率因数滞后（迟相）工况下运行。发电机运行中，若功率因数与额定值不一致，应调整发电机的负载，使定子电流和励磁绕组电流不超过在一定冷却风温下所允许的数值，一般要绘制发电机的调整特性曲线。

1. 功率因数高于额定值

提高功率因数意味着无功功率减少，转子绕组将不能被充分利用。要保持额定无功功率，所以需增加定子电流而超过额定值，由于水轮机限制了对无功功率的输出，所以发电机容量要减少。当功率因数变为超前时，发电机就进入进相运行。这种极端运行状态如图 4-1-4-1 所示。

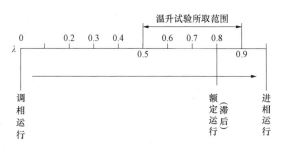

图 4-1-4-1　功率因数与不同运行状态关系图

2. 功率因数低于额定值

降低功率因数意味着感性负载增加，定子电流无功分量增大使其减弱主磁通作用越大。为了维持输出电压恒定，必然要增加励磁绕组电流，而降低了发电机有功功率和发电机容量，定子绕组将不能被充分利用。否则，为保持额定功率因数不变时，励磁电流必将越限，使转子过热。当功率因数减少至零时，则进入调相运行。

二、发电机过负荷运行

所谓发电机过负荷运行是指发电机实际发出的有功功率超过该发电机额定功率的情况。这种情况只有水电厂的实际运行水头超过了水轮机的设计水头时才有可能产生。发电机过负荷运行可分为正常超负荷运行和事故过负荷运行。

（一）发电机超负荷运行

对于年利用小时数很高的水电厂、径流式电厂或调节水库库容很小的电厂，可考虑超负荷运行的情况。因为这些水电厂往往有较长时间的弃水现象，利用一部分弃水超负荷运行多发电可以得到较大的经济效益。水轮发电机经过技术改造并经试验证明允许超出力或增容改造后的机组超负荷运行，则可以增加系统调峰容量，增加丰水期弃水电量，提高机组效率等。

1. 提高功率因数的过负荷运行

要发电机过负荷运行首先考虑的是提高 λ 运行，即减少发电机的无功功率输出，而增加发电机的有功功率输出，保持发电机的额定电压和额定电流不变。例如一台额定功率因数 $\lambda=0.85$ 的发电机，如果实际将其功率因数提高至 $\lambda=0.95$，则发电机的有功功率输出将增加 11.8%。同时，提高功率因数的超负荷运行还应考虑对发电机绕组的绝缘寿命、电机结构的机械强度和电力系统稳定的影响等因素。

2. 超过额定视在功率的过负荷运行

当发电机超负荷运行输出的视在功率 S 超过该发电机的额定视在功率 S_n 时，如果没有相应的措施，则发电机定子绕组和转子绕组的实际运行温度就会超过额定工况运行时的温度。如果温度超过绝缘材料规定允许值，就会加速绝缘材料的老化，影响电机的使用寿命。若温度超过很多，将会引起电机事故甚至烧毁电机。如果采取措施改善通风冷却条件，超负荷运行也不会引起电机温度过高。

（二）发电机事故过负荷运行

在事故情况下，允许发电机的定子绕组在短时间内过负荷运行，同时也允许转子绕组有相应的过负荷，但不得发生有害变形及接头开焊等情况。短时间过负荷的允许值应遵守制造厂的规定。制造厂无规定时，对于空气冷却的发电机，定子绕组过电流倍数与相应的允许持续时间可以参照表4-1-4-1执行，但达到表中允许持续时间的过电流次数平均每年不应超过 2 次。对运行年限长的发电机或定子绕组、转子绕组温度较高的发电机，应该适当限制短时间过负荷电流的倍数和时间。

表 4-1-4-1 短时间过负荷的定子电流允许值规定

定子绕组短时间过负荷电流/额定电流（I/I_n）	1.10	1.15	1.20	1.25	1.30	1.40	1.50
持续时间（min）	60	15	6	5	4	3	2

当发电机的定子电流达到过负荷允许值时，应该首先检查发电机的功率因数和电压，并注意电流达到允许值所经过的时间。在允许的持续时间内，用减少励磁电流的方法，降低定子电流到正常值，但不得使功率因数过高和电压过低。如果减低励磁电流不能使定子电流降低到正常时，则必须降低发电机的有功负荷。

三、发电机不对称运行

电力系统不正常或设备故障可能使发电机出现不对称运行状态。发电机不对称运行是发电机每相负荷电流值及其相角处于互不相等情况下的一种运行方式，通常把发电机三相电动势不对称或三相负荷电流不对称的运行情况称为发电机的不对称运行状态。

（一）不对称运行规定

（1）发电机持续允许的不平衡电流值应遵守制造厂的规定。制造厂无规定时，对于空气冷却的发电机，可按照下列规定执行：

1）在按额定负荷连续运行时，对于容量为 100MW 及以下的发电机负序电流与额定电流之比（标幺值）不得大于 12%；对于容量超过 100MW 的水轮发电机，负序电流与额定电流之比（标幺值）不得大于 9%，同时任何一相的电流不得大于额定值。

2）在低于额定负荷连续运行时，各相电流之差可以大于上面所规定的数值，但具体数值应根据试验确定。

（2）发电机短时间允许的不平衡电流值应遵守制造厂的规定。制造厂无规定时，短时不对称运行时，应能承受的负序电流分量 I_2 与额定电流 I_n 之比的平方与允许不对称运行时间 t（s）之积（I_2/I_n）$2 \times t$，应为下列数值：

1）空气冷却的发电机：40s；

2）定子绕组直接冷却的发电机：20s。

（3）在作短时间的不平衡短路试验时，发电机定子绕组内的最大电流，一般不得大于额定值的 25%。不平衡负荷试验从开始到电流降至零的时间，一般不得超过 5min。

（二）不对称运行允许条件

（1）负荷最重相定子电流不超过额定电流值。

（2）转子上任何一点的温度不超过绝缘材料等级的允许温度和金属材料的允许温度。

（3）机械振动不超过设计允许范围，尤其是铁芯定位筋等焊缝应力不超过设计允许值。

上述条件主要考虑定子绕组的发热不超过允许值和不对称运行的负序电流所造成的危害提出来的。由于发电机的结构、材料和冷却方式等的不同，其允许范围也不同，所以要求发电机不对称运行时，负序电流的允许值和允许持续时间都不应超出制造厂规定范围。

发电机在三相负荷不对称、非全相运行、进行短时间的不平衡短路试验以及电力系统故障情况下，不对称运行的负序电流数值和允许的运行持续时间，可参照表 4-1-4-2 执行，表达式为

$$I_2^2 t \leqslant n \qquad (4-1-4-1)$$

式中 I_2——负序电流的标幺值；

t——不对称运行持续时间，s；

n——规定时间，s。

表 4-1-4-2　　　　　短时间不对称运行的负序电流和允许时间规定

负序电流标幺值（I_2/I_N）	0.45～0.6	0.46	0.35
允许持续时间（min）	3	5	10

其中负序电流短时间是指持续时间不超过 100～120s，在此时间内，运行人员通过采取措施可以达到消除不对称运行的目的。负序电流短时间允许值可以用来表明发电机承受短时间不对称故障的能力。

（三）不对称运行的主要影响

发电机不对称运行时，定子绕组中的负序电流产生反向旋转磁场，会引起发电机

的附加损耗增加，运行效率降低，温度升高，并造成发电机相电压和线电压的不对称，影响发电机的出力，引发机组振动和转子过电压、继电保护以及高频干扰，甚至烧坏阻尼绕组的，造成事故。

1. 不对称运行引起转子过热

负序电流以两倍同步转速切割转子，在转子绕组中感应出二倍额定频率的附加电流，在转子磁极产生涡流损耗，转子绕组中偶次谐波电流产生的附加损耗，阻尼绕组中的损耗。由于频率较高，受集肤效应作用，感应电流集中在转子本体和各部件表层中，附加损失随着负序电流的增加急剧增长。由于转子附加损耗主要产生在磁极的表面及附近的绕组和引线，使励磁绕组靠近极靴处线匝发热严重。由于凸极式发电机励磁绕组安置在远离转子整块部分磁极上，所以散热条件好，励磁绕组的平均温升有很大的余度，根据转子发热条件，允许较大的负序电流。

2. 不对称运行引起机组振动

负序电流产生的负序磁场在转子上产生二倍频率的脉动转矩（交变转矩），此部分附加转矩作用在转子和定子铁芯上，并传递到主轴和定子机座中，使发电机产生100Hz的振动和噪声。从而引起机组金属疲劳和机械损坏。由于凸极式发电机转子直径较大，纵轴和横轴的电抗差别较大，振动转矩大，由此引发的振动较严重。定子振动增大后，增加了各部件的机械应力，加速了绕组绝缘的磨损和定子接头的老化。发电机机座是焊接件，承受振动能力较弱，故附加振动是水轮发电机不对称运行的限制条件。

四、发电机调相运行

为了弥补电力系统无功出力不足，提高系统运行电压，减少机组启停次数，利用水轮发电机工况转换简便的特点，采用调相运行方式。所谓调相运行，就是将发电机与电网并联运行，水轮机的导叶关至全闭状态，用电网的有功功率带动发电机运行，此时发电机的运行状态与电网中的调相机工作状态完全一样，故称为调相运行方式。调相运行的发电机不带机械负载，主要任务是调节无功功率，它采用过励磁方式向系统输出感性无功功率，达到调节系统电压的目的。作调相运行的发电机还可用于判别水轮机振动是否与水力振动有关。

（一）调相运行过程及特点

发电机改做调相运行时，开机先带上有功负荷及无功负荷，将有功负荷降为零（功率因数为零），并将水轮机的导水叶关闭，排去转轮室中的水，通入压缩空气，使水轮机转子转动的能源改为由系统供给。再增加发电机的励磁电流，即可向系统提供无功功率。此时发电机从系统吸收有功功率，产生电磁转矩维持转动，以补偿其铜耗、铁耗和风摩擦损耗等，从而实现由同步发电机到同步电动机运行状态转换。当机组由调相转停机时，需要将转轮室排气后，按正常停机方式减少励磁电流，逐步关闭导水叶，至导水叶完全关闭时停机。

发电机作调相运行时，因为转轮在水中运转会受到很大阻力，所以消耗大量电能。对于混流式机组，在水中旋转损耗可达额定容量的 10%~30%；对于轴流式机组，若水轮机叶片转角很大时，损耗达到额定容量的 80%。如某厂一台 72.5MVA 混流式机组调相运行时电力损耗见表 4-1-4-3。为了减少调相方式下的有功损耗，用压缩空气将水轮机转轮室中的水压至转轮以下，使转轮在空气中旋转。此时水轮机消耗的有功功率仅为在水中旋转的 1/10 左右。同时也消除空蚀，减轻了机组振动。

表 4-1-4-3　　某厂 72.5MVA 混流式机组调相运行时的电力损耗

发电机所带的无功功率（MVA）		20	40	60	72.5
损耗（%）	水轮机在空气中	1.9	2.3	2.4	2.48
	水轮机在水中	12.2	12.6	13.2	13.4

发电机作调相运行有如下特点：

（1）可作为系统热备用电源，工况转换快。当电网需要电力时，发电机可立即由调相状态转换为发电状态，并快速带满负荷。

（2）无功功率调整范围大，消耗有功功率小。

（二）调相运行容量的确定

发电机调节容量是指发电机作调相机运转，励磁电流为额定值时所能发出的无功容量。它的大小与发电机的额定功率和短路比有关。短路比越小，调相容量就越大。在不同的额定功率因数时，功率因数越低，则调相容量越大。调相容量的大小一般由水电勘测设计院向制造厂提出，由制造厂进行校核，以求发电机励磁绕组温升不超过允许值。作调相运行时，运行人员应密切监视发电机各部分温度变化的情况。

调相运行时可认为 $\lambda=0$。确定调相容量和充电容量的近似确定方法如图 4-1-4-2 所示。一般调相容量的范围为 $Q_K=（0.6~07）S_n$

$$OL = \frac{1}{X''_d} \quad（相当于空载励磁电流）$$

$$O_1L = \frac{1}{X''_d} - \frac{1}{X'_d} \quad（失励圆直径）$$

A 点为发电机的额定工作点，则 $O_1A = O_1K_c$。调相容量为 $Q_K=（OK_c）S_N$（kvar）

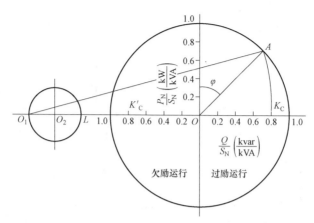

图 4-1-4-2　发电机调相容量和充电容量的近似确定方法

P_N—额定有功功率；S_N—额定视在功率；Q—无功功率

五、发电机进相及充电运行

随着电力系统不断发展，超高压长距离的输电线路和大容量机组陆续投产，配电网络使用大量电缆线路，引起电网电容电流及容性无功功率的增长，使系统由无功功率不足变为系统无功功率过剩，由原来电网电压偏低变为电网电压偏高。尤其在节假日与午夜负荷低谷期间，线路产生的无功功率过剩，使电力系统电压升高超过允许范围。试验证明，要经济、灵活地调整电网电压，优先考虑让发电机进相运行。发电机进相运行就是使发电机处于欠励磁运行状态下，以吸取电网的容性无功功率而发出有功功率的一种运行方式。

（一）进相运行

1. 进相运行特点

减少发电机励磁电流，使发电机电动势减小，功率因数角就变为超前的，发电机负荷电流产生助磁电枢反应，发电机向系统输送有功功率，但吸收无功功率，这种运行状态称为进相运行。发电机进相运行必须带自动电压调节器运行，用以提高发电机静态稳定能力，保证发电机功率角超过 90° 时机组稳定运行。发电机进相运行时具有下列特点：

（1）进相运行时，由于定子端部漏磁和由漏磁引起的损耗要比调相运行时大，所以定子端部附近各金属件温度将升高，最高温度通常发生在铁芯两端的齿部，并随发电机容性无功功率的增加而更为严重。

（2）由于凸极式发电机结构的交直流电抗不等，电磁功率中有附加分量，所以它比隐极式发电机进行运行能力更大。

（3）由于发电机进相运行时处于欠励状态，为保证进相运行的安全，机组的视在功率输出应经试验分析确定。

2. 发电机安全运行极限

发电机安全稳态运行图是根据发电机的安全运行极限图（又称 P–Q 容量图），按电机理论作出的向量图，如图 4-1-4-3 所示。阴影区域 OABHVLO 为发电机稳态安全运行区域。进相运行时漏磁所致端部发热温度是否允许，需要实测数据验证。

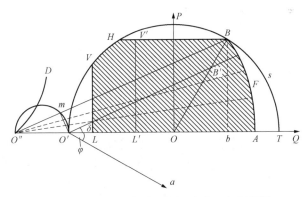

图 4-1-4-3　发电机向量图及安全运行极限图

3. 进相运行主要影响

对发电机进相运行的深度现场规程一般有严格限制。新装机组均应具备在有功功率为额定值时，功率因数进相 0.95 的运行能力；对已投入运行的发电机，应有计划地按系列进相各种类型机组的进相运行试验，根据进相试验结果予以应用。发电机进相运行时，主要注意下面 4 个问题。

（1）系统稳定性的降低。由于发电机进相运行，内部电动势降低，静态储备降低，已知发电机单机对无限大容量的功率为 $P = \dfrac{E_q U}{X_d} \sin\delta$（$U$ 为电压，X_d 为电抗），因而进相运行时，在输出功率 P 恒定的前提下，随着励磁电流的减小，发电机电动势 E_q 随之减小，功率因数角 δ 就会增大，从而使静态稳定性降低。

（2）发电机端部漏磁引起的定子端部温度升高。在相同的视在功率和端部冷却条件下，发电机由迟相向进相转移时，端部漏磁磁密值相应增高，引起定子端部构件严重发热，致使发电机出力相应降低。发电机端部漏磁是定子绕组端部漏磁和转子绕组端部漏磁共同组成的，它的大小与发电机的结构、材料、定子电流大小、功率因数等有关。发电机的上述合成漏磁总是尽可能地通过磁阻最小的路径形成闭路的。因此，磁性材料制成的定子端部铁芯、压圈以及转子护环等部件便通过较大的漏磁。漏磁在空间与转子同速旋转，对定子则有相对运动，故在定子端部铁芯齿部、压圈等部件中感应的涡流磁滞损耗较大。

（3）厂用电压降低。厂用电通常引自发电机出口或发电机电压母线。进相运行时，随着发电机励磁电流的降低、发电机无功功率的倒流，发电机出口处的厂用电电压也要降低。

（4）发电机过负荷。由于机端电压降低，在输出功率不变的情况下发电机定子电流增加，易造成过负荷。

（二）充电运行

发电机投入空载高压长距离输电系统运行称为"充电运行"，是进相运行的一种特殊方式。在一定励磁方式所能提供的最低稳定电压条件下，为了使发电机端电压不超过额定值，应满足式（4–1–4–2），即

$$Q_C > Q'_C \qquad (4\text{–}1\text{–}4\text{–}2)$$

式中　Q'_C——输电线路的容性负荷，可以根据线路的电压和结构尺寸计算。

　　　Q_C——发电机的充电容量，可按图 4–1–4–2 进行核算。

其中 Q_C 表达式为

$$Q_C = (OK'_C)S_N$$
$$OK'_C = OL\left(1 - \frac{U_{fmin}}{I_{f0}R_{f(15)}}\right) \qquad (4\text{–}1\text{–}4\text{–}3)$$

式中　U_{fmin}——最低励磁电压，V；

　　　I_{f0}——发电机空载励磁电流，A；

　　　$R_{f(15)}$——温度为 15℃时的励磁绕组电阻，Ω。

【思考与练习】

1. 发电机电压高于额定值运行有哪些影响？

2. 发电机不对称运行有哪些主要影响？

3. 发电机频率升高有哪些影响？

▲ 模块 5　水轮发电机组电气故障处理（Z49H1005）

【模块描述】本模块介绍水轮发电机故障现象分析处理。通过故障分析，掌握包括发电机转子和定子的各种电气故障与防范措施等。

【模块内容】

发电机在运行中出现危及设备和人身安全的异常与事故情况下，值班人员应根据语音提示、表计、信号、继电保护及自动装置的动作情况作综合分析，判断故障的性

质和范围，迅速采取措施，做出处理方案，谨防发生系统事故扩大，保证运行设备及电力系统的安全

一、发电机常见故障

运行中的发电机，定子绕组和励磁绕组回路都可能发生故障，在电气方面常见的故障主要包括：

（1）定子绕组相间短路。

（2）定子绕组单相接地。

（3）定子绕组一相匝间短路。

（4）发电机励磁回路可能发生一点或两点接地故障。

（5）转子失去励磁电流故障。

（6）发电机过电压。

发电机在运行中，除故障外，还会出现一些不正常工作状况，如过负荷及由外部短路引起的过电流等。

二、发电机故障判断

水轮发电机组在运行过程中因外界或自身原因，会出现异常现象与故障。这些异常会通过仪表或保护装置反映出来，此时值班人员要根据运行规程规定，根据语音和光字牌提示的故障及事故性质认真思考，在值长统一指挥下，迅速而有条不紊地处理，并避免不使故障扩大，避免造成严重后果。

水轮发电机组在运行中，在中央控制室除有自动的光字牌事故和故障信号外，还有一些故障是不可能自动发信号的。如机组空蚀、发电机磁极键松动、励磁滑环火花等。这些故障就要运行值班人员加强巡视检查才可能发现。

机组发生事故时，通过机组自身的保护装置自动停机，但是运行人员不能因此而放松警惕，要防备保护装置失灵。如发现事故苗头，危及机组安全，应按运行规程规定及时停机。对于不能装设保护装置的故障或事故，如突发金属撞击声、发电机振荡等，应报告值长酌情紧急果断进行人工处理。

三、发电机故障处理

（一）发电机的非同期并列

1. 故障现象

（1）发电机及系统电压降低。

（2）发电机冲击大、强烈振动、表计剧烈摆动不衰减。

（3）故障录波器启动。

2. 故障原因分析

（1）人为操作不当。

（2）同步回路接线错误。

（3）发电机断路器不同期合闸。

3. 故障处理

（1）拉开发电机出口断路器、灭磁开关、解列停机。

（2）全面检查发电机定子绕组端部情况，测量定子绕组绝缘电阻，认为无问题后方可再次启动机组，必要时发电机并网前需做假并试验。

（二）发电机定子绕组故障（发电机主保护动作）

1. 故障现象

（1）机组断路器及灭磁开关分闸，并解列停机，语音、信号告警，故障录波器启动。

（2）系统有冲击。

（3）发电机主保护动作，如发电机变压器组差动、发电机纵差、发电机横差等。

2. 故障原因分析

（1）发电机内部故障（如定子绕组相间、层间、匝间短路）。

（2）定子绕组接头开焊。

3. 故障处理

（1）根据发电机–变压器组保护动作情况，分析原因，判断故障性质。

（2）详细检查发电机内部一次设备，主要包括：

1）检查发电机内部是否有焦味、烟雾、着火情况。

2）利用测温系统检测定子绕组和铁芯发热情况。

3）详细检查定子绕组端部。

4）发现着火，应立即灭火。

（3）停机后拉开发电机的出口隔离开关，用绝缘电阻表测量与动力电缆连在一起的定子绕组的绝缘电阻。

（4）根据上述判断，发现明显故障点或测量发电机绝缘电阻不合格，则对发电机做停电措施。

（5）若检查未见异常，应对发电机进行递升加压试验。

1）加压时发电机未发现故障迹象，请示总工程师，将发电机投入运行。

2）升压时发现异常情况，确认发电机内故障，应立即进行停机处理。

（三）发电机定子回路单相接地故障

1. 故障现象

（1）发电机定子接地保护动作，语音、信号告警，故障录波器启动。

（2）发电机定子电压表三相指示值不同，接地相电压降低或等于零，其他两相电压升高或升高为相电压的 1.732 倍左右。

（3）中性点零序电压表有指示。

（4）消弧线圈电流表有指示。

2. 故障原因分析

（1）定子出口母线接地。

（2）定子绕组刮、卡、绝缘不良（如绝缘老化、受潮、机械损伤）。

（3）接头受热膨胀碰壳、爬电。

（4）中性点附近定子绕组发生匝间短路，发展成绕组对铁芯击穿。

（5）大气过电压波及发电机中性点安全，造成中性点对地绝缘击穿。

（6）动物及鸟类引起接地。

（7）电压互感器二次或本体故障。

3. 故障处理

（1）根据发电机-变压器组保护动作情况，分析原因，判断接地点位置，检测三相定子电压值，判断故障点所在相别及具体位置占绕组总长的百分值。

1）某相电压低于相电压额定值，另两相电压升高，数值介于相电压和线电压之间，则可判断为该相接地。

2）若接地相电压数值介于相电压额定值和 0 之间，则可判断出接地点位于发电机内部。

3）若接地相电压数值为 0，则可判断出接地点位于发电机端附近。

（2）根据上述判断，采取不同的处理方法：

1）若判断接地点在发电机内部，即机内故障，则应立即转移负荷停机。

2）若判断接地点在发电机机端附近，则进行发电机-变压器组电压母线一次设备外部检查，主要包括发电机内部、发电机出口至主变压器低压套管之间部分设备的隔离开关、导线以及电压互感器等配电装置、发电机出口至厂用高压工作变压器高压套管之间查找，检查有无明显故障点，发电机内部有无绝缘焦味。

3）在接地期间应监视发电机接地电压、中性点对地电压以及消弧线圈上层油温，发现消弧线圈有故障（包括温度过高、油色变黑、喷油等异常情况）时，应立即转移负荷停机。

（3）试停电压互感器，检查接地是否消除。

（4）带厂用电及系统中性点的机组应尽快转移负荷停机。

备注：

1）定子接地保护作用停机时，按定子绕组故障处理。

2）发电机-变压器组单元定子接地时间不能超过 0.5h，发电机单元不超过 2h。

（四）转子一点接地

1. 故障现象

（1）发电机转子一点接地保护动作，语音、信号告警。

（2）转子绝缘监视电压表选测正或负对地指示值明显升高。

2. 故障原因分析

（1）滑环（集电环）、引线、槽绝缘破坏。

（2）励磁线圈因离心力作用内套绝缘擦伤。

（3）转子磁极软接线断裂接地或端部严重积灰。

（4）磁极绕组及绝缘垫板老化、受潮。

（5）励磁系统裸线部分接地。

（6）灭磁系统保护回路绝缘破坏。

3. 故障处理

（1）根据测量转子正负极对地电压结果作为判断接地类型的依据，判断接地点位置及故障性质，检查励磁回路有无明显接地。

（2）转子一点金属性接地，即算出励磁回路对地绝缘电阻 R 接近于 0，应联系调度停机处理。R 计算公式为

$$R=R_V(U/(U^++U^-)-1)$$

式中　R_V——转子电阻；

U——转子电压；

U^+——转子正对地电压；

U^-——转子负对地电压。

1）属于非金属性接地，切换至备励系统工作，以检查接地点是在转子回路还是在励磁回路内。

2）带有励磁机系统非金属性接地，若接地点在转子回路内，是转子滑环至绕组的引接线与转轴相碰而发生的一点接地（绕组两端正极或负极接地）时，则转子两点接地保护装置不需投入，其他情况则不受影响；若接地点在励磁回路，则两点接地保护应视接地情况决定是否投入。

a. 接地点发生在励磁机的励磁绕组回路，则两点接地保护不能投入。

b. 接地点发生在励磁机电枢回路，不在正、负极处，则可投入两点接地保护装置。

（3）转子滑环有无明显接地点，吹扫滑环。

（4）加强监视，有条件时联系调度停机进行处理。

（五）转子两点接地

1. 故障现象

（1）转子电流急剧增加、定子电压降低，强励动作。

（2）发电机剧烈振动，进相运行。

（3）转子一点接地保护动作、告警。

2. 故障原因分析

转子回路绝缘损坏，转子一点接地后又发生另一点接地。

3. 故障处理

（1）保护未动时，拉开发电机出口断路器、灭磁开关，解列停机。

（2）发现着火时，进行发电机灭火。

（六）转子磁极线圈故障

1. 故障现象

转子磁极断线时有如下现象：

（1）励磁电流下降接近于零，励磁电压上升至最大。

（2）有功出力下降，定子三相电流平衡上升很多。

（3）磁极断线时发电机风洞内有焦味和烟雾，并有哧哧声。

（4）失磁保护可能动作、告警。

2. 故障原因分析

（1）转子磁极断线（因接头焊接质量不佳，在离心力作用下断路）。

（2）转子匝间短路（被严重油污及电刷炭灰堆积；安装或日常检修时，由于操作不慎造成转子的机械损伤；开停机或负荷变化时，转子导线和绝缘受热的胀缩引起匝间绝缘错位磨损）。

3. 故障处理

（1）转子磁极断线处理方法：

1）保护未动时，拉开发电机出口断路器、灭磁开关、解列停机。

2）发现着火时，进行发电机灭火。

（2）转子匝间短路处理方法：

1）开机时注意空载励磁电流和额定励磁电流与厂家的规定是否一致，如果发现电流有明显增加或引起明显振动时，应判断发电机有转子短路的可能，可适当减少负荷，使发电机的电流与振动减少到允许范围之内，待停机后进行检查处理。

2）运行中加强监视。

（七）定子过电压

1. 故障现象

（1）定子过电压保护可能动作、告警。

（2）发电机定子电压表指示升高。

2. 故障原因分析

（1）发电机甩负荷。

（2）调节器故障误强励。

（3）发电机带空载长线路自励磁。

（4）机组并网前操作误加大励磁。

3. 故障处理

（1）保护未动作时，立即解列停机。

（2）检查励磁调节器通道是否故障，如能切至另一通道可继续运行。

（3）因甩负荷造成的，联系调度并网运行。

（4）因自励磁引起时，降低机组转速或拉开断路器，改变运行方式恢复运行。

（八）发电机失去励磁

1. 故障现象

（1）失磁保护动作、告警。

（2）定子电压降低、定子电流指示升高、有功降低、无功进相。

（3）若励磁机的励磁回路断线时，转子电压、电流指示为零。

1）转子回路断线时，转子电压、电流增大。

2）当转子回路短路或两点接地时，转子电压降低，电流增大。

3）上述相关表计周期性摆动。

2. 故障原因分析

（1）励磁回路或转子回路断线造成开路。

（2）励磁绕组长期发热、绝缘老化或损坏引起转子回路短路。

（3）灭磁开关受振动或误碰掉闸。

（4）励磁调节器故障。

（5）励磁整流系统故障。

（6）励磁机故障。

（7）手动方式下操作调整不当。

3. 故障处理

（1）根据发电机-变压器组保护动作情况，分析原因。

（2）失磁保护动作分闸，按发电机故障分闸处理。

（3）失磁保护作用于信号或未投时，机组未分闸，立即降低机组有功出力，励磁在自动运行应切换至手动。

1）允许无励磁运行的机组，在 3～5min 将负荷降至 40%额定负荷以下，进行故障处理，失磁运行不许超过规定时间 10min。

2）对励磁系统如下设备进行检查：

a. 转子滑环有无环火短路痕迹。

b. 转子有无两点接地短路或断路现象。

c. 灭磁开关是否误关闭、误掉闸。

d. 励磁调节器是否故障。

e. 励磁功率柜是否故障。

f. 励磁机是否故障。

（4）发现发电机着火时，立即进行消火。

（5）由于励磁调节器或功率柜故障引起时，可切换备励系统工作，恢复机组运行。

（6）由于转子回路或励磁机回路故障停机后，做好安全措施并进行检修。

（7）由于灭磁开关自动分闸时，需对灭磁开关进行入、切试验。

（九）发电机振荡和失步

1. 故障现象

（1）定子电压表剧烈摆动。

（2）定子电流表的指针剧烈摆动，电流表有时超过正常值。

（3）有功功率、无功功率表摆动。

（4）转子电流表、电压表的指针在正常值附近摆动。

（5）系统频率升高或降低。

（6）照明灯一明一暗变化。

（7）水轮机导叶随有功功率的变化作相应的变化，平衡表指针在正、负之间变化。

（8）机组发生与表计摆动合拍的轰鸣声。

（9）数字电压表、频率表失灵，出现乱码。

2. 故障原因分析

（1）静态稳定破坏，主要是因运行方式变化或故障点切除时间过长而引起。

（2）发电机与系统联结的阻抗突增。

（3）电力系统中功率突变，供需严重失去平衡。

（4）电力系统中无功功率严重不足，电压降低。

（5）发电机调速器失灵。

（6）发电机失去励磁，吸收大量的无功功率。

（7）发电机电动势过低。

（8）互联系统联系薄弱、负阻尼特性引发低频振荡。

3. 故障处理

（1）判别系统振荡前、振荡后的电网频率是升高还是降低。

（2）观察是同步振荡还是异步振荡，系统是否有冲击，是否由于系统故障引起，是一台机组还是多台机组同时振荡，记录振荡时有关电气量的振幅、方向，同步振荡和异步振荡的判断依据：

1）根据转速表（以机械转速表为准）判断：与振前有显著升高为异步，机组发出高速轰鸣音。

2）根据功率判断：同步时在正值上变化，异步时在正负之间变化，失步机组的有功功率表指针摆动方向正好与其他机组的相反。

3）根据转子电流判断：同步时在较小范围内变化，异步时在较大范围变化。

（3）退出机组的自动发电控制 AGC 和低频自启动装置。

（4）机组失磁运行保护未动时，应立即解列并查明原因。

（5）异步振荡时迅速增加失步机组无功出力、减小有功出力，经 1～2min 仍未进入同步状态时，则可按现场规程将失步电机与系统解列。

（6）同步振荡时采取如下措施：

1）迅速增加机组无功出力，最大限度地提高励磁电流。

2）根据机组转速表判明此时频率较振前是升高还是降低。

3）如频率升高则降低有功出力，直到振荡消失或降到不低于规程允许值为止。

4）如频率降低则应增加发电机有功，充分利用备用容量和事故过载能力提高频率，直至消除振荡或恢复到正常频率为止。

5）对发电机励磁调节器的行为不要干预，应允许其最大限度地提高励磁电流，如无功太低可手动增无功，但不得超过规定值。

6）在系统振荡时，除现场事故规定者外，值班人员不得解列任何机组。

（7）对有功功率采取限制负荷运行，可以防止导水叶大幅度地开关，以免发生剪断销剪断及调速系统低油压事故。

（十）发电机着火

1. 故障现象

（1）机组断路器及灭磁开关分闸，并解列停机，发电机主保护（如发电机纵差、横差、发电机–变压器组差动）可能动作，语音、信号告警，故障录波器启动。

（2）发电机上部盖板的瓦斯放出或密封不严处有浓烟冒出。

（3）发电机风洞有烟或火星，并可闻到绝缘烧焦味。

2. 故障原因分析

（1）发电机年久失修长期过载，线圈绝缘因长期处于高温运行而老化，机组振动使其剥落或线圈绝缘受污油腐蚀使其破坏，造成发电机线圈短路引起。

（2）定子绕组有匝间短路，未对线圈定期做预防性耐压试验，绝缘受损部位未能及时被察觉，线圈脏污和处于低温运行，凝结水造成线圈短路。

（3）定子绕组相间或机外长时短路。

（4）发电机过电压使绝缘击穿短路。

（5）转子和定子相摩擦，机组过速时使个别转动部件损坏，在离心力的作用下将损坏部件甩出，击伤发电机线圈，造成发电机扫膛。

（6）空气冷却器冷却水管破裂或发电机消火用水误投入，引发定子绕组短路。

（7）并列误操作。

3. 故障处理

（1）从发电机风洞缝隙处闻到烧焦气味，看到冒出烟雾、火星，判定发电机确实着火。

（2）确认发电机出口断路器和灭磁开关跳开，若未跳开时应手动跳开，将发电机与系统停电隔离。

（3）若热风口在开放，必须立即关闭。

（4）迅速组织人员灭火，立即接上消火水源，打开给水阀进行消火，并检查消火水源水压，不得过高、过低。

（5）检查消火情况，见下部盖板有水流出。

（6）确认灭火后，关闭给水阀，退出消火水源，使消火装置恢复正常状态。

（7）消火过程中应注意下列各项：

1）不准破坏密封。

2）运行人员不准进入风洞内。

3）不准用砂或泡沫消火。

4）灭火后进入风洞时，必须戴防毒面具。

5）灭火期间，发电机冷却水不应中断。

6）灭火时最好维持机组在 $10\%n$ 左右转速低速运行，有助于机组冷却和防止局部过热。

（8）当火熄灭后，有条件时应维持发电机转速较长时间盘车，以防转子变形。

（十一）发电机后备保护动作

1. 故障现象

（1）机组断路器和灭磁开关分闸，解列停机，语音、信号告警，故障录波器启动。

（2）发电机后备保护（如低压过电流、负序过电流、复合电压过电流、低阻抗）动作。

（3）有功表、无功表指示为零。

2. 故障原因分析

（1）输电线路、发电厂母线或厂用电故障主保护未动作，引起电源端后备保护动作分闸。

（2）发电机后备保护定值整定错误。

（3）发电机后备保护误碰、人员作业误接线。

（4）保护装置误动作。查找主保护未动作原因后处理。

3. 故障处理

（1）根据发电机–变压器组保护动作情况，分析原因。

（2）发电机过电流保护（或带低压闭锁的过电流保护）动作分闸时，其他保护均未动作，同时也没有发现发电机有不正常现象，如是外部故障引起的，不须检查，待外部故障消除后，立即并列带负荷。

（3）发电机因保护定值整定错误或人员误碰保护装置而分闸，请示总工程师停用误整定保护装置，重新调整转速，恢复与电网并列运行；若由于联锁装置动作分闸（如联锁切机、过载切机、振荡解列等），联系上级调度员处理。

（4）由于输电线路、发电厂母线或厂用电故障主保护未动作，引起电源端后备保护动作分闸。

（5）若判断为保护误动作，请示总工程师同意将保护停用，重新将机组并网运行。

（十二）发电机定子温度升高异常

1. 故障现象

（1）发电机定子温度超过限值，语音、信号告警。

（2）温度巡检仪、百抄表显示定子、转子或冷热风温度超标。

2. 故障原因分析

（1）发电机满负荷或超负荷长时间运行，定子或转子电流越限。

（2）由于发电机冷、热风温度过高。

（3）冷却水压、水流量不足或夏季水温超标。

（4）发电机不平衡电流过大、带故障点或局部过热。

（5）测温元件故障。

3. 故障处理

（1）夏季机组长时间满负荷或超负荷运行而引起时，按下面方法处理：

1）可提高冷却水压，但不允许超过规定值。

2）降低发电机有功或无功出力。

（2）由于发电机冷却水压、水流量不足或夏季水温超标而引起的冷热风温度升高报警时，调整发电机冷却器水压，提高流量，使发电机各部温度降低。

（3）由于空冷器冷却水管路堵塞、破裂时，监视发电机冷热风、定子卷线、铁芯温度在允许值，根据系统电压适时降低无功负荷，无效时再降有功负荷，待停机处理。

（4）检查发电机不平衡电流是否偏大，设法消除。

（5）发电机定子单相接地故障引起绕组或铁芯温度过高时，立即停机检查处理。

（6）只有发电机温度巡检仪、百抄表某个测点温度过高警报，核对其他温度计显示在正常范围时，证明测温仪表或元件失灵，可以断开该回路测点报警，待停机后处理。

（十三）发电机–变压器组非全相

1. 故障现象

（1）非全相断路器一相或两相在合闸位，断路器状态出错（过渡状态），语音、信号告警故障录波器启动。

（2）非全相断路器电流表显示为零，有功表、无功表指示降低。

（3）非全相产生的负序电流较大，非全相或负序保护动作分闸。

2. 故障原因分析

（1）断路器采用分相操作时，分、合闸机构故障。

（2）误操作。

（3）断路器合闸时弹簧未储能。

（4）断路器分、合闸时，故障相断路器操作电源失去。

（5）运行中一相断路器分闸。

3. 故障处理

（1）运行中发生非全相，迅速降低该发电机有功和无功出力至零。

（2）当停机解列出现非全相时，不允许拉开灭磁开关，因为此时发电机与系统保持同步运行，值班员应立即到现场维持机组额定转速，将水车直流切入一次，复归停机令，待高压断路器断开后，采取手动或自动方式停机。

（3）出现非全相是因为手动分、合闸引起，则应再重复操作一次，若仍然不能消除非全相情况，则立即倒换母线，通过母联断路器或并列侧路断路器将机组从系统中切除。

（4）若保护动作断路器出现非全相，将引起母差保护后备（即断路器失灵保护）动作，将导致母线解列，或将与其相连电源及线路分闸，此时不做任何检查，将非全相断路器或隔离开关拉开，使之脱离系统，并尽快恢复系统正常运行。

四、发电机故障案例

[案例一] 发电机定子绕组短路引起发电机着火

1. 故障现象

某厂 4 号机带有功负荷为 87MW，无功负荷为 48Mvar。某日 4 号机运行中分闸，灭磁开关同时动作分闸，停机后检查，纵差、横差、转子一点接地保护均动作，强减动作，发电机上风洞冒烟。

2. 故障处理及原因分析

发生事故后立即投入发电机消防水灭火，3～4min，灭火后进入风洞检查，发现下部支持环上的绝缘仍在燃烧，立即用干式灭火器将余火熄灭。从事故发生到处理事故结束，共计 8min。

故障原因是 4 号发电机 8 台空气冷却器严重漏水，其中 2 号空气冷却漏出的水，流到定子线棒下端 187、188、189、190 号并头套上，造成放电短路。

3. 发电机损毁情况

4 号机定子线棒下端并头套 187 号下、188 号下、189 号下、190 号下均烧坏，其中 190 号下芯线已烧断，靠近上述 4 槽的下部水平挡风板烧了一个直径约 130mm 的大洞，故障线棒附近的其他线棒表面漆膜烧枯。为了防止发电机严重受潮，当即决定开启 4 号机空转干燥，检查还发现：

（1）励磁机回路强行减磁电阻对电屏铁架放电，电阻全部烧坏。

（2）转子电压表熔断器座烧坏。

（3）转子磁极接头对固定夹板的螺钉与铁芯放电，共烧坏 6 个磁极（1、17、19、35、23、25 号）的软连接铜片，其中 1 号磁极软连接片烧坏一大块（可能是灭磁过程中造成转子过电压）。

（4）4 号机主断路器 A、B 相油筒向外喷油冒烟。

4. 防范措施

（1）4 号机 8 台空气冷却器全部换新，并自制冷却器；解决 1、2、3 号机备品问题。

（2）在没有备品前，发现冷却器漏水，应该采取临时堵漏措施或人为改变漏水方向，使其不射到发电机定子上。

（3）加强缺陷管理，定期巡回检查，发现缺陷及时消除，提高设备的健康水平。

（4）分别将 24 号、25 号磁极吊装，引线连接前，在温度为 18.7℃，湿度为 66% 环境下，测得 25 号磁极绝缘电阻为 3600MΩ，1～24 号磁极绝阻为 1300MΩ（包括上滑环），26～40 号磁极绝缘电阻为 1060MΩ（包括下滑环）25 号磁极数据见表 4-1-5-1。

组装后，在环氧树脂漆没干的情况下，测得转子直流电阻为 0.176 052Ω，转子绝缘电阻为 60MΩ，23～26 号磁极间的接触电阻试验数据见表 4-1-5-2。24、25 号磁极交阻抗试验数据见表 4-1-5-3。

表 4-1-5-1　　　　　　　　25 号 磁 极 试 验 数 据

绝缘电阻（MΩ）	直流电阻（Ω）	交流阻抗*（Ω）	层间耐压**（V）	1min 耐压值
50 000	0.004 455	0.84	56	2500V（合格）

* 电压为 5V、电流为 5.95A 时的侧值。

** 电流为 61.5A、阻抗为 0.91Ω时的测值。

表 4-1-5-2　　　23～26 号磁极间的接触电阻试验数据（$I=200A$）

接头号	压降（MV）	接触电阻（μΩ）
23～24	0.6	3
24～25	0.57	2.8
25～26	0.6	3

表 4-1-5-3　　24、25 号磁极交流阻抗试验数据（$U=200V$、$I=2.65A$）

极号	压降（V）	阻抗（Ω）
24	4.9	1.85
25	4.7	1.77

[案例二] 发电机失步振荡

1. 发电机运行参数及系统运行方式

（1）发电机运行参数见表 4-1-5-4。

表 4-1-5-4　　　　　　　　发 电 机 运 行 参 数

发电机电气参数	额定功率（MW）	功率因数	额定定子电压（kV）	额定定子电流（kA）	额定转子电压（V）	额定转子电流（A）
	300	0.875	18	11	466	1696
4G 异步运行时电气参数	有功功率（MW）	无功功率（Mvar）	定子电压（kV）	定子电流（kA）	转子电压（V）	转子电流（A）
	25.3	−112.6	13.2～13.9	2.9～4.1	52	259.2

（2）系统运行方式见图 4-1-5-1。

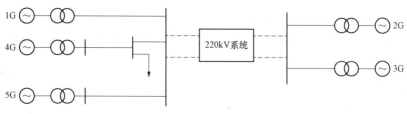

图 4-1-5-1 系统运行方式

2. 故障经过及原因

某厂 4 号机励磁调节器（AVR）故障引发失步振荡。

（1）设备运行方式：2G、3G、4G、5G 运行，4G 单机有功负荷为 130MW，无功为 20Mvar，全厂带有功负荷为 550MW。东北-华北联网，运行机组最优励磁控制器（EOC）投入。

（2）故障过程：17 时 14 分 4G 并网后有功带 100MW 负荷，17 时 16 分在机组负荷棒图中看到 4G 有功剧烈摆动，振幅为 ±130MW；无功为负值；定子电压最低为 10kV；三相定子电流越上限，最大值为 15.359kA；最大振荡频率为 0.40Hz。其他机组有功在 50~60MW 间变化，5min 以后 4G 有功稳定在 75MW，无功进相为 121Mvar，定子电压为 13.889kV；转子电流为 290A；转子电压为 68V；机组转速超速；220kV 母线电压为 163kV。机组进入稳定异步运行后的运行参数（见表 4-1-5-4）。现场人员将 AVR 切手动通道，调节转子电流至空载以上，励磁系统恢复正常运行。异步振荡原因是 4G AUR 测量单元数字给定电位器故障，造成发电机失磁，引起机组失步振荡。

3. 发电机失步振荡分析

电力系统的稳定性与一定的电力系统结构（故障前或故障后）、运行方式、调节装置的参数、扰动的大小、位置及扰动持续的时间相关联。

（1）发电机振荡失步原因。发电机失去励磁引发动稳定破坏，产生异步振荡。失磁运行时从系统中大量吸收无功，使发电机端电压剧降，大幅度降低了输送功率极限。随着功角不断增大，其同步功率随时间振荡，平均值几乎为零。而原动机机械功率调整较慢，发电机过剩功率使转子加速。机组转速大于同步转速处于异步运行状态时，将发出异步功率。平均异步功率与减少的机械功率达到平衡时，发电机进入稳定异步运行。

（2）发电机失步运行后果。失步是发电机振荡后的一种严重结果，失步时异步振荡造成动稳定破坏。轻者发生电力系统振荡，重者将使系统瓦解成若干小系统，直接危及电网安全稳定运行。

1）对机组影响：使机组产生振动，引起转子过热；异步振荡时 δ 角在 0°～360°

之间变化，容易损坏发电机转子和定子绕组及转轴。

2）对系统影响：异步运行时容易引起保护装置误动作；从系统吸收大量无功，降低系统电压水平。当无功功率储备不足时将造成系统电压崩溃，使局部电网瓦解。靠近振荡中心的地区负荷，由于电压周期性地大幅度降低，电动机将失速、停顿或使低压保护动作分闸。

分析系统振荡过程中电流、电压变化情况。4 号机-电网可以简化为两机系统，两侧电源系统中的振荡见图 4-1-5-2。以电源侧 $\dot{E}_\mathrm{M}$ 电动势为参考，相位角为零。机组侧为 N 电源。大电源系统侧阻抗很小，可以近似认为系统阻抗角和线路阻抗角相等。系统振荡时，N 侧系统等值电势 $\dot{E}_\mathrm{N}$ 围绕 $\dot{E}_\mathrm{M}$ 旋转或摆动，$\dot{E}_\mathrm{N}$ 落后于 $\dot{E}_\mathrm{M}$ 之角度 δ 在 $0°$ 到 $360°$ 之间变化（见图 4-1-5-3）。在振荡角度 δ 下的最低点电压 $\dot{U}_\mathrm{Z}$ 既振荡中心电压。当两侧电动势辐值相等时，电气中心不随 δ 的改变而移动。可以看出 $\delta=180°$ 时振荡中心电压降至零。系统振荡电流幅值如下：

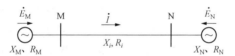

图 4-1-5-2　两侧电源系统中的振荡

R_M、R_N—电源侧、机组侧电阻；X_M、X_N—电源侧、机组侧阻抗

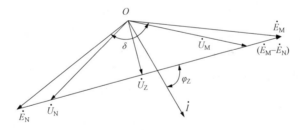

图 4-1-5-3　系统阻抗角和线路阻抗角相等时

$$\dot{Z}_\mathrm{r} = \dot{Z}_\mathrm{M} + \dot{Z}_\mathrm{l} + \dot{Z}_\mathrm{N} = Z_\mathrm{r}\mathrm{e}^{\mathrm{j}\sigma} \tag{4-1-5-1}$$

$$\dot{I}_\mathrm{M} = \frac{\dot{E}_\mathrm{M} - \dot{E}_\mathrm{N}}{Z_\mathrm{M} + Z_\mathrm{l} + Z_\mathrm{N}} = \frac{\dot{E}_\mathrm{M}}{Z_\mathrm{r}}\left(1 - \frac{\dot{E}_\mathrm{N}}{\dot{E}_\mathrm{M}}\mathrm{e}^{-\mathrm{j}\delta}\right) \tag{4-1-5-2}$$

$$I_\mathrm{M} = \frac{E_\mathrm{M}}{Z_\mathrm{r}}\sqrt{1 + \left(\frac{E_\mathrm{N}}{E_\mathrm{M}}\right)^2 - 2\frac{E_\mathrm{N}}{E_\mathrm{M}}\cos\delta} \tag{4-1-5-3}$$

式中　　$\dot{Z}_\mathrm{r}$——系统总阻抗；

I_M——振荡电流幅值；

Z_M、Z_l、Z_N——电源侧、线路、机组侧阻抗；

E_M、E_N——电源侧、机组侧电动势；

$\dot{E}_M$、$\dot{E}_N$——电源侧、机组侧等效电动势。

4. 防范措施

（1）调度运行部门在安全稳定管理方面的工作。研究各种运行方式的合理性，确定输电线和各区间联络线的输送电能力及正常和事故运行方式下的运行稳定储备等；根据电力系统运行中存在的问题和满足一定的稳定水平要求，研制和开发各种安全稳定自动装置，整定和配置自动装置参数。

（2）抑制低频振荡措施。一次系统方面，增强网架结构，减少重负荷输电线路，减少送电端电气距离；二次系统方面，采用励磁附加控制 PSS 装置以及非线性励磁控制器（NOEC）。用二次控制来抑制低频振荡具有价格低、容易实现及维护方便、经济效益显著等优点。

（3）结合电网改造，有规划地制定提高区域电网静态和动态稳定措施。宗旨是缩短电气距离，减少机械与电磁、负荷与电源的功率或能量差额。

（4）现场运行人员应做好机组失稳后的事故预想工作，严格按照规程和事故应急处理预案处理各种稳定破坏事故。

【思考与练习】

1. 发电机在电气方面常见的故障主要包括哪些？

2. 转子一点接地的故障原因有哪些？

3. 发电机定子回路单相接地的故障原因有哪些？

4. 发电机失去励磁现象有哪些？

第二章

变 压 器 运 行

▲ 模块 1　变压器运行方式和要求（Z49H2001）

【模块描述】本模块介绍变压器的运行方式。通过原理讲解，掌握允许温度和温升、外加电源电压允许变化范围、允许的过负荷、冷却装置的运行方式等。

【模块内容】

一、变压器的运行方式和要求

变压器应根据制造厂规定的铭牌额定数据运行。在额定条件下，变压器按额定容量运行，在非额定条件下运行时，应遵守变压器运行的有关规定。

二、变压器的允许温度和温升

1. 变压器的允许温度

变压器的允许温度是指运行中的变压器，运行温度不允许超过绝缘材料所允许的最高温度。

变压器运行时会产生铜损和铁损，这些损耗全部转化为热量，使变压器的铁芯和绕组发热，温度升高。温度对变压器的主要影响是使变压器的绝缘材料的绝缘性能降低。变压器中所使用的绝缘材料，长期在温度的作用下，会逐渐降低原有的绝缘性能，这种在温度作用下使绝缘材料绝缘性能逐渐降低的变化现象称为绝缘的老化。温度越高，绝缘的老化越快，以致变脆而破裂，使得绕组失去绝缘层的保护。根据运行经验和专门研究，当变压器绝缘材料超过允许值长期运行时，在 80～130℃范围内，每升高 6℃，其绝缘老化速度将增加一倍，即温度每升高 6℃绝对寿命减少 1/2，这就是变压器的 6℃规则。另外，即使变压器绝缘没有损坏，但温度越高，绝缘材料的绝缘强度就越低，很容易被高电压击穿造成故障。因此，运行中的变压器，运行温度不能超过绝缘材料所允许的最高温度。

电力变压器大都是油浸变压器。运行中的变压器，通常是通过监视变压器上层油温来控制变压器绕组最热点的工作温度，使绕组运行温度不超过其绝缘的允许温度值，以保证变压器的绝缘使用寿命。油浸变压器在运行中各部分的温度是不同的，绕组的温度最高，铁芯的温度次之，绝缘油的温度最低，且上层油温高于下层油温。

变压器的绝缘材料的耐热温度与绝缘材料的等级有关，如 A 级绝缘材料的耐热温度为 105℃；B 级绝缘材料的耐热温度为 130℃，一般油浸变压器为 A 级绝缘。为使变压器绕组的最高运行温度不超过绝缘材料的耐热温度，规程规定，当最高环境温度为 40℃时，A 级绝缘材料的变压器上层油温允许值见表 4–2–1–1。

表 4–2–1–1　　　　　　　**A 级绝缘材料的变压器上层油温允许值**

冷却方式	冷却介质最高温度（℃）	长期运行上层油温度（℃）	最高上层油温度（℃）
自然循环冷却、风冷	40	85	95
强迫油循环风冷	40	75	85
强迫油循环水冷	30		70

由于 A 级绝缘变压器绕组的最高允许温度为 105℃，绕组的平均温度约比油温高 10℃，故油浸变压器自冷或风冷变压器上层油温最高允许温度为 95℃。考虑油温对油的劣化影响（油温每增加 10℃，油的氧化速度增加 1 倍），上层油温的允许值一般不超过 85℃。对于强迫油循环风冷或水冷变压器，由于油的冷却效果好，使上层油温和绕组的最热点温度降低，但绕组平均温度与上层油温的温差较大（一般绕组的平均温度比上层油温高 20～30℃），故强迫油循环风冷变压器运行上层油温一般为 75℃，最高上层油温不超过 85℃。强迫油循环水冷变压器运行上层油温一般为 70℃。

为了监视和保证变压器不超温运行，变压器装有温度继电器和就地温度计。温度计用于就地监视变压器的上层油温。温度继电器的作用是：当变压器上层油温超出油温允许值时，发出报警信号；根据上层油温的变化范围，自动地启、停辅助冷却器；当变压器冷却器全停，上层油温超过允许值时，延时将变压器从系统中切除。

2. 变压器的允许温升

变压器上层油温与环境温度的差值称为温升。温升的极限值称允许温升。运行中的变压器，不仅要监视上层油温，而且还要监视上层油的温升。因为当周围的环境温度较低时，变压器外壳的散热能力将大大增加，使外壳温度降低很多，变压器上层油温不会超过允许值，但变压器内部的散热能力不与周围的环境温度变化成正比，周围环境温度虽然降低很多，但其内部散热能力却降低很少，变压器绕组的温度可能超过允许值。

对 A 级绝缘的油浸变压器，周围环境温度为+40℃时，上层油的允许温升值规定如下：

（1）油浸自冷或风冷变压器。在额定负荷下，上层油温升不超过 55℃。

（2）强迫油循环风冷变压器。在额定负荷下，上层油温升不超过 45℃。

（3）强迫油循环水冷变压器。在额定负荷下，水冷却介质最高温度为+30℃时，上层油温升不超过 40℃。

干式自冷变压器的温升允许值按绝缘等级确定，见表 4-2-1-2。

表 4-2-1-2　　　　　　　　干式自冷变压器的温升允许值

变压器部位		温升允许值（℃）	测量方法
绕组	A 级绝缘	60	电阻法
	E 级绝缘	75	
	B 级绝缘	80	
	F 级绝缘	100	
	H 级绝缘	125	
铁芯及结构零件表面		最大不超过所接触的绝缘材料的允许温度	温度计法

三、变压器外加电源电压允许值

运行中的变压器，外加电源的电压应尽量按变压器的额定电压运行（可通过调节分接头来实现）。但由于电力系统运行方式的改变、系统的负荷的变化、系统事故等因素的影响，变压器的外接电源电压往往是变动的，不能稳定在变压器的额定电压运行。外加电源电压高于变压器所用的分接头额定电压较多时，对变压器将产生不良影响。这是因为当外加电源电压增高时，变压器的励磁电流增加，磁通密度增大，① 使变压器铁芯损耗增加，使铁芯的温度升高；② 如铁芯过度饱和，引起二次绕组相电势波形发生畸变，相电势由正弦波变为尖顶波，对变压器的绝缘有一定的危害；③ 变压器无功消耗加大，使变压器的出力降低。为此，变压器运行规程对变压器电压作了如下规定：

（1）变压器外加电源电压可略高于变压器的额定值，但一般不超过所用分接头电压的 5%，不论变压器分接头在何位置，如果所加电压不超过相应额定值的 5%，则变压器二次绕组可带额定电流运行。

（2）个别情况根据变压器的结构特点，经试验可在 1.1 倍额定电压下长期运行。

四、变压器允许的过负荷

变压器的过负荷是指变压器运行时，传输的功率超过变压器的额定容量。运行中的变压器有时可能过负荷运行。过负荷有两种情况：正常过负荷和事故过负荷。正常过负荷可经常使用，而事故过负荷只允许在事故情况下使用。

1. 正常过负荷

正常过负荷是指系统在正常的情况下，以不损害变压器绕组绝缘和使用寿命为前提的过负荷。

变压器正常过负荷运行的依据是变压器绝缘等值老化原则。即变压器在一段时间内正常过负荷运行，其寿命损失大；在另一段时间内低负荷运行，其绝缘寿命损失小，两者绝缘寿命损失互补，保持变压器正常使用寿命不变。

正常过负荷的允许值及对应的过负荷允许运行时间，应根据变压器的负荷曲线、冷却介质的温度及过负荷前变压器所带的负荷来确定（可参照表 4-2-1-3 确定）。干式变压器的正常过负荷应遵照制造厂的规定。

表 4-2-1-3　　　油浸自冷或风冷变压器正常过负荷倍数及允许时间

过负荷倍数	过负荷前上层油温升（℃）						
	18	24	30	36	42	48	50
	允 许 连 续 运 行 时 间						
1.05	5h50min	5h25min	4h50min	4h	3h	1h	
1.10	3h50min	3h25min	2h50min	2h10min	1h25min	10min	
1.15	2h50min	2h25min	1h50min	1h20min	35min		
1.20	2h05min	1h40min	1h10min	45min			
1.25	1h35min	1h15min	50min	25min			
1.30	1h10min	50min	30min				
1.35	55min	35min	15min				
1.40	40min	25min					
1.45	25min	10min					
1.50	15min						

变压器正常过负荷运行时注意事项：

（1）存在较大缺陷的变压器，如冷却系统不正常、严重漏油，色谱分析异常等，不准过负荷运行。

（2）全天满负荷运行的变压器不宜过负荷运行。

（3）变压器过负荷前，应投入全部冷却器。

（4）密切监视变压器上层油温。

（5）对有载调压变压器，在过负荷程度较大时，应尽量避免用有载调压装置分接头。

2. 事故过负荷

事故过负荷是指在系统发生故障时，为保证用户的供电和不限制发电厂的出力，允许变压器短时间的过负荷。

事故过负荷时，变压器负荷和绝缘温度均会超过允许值，绝缘老化速度将比正常加快，使用寿命会减少。因此，事故过负荷是以牺牲变压器使用寿命为代价的过负荷运行。但由于事故过负荷的概率小，平常又多在欠负荷下运行，故短时间内事故过负荷运行对绕组绝缘寿命无显著影响，在电力系统发生事故的情况下，允许变压器短时间内事故过负荷运行。

变压器事故过负荷的数值和持续时间应按制造厂的规定执行。如无制造厂规定的资料，对油浸自冷或风冷的变压器，可参照表 4-2-1-4 的数值确定；对于强迫油循环冷却的变压器，可参照表 4-2-1-5 的数值确定；干式变压器事故过负荷能力见表 4-2-1-6。事故过负荷时应投入备用冷却器。

表 4-2-1-4　　　　　油浸自冷或风冷变压器事故过负荷倍数及
允许运行时间

过负荷倍数	环境温度（℃）				
	0	10	20	30	40
1.1	24h	24h	24h	19h	7h
1.2	24h	24h	13h	5h50min	2h45min
1.3	23h	10h	5h30min	3h	1h30min
1.4	8h30min	5h10min	3h10min	1h45min	55min
1.5	4h45min	3h10min	2h	1h10min	35min
1.6	3h	2h5min	1h20min	45min	18min
1.7	2h5min	1h25min	50min	25min	9min
1.8	1h30min	1h	30min	13min	6min
1.9	1h	35min	18min	9min	5min
2.0	40min	22min	11min	6min	

表 4-2-1-5　　　强迫油循环变压器事故过负荷倍数及允许运行时间

过负荷倍数	环境温度（℃）				
	0	10	20	30	40
1.1	24h	24h	24h	14h30min	5h10min
1.2	24h	21h	8h	3h30min	1h35min
1.3	11h	5h10min	2h45min	1h30min	45min

续表

过负荷倍数	环境温度（℃）				
	0	10	20	30	40
1.4	3h40min	2h10min	1h20min	45min	15min
1.5	1h50min	1h10min	40min	16min	7min
1.6	1h	35min	16min	8min	5min
1.7	30min	15min	9min	5min	

表 4–2–1–6　　　　　　　　　　干式变压器事故过负荷能力

过负荷电流/额定电流	1.2	1.3	1.4	1.5	1.6
过负荷持续时间（min）	60	45	32	18	5

五、冷却装置的运行方式

（一）变压器的冷却方式

变压器运行时，绕组和铁芯产生的热量先传给油，通过油再传给冷却介质。为了提高变压器压器的出力，保证变压器正常运行和使用寿命，必须加强对变压器的冷却。变压器的冷却方式，按其容量大小，有如下几种类型：

1. 油浸自冷

油浸自冷是以变压器油在油箱内自然循环，将变压器绕组和铁芯的热量传给油箱壁及散热管，然后，依靠空气自然流动将油箱壁及散热管的热量散发到大气中。变压器运行时，绕组和铁芯由于电能损耗产生的热量使油的温度升高，体积膨胀，密度减小，油自然向上流动，上层热油流经油箱壁、散热管冷却后，因密度增大而下降，于是形成了油在油箱和散热管间的自然循环流动，热油通过油箱壁和散热管得到冷却。容量在 7500kVA 及以下的变压器一般采用油浸自冷冷却方式。

2. 油浸风冷

在油浸自冷的基础上，在散热器上加装了风扇，风扇将周围的空气吹向散热器，加强散热器表面的冷却，从而加速散热器中油的冷却，使变压器油的温度迅速降低，提高了变压器绕组及铁芯的冷却效果。容量在 10 000kVA 以上的较大型变压器一般采用油浸风冷的冷却方式。

3. 强迫油循环冷却

为了增加冷却效果，大容量的变压器采用强迫油循环冷却，利用潜油泵加快油的循环流动。根据变压器的冷却方式不同，强迫油循环的冷却又分为强迫油循环风冷却和强迫油循环水冷却两种方式。

（1）强迫油循环风冷。在油浸风冷的基础上，加装了潜油泵，利用潜油泵加强油在油箱和散热器之间的循环速度，使油的冷却效果更好。

（2）强迫油循环水冷。变压器的油箱上加装散热器，油箱外加装了一套由潜油泵、滤油器、冷油器、油管道等组成的油系统。在冷油器中把油的热量带走，使热油得到冷却。

4. 强迫油循环导向冷却

所谓"导向"是指将经过冷却器冷却的油，在油箱的内部按给定的路径流动的。

（二）变压器冷却装置一般要求

变压器冷却装置应符合以下要求：

（1）强迫油循环冷却系统必须有两个独立的工作电源并能自动切换。当工作电源发生故障时，能自动投入备用电源并发出备用电源工作音响及灯光信号。

（2）强迫油循环冷却的变压器，当切除故障冷却器时应发出该冷却器音响及灯光信号。

（3）风扇、水泵及油泵的附属电动机应有过负荷、短路及断相保护。

（4）水冷却器的油泵应装在冷却器的进油侧，并保证在任何情况下冷却器中的油大于水压约 0.05MPa，冷却器出水应设放水旋塞。

（5）强迫油循环水冷的变压器，各冷却器的潜油泵出口应装止回阀。

（6）强迫油循环冷却的变压器，应能按温度和负载控制冷却器的投切。

【思考与练习】

1. 对 A 级绝缘的油浸变压器，周围环境温度为+40℃时，油浸自冷或风冷变压器在额定负荷下，上层油的允许温升值是多少？

2. 强迫油循环冷却分为哪两种方式？

3. 变压器正常过负荷运行时的注意事项有哪些？

◢ 模块 2　变压器运行监视与维护（Z49H2002）

【模块描述】本模块介绍变压器运行监视与维护工作。通过原理讲解，掌握运行巡视检查和日常维护，运行巡视检查包括定期检查和特殊巡视检查项目。

【模块内容】

一、变压器正常运行的监视

变压器运行时，运行人员应根据控制盘上的仪表（有功表、无功表、电流表、电压表、温度表等）来监视变压器的运行状况，使负荷电流、电压和温度在允许范围内变化，并做好记录。仪表指示值抄录的次数由现场规程规定。在巡视检查时抄录变压器上层油温，环境温度变化时要注意温升。若变压器过负荷运行，应积极采取措施（如改变变压器运行方式或降低负荷），同时应加强监视，并做好过负荷情况记录。

二、变压器的检查

运行中或备用中的变压器，应进行定期和机动性的巡回检查。

（1）各变压器每天至少检查一次。

（2）变压器经检修后，第一次带负荷时，应进行机动性检查。

（3）每次短路故障后，应进行变压器外部检查。

（4）每周进行一次室外熄灯，检查各处是否有放电、电晕及烧红现象。

（5）天气恶劣时，进行室外变压器机动检查。

三、变压器正常巡视检查

变压器正常巡视检查项目如下：

（1）变压器的运行声音正常。

（2）变压器油位、油色应正常，各部位无渗漏现象。

（3）变压器油温、温升应正常。

（4）呼吸器应完好、畅通，硅胶无变色，油封呼吸器的油位正常。

（5）冷却器运行正常。

（6）防爆门隔膜应完好、无裂纹。

（7）变压器套管油位正常，套管清洁、无破损、无裂纹和放电痕迹。

（8）引线接头接触应良好，各引线接头应无变色、无过热、发红现象，接头接触处的示温蜡片应无融化现象。

（9）变压器铁芯接地线和外壳接地线接触良好，用钳形电流表测量铁芯接地电流值应不大于0.5A。

（10）气体继电器应充满油、无气体。

（11）调压分接头位置指示应正确，各调压分接头位置应一致。

（12）各控制箱和二次端子箱内各种电器装置应完好，位置和状态正确，箱壳密封良好，无受潮。

四、变压器定期检查

变压器除正常检查外，还要进行定期检查。检查项目如下：

（1）外壳及箱沿应无异常发热。

（2）各部位的接地应完好，必要时应测量铁芯和线夹的电流。

（3）强油循环冷却的变压器应做冷却装置的定期切换试验。

（4）水冷却器从旋塞放水检查应无油迹。

（5）各种标志应齐全。

（6）各种保护装置齐全、良好。

（7）各种温度计指示正确，超温信号正确、可靠。

（8）消防措施齐全、完好。

（9）室内变压器通风设备完好。

（10）储油池和排油设施保持良好状态。

五、变压器特殊巡视（机动）检查

当系统发生短路故障或天气突然发生变化（如大风、大雨、大雪及气温骤变等）时，运行值班人员应对变压器及其附属设备进行重点检查。

（1）变压器在系统发生短路故障后的检查。检查变压器有无爆裂、移位、变形、焦味、烧伤、闪络及喷油，油色是否正常，电气连接部分有无发热、熔断，瓷质外绝缘有无破裂，接地引下线有无烧断。

（2）大风、雷雨、冰雹后的检查。检查引线摆动情况及有无断股，引线和变压器上有无搭挂落物，瓷套管有无放电闪络痕迹及破裂现象。

（3）浓雾、毛毛雨、下雪时的检查。检查瓷套管有无沿面放电，各引线接头发热部位在小雨中或落雪后应无水蒸气上升或落雪融化现象，导电部分应无冰柱，如有应及时清理。

（4）气温骤变时的检查。气温骤冷或骤热时，应检查油枕油位和瓷套管油位是否正常，油温和温升是否正常，各侧连接引线有无变形、断股或接头发热发红等现象。

（5）过负荷运行时的检查。检查并记录负荷电流；检查油温和油位的变化；检查变压器的声音是否正常；检查接头发热是否正常、试温蜡片无融化现象；检查冷却器投入的数量应足够，且运行正常；检查防爆膜、压力释放器应为动作。

（6）新投入或经大修的变压器投入运行后的检查。在4h内，应每小时巡视检查一次，对以下项目要重点检查：

1）变压器声音是否正常，如发现响声特大、不均匀或有放电声，则可判断内部有故障。

2）油位变化应正常，随温度的提高应略有上升。

3）用手触及每一组冷却器，温度应正常，以证实冷却器的阀门已打开。

4）油温变化应正常，变压器带负荷后，油温应缓慢上升。

六、干式变压器巡视检查

干式变压器巡视检查项目如下：

（1）变压器的声音正常，无异味。

（2）接头无过热，电缆头无漏油、渗油现象。

（3）绕组的温升，根据变压器的绝缘等级，其温升不超过允许值。

（4）绝缘子无裂纹、无放电痕迹。

（5）变压器室内通风良好，室温正常，室内屋顶无渗、漏现象。

七、变压器分接开关的维护

分接开关分为无载分接开关和有载分接开关。

（1）有载调压时应遵守下列规定：

1）有载分接开关切换调节时，应注意分接开关位置指示、变压器电流和母线电压的变化情况，并做好记录。

2）有载调压时应逐级调压，有载分接开关原则上每次只操作一挡，隔1min后在进行下一挡的调节。严禁分接开关在变压器严重过负荷（超过1.5倍额定电流）的情况下进行切换。

3）变压器的有载分接开关应三相同步操作。

4）两台有载调压变压器并联运行时，调压操作应轮流逐级进行。

5）有载调压变压器与无载调压变压器并联运行时，有载调压变压器的分接位置应尽量接近无载调压变压器的分接位置。

（2）电动操动机构应经常保持良好状态。电源和行程指示灯完好；分接开关的电动控制应正确、无误，电源可靠；接线端子接触良好，驱动电动机运转正常，转向正确；控制盘上的操作按钮、分接开关和控制箱上的按钮应完好；大修或小修后的有载分接开关，应在变压器空载下，用电动操作按钮至少操作一个循环，观察各项指示正确，极限位置闭锁应可靠，之后再调至调度要求的分接头挡位带负荷运行，并加强监视。

（3）有载分接开关的切换箱应严格密封，不得渗漏。如发现其油位变化，可能是变压器与有载分接开关的切换箱窜油引起。应保持变压器油位高于分接开关的切换箱的油位，防止分接开关的切换箱的油渗入到变压器本体内，影响其绝缘油质，如有此情况，应及时停电处理。

（4）有载分接开关的切换箱内绝缘油的试验与更换。每运行6个月取样进行工频耐压试验一次，其油耐压值不低于30kV/2.5min；当油耐压值在25~35kV/2.5min之间时，应停止使用自动调压装置；若油耐压值低于25/2.5min时，应禁止调压操作，并及时安排换油；当运行1~2年或切换操作达5000次后，应换油，且切换的触头部分应吊出检查。

（5）有载分接开关装有气体保护及防爆装置，重瓦斯气体动作于分闸，轻瓦斯气体动作于信号，当保护装置动作时，应查明原因。

八、强迫油循环风扇冷却装置的运行维护

冷却装置运行时，应检查冷却器进、出油管的蝶阀在开启位置；散热器进风通畅，

入口干净无杂物；检查潜油泵转向正确，运行中无杂音和明显振动；风扇电动机转向正确，风扇叶片无擦壳；冷却器控制箱内分路电源自动开关闭合良好，无振动及异常响声；检查冷却系统总控制箱正常；冷却器无渗、漏油现象。

九、油枕的维护

为了减缓变压器油的氧化，在油枕的油面上放置一个隔膜或胶囊（胶袋），胶囊的上口与大气相通，使油枕的油面与大气隔离，胶囊的体积随温度的变化增大或减小。该油枕的维护工作主要有以下两个方面：

（1）油枕加油时，应尽量将胶囊外面与油枕内壁间的空气排尽。否则，会造成假油位及气体继电器动作，故应全密封加油。

（2）油枕加油时，应注意进油速度及油量要适当，防止进油速度太快，油量过多时，可能造成压力释放器发信号或防爆管喷油。

十、净油器的运行维护

变压器运行时，检查净油器的上、下阀门在开启位置，保持油在其间通畅流动。净油器的填充物质是硅胶或活性氧化物，检查时要注意其颜色的变化，质量不合格时要及时更换。净油器投入运行时，先打开下部阀门，使油充满净油器，并打开上部排气小阀，使其内空气排出，当小阀门溢油时，关闭小阀门，再打开净油器的上阀门。

【思考与练习】

1. 变压器特殊巡视（机动）检查项目有哪些？
2. 干式变压器巡视检查项目有哪些？

▲ 模块3 变压器正常操作（Z49H2003）

【模块描述】本模块介绍变压器正常操作规定。通过原理讲解，掌握变压器停送电操作、冷却装置的正常操作和注意事项。

【模块内容】

一、变压器送电前的准备工作

（1）检查变压器及其相关回路的检修工作已经结束，检修工作票终结，并收回。

（2）与检修有关的临时安全措施（短接线、接地线、标示牌等）已拆除，接地开关已拉开，恢复常设遮拦和标示牌。

（3）测量绝缘电阻。新安装的变压器或经检修后的变压器投入运行前，必须先测量绝缘电阻，合格后方可送电。测量时，应先拉开变压器各侧的隔离开关、中性点的隔离开关；将变压器高压侧接地，避免高压侧感应电压的影响；验明无电后才能进行测量。对发电机–变压器组单元接线的主变压器，其间无隔离开关，可与发电机绝缘一并测量，测量结果不符合要求时，可将主变压器与发电机分开，分别测量。

油浸电力变压器绕组的绝缘电阻允许值见表 4-2-3-1。将同一变压器绕组的绝缘电阻换算至同一温度下，与上次测量结果相比，降低不得超过 40%；在 10～30℃的条件下，所测得的吸收比（R_{60}/R_{15}）应不小于 1.3。R_{60}、R_{15} 分别为 60s 和 15s 电阻值。绝缘电阻可按以下公式进行温度换算：

测量时温度比前次高，则

$$R_{t1}=R_{t2} \cdot K \tag{4-2-3-1}$$

测量时温度比前次低，则

$$R_{t1}=R_{t2}/K \tag{4-2-3-2}$$

式中　R_{t1}——换算至前次温度下的此次绝缘电阻值；

　　　R_{t2}——此次测量温度下的实测绝缘电阻值；

　　　t_1——前次测量时的温度，℃；

　　　t_2——此次测量时的温度，℃；

　　　K——油浸变压器绝缘电阻的温度换算系数，按两次测量温度差绝对值查表 4-2-3-2 取值。

表 4-2-3-1　　　　　　油浸电力变压器绕组绝缘电阻允许值

绝缘电阻允许值（MΩ）／绕组温度（℃）／高压绕组电压等级（kV）	10	20	30	40	50	60	70	80
3～10	450	300	200	130	90	60	40	25
20～35	600	400	270	180	120	80	50	35
60～220	1200	800	540	360	240	160	100	70

表 4-2-3-2　　　　　　油浸电力变压器绕组绝缘电阻温度换算系数

温度绝对值（℃）	5	10	15	20	25	30	35	40	45	50	55	60
换算系数 K	1.2	1.5	1.8	2.3	2.8	3.4	4.1	5.1	6.2	7.5	9.2	11.2

干式变压器绝缘电阻的测量，可参照上述规定执行。强迫油循环风冷和油浸风冷变压器大、小修后投入运行前，应测量潜油泵和风扇电动机的绝缘电阻，使用 500V 绝缘电阻表测得的绝缘电阻应不低于 0.5MΩ。

（4）检查变压器一次回路。检查范围从母线到变压器出线，包括各电压等级一次回路中的设备。检查项目包括变压器本体、冷却器、有载调压回路、无载分接开关的位置、各电压等级的断路器、隔离开关、电流互感器及其他部件。所有一次设备均应处于良好备用状态（各项目检查要求按现场规程执行）。

（5）检查冷却器装置并投入运行。变压器投入运行前，应对变压器的冷却装置进行检查，检查正常，再将冷却装置投入运行。

1）检查项目。检查项目包括：

a. 测量冷却装置电动机的绝缘电阻合格。

b. 检查每组冷却进、出油蝶阀在开启位置。

c. 潜油泵和风扇电动机转向正确，运行中无异常声音和明显振动，电动机温升正常；

d. 油流继电器动作正常。

e. 自动启动冷却器的控制系统动作正常，启动整定值正确。

f. 冷却系统总控制箱内开关状态和信号正确。

在变压器投入运行前，将全部冷却器投入运行，以排除残余空气。运行 1h 后，再按规定将辅助和备用冷却器停运。

变压器开启部分冷却器时，应监视上层油温和温升不超过规定值。

2）冷却器投入注意事项。冷却器投入时应注意下列事项：

a. 在投入强油风冷装置时，严禁先启动潜油泵，后开启该组散热器上下联管的阀门。停止强油风冷装置时，严禁在未停潜油泵的情况下，关闭其阀门。这是为了防止将大量空气抽入变压器体内或损坏潜油泵轴承及叶轮。

b. 在投入强水冷却装置时，必须先启动潜油泵，待油压上升后可开启冷却水门，且保持油压高于水压，以免冷却器泄漏时水渗入油中，影响油的绝缘性能，进而造成变压器故障。冷却装置停用时的操作顺序相反。

c. 若变压器运行中投入某组强油风冷装置，为防止气体保护误动作，应将其退出运行（重气体保护由分闸改投信号）。

（6）变压器投入运行前的冲击试验。变压器正式运行前要做空载全电压合闸冲击试验。做空载全电压合闸冲击试验的目的是：

1）检查变压器及其回路的绝缘是否存在弱点或缺陷。拉开空载变压器时，可能产生操作过电压。在电力系统中性点直接接地时，过电压幅值可达 3 倍相电压。为了检验变压器绝缘强度是否能承受全电压或操作过电压的作用，在变压器投入运行前，需做空载全电压冲击试验。若变压器及其回路有绝缘弱点，就会被操作过电压击穿而暴露。

2）检查变压器差动保护是否误动。带电投入空载变压器时，会产生励磁涌流，其值可达 6～8 倍额定电流。励磁涌流开始衰减很快，一般经 0.5～1s 即可减到 0.25～0.5

倍额定电流，但全部衰减完毕时间较长，中小型变压器约几秒，大型变压器可达 10～20s，故励磁涌流衰减初期，往往差动保护误动，造成变压器不能投入。因此，空载冲击试验合闸时，在励磁涌流的作用下，可对差动保护的接线、特性、定值进行实际检查，并做出该保护可否投入的评价和结论。

3）考核变压器的机械强度。由于励磁涌流产生很大的电动力，为了考核变压器的机械强度，故需做冲击试验。

全电压空载冲击试验次数，新产品投入运行前连续做 5 次，大修后的变压器应连续做 3 次。每次冲击试验间隔时间不少于 5min，操作前应派人到现场对变压器进行监视，检查变压器有无异声异状，如有异常应立即停止操作。

（7）变压器的充电在有保护装置电源侧用断路器操作；送电时，先合电源侧断路器；停电时，先断开负荷侧断路器。

（8）在无断路器时，可用隔离开关投切 110kV 及以下且电流不超过 2A 的空载变压器；用于切断 220kV 及以上变压器隔离开关，必须三相联动且装有灭弧角；装在室内的隔离开关必须在各项之间安装耐弧的绝缘隔板。

（9）在 110kV 及以上中性点有效接地系统中，投运或停运变压器的操作，中性点必须先接地，防止单相接地产生过电压和避免产生某些操作过电压。投入后可按系统需要决定中性点是否断开。

（10）新修、大修、事故检修或换油后的变压器，在施加电压前静止时间 110kV 及以下不应少于 24h，220kV 及以上不应少于 48h，500kV 及以上不应少于 72h。

二、变压器的运行操作

变压器的运行操作包括冷却装置的投入与停用，变压器分接头的切换，变压器停、送电等。下面介绍冷却装置的投入与停用和变压器停、送电操作。

（一）冷却装置的投入与停用操作

1. 油浸风冷变压器冷却装置的投入与停用

（1）检查冷却器工作电源已送电。

（2）装上冷却装置的电源熔断器。

（3）将转换开关 SA 的手柄置于"手动"位置，冷却风扇投入运行。将转换开关 SA 置于"停止"位置，将冷却风扇停止运行。

（4）将转换开关 SA 手柄置于"自动"位置，冷却风扇按变压器上层油温或按变压器负荷电流启动运行或停止。

2. 强迫油循环风冷变压器冷却装置的投入和停用

（1）冷却装置的投入。操作步骤如下：

1）检查冷却器继电器定值正确。

2）检查风扇电动机、潜油泵运行正常。

3）打开油回路系统内的阀门（滤油室和潜油泵进出门，打开上集油室的排气塞）。

4）打开下阀门，使油缓慢注入散热器，散热器注满油后，关闭排气塞（排气塞有油溢处时关闭）。

5）打开上阀门，开足下阀门。

6）检查冷却器的两路工作电源已送电。

7）将冷却装置电源切换开关 SA 切至 Ⅰ 路电源工作位置，Ⅱ 路电源联动备用。

8）装上所有控制和信号熔断器。

9）将转换开关 SA1、SA2、SA3 的手柄置于"工作"位置（接通控制和信号电源）。

10）合上各组冷却器的电源自动开关。

11）将冷却器的转换控制开关（1SA～NSA）手柄置于"工作"位置，全部冷却器的风扇及潜油泵运转。

12）全部风扇运行 1h 后将辅助、备用冷却器的控制开关分别置于"辅助""备用"位置，工作冷却器继续运行。

（2）冷却装置的停用。操作步骤如下：

1）将冷却器的转换开关（SA1～NSA 相关的控制开关）手柄置于"停止"位置。

2）将该冷却器的电源自动开关（1Q～NQ 相关的自动开关）断开。

3）关闭冷却器的上、下阀门。

3. 强迫油循环水冷变压器冷却装置的投入和停用

强迫油循环水冷变压器冷却装置的投入和停用操作基本顺序如下：

（1）打开各冷却器油管道的上、下阀门。

（2）启动潜油泵，打开潜油泵的出口门。

（3）检查潜油泵出口压力正常，流量表正常。

（4）打开冷却器出水总门。

（5）依次打开各冷却器出水门和进水门。

（6）缓慢打开冷却器总进水门，维持油压大于水压。

水冷却装置停用与启动操作顺序相反。

4. 冷却装置启动和停用注意事项

（1）变压器投入运行时，应先逐台投入冷却装置运行，并按负载情况控制冷却器的台数；变压器停运后，冷却器按规定运行一段时间后停止运行。

（2）投入强迫油循环冷却装置时，应先打开冷却器的上、下阀门，后启动冷却器潜油泵；停用强迫油循环冷却装置时，应先停止潜油泵运行，再关闭上、下阀门。防止将大量空气抽入变压器本体内或损坏潜油泵轴承及叶轮。

（3）对于强迫油循环的水冷却器，在投入运行时，应先启动潜油泵建立油压后，才可开启冷却水门，操作时应缓慢进行，且油压大于水压，以避免冷却器有泄漏时，水渗到油中，影响变压器油的绝缘性能。

（4）水冷却装置使用的水质不应含有腐蚀物质，防止因腐蚀造成冷却器泄漏。

（5）水冷却器在冬季停止运行时，应将冷却器水室和进、出水管剩水放尽，以免冻坏设备。

（二）变压器停送电操作

1. 变压器的操作原则

（1）变压器并列运行必须满足并列运行条件。

（2）变压器在停电、充电及送电操作时，必须将中性点接地开关合上。

（3）两台变压器并联运行，在倒换中性点接地开关时，应先将原未接地的中性点接地开关合上，再拉开另一台变压器中性点接地开关，并考虑零序电流保护的切换。

（4）变压器送电时一般应先由高压侧充电，再由低压侧并列；停电时先在低压侧解列，再由高压侧停电。

（5）发电厂的大型变压器，为减少变压器的冲击，尽可能采用发电机变压器组在高压侧解列；送电时采用发电机–变压器组零起升压，再于高压侧同期并列的方式。

2. 发电厂高压备用变压器的停送电操作

下面以大容量变压器操作为例，介绍变压器的操作。图 4-2-3-1 所示为某发电机组电气一次系统图，发电机启动前，先由高压备用变压器 T3 向机组 6kV 厂用电供电，然后启动机组。现就启动备用变压器 T3 运行于 WBⅡ母线及带负荷的操作步骤简述如下：

（1）投入冷却装置运行（启动潜油泵和冷却风扇）。

（2）检查 QS61、QS62、QF6、QF5、QF4、QF3、QF2 在开位（监控系统显示和现场机械位置指示在开位）。

（3）投入变压器 T3 的全部继电保护连接片，并检查其接触良好和位置正确。

（4）合上中性点隔离开关 QS30。

（5）检查 QS30 三相合闸良好。

（6）投入隔离开关 QS62 的操作电源，就地电动合上隔离开关 QS62。

（7）检查隔离开关 QS62 三相合闸良好。

（8）装上断路器 QF6 的动力及控制熔断器，检查信号指示正确，无报警信号出现。

（9）合上断路器 QF6，向变压器 T3 充电。

（10）检查信号及仪表指示（电流表、功率表、电能表）等显示正常，无保护掉牌，检查断路器 QF6 三相合闸良好（监控系统显示在合位、现场机械位置指示在合位）。

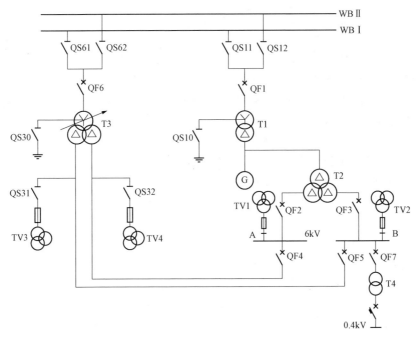

图 4-2-3-1　电气一次系统

（11）合上 TV3、TV4 上的隔离开关 QS31、QS32（同期合闸用）。

（12）检查 TV3、TV4 上的隔离开关 QS31、QS32。

（13）装上断路器 QF4、QF5 的动力及控制熔断器。

（14）合上断路器 QF4 的同期控制开关 SA1、同期切换开关 SA2、同期闭锁开关 SA3。

（15）合上断路器 QF4。

（16）检查断路器 QF4 三相合闸良好（监控系统显示在合位、现场机械位置指示在合位）。

（17）合上断路器 QF5 的 SA1、SA2、SA3。

（18）合上断路器 QF5。

（19）检查断路器 QF5 三相合闸良好（监控系统显示在合位、现场机械位置指示在合位）。

（20）拉开隔离开关 QS30（QS30 是否接地运行由调度决定）。

至此，启动备用变压器 T3 的送电及带负荷的操作完毕。

T3 变压器停电的操作步骤简述如下：

1）合上隔离开关 QS30，并检查三相合闸良好。

2）拉开断路器 QF4。

3) 检查断路器 QF4 三相在开位，6kV A 段电压为零。

4) 拉开断路器 QF5。

5) 检查断路器 QF5 三相在开位，6kV B 段电压为零。

6) 拉开断路器 QF6。

7) 检查断路器 QF6 三相在开位（监控系统显示在开位、现场机械位置指示在开位）。

8) 停用 TV3、TV4。

9) 取下断路器 QF6 的动力及控制熔断器。

10) 将断路器 QF4、QF5 小车断路器拉出开关间隔（或拉至试验位置）。

11) 取下断路器 QF4、QF5 的动力及控制熔断器。

12) 拉开变压器各保护连接片。

13) 拉开隔离开关 QS62。

14) 检查隔离开关 QS62 三相在开位。

15) 将 T3 的冷却装置运行一段时间后，停运。

3. 变电站主变压器 T1 的停送电操作

（1）主变压器 T1 的送电操作。图 4-2-3-2 所示为某变电站的电气主接线，110kV 和 220kV 母线通过输电线路与系统电源相连，110kV 和 220kV 母线之间有大量功率穿过，10kV 母线向附近用户供电。主变压器 T1 停电检修完毕，准备送电，T1 送电的操作步骤如下：

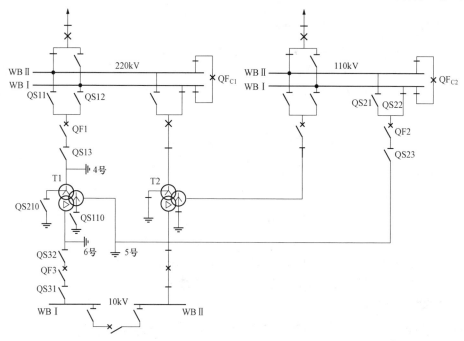

图 4-2-3-2 某变电站的电气主接线

1）检查 T1 检修工作票已收回。

2）拆除 T1 的 4、5、6 号接地线。

3）拆除 T1 检修临时遮拦，摘下警告牌，恢复 T1 的常设安全措施。

4）对 T1 本体外观及各部件进行检查，无异常；对 T1 各侧一次电路各电气元件进行检查，无异常；测量 T1 的绝缘电阻合格。

5）检查 T1 各侧的断路器和隔离开关 QF1、QF2、QF3、QS11、QS12、QS13、QS210、QS21、QS22、QS23、QS110、QS31、QS32 均在开位。

6）T1 的冷却装置投入运行。

7）投入 T1 的全部继电保护连接片，并检查其位置正确和接触良好。

8）合上隔离开关 QS210（变压器送电时必须先合上中性点接地开关）。

9）检查隔离开关 QS210 合闸良好。

10）合上隔离开关 QS110。

11）检查隔离开关 QS110 合闸良好。

12）投入隔离开关 QS11 的操作电源，就地合上 QS11。

13）投入隔离开关 QS13 的操作电源，就地合上 QS13。

14）装上 QF1 的动力及控制熔断器。

15）合上 QF1（经同期合闸），向变压器 T1 充电（含冲击试验）。

16）检查信号及仪表指示（电流表、功率表、电能表）等显示正常，无保护掉牌，检查 QF1 三相在合位（监控系统显示在合位、现场机械位置指示在合位）。

17）投入 QS21 的操作电源，就地电动合上 QS21。

18）投入 QS23 的操作电源，就地电动合上 QS23。

19）装上 QF2 的动力及控制熔断器。

20）合上 QF1（经同期合闸）。

21）检查信号及仪表指示等显示正常，无保护掉牌，检查 QF1 三相在合位（监控系统显示在合位、现场机械位置指示在合位）。

22）合上 QS31。

23）检查 QS31 三相在合位。

24）合上 QS32。

25）检查 QS32 三相在合位。

26）装上 QF3 的动力及控制熔断器。

27）合上 QF3。

28）检查信号及仪表指示等显示正常，无保护掉牌，检查 QF3 三相在合位（监控系统显示在合位、现场机械位置指示在合位）。

29）拉开 QS210（由系统调度决定）。

30）检查 QS210 在开位。

31）拉开 QS110（由系统调度决定）。

32）检查 QS110 在开位。

（2）主变压器 T1 的停电操作。如图 4-2-3-2 所示，主变压器 T1 停电检修的操作步骤如下：

1）合上 T1 中性点的隔离开关 QS210（变压器停电时必须先合上中性点接地开关）。

2）检查 QS210 在合位。

3）合上 T1 中性点的隔离开关 QS110。

4）检查 QS110 在合位。

5）拉开 QF3。

6）检查 T1 的 10kV 侧回路电流表指示为零。

7）拉开 QF2。

8）检查 T1 的 110kV 侧回路电流表指示为零。

9）拉开 QF1。

10）检查 QF1 三相在开位，T1 的 220kV 侧回路电流表指示为零。

11）验电后，拉开 QS31。

12）检查 QS31 在开位。

13）验电后，拉开 QS32。

14）检查 QS32 在开位。

15）取下 QF3 的动力及控制熔断器。

16）验电后，拉开 QS21。

17）检查 QS21 在开位。

18）验电后，拉开 QS23。

19）检查 QS23 在开位。

20）取下 QF2 的动力及控制熔断器。

21）验电后，拉开 QS11。

22）检查 QS11 在开位。

23）验电后，拉开 QS13。

24）检查 QS13 在开位。

25）取下 QF1 的动力及控制熔断器。

26）验电后，拉开 QS110（变压器停电检修时，中性点接地开关看成是可能来电的电源回路）。

27）检查 QS110 在开位。

28）验电后，拉开 QS210。

29）检查 QS210 在开位。

30）在主变压器 T1 的 220kV 侧与 QS13 之间、110kV 侧与 QS23 之间、10kV 侧与 QS32 之间分别挂 4、5、6 号地线（防止变压器检修时突然来电）。

4. 发电机变压器组单元接线主变压器 T1 的停送电操作

（1）机变全停主变压器 T1 的操作。图 4-2-3-3 为某水力发电厂部分电气主接线图，采用发电机-变压器组单元接线。正常情况下，采用自动流程开停机。图 4-2-3-3 中一号发电机已停机，断路器 QF1 在开位。同期转换开关切至"切除"位置，灭磁开关在开位。现在简述主变压器的操作步骤：

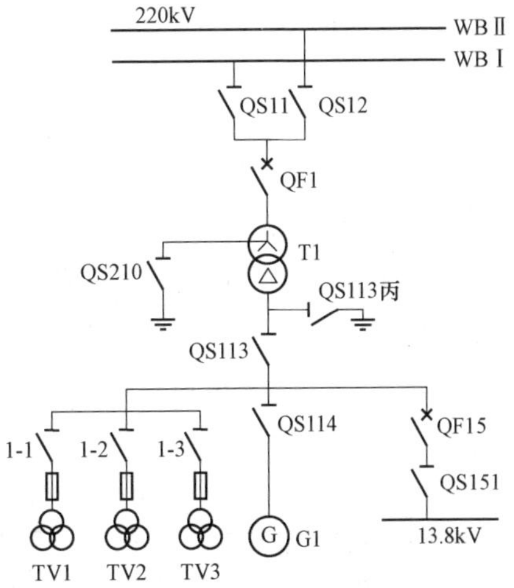

1）1 号发电机同期转换开关切至"切除"位置。

2）拉开 1 号发电机的灭磁开关。

3）拉开 1 号主变压器中性点隔离开关 QS210。

4）检查 1 号机分支线断路器 QF15 在开位。

5）拉开 1 号主变压器低压侧隔离开关 QS113。

6）检查 1 号主变压器高压侧断路器 QF1 在开位。

7）拉开 1 号主变压器高压侧隔离开关 QS11。

8）检查 1 号主变压器高压侧隔离开关 QS12 在开位。

9）检查 1 号主变压器中性点 QS210 在开位。

10）在 1 号主变压器高压侧至断路器 QF1 间三相验电确无电压。

11）在 1 号主变压器低压侧至隔离开关 QS113 间三相验电确无电压。

12）检查 1 号主变压器测绝缘。

13）在 1 号主变压器高压侧断路器 QF1 至隔离开关 QS11、QS12 间三相验电确无电压。

14）在 1 号主变压器高压侧断路器 QF1 至隔离开关 QS11、QS12 间装设接地线一组。

15）在 1 号主变压器高压侧断路器 QF1 储能方式选择开关切至"手动"位置。

图 4-2-3-3　发电机-变压器组电气主接线

16）合上 1 号主变压器高压侧断路器 QF1。

17）拉开 1 号主变压器高压侧断路器 QF1。

18）检查 1 号主变压器高压侧断路器 QF1 储能指示器指示"未储能"。

19）1 号主变压器风冷电源开关切至"停用"位置。

20）拉开 1 号机引出线隔离开关 QS114。

21）拉开 1 号机分支线隔离开关 QS151。

22）取下 1 号机电压互感器 TV1、TV2、TV3 二次熔断器。

23）分别拉开 1 号机电压互感器 TV1、TV2、TV3 上的隔离开关 1-1、1-2、1-3。

24）拉开主变压器风冷工作电源和备用电源。

25）合上 1 号发电机分支线断路器 QF1。

26）拉开 1 号发电机分支线断路器 QF15。

27）检查 1 号发电机分支线断路器 QF15 储能指示器指示"未储能"。

28）拉开 1 号发电机中性点隔离开关。

29）合上 1 号主变压器低压侧隔离开关 QS113 丙。

（2）机变恢复主变压器的操作。

1）检查发电机-变压器组检修工作票已收回。

2）拆除 1 号主变压器高压侧断路器 QF1 至 QS11、QS12 接地线一组。

3）检查号主变压器高压侧断路器 QF1 至 QS11、QS12 接地线已拆除。

4）拆除 1 号主变压器电压互感器至熔断器所有接地线。

5）检查 1 号主变压器电压互感器至熔断器所有接地线确已拆除。

6）拉开 1 号主变压器低压侧接地开关 QS113 丙。

7）检查 1 号主变压器低压侧接地开关 QS113 丙确已拉开。

8）1 号主变压器测绝缘。

9）合上 1 号机所有电压互感器隔离开关。

10）装上 1 号机所有电压互感器二次熔断器。

11）检查 1 号机分支线断路器 QF15 储能指示器指示"已储能"。

12）检查 1 号机分支线断路器 QF15 在开位。

13）合上 1 号机分支线隔离开关 QS151。

14）合上 1 号机引出线隔离开关 QS114。

15）合上 1 号主变压器低压侧隔离开关 QS113。

16）合上 1 号主变压器风冷工作电源开关和备用电源开关。

17）投入发电机-变压器组全部继电保护连接片，并检查其接触良好和位置正确。

18）1 号主变压器高压侧断路器 QF1 储能切换把手切至"自动"位置。

19）检查 1 号主变压器高压侧断路器 QF1 储能指示器指示"已储能"。

20）检查 1 号主变压器高压侧断路器 QF1 在开位。

21）检查 1 号主变压器高压侧隔离开关 QS12 在开位。

22）合上 1 号主变压器高压侧隔离开关 QS11。

23）合上 1 号主变压器中性点隔离开关。

24）合上 1 号机灭磁开关 MK。

25）1 号机同期转换开关切至自动位置。

26）合上 1 号机音响、信号支流开关。

27）合上 1 号机事故、故障报警直流开关。

28）机组自动开机（变压器投入运行）。

【思考与练习】

1. 变压器的操作原则有哪些？

2. 220kV 油浸电力变压器在 20、30、50℃下的绝缘电阻合格值分别是多少？

3. 油浸电力变压器同一变压器绕组的绝缘电阻，换算至同一温度下，与上次测量结果相比，降低不得超过（   ）；在 10~30℃ 的条件下，所测得的吸收比（R_{60}/R_{15}）应不小于（   ）。

◢ 模块 4　变压器故障处理（Z49H2004）

【模块描述】本模块介绍变压器故障现象分析处理。通过故障分析，掌握过电流、过电压、过负荷、声音异常、油面降低、不对称运行、冷却装置等故障，变压器油箱内部和油箱外部事故。

【模块内容】

一、变压器异常运行及处理

变压器异常运行主要表现在声音不正常、温度显著升高、油色变黑、油位升高或降低、变压器过负荷、冷却系统故障及三相负荷不对称。当出现以上异常现象时，应按运行规程规定，采取措施将其消除，并将处理经过记录在异常记录簿上。

1. 变压器声音不正常

变压器运行时，应为均匀的"嗡嗡声"。这是因为交流电流通过变压器绕组时，在铁芯中产生周期变化的交变磁通，随着磁通的变化，引起铁芯的振动而发出均匀的"嗡嗡声"。如果变压器变化产生不均匀声音或其他异声，都属于变压器不正常。引起不正常声音的原因有以下几点：

（1）变压器过负荷。过负荷使变压器发出沉重的"嗡嗡声"。

（2）变压器负荷急剧变化。如系统中大动力设备（电弧炉、汞弧整流器等）启动，使变压器的负荷急剧变化，变压器发出较重的"哇哇声"，或随负荷的急剧变化，变压器发出"割割割、割割割"的突发间歇声。

（3）系统短路。系统发生短路时，变压器流过短路电流使变压器发出很大的噪声。出现上述情况，运行值班人员应对变压器加强监视。

（4）电网发生过电压。如中性点不接地系统发生单相接地或系统产生铁磁谐振，致使电网发生过电压，使变压器发出时粗时细的噪声。这时可结合电压表的指示做综合判断。

（5）变压器铁芯夹紧件松动。铁芯夹紧件松动使螺栓、螺钉、线夹、铁芯松动，使变压器发出"叮叮当当"和"呼……呼……"等类似锤击和刮大风的声音。此时，变压器油位、油色、油温均正常，运行值班人员应加强监视，待大修时处理。

（6）内部故障放电打火。内部接头焊接或接触不良、分接开关接触不良、铁芯接地线断开故障，使变压器发出"哧哧"或"劈啪"放电声。此时，变压器应停电处理。

（7）绕组绝缘击穿或匝间短路。如绕组绝缘发生击穿，变压器声音中夹杂不均匀的爆裂声；绕组匝间短路，短路处严重局部过热，变压器油局部沸腾，使变压器声音中夹杂有"咕噜咕噜"的沸腾声。此时，变压器应停电处理。

（8）外界气候引起的放电。如大雾、阴雨天气或夜间，变压器套管处有蓝色的电晕或火花，发出"嘶嘶"或"嗤嗤"的声音，这说明瓷件污秽严重或设备线卡接触不良，此时，应加强监视，待停电时处理。

2. 变压器油温异常

在正常负荷和正常冷却条件下，变压器上层油温较平时高出 10℃以上，或变压器负荷不变而油温不断上升，则认为变压器温度异常。变压器温度异常可能是下列原因造成的。

（1）变压器内部故障。如绕组匝间短路或层间短路，绕组对围屏放电，内部引线接头发热。铁芯多点接地使涡流增大而过热等。这时变压器应停电检修。

（2）冷却装置运行不正常。如潜油泵停运，风扇损坏停转，散热器管道积垢使冷却效果不良，散热器阀门未打开。此时，在变压器不停电状态下，可对冷却装置的部分缺陷进行处理或按规程规定调整变压器负荷至相应值。

3. 变压器油色不正常

变压器油有新油和运行油两种。因油呈亮黄色，运行值班人员巡视时，发现变压器油位计中油的颜色发生变化，应取样进行分析化验。当化验发现油内含有碳粒和水分、酸价增高、闪光点降低、绝缘强度降低时，说明油质已急剧下降，容易发生内部绕组对变压器外壳的击穿事故。此时，该变压器应停止运行。若运行中变压器油色骤然变化，油内出现炭质并有其他不正常现象时，应立即停用该变压器。

4. 变压器油位不正常

为了监视变压器的油位，变压器的油枕上装有玻璃油位计或磁针式油位计。油枕采用玻璃管油位计时，油枕上标有油位监视线，分别表示环境温度为-20、+20、+40℃时变压器正常的油位；如果采用磁针式油位计，在不同环境温度下，指针应停留的位置由制造厂提供的油位-温度曲线确定。变压器运行时，正常情况下，变压器的油位随温度变化而变化，而油温取决于变压器所带的负荷多少、周围环境温度和冷却系统运行情况。变压器油位异常有如下3种表现形式：

（1）油位过高。油位因油温升高而高出最高油位线，有时油位到顶而看不到油位。油位过高的原因是变压器冷却器运行不正常，使变压器油温升高，油受热膨胀，造成油位上升；变压器加油时，油位偏高较多，一旦环境温度明显上升，引起油位过高。如果油位过高是因冷却器运行不正常引起，则应检查冷却器表面有无积灰堵塞，油管上、下阀门是否打开，管道是否堵塞，风扇、潜油泵运转是否正常合理，冷却介质温度是否合适，流量是否足够。如果油位是因加油过多引起，应放油至适当高度；若看不到油位，应判断为油位确实高出油位线，再放油至适当高度。

（2）油位过低。当变压器油位较当时油温对应的油位显著下降，油位在最低油位线以下或看不见时，应判断为油位过低。造成油位过低的原因是变压器漏油；变压器原来油位不高，遇有变压器负荷突然下降或外界环境温度明显降低时，使油位过低；强迫油循环水冷变压器油漏入冷油器时间较长，也会造成重气体保护分闸。严重缺油时，变压器铁芯和绕组会暴露在空气中，这不但容易受潮降低绝缘能力，而且可能造成绝缘击穿。因此，变压器油位过低或油位明显降低，应尽快补油至正常油位。如因漏油严重使油位明显降低，应禁止将气体保护由分闸改为信号，应立即停用该变压器。

运行中的变压器补油时，应注意下列事项：

1）补入的新油应与变压器原有的油同型号，防止混油，且新补入的油应经试验合格。

2）补油前，应将重气体保护改接信号位置，防止分闸。

3）补油后要注意检查气体继电器，及时放出气体，24h后无问题再将重瓦斯投入分闸位置。

4）补油要适量，油温与变压器当时的油温相适应。

5）禁止从变压器下部截门补油，以防止将变压器底部沉淀物冲起进入线圈内，影响变压器绝缘的散热。

（3）假油位。如果变压器油温的变化是正常的，而油标管内油位不变化或变化异常，则该油位是假油位。造成假油位的原因可能有：当胶囊（胶袋）密封式油枕油标管堵塞、呼吸器堵塞或防爆管气孔堵塞时，均会出现假油位。当胶囊密封式油枕存有一定数量的空气、胶囊受阻呼吸不畅、胶囊装设位置不合理及胶袋破裂等也会造成假油位。处理时，应先将重瓦斯保护解除。

变压器运行时，一定要保持正常油位。运行值班人员应按时检查油位计的指示。油位过高时（如夏季），应及时放油；在油位过低时（如冬季），应及时补油，以维持正常油位，确保变压器安全运行。

5. 变压器过负荷

运行中的变压器过负荷时，电铃响，出现"过负荷"和"温度高"光字牌信号，可能出现电流表指示超过额定值，有功、无功表指示增大。运行值班人员发现上述现象时，按下述原则处理：

（1）停止音响报警，汇报班长、值长，并做好记录。

（2）及时调整运行方式，调整负荷的分配，如有备用变压器，应立即投入。

（3）属正常过负荷或事故过负荷时，按过负荷倍数确定允许运行时间，若超过运行时间，应立即减负荷，并加强对变压器温度的监视。

（4）过负荷运行时间内，应对变压器及其相关系统进行全面检查，发现异常应立即处理。

6. 变压器不对称运行

运行中的变压器，造成不对称运行的原因有：

（1）三相负荷不一致，造成变压器不对称运行。如变压器带有大功率的单相电炉、电气机车、电焊变压器等。

（2）由 3 台单相变压器组成三相变压器组。当其中一台损坏而用不同参数的变压器来代替时，造成电流和电压不对称。

（3）变压器两相运行。如三相变压器一相绕组故障；三相变压器某侧断路器一相断开；三相变压器的分接头接触不良；3 台单相变压器组成三相变压器，其中一台变压器故障，两台单相变压器运行等。

变压器不对称运行，会造成变压器容量降低，同时，对变压器本身有一定危害，因电流、电压不对称，对用户也造成影响。另外，对沿线通信线路造成干扰，对电力系统的继电保护工作条件也造成影响。因此，变压器出现不对称运行，应分析引起的原因，并针对引起的原因，尽快消除。

7. 变压器冷却装置故障

变压器冷却装置的常见故障有冷却装置工作电源全部中断、部分冷却装置电源中断、潜油泵故障或风扇故障使部分冷却装置停运、变压器冷却水中断。当冷却装置故障时，变压器发出"备用冷却器投入"和"冷却器全停"信号。冷却装置故障的一般原因为：

（1）供电电源熔断器熔断或供电电源母线故障。

（2）冷却装置工作电源开关分闸。

（3）单台冷却装置的电源自动开关故障分闸或潜油泵和风扇的熔断器熔断。

（4）潜油泵和风扇损坏及连接管道漏油。

当冷却系统发生故障时，可能迫使变压器降低容量运行，严重者可能使变压器停运，甚至烧坏变压器。因此，当冷却系统发生故障时，针对故障原因，迅速处理。

对于油浸风冷变压器，当发生风扇电源故障使，应立即调整变压器所带负荷，使之不超过70%额定容量。单台风扇发生电源故障时，可不降低变压器负荷。

对于强迫油循环风冷变压器，若冷却装置电源全部中断，应设法于10min内恢复1路或2路电源。在进行处理期间，可适当降低负荷，并对变压器上层油温及油枕、油位严密进行监视。冷却装置电源全停时，变压器油温和油位会急剧上升，有可能出现从油枕中溢出或从防暴管跑油现象。如果10min内，冷却装置电源能恢复，当冷却装置正常运行后，油枕油位又会急剧下降。此时，若油位下降到油标−20℃以下并继续下降时，应立即停用重气体保护。如果10min内冷却装置不能恢复，则应立即停用变压器。

如果冷却装置部分损坏或1/2电源失去，应根据冷却器台数与相应容量的关系，立即调整变压器负荷至相应允许值，直至冷却器修复或电源恢复。由于大型变压器一般设有辅助和备用冷却器。在变压器上层油温升到规定值时，辅助冷却器会自动投入，在个别冷却器故障时，备用冷却器会自动投入，故无需调整变压器的负荷。但来"备用冷却器投入"信号后，运行值班人员应检查冷却器投入运行是否正常。

8. 轻气体保护动作报警

变压器装有气体继电器，重气体保护反应变压器内部故障，动作于分闸；轻气体保护反应变压器内部轻微故障，动作于信号。由于种种原因，变压器内部产生少量气体，这些气体积聚在气体继电器内，积聚的气体达一定数量后，轻气体保护动作报警（电铃响，"轻气体动作"光字牌亮），提醒运行值班人员分析处理。

轻气体保护动作的可能原因是：变压器内部轻微故障，如局部绝缘水平降低而出现间隙放电及漏油，产生少量气体；也可能是空气浸入变压器内，如滤油、加油或冷却系统不严密，导致空气进入变压器而积聚在气体继电器内；变压器油位降低，并低于气体继电器，使空气进入气体继电器内；二次回路故障，如直流系统发生两点接地或气体继电器引线绝缘不良，引起误发信号。

运行中的变压器发生轻气体保护动作报警时,运行值班人员应立即报告当值调度,复归信号,并进行分析和现场检查,根据变压器现场检查结果和气体继电器内气体取样分析结果作相应的处理:

(1) 检查变压器油位。如果是变压器油位过低引起,则设法消除油位过低,并恢复正常油位。

(2) 检查变压器本体及强迫油循环冷却系统是否漏油。如有漏油,可能有空气浸入,应消除漏油。

(3) 检查变压器的负荷、温度和声音等的变化,判明内部是否有轻微故障。

(4) 如果气体继电器内无气体,则考虑二次回路故障造成误报警。此时,应将重气体保护由分闸改为信号,并由继电保护人员检查处理,正常后再将重气体保护投分闸位置。

(5) 变压器外部检查正常,轻气体保护动作报警继电器内气体积聚引起时,应记录气体数量和报警时间,并收集气体进行化验鉴定,根据气体鉴定的结果再做出如下相应处理:

1) 气体无色、无味、不可燃者为空气。应放出空气,并注意下次发出信号的时间间隔。若间隔逐渐缩短,应切换至备用变压器供电。短期内查不出原因,应停用该变压器。

2) 气体为可燃且色谱分析不正常时,说明变压器内部有故障,应停用该变压器。

3) 气体为淡灰色,有强烈的气味且可燃,说明变压器内部绝缘有故障,即纸或纸板有烧损,应停用该变压器。

4) 气体为黑色、易燃烧,为油故障(可能是铁芯烧坏,或内部发生闪络引起油分解),应停用该变压器。

5) 气体为黄色,且燃烧困难,可能是变压器内木质材料故障,应停用该变压器。

(6) 如果在调节变压器有载调压分接头的过程中伴随轻气体保护报警,可能是有载调压分接头的连接开关平衡电阻被烧坏,应停止调节,待机停用该变压器。

根据上述分析,对运行中的变压器应注意以下事项:

1) 变压器在运行中进行加油、放油及充氮时,应先将气体保护改为投信号。特别是大容量变压器,以上工作结束后,应检查变压器油位正常、气体继电器无气体且充满油后,方可将重气体保护投分闸位置。

2) 变压器运行中带电滤油、更换硅胶、冷油器或油泵检修后投入、在油阀门或油回路上进行工作等,均应实现将重气体保护改为投信号,工作结束待 24h 后无气体产生时,方可投分闸。

3) 遇有特殊情况(如地震等),可考虑暂时将重气体保护改为投信号。

4）收集气体继电器内气体时，应注意人身安全，弄清楚气体继电器内的检验按钮和放气按钮的区别，以免错误操作使气体保护误分闸。在收集气体过程中，不可将火靠近气体继电器的顶端，以免造成火灾。

二、变压器的事故处理

（一）变压器常见的故障部位

（1）绕组的主绝缘和匝间绝缘故障。变压器绕组的主绝缘和匝间绝缘是易发生故障的部位。其主要原因是长期过负荷运行、散热条件差或使用年限长，使变压器绕组绝缘老化脆裂，抗电强度大大降低；变压器多次受短路冲击，使绕组受力变形，隐藏着绝缘缺陷，一旦遇有电压波动就有可能将绝缘击穿；在高压绕组加强段处或低压绕组部位，因所包绝缘膨胀，使油道阻塞，影响散热，使绕组绝缘由于过热而老化，发生击穿短路；防雷设施不完善，在大气过电压作用下，发生绝缘击穿。

（2）引线绝缘故障。变压器引线通过变压器套管内腔引出与外部电路相连，引线是靠套管支撑和绝缘的。由于套管上端帽罩（将军帽）封闭不严而进水，引线主绝缘受潮而击穿，或变压器严重缺油使油箱内引线暴露在空气中，造成内部闪络，都会在引线处发生故障。

（3）铁芯绝缘故障。变压器铁芯由硅钢片叠装而成，硅钢片之间有绝缘漆膜。由于硅钢片紧固不好，使漆膜破坏产生涡流而发生局部过热。同理，夹紧铁芯的穿芯螺丝、压铁等部件，若绝缘破坏，也会发生过热现象。此外，若变压器内残留有铁屑或焊渣，使铁芯两点或多点接地，都会造成铁芯故障。

（4）变压器套管闪络和爆炸。变压器高压侧（110kV 及以上）一般使用电容套管，由于瓷质不良有沙眼或裂纹；电容芯子制造上有缺陷，内部有游离放电；套管密封不好，有漏油现象；套管积垢严重等，都可能发生闪络和爆炸。

（5）分接开关故障。变压器分接开关故障是变压器常见的故障。分接开关分无载调压和有载调压两种，常见故障的原因是：

1）无载分接开关。由于长时间靠压力接触，会出现弹簧压力不足、滚轮压力不均，使分接开关连接部分的有效接触面积减小，以及连接处接触部分镀银层磨损脱落，引起分接开关在运行中发热损坏；分接开关接触不良，引线连接和焊接不良，经受不住短路电流的冲击造成分接开关因被短路电流烧坏而发生故障；由于调乱了分接头或工作大意造成分接开关事故。

2）有载分接开关。带有载分接开关的变压器，分接开关的油箱与变压器油箱一般是互不相通的。若分接开关油箱发生严重缺油，则分接开关在切换中会发生故障，使分接开关烧坏。因此，运行中分别监视两油箱油位应正常。

分接开关机构故障有因卡塞而使分接开关停在过程位置上，造成分接开关烧坏；

分接开关油箱因密封不严而渗水、漏油，多年不进行油的检查化验，使油脏污，绝缘强度大大下降，以致造成故障；分接开关调挡未到位，造成接触不良，从而引发电气事故等。

（二）变压器事故处理

变压器的事故处理一般遵循的原则如下：

1. 发现下列事故如未自动分闸，应立即停电

（1）变压器铁壳破裂大量漏油。

（2）压力释放装置破裂、向外喷油、喷烟或喷火。

（3）套管闪络、炸裂或端头熔断。

（4）因漏油使储油器油面降至油面计的最低极限。

（5）变压器着火。

2. 发生下列事故允许联系处理

（1）内部声音异常或响声特别。

（2）压力释放装置破裂，但未喷油、烟喷。

（3）套管裂纹，并有闪络放电痕迹。

（4）变压器漏油或上盖掉落杂物，危及安全运行。

（5）油色变化过大，油质化验不合格。

（三）重气体保护动作的处理

运行中的变压器，变压器发生故障，继电保护装置及二次回路故障，引起重气体保护动作，使断路器分闸。重气体保护动作分闸时，中央事故音响发出报警信号，变压器各侧断路器油色指示灯闪光，"重气体动作"和"掉牌未复归"光子牌亮，重气体信号等亮，变压器表计指示为零。此时，运行值班人员对变压器应进行如下的检查和处理：

（1）检查油位、温升、油色有无变化，检查防暴管是否破裂喷油，呼吸器、套管有无异常，变压器外壳有无变形。

（2）立即取气体和油样做色谱分析。

（3）根据变压器分闸时的现象（如系统有无冲击，电压有无波动）、外部检查及色谱分析结果，判断故障性质，找出原因，在重气体保护动作原因未查清之前，不得合闸送电。

（4）如果经检验未发现任何异常，且确认二次保护故障引起误动作，可将差动及过流保护投入，将重气体保护投信号或退出，试送电一次，并加强监视。

（四）变压器自动分闸的处理

运行的变压器自动分闸时，值班人员应迅速做出如下处理：

（1）当变压器各侧断路器自动分闸后，将分闸断路器的控制开关操作至分闸后的位置，并迅速投入备用变压器，调整运行方式和负荷分配，维持运行系统及其设备处于正常状态。

（2）检查掉牌属何种保护动作及动作是否正确。

（3）了解系统有无故障及故障性质。

（4）若属以下情况并经领导同意，可不检查试送电：人为误碰保护使断路器分闸，保护明显误动作分闸，变压器仅低压过电流或限时过电流保护动作，同时分闸变压器下一级设备故障而其保护却未动作，且故障已切除，但试送电只允许一次。

（5）如属差动、重气体或电流速断等主保护动作，故障时有冲击现象，则需对变压器及其系统进行详细检查，停止并测量绝缘，在未查清原因之前，禁止将变压器投入运行，必须指出，不管系统有无备用电源，也绝对不准强送变压器。

（五）变压器着火

变压器运行时，由于变压器套管的破损或闪络，使变压器油在油枕油压的作用下流出，并在变压器顶盖上燃烧；变压器内部发生故障，使油燃烧并使外壳破裂等。变压器着火，应迅速做出如下处理：

（1）拉开变压器各侧断路器，切断各侧电源，并迅速投入备用变压器，恢复供电。

（2）停止冷却装置运行。

（3）主变压器及高压厂用变压器着火时，应先解列发电机。

（4）若油在变压器顶盖上燃烧时，应打开下部事故放油门放油至适当位置；若变压器内部故障引起着火时，则不能放油，以防变压器发生爆炸。

（5）迅速用灭火装置灭火。如用干式灭火器或泡沫灭火器灭火。必要时通知消防队灭火。

三、典型案例

［案例一］变压器重气体保护动作

（一）事故现象

语音报警、光字牌灯亮，"变压器各侧断路器分闸""重气体保护动作"灯亮。

（二）事故分析

变压器本体故障，气体继电器本身或二次回路不良误动。

（三）事故处理

（1）检查保护动作情况，记录信号。

（2）现场检查断路器分闸。

（3）对变压器本体进行检查，油温表指示数值升高、压力释放阀动作、呼吸套管破裂和有喷油现象。

（4）判明为变压器本体故障，将变压器停电解列。

（5）根据气体可燃性和取油样化验分析进一步判明变压器本体发生何种类型故障。

[案例二] 变压器着火事故

（一）事故现象

主变压器本体着火、冒烟，压力释放装置喷油，重气体保护动作，机组停机。

（二）事故分析

变压器内部故障引起着火，变压器外壳着火。

（三）事故处理

（1）检查变压器各侧断路器是否断开，切断电源，并迅速投入备用变压器，恢复供电。

（2）停止冷却装置运行。

（3）若油在变压器顶盖上燃烧时，应打开下部事故放油门放油至适当位置；若变压器内部故障引起着火时，则不能放油。

（4）组织人员灭火，必要时联系消防队进行报警。

（5）变压器灭火应使用二氧化碳、四氯化碳及 1211 喷雾水枪进行灭火。

（6）使用灭火器时，应穿绝缘靴、戴绝缘手套，注意液体不得喷至带电设备上。

【思考与练习】

1. 变压器油温异常由哪些原因引起？

2. 变压器发现哪些事故如未自动分闸，应立即停电。

3. 变压器哪些情况下经领导同意，可不检查试送电。

4. 变压器着火处理原则有哪些？

第三章

高压断路器运行

▲ 模块 1 高压断路器运行原则（Z49H3001）

【模块描述】本模块介绍高压断路器运行相关规定。通过原理讲解，掌握高压断路器基本要求、运行原则。以下内容还涉及高压断路器的巡视检查。

【模块内容】

一、高压断路器的基本要求

（1）断路器应有标以基本参数等内容的制造厂铭牌。如果断路器经过增容改造，应修改铭牌的相应内容。断路器技术参数必须满足装设地点运行工况的要求。

（2）断路器的分、合闸指示器应易于观察且指示正确。

（3）断路器接地金属外壳应有明显的接地标志，接地螺栓不小于 M12 且接触良好。

（4）断路器接线板的连接处或其他必要的地方应有监视运行温度的措施，如示温片等。

（5）每台断路器应有运行编号和名称。

（6）断路器外露的带电部分应有明显的相位。

（7）对各种类型的断路器尚有下列要求。

1）油断路器。

a. 有易于观察的油位指示器和上、下限油位监视线。

b. 绝缘油牌号、性能应满足当地最低气温的要求。

2）压缩空气断路器。

a. 具有监视充气压力的压力表。

b. 本体储气罐一般应装有压力释放阀。

c. 压缩空气系统应配有容积相宜的高压储气罐和工作储气罐，工作气源经高压减压到工作压力，减压比不低于 5:1。

d. 输气导管进入断路器本体储气罐时，应经止回阀、过滤器和控制阀。本体储气罐应装有排污阀。

e. 不承受工作压力的瓷套，为保持内腔干燥，应有微正压的通风装置和保证低温时能正常操作的加热装置。

3）六氟化硫断路器。

a. 为监视 SF_6 气体压力，应装有密度继电器或压力表。

b. 断路器应附有压力温度关系曲线。

c. 具有 SF_6 气体补气接口。

4）真空断路器应配有限制操作过电压的保护装置。

二、高压断路器的运行原则

（1）SF_6 断路器压力低于闭锁值时，应立即将该断路器控制电源断开，并将机构卡死，禁止该断路器带电分、合闸。

（2）运行中的 SF_6 断路器应定期测量微水含量，新装和大修后，每 3 个月 1 次，待含水量稳定后可每年 1 次。每年定期对 SF_6 断路器进行检漏，年漏气率应符合规程规定。

（3）SF_6 气体额定气压、气压降低报警值和分闸闭锁值根据不同厂家的规定具体执行。压力低于报警值时，应立即汇报调度及主管部门。

（4）新装和投运的断路器内的 SF_6 气体严禁向大气排放，必须使用气体回收装置回收。SF_6 气体需补气时，应使用检验合格的 SF_6 气体。

（5）真空断路器应有防止操作过电压的装置，一般采用氧化锌避雷器。

（6）运行中的真空灭弧室出现异常声音时，应立即断开控制电源，禁止操作。

（7）运行中的油断路器应定期对绝缘油进行试验，试验结果记入有关记录内；油位降低至下限以下时，应及时补充绝缘油。

（8）油断路器分闸后油色变黑、喷油或有拒动现象，严重渗漏油时，应及时进行检修。

三、断路器的巡视检查

（一）断路器的正常巡视检查

（1）瓷套是否清洁、完整，有无损坏、裂纹或放电声和电晕。

（2）油位、油色、声响是否正常，油色透明、无碳黑悬浮物；有无渗漏油痕迹，放油阀关闭紧密。

（3）分、合闸指示器指示正常，并与当时实际运行工况相符；位置信号与机械指示是否一致，接头有无发热。

（4）外壳及二次接地是否良好，操动机构应完整、无锈蚀。检查端子箱内二次线端子是否受潮，有无锈蚀现象。传动销子连杆完整、无断裂。油压缓冲或弹簧缓冲器应完整、良好。

（5）机构压力是否在正常范围内，管路接头有无异声（漏气、振动）、异味或渗漏油，机构加热器是否按规定投退，弹簧储能是否正常，有无腐蚀和杂物卡阻。

（6）主触头接触良好、不过热，主触头外露的少油断路器示温蜡片不熔化，变色漆不变色。

（7）引线的连接部位接触良好，无过热松动；连接软铜片是否完整，有无断片。

（8）少油断路器应检查支架接地情况。

（9）检查室外操动机构箱的门盖是否关闭严密。

（10）新投和大修后投入运行：72h 内每 2h 巡视检查 1 次。发生故障分闸后和天气突变应特殊检查巡视。

（二）高压开关柜的巡视检查

（1）标志牌名称、编号齐全、完好。

（2）外观检查无异声，无过热、变形等现象。

（3）表计指示正常。

（4）操作方式切换开关正常在"远方"位置。

（5）高压带电显示装置指示正确。

（6）操作把手及闭锁位置正确。

（7）位置指示器指示正确。

（8）电源开关位置指示正确。

（三）断器的特殊巡视检查

（1）在事故分闸后，应对断路器进行下列检查

1）有无喷油现象，油色和油位是否正常。

2）本体各部件有无位移、变形、松动和损坏等现象，瓷件有无断裂。

3）各引线连接点有无发热或熔化。

4）分合闸线圈有无焦味。

（2）高峰负荷时应检查断路器各连接部分是否发热、变色、打火。

（3）大风过后应检查引线有无松动、断股。

（4）雾大、雷雨后应检查瓷套管有无闪络痕迹。

（5）雪天应检查各连接头处积雪是否融化。

（6）气温骤热或骤冷应检查油位是否正常。

（7）夜间熄灯巡视有人值班变电站和发电厂升压站每周 1 次，无人值班变电站每月 1 次。

（8）新设备投运的巡视检查，周期应相对缩短。投运 72h 以后转入正常巡视。

四、断路器的不正常运行和事故处理

（一）断路器运行中的不正常现象

（1）值班人员在断路器运行中发现任何不正常现象时（如漏油、渗油、油位指示器油位过低，SF_6 气压下降或有异声，分合闸位置指示不正确等），应及时予以消除；不能及时消除的，报告上级领导并相应记入运行记录簿和设备缺陷记录簿内。

（2）值班人员若发现设备有威胁电网安全运行且不停电难以消除的缺陷时，应向值班调度员汇报，及时申请停电处理，并报告上级领导。

（3）断路器有下列情形之一者，应申请立即停电处理：

1）套管有严重破损和放电现象。

2）多油断路器内部有爆裂声。

3）少油断路器灭弧室冒烟或内部有异常声响。

4）油断路器严重漏油，油位不见。

5）空气断路器内部有异常声响或严重漏气，压力下降，橡胶垫吹出。

6）SF_6 气室严重漏气发出操作闭锁信号。

7）真空断路器出现真空损坏的嘶嘶声。

8）液压机构突然失压到零。

（二）断路器事故处理

（1）断路器动作分闸后，值班人员应立即记录故障发生时间、停止音响信号，并立即进行事故特殊巡视检查，判断断路器本身有无故障。

（2）对故障分闸线路实行强送后，无论成功与否，均应对断路器外观进行仔细检查。

（3）断路器故障分闸时发生拒动，造成越级分闸，在恢复系统送电时，应将发生拒动的断路器脱离系统并保持原状，待查清拒动原因并消除缺陷后方可投入。

（4）SF_6 断路器发生意外爆炸或严重漏气等事故，值班人员接近设备要谨慎，尽量选择从"上风"接近设备，必要时要戴防毒面具、穿防护服。

【思考与练习】

1. 在事故分闸后，应对断路器进行哪些检查？

2. 哪些情况下进行断路器特殊巡视检查？

3. 断路器出现哪些情形者，应申请立即停电处理？

▲ 模块 2 高压断路器的操作（Z49H3002）

【模块描述】本模块介绍高压断路器的操作规定。通过原理讲解，掌握高压断路器操作基本要求、操作方式、注意事项及相关规定。

【模块内容】

一、断路器操作基本要求

（1）在一般情况下，断路器不允许纯手动合闸。

（2）遥控开关时不得用力过猛。也不得返回太快，以防断路器合闸后又分闸。

（3）断路器操作后应检查有关信号及测量仪表的指示，以判断断路器位置的正确性。但不能仅从信号灯及测量仪表的指示来判断断路器的实际断合位置，还应到现场检查断路器机械位置指示器。

（4）断路器运行中不允许运行人员进行慢分闸或慢合闸，小车开关在运行中不允许互换使用，紧急情况下经总工程师批准方可更换，少油断路器的油色、油位应正常。

（5）长期停运或检修后的断路器应进行试验操作，且采用远方操作 2～3 次。

（6）操作前应检查控制回路、辅助回路、控制电源或储能机构已储能，即具备运行操作条件。

（7）SF_6 断路器气体压力和空气断路器储气罐压力应在规定范围之内。油断路器油色、油位应正常。

（8）操作前，投入断路器有关保护和自动装置。

（9）操作中应同时监视有关电压、电流、功率等表计的指示及红绿灯的变化。

二、断路器的操作注意事项

（1）除断路器的检修外，其送电操作禁止使用手动合闸送电。手动控制开关不要用力过猛，防止损坏控制开关；也不要返回太快，防止时间短断路器来不及合闸。

（2）断路器远动合闸时当操作把手拧至预合位置时，应进一步核对断路器编号无误后，把操作把手继续拧到合闸终点位置，同时应监视直流充放电电流表及有功功率表的电压表的变化，待红灯亮后再松开把手，自动恢复到合后位置。

（3）在断路器操作过程中，如果出现因切换不好，红灯与绿灯同时亮时，应迅速取下操作熔断器，查明原因，以防分闸线圈烧坏。

（4）液压及弹簧机构在合闸操作时，应看"弹簧未储能""油压异常""气压闭锁"光字牌是否亮，出现上述光字时严禁拉、合闸操作。

（5）在紧急情况下（事故或重大设备异常时），如须手动操作分闸铁芯、紧急分闸杆、机械分闸按钮时，应果断迅速。

（6）手动操作在预备分闸位置时，此时红灯应灭。如出现异常并再次核对设备编号，无误后将把手拧到分闸位置，绿灯亮，把手自动恢复到分闸后位置。

（7）断路器的实际分合闸位置，除观察信号灯指示外还应检查机械分、合闸指示器实际位置及负荷分配情况。

三、断路器操作方式

1. 断路器的远控操作

在控制室控制屏上通过控制开关对断路器进行的操作称为远控操作，在操作控制开关时，将操作把手继续拧至合闸终点位置时应注意在"合位"和"分位"的保持时间不能太短，同时监视电流表，待红（绿）灯亮后再松开，把手自动复归到合后位置。以防止合（分）闸不成功。

正常运行情况下对断路器进行的操作应采用远控操作方式。

2. 断路器的近控操作

在开关现场控制箱内对断路器的分合闸进行控制的操作称近控操作，操作时，应先将操作方式选择开关置于"就地"位置，然后操作控制开关或控制按钮对断路器进行操作。当完成操作后应将选择开关复位到"远方"位置。

近控操作方式下，断路器的自动分闸回路被切断，一旦线路或元件故障将无法切除，因此，只有在远控操作失灵且系统急需操作的情况下方可采取此操作方式进行断路器的分闸操作，而不得用此方式对线路或设备进行送电操作（近控方式下能保持自动分闸回路或有特殊需要并经特别许可时除外）。断路器操作时，当遥控失灵，现场规定允许进行近控操作时，必须三相同时操作，不得进行分相操作。断路器的近控操作主要用于断路器检修中的调试操作。

四、断路器现场手动合闸规定

（1）110kV 电压等级以上的高压断路器，禁止在现场带电手动合闸。

（2）设为同期点的高压断路器，禁止在现场带电手动合闸。

（3）对 10kV 及以下电压等级的非同期点的真空断路器，在远方合闸不起作用，而当时情况又紧急需要送电时，为迅速处理事故，且断路器的保护和分闸回路完好，断路器的遮断容量足够时，可以戴绝缘手套，手动按下开关柜面板上的合闸按钮或者将手动合闸操动把手拧向合闸位置进行合闸，但必须注意：

1）操作时迅速果断，不得缓动。

2）合闸成功后，及时松手；若合闸失败，也应及时松手，以免烧坏合闸线圈。

3）检查断路器合闸后运行正常。

（4）断路器检修后进行跳合闸试验时，必须处于冷备用状态。

（5）采用手动机械脱扣或使用工具、器械使断路器强行分合闸以及液压操动机构通过控制阀进行分、合闸的操作方式称为手动机械操作。手动机械操作不受电气闭锁（低气／油压）限制。此方式主要供检修人员在检修过程中应用，在运行中除断路器拒分而系统又急需操作时进行紧急分闸外，一般不允许采用。

五、断路器操作后应检查项目

1. 断路器停电操作后应进行的检查

（1）红灯应熄灭，绿灯应亮。

（2）操动机构的分、合指示应在分闸位置。

（3）电流表应指示为零。

2. 断路器送电操作后应进行的检查

（1）绿灯应熄灭，红灯应亮。

（2）操动机构的分、合指示器应在合闸位置。

（3）电流表应有指示。

（4）电磁式操动机构的断路器合闸后，直流电流表的指示应返回。

六、断路器故障状态下操作规定

（1）断路器运行中，由于某种原因造成油断路器严重缺油、空气和 SF_6 断路器气体压力异常（如突然降至零等）。严禁对断路器进行停送电操作，应立即断开故障断路器的控制电源，及时采取措施，断开上一级断路器，将故障断路器退出运行。

（2）断路器的实际短路开断容量接近于运行中的短路容量时，在短路故障开断后禁止强送，并应停用自动重合闸。

（3）三相操作的断路器操作时，发生非全相合闸，应立即将已合上相拉开，重新合闸一次，如仍不正常，则应拉开合上相并切断该断路器的控制电源，查明原因。

（4）三相操作的断路器操作时发生非全相分闸，应立即切断控制电源，手动操作将拒动相分闸，应查明原因。

【思考与练习】

1. 断路器停电操作后应进行哪些检查？

2. 断路器送电操作后应检查哪些项目？

3. 当断路器发生非全相时怎样处理？

▲ 模块 3　油断路器运行维护及故障处理（Z49H3003）

【模块描述】本模块介绍油断路器运行维护及故障现象分析处理。通过原理讲解及故障分析，掌握运行中的巡视检查、各种故障。

【模块内容】

一、油断路器的巡视检查项目

（1）断路器的分、合位置指示正确，并与当时实际运行工况相符。

（2）主触头接触良好、不过热，主触头外露的少油断路器示温蜡片不熔化、变色漆不变色，多油断路器外壳温度与环境温度相比无较大差异，内部无异常声响。

（3）本体套管的油位在正常范围内，油色透明、无碳黑悬浮物。

（4）无渗、漏油痕迹，放油阀关闭紧密。

（5）套管、瓷瓶无裂痕，无放电声和电晕。

（6）引线无断股、破股现象，连接部位接触良好，无过热。

（7）排气装备完好，隔栅完整。

（8）接地良好。

（9）防雨帽无鸟窝。

（10）注意断路器环境条件，户外断路器栅栏完好，设备附近无杂草和杂物，配电室的门窗、通风及照明良好。

二、油断路器的故障分析及处理

（一）断路器油位

油断路器中油位应正常。油起灭弧和绝缘的作用。

若油位过高，可能造成在切断故障电路时由于电弧与油作用分解出大量气体，产出压力过高而发生喷油现象，甚至由于缓冲空间减小而发生断路器油箱变形或爆炸事故。

若油位过低，由于空气中的潮汽进入油箱，使部件乃至灭弧室露在空气中，可能造成绝缘受潮故障，或由于油量少，在开断故障电路时产生气体压力过低，灭弧困难，使电弧烧坏触头和灭弧室，甚至电弧冲击油面，高温分解出来的可燃气体混入空气，引起氢气爆炸。

各种油断路器的油位设置是不一样的，如 SW4-220 型断路器每相 Y 有 4 个油位，分别表示灭弧室、三角箱和支持瓷套油位；SW6-220 型断路器则每相 Y 只有 2 个油位，它是整体连通的。因此，要根据不同情况及不同结构的设备分别采用不同的检查油位方法。油位低是漏油引起的还是气候原因，油位高是局部发热还是气候原因，应正确判断，以提高检查质量。在油位检查中，注意油应在油位表上下限油位刻度范围之内，防止出现假油位。

1. 油断路器油位异常处理

运行中油断路油位过低时应注油，过高应放油，及时调整油位。当看不到油面并伴有严重漏油情况时，应视为紧急缺陷。这时禁止将其断开，同时应设法使断路器退出运行，如用旁路代或取下该断路器的操作熔丝，以防断路器突然分闸，造成设备的更大损坏。

2. 油断路器严重缺油原因

（1）放油阀门胶垫龟裂或关闭不严引起渗漏油，特别是使用水阀的设备应更换为油阀。

（2）油标玻璃裂纹或破损而漏油。

（3）修试人员多次放油后未作补充。

（4）气温突降且原来油量不足。

（二）液压操动机构油位

液压操动机构低压油箱中的油位应在刻度线范围内，高压油的油压应在允许范围内。如果缺油或看不见油位，有可能油泵启动后，由于缺油而把空气压到高压油回路中。如果发生这种情况，则由于油泵内有空气存在，起不到泵油的作用，压力建不起来，同时由于高压油中有大量的空气存在，将造成断路器动作特性不稳定，影响断路器技术性能，甚至造成事故。

（三）油色

油断路器的油色虽不能用以直接准确地判明断路器中油质是否合格，但可简便、粗略地判别油质是否在变化。经验表明，根据油的颜色、透明度、气味能初步确定油质的优、劣。表 4-3-3-1 列出了合格油与劣质油的区别。

表 4-3-3-1   合格油与劣质油的区别

新油、合格油	淡黄	透明	略有火油味
劣质油	棕褐色	浑浊	有酸味、有焦味

少油断路器在切断过故障电流后油会分解出炭质，使油发黑。在制造厂规定的分闸次数内，一般仍可继续运行。油断路器的油色变黑，应在维修或检修时滤油或换油。

（四）油断路器渗漏油

为保证油断器安全、可靠地运行，一般要求运行中的断路器应无渗、漏油。发生渗、漏油，一则使设备和环境遭油污，影响美观；二则渗油严重时使断路器油位降低，油量不足，将影响开断容量。因此，凡发现有渗、漏油现象，尤其渗、漏严重时，应及时处理。

（1）油断路器渗油部位主要有用密封垫接合处、主轴油封处、油位表处、放油阀处。此外，部分油断路器由于多次操作或切断故障后在上帽处会有轻微的油迹，其主要原因是故障时由于油分解成气体排出而带出少量的油，这种情况可结合停电进行清理。

（2）液压机构渗漏有两种情况：一是内渗，检查时是看不见的；二是外渗，可直接观察到。

如发现外渗，应分析渗漏原因，进行处理。若高压油路渗油，在高压油路未放压前，一般不得作紧固螺栓处理，而应在放压后进行，由检修专业人员进行此项工作。断路器的均压电容在运行中，也不允许有渗漏现象。

（五）油断路器着火

油断路器着火时，首先应立即切断断路器各侧电源，将着火的油断路器在电气上隔离起来，并切断该断路器的二次电源，以防止事故扩大。户内油断路器着火时，应戴好防毒面具，使用干式灭火器灭火。在灭火时，应注意开启排气装置（电源开关在室外）。

【思考与练习】

1. 油断路器缺油的主要原因有哪些？

2. 油断路器的巡回检查内容有哪些？

3. 合格油和劣质油的区别有哪些？

◢ 模块 4 SF₆ 断路器运行维护及故障处理（Z49H3004）

【模块描述】本模块介绍六氟化硫断路器运行维护及故障现象分析处理。通过原理讲解及故障分析，掌握运行中的巡视检查、故障处理。

【模块内容】

一、六氟化硫断路器的巡视检查项目

（1）每日定时记录 SF_6 气体压力和温度，若温度下降超过允许范围，应启用加热器，防止 SF_6 气体液化。

（2）断路器各部分及管道无异声（漏气声、振动声）及异味，管道接头正常。

（3）套管无裂痕，无放电声和电晕。

（4）引线连接部位无过热，引线弧度适中。

（5）断路器分、合位置指示正确，并和当时实际运行工况相符。

（6）落地罐式断路器应检查防爆膜有无异状。

（7）接地完好。

（8）周围环境清洁，附近无杂物。

（9）断路器的运行声音正常，断路器内无噪声和放电声。

（10）控制、信号电源正常，断路器控制柜内的"远方－就地"选择开关在"远方"的位置。

（11）液压机构的油位正常，无渗漏油现象。

（12）操作油（气）压力正常。

（13）油（气）泵的打压次数正常。

（14）机构箱内的加热器按规定投入或退出。

二、断路器 SF$_6$ 气体气质监督

（1）新装 SF$_6$ 断路器投运前必须复测断路器本体内部气体的含水量和漏气率，灭弧室气室的含水量应小于 150×10^{-6}（体积分数），其他气室应小于 250×10^{-6}（体积分数），断路器年漏气率小于 1%。

（2）运行中的 SF$_6$ 断路器应定期测量 SF$_6$ 气体含水量，新装或大修后，每 3 个月 1 次，待含水量稳定后可每年 1 次，灭弧室气室含水量应小于 300×10^{-6}（体积分数），其他气室小于 500×10^{-6}（体积分数）。

（3）新气及库存 SF$_6$ 气应按 SF$_6$ 管理导则定期检验，进口 SF$_6$ 新气也应复检验收入库，检查时按批号作抽样检验，分析复核主要技术指标，凡未经分析证明符合技术指标的气体（不论是新气还是回收的气体）均应贴上"严禁使用"标志。

（4）新装或投运的断路器内的 SF$_6$ 气体严禁向大气排放，必须使用 SF$_6$ 气体回收装置回收。

（5）SF$_6$ 断路器需补气时，应使用检验合格的 SF$_6$ 气体。

三、SF$_6$ 断路器故障处理

（1）如果是油压操作，操动机构失去油压，处理方法与油断路器相同；如果是弹簧操动机构，而未储能，应检查储能电源是否正常，必要时可手动操作储能。

（2）运行值班人员在巡回检查中发现异常，如表指示压力下降，有刺激臭味，或自感不适，颈部僵直、头昏头痛、眼鼻干涩等，应立即汇报，查明原因进行处理。

（3）SF$_6$ 断路器漏气的处理

在相同的环境温度下，气压表的指示值在逐步下降时，说明断路器漏气。若 SF$_6$ 气压突然降至零，应立即将该断路器改为非自动，断开其控制电源。并与调度和有关部门联系，及时采取措施，断开上一级断路器（或旁路代，但必须注意：旁路与被代回路并列运行时，因被代回路断路器非自动，在拉开被代回路断路器的线路或变压器隔离开关前，旁路断路器必须改非自动，以防在拉开被代回路的隔离开关时，因旁路分闸而发生带负荷拉闸的事故），将该故障断路器停用检修。

如运行中 SF$_6$ 气室泄漏发出补气信号，但红、绿灯未熄灭时，表示 SF$_6$ 还未降到闭锁压力值。如果由于系统的原因不能停电时，可在保证安全的情况（如开启排风扇等）下，用合格的 SF$_6$ 气体做补气处理。造成漏气的主要原因有以下几方面。

（1）瓷套与法兰胶合处胶合不良。

（2）瓷套的胶垫连接处，胶垫老化或位置未放正。

（3）滑动密封处密封圈损伤或滑动杆光洁度不够。

（4）管接头处及自封阀处固定不紧或有杂物。

（5）压力表，特别是接头处密封垫损伤。

【思考与练习】

1. 六氟化硫断路器的巡视检查项目有哪些？

2. 六氟化硫断路器造成漏气的主要原因有哪些？

▲ 模块 5 真空断路器运行维护及故障处理（Z49H3005）

【模块描述】本模块介绍真空断路器运行维护及故障现象分析处理。通过原理讲解和故障分析，掌握运行中的检查维护、常见故障。

【模块内容】

一、真空断路器的巡视检查项目

（1）分、合位置指示正确，并与当时实际运行工况相符。

（2）支持绝缘子无裂痕及放电声。

（3）真空灭弧室无异常。

（4）接地良好。

（5）引线接触部分无过热，引线弛度适中。

二、真空断路器真空度下降故障分析及处理

真空断路器是利用真空的高介质强度灭弧。真空度必须保证在 0.013 3Pa 以上，才能可靠地运行。若低于此真空度，则不能灭弧。由于现场测量真空度非常困难，所以一般均以检查其承受耐压的情况为鉴别真空度是否下降的依据。正常巡视检查时要注意屏蔽罩的颜色，应无异常变化。特别要注意断路器分闸时的弧光颜色，真空度正常情况下弧光呈微蓝色，若真空度降低则变为橙红色，这时应及时更换真空灭弧室。造成真空断路器真空度降低的原因主要有以下几方面。

（1）使用的材料气密情况不良。

（2）金属波纹管密封质量不良。

（3）在调试过程中，行程超过波纹管的范围，或超程过大，受冲击力太大造成。

【思考与练习】

1. 真空断路器的巡视检查项目有哪些？

2. 真空断路器真空度下降的主要原因有哪些？

▲ 模块 6 高压断路器操动机构运行中故障处理（Z49H3006）

【模块描述】本模块介绍高压断路器操动机构故障处理。通过处理方法介绍，掌握高压断路器合闸失灵处理、分闸失灵处理、误分闸处理。以下内容还涉及断路器操动机构的配置要求和巡回检查及液压机构闭锁的故障处理。

【模块内容】

一、断路器操动机构的配置要求

（1）根据发电厂、变电站的操作能源性质，断路器的操动机构可分为以下几种：

1）电磁操动机构。

2）弹簧操动机构。

3）液压操动机构。

4）气动操动机构。

5）手动操动机构。

（2）操动机构的操作方式应满足实际运行工况的要求。

（3）操动机构脱扣线圈的端子动作电压应满足：

1）低于额定电压的30%时，应不动作。

2）高于额定电压的65%时，应可靠动作。

（4）采用电磁操动机构时，对合闸电源有如下要求：

1）在任何运行工况下，合闸过程中电源应保持稳定；

2）运行中电源电压如有变化，其合闸线圈通流时，端子电压不低于额定电压的80%（在额定短路关合电流大于或等于50kA时不低于额定电压的85%），最高不得高于额定电压的110%。

3）当直流系统运行接线方式改变时（如直流电源检修采取临时措施以及环形母线开环运行等），也应满足2）要求。

（5）采用气动机构时，对合闸压缩空气气源的压力要求基本保持稳定，一般变化幅值不大于±50kPa。

（6）液压操动机构及采用差压原理的气动机构应具有防"失压慢分"装置，并配有防"失压慢分"的机构卡具。所谓"失压慢分"是指液压操动机构因某种原因压力降到零，然后重新启动油泵打压时，会造成断路器缓慢分闸。

（7）采用液压或气功机构时，其工作压力大于1MPa时，应有压力安全释放装置。

（8）机构箱应具有防尘、防潮、防小动物进入及通风措施，液压与气动机构应有加热装置和恒温控制措施。

二、断路器操动机构的巡视检查

1. 电磁操动机构的巡视检查项目

（1）机构箱门平整，开启灵活，关闭紧密。

（2）检查分闸、合闸线圈及合闸接触器线圈是否正常。

（3）直流电源回路接线端子无松脱、铜绿或锈蚀。

（4）加热器正常、完好。

2. 液压机构的巡视检查项目

（1）机构箱门平整，开启灵活，关闭紧密。

（2）油箱油位正常，无渗、漏油。

（3）高压油的油压在允许范围内。

（4）每天记录油泵启动次数。

（5）机构箱内无异味。

（6）加热器正常、完好。

3. 弹簧机构的巡视检查项目

（1）机构箱门平整，开启灵活，关闭紧密。

（2）断路器在运行状态时储能电动机的电源开关或熔断器应在闭合位置。

（3）储能电动机、行程开关触点无卡住和变形，分闸、合闸线圈无异味。

（4）断路器在分闸备用状态时分闸连杆复归，分闸锁扣到位，合闸弹簧已储能。

（5）加热器良好。

4. 气动机构的巡视检查项目

（1）机构箱门平整，开启灵活，关闭紧密。

（2）压力表指示正常，并记录实际值。

（3）储气罐元漏气，按规定放水。

（4）接头、管路、阀门无漏气现象。

（5）空气压缩机运转正常，油位正常，计数器动作正常，记录次数。

（6）加热器（除潮器）正常完好，投（停）位置正确。

三、断路器运行拒绝合闸故障判断与处理

1. 断路器运行拒绝合闸原因

发生"拒合"的情况基本上是在合闸操作和重合闸过程中。拒合的原因主要有两方面：一是电气方面故障；二是机械方面原因。判断断路器"拒合"的原因及处理方法一般可分以下 3 步。

（1）用控制开关再重新合一次，目的是检查前一次拒绝合闸是否因操作不当而引起的，如控制开关放手太快等。

（2）检查电气回路各部位情况，以确定电气回路有无故障。其方法是：

1）检查合闸控制电源是否正常。

2）检查合闸控制回路熔丝和合闸熔断器是否良好。

3）检查合闸接触器的触点是否正常，如电磁操动机构。

4）将控制开关扳至"合闸时"位置，看合闸铁芯是否动作（液压操动机构、气动操动机构、弹簧操动机构的检查类同）。

若合闸铁芯动作正常，则说明电气回路正常。

（3）如果电气回路正常，断路器仍不能合闸，则说明为机械方面故障，应联系调度停用断路器，汇报上级主管部门安排检修处理。

经以上初步检查，可判定是电气方面的故障，还是机械方面的故障。常见的电气回路故障和机械方面的故障分别叙述如下。

2. 电气方面常见故障

（1）电气回路故障：若合闸操作前，绿色指示灯不亮，说明控制回路有断线现象或无控制电源。可检查控制电源和整个控制回路上的元件是否正常，如操作电压是否正常，熔丝是否熔断，防跳继电器是否正常，断路器副触点是否良好，有无气压、液压闭锁等。

（2）当操作合闸后红灯不亮，绿灯闪光且事故喇叭响时，说明操作手柄位置和断路器的位置不对应，断路器未合上。其常见的原因有合闸回路熔断器的熔丝熔断或接触不良、合闸接触器未动作、合闸线圈发生故障。

（3）当操作断路器合闸后，绿灯熄灭，红灯亮，但瞬间红灯又灭而绿灯闪光，事故喇叭响，说明断路器合上后又自动分闸。其原因可能是断路器合在故障线路上造成保护动作分闸或断路器机械故障不能使断路器保持在合闸状态。

（4）若操作合闸后绿灯熄灭、红灯不亮，但电流表计已有指示，说明断路器已经合上。可能的原因是断路器辅助触点或控制开关触点接触不良、分闸线圈断开使回路不通、控制回路熔丝熔断、指示灯泡损坏。

（5）操作手把返回过早。

（6）分闸回路直流电源两点接地。

（7）SF_6 断路器气体压力过低，密度继电器动作闭锁。

（8）液压机构压力低于规定值，合闸回路被闭锁。

3. 机械方面常见故障

（1）传动机构连杆松动、脱落。

（2）合闸铁芯卡涩。

（3）断路器分闸后机构未复归到预合位置。

（4）分闸机构脱扣。

（5）合闸电磁铁动作电压太高，使一级合闸阀打不开。

（6）弹簧操动机构合闸弹簧未储能。

（7）分闸连杆未复归。

（8）分闸锁钩未钩住或分闸四连杆机构调整未越过死点，因而不能保持合闸。

（9）操动机构卡死，连接部分轴销脱落，使操动机构空合。

（10）有时断路器合闸时多次连续做合分动作，此时系断路器的辅助动断触点打开过早。

四、断路器运行拒绝分闸故障判断与处理

断路器的"拒动"对系统安全运行威胁很大，一旦某一单元发生故障时，断路器拒动，将会造成上一级断路器分闸，称为"越级分闸"。这将扩大事故停电范围，甚至有时会导致系统解列，造成大面积停电的恶性事故。因此，"拒动"比"拒合"带来的危害性更大。对"拒动"故障的处理方法如下。

（1）根据事故现象，可判别是否属断路器"拒动"事故。"拒动"故障的特征为回路光字牌亮，信号掉牌显示保护动作，但该回路红灯仍亮；上一级的后备保护如主变压器复合电压过流、断路器失灵保护等动作。在个别情况下后备保护不能及时动作，元件会有短时电流表指示值剧增、电压表指示值降低、功率表指针晃动，主变压器发出沉重嗡嗡异常响声等现象，而相应断路器仍处在合闸位置。

（2）确定断路器故障后，应立即手动拉闸。

1）当尚未判明故障断路器之前而主变压器电源总断路器电流表指示值不足，异常声响强烈，应先拉开电源总断路器，以防烧坏主变压器（必须明确主变压器是送故障电流）。

2）当上级后备保护动作造成停电时，若查明有分路保护动作，但断路器未分闸，应拉开或隔离拒动的断路器，恢复上级电源断路器；若查明各分路保护均未动作（也可能为保护拒掉牌），则应检查停电范围内设备有无故障，若无故障应拉开所有分路断路器，合上电源断路器后，逐一试送各分路断路器。当送到某一分路时电源断路器又再次分闸，则可判明该断路器或保护为故障（"拒动"）断路器。这时应隔离之，同时恢复其他回路供电。

3）对"拒动"的断路器，除了可迅速排除的一般电气故障（如控制电源电压过低、控制回路熔断器接触不良、熔丝熔断等）外，对一时难以处理的电气性或机械性故障，均应联系调度和汇报上级主管部门，进行停役检修处理。

（3）对"拒动"断路器的电气及机械方面故障的分析判断方法。应判断是电气回路故障还是机械方面故障：检查是否为分闸电源的电压过低所致；检查分闸回路是否完好，如分闸铁芯动作良好断路器拒跳，则说明是机械故障；如果电源良好，若铁芯动作无力、铁芯卡涩或线圈故障造成拒跳，往往可能是电气和机械方面同时存在故障；如果操作电压正常，操作后铁芯不动，则多半是电气故障引起"拒动"。

1）电气方面原因：控制回路熔断器熔断或分闸回路各元件接触不良，如控制开关触点、断路器操动机构辅助触点、防跳继电器和继电保护分闸回路等接触不良；液压（气动）操动机构压力降低导致分闸回路被闭锁或分闸控制阀未动作；SF_6 断路器气体压力过低，密度继电器闭锁操动回路；分闸线圈故障。

2）机械方面原因：分闸铁芯动作冲击力不足，说明铁芯可能卡涩或分闸铁芯脱落、分闸弹簧失灵、分闸阀卡死、大量漏气等；触头发生焊接或机械卡涩，传动部分故障（如销子脱落等）。

五、断路器运行误分闸故障处理

若系统无短路或直接接地现象，继电保护未动作，发生断路器自动分闸，则称断路器"偷跳"或"误跳"。对"偷跳"的判断与处理一般分以下 3 步进行。

1. "偷跳"断路器故障特征

根据事故现象的以下特征，可判定为断路器"偷跳"。

（1）在分闸前表计、信号指示正常，表示系统无短路故障。

（2）分闸后，绿灯连续闪光，红灯熄灭，该断路器回路的电流表及有功、无功表指示为零。

（3）故障记录仪各电气参数和波形无故障现象。

2. 查明原因与分别处理

（1）若由于人员误碰、误操作或受机械外力振动，保护盘受外力振动而引起自动脱扣的"偷跳"或"误跳"，应排除断路器故障原因，立即送电。

（2）对其他电气或机械部分故障，无法立即恢复送电的，则应联系调度及汇报上级主管部门，对"偷跳"的断路器进行停役检修处理。

3. "偷跳"断路器故障检查与分析

对"偷跳"的断路器分别进行电气和机械方面故障的检查和分析。

（1）电气方面的故障：保护误动或整定值不当；电流、电压互感器回路故障；二次回路绝缘不良；直流系统发生两点接地（分闸回路发生两点接地）。

（2）机械方面的故障：合闸维持支架和分闸锁扣维持不住，造成分闸；液压操动机械中分闸一级阀和止回阀处密封不良、渗漏时，本应由合闸保持孔供油到二级阀上端以维持断路器在合闸位置，但当漏的油量超过补充油量时，在二级阀上、下两端造成压强不同。当二级阀上部的压力小于下部的压力时，二级阀会自动返回，而二级阀返回会使工作缸合闸腔内高压油泄掉，从而使断路器分闸。

六、断路器运行误合闸故障处理

若断路器未经操作自动合闸，则属"误合"故障，一般应按如下做法进行判断处理。

（1）经检查确认为未经合闸操作。

1）手柄处于"分后位置"，而红灯连续闪光。表明断路器已合闸，但属"误合"。

2）应拉开误合的断路器。

（2）对"误合"的断路器，如果拉开后断路器又再次"误合"，应取下合闸熔断器，分别检查电气方面和机械方面的原因，联系调度和汇报上级主管部门，将断路器停用并作检修处理。其"误合"原因可能有以下几方面。

1）直流两点接地，使合闸控制回路接通。

2）自动重合闸继电器动合触点误闭合或其他元件某些故障而接通控制回路，使断路器合闸。

3）若合闸接触器线圈电阻过小，且动作电压偏低，当直流系统发生瞬间脉冲时，会引起断路器误合闸。

4）弹簧操动机构的储能弹簧锁扣不可靠，在有振动情况下，锁扣可能自动解除，造成断路器自行合闸。

七、液压机构压力降到闭锁分闸处理

（1）凡有专用旁路断路器或母联兼旁路断路器的厂、站，可以采用旁路代出线方式，使故障断路器脱离电网。

1）立即将液压机构压力降到零的故障汇报调度，将出现的信号做好记录。

2）取下该断路器的控制熔断器（主变压器断路器除外）。

3）用专用卡板将断路器的传动机构卡死。

4）根据调度命令和当时运行方式，操作旁路断路器对旁路母线充电正常。

5）操作旁路断路器与液压机构故障的开关并列运行。

6）取下旁路断路器控制熔断器。

7）根据调度命令，用专用卡板将旁路断路器的传动机构卡死。

8）拉开液压机构故障断路器两侧隔离开关。

9）拆除旁路断路器传动机构专用卡板。

10）装上旁路断路器控制熔断器。

11）将液压机构故障断路器转为检修状态。

12）当线路可停电或旁路断路器无法使用时，根据调度命令执行下列操作：

a. 按倒母线的操作步骤将液压机构故障断路器所接母线上的其他断路器倒至另一母线上运行。

b. 拉开母联断路器及母联断路器的两侧隔离开关。

c. 拉开液压机构故障断路器的两侧隔离开关。

d. 将液压机构故障断路器转为检修状态。

13）当液压机构故障断路器为母联断路器时，根据调度命令执行下列操作：

a. 取下母联断路器控制熔断器。

b. 将母差屏母线运行方式把手 SA 切至"单母"。

c. 用专用卡板将母联断路器的传动机构卡死。

d. 将某一运行线路断路器的母线侧另一隔离开关合上。

e. 取下卡板，拉开母联断路器的两侧隔离开关。

f. 将母联断路器转为检修状态。

14）将处理情况汇报调度，做好记录。

15）如检查不出原因，立即汇报调度。

（2）对于双电源且无旁路断路器或旁路断路器不可以使用的变电站，如线路断路器泄压闭锁分合闸，必要时可将该变电站改成一条电源线路供电的终端变压器的方式，再处理泄压断路器的操动机构。

（3）对于 3/2 接线母线的故障断路器可用其两侧隔离开关隔离。

（4）对 π 形接线，合上线路外桥隔离开关使 π 接改成 T 接，停用故障断路器。

【思考与练习】

1. 电磁操动机构的巡视检查项目有哪些？

2. 液压操动机构的巡视检查项目有哪些？

3. 弹簧操动机构的巡视检查项目有哪些？

4. 气动操动机构的巡视检查项目有哪些？

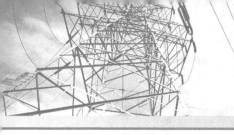

第四章

配电装置运行

▲ 模块 1　高压配电装置概述（Z49H4001）

【模块描述】本模块介绍高压配电装置。通过原理讲解，掌握高压配电装置的基本要求，检查、操作、运行维修要求。

【模块内容】

对设备进行定期巡视检查是值班人员随时掌握设备运行状态、变化情况，发现设备异常情况，确保设备安全运行的主要措施，值班人员必须按规定时间、线路、项目进行巡视检查，重点检查动作过的、变更过的及有缺陷的设备。巡视中不得兼做其他工作，遇雷雨时应停止巡视。

值班人员对运行设备应做到正常运行按时查，高峰、高温认真查，天气突变及时查，重点设备重点查，薄弱设备仔细查。

一、巡视设备时应遵守的规定

（1）允许单独巡视高压设备的人员巡视高压设备时，应遵守有关安全工作规程的规定。

1）经单位批准允许单独巡视高压设备的人员巡视高压设备时，不得进行其他工作，不得移开或越过遮栏。

2）雷雨天气，需要巡视户外设备时，应穿绝缘靴，不得靠近避雷针和避雷器。

3）火灾、地震、台风、洪水等灾害发生时，如要对设备进行巡视时，应得到设备运行管理单位有关领导批准，巡视人员应与派出部门之间保持通信联络。

4）高压设备发生接地时，室内不得接近故障点 4m 以内，室外不得靠近故障点 8m 以内，进入上述范围必须穿绝缘靴，接触设备外壳或构架时，应戴绝缘手套。

5）巡视配电装置，进出高压室必须随手将门锁好。

6）高压室的钥匙至少有 3 把，由运行人员负责保管，按值移交。一把专供紧急时使用，一把专供运行人员使用，其他可以借给经批准的巡视高压设备人员和经批准的检修、施工队伍的工作负责人使用，但应登记签名，巡回或当日工作结束后交还。

（2）巡视时还要遵守现场的具体规定：

1）确定巡视路线，按巡视路线图进行巡视，以防漏巡。新进厂人员和实习人员不得单独进行巡视检查。

2）遇有设备存在较大的缺陷或异常、新设备投入运行或运行方式改变、气温发生异常变化、设备存在薄弱环节、设备经过大小修或缺陷经过处理后、汛期大发电时应增加机动性巡回。

3）在巡视中发生设备缺陷及异常情况，应查明原因，汇报值长或副值长，采取有效措施，并在缺陷记录簿中登记。必要时由值长或副值长迅速通知检修人员处理。

4）巡视时遇有严重威胁人身和设备安全的情况，应立即采取措施，按事故处理有关规定处理。

5）巡视检查时，严禁乱动设备或进入遮栏内，并注意检查栅网门窗是否正常，注意通风、照明、温度、消防设备及其他设施是否完好。如发现异常应及时汇报值长。

6）值长应根据实际情况，每班机动巡回检查一次。

二、特殊运行条件时巡视项目

随季节、天气和设备的变化，对室外配电设备还应进行的特殊检查项目如下：

（1）降雪时，检查各接头、触头积雪有无融化现象。

（2）化雪期间，检查各设备有无结冰现象，发现后及时清除。

（3）大风天，检查各引线有无摆动过大及挂落杂物、有无断线，构架和建筑物无倾斜变形。

（4）降雨、雾时，检查各带电部位有无异常放电。

（5）降冰雹时，检查各瓷件有无损伤。

（6）雷电后应检查瓷绝缘有无破损裂纹、放电痕迹，避雷器本体不歪斜，记录器完好，漏泄电流在 $0.5\sim0.7mA$；雷电动作记数器是否动作。

（7）出现高温、严寒天气应检查充油设备油面是否过高或过低，母线及引线是否过紧或过松，设备连接器有无松动、过热。

（8）高峰负荷和过负荷运行时，应检查设备负荷分配是否正常；声音、油温、油面是否正常；设备外表涂漆是否变色、变形；有无漏油、漏胶现象；高压补偿器，还应检查有无鼓肚现象。

（9）故障后，应检查设备有无损坏，如烧伤、变形、移位、导线有无短路、油色是否变黑、喷油等。

（10）系统异常运行时（如振荡、接地、低周或铁磁谐振），应检查设备有无放电，声音有无异常，电压互感器声音、油面、油色是否正常，高压补偿装置温度、声音、外壳有无异常，同时应检查仪表摆动、自动装置及记录器动作是否正确。

（11）设备经过检修、改造和改变运行方式或长期停运后重新投入运行后。

（12）设备缺陷近期有发展时、法定节假日、上级通知有重要保电任务时。

三、日常巡视检查的方法

巡视检查是运行工作中经常性的很重要的一项内容。处于运行状况的设备，其性能和状态的变化，除依靠设备的保护、监视装置、表计等显示外，对于设备故障和异常初期的外部现象，则主要依靠值班人员定期的和特殊的巡视检查来发现。因此，巡视检查的质量高低、全面与否，与人员的运行经验、工作责任心和巡视方法直接有关。

常用的巡视检查方法有以下 5 方面：

（1）目测法：用双目来测视设备看得见的部位，观察其外表变化来发现异常现象，是巡视检查最基本的方法之一。如标色设备漆色的变化、裸金属色泽、充油设备油色等的变化、变形、位移、破裂、松动、打火冒烟、渗油漏油、断股断线、闪络痕迹、异物搭挂、腐蚀污秽等都可通过目测法检查出来。

（2）耳听法：带电运行的设备，不论是静止的还是旋转的，有很多都能发出表明其运行状况的声音。如一、二次电磁式设备（如变压器、互感器、继电器、接触器等），正常运行通过交流电后，其绕组铁芯会发出均匀节律和一定响度的"嗡、嗡"声，这是交变磁场反复作用振动的结果。值班人员随着经验和知识的积累，只要熟练地掌握了这些设备正常运行时的声音情况，遇有异常时，用耳朵或借助听音器械（如听音棒），就能通过它们的高低、节奏、声色的变化、杂音的强弱来判断电气设备的运行状况。

（3）鼻嗅法：鼻子是人的一个向导，对于某些气味（如绝缘烧损的焦味）的反映，比用某些自动仪器还灵敏得多。电气设备的绝缘材料一旦过热会使周围的空气产生一种异味。这种异味对正常巡查人员来说是可以嗅别出来的。当正常巡查中嗅到这种异味时，应仔细观察、发现过热的设备与部位，直至查明原因，从而对症查处。

（4）用手触试：用手触试设备来判断缺陷和故障虽然是一种必不可少的方法，但必须分清可触摸的界限和部位，明确禁止用手触试的部位。

1）对于一次设备，用手触试检查之前，应当首先考虑安全方面的问题；对带电的高压设备，如运行中的变压器、消弧线圈的中性点接地装置，禁止使用手触法测试；对带电运行设备的外壳和其他装置，需要触试检查温度或温升时，先要检查其接地是否良好，同时还应站好位置，注意保持与设备带电部位的安全距离。

2）对于二次设备发热、振动等可以用手触法检查。如继电器等元件是否发热，非金属外壳的可以直接用手摸，对于金属外壳的接地确实良好的，也可以用手触试检查。

（5）使用仪器检查：巡视检查设备使用的便携式检测仪器，主要是测温仪、测振仪等，可以及时发现过热异常情况。

【思考与练习】

1. 常用的巡视检查方法有哪些？
2. 高压配电装置特殊运行条件时巡视项目有哪些？
3. 高压设备发生接地时对安全距离有何规定？
4. 对高压室门的钥匙有何规定？

▲ 模块 2　隔离开关运行（Z49H4002）

【**模块描述**】本模块介绍隔离开关运行维护及故障现象分析处理。通过原理讲解和故障分析，掌握隔离开关操作、运行中监视检查、运行中的故障。

【**模块内容**】

一、隔离开关的用途

（1）在设备检修时，造成明显的断开点，使检修设备和系统隔离，以保证工作人员和设备的安全。原则上隔离开关不能用于开断负荷电流，但是在电流很小和容量很低的情况下，可视为例外。

（2）隔离开关和断路器配合，进行倒闸操作，以改变运行方式。在双母线接线时，利用隔离开关将电气设备或供电线路从一组母线切换到另一组母线上去。

（3）用以接通和切断小电流的电路和旁（环）路电流。例如：断合电压互感器、避雷器及系统无接地的消弧线圈。

二、隔离开关的巡视

（1）导电部分：隔离开关本体应该完好，三相触头在合闸时应同期到位，应无错位或不同期到位现象。合闸位置时，位置正常，刀刃和触头接触良好，无过热、松动和变色现象。分闸位置时，检查位置正确到位，引线无松动，无烧伤断股现象；连接部分无螺栓松动、断裂现象。

（2）操动机构：传动机构应完好，有机构闭锁者，锁锭锁入正常；有电动操动箱者，箱内无电磁声和焦味，操作箱门锁良好，防误锁具编号字体向外。液压机构隔离开关的液压装置应无漏油，闭锁装置及接地是否完好、有无锈蚀。

（3）绝缘部分：绝缘子（座）表面是否清洁、完整，有无损坏、裂纹或放电闪络现象。

（4）底座部分：底座连接轴上的开口销应完好，底座法兰应无裂纹，法兰螺栓紧固应无松动。

（5）接地部分：对于接地的隔离开关，其触头接触应良好，接地应牢固、可靠，接地体可见部分应完好。

三、隔离开关的运行

（1）隔离开关的操动机构均应装设防误闭锁装置。

（2）隔离开关的传动部分和闭锁装置应定期清扫。

（3）隔离开关操作后，应检查隔离开关的开、合位置，三相动、静触头应确已拉开或确已合好。

四、隔离开关操作的基本要求

（1）操作隔离开关前，应检查相应断路器分、合闸位置是否正确，以防止带负荷拉合隔离开关。

（2）隔离开关均装有远控回路，能实现远控、近控和手动 3 种操作方式。

正常运行条件下，根据安全、快捷、省力的原则，其操作方式应按远控、近控的顺序优先采用，而尽量避免手动操作方式，但在许多情况下，手动操作是无法避免的，如电动操动机构失灵、操作电源失去等。在手动操作条件下，隔离开关的防误闭锁回路有可能自动解除，操作人员接近设备，万一发生事故易受伤害。因此，应认真检查操作条件，严格核对设备，防止误操作。

手动操作隔离开关方法如下。

1）手动合隔离开关时，必须迅速果断，但在合闸终了不得用力过猛，以防合过头及损坏支持绝缘子。

注意：在合闸开始时，若发生弧光，则应将隔离开关迅速合上。

2）手动拉隔离开关时，应缓慢而谨慎，特别是隔离开关动触头刚离开静触头时，若发生电弧应立即合上，停止操作。但在拉切小容量变压器，一定长度架空线路和电缆线的充电电流、少量的负荷电流，以及用隔离开关解环操作，均有电弧产生，此时应迅速将隔离开关拉开，以便过零点灭弧。

3）拉闸后应检查三相导电杆的实际位置是否与操作要求相一致。

4）操作完成后应检查动、静触头接触情况良好，插入深度适当，传动机构无断裂或形变。

5）单相隔离开关和跌落式熔断器的操作顺序：

a. 垂直排列时。停电拉闸应先拉中相，后拉两边相；送电合闸操作顺序与之相反。

b. 水平排列时。停电拉闸应从上到下依次拉开各相；送电合闸操作顺序与之相反。

6）隔离开关操作（拉、合）所发出的声音，可用来判断是否误操作及可能发生的问题。操作发出的声响有轻有响，但如何来判断音响是否正常，这需要每一个值班员在实际操作中注意观察，一般是电压等级越高、切断的电流越大，则声音越响；反之，则越轻，介绍如下：

a. 隔离开关拉开后，如一侧有电，另一侧无电，则拉隔离开关时，一般声音较响。

b. 合隔离开关时，如一侧有电，另一侧无电，则一般声音较响。

c. 两侧均无电，则在合隔离开关时，一般无声音，如有轻微声音，则一般是有感应电引起，如当线路送电合上线路隔离开关时，有轻微声音；如断路器带有断口电容的，则声音相对大一点。同理，当隔离开关拉开后，两侧均无电，一般也无声音。

d. 热倒母线时，隔离开关合、拉一般均无声音，如隔离开关和母联断路器距离较远且操作后环流变化较大，则一般由于母线压降产生压差而发出轻微声音。如声音较响或比平常响，则应检查母联断路器是否断开。

e. 用隔离开关拉开空载母线或空载充电母线，由于电容电流较大，一般声音很响。在操作时，要有心理准备，以免操作时受惊吓。

f. 操作隔离开关前，应先对其声响有一估计（主要凭经验），如拉开某隔离开关时估计无声音或不太响，但当触头刚分开时发出强大声音及弧光，应立即合上，待查明原因是否由于带负荷拉隔离开关所引起。同样，在合隔离开关时发出强大声响（比预计声音响得多），则应马上合到底，决不能再拉开，然后查找原因，检查是否由于带负荷合隔离开关所引起。

g. 对于改为线路检修的操作，当拉开线路隔离开关时，一般声音较轻，如声音较响，则确应认真检验线路是否带电，以免在装设接地线时，发生事故。

h. 对于操作时事先估计有声音而未发出的，也应查找原因，检查是否由于失电引起，以便及时处理。

（3）错合隔离开关时，不允许将隔离开关再拉开，因为带负荷拉开隔离开关，将造成三相弧光短路事故。

错拉隔离开关时，在刀片刚离开固定触头时，便发生电弧，这时应立即合上，避免事故，但若隔离开关已全部拉开，则不许再合上，如果是单极隔离开关，操作一相后发现错拉，其他两相侧不应继续操作。

（4）当隔离开关操作不动时，应仔细查找原因，不得强行操作，以防将隔离开关损坏。

（5）隔离开关送电、停电操作要在相应开关（接触器）断开的情况下进行；隔离开关操作完毕后，应检查动、静触头接触良好，核实隔离开关位置正确后，将配电柜门锁好。

（6）隔离开关操作前，如果发现异常或缺陷，应停止操作，采取必要措施或消除缺陷后方可重新操作，不得蛮干。

（7）使用电动机构操作的隔离开关，操作时应使用电动按钮进行操作，不得使用手柄操作，如遇特殊情况必须用手柄操作时，应重新检查断路器及隔离开关的位置，并拉开电动机电源控制。

（8）电动操作隔离开关中如发生异常，应迅速按电动机构箱内的"停止"按钮并及时检查原因。如热继电器动作应尽力消除，经一段时间后方可恢复热继电器进行第二次操作。

（9）隔离开关拉不开、合不上时严禁强拉强合，应仔细查找原因：检查操动机构是否完好、回路中是否有接地开关、开关是否在分闸位置等，确实无法处理时，通知检修处理。隔离开关在操作过程中发生卡涩，不能强行操作，可手摇隔离开关操作把手几次，然后再合；若仍卡涩，未发生触头放电现象，立即停止操作，若已发生放电现象，且不能熄灭，应将此隔离开关设法与带电系统脱开。

（10）隔离开关与接地开关的机构闭锁或电磁闭锁、计算机闭锁应良好，操作接地开关要慎重，接到调动命令后方可进行操作，如果闭锁有问题，首先核对设备，严禁使用万能钥匙或强行操作。

五、操作隔离开关的顺序

1. 输、配电线路隔离开关

（1）停电操作时，应先拉开线路侧隔离开关，后拉开母线侧隔离开关。

（2）送电操作时，应先合上母线侧隔离开关，后合上线路侧隔离开关。

只要断路器可靠地断开，操作人员保证不走错间隔，无论先操作哪一组隔离开关都是安全的，之所以非要规定一个先后操作顺序，主要考虑万一断路器未断开，发生隔离开关带负荷拉闸后的影响及事故处理问题，同时兼顾人们长期在倒闸操作中形成的问题：停电，先从负荷侧开始操作；送电，先从电源侧开始操作，以图 4-4-2-1、图 4-4-2-2 所示，说明其优缺点。

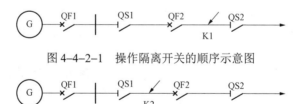

图 4-4-2-1 操作隔离开关的顺序示意图

图 4-4-2-2 操作隔离开关的顺序示意图

1）停电先拉线路侧隔离开关 QS2 的优点：

a. 断路器 QF1 未拉开，带负荷拉开 QS2，则故障点在线路上，可以利用本线路的保护跳开 QF1，切除故障点，此时，不影响其他设备运行。

b. 如果线路保护或 QF1 拒动不能切除故障点，虽引起越级使电源侧断路器 QF1 分闸，造成母线全停双母线，装有线路断路器失灵保护的，只影响一条母线的运行。但只要拉开母线隔离开关 QS1 即可隔离故障点，恢复送电时不需要倒母线，操作少，恢复时间短，事故处理快。

2）停电先拉母线侧隔离开关 QS1 的缺点：

a. 如断路器 QF1 未拉开，带负荷拉开 QS1 则故障点 K2 在母线上，母线差动保护可以切除故障点。

b. 恢复母线送电时，对于单母线，只有甩开 QS1 的引线，才能隔离故障恢复送电，对于双母线，倒母线后，才能给故障母线上的其他停电设备送电；操作多，停电时间长，事故处理麻烦。

同理，线路送电如断路器合闸，发生隔离开关带负荷合闸，先合 QS1，后合 QS1，故障点也在线路上，对事故处理及恢复送电也都比较有利。

操作必须在串联开关和接地开关在切断状态下进行。

2. 母联或旁路母线隔离开关

（1）拉闸时：先拉不带电侧隔离开关，后拉带电侧隔离开关。

（2）合闸时：先合带电侧隔离开关，后合不带电侧隔离开关。

3. 变压器中、低压侧隔离开关操作

（1）拉闸时：先拉变压器侧隔离开关，后拉母线侧隔离开关。

（2）合闸时：先合母线侧隔离开关，后合变压器侧隔离开关。

六、允许用隔离开关进行下列操作

（1）220kV 线路开关在送电运行中，线路侧路隔离开关的合上或拉开。

（2）在无接地时合上或拉开电压互感器和在无雷击时拉开或合上避雷器。

（3）合上或拉开无故障的 220kV 以下母线的电容电流。

（4）合上或拉开 3/2 断路器结线的母线环流（不含用隔离开关隔离四段式母线的母联、分段断路器），但此时应确认环路中所有断路器三相完全接通、在非自动状态。

（5）发电机消弧线圈、变压器中性点的合上拉开操作，但操作时应在确认网络中无接地故障时进行。

（6）合上、拉开励磁电流不超过 2A 的空载变压器和电容电流不超过 5A 的无负荷线

（7）拉开或合上 3/2 断路器结线 3 串及以上运行方式的母线环流。

备注：

1）上述设备如长期停用时，在未经试验前不得用隔离开关进行充电。

2）上述设备如发生异常运行时，除有特殊规定可以远控操作的外不得用隔离开关操作。

七、禁止用隔离开关进行下列操作

1. 220kV 隔离开关不能进行下列操作

（1）带负荷合上或拉开。

（2）拉开或合上 320kVA 以上的空载变压器。

（3）合上或拉开送电线路的充电电流。

（4）拉开故障点。

2. 500kV 隔离开关不能进行下列操作

（1）不准用隔离开关向 500kV 母线充电。

（2）严禁用隔离开关拉、合运行中的 500kV 高压并联电抗器和电容式电压互感器。

（3）严禁用隔离开关拉、合空载变压器和空载线路。

八、用隔离开关操作时，防止瓷柱断裂的注意事项

（1）操作时，穿绝缘靴，戴绝缘手套，认真执行"四对照"（核对设备、名称、编号和位置）。

（2）一般采用电动按钮进行，电动不良时，采用手动摇动电动机操作。

（3）手动进行合闸操作时，顺时针方向，应先慢摇，放电时快速摇动，摇动中发现特别吃力或发卡时，应停止摇动，检查原因，自己处理不了时，联系检修人员处理。

（4）手动进行分闸操作时，逆时针方向，应先慢摇，放电时快速摇动，摇动时发现特别吃力或发卡时，应停止摇动，检查原因，自己处理不了时，联系检修人员处理。

（5）在拉开或合上接地开关时，应双手紧握接地开关操作把手，将接地刀闸拉开或合上，用力应适当，不能用力过猛，防止接地开关合到位后反弹引起磁套颤动损坏，若接地开关卡死或发卡，不应强行拉合，检查原因，自己处理不了时，应联系检修人员处理。

（6）进行 220kV 隔离开关或接地开关操作时，若发现瓷柱断裂、倒塌或放电时，应迅速逃离现场。

九、隔离开关故障处理

（一）隔离开关在运行操作中可能出现的异常

（1）接触部分过热。

（2）绝缘子异常。

1）绝缘子外伤、硬伤；绝缘子破损、断裂、导线线夹裂纹。

2）支柱式绝缘子胶合部音质量不良和自然老化造成绝缘子掉盖。

3）因严重污秽或过电压，产生闪络、放电、击穿接地。

（3）操作异常，操作隔离开关拉不开、合不上。

（4）运行中隔离开关刀口过热，触头熔化粘连。

（二）隔离开关故障处理

1. 接触部分过热

（1）立即设法减少负荷。

（2）与母线连接的隔离开关，应利用倒母线或以备用开关倒旁路母线等方式转移负荷，使其退出运行。

（3）发热严重时，应以适当的断路器转移负荷。

（4）如停用发热隔离开关，可能引起较大损失时，应采用带电作业的方法进行检修，如未消除，临时将隔离开关短接。

（5）如是操作质量不良引起的，可用绝缘杆帮助一下，使之接触到位。

2. 绝缘子异常

（1）不严重的放电痕迹，可暂时不停用，经办停电手续再行处理。

（2）与母线连接的隔离开关绝缘子损伤，应尽可能停止使用。

（3）绝缘子外伤严重，绝缘子破损、断裂、导线线夹裂纹，则应立即停电或带电作业处理。（此时不应该带电操作，防止断裂扩大事故）

3. 操作异常

操作隔离开关拉不开、合不上。

（1）用绝缘棒操作或用手动操动机构操作隔离开关，拉不开合不上时，主要因机构锈死、卡涩、检修时调整不当等原因引起。发生这种情况，可拉开隔离开关再次合闸。不应强行拉开、合上，应注意检查绝缘子及机构的动作情况，防止绝缘子断裂。

（2）用电动操动机构操作，拉不开、合不上时，应立即停止操作，检查：

1）操作有无差错。

2）操动机构的接地开关机械闭锁是否到位。

3）操作电源电压是否正常。

4）电动机电源回路是否完好，熔断器、空气断路器是否正常。

5）电气闭锁回路是否正常。

6）如果电动不能操作，重新检查相应断路器在分位，改用手动操作。

（3）用液压操动机构操作拉不开合不上时，应检查液压泵是否有油或油是否凝结，如果油压降低不能操作，重新检查相应断路器在分位，改用手动操作。

因隔离开关本身传动机械故障而不能操作时，应向上级汇报申请倒负荷后停电处理。

4. 运行中隔离开关刀口过热，触头熔化粘连

（1）应立即向调度汇报申请将负荷倒出，然后停电处理，如不能倒负荷，则应设法减负荷，并加强监视。

（2）如果是双母线侧隔离开关发生熔化粘连，应使用倒母线的方法将负荷倒出，然后停电处理。

5. 运行中的隔离开关应立即停电处理的情况

（1）接头过热或熔化，接线断股。

（2）触头熔化变形。

（3）支柱绝缘子破裂或绝缘破坏。

（4）操动机构损坏或连杆弯曲变形。

【思考与练习】

1. 用隔离开关允许进行哪些操作？

2. 应如何巡视隔离开关的操动机构？

3. 隔离开关在运行操作中可能出现哪些异常？

4. 禁止对隔离开关进行哪些操作？

◢ 模块 3 互感器运行（Z49H4003）

【模块描述】本模块介绍互感器运行维护及故障现象分析处理。通过原理讲解和故障分析，掌握电压互感器与电流互感器运行原则、操作、运行维护、各种故障。

【模块内容】

一、电压互感器的用途

电压互感器是一种电压变换装置。它将高电压变换为低电压，以便用低压量值反映高压量值的变化。因此，通过电压互感器可以直接用普通电气仪表进行电压测量。

由于采用了电压互感器，各种测量仪表和保护装置不直接与高电压相连接从而保证了仪表测量和继电保护工作的安全，也解决了高压测量的绝缘、制造工艺等困难。此外，由于电压互感器的二次侧均为100V，所以使得测量仪表和继电器电压线圈在制造上得以标准化。

电压互感器的构造和工作原理与普通变压器相同，它也是由铁芯、一次绕组、二次绕组、接线端子及绝缘支持物等组成。电压互感器的一次绕组接于系统的线电压或相电压，其绝缘应随实际系统电压的高低而定。一次绕组具有较多的匝数，二次绕组匝数很少供给仪表或继电器的电压线圈。

电压互感器的二次绕组不允许短路。二次绕组有100V电压，应接于能承受100V电压的回路里，其通过的电流，由二次回路阻抗的大小来决定。如二次短路，则阻抗很小，二次回路流过的电流增大，造成二次熔断器熔断，影响表计指示及引起保护误动，损坏电压互感器。

电压互感器的二次回路必须接地，以防止一、二次绝缘损坏，击穿高电压串到二次侧对人身和设备造成危险。

二、电流互感器的用途

电流互感器是一种电流变换装置。它将高压和低压大电流变成电压较低的小电流供给仪表和继电保护装置并将仪表和保护装置与高压电路隔开。电流互感器的二次侧电流均为5A，这使得测量仪表和继电保护装置使用安全、方便，也使其在制造上得以标准化。

电流互感器的构造由铁芯、一次绕组、二次绕组、接线端子及绝缘支撑物等组成。

电流互感器的一次绕组的匝数较少，串接在需要测量电流的线路中，流过较大的被测电流，二次绕组的匝数较多，串接在测量仪表或继电保护回路里。

电流互感器的二次回路不允许开路。电流互感器在工作时，它的二次回路始终是闭合的，但因测量仪表和保护装置的串联绕组的阻抗很小，电流互感器的工作情况接近短路状态，一次电流所产生的磁动力大部分被二次电流所补偿，总磁通密度不大，二次绕组电动势也不大。当电流互感器开路时，二次回路阻抗无限大，电流等于零，一次电流完全变成了励磁电流，在二次绕组产生很高的电动势，威胁人身安全，造成仪表、保护装置、互感器二次绝缘损坏。

电流互感器二次回路必须接地，以防止一次绝缘击穿，二次串入高压，威胁人身安全，损坏设备。

三、互感器在运行中应注意的事项

（1）中性点不接地系统或经小电流接地系统的电压互感器在线路接地时，应注意电压互感器的发热情况。

（2）电压互感器撤出运行时，应特别注意其所带的保护是否会因失去电源而误动。

（3）电压互感器的二次绕组中性点必须接地，二次侧不允许短路。

（4）电流互感器二次侧应可靠接地，不允许开路。

（5）互感器外壳接地良好，有关表计指示正确。

四、互感器的巡视

（一）互感器的正常巡视

（1）瓷套管清洁，完整，无裂纹、破损及闪烁或放电现象；瓷绝缘清洁，有无损坏、裂纹。

（2）充油式全密封互感器无渗油、漏油现象，油标的油色、油位正常；硅胶正常、无变色；SF_6电流互感器的压力指示应正常。

（3）内部无放电声，无异常气味。

（4）外壳及二次接地良好，无锈蚀、损伤或放电。

（5）电流互感器温度正常，外观无过热痕迹。

（二）电压互感器运行中检查

（1）绝缘子应清洁、完整，无损坏及裂纹，无放电痕迹及电晕声响。

（2）电压互感器油位正常，油色透明、不发黑，且无严重渗油现象。

（3）在运行中内部声响正常，无放电声和剧烈振动声，当外部线路接地时，更应注意供给监视电源的电压互感器声响正常，无焦臭味。

（4）高压侧导线接头不应过热，低压电路的电缆及导线不应腐蚀及损伤，高低压侧熔断器及限流电阻应完好。

（5）电压表三相指示应正确，电压互感器不应过负荷。

（6）电压互感器外壳应清洁、无裂纹，无渗油现象，副线圈接地线应牢固、良好。

（三）电流互感器运行中检查

（1）检查电流互感器的接头应无过热现象。

（2）电流互感器在运行中，应无异声及焦臭味。

（3）电流互感器瓷质部分应清洁、完整，无破裂和放电现象。

（4）检查电流互感器的油位应正常，无渗油现象。

（5）检查电流表的三相指示值应在允许范围内，不允许过负荷运行。

（6）检查接地应良好，无松动和断裂现象。

五、电压互感器操作注意事项

（1）电压互感器的投入或退出运行，必须考虑对仪表、自动装置、继电保护的影响。为防止电压互感器所带的保护及自动装置误动，应将有关保护及自动装置停用。

（2）电压互感器在切换时，应先并后断。如在运行中二次电压失去或需更换二次熔断器时，应首先退出带交流电压的有关保护连接片。如果电压互感器有自动（手动）切换装置，其所带的保护及自动装置可以不停用；但要确保切换可靠。

（3）停用电压互感器时应将高、低压两侧都断开。停用时应先将二次侧熔断器取下，以防止反充电。

（4）电压互感器二次侧严禁短路和接地。

（5）220kV电压互感器避雷器不准在中性点非接地系统中运行。

（6）两组电压互感器的低压回路不应长期并列运行，切二次不许短路。

（7）为防止铁磁谐振过电压，一般不应将电压互感器与空母线同时运行。

（8）电压互感器退出运行前，应先将故障录波器的电压切换到运行母线的电压互感器上，防止故障录波器因失压而误动。

六、电压互感器倒闸操作原则

（1）停电操作时，应先拉开二次熔断器，后拉开隔离开关。

（2）送电操作时，先合上一次隔离开关，后装上二次熔断器，并测试接触良好。

（3）电压互感器一次先并列，二次侧后并列，以防止从二次侧向一次侧充电而二次熔断器熔断。电压互感器二次侧并列操作，应在切换二次侧电压回路前，先将一次侧并列，否则二次侧并列后，由于一次侧电压不平衡，二次侧产生较大环流容易引起熔断器爆断，使保护失去电源。另外，还应考虑是否能引起保护装置误动。

（4）单母线单电压互感器，一般情况下电压互感器和母线同时停、送电，如特殊情况需要单独停用电压互感器时，必须考虑对仪表、自动装置、继电保护的影响。（如距离、方向、振荡解列、低电压闭锁保护等）

（5）双母线接线，两组电压互感器分别接在相应的母线上，正常运行情况下，二次侧不并列，当一组电压互感器检修时停用的电压互感器负荷由另一组母线电压互感器暂代。

（6）母线电压互感器检修后或新投运前要进行"核相"，防止相位错误引起电压互感器二次并列短路。

七、电压互感器倒闸操作步骤

1. 空载母线上的电压互感器由运行转检修

（1）母差屏电压闭锁功能按现场运行规程规定进行相应切换。

（2）断开电压互感器二次侧空气断路器，取下熔断器，

（3）拉开一次侧隔离开关。

（4）装设接地线（接地开关），布置安全措施。

2. 空载母线上的电压互感器由检修转运行

（1）拆除安全措施，拆除接地线（接地开关）。

（2）合上电压互感器一次侧隔离开关。

（3）合上二次侧空气断路器，装上熔断器。

（4）检查相应仪表指示正常。

（5）母差屏电压闭锁功能按现场运行规程规定进行相应切换。

3. 运行母线上的电压互感器由运行转检修

（1）将母线电压互感器电压切换开关切至"并列"。（如果没有二次并列开关，就得将相应的母线上元件倒至另一母线）

（2）检查母线电压互感器"电压切换"正常（并列良好）。

（3）母差屏电压闭锁功能按现场运行规程规定进行相应切换。

（4）断开电压互感器二次侧空气断路器，取下熔断器。

（5）拉开一次侧隔离开关。

（6）装设接地线（接地开关），布置安全措施。

4. 运行母线上的电压互感器由检修转运行

（1）拆除安全措施，拆除接地线（接地开关）。

（2）合上电压互感器一次侧隔离开关。

（3）合上二次侧空气断路器，装上熔断器。

（4）将母线电压互感器电压切换开关切至"分列"。

（5）检查 220kV 母线电压互感器"电压切换"正常（分列良好）。

（6）检查相应仪表指示正常。

（7）母差屏电压闭锁功能按现场运行规程规定进行相应切换。

八、互感器故障处理

（一）电压互感器故障现象分析

电压互感器实际上就是一种容量很小的降压变压器，其工作原理、构造及连接方式都与电力变压器相同。正常运行时，应有均匀的轻微的嗡嗡声，运行异常时常伴有噪声及其他现象。

（1）电压互感器响声异常：若系统出现谐振或馈线单相接地故障，电压互感器会出现较高的"哼哼"声。如其内部出现噼啪声或其他噪声，则说明内部故障。

（2）电压互感器高压熔断器接连熔断 2～3 次。

（3）电压互感器因内部故障过热（如匝间短路、铁芯短路）产生高温，使其油位急剧上升，并由于膨胀作用产生漏油。

（4）电压互感器内发生臭味或冒烟，说明其连接部位松动或互感器高压侧绝缘损伤等。

（5）绕组与外壳之间或引线与外壳之间有火花放电，说明绕组内部绝缘损坏或连接部位接触不良。

（6）电压互感器因密封件老化而引起严重漏油故障等。

（二）电压互感器的事故处理

电压互感器回路断线：电流互感器正常运行时，由于负载阻抗很小，二次侧相当于短路状态运行；电压互感器且恰恰相反，正常运行时负载阻抗很大，相当于开路状态，二次侧仅有很小的负载电流，当二次侧短路时，负载阻抗为零，将产生很大的短路电流，此时一次侧电流也急剧增大，会将电压互感器烧坏，并造成二次熔断器熔断，影响表计指示及引起保护误动。

电压互感器高、低压侧熔断，回路接头松动或断线，电压切换回路辅助触点及电压切换开关接触不良，均能造成电压互感器回路断线。当电压互感器回路断线时："电压互感器回路断线"光字牌亮，电铃响，有功功率表指示异常，电压表指示为零或三相电压不一致，电能表停走或走慢，低电压继电器动作，同期鉴定继电器可能有响声。

若是高压熔断器熔断，则可能还有（接地）信号发出，绝缘监视电压表较正常值偏低，而正常时监视电压表上的指示是正常的。

当发生上述故障时，值班人员应做好下列处理：

（1）应首先通过测量判断是熔断器熔断还是单相接地，如果单相接地，可以用表计指示判断：金属性接地时，接地相电压为零，非接地相电压升高 $\sqrt{3}$ 倍；而一次断线则断线相电压为零，非接地相电压不变。若为接地，按接地处理。

（2）电压互感器断线时，将电压互感器所带的保护与自动装置停用，如停用距离保护，低电压闭锁，低周减载，由距离继电器实现振荡解列装置，重合闸及自动投入装置，以防保护误动。

（3）如果由于电压互感器低压电路发生故障而使指示仪表的指示值发生错误时，应尽可能根据其他仪表的指示，对设备进行监视，并尽可能不改变原设备的运行方式，以避免由于仪表指示错误而引起对设备情况的误判断，甚至造成不必要的停电事故。

（4）详细检查高压熔断器是否熔断。如高压熔断器熔断时，应拉开电压互感器出口隔离开关，取下低压熔断器，并验明无电压后更换高压熔断器，同时检查在高压熔断器熔断前是否有不正常现象出现，并测量电压互感器绝缘，或用万用表检测线圈的完整性，如绝缘良好时，更换熔断器后投入运行。在检查高压熔断器时应做好安全措施，以保证人身安全，防止保护误动作。

（5）二次熔断器熔断或快速开关分闸后，若检查二次回路良好，立即更换熔断器或合上二次快速开关。如合一次又分闸，禁止再送，一时处理不好，则应考虑调整有关设备的运行方式。

（6）若不是熔断器熔断及二次快速开关分闸，则应检查回路有无断线或接触不良等情况。

（7）当发现电压互感器有漏油、喷油、冒烟、内部有异常声响、严重发热或火花放电现象时应立即停运。

（8）如有备用设备，应立即投入运行，停用故障设备。

（三）电压互感器发生以下故障时应立即停电处理

（1）严重过热。当电压互感器发生匝间短路或接地时熔断器可能不熔断，造成电压互感器过负荷而发热，甚至冒烟起火，是由于互感器内部短路、接地、压紧螺钉未上紧所致。

（2）内部有异常的响声（噼啪声）或噪声。这是由于电压互感器内部短路、接地、压紧螺钉未上紧所致。

（3）发生臭味或冒烟。

（4）外部出现严重的放电，危急设备的安全。

（5）因内部故障，高压侧熔断器连续熔断两次。

（6）电压互感器二次熔断器或自动开关出现熔断或分闸时，更换同容量的熔断器或复归自动开关一次，不良时，须查明原因处理。

（7）电压互感器内部或引线出口处有严重喷油、漏油现象。在处理过程中，220kV母线系统应用母联断路器断开电压互感器，如果是其他电路的电压互感器，当用隔离开关切断时，应在隔离开关三相之间或其他设备之间有足够的安全距离，以及有一定容量的限流电阻的条件下方能进行，以避免在断开隔离开关时，因发生电弧而造成设备和人身事故，电压互感器高压或低压侧一相熔断器熔断。电压互感器过负荷运行，低压电路发生短路，高压电路相间短路，产生铁磁谐振，以及熔断器日久磨损等原因，均造成高压或低压侧一相熔断器熔断的故障，此时该相电压指示值降低，未熔断的相的电压表指示不会升高。

（四）电流互感器常见的故障

（1）二次侧开路。

（2）工作时过热。

（3）内部冒烟或发出臭味。

（4）线圈螺钉松动，匝间或层间短路。

（5）内部放电、声响异常或引线与外壳间产生放电火花。

（6）充油式电流互感器漏油严重或油面过低。

（五）电流互感器二次发生开路时的故障现象及检查内容

1. 故障现象

电流互感器二次发生开路时，经常伴随一些现象的发生：

（1）回路仪表指示异常降低或为零。如用于测量表计的电流回路开路，会使三相电流表指示不一致，功率表指示减小，计量表计不转或转速变慢。假如表计指示时有时无，有可能处于半开路状态（接触不良）。运行人员碰到此现象时可将有关的表计相互对照、比较，认真分析。如变压器一、二次边负荷指示相差较大，电流表指示相差太大（注重变化的不同、电压等级的不同），可能是电流偏低的一侧有无开路故障。

（2）认真听电流互感器本体有无噪声、振动等不均匀的声音，这种现象在负荷小时不太明显。当发生开路时，因磁通密度的增加和磁通的非正弦性，硅钢片振动力加大，将产生较大的噪声。

（3）利用示温变色蜡片或紫外线测温仪监测电流互感器本体有无严重发热，有无异味变色冒烟、喷油等，此现象在负荷小时不太明显。开路时，磁饱和严重，铁芯过热，外壳温度升高，内部绝缘受热有异味，严重时冒烟烧坏。

（4）检查电流互感器二次回路端子、元件线头等有无放电、打火现象。此现象可在二次回路维护和巡检中发现，开路时，由于电流互感器二次产生高电压，可能使互感器二次接线柱、二次回路元件接头、接线端子等处放电打火，严重时使绝缘击穿。

（5）继电保护发生误动作或拒动作，此情况可在误分闸或越级分闸事故后检查原因时发现并处理。

（6）仪表、电能表、继电器等冒烟烧坏。此情况可以及时发现。

上述表计烧坏都能使电流互感器二次开路；有功、无功功率表以及电能表远动装置的变送器，保护装置的继电器烧坏。不仅使电流互感器二次开路，同时也会使电压互感器二次短路。此时，应从端子排上将交流电压端子拆下，包好绝缘。

2. 故障检查

（1）电流互感器外部检查：

1）瓷套管应清洁、无损伤、无裂纹。

2）油位应正常，油色透明不发黑且无渗漏油现象。

3）低压电路的电缆及导线应完好，且无短路现象。

4）电流互感器外壳应清洁、无渗漏油现象。

5）二次线圈接地应牢固。

（2）电流互感器运行中的检查：

1）接头部分应无过热现象，一、二次边接线应牢靠，特别不允许二次边开路。

2）运行中应无异常响声及焦臭味。

3）瓷质或其他绝缘部分清洁、无损、无放电烧伤现象，无流膏现象。

4）对充油电流互感器应检查油位、油色是否正常，有无渗漏油现象，并定期放油作试验，防止油的绝缘性能下降，引起击穿、短路，造成电流互感器爆炸起火。

5）电流表的三相指示值应正常，并在允许范围内；不允许过负荷运行。

6）接地线应良好，无松动及断裂现象。

（六）电流互感器故障的判断及处理

1. 电流互感器二次开路故障的判断及处理

电流互感器一次绕组匝数少，使用时一次绕组串联在被测线路里，二次绕组匝数多，与测量仪表和继电器等电流线圈串联使用，测量仪表和继电器等电流线圈阻抗很小，因此，正常运行时电流互感器是接近短路状态的。电流互感器二次电流的大小由一次电流决定，二次电流产生的磁势，是平衡一次电流的磁的。若二次开路，其阻抗无限大，二次电流等于零，其磁势也等于零，就不能去平衡一次电流产生的磁势，那么一次电流将全部作用于励磁，使铁芯严重饱和。磁饱和使铁损增大，电流互感器发热，电流互感器线圈的绝缘也会因过热而被烧坏。还会在铁芯上产生剩磁，增大互感器误差。最严重的是由于磁饱和，交变磁通的正弦波变为梯形波，在磁通迅速变化的瞬间，二次绕组上将感应出很高的电压，其峰值可达几千伏，如此高的电压作用在二次绕组和二次回路上，对人身和设备都存在着严重的威胁。因此，电流互感器在任何时候都是不允许二次侧开路运行的。

（1）电流互感器二次开路故障，一般可从以下现象进行检查判断：

1）回路仪表指示异常，一般是降低或为零。用于测量表计的电流回路开路，会使三相电流表指示不一致、功率表指示降低、计量表计转速缓慢或不转。如表计指示时有时无，则可能处于半开路状态（接触不良）。

2）TA 本体有无噪声、振动不均匀、严重发热、冒烟等现象，当然这些现象在负荷小时表现并不明显。

3）TA 二次回路端子、元件线头有放电、打火现象。

4）继保发生误动或拒动，这种情况可在误分闸或越级分闸时发现并处理。

5）电能表、继电器等冒烟烧坏。而有功功率表、无功功率表及电能表、远动装置的变送器、保护装置的继电器烧坏，不仅会使 TA 二次开路，还会使 TV 二次短路。

（2）检查处理电流互感器二次开路故障，要尽量减小一次负荷电流，以降低二次回路的电压。操作时注意安全，要站在绝缘垫上，戴好绝缘手套，使用绝缘良好的工具。

1）发现电流互感器二次开路，要先分清是哪一组电流回路故障、开路的相别、对保护有无影响，汇报调度，解除有可能误动的保护。

2）尽量减小一次负荷电流。若电流互感器严重损伤，应转移负荷，停电处理。

3）尽快设法在就近的试验端子上用良好的短接线按图纸将电流互感器二次短路，再检查处理开路点。

4）若短接时发现有火花，那么短接应该是有效的，故障点应该就在短接点以下的回路中，可进一步查找。若短接时没有火花，则可能短接无效，故障点可能在短接点以前的回路中，可逐点向前变换短接点，缩小范围检查。

5）在故障范围内，应检查容易发生故障的端子和元件。对检查出的故障，能自行处理的，如接线端子等外部元件松动、接触不良等，立即处理后投入所退出的保护。若开路点在电流互感器本体的接线端子上，则应停电处理。若不能自行处理的（如继电器内部）或不能自行查明故障的，应先将电流互感器二次短路后汇报上级。

6）停运前，应要求调度转移负荷，并且只拉开相应断路器即可。如需对电流互感器做试验，应打开相应的二次端子。

2. 电流互感器其他检查处理

（1）外部出现严重的放电、声音异常或引线与外壳间有火花放电现象；主绝缘发生击穿，造成单相接地故障；危急设备的安全，应立即汇报上级，并停电进行处理。

（2）充油电流互感器的其他故障：如内部有剧烈振动声，噼啪声，严重喷油、漏油；内部发出焦臭，冒烟；线圈与外壳放电等现象，应立即将其停用。

（3）因故障而起火，必须立即断开电源，急速做好安全措施，用干式灭火器或干沙进行灭火，严防事故扩大。

（4）在电流互感器接入，停用过程中，应注意在取下端子片时是否出现火花，如出现火花，应立即将端子片装上拧紧后，查明原因。

【思考与练习】

1. 电压互感器在运行中应注意的事项有哪些？
2. 电流互感器常见的故障有哪些？
3. 电流互感器在运行中应注意的事项有哪些？
4. 电压互感器发生什么故障时应立即停电处理？

▲ 模块 4　消弧线圈运行（Z49H4004）

【模块描述】本模块介绍消弧线圈运行维护及故障现象分析处理。通过原理讲解和故障分析，掌握消弧线圈运行原则、操作、巡视检查、各种故障。

【模块内容】

一、消弧线圈的巡视

（1）油温、油位和油色是否正常，有无渗漏油和硅胶变色。

（2）套管是否清洁，有无破损或放电。

（3）内部声响是否正常，有无异味；外部各引线接触是否良好。

（4）表计指示是否正常，接地是否良好。

（5）消弧线圈室通风良好，任何时候室内温度不得超过 40℃，消弧线圈温控器显示正常。

（6）消弧线圈各部紧固螺栓无松动、无异音。禁止运行中用电磁锁打开消弧线圈本体柜门。

（7）检查消弧线圈铁芯引线及所有金属部件无腐蚀、氧化、过热现象。

（8）消弧线圈温控器的液晶屏不需要操作，巡视时只需监视分接头挡位。

（9）消弧线圈调谐器交、直流电源灯正常。

（10）检查消弧线圈的各部电源及电压互感器二次保护开关均在合位。

二、消弧线圈的运行原则

（1）电网在正常运行时，不对称度应不超过 1%～5%，长时间中性点位移电压不超过相电压的 15%。

（2）当消弧线圈的端电压超过相电压的 15%，且消弧线圈已经动作，则应作接地故障处理，寻找接地点。

（3）电网正常运行时，消弧线圈必须投入运行。

（4）在电网中有操作或接地故障时，不得停用消弧线圈。由于寻找故障及其他原因，使消弧线圈带负荷运行时，应对消弧线圈上层油温加强监视，其油温最高不超过 95℃，并注意允许运行时间，否则应切除故障线路。

（5）在进行消弧线圈启动、停用和调节分接头操作时，应注意在操作隔离开关前，查明电网内确无单相接地或接地电流不超过允许值时，方可操作。

（6）不许将两台变压器的中性点同时并于一台消弧线圈上运行。

（7）内部产生异响或放电声等异常现象后，应首先将接地线路停电，然后停用消弧线圈。

（8）线圈动作或发生异常现象，应该记录好动作时间、中性点位移电压、电流及三相对地电压，并及时向调度员汇报。

（9）发生单相短路接地后，有关消弧线圈和配电盘上的一切操作均应由调度允许后方可进行。

三、消弧线圈的正常操作

（一）消弧线圈的作用

消弧线圈的作用是将系统电容电流加以补偿，使接地点电流补偿到最小数值，防止弧光短路，保证安全供电，同时降低弧隙电压恢复速度，提高弧隙绝缘强度，防止电弧重燃，造成间歇性弧光接地过电压。中性点经消弧线圈接地的系统又称为补偿网络，而补偿原理是基于在接地点的电容电流上迭加一个相位相反的电感电流，使接地电流达到最小数值。

（二）消弧线圈的操作规定

（1）投入消弧线圈应在相应的变压器投运后进行，退出的操作顺序相反。

（2）运行中或需要将消弧线圈倒至另一台变压器时，应先退出后再投入。不得将两台变压器的中性点同时接到一台消弧线圈的中性母线上。

（3）当系统单相接地或中性点的位移电压超过额定相电压的 50% 时，禁止用隔离开关投入和切除消弧线圈。

（4）当消弧线圈有故障需立即停用时，不能用隔离开关切除带故障的消弧线圈，必须先停用变压器。

（三）消弧线圈调整分接头如何操作

消弧线圈分接头的调整操作，必须在消弧线圈停用后进行，因为在改变分接头开关接头位置的瞬间，有可能发生接地短路，这时，分接头开关将不可避免地遭受到电弧闪烁，引起整个线圈的短接而烧坏，为了防止此类事故的发生，以及保证人身的安全，必须在消弧线圈隔离开关断开的情况下，才允许改变分接头的位置，具体操作程序如下：

（1）应按当值调度员下达的分接头位置切换消弧线圈分接头。

（2）应确知系统中没有接地故障。

（3）拉开消弧线圈隔离开关。

（4）在隔离开关下端装设临时接地线。

（5）检修调整分接头，并接触良好；测量直流电阻合格。

（6）拆除隔离开关下端地线，消弧线圈投入运行。

（7）合上消弧线圈隔离开关，使消弧线圈投入运行。

（四）消弧线圈的操作

（1）在系统发生单相接地故障时，禁止用隔离开关断开消弧线圈，因为消弧线圈是经隔离开关与变压器中性点相连接的，在系统接地情况下，拉开中性点隔离开关，将会造成带负荷拉隔离开关。

（2）若接地运行超过消弧线圈规定的时间，且上层油温超过 90℃时，此时消弧线圈必须退出运行，其方法有两种：

1）将故障相进行临时的人工接地，然后将消弧线圈退出运行。

2）用带有消弧线圈的变压器高压侧断路器，将变压器和连接在变压器中性点上的消弧线圈一起退出运行。

（3）在正常情况下，可以直接用消弧线圈的隔离开关进行消弧线圈投入或退出运行的操作，但当中性点位移电压超过相电压的 1/2 时，如需要将消弧线圈退出运行，应采用变压器高压侧断路器，将变压器和连接在变压器中性点上的消弧线圈一起退出运行。

（4）调整消弧线圈抽头时，无论增大补偿或减少补偿，均应将该消弧线圈从网络中退出运行后，再进行抽头的调整（上调或下调），调整后立即投入运行。

（5）不能将消弧线圈同时接于两台变压器中性点上运行，只能接于一台变压器中性点上运行，若消弧线圈需要从一台变压器中性点转入另一台变压器中性点上运行时，应先将消弧线圈从原运行变压器上断开，再投入到另一台运行中变压器上。

（6）原运行中的变压器，带有消弧线圈运行，现在需要将原运行中的变压器停止运行，备用变压器投入运行，其消弧线圈的操作应遵守下列程序：

1）投入备用变压器，使其运行正常。

2）将消弧线圈从原变压器中退出运行。

3）将消弧线圈投入到新加入运行的变压器中性点上运行。

4）原变压器停止运行。

（7）输配电线路投入与退出，其消弧线圈的操作，应遵守下列程序进行：

1）在过补偿运行方式下。

a. 增加系统运行线路长度时（即投入线路），应在线路未投入前，先将消弧线圈退出运行，待消弧线圈抽头调到需要的新位置上（由小调大），投入消弧线圈，最后再投入待运行的线路。

b. 减少系统运行线路长度时（即退出线路），应先将需要退出的线路停止运行，然后将消弧线圈退出运行，待消弧线圈抽头调到需要的新位置上（由大调小），再投入消弧线圈。

2）在欠补偿运行方式下。

a. 增加系统运行线路长度时（即投入线路），应先将需要投入的线路加入运行，然后将消弧线圈退出运行，待消弧线圈抽头调整到需要的新位置上（由小调大），再投入消弧线圈。

b. 减少系统运行线路长度时（即退出线路），应在所需停运的线路未停运前，先将消弧线圈退出运行，待消弧线圈抽头调到需要的新位置上（由大调小），投入消弧线圈，最后再退出所需停运的线路。

（8）对于装有10kV消弧线圈的变电站，其10kV配电路线经隔离开关、负荷开关或产气开关进行联络，若需要解环、并环操作时，应先将消弧线圈退出运行，待解环、并环操作完毕后，根据线路长短情况，适当调整消弧线圈抽头，然后再将消弧线圈投入运行。

应当说明，随着季节的变化、温差变化、导线弧垂以及地面植物生长、干枯等原因，均可能引起电容电流发生变化，为防止消弧线圈的异常动作，每年应根据网络的变化、网络线路长度增减情况等，都应进行一次电容电流的计算。如电容电流值变化较大时，应进行实测，根据电容电流的实测结果，列出网络中每条线路电容电流值的明细表，以供进行消弧线圈调整之用。

四、消弧线圈的故障处理

（一）下列情况下应停用消弧线圈

（1）严重漏油引起油位降低或防爆管喷油。

（2）内部声响异常或有放电声、冒烟、着火。

（3）套管破损或放电，接地引线断裂或接触不良。

（4）温度或温升超过极限。

（5）外壳爆炸。

（二）中性点经消弧线圈接地系统分频谐振过电压的故障现象及消除方法

1. 故障现象

（1）三相电压同时升高。

（2）表计有节奏地摆动。

（3）电压互感器内发出异声。

2. 消除办法

（1）立即恢复原系统或投入备用消弧线圈。

（2）投入或断开空线路（事先应进行验算）。

（3）TV 开口三角绕组经电阻短接或直接短接 3～5s。

（4）投入消振装置。

【思考与练习】

1. 消弧线圈的巡视项目有哪些？

2. 哪些情况下应停用消弧线圈？

3. 中性点经消弧线圈接地系统分频谐振过电压的现象及消除方法有哪些？

◢ 模块 5　电力电容器运行（Z49H4005）

【模块描述】本模块介绍电力电容器运行维护及故障现象分析处理。通过原理讲解和故障分析，掌握电力电容器运行原则、操作、运行维护、各种故障。以下侧重介绍电力电容器正常巡视和异常分析及事故处理。

【模块内容】

一、电力电容器的正常巡视

1. 外观检查

对运行中的电力电容器组，每天应进行一次外观检查，检查项目有：

（1）电力电容器外壳有无渗油现象。

（2）套管有无渗油、裂纹及放电现象。

（3）有无鼓肚，焊缝是否裂开。

（4）运行时内部有无杂声。

（5）接头有无过热、发红现象。

如果发现鼓肚或内部有响声，应立即停止使用，以免发生爆炸事故。

2. 温度检查

在周围空气温度为 40℃时，电力电容器外壳温度不应超过 55℃，以防止电力电容器在运行中发生外壳膨胀及漏油故障。

3. 电流值和电压值检查

当母线电压超过电容器额定电压的 1.1 倍或电流超过额定电流的 1.3 倍,应将电容器退出运行。

4. 清扫

清扫电力电容器的套管表面、外壳、构架及其他附属设备上的灰尘或其他的不洁物。

5. 接触部位检查

仔细检查电力电容器组电气线路所有接触处的可靠性。检查螺母松动情况,引出端铜杆、瓷套管等不应松动,瓷套管应无裂纹和漏油,瓷釉应无脱落现象等。

6. 保护装置检查

定期对熔断器进行检查,发现有烧坏的熔件和配置不当的熔断器,应立即更换。检查继电保护动作情况,在未找出原因之前,不得重新合闸。

7. 放电装置检查

三相指示灯或放电电压互感器的二次信号灯应正常显示。如果熄灭,应查明原因,必要时停用电力电容器。

8. 渗油检查

用耐油橡胶做密封垫圈的装配式套管上有微量的渗油是允许的,不会影响电力电容器的正常运行,但在运行中发现电力电容器外壳漏油及严重渗油时,应退出运行,然后进行修理。

二、电力电容器的异常分析及事故处理

电力电容器是一种静止的无功补偿设备,主要作用是向电力系统提供无功功率。采用就地补偿无功,可减少输电线路输送电流,起到减少线路损耗、改善电能质量和提高设备利用率的重要作用。

1. 异常分析

(1)过电压:电力电容器可允许在超过额定电压 5%的范围内继续运行,且允许在 1.1 倍额定电压下短期运行,长时间过电压运行,会使电容器发热,加速绝缘老化。应避免电容器同时在最高电压和最高温度下运行。

(2)过电流:可允许在不超过 1.3 倍额定电流下继续运行,但应设法消除线路中长期出现的过电压和高次谐波。

(3)渗漏油:密封不严,则空气、水分等杂质都可能进入内部,造成内部绝缘降低。在运行中发现电力电容器外壳、焊缝等处渗漏油,应立即退出运行,以确保电容器组的安全。

(4)温度:空气温度在 40℃时,电力电容器外壳温度不得超过 55℃,

2. 故障处理

处理故障电力电容器应在切开电力电容器开关，拉开开关两侧隔离开关，电力电容器组经放电电阻放电后进行。

（1）电力电容器柜的断路器自动分闸。电力电容器开关掉闸不准强行试送，值班员必须检查保护动作情况。根据保护动作情况进行分析判断，顺序检查电力电容器开关、电流互感器、电力电缆、电容器有无爆炸或严重过热、鼓肚及喷油，检查接头是否过热或熔化、套管有无放电痕迹。若无以上情况，电容器开关掉闸是由于外部故障造成母线电压波动所致，经检查后方可试送，否则应进一步对保护做全面通电试验，对电流互感器做特性试验。如果仍查不出故障原因，则需要拆开电力电容器组，逐台进行试验，未查明原因之前不得试送。

（2）电力电容器外壳鼓肚。电力电容器在运行中由于环境温度的升高及过负荷，使介质损耗增加而发热，从而引起电力电容器浸渍剂受热膨胀，增大对外壳的压力。在正常运行情况下，外壳的弹性能适应这种压力的变化，如果长期过负荷或周围环境温度过高，而使内部压力长期增大时，会造成外壳的塑性变形，这就是通常所见的鼓肚现象，严重时造成外壳破裂。

当电力电容器发生鼓肚时，如果情况不太严重，可继续运行。但当周围环境温度超过 40℃时，应减少负荷和加强冷却，如果情况严重，可将电力电容器停运。

为保证电力电容器安全运行，应在正常运行中改善电力电容器的发热和散热条件，并应尽量减少对电力电容器的操作次数。同时应加强巡视检查，定期进行预防性试验，以便及早发现电力电容器的缺陷，及时更换和修理损坏的电力电容器。另外，在运行中应尽量避免过负荷运行。

（3）电力电容器渗漏油。在运行时，由于环境温度过高及过负荷，使电力电容器的温度升高，引起电力电容器浸渍剂受热膨胀，增大对外壳的压力，于是在外壳裂缝处或焊接薄弱处、引出线瓷套管与外壳连接处、瓷套的顶部等处便会出现渗漏油现象。由于外壳内出现空隙，使外界的空气和潮气将从渗、漏处进入电力电容器内部，使绝缘下降，若运行时间过长，发生绝缘击穿，严重时产生内部放电，使内部压力突然增大，发生瓷套管和外壳爆破。

当电力电容器渗、漏油情况严重时，应将电力电容器停用，立即进行修理或更换。

（4）变电站、配电站全部停电时对电力电容器的处理

在变电站、配电站发生全站停电事故时，应将所有线路断路器断开。当变电站、配电站恢复受电后，母线成为空载运行，故有较高母线电压向电力电容器充电，电力电容器充电后，向电网送出大量的无功功率，致使母线电压更高。因此，即使将各线路断路器合闸送电，母线电压仍会很高。因为使负荷恢复到停电前的数值，尚需经过

一段时间，所以母线电压就高于电力电容器额定电压的 1.1 倍。另外，当空载变压器投入运行时，其充电电流以三次谐波电流为主，这时，如电力电容器与变压器的电感构成共振条件，则电流值可达到电容器额定电流的 2～5 倍，持续时间为 1～30s，此时，可能引起过电流保护的动作。

因此，当变电站、配电站全站停电后，由于电压的升高及谐波电流的影响，必须将电力电容器的断路器断开，以防止电力电容器的损坏事故发生。当变电站、配电站恢复受电，将各线路送电后，应根据母线电压的高低及电网无功功率的情况，决定是否投入电力电容器。

【思考与练习】

1. 对电力电容器进行正常巡视时应如何进行外观检查。

2. 电力电容器渗漏油应如何处理。

◢ 模块 6 避雷器运行（Z49H4006）

【模块描述】本模块介绍避雷器运行维护及故障现象分析处理。通过原理讲解和故障分析，掌握避雷器运行维护、各种故障。

【模块内容】

一、避雷设备的巡视

（一）避雷针的巡视

（1）避雷针及避雷线以及引下线有无锈蚀。

（2）导电部分连接处如焊接点、螺栓接点等连接处是否紧密牢固，检查过程可用手锤轻敲打。

（3）发现有接触不良或脱焊应立即处理修复。

（4）检查避雷针本体是否有歪斜现象。

（二）避雷器的巡视

（1）瓷套表面应无污秽。

（2）瓷套法兰无裂纹、破损、放电现象。

（3）水泥接合缝及其上面的油漆完好。

（4）避雷器内部无声。

（5）避雷器连接导线及接地线应完好、牢固。

（6）避雷器动作记录器的指示数是否有改变，记录器本体完好。

（7）在线监视仪指示的泄漏电流在正常范围之内。

（8）每年进行一次特性试验。

（9）避雷器根据当地季节投入退出运行。

（10）低布置的遮栏内无杂草，以防避雷器表面的电压分布不均或引起瓷套短接。

（11）雷雨天气运行人员严禁接近防雷装置。

（三）特殊天气的防雷设施巡视

（1）大风天气时，检查避雷针的摆动情况。

（2）雷雨后，检查放电计数器动作情况。

（3）检查引线及接地线是否牢固，有无损伤。

二、避雷设备故障处理

（一）避雷器故障应急措施

（1）无论避雷器引线烧伤还是瓷体闪络、击穿，值班员应向供电调度申请，能改变运行方式的则改变运行方式，并进行更换处理。

（2）若不能改变运行方式的应立即撤除避雷器，在断开其电源后拆除其引线，使其安全距离符合规定。在停电后可进行更换处理。

（二）氧化锌避雷器泄漏电流超过 1.3mA 后处理

正常情况下，避雷器下端的计数器都有交流在线泄漏电流指示值，且受温度、湿度、电压波动因素影响。运行中，值班人员若发现交流泄漏电流超过说明书规定值时，应停运，将避雷器脱离电网。

【思考与练习】

1. 避雷器的巡视项目有哪些？

2. 特殊天气的防雷设施巡视项目有哪些？

3. 避雷器故障应急措施有哪些？

第五章

母 线 运 行

▲ 模块 1 母线线路的巡视监视检查（Z49H5001）

【模块描述】本模块介绍母线巡视监视检查项目和标准。通过原理讲解，掌握线路巡视监视检查的项目和标准。

以下内容侧重介绍母线巡视监视检查项目和标准。

【模块内容】

一、软母线的巡视检查项目

（1）软母线及引线无断股、散股现象；表面光滑、整洁，颜色要正常，无过热、变色、变红、锈蚀、磨损、变形、腐蚀、损伤或闪络烧伤，运行中无严重的放电声响和成串的荧光，母线上无悬挂杂物。

（2）各接触部分接触良好，无松动、无过热现象；绝缘子串应完整、良好，无磨损、锈蚀、断裂。

（3）母线无过紧、过松现象，导线无剧烈震动现象。

二、硬母线的巡视检查项目

（1）表面相色漆应清晰，无开裂、起层和变色现象，各触点示温腊片齐全，无过热熔化现象。

（2）伸缩节应完好，无断裂过热现象。

（3）运行中不过负荷，无较大的振动声。

（4）支持绝缘子应清洁，无裂纹、放电声和放电痕迹。

（5）母线各连接部分的螺栓应紧固，接触良好，无松动、振动、过热现象。

三、母线的特殊巡视检查项目

（1）雨、雾、雪天气检查瓷绝缘有无放电、污闪现象，接头有无发热、冒汽现象。

（2）大雪天应检查母线的积雪及融化情况。

（3）雷电后检查瓷绝缘有无裂纹、破损、放电，母线的避雷器计数器是否动作。

（4）大风时检查母线及引线的摆动情况是否符合安全距离要求,有无异物飘落或悬挂。

（5）气温骤变时检查母线及引线有无过紧过松。瓷绝缘有无裂纹、破损或倾斜。

（6）汛期大发电期间（每年的高温、高负荷时进行），夜间熄灯检查，主要是用以发现白天巡视难以发现的问题。如电晕放电，严重脏污绝缘子的局部放电，导线接触点部分的过热、烧红现象。

四、母线定期维护的一般要求

（1）为判断母线接头处是否发热，应观察母线接头的试温蜡片有无熔化或母线涂漆有无变色现象。对大负荷电流的接头可用红外线检测仪器测量接头温度，超过相关规定时，则应减少负荷或安排停电处理。

（2）每隔一年或几年要进行一次绝缘子清扫，特别污秽的地区，应增加清扫次数。

（3）配电装置的试验和检修工作，检查母线接头、金具的紧固情况与完整性，对状态不良的部件应及时修复。

（4）配合电气设备的检修，对母线、母线的金具进行清扫，除去支持架的锈斑，更换锈蚀的螺栓及部件，涂刷防护漆等。

五、对 GIS 外壳接地的特殊要求

GIS 是以 SF_6 作绝缘介质的气体绝缘金属封闭的开关设备。

GIS 是密集型布置结构方式，对其接地问题要求很高，一般要采取下列措施：

（1）接地网应采用铜质材料，以保证接地装置的可靠和稳定。而且所有接地引出线端都必须采用铜排，以减小总的接地电阻。

（2）由于 GIS 各气室外壳之间的对接面均设有盆式绝缘子或者橡胶密封垫，两个筒体之间均需另设跨接铜排，且其截面需按主接地网截面考虑。

（3）在正常运行，特别是电力系统发生短路接地故障时，外壳上会产生较高的感应电动势。为此要求所有金属简体之间要用铜排连接，并应有多点与主接地网相连，以使感应电动势不危及人身和设备（特别是控制保护回路设备）的安全。

一套GIS外壳需要几个点与主接地网连接，要由制造厂根据订货单位所提供的接地网技术参数来确定。

【思考与练习】

1. 母线的特殊巡回检查项目有哪些？
2. GIS 外壳接地有哪些要求？

▲ 模块 2 母线故障处理原则和方法（Z49H5002）

【模块描述】本模块介绍高压母线故障处理原则和方法。通过原理讲解和案例分析，掌握单母线、双母线带旁路、3/2 接线故障现象原因与处理。

【模块内容】

母线是将电气装置中各截流分支回路连接在一起的导体。它是汇集和分配电力的载体，又称汇流母线。习惯上把各个配电单元中载流分支回路的导体均泛称为母线。母线的作用是汇集、分配和传送电能。由于母线在运行中，有巨大的电能通过，短路时，承受着很大的发热和电动力效应，因此，必须合理地选用母线材料、截面形状和截面积以符合安全经济运行的要求。

母线的类型：常用母线有硬母线、软母线两种。硬母线用铜或铝做成，形状有矩形、槽形和管形等，多用于35kV及以下的屋内配电装置，110～220kV屋外配电装置有时也采用铝管母线。常用的软母线有铝绞线、铜绞线或钢芯铜线等，软母线多用于35kV以上的屋外配电装置。硬母线又分为矩形母线和管形母线。

矩形母线一般使用于主变压器至配电室内，其优点是施工安装方便，运行中变化小，载流量大，但造价较高。

软母线用于室外，因空间大，导线有所摆动也不至于造成线间距离不够。软母线施工简便，造价低廉。

母线选择与应用不同的环境条件场合下，应考虑选择不同类型和材料的母线，此外，对各种母线，通常应按最大长期工作电流选择母线截面。并按通过最大短路电流条件，校验母线的短时热稳定性和动稳定性。

受导体存在电阻和多导体接近时交流电流趋表效应等因素影响，母线通过电流时会引起发热。铜、铝质裸母线长期工作时的发热允许温度均为70℃，但当其接触面处具有锡的可靠覆盖面时（如超声波搪锡等），则允许温度提高到85℃。受此持续发热允许温度的限制，不同材料、截面的母线给出了相应的长期允许电流值，选择母线截面时，应使母线实际的最大长期工作电流（计及半小时以上的过负荷）小于所选截面母线的长期允许电流值。在年均负荷较大、导体和母线较长的情况下（如屋外配电装置母线），通常按经济电流密度法选择母线。经济电流密度是综合考虑母线损耗、母线和附属设备的年维修费与折旧费为最低情况下，此时母线单位截面积流过的电流。用经济电流密度除以不计入过负荷的长期工作电流即得母线截面。由经济电流密度法选择的母线截面，一般比按最大长期工作电流选择的母线截面要大些。

母线的热稳定：短路时导体内产生的很大热量来不及向周围空气中散发，使导体的温度迅速升高，由于短路的持续时间短，所以其允许温度应比长期工作时发热的允许温度高得多。铜、铝质裸母线短路时发热允许温度分别为300℃和200℃。选择母线时，应使母线短路暂态过程计算求得的短时发热温度小于实际母线上述短时发热允许温度。

母线的动稳定：当发生短路时，母线中将流过很大的冲击电流，并产生巨大的电动力。母线和支柱绝缘子的机械强度不够时，将会发生变形或损坏事故。对布置在同一平面内的三相母线，发生三相母线相对称短路时，中间相所承受的电动力最大，短路电动力的最大值出现在短路后百分之几秒。因此，通常按三相短路条件来校验母线的动稳定。应使母线在此最大电动力作用下，母线承受的最大应力小于母线材料的允许应力值。

增加母线稳定措施：① 缩小同一相母线支持绝缘子之间的距离；② 增加母线相间距离；③ 限制短路电流。母线按结构分为硬母线和软母线。

虽然母线不长，结构也简单，但也有故障的可能。而且大多是单相故障。

一、母线故障分闸的原因

（1）母线绝缘子和断路器套管因表面污秽而导致的闪络。

（2）装设在母线上的电压互感器及母线与断路器之间的电流互感器发生故障。

（3）倒闸操作时引起断路器或隔离开关的支持绝缘子损坏发生闪络故障。

（4）由于运行人员的误操作，误拉，误合，带负荷拉、合隔离开关造成弧光短路及带接地线（接地开关）合隔离开关引起母线故障。

（5）二次回路、保护回路故障。

（6）母线及其附属设备由于导电异物跨接造成母线故障。

二、母线故障分闸的现象

（1）蜂鸣器响，电铃响，语音报警，监控系统显示《母差动作》《电压断线》故障信号。

（2）故障母线上电压指示为零，相应回路电流、有功功率、无功功率变为零。

（3）母线保护屏保护动作信号灯亮。

（4）相关断路器红灯灭、绿灯闪亮。

（5）如果是低压母线或没有设专用母线保护的母线发生故障则由电源侧后备保护动作跳开电源侧断路器，使故障母线停电，相应信号为保护动作元件发出信号。

（6）有故障时发出的声光、冒烟或起火等。

三、母线故障分闸的处理步骤

大电流接地系统单相接地故障的处理在事故处理中比较简单，其处理步骤如下：

（1）检查并记录监控系统（综合自动化站）或主控制室（常规站）光字牌信号。

（2）检查并记录保护屏信号。

（3）检查并记录本站自动装置的动作情况。

（4）检查微机监控系统（综合自动化站）或主控制室（常规站）断路器分闸相别与保护动作相别以及是否一致。

（5）打印故障录波器报告并进行初步分析。

（6）打印微机保护报告并进行初步分析。

（7）检查母线上所有设备，发现故障点应自行将其隔离，然后汇报调度对停电母线进行送电。

（8）将故障情况及时向调度汇报，汇报内容包括时间，站名，故障基本情况，断路器分闸情况，重合闸动作情况，保护动作情况，分闸前、后负荷情况等。

（9）现场检查找不到明显故障点，根据调令，将故障母线负荷倒至另一条母线上运行。

（10）现场检查找不到明显故障点，应根据母线保护回路有无异常情况、直流系统有无接地，判断是否是保护误动作引起的，当查不出问题时，按调度命令由线路对侧电源对故障母线试送电。如果用母联断路器充电，应投入母联充电保护。

（11）对双母线接线，母联断路器与母联电流互感器之间故障会造成两条母线全停。此时运行人员立即汇报调度，并迅速找出故障点，隔离故障，然后按调令恢复设备运行。

（12）整理分闸报告，分闸报告的主要内容有：

1）事故现象：包括发生事故的时间、中央信号、当时的负荷情况等。

2）断路器分闸情况。

3）保护及自动装置的动作情况。

4）事件打印情况。

5）现场检查情况。

6）事故的初步分析。

7）存在的问题。

8）事故的处理过程：包括操作、安全措施等。

9）打印故障录波图、事件打印、微机保护报告等。

将上述资料打印成书面资料（包括封页、目录、内容），上报到有关调度及主管部门。

四、高压母线故障处理原则和方法

母线故障的迹象是母线保护动作（如母差等）、断路器分闸及有故障引起的声、光、信号等。当母线故障停电后，现场值班人员应立即对停电的母线进行外部检查，并根据检查的结果迅速按下述原则处理：

（1）不允许对故障母线不经检查即行强送电，以防事故扩大。

（2）找到故障点并能迅速隔离的，在隔离故障点后应迅速对停电母线恢复送电，有条件时应考虑用外来电源对停电母线送电，联路线要防止非同期合闸。

（3）找到故障点但不能迅速隔离的，若是双母线中的一组母线故障时，应迅速检查故障母线上的各元件，确认无故障后，冷倒至运行母线并恢复送电，联路线要防止非同期合闸。

（4）经过检查找不到故障点时，应用外来电源对故障母线进行试送电。发电厂母线故障如电源允许，可对母线进行零起升压，一般不允许发电厂用本厂电源对故障母线试送电。

（5）双母线中的一组母线故障，用发电机对故障母线进行零起升压时，或用外来电源对故障母线试送电时，或用外来电源对已隔离故障点的母线先受电时，均需注意母差保护的运行方式，必要时应停用母差保护。

（6）3/2接线的母线发生故障，经检查找不到故障点或找到故障点并已隔离的，可以用本站电源试送电。试送断路器必须完好，并有完备的继电保护，母差保护应有足够的灵敏度。

五、单母线故障现象、原因与处理

（一）事故前系统运行情况故障现象

1. 系统1号变压器带66kV Ⅰ、Ⅱ段

Ⅰ、Ⅱ段联络30QF断路器在合位联络运行，1～4号线在运行，2号变压器带电备用，如图4-5-2-1所示。

2. 故障现象

（1）语音报警。监控系统光字信号灯亮。

（2）66kV母线电压显示为0。

（3）线路潮流为0。

（4）所带厂用电源消失。

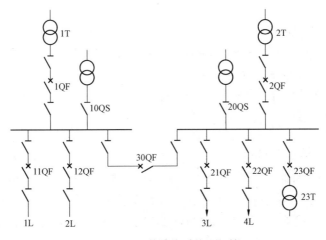

图4-5-2-1 单母线系统运行情况

（二）故障原因

当值运行人员应根据保护动作、断路器动作、音响、信号等情况，判断事故原因：

（1）电源变压器（1T）故障导致保护分闸。

（2）线路故障保护越级分闸。

（3）保护装置或断路器误动导致失压。

（4）母线及相关设备故障。

（三）处理步骤

（1）运行人员记录并向调度报变电站内断路器动作情况、光字牌及仪表变化，复归信号，复归断路器把手。

（2）检查保护动作情况，根据动作情况，对1号变压器本体及回路进行检查，确定为1号变压器故障。

在确认其他设备状况良好后，联系调度同意，拉开各线路断路器，检查1号变压器1QF断路器在开位，合上2号变压器2QF断路器对母线充电，良好后逐条线路送电。

（3）根据保护动作信号，可以判断是线路故障，线路断路器拒动，手动拉开故障断路器及两侧隔离开关。在确认其他设备状况良好后，联系调度同意，拉开其他各线路断路器，合上1号变压器1QF断路器对母线充电，良好后逐条线路送电。

（4）全面检查一、二次设备，确定设备状况良好，未发现故障点，经联系调度确认线路未发生事故，判断为保护装置或断路器误动导致失压。在经过调度同意后可逐条线路试供电，供电恢复后需加强监控。

（5）如果确认母线故障。拉开母线联络30隔离开关合上2号变压器2QF断路器对母线进行充电，良好后逐条线路送电。然后拉开故障母线上所有元件，对故障母线做检修措施。

（6）联系维护检查处理。

六、220kV双母线带旁路上母线故障现象、原因与处理

（一）事故前系统运行情况

图4-5-2-2所示为220kV系统正常运行方式。

（二）故障现象

1. 操作员台

操作员台电铃响，语音警报，随机报警窗口有《母联2203QF断路器分闸》《1号线2205QF断路器分闸》《3号线2207QF断路器分闸》《3号线事故故障》《1号主变压器高压侧2201QF断路器分闸》《1号线电气事故故障》《1号主变压器中性点104接地开关合闸》《Ⅰ母线差动保护动作》《母联2203QF断路器事故分闸》《母差保护跳1号线2205QF断路器》《母差保护跳3号线2207QF断路器》《母线保护动作分闸2201》《电

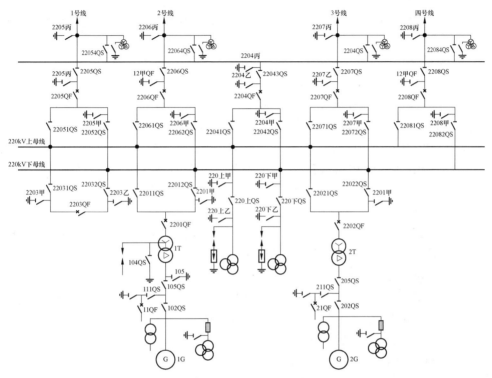

图 4-5-2-2 双母线带旁路接线图

气事故》《1 号发电机–变压器组电气事故停机》《1 号发电机–变压器组保护动作分闸》《1 号机组事故配压阀动作》《1 号机组机械事故》《母联 2203QF 断路器位置不对应》《母线保护开入量异位》《母线 TV 断线》信号，1 号线断路器 2205QF 分闸，3 号线断路器 2207QF 分闸，母联断路器 2203QF 分闸，1 号主变压器断路器 2201QF 解列，1 号机组事故停机，母线故障录波器动作。

2. 监控台

开关站潮流：1 号线路 I、P、Q、U 显示为零，3 号线路 I、P、Q、U 显示为零，1 号主变压器高压侧 I、P、Q、U 显示为零，母联断路器 2203 I、P、Q、U 显示为零，上母线 U 显示为零。

3. 光字报警台

（1）开关站母线母联中《母联 2203QF 断路器事故分闸》《Ⅰ母线差动保护动作》《母线保护 TV 断线》《母线复合电压动作》《母线保护开入量变位》等光字牌亮。

（2）开关站 1 号线中《母差保护跳 2205QF 断路器》光字牌亮。

（3）开关站 3 号线中《母差保护跳 2207QF 断路器》光字牌亮。

（4）1号机组电气事故中《母线保护动作分闸》《保护动作分闸》《电气事故停机》光字牌亮。

4. 机旁盘

（1）1JP91 号发电机-变压器组出口断路器及分支线断路器操作屏。

1）ZFZ-981：保护分闸 2，跳位 A 相、B 相、C 相，电压切换Ⅰ，一组跳 A、跳 B、跳 C，二组跳 A、跳 B、跳 C，电源监视电源 1、电源 2、第一组电压、第二组电压。

2）XCZ-103：TWJ 等指示灯亮。

（2）1JP14 1 号机 PLC 装置屏：机组电气事故黄灯 7XD 亮，机组机械事故黄灯 9XD 亮。

5. 中控盘 220kV 保护目录一览表

（1）母线母联屏［BP-2B］：差动动作 1，差动动作，TV 断线，开入变位，保护电源、闭锁电源、管理电源、操作电源等指示灯亮。

（2）220kV 母联 2203QF 断路器操作屏：

CZX-12R：一组 TA、TB、TC，二组 TA、TB、TC、L1、L2 等指示灯亮。

（3）1 号线（3 号线）保护Ⅱ屏：TA、TB、TC 指示灯亮。

1 号线（3 号线）辅助屏中：

1）LFP-923A：电源 DC，运行 OP；

2）CZX-12R：一组 TA、TB、TC，二组 TA、TB、TC、L1 等指示灯亮。

6. 开关站（三维系统）

1 号线 2205QF 断路器、3 号线 2207QF 断路器、母联 2203QF 断路器和 1 号机高压断路器 2201QF 在分闸位。

（三）原因分析

（1）母线设备（断路器、隔离开关、避雷器、支持绝缘子、引线、电流互感器、电压互感器等）短路或母线保护误动作。

（2）线路引起误分闸（线路故障保护动但断路器拒动），使母线后备保护动作。

（3）全厂停电事故引起系统联络线分闸，或反之，系统联络线故障引起全厂停电。

（4）母线隔离开关或断路器短路故障。

（5）运行人员误操作或操作时设备损坏。

（四）事故类型

上母线设备闪络、放电、爆炸、掉线、绝缘子、绝缘子断裂或套管裂纹引起单相接地、两相接地、两相接地短路、两相短路、三相短路。

（五）事故处理

（1）立即将接在该母线上的可能有电源来的一切断路器（1 号线、3 号线、母联、

1 号机）断开。

（2）检查厂用电源切换正常。

（3）复归信号，调出母线保护动作报告，分析原因。根据仪表指示、信号位置、继电保护及自动装置的动作情况，以及失电时的外部征象，判明失压母线的故障性质，分别采取相应措施。

（4）如是 1 号线（3 号线）线路故障引起的越级分闸，则拉开该线路拒动断路器或两侧隔离开关后，由 3 号线（1 号线）向失压母线送电，并对故障断路器做检修措施。若线路瞬时故障，对端已充电，应考虑旁路断路器带线路运行。

（5）若上母线处有明显短路征象，判断短路发生在主母线上时，应将上母线隔离，然后启用备用母线或继续保持下母线运行。

（6）如母线失压是母差保护误动引起的，请示调度同意停用母差保护后，可用 1 号线（3 号线）立即强送电一次，并检查母差保护。

（7）若事故时母线无明显的短路征象，且不能迅速找出母线电压消失的原因时，则可利用外部电源 1 号线（3 号线）对母线试送电；必要时也可使用母联断路器强送，但应投入母联充电保护。如果利用本厂发电机进行从零起升压试验时，应把一台发电机切换到失压母线及连接在该母线的送电线上，逐渐升压，以便找出故障点（同时检查发电机本身有无故障）。

（8）由于上母线短路、强送电或递升加压不成功，则拉开故障母线隔离开关做检修措施；将上母元件切换至下母线上恢复送电；上母线送电正常时，应将所有元件恢复正常运行。

七、3/2 型接线断路器非全相造成停电故障现象、原因与处理

（一）事故前系统运行情况

如图 4–5–2–3 所示，220kV 二串、六串成串运行；G1、G2、G4、G5、G6 发电状态，G3 停机备用。

G1、G5、L2、L4、L6 在 EC I 母线运行，G2、G4、G6、L1、L5 在 EC II 母线运行，厂用电由 6.3kV 带。

G5：P=77MW、Q=23MVar。

（二）事故时的现象

调令 G1 停机。G1 有功、无功负荷减至零后，发"G1 空载"令，计算机及信号返回屏显示 11QF 断路器分闸良好。监控系统显示 G1 空载执行成功，此时发现 G1 单元结线定子电流 I_a=0A、I_b=444A、I_c=440A，值班员在未经值长许可情况下，自行发出停机令，停机令执行后，信号返回屏光字牌显示：G1 电气机事故、G1 水轮机事故、T1 事故、T3 事故、T5 事故、G5 水轮机事故、EC I 断路器失灵启动 I 段母差保护。

21QF、41QF、51QF、61QF 断路器红灯灭，绿灯亮。EC Ⅰ 母线电压表和频率表显示为零。

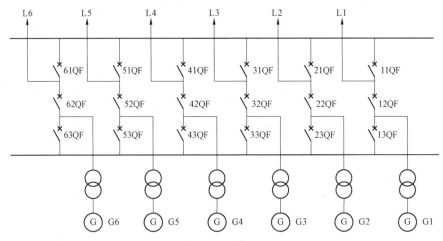

图 4-5-2-3　3/2 型接线系统运行情况

监控系统显示：11QF、21QF、41QF、51QF、61QF 分闸；G1、G5 事故电磁铁动作，G1、G3、G5 灭磁开关 SD 分闸；信息与信号返回屏信息一致。

（三）事故后的检查

1. 继电保护室

11QF、21QF、31QF、41QF、51QF、61QF 断路器分闸位置继电器 1KP 在励磁；合闸位置继电器 2KP 在失磁。

11QF 保护屏：保护分闸 KSA、KSB、KSC 信号灯亮，11QF 断路器失灵保护动作 1KS 信号灯亮。RCB15 母差保护屏 3KS 断路器失灵信号灯亮。

2. 1 号机旁盘 UCB9 矩阵屏

7L 主变压器零序电压、8L 负序反时限、7R 主变压器零序过流 Ⅰ 段、8R 主变压器零序过流 Ⅱ 段、11R 断路器失灵信号灯。

（1）1 号机旁盘 UCB10 保护屏：6L 220kV 系统低电压，7L 调相低电压，9L 主变压器零序电压，10L 负序反时限，11R 主变压器零序过流 Ⅰ 段、Ⅱ 段继电器动作灯亮。

（2）1 号机旁盘 UCB4 屏：机械事故 KS2 灯亮。

3. 3 号机旁盘

（1）UCB9 矩阵屏：7L 主变压器零序电压灯亮。

（2）UCB10 矩阵屏：9L 主变压器零序电压继电器动作灯亮。

4. 五号机旁盘

（1）UCB9 矩阵屏：7L 主变压器零序电压灯亮。

（2）UCB10 矩阵屏：9L 主变压器零序电压继电器动作灯亮。

（3）UCB4 矩阵屏：机械事故 KS2 信号灯亮。

5. G1、G3、G5 灭磁开关

检查 G1、G3、G5 灭磁开关 SD 分闸良好，G1、G5 事故停机良好。

6. 开关站

值班人员检查 21QF、41QF、51QF、61QF 断路器三相分闸良好，压力正常；检查 11QF 断路器三相分闸良好、三相油压为 33MPa、SF$_6$ 气体压力为 0.45MPa，外观检查各部正常。

（四）事故处理情况

综合上述现象做如下处理：

（1）拉开 11QF 断路器操作直流。

（2）复归各部信号良好。

（3）检查 G1 停机良好。

（4）拉开 11QF 两侧隔离开关。

（5）合上 11、12 接地开关。

（6）联系调度，合上 41QS 断路器 I 母线充电良好；母线电压为 226kV，频率为 50.1Hz。

（7）合上 21QF、61QF 断路器，检查 L2、L4、L6 线路送电良好。

（8）全面检查无异常。

将上述情况汇报有关领导、通知维护人员。

（五）事故原因分析

（1）当 G1 "空载" 令发出成功后，计算机、信号返回屏和断路器位置继电器均显示 11QF 分闸良好，但发电机定子有电流，判断 11QF 断路器实际至少有一相未分开。当值班员发出停机令后，发电机负序反时限保护动作，跳开 11QF 断路器。由于 11QF 断路器非全相，启动了 11QF 瞬时跳本断路器的失灵保护，但 11QF 断路器仍拒分，延时启动 11QF 所在母线 I 母差失灵保护，将 EC I 母线所有元件 21QF、41QF、51QF、61QF 断路器分闸。

因 G1、G3、G5 在 I 母线，11QF 断路器 C 相拒分使 EC I 母线产生零序电压，T1、T3、T5 主变压器零序电压保护动作，将 G1、G5 事故停机。因 11QF 断路器转换触点转换正常，计算机监控系统判定 11QF 断路器在分位，故 G1 事故停机良好。

（2）11QF 断路器 C 相绝缘提升拉杆下部螺杆脱扣使断路器拒绝分闸是造成本次

大面积停电事故的主要原因。

（3）在 1 号机试运行的过程中，未按规定的 72h 试运行和"先开一号机、最后停一号机"的要求，在其他机组未全部停机的情况下，擅自下令先停一号机是造成本次大面积停电事故的另一个重要原因。

（六）结论

（1）各种保护动作正确。

（2）事故后，对 11QF 断路器进行了电阻测试，确定为 C 相断路器未拉开。经对 C 相断路器检查，是由于绝缘提升拉杆下部螺杆脱扣使断路器拒绝分闸。由于没有备品，利用原绝缘提升拉杆进行重新加工，对 11QF 断路器进行了假并试验，无问题后，投入系统运行。

【思考与练习】

1. 母线故障分闸的原因有哪些？

2. 母线发生故障分闸后，故障点明确应如何处理？

3. 母线发生故障分闸后，故障点不明确应如何处理？

▲ 模块 3　母线电压消失事故处理（Z49H5003）

【模块描述】本模块介绍母线电压消失事故现象、原因和处理方法。通过原理讲解和案例分析，掌握 220kV 母线死区事故、母线电压消失事故。

【模块内容】

一、母线失压的主要原因

母线电压消失主要由母线本身的故障分闸、下级元件越级造成母线分闸及电源对侧失电三方面引起的，具体可分为：

（1）母线保护范围内的设备发生故障，母线分闸造成电压消失。

（2）母线保护或主变压器电压后备保护误动使母线电压消失。

（3）母线所接的电源线路对侧电源消失，造成母线电压消失。

（4）母线供电的线路及主变压器越级分闸，造成母线电压消失。

（5）一组母线故障越级分闸，造成全部母线电压消失。

（6）人为误碰母线保护或误操作，造成母线电压消失。

二、母线失压故障的现象

（1）电铃响、语音报警。"×× kV 电压回路断线"、线路保护"呼唤"，打印机启动。线路保护、发电机–变压器组保护"电压回路断线"信号发出。"故障录波器启动"信号。

（2）母线电压表指示到零，频率指示不正常。各变压器、线路的负荷消失，功率、电流变为零。

（3）相应保护动作信号亮，分闸断路器红灯灭、绿灯闪亮。拒动断路器指示灯灭。

三、母线电压消失事故处理

（1）当母线故障或电压消失时现场值班人员立即报告上级调度，同时要根据仪表指示、保护和自动装置动作情况，断路器信号及事故现象（如火光、爆炸声等），判断事故情况，并迅速采取措施，切不可只凭所用电源全停或照明全停而误认为是变电站全停电。

（2）多电源联系的变电站全停时，应立即将多电源间可能联系的断路器拉开。双母线应首先拉开母联断路器，防止突然来电造成非同期合闸，但每条母线上应保留一个主要电源线路断路器在投入状态。检查有电压抽取装置的电源线路，以便及早判明来电时间。

（3）对于多电源或单电源供电的变电站全停，如果向用户供电的线路（该线路末端又无电源）的断路器保护并未动作，不应拉开断路器，除调度有特殊规定者例外。

（4）当发电厂母线电压消失时，发电厂值班员应不待调度指令立即拉开电压消失母线上全部电源断路器，同时设法恢复受影响的厂用电。有条件时，利用本厂机组对母线零起升压，成功后设法恢复与系统同期并列。如对停电母线进行强送电，应尽可能利用外来电源。

（5）当母线电压消失，并伴随由于故障引起的爆炸、火光等异常现象时，现场值班人员应立即汇报上级调度，并自行拉开故障母线上所有断路器。找到故障点并迅速隔离后联系值班调度员同意，方可对停电母线送电。

（6）当母线本身无保护装置或其母线保护因故停用中，母线故障时，其所接的线路断路器不会动作，而由对方的断路器分闸，应联系后按下列办法处理：

1）单母线运行时，立即联系值班调度员同意，选择适当电源断路器强送电一次，不良后切换至备用母线受电。

2）双母线运行时，立即拉开母联断路器，汇报值班调度员，值班调度员选择两条线路，分别对两条母线强送。

（7）当母线由于差动保护动作而停电，无明显故障现象时，按下列办法处理：

1）单母线运行时，联系值班调度员同意，选择电源线路断路器强送电一次，不良后切换至备用母线。

2）双母线运行，而又同时停电时，不待调度指令，立即拉开母联断路器。联系值班调度员同意，分别用线路断路器强送电一次。选取哪个断路器强送，由调度决定。

3）双母线之一停电时（母差保护选择性切除），应立即联系值班调度员同意，用线路断路器强送电一次，必要时可使用母联断路器强送，但母联断路器必须具有完善的充电保护（相间、接地保护均有），强送不良拉开故障母线所有隔离开关。将线路切换至运行母线时，应防止将故障点带至运行母线（如故障点在人字引线上）。

（8）500kV 隔离开关未经试验不得进行停、送空母线操作。

四、220kV 母线死区事故（母联断路器与 2203 TA 之间）

（一）事故现象

1. 操作员台

操作员台电铃响，语音警报，随机报警窗口有《母联 2203QF 断路器分闸》《1 号线 2205QF 断路器分闸》《2 号线 2206QF 断路器分闸》《3 号线 2207QF 断路器分闸》《四号线 2208QF 断路器分闸》《1 号线电气事故故障》《2 号线电气事故故障》《2 号线电气事故故障》《4 号线电气事故故障》《1 号主变压器高压侧 2201QF 断路器分闸》《2 号主变压器高压侧 2202QF 断路器分闸》《1 号主变压器中性点 104 接地开关合》《2 号主变压器中性点 204 接地开关合》《Ⅰ母线差动保护动作》《Ⅱ母线差动保护动作》《母联 2203QF 断路器事故分闸》《母差保护跳二号线 2206QF 断路器》《母差保护跳 1 号线 2205QF 断路器》《母差保护跳三号线 2207QF 断路器》《母差保护跳四号线 2208QF 断路器》《母线保护动作分闸 2201QF》《母线保护动作分闸 2202QF》《电气事故》《1 号发电机–变压器组电气事故停机》《2 号发电机–变压器组电气事故停机》《1 号发电机–变压器组保护动作分闸》《2 号发电机–变压器组保护动作分闸》《1 号机组事故配压阀动作》《2 号机组事故配压阀动作》《2 号机组机械事故》《2 号机组机械事故》《母联 2203QF 断路器位置不对应》《母线保护开入量异位》《母线 TV 断线》信号，1 号线断路器 2205QF 分闸，2 号线断路器 2206QF 分闸，3 号线断路器 2207QF 分闸，4 号线断路器 2208QF 分闸，母联断路器 2203QF 分闸，1 号主变压器断路器 2201QF 解列，2 号主变压器断路器 2202QF 解列，1 号机组事故停机，2 号机组事故停机，母线故障录波器动作。

2. 监控台

开关站潮流：1 号线~4 号线 I、P、Q 显示为零，1 号及 2 号主变压器高压侧 I、P、Q 显示为零，母联断路器 2203QF I、P、Q 显示为零，上母线、下母线 U 显示为零。

3. 光字报警台

（1）开关站母线母联中《母联 2203QF 断路器事故分闸》《Ⅰ母线差动保护动作》《Ⅱ母线差动保护动作》《母线保护 TV 断线》《母线复合电压动作》《母线保护开入量变位》等光字牌亮。

（2）开关站 1 号线~4 号线中《母差保护跳 2205~2208QF 断路器》光字牌亮。

（3）1 号及 2 号机组电气事故中《母线保护动作分闸》《保护动作分闸》《电气事故停机》光字牌亮。

4. 机旁盘

（1）JP91 号、2 号发电机–变压器组出口断路器及分支线断路器操作屏：

1）ZFZ–981：保护分闸 2，跳位 A 相、B 相、C 相，电压切换切换 I，一组跳 A、跳 B、跳 C，二组跳 A、跳 B、跳 C，电源监视电源 1、电源 2、第一组电压、第二组电压。

2）XCZ–103：TWJ 等指示灯亮。

（2）JP14 1 号机或 2 号机 PLC 装置屏：机组电气事故黄灯 7XD 亮，机组机械事故黄灯 9XD 亮。

5. 中控盘 220kV 保护目录一览表

（1）母线母联屏［BP—2B］：差动动作 1，差动动作 2，差动开放 1，差动开放 2，失灵开放 1，失灵开放 2，差动动作，TV 断线，开入变位，保护电源、闭锁电源、管理电源、操作电源等指示灯亮。

（2）220kV 母联 2203QF 断路器操作屏：CZX–12R：一组 TA、TB、TC；二组 TA、TB、TC、L1、L2 指示灯亮。

（3）1 号线、3 号线保护Ⅱ屏：TA、TB、TC 指示灯亮。

1 号线、3 号线辅助屏中：

1）LFP–923A：电源 DC，运行 OP。

2）CZX–12R：一组 TA、TB、TC，二组 TA、TB、TC、L1 指示灯亮。

（4）2 号线、4 号线保护Ⅱ屏：TA、TB、TC 指示灯亮。

2 号线辅助屏中：

CZX–12R：一组 TA、TB、TC，二组 TA、TB、TC、L2 指示灯亮。

4 号线辅助屏中：

CSC–122、CZX–12R：

一组 TA、TB、TC；

二组 TA、TB、TC，L2 指示灯亮。

6. 开关站（三维系统）

1 号线 2205QF 断路器、2 号线 2206QF 断路器、3 号线 2207QF 断路器、4 号线 2208QF 断路器、母联 2203QF 断路器、1 号机高压断路器 2201QF 和 2 号机高压断路器 2202QF 在分闸位。

（二）原因分析

（1）母联断路器、套管、引线、电流互感器等设备损坏引起闪络或短路。

（2）母线保护误动作。

（三）事故处理

（1）立即将接在母线上的可能有电源来的一切断路器（1～4号线、母联、1号变压器、2号变压器）断开。

（2）检查厂用电源切换正常。

（3）复归信号，根据母线保护动作报告，分析原因，根据仪表指示、信号位置、继电保护及自动装置的动作情况，以及失电时的外部征象，判明失压母线的故障性质，分别采取相应措施。

（4）检查母联断路器与 TA 之间有明显短路征象，应将母联断路器隔离，恢复母线送电，投入母线强制分列运行连接片。

（5）如母线失压是母差保护误动引起的，请示调度同意停用母差保护后，利用线路断路器分别给上、下母线强送电一次，并检查母差保护。

（6）若事故时母线无明显的短路征象，且不能迅速找出母线电压消失的原因时，则可利用外部电源对母线试送电；如果利用本厂发电机进行从零起升压试验时，应分别对上、下母线逐渐升压，以便找出故障点。

【思考与练习】

1. 母线失压的主要原因是什么？

2. 当母线由于差动保护动作而停电，无明显故障现象时，如何处理？

◢ 模块4 母线谐振的检查与处理（Z49H5004）

【模块描述】本模块介绍母线谐振的检查与处理原则。通过原理讲解和案例分析，掌握接地、并联铁磁谐振、串联铁磁谐振等引起的母线谐振的现象检查与处理方法。

【模块内容】

电力系统内，一般的回路都可简化成电阻 R，感抗 W_L，容抗 $1/W_C$ 的串联和并联回路。当回路中出现 $W_L=1/W_C$ 的情况时，这个回路就会出现谐振，在这个回路的电感元件和电容元件上就会产生过电压和过电流。由于回路的容抗在频率不变的情况下基本上是个不变的常数；而感抗一般是由带铁芯的线圈产生的，铁芯饱和时感抗会变小。因此，常因铁芯饱和出现 $W_L=1/W_C$ 而产生谐振。这种谐振称为铁磁谐振。是指大接地系统或小接地系统中，母线系统的对地电容与母线电磁电压互感器的非线性电感 L 组成的谐振回路。串联谐振就是指大电流接地系统中，断路器断口均压电容与母线电磁电压互感器的非线性电感 L 组成的谐振回路。铁磁谐振与接地异同点见表4-5-4-1。

表 4-5-4-1　　　　　　　　　　　　铁磁谐振与接地异同点

故障性质		相同点	不同点（相电压变化）
接地	（1）金属性一相接地。 （2）非金属性一相接地	有接地信号	（1）故障相电压 U_P 为零；非故障相电压为相电压 U_L。 （2）一相（两相）电压降低（不为零），另两相（一相）电压上升
并联铁磁谐振	（1）基波谐振（过电压 $\leqslant 3U_P$） （2）分频谐振（过电压 $\leqslant 2U_P$） （3）高频谐振（过电压 $\leqslant 4U_P$）	有接地信号	（1）一相电压下降（不为零），两相电压升高超过 U_L 或电压表到头；两相电压下降（不为零），一相电压升高超过 U_L 或电压表到头。中性点位移到三角形外。 （2）三相电压依相序次序轮流升高，并在（1.2～1.4）U_P 低频摆动，约每秒一次。中性点位移在三角形内。 （3）三相电压一起升高，远超过 U_L 或电压表到头。中性点位移到三角形外
串联铁磁谐振	基波及 $1/3f$ 谐振（过电压 $\leqslant 3U_P$）	有接地信号	三相 U_L 或一相、两相 U_P 同时大大超过额定值

电力系统出现铁磁谐振时，将出现超出额定电压几倍至几十倍的过电压和过电流，瓷绝缘放电，绝缘子、套管等的铁件出现电晕，电压互感器一次熔断器熔断，严重时使绝缘薄弱处击穿，避雷器击穿，母线电压互感器过流烧毁。

一、在运行中产生铁磁谐振的原因

（1）中性点不接地系统发生单相接地、单相断线或分闸，三相负荷严重不对称等。

（2）铁磁谐振和铁芯饱和有关，一般 TV 铁芯过早饱和使伏安特性变坏，特别是在中性点不接地系统中使用中性点接地的 TV 时更容易产生铁磁谐振。

（3）倒闸操作过程中运行方式恰好构成谐振条件或投三相断路器不同期时，都会引起电压、电流波动，引起铁磁谐振。

（4）断开断口装有并联电容器的断路器时，如并联电容器的电容和回路 TV 的电感参数匹配时也会发生铁磁谐振过电压，造成设备损坏。

二、防止铁磁谐振为一般方法

（1）采用质量好，技术性能优，铁芯不易饱和的电压互感器。

（2）提高断路器的检修质量，确保合闸操作三相合闸的同期性，减少操作过电压。

（3）必要时可改变操作顺序，以避免操作过程中产生谐振的条件。

1）如为避免变压器中性点过电压，向母线充电前，先合上变压器中性点的接地开关，送电后再拉开或先合线路断路器再向母线充电等。

2）母线停电时，先拉开电磁式电压互感器，然后再拉开并联电容的断路器。

3）母线充电时采用母线和线路一并充电的方式。

（4）对在空载母线的充电中产生的谐振，可以采用投入空载线路的方法，以改变其谐振的条件。

（5）传统采用消谐的措施是在电压互感器的开口三角侧接上一个灯泡，该方法属于较为原始的方法，随着系统容量的增大和电缆线路的增加，实践运行表明该方法的消谐效果不是很明显。

（6）采用在电压互感器二次侧的开口三角上加装一种晶闸管多功能消谐装置的方法，但该方法需要采用外加交流电源，有时由于装置的电子器件发生短路也会影响消谐效果。

（7）目前使用的另外一种消谐装置是在电压互感器的一次侧中性点上串接 LXQ 型非线性电阻，以限制其产生谐振的方法，由于该方法具有安装简便、结构简单、消谐效果明显的特点，目前得到广泛的应用，具有较高的推广使用价值。

（8）两条母线运行发生共振时，可拉合母联断路器。

（9）改变系统运行方式。

【思考与练习】

1. 电力系统中发生铁磁谐振的原因主要有哪些？
2. 电力系统中出现什么情况会发生谐振？
3. 电力系统中发生铁磁谐振有哪些危害？

▲ 模块 5　小电流接地系统接地现象处理（Z49H5005）

【模块描述】本模块介绍小电流接地系统接地故障。通过原理讲解和案例分析，掌握小电流接地系统接地现象、分析与判断、处理方法与步骤，处理故障的要求与注意事项。

【模块内容】

一、小电流接地系统接地概述

小电流接地系统是指采用中性点不接地或经消弧线圈接地的系统。我国 3～66kV 电力系统大多数采用中性点不接地或经消弧线圈接地的运行方式。

在小电流接地系统中，单相接地是一种常见的临时性故障，多发生在潮湿、雷雨天气。发生单相接地后，故障相对地电压降低，非故障两相的相电压升高，但线电压却依然对称，且系统绝缘又是按线电压设计的，所以允许短时运行而不切断故障设备，系统可运行 1～2h，从而提高了供电可靠性。这也是小电流接地系统的最大优点。但是若发生单相接地故障时电网长期运行，因非故障的两相对地电压升高 $\sqrt{3}$ 倍，可能引起绝缘的薄弱环节被击穿，发展成为相间短路，使事故扩大，影响用户的正常用电。

还可能使电压互感器铁芯严重饱和，导致电压互感器严重过负荷而烧毁。特别是发生间歇性电弧接地时，接地相对地电压可能升高到相电压的 2.5～3.0 倍。这种过电压对系统的安全威胁很大，可能使其中的一相绝缘击穿而造成两相接地短路故障，因此，当发生单相接地故障时，值班人员必须及时找到故障点予以切除。

二、故障现象分析与判断

当中性点非直接接地系统发生单相接地时，一般出现下列迹象：

（1）电铃响，"xxkV 母线接地"光字牌亮，中性点经消弧线圈接地的系统，常常还有"消弧线圈动作"的光字牌亮。绝缘监察电压表三相指示值不同。

（2）根据绝缘监察电压表三相指示值，如果发生一相金属性接地，则故障相的电压降到零，非故障相的电压升高到线电压，此时电压互感器开口三角处出现 100V 电压，电压继电器动作，发出接地信号。当发生一相非金属性接地时，即通过高电阻或电弧接地，中性点电位偏移，这时故障相的电压降低，但不为零。非故障相的电压升高，它们大于相电压，但达不到线电压。电压互感器开口三角处的电压达到整定值，电压继电器动作，发出接地信号。当发生弧光接地产生过电压时，则故障相的电压降低，但不为零，非故障相的电压升高到线电压。此时电压互感器开口三角处出现 100V 电压，电压继电器动作，发出接地信号。如果绝缘监察电压表指针不停地来回摆动，出现这种现象即为间歇性接地。

（3）电压互感器高压侧出现一相断线或一次熔断件熔断。此时故障相电压降低，但指示不为零，非故障相的电压并不高。这是由于此相电压表在二次回路中经互感器线圈和其他两相电压表形成串联回路，出现比较小的电压指示，但不是该相实际电压，非故障相仍为相电压。互感器开口三角处会出现 35V 左右电压值，并启动继电器，发出接地信号。对策是处理电压互感器高压侧断线故障或更换一次熔断件。

（4）由于系统中存在容性和感性参数的元件，特别是带有铁芯的铁磁电感元件，在参数组合不匹配时会引起铁磁谐振，并且继电器动作，发出接地信号。可通过改变网络参数，如断开、合上母联断路器或临时增加或减少线路予以消除。在母线空载运行时，也可能会出现三相电压不平衡，并且发出接地信号。但当送上一条线路后接地现象会自行消失。

（5）绝缘监测仪表的中性点断线时电网发生单相接地。三相电压正常，接地信号已发出。这是由于系统确已接地，但因电压表的中性点断线，故绝缘监测仪表无法正确地表示三相电压情况。此时电压互感器开口三角处的电压达到整定值，电压继电器动作，发出接地信号。绝缘监测继电器触点粘接，电网实际无接地。接地信号持续发出，三相电压正常，而查找系统无接地，因为绝缘监测继电器触点粘接，未真实反映电网有无单相接地。处理对策是检查绝缘监测继电器有无触点粘接，若出现触点粘接则更换绝缘监测继电器。

三、单相接地故障的处理步骤

（1）发生单相接地故障后，值班人员应马上复归音响，做好记录，根据信号、表计指示、天气、运行方式等情况，判断是上述哪种故障。迅速报告当值调度和有关负责人员，并按当值调度员的命令寻找接地故障，但具体查找方法由现场值班员自己选择。

（2）先详细检查所内电气设备有无明显的故障迹象，如果不能找出故障点，再进行线路接地的寻找。

（3）分割电网，即把电网分割成电气上不直接连接的几个部分，以判断单相接地区域。如将母线分段运行，并列运行的变压器分列运行。分网时，应注意分网后各部分的功率平衡、保护配合、电能质量和消弧线圈的补偿等情况。

（4）拉开母线无功补偿电容器断路器以及空载线路。对多电源线路，应采取转移负荷，改变供电方式来寻找接地故障点。

（5）采用保护分闸、重合送出的方式进行试拉寻找故障点，当拉开某条线路断路器接地现象消失，便可判断它为故障线路，并马上汇报当值调度员听候处理，同时对故障线路的断路器、隔离开关、穿墙套管等设备做进一步检查。

（6）当逐路查找后仍未找到故障线路，而接地现象未消失，可考虑是两条线路同相接地或所内母线设备接地情况，进行针对性查找故障点。变电站值班员按规定顺序逐条选切线路，应特别注意切每条线路时绝缘监视装置三相对地电压表指示的变化，若全部选切一遍，三相对地电压指示没有变化，说明不是线路有单相接地故障，是变电站内设备接地。若全部选切一遍三相对地电压指示有变化时，应考虑有两条配电线路同相发生单相接地（含断线）故障。

（7）两条线异名相接地。这种故障多数发生在雷雨、大风、高寒和降雪的天气，主要现象是同一母线供电的两条线同时分闸或只有一条线分闸，分闸时电网有单相接地现象。若两条线都分闸，电网接地现象消除，或两条线只有一条分闸，电网仍有接地现象，但单送其中一条时电网单相接地相别发生改变，这是判断的必要依据。

四、处理单相接地故障的要求

（1）寻找和处理单相接地故障时，应做好安全措施，保证人身安全。当设备发生接地时，室内不得接近故障点 4m 以内，室外不得接近故障点 8m 以内，进入上述范围的工作人员必须穿绝缘靴，戴绝缘手套，使用专用工具。

（2）为了减少停电的范围和负面影响，在寻找单相接地故障时，应先操作双回路或有其他电源的线路，再试拉线路长、分支多、历次故障多和负荷轻以及用电性质次要的线路，然后试拉线路短、负荷重、分支少、用点性质重要的线路。双电源用户可先倒换电源再试拉。专用线路应先行通知或转移负荷后再试拉。若有关人员汇报某条线路上有故障迹象时，可先试拉这条线路。

（3）若电压互感器高压侧熔断件熔断，不得用普通熔断件代替。必须用额定电流为 0.5A 装填有石英砂的瓷管熔断器，这种熔断器有良好的灭弧性能和较大的断流容量，具有限制短路电流的作用。

（4）处理接地故障时，禁止停用消弧线圈。若消弧线圈温升超过规定时，可在接地相上先做人工接地，消除接地点后，再停用消弧线圈。

【思考与练习】

1. 何为小电流接地系统？

2. 如何区分小电流接地系统中的接地和电压互感器断线？

第六章

线　路　运　行

▲ 模块 1　线路的巡视监视检查（Z49H6001）

【模块描述】本模块介绍输电线路的巡视监视检查。通过原理讲解，掌握输电线路巡视监视检查的项目和标准。

【模块内容】

水电厂值班人员对线路部分的巡视主要为变电站内线路的相关设备。如断路器、隔离开关、电流互感器、阻波器、电抗器、耦合电容器。

一、阻波器的巡视检查项目

（1）导线有无断股，接头是否发热，阻波器有无异常响声。

（2）螺栓有无松动，安装是否牢固、不摇摆。

（3）阻波器上部与导线间悬挂的绝缘子是否良好。

（4）是否有杂物等，构架是否变形。

二、耦合电容器的巡视检查项目

（1）电容器瓷质部分有无破损或放电痕迹。

（2）有无漏、渗油现象。

（3）引线有无松动过热现象，经结合滤波器接地是否良好，有无放电现象。

（4）内部有无异常声音。

三、结合滤波器的巡视检查项目

（1）绝缘子有无破损、放电。

（2）引线、接地线是否牢固、完好。

（3）外壳是否严密，有无锈蚀或雨水渗入。

（4）接地开关安装牢固，连接线正确；高频电缆的保护管是否牢固。

四、电抗器的巡视检查项目

（1）电抗器的工作电流不应超过其额定电流。

（2）电抗器室内是否清洁，有无杂物，特别是磁性杂物。

（3）支架及支持绝缘子是否完整、有无裂纹，有无油漆脱落或线圈变形。

（4）通风是否完好，接头有无发热、异味，室温不超过30℃。

（5）垂直布置的电抗器不应倾斜。

五、导线及避雷线的巡视检查项目

（1）线条是否有锈蚀严重、断股、损伤或闪络烧伤。

（2）三相导线弧垂是否有不平衡现象，导线对地、对交叉设施及其他物体间的距离是否符合有关规定要求，导线是否标准。

（3）导线、地线上是否悬挂有异物。

（4）线夹上有无锈蚀、缺少螺栓和垫圈以及螺帽松扣、开口销丢失或脱出现象。

（5）导线连接器有无过热、变色、变形、滑移现象，结霜天气连接器上有无霜覆盖，背向阳光看连接器上方有无气流上升，其两端导线有无抽签现象。

（6）释放线夹船体部分是否自挂架中脱出。

（7）导线在线夹内有无滑动现象，护线条有无损坏、散开现象；防振锤有无串动、偏斜、钢丝断股情况；阻尼线有无变形、烧伤、绑线松动现象。

（8）跳线是否有断股、歪扭变形，跳线与杆塔空气间隙变化，跳线间扭绞；跳线舞动、摆动是否过大。

【思考与练习】

1. 水电厂值班人员对线路部分的巡视主要设备有哪些？

2. 阻波器的巡视检查项目有哪些？

3. 电抗器的巡视检查项目有哪些？

▲ 模块 2　电力线路事故及异常处理（Z49H6002）

【模块描述】本模块介绍输电线路事故及异常处理。通过原理讲解和故障分析，掌握输电线路事故及异常现象、分析判断、处理，故障处理要求与注意事项。

【模块内容】

输电线路因其面广量大，以及受环境、气候等外部影响大等因素的存在，因而具有很高的故障概率，线路分闸事故是变电站发生率最高的输变电事故。线路故障一般有单相接地、相间短路、两相接地短路等多种形态，其中以单相接地最为频繁，有统计表明，该类故障占全部线路故障的95%以上。

连接于线路上的设备如线路电压互感器、电流互感器、避雷器、阻波器等的故障，按其性质、影响、保护反映等因素考虑，也应归属为线路故障。

一、电力线路事故及异常处理要求

（1）电力线路发生瞬时故障，断路器分闸重合成功，运行值班人员应记录时间，检查线路保护及故障录波器动作情况并做好记录，检查站内设备有无故障，汇报调度。

（2）如果电力线路发生故障，断路器分闸重合不成功，运行值班人员应记录时间，恢复音响，检查线路保护及故障录波器动作情况并做好记录，检查站内设备有无故障，将断路器控制开关切至分闸后位置，运行值班人员应对断路器分闸次数做好统计。一般情况下，线路故障分闸重合不成功，允许立即强送电或联系强送电一次，强送不成功，有条件的可以对线路进行递升加压。

强送电的原则是：

1）正确选择线路强送端，必要时改变结线方式后再强送电，要考虑到降低短路容量和对电网稳定的影响。

2）强送端母线上必须有中性点直接接地的变压器。

3）线路强送电需注意对邻近线路暂态稳定的影响，必要时可先降低其送电电力后再进行强送电。

4）线路分闸或重合不成功的同时，伴有明显系统振荡时，不应马上强送。需检查并消除振荡后再考虑是否强送电。

（3）单电源负荷线路分闸，重合不成功，现场值班员可不待调度指令，立即强送电一次后汇报调度。

（4）装有同期装置的线路断路器分闸，现场值班人员在确认线路有电压且符合并列条件时，可以不待调度指令，自行同期并列后汇报调度。

（5）下列情况线路分闸后不再强送电：

1）空充电线路；

2）试运行线路；

3）线路分闸后，经备用电源自动投入已将负荷转移到其他线路上，不影响供电；

4）电缆线路；

5）线路有带电作业工作；

6）线路变压器组断路器分闸，重合不成功；

7）运行人员已发现明显的故障现象时；

8）线路断路器有缺陷或遮断容量不足的线路；

9）已掌握有严重缺陷的线路（水淹、杆塔严重倾斜、导线严重断股等）；

（6）遇有下列情况，必须联系调度员，得到许可后方可强送电：

1）母线故障，经检查没有明显故障点；

2）环网线路故障分闸；

3）双回线中的一回线故障分闸；

4）可能造成非同期合闸的线路；

5）变压器后备保护分闸。

（7）当断路器已发现明显缺陷不允许再次切断故障电流时，现场值班人员应向调度汇报，不再强送电。

（8）电力线路发生短路事故，由于断路器或线路保护发生拒动，造成越级分闸，运行值班人员必须在查明原因并隔离故障点后，方可将越级分闸断路器合闸送电。在未查明原因，没有隔离故障点前，禁止将越级分闸断路器合闸送电，防止事故进一步扩大。

（9）电力线路发生短路事故，在未查明原因，故障点没有消除前，禁止将分闸断路器合闸送电。

二、案例分析：1 号线路故障事故

（一）事故现象

1. 方式 1

（1）设备状态：系统正常运行方式下，第一套保护采用单相重合闸或综合重合闸；

（2）故障事故类型：A 相永久性接地故障。

1）操作员台：电铃响，语音警报，随机报警窗口有《1 号线对侧 2205DQF 断路器分闸》《1 号线 2205QF 断路器分闸》《GSF-6 发信》《GSF-6 动作》《LFX-912 发信》《LFX-912 动作》《1 号线电气事故》《1 号线高频保护动作》《母线复合电压动作》《母线母联事故故障》《1 号线对侧 2205DQF 断路器合闸》《1 号线 2205QF 断路器合闸》《1 号线重合闸动作》等信号，1 号线 2205QF 断路器分闸后重合不成功，系统有冲击，线路故障录波器启动。

2）报警台：

a. 开关站 1 号线中《1 号线事故》《1 号线重合闸动作》《1 号线高频保护动作》光字牌亮。

b. 开关站母线、母联中《母线复合电压动作》光字牌亮。

3）监控台：

开关站潮流：1 号线路 I、P、Q、U 显示为零。

4）中控盘 220kV 保护目录一览表：

a. 1 号线保护 I 屏［CSL-101B］中：GSF-6A 电源，纵联保护（高频）的（起信、停信、收信）TXB、TX、FX 相关动作灯亮；CSL101B 运行监视，A 相分闸、B 相分闸、C 相分闸、重合闸动作灯亮。

b. 1 号线保护 II 屏［LFP-901B］中：LFP-901B 电源，运行，TA、CH 指示灯亮；

LFX–912 运行，正常，纵联保护的启信、停信、收信动作灯亮。

c. 1 号线保护辅助屏中：LFP–923A 电源 DC，运行 OP 指示灯亮；CZX–12R 一组 TA、TB、TC、CH，二组 TA、L1 动作灯亮。

5）开关站（三维系统）：

1 号线断路器 2205QF 三相在分闸位。

2. 方式 2

（1）设备状态：系统正常运行方式下，第一套保护采用单相重合闸或综合重合闸。

（2）故障事故类型：A 相瞬时性接地故障。

1）操作员台：电铃响，语音警报，随机报警窗口有《1 号线对侧 2205DQF 断路器分闸》《1 号线 2205QF 断路器分闸》《GSF–6 发信》《GSF–6 动作》《LFX–912 发信》《LFX–912 动作》《1 号线电气事故》《1 号线高频保护动作》《母线复合电压动作》《母线母联事故故障》《1 号线对侧 2205DQF 断路器合闸》《1 号线 2205QF 断路器合闸》《1 号线重合闸动作》等信号，1 号线 2205QF 断路器分闸后重合成功，线路故障录波器启动。

2）报警台：

a. 开关站 1 号线中《1 号线事故》《1 号线重合闸动作》《1 号线高频保护动作》光字牌亮。

b. 开关站母线、母联中《母线复合电压动作》光字牌亮。

3）监控台：

开关站潮流：1 号线路 IA，在 2205QFA 相断路器分闸时显示为零，P、Q 指示降低，2205QF 断路器重合后恢复正常。

4）中控盘 220kV 保护目录一览表：

a. 1 号线保护 I 屏［CSL–101B］中：GSF–6A 电源，纵联保护（高频）的 TXB、TX、FX（起信、停信、收信）相关动作灯亮；CSL101B 运行监视，A 相分闸、重合闸动作灯亮。

b. 1 号线保护 II 屏［LFP–901B］中：LFP–901B 电源，运行，TA、CH 指示灯亮；LFX–912 运行，正常，纵联保护的启信、停信、收信动作灯亮。

c. 1 号线保护辅助屏中：LFP–923A 电源 DC，运行 OP 指示灯亮；CZX–12R 一组 TA、TB、TC、CH，二组 TA、L1 动作灯亮。

5）开关站：

1 号线断路器 2205QF 三相在合闸位。

3. 方式 3

（1）设备状态：系统正常运行方式下，第一套保护采用单相重合闸。

（2）故障事故类型：相间永久性或瞬时性故障（两相短路、两相接地短路、三相短路）。

1）操作员台：电铃响，语音警报，随机报警窗口有《1号线对侧2205DQF断路器分闸》《1号线2205QF断路器分闸》《GSF-6发信》《GSF-6动作》《LFX-912发信》《LFX-912动作》《1号线电气事故》《1号线高频保护动作》《母线复合电压动作》《母线母联事故故障》信号，1号线2205QF断路器分闸，系统有冲击，线路故障录波器启动。

2）报警台：

a. 开关站1号线中《1号线事故》《1号线高频保护动作》光字牌亮。

b. 开关站母线、母联中《母线复合电压动作》光字牌亮。

3）监控台：

开关站潮流：1号线路I、P、Q显示为零。

4）中控盘220kV保护目录一览表：

a. 1号线保护Ⅰ屏［CSL-101B］中：GSF-6A电源，纵联保护（高频）的TXB、TX、FX（启信、停信、收信）相关动作灯亮；CSL101B运行监视，A相分闸、B相分闸、C相分闸动作灯亮。

b. 1号线保护Ⅱ屏［LFP-901B］中：LFP-901B电源，运行，TA或TB或TC指示灯亮；LFX-912运行，正常，纵联保护的启信、停信、收信动作灯亮。

c. 1号线保护辅助屏中：LFP-923A电源DC，运行OP指示灯亮；CZX-12R一组TA、TB、TC、CH，二组TA或TB或TC、L1动作灯亮。

5）开关站（三维系统）：

1号线断路器2205QF三相在分闸位。

4. 方式4

（1）设备状态：系统正常运行方式下，第二套保护采用三相重合闸或综重。

（2）故障事故类型：单相或相间永久性故障（单相接地短路、两相短路、两相接地短路、三相短路）。

1）操作员台：电铃响，语音警报，随机报警窗口有《1号线对侧2205DQF断路器分闸》《1号线2205QF断路器分闸》《GSF-6发信》《GSF-6动作》《LFX-912发信》《LFX-912动作》《1号线电气事故》《1号线高频保护动作》《母线复合电压动作》《母线母联事故故障》《1号线对侧2205DQF断路器合闸》《1号线2205QF断路器合闸》《1号线重合闸动作》等信号，1号线2205QF断路器分闸后重合不成功，系统有冲击，线路故障录波器启动。

2）报警台：

a. 开关站 1 号线中《1 号线事故》《1 号线重合闸动作》《1 号线高频保护动作》光字牌亮。

b. 开关站母线、母联中《母线复合电压动作》光字牌亮。

3）监控台：

开关站潮流：1 号线路 I、P、Q 显示为零。

4）中控盘 220kV 保护目录一览表：

a. 1 号线保护Ⅰ屏［CSL–101B］中：GSF–6A 电源，纵联保护（高频）的 TXB、TX、FX（起信、停信、收信）相关动作灯亮；CSL101B 运行监视，A 相分闸、B 相分闸、C 相分闸、重合闸动作灯亮。

b. 1 号线保护Ⅱ屏［LFP–901B］中：LFP–901B 电源，运行，TA 或 TB 或 TC、CH 指示灯亮；LFX–912 运行，正常，纵联保护的启信、停信、收信动作灯亮。

c. 1 号线保护辅助屏中：LFP–923A 电源 DC，运行 OP 指示灯亮；CZX–12R 一组 TA、TB、TC、CH，二组 TA 或 TB 或 TC、L1 动作灯亮。

5）开关站（三维系统）：

1 号线断路器 2205QF 三相在分闸位。

5. 方式 5

（1）设备状态：系统正常运行方式下，第二套保护采用三相重合闸或综重。

（2）故障事故类型：单相或相间瞬时性故障（单相接地短路、两相短路、两相接地短路、三相短路）。

1）操作员台：电铃响，语音警报，随机报警窗口有《1 号线对侧 2205DQF 断路器分闸》《1 号线 2205QF 断路器分闸》《GSF–6 发信》《GSF–6 动作》《LFX–912 发信》《LFX–912 动作》《1 号线电气事故》《1 号线高频保护动作》《母线复合电压动作》《母线母联事故故障》《1 号线对侧 2205DQF 断路器合闸》《1 号线 2205QF 断路器合闸》《1 号线重合闸动作》等信号，1 号线 2205QF 断路器分闸后重合成功，线路故障录波器启动。

2）报警台：

a. 开关站 1 号线中《1 号线事故》《1 号线重合闸动作》《1 号线高频保护动作》光字牌亮。

b. 开关站母线、母联中《母线复合电压动作》光字牌亮。

3）监控台：

开关站潮流：1 号线路 I、P、Q、U 在断路器 2205QF 分闸时显示为零，2205QF 断路器重合后恢复正常；采用综重方式下出现单相故障时，1 号线路 TX，在 2205QFX

相断路器分闸时显示为零，P、Q 指示降低，2205QF 断路器重合后恢复正常。

4）中控盘 220kV 保护目录一览表：

a. 1 号线保护 I 屏［CSL-101B］中：GSF-6A 电源，纵联保护（高频）的 TXB、TX、FX（起信、停信、收信）相关动作灯亮；CSL101B 运行监视，A 相分闸、B 相分闸、C 相分闸、重合闸动作灯亮。

b. 1 号线保护 II 屏［LFP-901B］中：LFP-901B 电源，运行，TA 或 TB 或 TC、CH 指示灯亮；LFX-912 运行，正常，纵联保护的启信、停信、收信动作灯亮。

c. 1 号线保护辅助屏中：LFP-923A 电源 DC，运行 OP 指示灯亮；CZX-12R 一组 TA、TB、TC、CH，二组 TA 或 TB 或 TC、L1 动作灯亮。

5）开关站：

1 号线断路器 2205QF 三相在合闸位。

（二）原因分析

（1）线路倒塔、断线、放电、闪络引起单相接地短路、两相短路、两相接地短路、三相短路。

（2）判断线路故障性质：纵联（高频、光纤差动）、距离或零序方向保护同时动作表明为本线路短路故障，若零序保护动表明为不对称接地，接地距离保护动作表明为相地接地故障；重合闸动作信号表明重合闸启动，距离后加速启动永跳则表明永久性短路；三相分闸表明重合闸不成功或重合闸方式不满足重合条件而作用分闸。

（三）事故处理

（1）复归信号及闪光，根据线路保护动作报告，分析原因，判断故障性质和故障点，检查一次设备有无异常情况，汇报调度。

（2）因线路故障多为瞬间故障，所以在分闸之后，可以强送电一次。

（3）对于仅有单侧电源的线路，分闸之后，若重合闸不动作，一般可不与调度联系，现场值班人员即可强送电一次。若强送不成功，则必须检查断路器良好后，根据调度员命令再强送电一次。

（4）对于双侧均有电源的线路，一般需与调度联系或检验线路无电压后再强送，以防止非同期合闸的后果。如线路上已有电压，则应找同期合闸并列。

（5）双回线路或环状网络中的一条线路分闸后，由于不中断供电，故一般均应与调度联系后，再确定如何恢复送电。有分支线路时，若强送电一次不成功，则可根据保护动作情况进行分析，分别强送。

（6）送电线路分闸之后，不论重合闸或强送电是否成功，均应由调度通知线路维护单位进行事故巡线。对于重合闸成功或强送成功的线路，应特别指明线路是否是有电的。对于强送不成功已停电的线路，应向巡线人员讲清，如发现问题，巡线人员向调度汇报后再进行抢修工作；否则，故障点即使已经消除，也不可能提早恢复送电。

（7）强送电成功后，两侧应交换高频信号，若交换高频收发信机信号不合格时，应汇报调度将高频保护作用信号退出，通知检修处理。

（四）线路强送时的注意事项

（1）线路断路器及附属设备完好。

（2）保护健全、完善。

（3）降低各条线路和机组负荷至动稳定范围之内。

（4）强送线路后必须有中性点投入。

（5）强送电时，母差保护应有选择地投入使用，并具有后备结线保护，使得一旦断路器拒绝分闸时，不致造成双母线全停。当一条母线运行时，尽量避免强送线路。

【思考与练习】

1. 电力线路故障一般有哪些？

2. 线路强送时的注意事项有哪些？

第七章

电 气 倒 闸 操 作

▲ 模块 1　电气倒闸操作的基本要求（Z49H7001）

【模块描述】本模块介绍电气倒闸操作的运行规定。通过有理讲解，掌握倒闸操作现场必须具备的条件、倒闸操作基本步骤、倒闸操作的原则、操作票的基本要求。

【模块内容】

一、倒闸操作的基本概念

倒闸操作是将电气设备从一种状态转换为另一种状态的操作，分运行、热备用、冷备用、检修 4 种状态。

运行状态是指设备或电气系统带有电压，其功能有效。母线、线路、断路器、变压器、电抗器、电容器及电压互感器等一次电气设备的运行状态是指从该设备电源至受电端的电路接通并有相应电压（无论是否带有负荷），且控制电源、继电保护及自动装置正常投入。

热备用状态是指该设备已具备运行条件，经一次合闸操作即可转为运行状态的状态。母线、变压器、电抗器、电容器及线路等电气设备的热备用是指连接该设备的各侧均无安全措施，各侧的断路器全部在断开位置，且至少一组断路器各侧隔离开关处于合上位置，设备继电保护投入，断路器的控制、合闸及信号电源投入。断路器的热备用是指其本身在断开位置、各侧隔离开关在合位，设备继电保护及自动装置满足带电要求。

冷备用状态是指连接该设备的各侧均无安全措施，且连接该设备的各侧均有明显断开点或可判断的断开点。二次设备工作电源投入，连接片在投入位置或虽在退出位置，但具备投入条件。

检修状态是指连接设备的各侧均有明显的断开点或可判断的断开点、需要检修的设备已接地的状态或该设备与系统彻底隔离，与断开点设备没有物理连接时的状态。在该状态下设备的保护和自动装置，控制、合闸及信号电源等均应退出，继电保护装置连接片位置根据检修工作需要确定。

（一）倒闸操作应遵循的顺序

（1）设备停电检修时倒闸操作的顺序。运行状态转为热备用，转为冷备用，转为检修。

（2）设备投入运行时倒闸操作的顺序。由检修转为冷备用，转为热备用，转为运行。

（3）停电操作时倒闸操作的顺序。先停用一次设备，后停用保护、自动装置；先断开该设备各侧断路器，然后拉开各断路器两侧隔离开关。

（4）送电操作时倒闸操作的顺序。先投入保护、自动装置，后投入一次设备；投入一次设备时，先合上该设备各断路器两侧隔离开关，最后合上该设备断路器。

（5）设备送电时倒闸操作的顺序。合隔离开关及断路器的顺序是从电源侧逐步送向负荷侧。

（6）设备停电时倒闸操作的顺序。与设备送电顺序相反。

（二）以单电源线路为例

应按照拉开断路器、检查断路器确在断开位置、断开断路器合闸电源、拉开负荷侧隔离开关、拉开电源侧隔离开关、断开断路器操作电源的顺序进行。如果线路装有自动装置，拉断路器前应考虑退出相应的自动装置。

拉隔离开关前必须进行两项重要操作：首先检查断路器确在断开位置，目的是防止拉隔离开关时断路器实际并未断开而造成带负荷拉隔离开关的误操作；还应考虑在拉隔离开关的操作过程中断路器会因某种意外原因而误合的可能，因此还需断开该断路器的合闸电源。

在停电拉隔离开关时，可能会出现两种误操作：一是断路器未断开，误拉隔离开关；二是断路器虽已断开，但拉隔离开关时走错间隔，错拉不应停的设备，造成带负荷拉隔离开关。若断路器未断开，先拉负荷侧隔离开关，弧光短路发生在断路器保护范围以内，出现断路器分闸，可切除故障缩小事故范围；若先拉电源侧隔离开关，弧光短路发生在断路器保护范围以外，断路器不会分闸，将造成母线短路并使上一级断路器分闸，扩大了事故范围。

二、倒闸操作现场必须具备的条件

（1）操作人、监护人应经考试合格，持有相应上岗证，且名单经生产副厂长或总工程师批准公布。

（2）现场设备应有明显标志，包括醒目且位置正确的设备（设备名称和编号）双重名称标示牌、分合指示、旋转方向、切换位置的指示和区别电气相别的色标；现场油、水、风系统的色标与介质流向，操作阀门应挂有名称、编号、分合旋转方向的标示牌；二次设备的按钮、连接片、切换开关、电源开关（熔断器）等应贴有醒目标签。

（3）有与现场实际相符合的电气一次与机械系统模拟图或电子接线图。

（4）应具备齐全和完善、准确、有效的运行规程、典型操作票，并具有统一规范、确切的操作术语及手势。

（5）应有确切操作指令和预演合格的操作票。

（6）应有合格的操作工具、安全用具（如验电器、验电棒、绝缘棒、绝缘手套、绝缘靴、绝缘电阻表等）和设施（包括对号放置接地线的专用装置）。

（7）高压电气设备必须具有完善的防止电气误操作闭锁装置；机械设备应有完善的防止误操作锁具。

（8）对于重要的，易发生误操作的机械设备，操作位置应设置警示标志或明确的操作步骤和操作示意图。

（9）现场操作尽可能采用电动操作，充分利用防误闭锁功能。

（10）值班员在离开值班岗位 3 个月以上，要重新回到原岗位，须经上岗考试合格后方能上岗。

（11）新进值班人员必须经过安全和技能培训，并经考试合格，由分厂下令，方可进行管辖内设备的操作。

三、倒闸操作基本步骤

倒闸操作必须严格按照以下步骤执行。

（1）值班负责人预发操作任务，值班员接受并复诵无误。

（2）操作人查对模拟图板、检修申请，按工作票要求填写操作票。

（3）审票人审票，发现错误应由操作人重新填写。

（4）监护人与操作人相互考问和预想；按操作步骤逐项操作模拟图，核对操作步骤的正确性。

（5）调度正式发布操作指令，准备必要的安全工具、用具、钥匙，对操作中所需使用的安全用具进行检查，检查试验周期及电压等级是否合格且符合规定，另外，还应检查外观是否有损坏，如绝缘手套是否漏气、验电器试验声光是否正常等。

（6）值长审核正确后正式发布操作指令，并复诵无误。

（7）组织召开操作准备会，明确操作目的，分析危险项和布置预控措施。

（8）监护人逐项唱票，操作人复诵，并核对设备名称编号相付；监护人、操作人到达具体设备操作地点后，首先根据操作任务进行操作前的核对，核对设备名称、编号、间隔位置及设备实际情况是否与操作任务相符。

（9）监护人逐项唱票，操作人复诵，并指明设备；监护人确认无误后，发出允许操作的命令"对，执行"；操作人正式操作，监护人逐项打勾，严禁跳项操作。

（10）对操作后设备进行全面检查。

（11）向值班负责人汇报操作任务完成并做好记录，盖"已执行"章。

（12）复查、评价、总结经验。

四、倒闸操作的一般原则

（1）电气操作应根据调度指令进行。紧急情况下，为了迅速消除电气设备对人身和设备安全的直接威胁，或为了迅速处理事故、防止事故扩大、实施紧急避险等，允许不经调度许可执行操作，但事后应尽快向调度汇报，并说明操作的经过及原因。

（2）发布和接受操作任务时，必须互报单位、姓名，使用规范术语、双重命名，严格执行复诵制，双方录音。

（3）雷电时禁止进行户外操作（远方操作除外）。

（4）电气操作应尽可能避免在交接班期间进行，如必须在交接班期间进行者，应推迟交接班或操作告一段落后再进行交接班。

（5）电气设备转入热备用前，继电保护必须按规定投入。

（6）一次设备不允许无保护运行。一次设备带电前，保护及自动装置应齐全且功能完好、整定值正确、传动良好、连接片在规定位置。

（7）系统运行方式和设备运行状态的变化将影响保护工作条件或不满足保护的工作原理，从而有可能引起保护误动时，操作之前应提前停用这些保护。

（8）倒闸操作前应充分考虑系统中性点的运行方式，不得使 110kV 及以上系统失去接地点。

（9）原则上不允许在无防误闭锁装置或防误闭锁装置解除状态下进行倒闸操作，特殊情况下解锁操作必须经值长批准，操作前应检查防误闭锁装置电源在投入位置。

（10）电网并列操作必须满足以下三个条件：

1）待并发电机电压与运行系统电压大小相等。

2）待并发电机的频率与运行系统的频率相等。

3）待并发电机电压的相角与运行系统的相角相等。

五、倒闸操作的基本要求

（1）停电操作必须按照断路器–负荷侧隔离开关–电源侧隔离开关顺序依次操作，送电操作顺序与此相反。严禁带负荷拉隔离开关。

（2）拉合隔离开关时，断路器必须断开（倒母线除外，但母联断路器必须处于合闸状态并取下其控制熔断器），合闸能源为电磁机构的断路器还应将合闸的动力熔断器停电时在断路器拉后、隔离开关拉开前取下；送电时在隔离开关合上后、合断路器前放上。

（3）设备送电操作前，需先投入该设备的控制熔断器，投入保护装置；设备停电操作，应在一次设备停电后，方可取下该设备的控制熔断器。

（4）设备送电前必须将有关保护使用，没有保护或不能电动分闸的断路器不准送电。

（5）断路器不允许带电压手动合闸，但在特殊情况下，弹簧操动机构的断路器当其能量储备好时允许带电压手动合闸。运行中的小车开关不允许打机械闭锁手动分闸。

（6）在操作过程中，发现误合隔离开关时，不得将误合的隔离开关再拉开，只有弄清情况并采取了可靠的安全措施后，才允许将误合的隔离开关拉开。在操作过程中，发现误拉隔离开关时，不得将误拉的隔离开关重新合上。只有用手动蜗姆轮传动的隔离开关，在动触头未离开静触头刀刃之前才允许将误拉的隔离开关立即合上，不再操作。

（7）对于有位置指示器的隔离开关，在相应断路器合闸前要检查切换继电器励磁。

（8）操作过程中因防误闭锁装置故障，无法继续进行操作时，不得擅自解除防误闭锁装置，应及时汇报值班负责人，待值班负责人复查确认后，经值长同意后，方可解除防误闭琐装置，担事后必须做好详细记录，并通知检修人员予以修复。

（9）接地线装、拆顺序：装接时，在全部停电倒闸操作结束并验电后进行，先装接地端，后装设备端；拆除时，在全部送电倒闸操作前进行，先拆设备端，后拆接地端。

（10）用绝缘棒拉、合隔离开关（接地开关）或经传动机构拉、合断路器和隔离开关（接地开关），均应戴绝缘手套。雨天操作室外高压设备时，绝缘棒应有防雨罩，还应穿绝缘靴。接地网电阻不符合要求的，晴天也应穿绝缘靴。雷电时，一般不进行倒闸操作，禁止在就地进行倒闸操作。

（11）操作中发生疑问时，应立即停止操作并向值长报告，待值长再行发令许可后，方可继续操作。不得擅自更改操作票，不得随意解除闭锁装置。

（12）设备操作后的位置检查应以设备实际位置为准，断路器、阀门等设备无法看到实际位置时，可通过设备机械位置指示，电气量指示，介质流动状态，仪表及各种遥测、遥信信号的变化，且至少应有两个及以上指示已同时发生变化，才能确认该设备已操作到位。在填写操作票时，应将检查到位的判据填写在操作票检查项中。

（13）装卸高压熔断器，应戴护目眼镜和绝缘手套，必要时使用绝缘夹钳，并站在绝缘垫或绝缘台上。

（14）断路器遮断容量应满足电网要求。如遮断容量不够，应将操动机构用墙或金属板与该断路器隔开，应进行远方操作，重合闸装置应停用。

（15）对连接片操作、电流端子操作、切换开关操作、插拔操作、二次隔离开关操作、按钮操作、定值更改等继电保护操作，应在现场运行规程中明确操作要求和防止电气误操作措施。

（16）操作过程中，监护人应带有有效的录音装置和与值长间的对讲装置。

（17）电站的调度电话、调度交换机系统应全天候处于良好录音状态，录音装置有专人负责管理和维护。

（18）操作应避开雷雨天气，尽可能避开吃饭、下班时间；倒闸操作还应尽量避免系统异常、事故或负荷高峰期。

（19）调度员发布指令应准确、清晰，使用规范的调度术语和设备双重名称。

（20）梯级调度或发电厂要由值长或有受令权的值班员接受调度员指令，认真进行复诵，并将接受的操作任务和指令记录在操作记录簿中；受令人应完全明确每一项操作的目的和要求，对指令有疑问时应向发令人询问清楚无误后执行。

（21）发令人和受令人应先互报单位和姓名，发布指令的全过程（包括对方复诵指令）和汇报指令执行情况时双方都要录音并做好记录。

（22）操作可以通过就地操作、遥控操作完成。遥控操作的设备应满足有关技术条件。

（23）操作人、监护人、值长签名用黑色水性笔或油性笔填写，每页均应填写。模拟预演栏的"√"用黑色水性笔或油性笔填写；操作记号栏的"√"、应记录的操作项目时间及表计指示数值用红色水性笔或油性笔填写；在每项操作前，操作人在操作项序号上用黑色水性笔或油性笔打"√"，确认操作顺序。

（24）操作票内时间的填写统一按照公历的年、月、日和24h制填写。

（25）下列操作项目应填写执行时间；

1）操作项目的首、末项；

2）联系调度的操作项目；

3）拉、合断路器的操作项目；

4）保护分闸出口连接片的投、退（连续操作处于同一个保护室的多个分闸出口连接片时，只在第一个连接片的操作时间栏内填写时间）；

5）装、拆接地线，拉、合接地开关的操作项目。

（26）下列情况应在操作票上抄录实际三相电流或三相电压

1）并、解列操作时，抄录相关回路的三相电流；

2）合上母联（分段）断路器后，抄录三相电流（并、解列操作抄录三相电流；空充母线时抄录三相电压，如母线电压互感器未投则不抄录）；

3）主变压器投运后，抄录主变压器各侧断路器三相电流（空充母线时抄录三相电压）；

4）母线电压互感器送电后，检查母线电压表指示正确并抄录三相电压（有表计时）。

（27）一份操作票（一个操作任务）应由一组人员操作，监护人手中只能持一份操作票。操作项目过多的操作任务，可以分室内、室外两组人员操作，但要填写一式四份总的操作顺序的操作票，室内操作组的监护人按上述操作票指挥室外操作组进行操作，每个操作组都要认真履行监护复诵制；两组操作人员之间及与值长之间要有良好的通信联系，严禁用约时、手示等方法进行联系操作；每项操作时间由主控室监护人填写，室外的操作票不填写每项操作时间。

（28）验电时，应使用相应电压等级而且经检验合格的接触式验电器，在装设接地线或合接地开关处对各相分别进行验电。验电前，应先在有电设备上进行试验，确定验电器良好；无法在有电设备上进行试验时，可用高压发生器等确证验电器良好。如果在木杆、木梯或木架上验电，不接地线不能指示者，可在验电器绝缘杆尾部接上接地线，但应经运行值长许可。

（29）执行一个操作任务，严禁中途换人。操作中严禁做与操作无关的事，严禁携带任何有可能干扰操作的物件，比如手机等。操作过程中，按操作票顺序依次进行操作，严禁跳项、漏项或凭经验和记忆进行操作，监护人应自始至终认真监护，不得离开操作现场、不得进行其他工作。

（30）运行操作一般不得间断，如遇特殊情况经值长同意必须间断时，操作间断期间的操作票应由监护人、第二监护人、值长妥善保管好操作票，避免损坏、被勾画，甚至丢失。

（31）一份操作票的操作任务一般应由一个操作组完成，操作不得交班进行。

（32）操作票一般应保存一年。

六、电气倒闸操作中的危险点分析及预控措施（见表 4-7-1-1）

表 4-7-1-1　　　　　　　　　　电气操作票危险点预控

序号	危险点	预控措施
1	人身感电	不跨越围栏、与相邻带电设备（间隔）保持安全距离
2	人身感电	装、拆接地线时身体不得触及接地线，戴好绝缘手套
3	人身感电	测绝缘时，绝缘电阻表接线牢固，使用正确，戴好绝缘手套
4	带电挂接地线	检查挂点两侧有明显断开点，挂接地线前验电，进行"四对照"
5	带接地线合闸	严格按调度指令顺序操作、检查送电范围内接地线全部拆除，且无临时接地线
6	误拉合开关、带负荷拉合开关	严格执行监护制度，认真核对设备位置和名称，拉合开关前检查与其串联的附近开关在分位
7	物体打击	正确佩戴安全帽，离开危险区域、施工架构下方，注意高空落物

续表

序号	危险点	预控措施
8	低压感电	为防止低压触电，拉、合电动开关操作电源时带线手套
9	系统稳定破坏	为防止系统稳定破坏拉、合线路开关时检查系统潮流分布，满足系统稳定要求
10	接地开关虚接	为防止接地开关虚接，应检查接地开关合闸良好
11	接地开关未被闭锁	为防止接地开关未被闭锁，应检查接地开关闭锁可靠
12	误入带电间隔	倒闸操作时精力集中，严格执行监护制度
13	TA 开放	带好线手套，先将 B 相保护屏外层 SDA～N 电流端子切至"旁路侧"，然后取下旁路辅助保护屏 SDA～N 电流端子短接片，防止 TA 开放
14	TA 开放	带好线手套，先投入旁路辅助保护屏 SDA～N 电流端子短接片，然后将 B 相保护屏外层 SDA～N 电流端子切至"本线侧"，防止 TA 开放
15	保护定值更改错误	严格按保护定值区号切换保护定值
16	高空坠落	人员站稳，扶好围栏，不跨越围栏
17	个人防护不当	正确佩戴安全帽，正确使用个人防护用具
18	身心状况不佳	操作前，应了解操作人员的身心状况，避免身心状况不佳人员进行操作
19	SF$_6$ 气体泄漏造成中毒窒息	进入含 SF$_6$ 气体设备的区域前，检查泄漏检测系统是否有报警，发现告警，立即停止操作
20	操作工具不合格	使用前应对工具进行全面检查，不合格的工具禁止使用

【思考与练习】

1. 什么是热备用状态？

2. 什么是冷备用状态？

3. 操作票中哪些操作项目应填写执行时间。

4. 哪些情况应在操作票上抄录实际三相电流或三相电压？

◢ 模块 2　一次系统的防误操作装置（Z49H7002）

【模块描述】本模块介绍电气一次设备系统的防误操作装置。通过原理讲解和案例分析，掌握防误操作装置机械闭锁、电磁闭锁、电气逻辑闭锁、微机防误闭锁，防误闭锁装置的使用和维护，防误操作闭锁装置解锁工具（万能钥匙）保管和使用规定。

【模块内容】

电气误操作事故给电网、设备、人身都造成巨大的危害。轻者造成设备损坏、人员受伤。重者造成主设备烧毁、电网大面积停电、人身死亡。因此，确保电网安全运行，防止电气设备误操作事故的发生，防误闭锁装置发挥重要作用。

一、防误闭锁装置主要实现五防功能

（1）防止带负荷拉、合隔离开关。

（2）防止带接地线（接地隔离开关）合闸。

（3）防止人员误入带电间隔。

（4）防止误分、误合断路器。

（5）防止带电挂接地线（合接地隔离开关），以及防止非同期并列等。实现闭锁非同期并列的基本方法是通过压差和频差鉴定装置实现同期闭锁，倒闸操作过程中及时投入同期闭锁装置，以防止非同一供电的两个系统非同期合闸。

二、五防功能的实现方法和特点

在方式上有：对于手动操作的开关设备，一般采用机械方式达到机械联锁；电动操作的开关设备通过断路器辅助转换开关中的辅助触点按照一定的逻辑关系接入控制回路，以实现操作互锁。

（一）机械闭锁

机械闭锁是靠设备操动机构的机械结构相互制约，从而达到相互联锁的闭锁方式。即一元件操作后另一元件就不能操作。其特点是闭锁可靠，不易发生误操作；这种闭锁实现的前提是一体化设备，由于机械闭锁只能在隔离开关与接地开关之间进行闭锁。如果要实现断路器与隔离开关的闭锁就非常困难。若要实现，一般采用电气闭锁或电磁闭锁。

（二）电磁闭锁

电磁闭锁是利用断路器、隔离开关、断路器柜门等的辅助触点，接通或断开需闭锁的隔离开关、开关柜门等电磁锁电源，使其操动机构无法动作，从而实现开关设备之间的相互闭锁。这种闭锁装置原理简单，实现便捷，非同一体的开关设备之间就可实现闭锁；它在干燥的环境运行比较可靠。

（三）电气逻辑闭锁

电气回路逻辑闭锁是利用断路器、隔离开关等设备的辅助触点接入需闭锁的隔离开关或接地开关等电动操作回路上，从而实现开关设备之间的相互闭锁。特点是二次回路复杂，安装、维护工作量大，经常需要检修的同志协助或配合操作，以便及时消除闭锁失灵。它实现的基本条件是电动操作的设备机构上。

（四）微机防误闭锁

微机防误闭锁装置主要由 PC 机、智能模拟屏、工控机、电脑钥匙和各种锁具组成。通过在 PC 机或智能模拟屏上模拟预演，由系统内预先存储的逻辑规则和状态对每步预演进行判断，并通过串行接口通信将操作步骤输入电脑钥匙中，然后用电脑钥匙打开装于现场相应设备上的编码锁，然后进行倒闸操作。解决了装置"防走空程序"问题。其中模拟操作及显示屏是用于供操作人员在对实际设备进行实际操作前，进行操作预演和显示有关提示信息的装置。一般是在特制的屏板上装设表示实际设备"电气一次接线图"和相应断路器、隔离开关的模拟操作电键、状态指示灯及与微机相联的通信口。电脑钥匙的主要功能是用于辨别被操作设备身份和打开符合规定程序之被操作设备的闭锁装置，以控制操作人员的操作过程。高性能产品的电脑钥匙还带有微处理器和"黑匣子"，具有智能防误功能，供操作人员在紧急情况下，无需返回主控室进行模拟预演而直接进行不在预定操作程序中的合法操作，但事后须用电脑钥匙向微机汇报操作过程，如前所述，微机会追查、复核操作过程，并指出已执行的不在预定程序中的合法项目和被电脑钥匙闭锁而中止的未遂违规操作项目及没有执行的预定操作项目。

微机闭锁已开始在电力系统大面积推广应用，其综合指标相比其他防误闭锁装置具有不可比拟的优越性。特别是闭锁全面、操作方便、维护简单、性能可靠、造价相对较低受到电力系统的肯定。

三、防误闭锁装置的维护项目

（1）定期检查操作系统是否正常。

（2）定期检查开票、传票是否正常，电脑钥匙是否充电良好，充电器是否完好。

（3）定期对防误闭锁装置点油、清洁。

（4）每半年对微机闭锁的逻辑关系进行检验确认完好。

四、防误闭锁装置系统使用

（1）在计算机模拟图上预演操作时，计算机就根据预先储存的逻辑关系对每一项操作进行判断，若操作准确，则发出操作正确的声音，若操作错误，则发出报警声，直到错误项恢复。

（2）在计算机上一次预演模拟结束后，按下传票按钮，通过计算机模拟盘上的传输口将正确的操作内容输入到电脑钥匙中。

（3）按照预演的顺序进行现场设备操作。

（4）操作结束后，电脑钥匙将自动显示下一个操作内容，如走错间隔，电脑钥匙检测出与操作内容不符，发出持续报警声，提醒人员离开场地。

（5）全部操作结束后，电脑钥匙显示操作结束。这时开机状态下将电脑钥匙插入传输口，进行回传。

五、防误操作闭锁装置解锁工具（万能钥匙）保管和使用规定

（1）以任何形式部分或全部解除防误装置功能的操作，均视作解锁。

（2）解锁工具（万能钥匙）正常时，保存在专用的盒子内。装万能钥匙的盒子应固定存放在运行值班现场，不得随意更改存放位置。万能钥匙应按值移交，并检查盒子的完整性，发现问题及时汇报有关领导。

（3）正常情况下，严禁解锁（使用万能钥匙等）操作。在下列情况下请示有关领导批准后方可进行解锁（使用万能钥匙等）操作。

1）在运行系统或设备发生事故、异常需要紧急操作和处理时。

2）微机防误装置模拟盘或微机防误装置系统发生故障短时间内不能恢复正常使用时。

3）微机防误装置模拟盘或微机防误装置系统检修不能正常使用时。

4）电脑钥匙发生故障短时间内不能恢复正常使用时。

5）不倒闸操作，单项开锁检查或试验停电检修的设备时。

（4）执行计划操作任务时，因微机防误装置模拟盘或微机防误装置系统检修不能正常使用时。要求解锁（使用万能钥匙等）操作时，应由当班值长提出书面申请，发电部主任审核，防误专责人到现场核实无误，确认需要解锁操作，经防误专责人同意并签字后，方可解锁操作，操作时设第二监护人。

（5）防误装置异常或电气设备出现异常需要紧急解锁（使用万能钥匙等）操作，发电部主任及防误专责人又不能及时到现场时，由当班值长口头（电话）提出申请，发电部主任及防误专责人询问审核，确认需要解锁操作，经防误专责人口头（电话）同意后，方可解锁操作，操作时设第二监护人，口头（电话）申请过程必须录音。

（6）若遇危及人身、电网和设备安全等紧急情况需要立即解锁操作，可由当值值长下令紧急使用解锁工具（万能钥匙）进行操作，操作时设第二监护人。操作后及时汇报发电部主任及防误专责人。

（7）解锁（使用万能钥匙等）操作，更要严格执行有关倒闸操作的各项管理规定，第二监护人必须到位进行监护。没有第二监护人不可操作。

（8）万能钥匙的使用必须在专用记录内记录，记录使用原因、日期、时间、使用者、批准人姓名，防误专责人定期在记录上签署意见。

（9）为了安全管理，装万能钥匙的盒子在运行值班现场不备有开盒钥匙。通常情况下，经批准后取用万能钥匙，由发电部主任或其他管理人员开锁拿出万能钥匙使用。紧急使用时，经批准采用撬锁或砸锁的方法取出钥匙使用。每次砸锁使用万能钥匙后必须及时更换新的盒子和锁具。

（10）备用万能钥匙存放在发电部专工室内，锁放在资料柜内，仅供紧急时备用（使用时执行万能钥匙的使用管理规定）。

（11）主副电脑钥匙正常分别存放在主副充电座内并保持充饱状态。

【思考与练习】

1. 防误闭锁装置主要实现哪五防功能？

2. 正常情况下，严禁解锁（使用万能钥匙等）操作。在哪些情况下请示有关领导批准后方可进行解锁（使用万能钥匙等）操作？

▲ 模块 3 单母线倒闸操作（Z49H7003）

【**模块描述**】本模块介绍单母线倒闸操作规定。通过原理讲解和案例分析，掌握单母线分段接线特点及使用范围、单母线倒闸操作一般规定、单母线倒闸操作顺序、单母线倒闸操作票与危险点预控票、单母线倒闸操作注意事项。

【**模块内容**】

一、单母线分段接线特点及使用范围

出线回路数增多时，可用断路器将母线分段，成为单母线分段接线。根据电源的数目和功率，母线可分为 2～3 段。段数分得越多，故障时停电范围越小，但使用的断路器数量越多，其配电装置和运行也就越复杂，所需费用就越高。

（一）单母线分段接线的优点

母线分段后，可提高供电的可靠性和灵活性。在正常运行时，可以接通也可以断开运行，如图 4-7-3-1 所示。当分段断路器 30QF 接通运行时，任一段母线发生短路故障时，在继电保护作用下，分段断路器 30QF 和接在故障段上的电源回路断路器便自动断开。这时非故障段母线可以继续运行，缩小了母线故障的停电范围。当分段断路器断开运行时，分段断路器除装有继电保护装置外，还应装有备用电源自动投入装置，分段断路器断开运行，有利于限制短路电流。

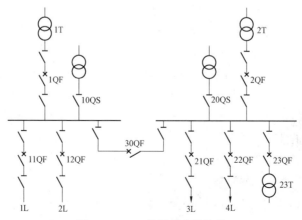

图 4-7-3-1 单母线分段接线

对重要用户，可以采用双回路供电，即从不同段上分别引出馈电线路，由两个电源供电，以保证供电可靠性。

（二）单母线分段接线的缺点

（1）当一段母线或母线隔离开关故障或检修时，必须断开接在该分段上的全部电源和出线，这样就减少了系统的发电量，并使该段单回路供电的用户停电。

（2）任一出线断路器检修时，该回路必须停止工作。

单母线分段接线，虽然较单母线接线提高了供电可靠性和灵活性，但当电源容量较大和出线数目较多，尤其是单回路供电的用户较多时，其缺点更加突出。因此，一般认为单母线分段接线应用在 6～10kV，出线在 6 回及以上时，每段所接容量不宜超过 25MW；用于 35～66kV 时，出线回路不宜超过 8 回；用于 110～220kV 时，出线回路不宜超过 4 回。

在可靠性要求不高时，或者在工程分期实施时，为了降低设备费用，也可使用一组或两组隔离开关进行分段，任一段母线故障时，将造成两段母线同时停电，在判别故障后，拉开分段隔离开关，完好段即可恢复供电。

二、单母线倒闸操作一般规定

（1）母线停电时，应先拉出线断路器，再拉开电源断路器。送电时的顺序与此相反。

（2）拉开分段断路器两侧隔离开关时，应先拉开停电母线侧隔离开关，后拉开带电母线侧隔离开关，送电时相反。

（3）停电时母线所接电压互感器的操作应在拉开分段断路器后进行，送电时与此相反，尽量不带电操作。对于可能产生谐振的采用不同的操作方法，停电时先停用电压互感器，送电时后送电压互感器。

（4）给空母线充电时尽量要用分段和变压器断路器，并且保护要投入。向母线充电时，应注意防止出现铁磁谐振或因母线三相对地电容不平衡而产生的过电压。

（5）分段断路器检修时，两段母线不能并列运行，当两母线接有双回线并配有双回线保护时，应停用该保护。

（6）线路接地应按调度命令进行。母线自行装设。

1）长度不超过 10m 的各母线段（两侧均用隔离开关明显间隔开），其上分别挂一组接地线。该范围内的设备直接连接，母线隔离开关侧不必再挂接地线。

2）对用隔离开关分段的母线，带电母线与检修母线之间，应在该检修侧隔离开关处施以接地，泄放感应电荷。

3）为保证接地线在突然来电时可靠地作用于短路，使电源断路器分闸，接地线与检修部分之间不能连有熔断器，以防止发生断路时使检修部分被孤立，失去保护。

三、单母线倒闸操作顺序

1. 母线由运行转检修

（1）拉开该母线线路断路器。

（2）拉开该母线主变压器母线侧断路器。

（3）拉开母线分段断路器。

（4）拉开该母线电压互感器二次。

（5）拉开该母线电压互感器一次隔离开关。

（6）拉开该母线线路断路器母线侧隔离开关。

（7）拉开该母线变压器断路器母线侧隔离开关。

（8）拉开母线分段断路器两侧隔离开关。

（9）检修母线装设接地线。

2. 母线由检修转运行

（1）拆除母线装设接地线。

（2）合上该母线变压器断路器母线侧隔离开关。

（3）合上该母线线路断路器母线侧隔离开关。

（4）合上母线分段断路器两侧隔离开关。

（5）合上该母线电压互感器一次隔离开关。

（6）合上该母线电压互感器二次。

（7）合上母线分段断路器。

（8）合上该母线主变压器母线侧断路器。

（9）合上该母线线路断路器。

四、填写单母线倒闸操作票与危险点预控票

66kVⅡ段母线及联络30QF断路器由运行转检修措施

（1）合上1号主变压器中压侧1QF断路器。

（2）检查1号主变压器中压侧1QF断路器三相电流表计指示正确。

（3）检查1号主变压器中压侧1QF断路器三相在合位（监控系统显示在合位、现场机械位置指示在合位）。

（4）拉开2号主变压器中压侧2QF断路器。

（5）检查2号主变压器中压侧2QF断路器三相在开位（监控系统显示在开位、现场机械位置指示在分位）。

（6）联系调度。

（7）拉开3号线21QF断路器。

（8）检查3号线21QF断路器三相在开位（监控系统显示在开位、现场机械位置

指示在开位）。

（9）拉开 4 号线 22QF 断路器。

（10）检查 4 号线 22QF 断路器三相在开位（监控系统显示在开位、现场机械位置指示在开位）。

（11）拉开 23 号近区变压器低压 423T 断路器。

（12）检查 23 号近区变压器低压 423T 断路器三相在开位（监控系统显示在开位、现场机械位置指示在开位）。

（13）拉开 23 号近区变压器高压 23QF 断路器。

（14）检查 23 号近区变压器高压 23QF 断路器三相在开位（监控系统显示在开位、现场机械位置指示在开位）。

（15）拉开母线联络 30QF 断路器。

（16）检查母线联络 30QF 断路器三相在开位（监控系统显示在开位、现场机械位置指示在开位）。

（17）检查 3 号线 21QF 断路器三相在开位（监控系统显示在开位、现场机械位置指示在开位）。

（18）取下 3 号线 21QF 断路器合闸直流熔断器 FU。

（19）拉开 3 号线 21 甲 QS 隔离开关。

（20）检查 3 号线 21 甲 QS 隔离开关三相在开位。

（21）检查 3 号线 21 甲 QS 隔离开关电动电源 QK 开关在开位。

（22）拉开 3 号线 21 乙 QS 隔离开关。

（23）检查 3 号线 21 乙 QS 隔离开关三相在开位。

（24）检查 3 号线 21 乙 QS 隔离开关电动电源 QK 开关在开位。

（25）取下 3 号线线路电压抽取熔断器 FU。

（26）在 3 号线 21 甲接地开关静触头上三相验电，确无电压。

（27）合上 3 号线 21 甲接地开关。

（28）检查 3 号线 21 甲接地开关三相在合位。

（29）检查 3 号线 21 甲接地开关电动电源 QK 开关在开位。

（30）在 3 号线 21 乙接地开关静触指上三相验电，确无电压。

（31）合上 3 号线 21 乙接地开关。

（32）检查 3 号线 21 乙接地开关三相在合位。

（33）检查 3 号线 21 乙接地开关电动电源 QK 开关在开位。

（34）检查 4 号线 22 断路器三相在开位（监控系统显示在开位、现场机械位置指示在开位）。

（35）取下 4 号线 22QF 断路器合闸熔断器 FU。

（36）拉开 4 号线 22 甲 QS 隔离开关。

（37）检查 4 号线 22 甲 QS 隔离开关三相在开位。

（38）拉开 4 号线 22 乙 QS 隔离开关。

（39）检查 4 号线 22 乙 QS 隔离开关三相在开位。

（40）取下 4 号线线路电压抽取熔断器FU。

（41）在 4 号线 22 甲接地开关静触头上三相验电，确无电压。

（42）合上 4 号线 22 甲接地开关。

（43）检查 4 号线 22 甲接地开关三相在合位。

（44）在 4 号线 22 乙接地开关静触头上三相验电，确无电压。

（45）合上 4 号线 22 乙接地开关。

（46）检查 4 号线 22 乙接地开关三相在合位。

（47）检查 2 号主变压器中压侧 2QF 断路器三相在开位（监控系统显示在开位、现场机械位置指示在开位）。

（48）取下 2 号主变压器中压侧 2QF 断路器合闸直流熔断器 FU。

（49）拉开 2 号主变压器中压侧 2 甲 QS 隔离开关。

（50）检查 2 号主变压器中压侧 2 甲隔离开关三相在开位。

（51）检查 2 号主变压器中压侧 2 甲隔离开关电动操作电源 QK 开关在开位。

（52）拉开 2 号主变压器中压侧 2 乙 QS 隔离开关。

（53）检查 2 号主变压器中压侧 2 乙 QS 隔离开关三相在开位。

（54）检查 2 号主变压器中压 2 乙 QS 隔离开关电动操作电源 QK 开关在开位。

（55）在 2 号主变压器中压侧 2 乙接地开关静触头上三相验电，确无电压。

（56）合上 2 号主变压器中压侧 2 乙接地开关。

（57）检查 2 号主变压器中压侧 2 乙接地开关三相在合位。

（58）检查 2 号主变压器中压侧 2 乙接地开关电动操作电源 QK 开关在开位。

（59）在 2 号主变压器中压侧 2 甲接地开关静触头上三相验电，确无电压。

（60）合上 2 号主变压器中压侧 2 甲接地开关。

（61）检查 2 号主变压器中压侧 2 甲接地开关三相在合位。

（62）检查 2 号主变压器中压侧 2 甲接地开关电动操作电源 QK 开关在开位。

（63）检查 23 号近区变压器高压 4023QF 断路器三相在开位（监控系统显示在开位、现场机械位置指示在开位）。

（64）拉开 23 号近区变压器高压 23 乙 QS 隔离开关。

（65）检查 23 号近区变压器高压 23 乙 QS 隔离开关三相在分位。

（66）检查母线联络 30QF 断路器三相在开位（监控系统显示在开位、现场机械位置指示在开位）。

（67）取下母线联络 30QF 断路器合闸直流熔断器 FU。

（68）拉开母线联络 30 甲 QS 隔离开关。

（69）检查母线联络 30 甲 QS 隔离开关三相在开位。

（70）拉开母线联络 30 乙 QS 隔离开关。

（71）检查母线联络 30 乙 QS 隔离开关三相在开位。

（72）在母线联络 30 乙接地开关静触头上三相验电，确无电压。

（73）合上母线联络 30 乙 QS 接地开关。

（74）检查母线联络 30 乙接地开关三相在合位。

（75）在母线联络 30 甲接地开关静触头上三相验电，确无电压。

（76）合上母线联络 30 甲接地开关。

（77）检查母线联络 30 甲接地开关三相在合位。

（78）取下 66kV 母线电压互感器二次熔断器 FU。

（79）拉开 66kV 母线电压互感器 20QS 隔离开关。

（80）检查 66kV 母线电压互感器 20QS 隔离开关三相在开位。

（81）检查 66kV 母线无元件。

（82）在 66kV 母线 20 接地开关静触头上三相验电，确无电压。

（83）合上 66kV 母线 20 接地开关。

（84）检查 50Hz66kV 母线 20 接地开关三相在合位。

（85）在 66kV 母线电压互感器 20 接地开关静触头上三相验电，确无电压。

（86）合上 66kV 母线电压互感器 20 接地开关。

（87）检查 66kV 母线电压互感器 20 接地开关三相在合位。

（88）退出 V 7 盘三号线重合闸保护引出连接片 XB。

（89）退出 V 7 盘三号线一段速断保护连接片 1XB。

（90）退出 V 7 盘三号线二段速断保护连接片 2XB。

（91）退出 V 7 盘三号线过电流保护连接片 3XB。

（92）退出 V 7 盘三号线保护总出口连接片 XB。

（93）拉开三号线保护直流自动空气断路器 QA。

（94）拉开三号线信号直流 QK。

（95）拉开三号线隔离开关锁锭电源 QK。

（96）拉开 66kV 母线保护直流自动空气断路器 QK。

（97）拉开 66kV 母线信号直流 QK。

（98）全面检查。

（99）汇报发令人。

五、单母线倒闸操作注意事项

（1）各组母线上电源与负荷分布合理。

（2）为避免在向带有电磁式电压互感器的空母线充电时，因断路器触头间的并联电容与电压互感器感抗形成串联谐振，必须投入空载线路，或拉开充电断路器后重新充电，谐振就可能消失。

（3）进行母线倒闸操作，操作前要做好事故预想，防止因操作中出现异常，如隔离开关支持绝缘子断裂等情况而引起事故的扩大。

（4）一次结线与电压互感器二次负载对应。

（5）一次结线与保护二次交直流回路对应。

【思考与练习】

1. 单母线分段接线的缺点有哪些？

2. 单母线倒闸操作注意事项有哪些？

▲ 模块 4　双母线倒闸操作（Z49H7004）

【模块描述】本模块介绍双母线带旁路倒闸操作规定。通过原理讲解和案例分析，掌握双母线倒闸操作一般规定、双母线倒闸操作顺序、双母线倒闸操作票与危险点预控票、双母线倒闸操作注意事项。

【模块内容】

一、双母线分段接线特点及使用范围

双母线接线就是将工作线、电源线和出线通过一台断路器和两组隔离开关连接到两组（一次/二次）母线上，且两组母线都是工作线，而每一回路都可通过母线联络断路器并列运行，如图 4-7-4-1 所示。

与单母线相比，它的优点是供电可靠性大，可以轮流检修母线而不使供电中断，当一组母线故障时，只要将故障母线上的回路倒换到另一组母线，就可迅速恢复供电，另外还具有调度、扩建、检修方便的优点；其缺点是每一回路都增加了一组隔离开关，使配电装置的构架及占地面积、投资费用都相应增加；同时由于配电装置复杂，在改变运行方式倒闸操作时容易发生误操作，且不宜实现自动化；尤其当母线故障时，须短时切除较多的电源和线路，这对特别重要的大型发电厂和变电站是不允许的。

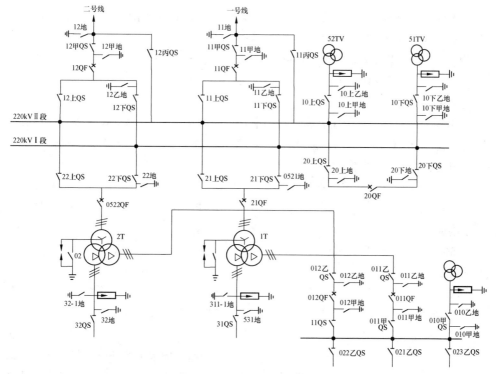

图 4-7-4-1 双母线接线图

二、双母线倒闸操作一般规定

（1）母线操作时，应根据继电保护的要求调整母线差动保护运行方式。（倒母线操作应将母差保护的选择元件退出，即投入互联连接片）

（2）倒母线必须取下母联断路器控制熔断器，应将母联断路器设置为死断路器。保证母线隔离开关在并、解时满足等电位操作的要求。

（3）在母线隔离开关的拉、合过程中，如可能发生较大弧光时，应依次先合靠母联断路器最近的母线隔离开关，拉闸的顺序则与其相反。

（4）运行设备倒母线操作时，母线隔离开关必须按"先合后拉"的原则进行。

（5）在停母线电压互感器操作时，应先断开电压互感器二次空气断路器或熔断器，再拉开一次隔离开关。

（6）母联断路器停电，应按照断开母联断路器、拉开停电母线侧隔离开关、拉开运行母线侧隔离开关的顺序进行操作。复电时按相反的顺序进行操作。

（7）对母线充电的操作，一般情况下应带电压互感器直接进行充电操作。可能发生谐振的除外。

（8）仅进行热备用间隔设备的倒母线操作时，应先将该间隔隔离开关操作到冷备用状态，然后再操作到另一组运行母线热备用。

（9）拉母联断路器前，母联断路器的电流表应指示为零。应检查母线隔离开关辅助触点、位置指示器切换正常。防止"漏"倒设备或从母线电压互感器二次侧反充电，引起事故。

（10）对于母联断路器带有断口均压电容，并可能与母线电磁式电压互感器构成谐振的，进行母线停电操作时，应先停母线电压互感器，再操作断开母联断路器。复电时按相反的顺序进行操作。

（11）退出某保护功能连接片时，应先退出出口连接片，再退出功能连接片（或切换开关）。投入某保护功能连接片时，应先投入功能连接片（或切换开关），再投入出口连接片。

（12）用母联断路器对母线充电时，应投入母联断路器充电保护，充电正常后退出充电保护。

（13）对于双母线接线，用隔离开关辅助触点作为电压回路和电流回路切换的，合上、拉开隔离开关后，应检查电压回路和电流回路切换正确。

三、双母线接线倒母线操作顺序

（1）双母线接线的倒母线操作前应停用母联断路器控制电源并检查母联断路器确在合闸位置，防止操作中母联断路器突然断开破坏等电位条件后造成带负荷拉合隔离开关。

（2）双母线接线倒母线操作前应投入母差保护的手动互联回路，使母差保护按照无选择方式投入，确保在倒母线操作过程中发生故障母差保护可以将全部单元切除，操作完毕后停用手动互联回路。

（3）双母线接线倒母线操作时，应首先合上运行母线隔离开关，再拉开原运行母线隔离开关，防止造成带负荷拉隔离开关。倒换操作过程中应同时切换电压回路及相应的保护回路，如电能表电压开关、电压切换连接片、低频低压减载装置电压开关等。倒换操作后必须检查母差保护盘相应隔离开关切换指示正确，防止因二次切换不良引起母差保护不正确动作。

（4）双母线接线的一段母线停电前，应停用可能误动的保护和自动装置，如停用母差保护相应母线的电压闭锁回路、停用故障录波器相应母线的电压启动回路。母线恢复正常方式后将保护及自动装置按照正常方式投入。

（5）双母线接线的一段母线停电，拉开母联断路器前应检查母联电流指示为零，防止误切负荷。拉开母联断路器后应立即检查母线电压指示正确。

（6）单母线接线的一段母线停电前，应首先将母线上所有设备单元（线路、站用变压器、电容器）停电后，再根据运行方式利用分段断路器或变压器断路器将母线停电。

（7）一段母线停电前应检查两段母线电压互感器二次并列开关确在断开位置，防止运行母线电压二次回路向停电母线返送电。母线停电后应取下母线电压互感器二次熔断器或断开二次开关。

（8）母线停电后，根据检修任务在母线上装设接地线或合上接地开关。电压互感器本身有工作，应在电压互感器上装设接地线或合上接地开关。

（9）母线检修后送电前应检查母线上所有检修过的母线隔离开关确在断开位置，防止向其他设备误充电。

（10）双母线接线的利用母联断路器向一段母线充电前应投入母线充电保护，充电良好后立即将充电保护停用，防止双母线运行中充电保护误动。单母线分段的利用分段断路器向一段母线充电前，应投入分段断路器保护及变压器跳分段断路器的连接片，充电良好后立即停用，防止运行中分段断路器保护误动。

四、母线检修操作步骤

1. 母线由运行转为冷备用的主要操作步骤

（1）投入母差保护屏的互联连接片。

（2）取下母联断路器的操作电源熔断器。

（3）检查母联断路器在合位。

（4）检查不需停电的一组母线侧隔离开关在合上位置。

（5）合上负荷线路（及主变压器）不需停电的一组母线侧隔离开关。

（6）检查负荷线路（及主变压器）不需停电的母线侧隔离开关在合上位置。

（7）检查所有线路（及主变压器）不需停电的一组母线侧隔离开关的辅助触点用作电压回路的切换正确。（如不拉开隔离开关不能检查电压回路的切换正确，拉开隔离开关后检查）

（8）拉开线路（及主变压器）需停电的一组母线侧隔离开关。

（9）检查需停电的一组母线侧隔离开关在拉开位置。

（10）合上（装上）母联断路器的操作电源空气断路器（熔断器）。

（11）检查母联断路器电流为零。

（12）拉开母联断路器。

（13）检查母联断路器在分闸位置。

（14）拉开母联断路器停电母线侧隔离开关。

（15）拉开母联断路器运行母线侧隔离开关。

（16）拉开（取下）母联断路器的操作电源空气断路器（熔断器）。

（17）拉开停电母线上的电压互感器二次空气断路器。

（18）拉开停电母线上的电压互感器一次隔离开关。

注意：检查隔离开关的辅助触点作为判断电流回路和电压回路的切换是否正常的工作，也可以在每操作完一组隔离开关之后就进行检查。

2. 停电母线由冷备用转为原方式运行的主要操作步骤

（1）合上停电母线上的电压互感器一次隔离开关。

（2）检查停电母线上的电压互感器一次隔离开关在合上位置。

（3）在确认停电电压互感器的二次与运行的电压互感器的二次电压回路完全隔离的情况下，合上停电母线上的电压互感器二次空气断路器。

（4）合上（装上）母联断路器的操作电源空气断路器（熔断器）。

（5）检查母联断路器在分闸位置。

（6）合上母联断路器运行母线侧隔离开关。

（7）检查母联断路器运行母线侧隔离开关在合上位置。

（8）合上母联断路器停电母线侧隔离开关。

（9）检查母联断路器停电母线侧隔离开在合上位置。

（10）投入母联断路器的充电保护连接片。

（11）合上母联断路器。

（12）检查母联断路器在合闸位置。

（13）检查复电的母线充电正常，母线电压指示正常。

（14）退出母联断路器的充电保护连接片。

（15）将母差保护改为非选择性方式（如投入母差保护屏的互联连接片）。

（16）拉开（取下）母联断路器的操作电源空气断路器（熔断器）。

（17）按原运行方式合上负荷线路（及主变压器）需转移的复电母线侧隔离开关。

（18）按每合上一负荷线路（及主变压器）需转移的复电母线侧隔离开关，即检查其在合上位置，逐一检查需转移的复电母线侧隔离开关在合上位置。

（19）检查所有负荷线路（及主变压器）需转移的复电母线侧隔离开关的辅助触点用作电流回路和电压回路的切换正确。

（20）按原运行方式拉开负荷线路（及主变压器）需转移的母线侧隔离开关。

（21）按每拉开一负荷线路（及主变压器）需转移的母线侧隔离开关，即检查其在拉开位置，逐一检查需转移的母线侧隔离开关在拉开位置。

（22）检查所有负荷线路（及主变压器）需转移的母线侧隔离开关的辅助触点用作电流回路和电压回路的切换正确。

（23）合上（装上）母联断路器的操作电源空气断路器（熔断器）。

（24）将母差保护改为选择性方式（如退出母差保护屏的互联连接片）。

注意：检查隔离开关的辅助触点作为判断电流回路和电压回路的切换是否正常地工作，也可以在每操作完一组隔离开关之后就进行检查。

五、双母线倒闸操作票实例

220kV 上母线由运行转检修见图 4-7-4-1。

（1）联系调度。

（2）投入Ⅲ7盘 220kV 母线保护连接片 XB。

（3）检查监控系统 AGC 的系统电压取自"Ⅱ母电压"。

（4）拉开 220kV 母联保护直流自动空气断路器 Q。

（5）检查 220kV 母联 20 断路器三相在合位（监控系统显示在合位，现场机械位置指示在合位）。

（6）检查 2 号主变压器高压侧 22 上 QS 隔离开关三相在合位。

（7）合上 2 号主变压器高压侧 22 下 QS 隔离开关。

（8）检查 2 号主变压器高压侧 22 下 QS 隔离开关三相在合位。

（9）检查 2 号主变压器高压侧 22 下 QS 隔离开关电动操作电源 HD 开关在开位。

（10）检查 2 号线 12 上 QS 隔离开关三相在合位。

（11）合上 2 号线 12 下 QS 隔离开关。

（12）检查 2 号线 12 下 QS 隔离开关三相在合位。

（13）检查 2 号线 12 下 QS 隔离开关电动操作电源 HD 开关在开位。

（14）检查Ⅲ5盘 2 号线辅助微机保护盘"L1"灯亮

（15）拉开 2 号线 12 上 QS 隔离开关。

（16）检查 2 号线 12 上 QS 隔离开关三相在开位。

（17）检查 2 号线 12 上 QS 隔离开关电动操作电源 HD 开关三相在开位。

（18）拉开 2 号主变压器高压侧 22 上 QS 隔离开关。

（19）检查 2 号主变压器高压侧 22 上 QS 隔离开关三相在开位。

（20）检查 2 号主变压器高压侧 22 上 QS 隔离开关电动操作电源 HR 开关三相在开位。

（21）检查 2 号主变压器微机保护"Ⅰ母运行"灯亮。

（22）检查 1 号主变压器高压侧 21 上 QS 隔离开关三相在开位。

（23）检查 1 号线 11 上 QS 隔离开关三相在开位。

（24）检查 1 号线旁路 11 丙 QS 隔离开关三相在开位

（25）检查 2 号线旁路 12 丙 QS 隔离开关三相在开位。

（26）取下 220kV 上母线电压互感器二次熔断器 FU。

（27）拉开 220kV 上母线电压互感器 10 上 QS 隔离开关。

（28）检查 220kV 上母线电压互感器 10 上 QS 隔离开关三相在开位。

（29）检查 220kV 上母线电压互感器 10 上 QS 隔离开关电动操作电源 HD 开关三相在开位。

（30）检查 220kV 上母线无元件。

（31）合上 220kV 母联保护直流自动空气断路器 Q。

（32）联系调度。

（33）拉开 220kV 母联 20QS 断路器。

（34）检查 220kV 母联 20QS 断路器三相在开位。（监控系统显示在开位，现场机械位置指示在开位）

（35）拉开 220kV 母联 20 上 QS 隔离开关。

（36）检查 220kV 母联 20 上 QS 隔离开关三相在开位。

（37）检查 220kV 母联 20 上 QS 隔离开关电动操作电源 HD 开关在开位。

（38）拉开 220kV 母联 20 下 QS 隔离开关。

（39）检查 220kV 母联 20 下 QS 隔离开关三相在开位。

（40）检查 220kV 母联 20 下 QS 隔离开关电动操作电源 HD 开关在开位。

（41）在 220kV 母联 20 下接地开关静触头上三相验电，确无电压。

（42）合上 220kV 母联 20 下接地开关。

（43）检查 220kV 母联 20 下接地开关三相在合位。

（44）在 220kV 母联 20 上接地开关静触头上三相验电，确无电压。

（45）合上 220kV 母联 20 上接地开关。

（46）检查 220kV 母联 20 上接地开关三相在合位。

（47）在 220kV 上母线 10 上甲接地开关静触头上三相验电，确无电压。

（48）合上 220kV 上母线 10 上甲接地开关。

（49）检查 220kV 上母线 10 上甲接地开关三相在合位。

（50）在 220kV 上母线电压互感器 10 上乙接地开关静触头上三相验电，确无电压。

（51）合上 220kV 上母线电压互感器 10 上乙接地开关。

（52）检查 220kV 上母线电压互感器 10 上乙接地开关三相在合位。

（53）退出Ⅲ7 盘 220kV 母差保护引出跳 20QS 断路器连接片 XB11。

（54）检查Ⅲ7 盘 220kV 母线保护母联旁路失灵启动连接片 XB51 在退出。

（55）检查Ⅲ9 盘 220kV 母联微机保护辅助盘充电保护分闸连接片 8XB1 在退出。

（56）检查Ⅲ9 盘 220kV 母联微机保护辅助盘充电保护分闸连接片 8XB4 在退出。

（57）检查Ⅲ9 盘 220kV 母联微机保护辅助盘旁路启动失灵连接片 XB1 在退出。

（58）检查Ⅲ10 盘 220kV 母联微机保护 A 相分闸引出连接片 1XB1 在退出。

（59）检查Ⅲ10 盘 220kV 母联微机保护 B 相分闸引出连接片 1XB2 在退出。

（60）检查Ⅲ10 盘 220kV 母联微机保护 C 相分闸引出连接片 1XB3 在退出。

（61）检查Ⅲ10 盘 220kV 母联微机保护三相分闸引出连接片 1XB10 在退出。

（62）检查Ⅲ10 盘 220kV 母联微机保护旁路启动失灵连接片 1XB9 在退出。

（63）拉开 220kV 上母线电压互感器保护直流 1QK。

（64）拉开 220kV 上母线电压互感器信号直流 2QK。

（65）拉开 220kV 母联保护直流自动空气断路器 Q。

（66）拉开 220kV 母联隔离开关锁锭电源 QK。

（67）通知继电班，退出 220kV 母联参与 220kV 母差保护电流互感器 2TV。

（68）全面检查。

（69）汇报发令人。

六、双母线倒闸操作注意事项

1. 母线停电的注意事项

双母线接线中当停用一组母线时，要防止另一组运行母线电压互感器二次倒充停用母线而引起次级熔断器熔断或自动开关断开使继电保护失压引起误动作。在倒母线后，应先拉开空出母线上电压互感器次级开关，后拉开母联断路器，再拉开空出母线上电压互感器一次隔离开关。

拉开母联断路器（母线失电）前，必须做到以下几点：

（1）对停电的母线再检查一次，检查母联电流表指示为零，确保停用母线上隔离开关已全部断开，防止因漏倒而引起停电事故。

（2）如母联断路器设有断口均压电容的，为了避免拉开母联断路器后，可能与该母线电压互感器的电感产生串联谐振而引起过电压，宜先停用电压互感器（破坏构成谐振的条件），再拉开母联断路器；复役时相反。如果是电容式电压互感器便可先停母线后停电压互感器。

2. 母线送电的注意事项

（1）向母线充电，应使用具有反映各种故障类型的速动保护的断路器进行。在母线充电前，为防止充电至故障母线可能造成系统失稳，必要时先降低有关线路的潮流。

（2）用变压器向 220、110kV 母线充电时，变压器中性点必须接地。

（3）向母线充电时，应注意防止出现铁磁谐振或因母线三相对地电容不平衡而产生的过电压。

3. 进行倒母线操作时的注意事项

（1）母联断路器应改非自动。

（2）母差保护不得停用并应做好相应调整。

（3）各组母线上电源与负荷分布的合理性。

（4）一次结线与电压互感器二次负载是否对应。

（5）一次结线与保护二次交直流回路是否对应。

4. 母线电压互感器操作注意事项

（1）双母线并列运行时，当一组电压互感器需单独停用时，如该母线上仍有断路器运行，则在另一组电压互感器容量足够的前提下，可将两组电压互感器二次并列。但停用电压互感器的二次自动开关必须停用。

（2）母线电压互感器检修后或新投前，必须先"核相"，以免由于相位错误，而使两母线电压互感器二次并列时引起短路。

（3）母线电压互感器停运后，其不能切换至其他母线的负载并失电，此时应注意：操作前运行人员应将相应母线的电容器开关操作至分闸状态，将所在母线的线路低周减载保护停用，将故障录波器相关回路停用，但备投、距离保护等装置的停用应在调度命令下执行。

5. 倒母线操作注意事项

（1）应将母线保护的选择元件退出（破坏方式），避免在转移电路的过程中，可能因某种原因造成母联断路器误分闸而引起事故。

（2）倒母线操作时，母联断路器应合上，并取下母联断路器的控制熔断器，这是保证倒母线操作过程中母线隔离开关等电位和防止母联断路器在倒母线过程中自动分闸而引起带负荷拉、合隔离开关的重要技术措施。

（3）倒母线操作中母线隔离开关的操作有两种方法：其一是合上一组备用的母线隔离开关之后，就立即拉开相应一组工作的母线隔离开关；其二是先合上所要操作的全部备用的母线隔离开关之后，再拉开全部工作的母线隔离开关。选用哪一种操作方法，各变电站可视具体情况，本着安全、方便的原则而定。

（4）注意母差保护运行方式的改变。倒母线完毕后，根据运方确定母差工作方式。

（5）倒母线操作时必须考虑各组母线上电源与负荷分布是否合理，尽量限制通过母联断路器的潮流在规定的允许范围内。

（6）尽量避免在母差保护停用时进行母线侧隔离开关的操作

七、双母线侧路送电原则

线路断路器出现故障而不能正常操作时，或线路保护故障或更换，具有母联兼旁路断路器的厂、站，可以采用旁路代出线方式，使故障断路器脱离电网（注意停用并联断路器的直流操作电源）；用母联断路器串带故障断路器，故障断路器加锁；然后拉开对侧断路器和本侧母联断路器，使故障断路器停电。

如果线路不允许停电,有经侧路隔离开关或跨接线方式,将故障断路器退出运行。以下以有侧路隔离开关为例。

（一）母差为固定连接方式的母线保护侧路送电原则

1. 线路由本线路改至侧路送电原则

（1）母差保护入"非选择"。

（2）拉开母联断路器操作直流,将上母线所有元件倒至下母线。

（3）合上母联断路器操作直流,拉开母联断路器(上母线停电)。

（4）合上被带线路侧路隔离开关(上母线充电)。

（5）投入母联断路器保护与被带线路断路器保护相同。

（6）母线差动保护电流回路改线。

（7）将被带线路切换高频保护改至侧路位置。

（8）合上母联断路器。

（9）拉开被带线路断路器。

（10）被带线路断路器做检修措施。

2. 线路由侧路改至本线路送电原则

（1）投入被带线路断路器保护。

（2）将被带线路隔离开关恢复至下母线位置。

（3）合上被带线路断路器。

（4）将被带线路切换高频保护改至本线路位置。

（5）拉开母联断路器,拉开被带线路侧路隔离开关(上母线停电)。

（6）母线差动保护电流回路改线。

（7）合上母联断路器(上母线充电)。

（8）拉开母联断路器操作直流,220kV 母线恢复固定连接。

（9）退出母联断路器保护。

（10）合上母联断路器操作直流,母线差动保护入"有选择"。

（二）比率式母差保护线路侧路送电原则

1. 线路由本线路改至侧路送电原则

（1）母差保护互联连接片投入。

（2）拉开母联断路器操作直流,倒系统至只有被带线路在上母线。

（3）合上母联断路器操作直流,投入母联断路器保护与被带线路断路器保护相同。

（4）母差保护互联连接片退出。

（5）退出第一套纵联(切换)保护。

（6）将被带线路第一套纵联(切换)保护改至侧路位置。

（7）投入第一套纵联（切换）保护，退出第二套纵联（本线）保护。

（8）拉开被带线路断路器操作直流，合上侧路隔离开关。

（9）合上被带线路断路器操作直流，拉开被带线路断路器。

（10）被带线路断路器做检修措施。

2. 线路由侧路改至本线路送电原则

（1）投入被带线路断路器保护。

（2）将被带线路隔离开关恢复至上母线位置。

（3）合上被带线路断路器。

（4）拉开被带线路断路器操作直流，拉开被带线路侧路隔离开关。

（5）合上被带线路断路器操作直流。

（6）投入第二套纵联（本线）保护，退出第一套纵联（切换）保护。

（7）将被带线路第一套纵联（切换）保护改至本线位置。

（8）投入第一套纵联（切换）保护。

（9）母差保护互联连接片投入。

（10）拉开母联断路器操作直流，220kV 母线恢复固定连接。

（11）退出母联断路器保护，合上母联断路器操作直流。

（12）母差保护互联连接片退出。

（三）双母线线路侧路送电倒闸操作票实例（220kV 一号线由运行转检修）

（1）联系调度。

（2）投入Ⅲ7 盘 220kV 母线保护互联连接片。

（3）检查监控系统中 AGC 系统电压取自"Ⅱ母频率"。

（4）拉开 220kV 母联 20QF 断路器保护直流自动空气断路器 Q。

（5）检查 220kV 母联 20QF 断路器三相六氟化硫气体压力正常。

（6）检查 220kV 母联 20QF 断路器三相储能正常。

（7）检查 220kV 母联 20QF 断路器三相在合位。（监控系统显示在合位，现场机械位置指示在合位）

（8）检查 2 号主变压器高压侧 22 上 QS 隔离开关三相在合位。

（9）合上 2 号主变压器高压侧 22 下 QS 隔离开关。

（10）检查 2 号主变压器高压侧 22 下 QS 隔离开关三相在合位。

（11）检查 2 号主变压器高压侧 22 下 QS 隔离开关电动操作电源开关三相在开位。

（12）检查 2 号线 12 上隔离开关三相在合位。

（13）合上 2 号线 12 下隔离开关。

（14）检查 2 号线 12 下隔离开关三相在合位。

（15）检查 2 号线 12 下 QS 隔离开关电动操作电源 QK 开关三相在开位。

（16）检查 2 号线微机保护辅助屏"L1"灯亮。

（17）拉开 2 号线 12 上 QS 隔离开关。

（18）检查 2 号线 12 上 QS 隔离开关三相在开位。

（19）检查 2 号线 12 上 QS 隔离开关电动操作电源 QK 开关三相在开位。

（20）拉开 2 号主变压器高压侧 22 上 QS 隔离开关。

（21）检查 2 号主变压器高压侧 22 上 QS 隔离开关三相在开位。

（22）检查 2 号主变压器高压侧 22 上 QS 隔离开关电动操作电源 QK 开关三相在开位。

（23）检查 2 号主变压器微机保护装置"Ⅰ母运行"灯亮。

（24）检查 1 号主变压器高压侧 21 上 QS 隔离开关三相在开位。

（25）检查 1 号线 11 下 QS 隔离开关三相在合位。

（26）合上 1 号线 11 上 QS 隔离开关。

（27）检查 1 号线 11 上 QS 隔离开关三相在合位。

（28）检查 1 号线 11 上 QS 隔离开关电动操作电源 QK 开关三相在开位。

（29）检查 1 号线微机保护辅助屏"L2"灯亮。

（30）拉开 1 号线 11 下 QS 隔离开关。

（31）检查 1 号线 11 下 QS 隔离开关三相在开位。

（32）检查 1 号线 11 下 QS 隔离开关电动操作电源 QK 开关三相在开位。

（33）检查 1 号线侧路 11 丙 QS 隔离开关三相在开位。

（34）检查 2 号线侧路 12 丙 QS 隔离开关三相在开位。

（35）合上Ⅲ10 盘 220kV 母联保护直流自动空气断路器 QK。

（36）检查 220kV 母联微机保护装置各部显示正常。

（37）检查 220kV 母联微机保护定值使用在"1"区并核对保护定值与一号线第一套保护定值一致。

（38）检查Ⅲ10 盘 220kV 母联微机保护零序保护连接片 1XB13 在投入。

（39）检查Ⅲ10 盘 220kV 母联微机保护距离保护连接片 1XB14 在投入。

（40）投入Ⅲ10 盘 220kV 母联微机保护 A 相分闸引出连接片 1XB1。

（41）投入Ⅲ10 盘 220kV 母联微机保护 B 相分闸引出连接片 1XB2。

（42）投入Ⅲ10 盘投入 220kV 母联微机保护 C 相分闸引出连接片 1XB3。

（43）投入Ⅲ10 盘投入 220kV 母联微机保护三相分闸引出连接片 1XB10。

（44）投入Ⅲ10 盘 220kV 母联微机保护旁路启动失灵连接片 1XB9。

（45）投入Ⅲ9 盘 220kV 母联微机保护辅助屏旁路启动失灵连接片 XB1。

（46）检查Ⅲ10盘220kV母联微机保护使用正确。

（47）检查Ⅲ9盘220kV母联微机保护辅助屏使用正确。

（48）投入Ⅲ7盘220kV母线保护母联旁路失灵启动连接片XB51。

（49）联系调度。

（50）退出Ⅲ7盘220kV母线保护互联连接片。

（51）联系调度。

（52）退出Ⅲ1盘1号线第一套微机保护（354kHz）纵联保护连接片1XB9。

（53）退出Ⅲ1盘1号线第一套微机保护启动本线失灵连接片1XB6。

（54）投入Ⅲ1盘1号线第一套微机保护分闸正电源连接片1XB1至"停用"。

（55）投入Ⅲ1盘1号线第一套微机保护A相分闸引出连接片1XB2至"停用"。

（56）投入Ⅲ1盘1号线第一套微机保护B相分闸引出连接片1XB3至"停用"。

（57）投入Ⅲ1盘1号线第一套微机保护C相分闸引出连接片1XB4至"停用"。

（58）投入Ⅲ1盘1号线第一套微机保护三相分闸引出连接片1XB5至"停用"。

（59）将Ⅲ1盘1号线第一套微机保护交、直流电压切换把手1SA1切至"停用"位。

（60）将Ⅲ1盘1号线第一套微机保护信号直流及开关量切换把手1SA2切至"停用"位。

（61）将Ⅲ1盘1号线第一套微机保护电流SD端子"上端横连"。

（62）将Ⅲ1盘1号线第一套微机保护电流SD端子"中下纵连"。

（63）将Ⅲ10盘220kV母联微机保护电流SD端子"中上纵连"。

（64）将Ⅲ1盘1号线第一套微机保护交、直流电压切换把手1SA1切至"旁路"位。

（65）将Ⅲ1盘1号线第一套微机保护信号直流及开关量切换把手1SA2切至"旁路"位。

（66）检查Ⅲ1盘1号线第一套微机保护装置各部显示正常。

（67）将Ⅲ1盘1号线第一套微机保护分闸正电源连接片1XB1切至"旁路"位。

（68）将Ⅲ1盘1号线第一套微机保护A相分闸引出连接片1XB2切至"旁路"位。

（69）将Ⅲ1盘1号线第一套微机保护B相分闸引出连接片1XB3切至"旁路"位；

（70）将Ⅲ1盘1号线第一套微机保护C相分闸引出连接片1XB4切至"旁路"位

（71）将Ⅲ1盘投入1号线第一套微机保护三相分闸引出连接片1XB5切至"旁路"位。

（72）投入Ⅲ1盘投入1号线第一套微机保护启动旁路失灵连接片1XB7。

（73）检查Ⅲ1盘1号线第一套微机保护使用正确。

（74）联系调度。

（75）Ⅲ1 盘 1 号线第一套微机保护（354kHz）纵联保护交换信号正常。

（76）联系调度。

（77）投入Ⅲ1 盘 1 号线第一套微机保护（354kHz）纵联保护连接片 1XB9。

（78）退出Ⅲ3 盘 1 号线第二套微机保护（262kHz）纵联保护连接片 1XB9。

（79）退出Ⅲ3 盘 1 号线第二套微机保护零序保护连接片 1XB12。

（80）检查 1 号线 11QF 断路器三相在合位。（监控系统显示在合位，现场机械位置指示在合位）

（81）联系调度。

（82）合上 1 号线侧路 11 丙 QS 隔离开关。

（83）检查 1 号线侧路 11 丙 QS 隔离开关三相在合位。

（84）检查 1 号线侧路 11 丙 QS 隔离开关电动操作电源 QK 开关三相在开位。

（85）合上 1 号线保护直流自动空气断路器 Q。

（86）联系调度。

（87）拉开 1 号线 11QF 断路器。

（88）检查 1 号线 11QF 断路器三相在开位。（监控系统显示在开位，现场机械位置指示在开位）

（89）记录 220kV 母联电字：P 送（　）P 受（　）。

（90）记录 220kV 母联电字 P 送：峰（　）平（　）谷（　）。

（91）记录 220kV 母联电字 P 受：峰（　）平（　）谷（　）。

（92）记录 1 号线电字：P 送（　）P 受（　）。

（93）记录 1 号线电字 P 送：峰（　）平（　）谷（　）。

（94）记录 1 号线电字 P 受：峰（　）平（　）谷（　）。

（95）检查 1 号线 11QF 断路器三相在开位。（监控系统显示在开位，现场机械位置指示在开位）

（96）联系调度。

（97）拉开 1 号线 11 甲 QS 隔离开关。

（98）检查 1 号线 11 甲 QS 隔离开关三相在开位。

（99）检查 1 号线 11 甲 QS 隔离开关电动操作电源 QK 开关三相在开位。

（100）检查 1 号线 11 下 QS 隔离开关三相在开位。

（101）拉开 1 号线 11 上 QS 隔离开关。

（102）检查 1 号线 11 上 QS 隔离开关三相在开位。

（103）检查 1 号线 11 上 QS 隔离开关电动操作电源 QK 开关三相在开位。

（104）在 1 号线 11 乙接地开关静触指上三相验电确无电压。

（105）合上 1 号线 11 乙接地开关。

（106）检查 1 号线 11 乙接地开关三相在合位。

（107）在 1 号线 11 甲接地开关静触指上三相验电确无电压。

（108）合上 1 号线 11 甲接地开关。

（109）检查 1 号线 11 甲接地开关三相在合位。

（110）退出Ⅲ3 盘 1 号线第二套微机保护 A 相分闸引出连接片 1XB1。

（111）退出Ⅲ3 盘 1 号线第二套微机保护 B 相分闸引出连接片 1XB2。

（112）退出Ⅲ3 盘 1 号线第二套微机保护 C 相分闸引出连接片 1XB3。

（113）退出Ⅲ3 盘 1 号线第二套微机保护三相分闸引出连接片 1XB4。

（114）退出Ⅲ3 盘 1 号线第二套微机保护本线启动失灵保护连接片 1XB6。

（115）退出Ⅲ2 盘 1 号线微机保护辅助屏三跳启动失灵保护连接片 XB1。

（116）退出Ⅲ7 盘 220kV 母线保护 1 号线失灵启动连接片 XB54。

（117）退出Ⅲ7 盘 220kV 母线保护引跳 1 号线 11QF 断路器连接片 XB14。

（118）拉开 1 号线保护直流自动空气断路器 Q。

（119）拉开 1 号线隔离开关锁锭电源 QK。

（120）通知继电（ ）退出 1 号线参与 220kV 母差回路电流互感器 2TA

（121）全面检查。

（122）校图。

（123）汇报发令人。

（四）对旁路代操作中采用旁路隔离开关操作的注意事项

（1）母联断路器保护定值按所代断路器的旁路保护相应定值单调整，旁路断路器保护投入方式应与待停出线断路器保护相一致（包括相间距离、接地距离、方向零序、失灵保护及单相重合闸等），若不一致时，常规保护应通知维护人员更改，微机保护则由运行人员更改。

（2）两套保护的线路侧路送电时，及时将可切换的保护切换至母联运行，切换前将保护停用，切换后检查无误投入运行。

（3）切换电流端子一定要先短接后断。防止电流回路开路。防止电压回路短路。

（4）线路断路器方向高频（高频相差）保护由分闸改为停用（双高频可以切换时，则对侧不需改信号，本侧只要进行切换操作）。

（5）合上所代出线断路器的旁路隔离开关，旁路断路器运行后出线断路器转热备用，进行切换保护由出线切至旁路断路器运行，出线断路器转冷备用后再转检修。

（6）使用隔离开关环并环解必须保证环内断路器为死连接，即拉开断路器的操作直流。防止带负荷拉开（合上）隔离开关。

（7）倒母线应考虑各组母线的负荷与电源分布的合理性。

（8）母联电字必须及时记录。

（9）与断路器并联的旁路隔离开关，当断路器合上时，可以拉合断路器的旁路电流。

（10）220kV 倒母线操作，若采用热倒方式，应先合上母联断路器并将其改为非自动，以等电位方法进行隔离开关的操作，须遵循先合后拉的原则；如果是冷倒母线，隔离开关的操作须遵循先拉后合的原则。

（11）对于弹簧储能机构的断路器，在合闸后应检查弹簧已压紧储能。

【思考与练习】

1. 双母线操作注意事项有哪些？
2. 母线停电的注意事项有哪些？

▲ 模块 5　双母线带旁路倒闸操作（Z49H7005）

【模块描述】本模块介绍双母线带旁路接线特点和倒闸操作一般规定。通过原理讲解和案例分析，掌握双母线带旁路倒闸操作顺序、双母线带旁路倒闸操作票与危险点预控票、双母线带旁路倒闸操作注意事项。

【模块内容】

一、双母线带旁路接线特点

双母线带旁路接线就是在双母线接线的基础上，增设旁路母线。其特点是具有双母线接线的优点，当线路（主变压器）断路器检修时，仍有继续供电，但旁路的倒换操作比较复杂，增加了误操作的机会（不但要切换一次，而且二次的交流电压、电流、连接片要切换）。也使保护及自动化系统复杂化，投资费用较大，一般为了节省断路器及设备间隔，当出线达到 5 个回路以上时，才增设专用的旁路断路器，出线少于 5 个回路时，则采用母联兼旁路或旁路兼母联的接线方式。

二、双母线带旁路倒闸操作一般规定

（1）用旁路母线带路时，互带的断路器必须在同一母线上，否则母联断路器和旁路母线的分段隔离开关均应处在合闸位置。

（2）用专用旁路断路器带路操作时，应先合旁路断路器给旁路母线充电，无问题后再拉开；合上被带路的旁路隔离开关后，再用旁路断路器合环；恢复时操作步骤相反。

（3）用旁路断路器代供线路断路器前，旁路断路器保护应调整定值与被代断路器

定值相符并正确投入，重合闸切除。

（4）旁路断路器带路时，如被带路断路器重合闸运行，在合上旁路断路器后，先退出被代线路重合闸，后投入旁路断路器重合闸，恢复时顺序相反。（这是因为在两路断路器并列运行期间，一旦线路发生永久性故障，不至于两台断路器均启动重合闸，多经受一次故障电流冲击，避免对系统安全、稳定运行及设备健康产生威胁。）特殊情况时，按调度令执行。

（5）旁路断路器代供装有双高频保护的线路断路器时，一般应先将线路断路器不能切换至旁路的高频保护停用，将能切换至旁路的高频保护切换至旁路。用旁路断路器进行带路操作完毕后，旁路断路器的纵联方向保护通道无问题，方可将旁路断路器的纵联方向保护投入。线路断路器恢复运行后再切换至本断路器运行，并投入不能切换至旁路的高频保护。

（6）旁路断路器代主变压器断路器运行，代供电前应切除旁路断路器自身的线路保护及重合闸连接片，投入相关保护和自动装置跳旁路断路器的连接片。旁路断路器电流互感器与主变压器电流互感器转换前切除主变压器差动保护出口连接片，代供电完成后测量主变压器差动保护出口连接片各端对地电位正常后，再投入主变压器差动保护出口连接片。

（7）使用母联兼旁路断路器代替其他断路器时，应考虑母线运行方式改变前后，母联断路器继电保护和母线保护整定值的正确配合。

三、旁路断路器的运行操作

（1）旁路断路器操作把手设同期闭锁 ST，用旁路断路器给旁母充电时，ST 放切除闭锁位置；用旁路断路器环并时，ST 放手动。

（2）旁路断路器代线路送电时，重合闸可以采用无电压或同期检定方式。

（3）旁路断路器不代线路送电时，旁母各元件状态：

1）旁路断路器在开位，母线侧上、下隔离开关及线路隔离开关在开位。

2）各线路旁母 220×4 隔离开关在开位。

3）母差盘：母差跳旁路 XB18 在退出，旁路启动失灵 XB28 在退出。

（4）旁路断路器带线路送电时的操作：

1）母差盘：投入母差跳旁路断路器 XB18 连接片及旁路断路器启动母线后备 XB28 连接片。

2）检查旁路保护屏 RCS–902A 保护装置正常，保护装置的定值（由继电人员操作）应与带送线路的定值相同，且该定值打印出并与调度核对无误。

3）投入旁母相关保护控制连接片。

4）合上旁路断路器的上母线（或下母线）侧隔离开关及出口甲隔离开关。用旁路断路器对旁母充电良好停回，合上被代线路 220×4 隔离开关。

5）停用被代送线路的零序三段保护,如负荷电流超过零序电流保护二段或一段的定值则加停零序电流二段或一段,以防操作过程中由于不平衡条件产生零序电流使零序电流保护误动。

6）联系调度停用被带送线路两端的高频保护。

7）合上旁路断路器,环并;拉开被代线路断路器,解列。

8）微机保护屏重合闸按原线路方式投入使用或按调令使用。

9）被代线路的断路器一、二次设备按检修要求做适当措施。

（5）旁路断路器退出的操作:

1）检查线路保护装置正常（投入保护直流电源后）,保护连接片按要求投入。

2）检查高频保护在信号位置,重合闸在停用。

3）合上被代送线路的母线、线路侧隔离开关,合上线路出口断路器。

4）拉开送电中的旁路断路器,拉开被代送线路的乙隔离开关,拉开旁路断路器两侧隔离开关。

5）投入停用的零序各段保护。

6）线路重合闸按原规定使用。

7）联系调度高频保护交换信号合格后高频保护投入分闸。

8）旁路保护停用。

9）母差跳旁路断路器 XB18 连接片、旁路断路器保护启动母线 XB28 连接片停用。

（6）旁路整屏切换代送操作:

1）旁路微机保护改定值。

2）合上旁路 3 组直流开关。

3）合上旁路断路器,给旁路母线充电（使保护）良好后拉开旁路断路器。（注意顺序,TA 开路问题）

4）将被带送线路高频保护停用,第二套保护全部停用。

5）将被带送线路第一套切换保护旁路侧电流端子投入,即将 SDA-N 端子旁路引入的中下端纵连,本线引入端横连。

6）被带线路 1SA1、1SA2 切换开关切至旁路侧。检查旁路及第一套保护无告警信号。将被带线路第一套切换保护及其出口 1XB1-5 连接片投至旁路端,退出线路失灵 1XB6 连接片,投入旁路失灵 1XB7 保护连接片。正常时 B 相重合闸 1XB6、1XB7 不投,旁路重合闸 1XB5 投入,两套重合闸把手位置应一致。

7）投被带线路乙隔离开关,合上旁路断路器。

8）拉开被带线路断路器及甲隔离开关。

9）被带线路第一套切换保护交换信号合格后投入。

10）被带线路第二套保护及辅助操作屏退出，直流切。

（7）旁路带送线路恢复操作时与上相反。

（8）旁路断路器保护的运行规定。

1）旁路断路器代送线路时，微机保护的零序各段均不停用。

2）旁路断路器固定联结于一条母线时，代送线路后一般不允许再切换到另条母线送电。

（9）旁路断路器代送线路时的作业交待与注意事项：

1）当旁路断路器带送整屏切换的线路送电时，被带线路的 B 相保护盘不允许作业，C 相保护屏辅助操作屏允许有作业，其他保护盘有作业时现场应有醒目标志。

2）旁路断路器保护的定值整定由继电班负责，当代线路送电前，由继电保护人员进行保护定值设定的交待后，方可操作。

3）微机保护的定值切换不必停用保护，但应尽量代送线路前改变定值。

4）旁路带送时，线路分闸除检查旁路保护盘，还应检查线路 B 相保护盘。

5）切换线路及旁路交流 SD 端子时必须在旁路断路器停电及 B 相保护停用状态下进行，并防止 TA 开路，及注意不使相邻连接片和接线柱相碰，以免发生交流 TA 二次短路。

6）旁路带送线路时，其他线路交流 SD 旁路端带电，不允许作业。

7）当旁路上、下隔离开关之一在合位时，所有整屏切换的线路（本侧）B 相保护屏端子排带 100V 交流电压（母线 TV 二次），其任一线路停电检修端子排有作业时，应由检修人员将带电部分断开。

8）旁路辅助操作屏直流投入时，所有整屏切换的线路 B 相保护屏端子及出口回路 1XB1–1XB5 连接片旁路端带+110V 直流电压。

9）被带线路 1SA1 开关切换过程中 B 相保护屏有告警（TV 断线）。

10）被带线路信号回路经 1SA2 切换。

四、双母线带旁路倒闸操作票

旁路整屏切换一号线断路器在上母线送电（见图 4-5-2-2）。

（1）合上旁路 220V 直流自动空气断路器 310QK。

（2）合上旁路切换 220V 直流自动空气断路器 311QK。

（3）旁路保护定值按一号线整定。

（4）投入旁路保护屏中相关保护连接片。

（5）投入旁路三跳启动失灵 1XB1 保护连接片。

（6）投入旁路充电保护 1XB2 保护连接片。

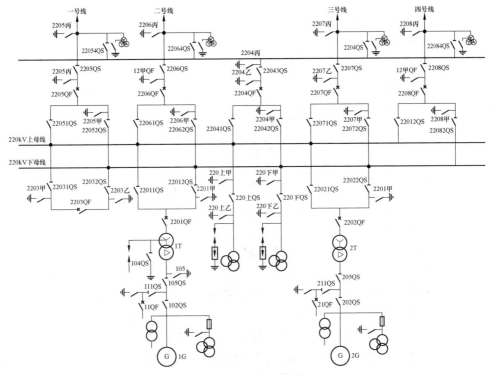

图 4-7-5-1 双母线带旁路接线图

（7）投入旁路过流保护 1XB3 保护连接片。

（8）投入母差跳旁路 XB18 保护连接片。

（9）投入旁路失灵 XB28 保护连接片。

（10）检查旁路 2204QF 断路器三相在分位。

（11）检查旁路 22032QS 隔离开关三相在开位。

（12）检查 1 号线 22054QS 隔离开关三相在开位。

（13）检查 2 号线 22064QS 隔离开关三相在开位。

（14）检查 3 号线 22074QS 隔离开关三相在开位。

（15）检查 4 号线 22084QS 隔离开关三相在开位。

（16）合上旁路 22031QS 隔离开关。

（17）检查旁路 22031QS 隔离开关三相在合位。

（18）合上旁路 22032QS 隔离开关。

（19）检查旁路 22032QS 隔离开关合闸良好。

（20）合上旁路 2203QF 断路器（对旁母充电）。

（21）检查旁路母线充电良好。

（22）拉开旁路 2203QF。

（23）检查旁路 2203QF 断路器三相在分位。

（24）退出旁路充电保护 1XB2 保护连接片。

（25）退出旁路过流保护 1XB3 保护连接片。

（26）值长同意：1 号线高频保护停用。

（27）退出一号线保护 I 屏中第一套相关保护连接片。

（28）1 号线第一套保护 SDA～N 外层电流端子切至"旁路"侧。

（29）退出一号线保护 II 屏中第二套相关保护连接片。

（30）退出旁路零序 1XB8 保护连接片。

（31）退出旁路辅助屏 SDA～N 电流端子短接片。

（32）检查旁路 2204 断路器三相在开位。

（33）合上 1 号线 22054QS 隔离开关。

（34）检查 1 号线 22054QS 隔离开关三相在合位。

（35）合上旁路 2203QF 断路器。

（36）检查旁路 2203QF 断路器电流表计三相指示正确。

（37）检查 1 号线 2205QF 断路器电流表计三相指示正确。

（38）拉开 1 号线 2205QF 断路器。

（39）旁路重合闸切换把手切至"单重"位。

（40）投入旁路重合闸 1XB5 保护连接片。

（41）投入旁路零序 1XB8 保护连接片。

（42）1 号线第一套保护交、直流电压切换开关切至"旁路"侧。

（43）1 号线第一套保护开关信号量切换开关切至"旁路"侧。

（44）检查 1 号线保护无异常信号。

（45）1 号线第一套相关保护连接片切至"旁路"位。

（46）值长同意：1 号线第一套高频保护交换信号。

（47）投入 1 号线第一套相关保护连接片（高频零序）。

（48）投入 1 号线第二套相关保护连接片（高频零序）。

（49）检查 1 号线 2205QF 断路器三相在分位。

（50）拉开 1 号线 22053QS 隔离开关。

（51）检查 1 号线 22053QS 隔离开关三相在分位。

（52）检查 1 号线 22052QS 隔离开关三相在分位。

（53）拉开 1 号线 22051QS 隔离开关。

（54）检查 1 号线 22051QS 隔离开关三相在分位。

（55）在 1 号线 22053QS 隔离开关至 2205QF 断路器间三相验电确无电压。

（56）合上 1 号线 2205 乙接地开关。

（57）检查 1 号线 2205 乙接地开关三相在合位。

（58）在 1 号线 2205QF 断路器至 22052QS 隔离开关间三相验电确无电压。

（59）合上 1 号线 2205 甲接地开关。

（60）检查 1 号线 2205 甲接地开关三相在合位。

（61）退出 1 号线第二套相关保护连接片。

（62）退出 1 号线三跳启动失灵 XB1 保护连接片。

（63）拉开 1 号线 220V 直流开关 306QK。

（64）全面检查。

（65）汇报发令人。

五、双母线带旁路倒闸操作注意事项

（1）母线倒闸操作必须投入母线差动保护（特殊情况除外）。投入母线差动保护有其重要现实意义。母线倒闸操作时，错误操作概率较大，操作设备元件多，设备故障概率同时也较大，万一发生误操作或设备故障造成母线短路，母线差动保护能够快速（0.1s 以内）动作切除故障，可以避免事故的扩大，从而防止设备严重损坏，系统失去稳定或发生人身伤亡。

（2）进行母线操作时应注重对母差保护的影响，要根据母差保护运行规程作相应的变更。

（3）除用母联断路器充电之外，在母线倒闸过程中，母联断路器的操作电源应拉开，防止母联断路器误分闸，造成带负荷拉隔离开关事件。

（4）用旁路母线带路时，互带的断路器必须在同一母线上，否则母联断路器和旁路母线的分段隔离开关均应处在合闸位置。

（5）旁路断路器带路时，如线路配置有纵联方向、纵联距离保护，须先将被带路断路器的纵联方向、纵联距离保护及重合闸停用，将被带路断路器的纵联方向保护由本路切换至旁路，用旁路断路器进行带路操作完毕后，旁路断路器的纵联方向保护通道无问题，方可将旁路断路器的纵联方向保护投入。

（6）旁路断路器替代过程中，应保证旁路断路器的重合闸在断开本身断路器后投入

（7）保护所用的电压原是经过高压侧隔离开关的辅助触点及电压切换继电器的触点取过来，随着切换一次设备电压切换开关由"本侧"切至"旁路"位置，

（8）用专用旁路断路器带路操作时，应先启动旁路断路器给旁路母线充电，无问题后再拉开；合上被带路的旁路隔离开关后，再用旁路断路器合环；恢复时操作步骤相反。

【思考与练习】

1. 旁路断路器操作把手设同期闭锁 ST，用旁路断路器给旁母充电时，ST 放切除闭锁位置；用旁路断路器环并时，ST 放什么位置？

2. 用专用旁路断路器带路操作时，应先合旁路断路器给旁路母线充电，无问题后再拉开。先合上被带路的旁路隔离开关后，再用旁路断路器合环；还是先用旁路断路器合环后，再合上被带路的旁路隔离开关？

3. 母线倒闸操作必须投入母线差动保护（特殊情况除外）。投入母线差动保护的重要现实意义是什么？

◢ 模块 6　桥形接线的倒闸操作（Z49H7006）

【模块描述】本模块介绍桥形接线特点和倒闸操作一般规定、桥形接线倒闸操作顺序。通过原理讲解和案例分析，掌握倒闸操作票与危险点预控票、桥形接线倒闸操作注意事项。

【模块内容】

一、桥形接线及特点

（一）内桥接线及特点

图 4-7-6-1 所示为内桥接线。桥式连接断路器 3QF 接于变压器侧，另外两台断路器 1QF、2QF 接在引出线侧，其接线特点是。

（1）线路故障时，仅故障线路断路器分闸，其余三条支路可继续工作。

（2）变压器故障时，本侧出线和桥路联络断路器分闸，本侧未故障线路停电，需经倒闸操作才能恢复无故障线路供电。

（3）变压器停送电时，操作复杂。

（二）外桥接线及特点

图 4-7-6-2 所示为外桥接线。桥式连接断路器 3QF 接在线路侧，另外两台断路器 1QF、2QF 接在变压器回路侧，其特点是。

（1）变压器发生故障，仅故障变压器支路断路器分闸，其余三条支路照常工作。

（2）线路故障，本侧变压器和桥路联络断路器分闸，并切除本侧一台主变压器，需经倒闸操作，才能恢复无故障变压器供电。

（3）线路停送电时，操作复杂。

二、桥形接线倒闸操作的原则

（1）外桥线路停、送电时，在拉、合线路隔离开关前要同时检查相邻两个断路器确在开位（1QF、3QF 或 2QF、3QF）。

（2）外桥接线当一条线路停电时，应考虑另一条线路能否带全部负荷。

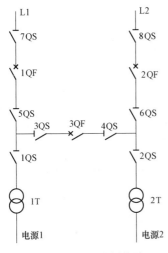

图 4-7-6-1 内桥接线   图 4-7-6-2 外桥接线

（3）变压器停、送电时，在拉合主变压器隔离开关前要同时检查相邻两个断路器确在开位（1QF、3QF 或 2QF、3QF）。

（4）内、外桥线路及主变压器停电应按现场规程考虑相应保护的变动。

三、桥型接线开关操作的步骤

（一）内桥接线停、送电操作步骤

1. 线路（L1）停电，断路器（1QF）由运行转检修的操作步骤

（1）拉开线路（L1）断路器（1QF）。

（2）拉开线路（L1）断路器（1QF）两侧隔离开关（7QS、5QS）。

（3）拉开线路（L1）断路器操作直流熔断器、动力熔断器。

（4）做相应保护变动。

（5）布置安全措施。

2. 线路（L1）送电，断路器（1QF）由检修转运行的操作步骤

（1）拆除安全措施。

（2）合上线路（L1）断路器的操作直流熔断器、动力熔断器。

（3）合上线路（L1）断路器（1QF）两侧隔离开关（5QS、7QS）。

（4）合上线路（L1）断路器（1QF）。

（5）做相应保护变动。

3. 变压器（1T）由运行转检修的操作步骤

（1）拉开桥连接断路器（3QF）。

（2）拉开线路（L1）断路器（1QF）。

（3）拉开变压器（1T）的隔离开关（1QS）。

（4）合上线路（L1）断路器（1QF）。

（5）合上桥连接断路器3QF。

（6）布置安全措施。

4. 变压器（1T）由检修转运行的操作步骤

（1）拆除安全措施。

（2）拉开桥连接断路器（3QF）。

（3）拉开线路断路器（1QF）。

（4）合上变压器（1T）隔离开关（1QS）。

（5）合上线路（L1）断路器（1QF）。

（6）合上桥连接断路器（3QF）。

（二）外桥接线停、送电的操作步骤

1. 线路（L1）由运行转检修的操作步骤

（1）将变压器（1T）负荷转移。

（2）拉开桥连接断路器（3QF）。

（3）拉开变压器（1T）断路器（1QF）。

（4）拉开线路（L1）隔离开关（5QS）。

（5）合上桥连接断路器（3QF）。

（6）合上变压器（1T）断路器（1QF）。

（7）做相应保护变动。

（8）布置安全措施。

2. 线路（L1）由检修转运行的操作步骤

（1）拆除安全措施。

（2）将变压器（1T）负荷转移。

（3）拉开桥连接断路器（3QF）。

（4）拉开变压器（1T）断路器（1QF）。

（5）合上线路（L1）隔离开关（5QS）。

（6）合上桥连接断路器（3QF）。

（7）合上变压器（1T）断路器（1QF）。

（8）做相应保护变动。

3. 变压器1T由运行转检修的操作步骤

（1）拉开变压器（1T）断路器（1QF）。

（2）拉开变压器（1T）的隔离开关（1QS）。

（3）拉开变压器（1T）断路器操作直流熔断器、动力熔断器。

（4）布置安全措施。

4. 变压器（1T）送电由检修转运行的操作步骤

（1）拆除安全措施。

（2）合上变压器（1T）断路器（1QF）操作直流熔断器、动力熔断器。

（3）合上变压器（1T）的隔离开关（1QS）。

（4）合上变压器（1T）断路器（1QF）。

【思考与练习】

1. 桥形接线倒闸操作的原则是什么？

2. 内桥接线的特点是什么？

3. 外桥接线的特点是什么？

▲ 模块 7　角形接线的倒闸操作（Z49H7007）

【模块描述】本模块介绍角形接线特点和倒闸操作一般规定、倒闸操作顺序、操作注意事项。通过原理讲解和案例分析，掌握角形接线倒闸操作票与危险点预控票。

【模块内容】

一、角形接线及特点

角形接线没有集中的母线，相当于把单母线用断路器按电源和引出线的数目分段，且连接成闭合的环形，如图 4-7-7-1 和 4-7-7-2 所示。这种接线中每两台断路器之间引出一条回路，每一回路中不装设断路器，仅装隔离开关。

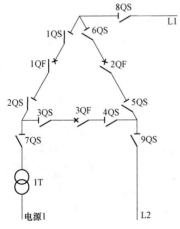

图 4-7-7-1　三角形接线图

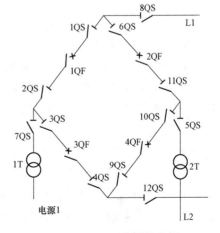

图 4-7-7-2　四角形接线图

1. 角形接线的优点

（1）平均每条出线一台断路器，较双母线接线省一台断路器，并具有双母线接线的特点，经济灵活可靠。

（2）任一断路器检修全部电源和负荷仍可继续工作，不影响供电。

（3）所有隔离开关只用于检修时隔离电源，易于实现自动化控制。

2. 角形接线的缺点

（1）检修任一断路器或隔离开关将打开环行接线，此时发生故障会造成分割运行，降低供电可靠性。

（2）电器设备不能按每一回路的工作电流来选择，可能造成总造价偏高。

（3）由于运行方式的变化，使继电保护装置配置及整定复杂。

二、角形接线倒闸操作的原则

（1）线路、主变压器停、送电在拉合线路断路器、主变压器隔离开关前应检查两个有关断路器确在开位。

（2）线路停电、任一断路器停电要考虑负荷分配是否合理、是否有过负荷现象。

（3）线路停电、解环运行应按现场规程考虑相应保护的变动。

三、角形接线倒闸操作的步骤

（一）角形接线出线（变压器）停、送电操作的步骤

1. 角形接线出线（L1）停电操作步骤

（1）拉开线路（L1）相邻两断路器（1QF、2QF）。

（2）拉开线路（L1）隔离开关 8QS。

（3）合上线路（L1）相邻两断路器（1QF、2QF）。

（4）布置安全措施。

2. 角形接线变压器（1T）送电操作步骤

（1）拆除安全措施。

（2）拉开变压器（1T）相邻两断路器（1QF、3QF）。

（3）合上主变压器（1T）隔离断路器（7QS）。

（4）合上变压器（1T）相邻两断路器（1QF、3QF）。

（二）某台断路器（1QF）停、送电操作的步骤

1. 某台断路器（1QF）由运行转检修的操作步骤

（1）拉开该断路器（1QF）。

（2）拉开该断路器（1QF）两侧隔离断路器（1QS、2QS）。

（3）拉开断路器（1QF）操作熔断器、动力熔断器。

（4）布置安全措施。

2. 某台断路器（1QF）由运行转检修的操作步骤

（1）拆除安全措施。

（2）合上断路器（1QF）操作熔断器、动力熔断器。

（3）检查断路器（1QF）已拉开，合上断路器（1QF）两侧隔离开关（1QS、2QS）。

（4）合上断路器（1QF）。

注：此时应考虑开环运行下保护的相应变更。

【思考与练习】

1. 角形接线倒闸操作的原则是什么？

2. 角形接线的优、缺点有哪些？

▲ 模块8　3/2 接线出线的倒闸操作（Z49H7008）

【模块描述】本模块介绍 3/2 接线出线特点和倒闸操作一般规定、倒闸操作顺序。通过原理讲解和案例分析，掌握 3/2 接线出线倒闸操作票与危险点预控票、倒闸操作注意事项。

【模块内容】

一、3/2 接线及特点

3/2 接线也叫一个半断路器接线，每回线路由两个断路器供电形成环形接线。

3/2 接线如图 4-7-8-1 所示。其有如下特点。

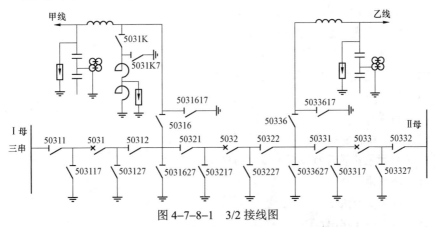

图 4-7-8-1　3/2 接线图

（1）高度可靠性。每一回路由两台断路器供电，发生母线故障时只跳与母线相连的断路器，任何回路不停电。

（2）运行调度灵活。正常时两组母线和全部断路器都投入工作，从而形成环型供电，运行调度灵活。

（3）操作检修方便，不设专用旁路。隔离开关只作为检修时隔离电源，减少误操作的发生；断路器检修时不需要旁路的倒闸操作；母线检修时，回路不需要切换。

（4）由于每个回路接两台断路器，中间断路器接两个回路，使继电保护配置及二次回路复杂。

二、3/2 接线出线的操作原则

（1）线路停送电的操作次序：停电时先断开联络断路器，后断母线断路器，隔离开关由负荷侧逐步拉向母线侧；送电时，与此相反。合环操作一般用联络断路器进行。

（2）线路停电后需要恢复完整串运行时，要求投入短引线保护，用以保护两断路器间的引线。

（3）线路停电后不需要恢复完整串运行时，要注意保护的变动，此时应投入相关线路的停信并联连接片。

（4）带有电抗器的线路停电时，应先合线路出口接地开关，后拉并联电抗器开关，防止电抗器放电。恢复送电时要先投入并联电抗器。

三、3/2 接线出线倒闸操作的步骤

线路停送电类型按串运行方式分为线路停电后不恢复完整串运行和线路停电后恢复完整串运行；按有无并联电抗器分为带并联电抗器线路的停送电操作和不带并联电抗器线路的停送电操作。

（一）线路停、送电不恢复完整串倒闸操作的步骤

1. 线路由运行转检修不恢复完整串的操作步骤

（1）拉开该线路串上联络断路器。

（2）拉开该线路母线侧断路器。

（3）拉开该线路出口隔离开关。

（4）汇报调度。

（5）布置安全措施。

（6）保护做相应变动。

2. 线路由检修转运行恢复完整串的操作步骤

（1）联系调度。

（2）拆除安全措施。

（3）合上该线路出口隔离开关。

（4）合上该线路母线侧断路器。

（5）合上该线路串上联络断路器。

（6）保护恢复正常运行方式。

（二）线路停、送电恢复完整串倒闸操作的步骤

1. 线路由运行转检修恢复完整串的操作步骤

（1）拉开该线路串上联络断路器。

（2）拉开该线路母线侧断路器。

（3）拉开该线路出口隔离开关。

（4）合上该线路母线侧断路器。

（5）合上该线路串上联络断路器。

（6）汇报调度。

（7）布置安全措施。

2. 线路由检修转运行恢复完整串的操作步骤

（1）联系调度。

（2）拆除安全措施。

（3）拉开该线路串上联络断路器。

（4）拉开该出线母线侧断路器。

（5）合上该线路出口隔离开关。

（6）合上该线路母线侧断路器。

（7）合上该线路串上联络断路器。

（8）汇报调度。

备注：1. 当接线串中出线退出要恢复完整串运行时，要检查短引线保护投入良好。

2. 带并联电抗器线路的停、送电操作步骤与上面不带电抗器线路基本相同，所不同的是要注意电抗器停、送电的操作顺序。

四、3/2 接线出线倒闸操作的实例

1. 操作任务：500kV 甲线及电抗器由运行转检修，恢复完整串运行。

（1）拉开三串联络 5032 断路器。

（2）拉开甲线 5031 断路器。

（3）联系调度。

（4）检查 5032 断路器在开位。

（5）检查 5031 断路器在开位。

（6）拉开甲线 50316 隔离开关。

（7）联系调度。

（8）合上甲线 5031 断路器。

（9）检查 5031 断路器在合位。

（10）合上三串联络 5032 断路器。

（11）检查 5032 断路器在合位。

（12）联系调度。

（13）在甲线 A 相 50316 隔离开关线路侧验电确无电压。

（14）合上甲线 A 相 5031617 开关。

（15）在甲线 B 相 50316 隔离开关线路侧验电确无电压。

（16）合上甲线 B 相 5031617 开关。

（17）在甲线 C 相 50316 隔离开关线路侧验电确无电压。

（18）合上甲线 C 相 5031617 开关。

（19）拉开甲线并联电抗器 5031K 隔离开关。

（20）在甲线并联电抗器 A 相 5031K 隔离开关电抗器侧验电确无电压。

（21）合上甲线并联电抗器 A 相 5031K7 开关。

（22）在甲线并联电抗器 B 相 5031K 隔离开关电抗器侧验电确无电压。

（23）合上甲线并联电抗器 B 相 5031K7 开关。

（24）在甲线并联电抗器 C 相 5031K 隔离开关电抗器侧验电确无电压。

（25）合上甲线并联电抗器 C 相 5031K7 开关。

（26）取下甲线电压互感器二次熔断器。

（27）停用甲线并联电抗器保护切三串断路器及远跳连接片。

2. 操作任务：500kV 甲线及电抗器由检修转运行，恢复完整串运行。

（1）拉开甲线并联电抗器 A 相 5031K7 开关。

（2）拉开甲线并联电抗器 B 相 5031K7 开关。

（3）拉开甲线并联电抗器 C 相 5031K7 开关。

（4）合上甲线并联电抗器 5031K 隔离开关。

（5）拉开甲线 A 相 5031617 开关。

（6）拉开甲线 B 相 5031617 开关。

（7）拉开甲线 C 相 5031617 开关。

（8）取下甲线电压互感器二次熔断器。

（9）拉开三串联络 5032 断路器。

（10）拉开甲线 5031 断路器。

（11）检查 5032 断路器在开位。

（12）检查 5031 断路器在开位。

（13）合上甲线 50316 隔离开关。

（14）投入甲线并联电抗器保护切三串断路器及远跳连接片。

（15）合上甲线 5031 断路器。

（16）合上三串联络 5032 断路器。

【思考与练习】

1. 3/2 接线倒闸操作的原则是什么？

2. 3/2 接线的特点是什么？

3. 3/2 接线出线线路由运行转检修恢复完整串的操作步骤是什么？

▲ 模块 9　3/2 接线母线的倒闸操作（Z49H7009）

【模块描述】本模块介绍 3/2 接线母线特点。通过原理讲解和案例分析，掌握 3/2 接线母线倒闸操作一般规定、倒闸操作顺序、倒闸操作票与危险点预控票、倒闸操作注意事项。

【模块内容】

一、3/2 母线接线及特点

图 4-7-9-1 所示为 3/2 接线，3/2 接线也叫一个半断路器接线，每回线路由两个断路器供电形成环形接线。3/2 接线具有如下特点：

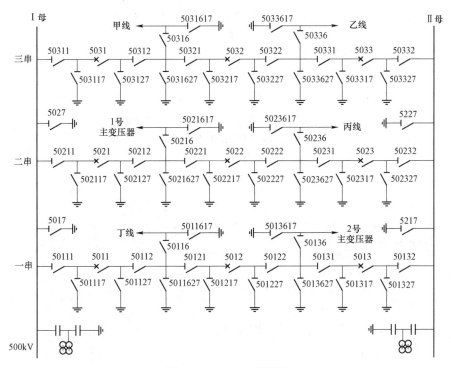

图 4-7-9-1　3/2 接线图

（1）有高度可靠性。每一回路由两台断路器供电，发生母线故障时只跳与母线相连的断路器，任何回路不停电。

（2）运行调度灵活。正常时两组母线和全部断路器都投入工作，从而形成环型供电，运行调度灵活。

（3）操作检修方便，不用设专用旁路。

1）隔离开关只作为检修时隔离电源，减少误操作的发生；

2）断路器检修时不需要旁路的倒闸操作；母线检修时，回路不需要切换。

（4）由于每个回路接两台断路器，中间断路器接两个回路，使继电保护配置及二次回路复杂。

二、3/2 接线母线倒闸操作的原则

（1）母线投、停操作顺序：停电时先依次拉开该母线上所有断路器，然后再拉开该母线各断路器两侧隔离开关；送电时与此相反。

（2）母线充电时要用断路器进行，并投入充电保护。不允许用隔离开关拉、合母线。

（3）母线上接有的单相电压互感器，停电时应拉开其二次熔断器。投入停电断路器微机保护并联停信连接片，停用停电断路器启动失灵连接片。

（4）母线停电后要注意检查负荷分配情况。

三、3/2 接线母线开关操作的步骤

1. 3/2 接线母线由运行转检修的操作步骤

（1）拉开各串上该母线侧母线断路器。

（2）检查解环后负荷分配情况。

（3）按顺序拉开该母线各断路器两侧隔离开关。

（4）拉开该母线电压互感器二次熔断器。

（5）做相应保护变动。

（6）布置安全措施。

2. 3/2 接线母线由检修转运行的操作步骤

（1）拆除安全措施。

（2）做相应保护变动。

（3）合上该母线电压互感器二次熔断器。

（4）按顺序合上该母线各断路器两侧隔离开关。

（5）合上各串上停电母线侧母线断路器。

（6）检查合环后负荷分配。

四、3/2 接线母线倒闸操作的实例

操作任务：500kV Ⅱ 母线由运行转检修。

（1）拉开乙线 5033 断路器。

（2）拉开中齐甲线 5023 断路器。

（3）拉开 2 号主变压器 5013 断路器。

（4）检查 5033 断路器在开位。

（5）拉开乙线 50332 隔离开关。

（6）拉开乙线 50331 隔离开关。

（7）检查 5023 断路器在开位。

（8）拉开中齐甲线 50232 隔离开关。

（9）拉开中齐甲线 50231 隔离开关。

（10）检查 5013 断路器在开位。

（11）拉开 2 号主变压器 50132 隔离开关。

（12）拉开 2 号主变压器 50131 隔离开关。

（13）拉开 Ⅱ 母线电压互感器二次熔断器。

（14）在 Ⅱ 母 5227 隔离开关母线侧 A 相验电确无电压。

（15）合上 Ⅱ 母线 5227A 相接地开关。

（16）在 Ⅱ 母 5227 隔离开关母线侧 B 相验电确无电压。

（17）合上 Ⅱ 母线 5227B 相接地开关。

（18）在 Ⅱ 母 5227 隔离开关母线侧 C 相验电确无电压。

（19）合上 Ⅱ 母线 5227C 相接地开关。

（20）在 Ⅱ 母 5217 隔离开关母线侧 A 相验电确无电压。

（21）合上 Ⅱ 母线 5217A 相接地开关。

（22）在 Ⅱ 母 5217 隔离开关母线侧 B 相验电确无电压。

（23）合上 Ⅱ 母线 5217B 相接地开关。

（24）在 Ⅱ 母 5217 隔离开关母线侧 C 相验电确无电压。

（25）合上 Ⅱ 母线 5217C 相接地开关。

（26）投入 5013 断路器微机保护并联停讯连接片。

（27）投入 5023 断路器微机保护并联停讯连接片。

（28）投入 5033 断路器微机保护并联停讯连接片。

（29）停用 5013 断路器失灵保护连接片。

（30）停用 5023 断路器失灵保护连接片。

（31）停用 5033 断路器失灵保护连接片。

【思考与练习】

1. 3/2 接线母线倒闸操作的原则有哪些？

2. 写出 3/2 接线母线由运行转检修的操作票。

▲ 模块 10 线路停送电操作（Z49H7010）

【模块描述】本模块介绍线路停送电一般规定。通过原理讲解和案例分析，掌握线路倒闸操作票与危险点预控票、作业安全风险评估报告、线路倒闸操作注意事项。

【模块内容】

一、线路停送电一般规定

（1）线路的停、送电均应按照值班调度员或线路工作许可人的指令执行。严禁约时停、送电。停电时，应先将该线路可能来电的所有断路器、线路隔离开关、母线隔离开关全部拉开，手车开关应拉至试验或检修位置，验明确无电压后，在线路上所有可能来电的各端装设接地线或合上接地开关。在线路断路器和隔离开关操作把手上均应悬挂"禁止合闸，线路有人工作！"的标示牌，在显示屏上断路器和隔离开关的操作处均应设置"禁止合闸，线路有人工作！"的标记。送电的顺序相反。

（2）3/2 断路器接线线路停电：在拉该线路相关的两个断路器前，应先检查该串上的另一个断路器确在合闸位置，以免引起另一元件失压。然后先拉中断路器，后拉母线侧断路器；拉隔离开关时是从负荷侧逐步拉向电源侧。若在拉开该线路的隔离开关后，两断路器仍投入运行，则应先投入两断路器间的短引线保护。

（3）操作隔离开关前，必须检查断路器确在分闸位置，在合断路器送电前必须检查隔离开关在合闸位置，严防带负荷拉合隔离开关。

（4）多端电源的线路停电检修时，必须先拉开各端断路器及相应隔离开关，然后方可装设接地线或合上接地开关，送电时顺序相反。

（5）检修后相位有可能发生变动的线路，恢复送电时应进行核相。

（6）220kV 及以上电压等级的长距离线路送电操作时，线路末端不允许带空载变压器。

二、填写线路倒闸操作票与危险点预控票

220kV 1 号线由运行转检修操作票见表 4-7-10-1。

表 4–7–10–1 　　　　220kV 1 号线由运行转检修操作票

××公司操作票

编号：C–20XX–XX–XXX

发令人		受令人		发令时间		年　月　日　时　分
操作开始时间	年月日时分			操作结束时间		年　月　日　时　分
( ) 监护下操作　　( ) 单人操作　　( ) 检修人员操作						
操作任务名称		220kV 1 号线由运行转检修				

顺序	项目名称	锁/接地线号	√
1	检查 1 号线 2205 断路器电流表计三相指示正确＿＿A＿＿A＿＿A		
2	联系调度，拉开 1 号线 2205QF 断路器		
3	检查 1 号线 2205QF 断路器三相在分位		
4	拉开 1 号线 22053QS 隔离开关		
5	检查 1 号线 22053QS 隔离开关三相在分位		
6	检查 1 号线 22052QS 隔离开关三相在分位		
7	拉开 1 号线 22051QS 隔离开关		
8	检查 1 号线 22051QS 隔离开关三相在分位		
9	检查 1 号线 22054 隔离开关三相在分位		
10	拉开 1 号线电压互感器二次开关		
11	在 1 号线 22053 隔离开关至线路侧三相验电确无电压		
12	联系调度，合上 1 号线线路侧 2205 丙接地开关		
13	检查 1 号线线路侧 2205 丙接地开关三相在合位		
14	在 1 号线 22053QS 隔离开关至 2205QF 断路器间三相验电确无电压		
15	合上 1 号线 2205 乙 QS 接地开关		
16	检查 1 号线 2205 乙接地开关三相在合位		
17	在 1 号线 2205QF 断路器至 22052QS 隔离开关间三相验电确无电压		
18	合上 1 号线 2205 甲接地开关		
19	检查 1 号线 2205 甲接地开关三相在合位		
20	1 号线第一套重合闸 1XB8 保护连接片由"本线"位切至"中"位		
21	检查 1 号线第二套重合闸 1XB5 保护连接片在退出		
22	退出 1 号线三跳启动失灵 XB1 保护连接片		
23	退出母线保护 1 号线分闸 XB14 保护连接片		
24	退出母线保护 1 号线失灵 XB24 保护连接片		
25	拉开 1 号线 220V 直流自动空气断路器 306QK		
26	挂牌，全面检查，汇报发令人		

备注：

操作人（填票人）：　　　　　　　监护人（审票人）：　　　　　　　审批人（值长）：

三、线路倒闸操作注意事项

（1）线路的停电操作，应先断开线路两侧断路器，然后依次断开线路侧隔离开关、母线侧隔离开关，在整个过程中，保护应始终保持正常运行。

（2）送电时，应特别注意直流电源问题，包括保护电源、失灵启动电源、操作电源等与隔离开关间的操作次序。

（3）为保证操作安全，合隔离开关时，断路器的操作电源是断开的，此时需注意保护电源和失灵启动电源应是正常的，应待保护装置自检正常，转入正常运行程序后，再合母线侧隔离开关、线路侧隔离开关、断路器。这样的操作，即使断路器由于某些原因未在断位，一般也不会导致母线停电、事故扩大。

（4）重合闸的停用和启用应根据规程使用。

（5）拉开断路器之前应检查线路潮流。

（6）线路有人作业不能将线路接地开关拉开，作业需要必须拉开时，应先装设一组接地线后拉开。

（7）勿使发电机在无负荷情况下投入空载线路产生自励磁。

（8）投入或切除空载线路时.勿使电网电压产生过大波动。

【思考与练习】

1. 说明线路停送电一般规定。

2. 线路倒闸操作的注意事项有哪些？

第五部分

继电保护与自动装置运行

第一章

发电机-变压器组微机保护运行

▲ 模块 1　DGT 型发电机-变压器组保护装置运行（Z49I1001）

【**模块描述**】模块介绍 DGT 型发电机-变压器组保护装置运行规定。通过原理讲解和故障分析，掌握 DGT 型发电机-变压器组保护装置运行维护项目，熟悉故障现象并分析处理。

【**模块内容**】

一、装置简介

DGT 型发电机-变压器组保护装置是由南京国电南自凌伊电力自动化有限公司生产的一种保护装置。

（1）装置由两套电量保护和一套非电量保护共三面屏组成。

A 屏由 DGT-801C 和 DGT-801B 组成，构成一套完整的电量保护；B 屏由 DGT-801C 和 DGT-801B 组成，构成另一套完整的电量保护；由 A、B 屏构成发电机-变压器组电量保护主保护、后备保护的双重化，能反应被保护设备的各种故障及异常状态。C 柜由一套 DGT-801F 非电量保护和工控管理机组成，工控管理机与 A、B 柜通过通信，完成以下功能：

1）定值管理：通过口令管理系统可查询 CPU 各保护定值。

2）各信息自动汉化，并能随时以图形和表格显示或打印系统各 CPU 信息。

3）查询最近 30 个事故的事故报告。

4）查询最近 100 个事故的保护动作报告。

5）自动实行顺序记录，并能及时处理和存储各保护的报警信息和动作信息，在主机失电时不丢失所存储信息。

6）能通过键盘操作召唤各 CPU 信息。

7）系统接口：RS485。

8）运行数据监视：管理系统可在线以菜单形式显示各保护的采样量及计算量。

9）巡回检查功能：在保护系统处于运行状态时，保护模块不断地进行自检，管理系统及时查寻并显示保护模块的自检信息，如发现自检出错立即发出报警，以便及时处理。

（2）装置有很强的逻辑编程能力，其开入、开出及功能逻辑均可由用户自行定义，适用于各种不同的需要。装置具有自检功能，装置异常时发出报警。

（3）装置由双电源、双 CPU 系统构成保护 CPU1 系统和保护 CPU2 系统是完全相同的两套系统，但相互之间又完全独立。双电源双 CPU 系统硬件结构见图 5-1-1-1。每套系统中均包含电源、滤波、采样、CPU 及大规模可编程阵列（FPGA）等硬件回路；可独立完成采样、保护、出口、自检、故障信息处理和故障录波等全部软件功能。管理 CPU 实现与两个保护 CPU 的信息交互和人机界面控制，并与电厂 DCS 控制系统通信。两个保护 CPU 之间通过隔离，相互自检，确保相互独立性和运行安全性。

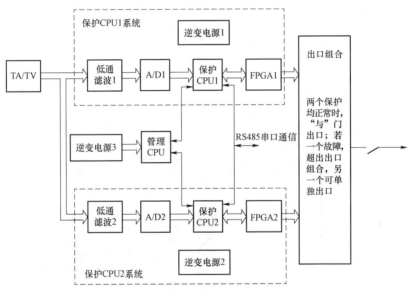

图 5-1-1-1　双电源双 CPU 系统硬件结构

（4）独创的双 CPU 并行处理技术。这种独创的双 CPU 并行处理方式，把装置防误动和防拒动性能有机统一起来，见图 5-1-1-2。

（5）独创的双回路直流电源供电。两个保护 CPU 系统由自己独立的电源模块供电，这两个独立的保护电源模块输入分别经过空气断路器接入电厂的不同直流回路中。另外，管理 CPU 系统也有自己的电源模块和电源空气断路器。这样，在一套 DGT801A 机箱中，保护实现了双回路供电，当逆变电源模块或电厂某路直流回路故障时，保护即不会误动，也不会失去保护功能。大大提高了装置的可靠性。独创的双回路直流电源供电见图 5-1-1-3。

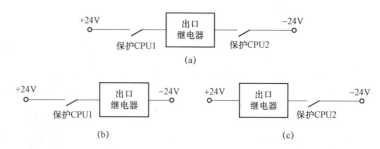

图 5-1-1-2 独创的双 CPU 并行处理出口模式

（a）装置正常时"与"门出口；（b）保护 CPU2 异常时出口方式；（c）保护 CPU1 异常时出口方式

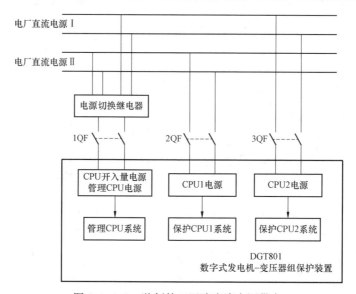

图 5-1-1-3 独创的双回路直流电源供电

（6）信号出口指示直观明确。装置设置 48 路带自保持的信号灯及其信号继电器，24 路出口灯及其出口继电器。信号灯和出口灯放置在装置面板的下半部分，直观地反映整套保护装置的动作情况。

（7）保护连接片和出口连接片独立设置，状态明确指示。

1）装置面板上每种需出口的保护设有投退连接片（保护连接片），上方有其状态指示灯，投退非常方便，且指示灯直观反映其"断""合"状态。并在就地界面可明确指示，也可通过通信上传到 DCS 系统中。

2）保护柜下部每个出口回路装设投退连接片（出口连接片）。

3）保护连接片一般为弱电回路，而出口连接片为强电回路。分开设置后保证装置的强弱电严格分开。

（8）强大的通信功能。

1）装置配有 RS485 口，100M 以太网通信口，与 DCS 或专用的管理系统通信，上传有关信息和报文。

2）具有强大的故障录波功能，录波数据与 COMTRADE 格式兼容。支持 MODBUS 和 IEC 60870–5–103 通信规约。

二、装置面板说明

DGT 型发电机–变压器组保护装置面板状态显示见图 5–1–1–4。

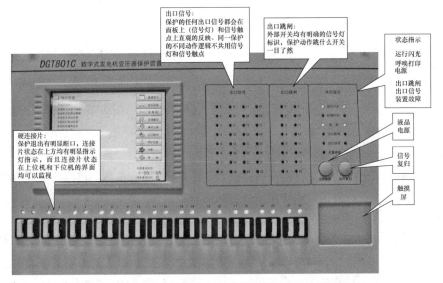

图 5–1–1–4　DGT 型发电机–变压器组保护装置面板状态显示

运行闪光：两个灯交替闪光，表示两个 CPU 运行正常。哪一个灯灭表示对应的 CPU 故障。

呼唤打印：有待打印的事故、异常报告。

电源：正常时两个灯常亮绿灯，表示两个 CPU 的电源正常，哪一个灯灭表示对应的 CPU 电源故障或消失。

出口分闸：保护装置保护动作时红灯亮，保护返回后熄灭。

出口信号：保护装置保护动作时红灯亮，保护返回后熄灭。

装置故障：保护装置自检有故障。哪一个灯亮表示对应的 CPU 自检故障。

显示器下方出口信号指示灯：保护装置动作后相应的保护动作信号自保持。

显示器下方出口分闸指示灯：保护装置动作后相应的保护动作行为信号不保持。

保护连接片：保护投退连接片。

1. 发电机-变压器组保护 C 屏

（1）C 屏 DGT-801F 分闸信号指示灯含义（CPU1）。

备注：非电量保护主变压器 A 相重瓦斯、主变压器 A 相压力释放、主变压器 B 相重瓦斯、主变压器 B 相压力释放、主变压器 C 相重瓦斯、主变压器 C 相压力释放分闸方式为直跳，动作时只有相应动作信号灯亮，分闸信号指示灯不亮。

（2）C 屏 DGT-801F 分闸信号指示灯含义（CPU2）。

备注：非电量保护高压厂用变压器重瓦斯、高压厂用变压器压力释放，动作时只有相应动作信号灯亮，分闸信号指示灯不亮。

2. 保护出口定义

（1）全停 I（II）：跳开发电机-变压器组高压断路器，跳开发电机出口开关（适用于发电机有单独的出口开关），跳开发电机灭磁开关，断开高压厂用变压器分支断路器，动作水轮机事故电磁阀，水轮机导水叶全关，切换厂用电，启动失灵。

（2）全停：跳开发电机-变压器组高压断路器，跳开发电机出口开关（适用于发电机有单独的出口开关），跳开发电机灭磁开关，断开高压厂用变压器分支断路器，动作水轮机事故电磁阀，水轮机导水叶全关，切换厂用电。

（3）解列灭磁：跳开发电机出口开关（适用于发电机有单独的出口开关），跳开发电机灭磁开关，断开高压厂用变压器分支断路器，动作水轮机事故电磁阀，水轮机导水叶全关，切换厂用电。

（4）解列：跳开发电机-变压器组高压断路器，水轮机甩负荷，同时切换厂用电。

（5）程序分闸：首先关闭水轮机导水叶，待确认水轮机导水叶关至空载开度后再动作于"发电机解列灭磁"，同时切换厂用电。

（6）减出力：将水轮机出力减至给定值。

（7）信号：发出信号。

（8）切换厂用电：启动厂用电快切装置切换厂用电。

（9）闭锁厂用电切换：将厂用电切换装置闭锁。

（10）分支解列：断开厂用高压变压器分支断路器。

（11）降低励磁电流：将励磁电流减小。

三、A 屏保护装置投入开关装置小空气断路器作用

A 屏保护装置投入开关装置小空气断路器作用见表 5-1-1-1。

表 5-1-1-1 　　　　　　A 屏保护装置投入开关装置小空气断路器作用

序号	开关名称	作　　　用
1	1QF	两路直流切换后，DGT-801C（CPU1）开入量电源
2	2QF	DGT-801C（CPU1A）直流电源
3	3QF	DGT-801C（CPU1B）直流电源
4	4QF	两路直流切换后，DGT-801B（CPU2）开入量电源
5	1ZK	CPU1 直流电源自动切换开关
6	5QF	DGT-801B（CPU2A）直流电源
7	6QF	DGT-801B（CPU2B）直流电源
8	2ZK	CPU2 直流电源自动切换开关
9	QF	交流电源开关

四、保护装置动作后的处理

（1）保护动作后，液晶屏保自动取消，若未取消，液晶屏电源开关启动液晶屏。

（2）收集和保存动作打印报告：保护动作后，打印机自动记录打印动作报告，记录动作类型、动作时间及动作参数。保存好动作报告。

（3）复归信号：值长允许后，方可进行信号复归。信号复归手动进行，需按装置面板上的复归按钮，复归该装置的信号指示灯。

（4）若怀疑不正确动作时，信号不可忙于复归，应准确记录好装置动作的各个信号及异常现象，同时联系继电人员立即到现场检查，待检查完毕后，方可进行信号复归。

1）按表计监视该 CPU 提供观察的有关参数，并作记录。

2）随机打印一次实时运行参数。

3）该 CPU 复位一次后重复以上两项。

4）集中所有报告、记录，分析装置动作原因，进行事故处理。

五、装置异常及紧急处理

装置发出装置故障信号或出现运行指示灯不正常、显示器不正常等现象时，应作以下紧急处理：

（1）根据装置故障情况，能产生严重后果者须立即退出有关保护的出口连接片。

（2）保留全部打印数据，记录有关现象。

（3）立即通知继电人员前来检查处理。

（4）观察自检闪光是否正常，若不正常则可判断为 CPU 插件故障。

（5）若非 CPU 故障则可根据打印信息判断故障插件。

（6）若打印机异常，而微机保护装置无异常时，不必停用保护装置，只需对打印机作适当处理。

【思考与练习】

1. 判断题：DGT 型发电机–变压器组保护装置由双电源、双 CPU 系统构成保护 CPU1 系统和保护 CPU2 系统是完全不同的两套系统，但相互之间完全独立。（　）

2. DGT 型发电机–变压器组保护装置保护出口分闸Ⅰ（Ⅱ）与保护出口分闸的定义有何不同？

▲ 模块 2　WFB 型微机发电机–变压器组成套保护装置运行维护（Z49I1002）

【模块描述】本模块介绍 WFB 型微机发电机–变压器组成套保护装置运行维护及故障。通过原理讲解和故障分析，掌握 WFB-800 微机发电机–变压器组成套保护装置运行维护项目，熟悉故障现象分析处理。

【模块内容】

一、微机发电机–变压器组成套保护装置运行规定

WFB-800 微机发电机–变压器组成套保护装置满足大型发电机–变压器组双套主保护、双套后备保护、非电量类保护完全独立的配置要求。WFB-801 装置集成了一台发电机的全部电气量保护，WFB-802 装置集成了一台主变压器的全部电气量保护。

1. WFB-800 微机发电机–变压器组成套保护装置整体结构

（1）软件平台采用 ATI 公司的 RTOS 系统 Nucleus Plus。Nucleus Plus 是一个经过测试的内核，保证软件运行的稳定性。

（2）保护装置采用新一代 32 位基于 DSP 技术的通用硬件平台。硬件电路采用后插拔式的插件式结构，装置有两个完全独立的、相同的 CPU 板，并各自具有独立的采样、A/D 变换、逻辑计算功能；装置核心部分采用德州仪器公司（Texas Instruments）的 32 位数字信号处理器 TMS320C32，主要完成保护的出口逻辑及后台功能；模拟量变换由 2～3 块交流变换插件完成，功能是将 TA、TV 二次电气量转换成小电压信号；保护出口和开入由两块分闸出口插件和 4 块开入开出插件构成，完成分闸出口、信号出口、开关量输入等功能。

2. WFB–800 微机发电机–变压器组成套保护装置的保护配置

（1）发电机比率制动式差动保护。比率制动式差动保护是发电机内部相间短路故障的主保护。

（2）发电机匝间保护。发电机匝间保护作为发电机内部匝间短路的主保护。采用故障分量负序方向（ΔP_2）保护，保护装在发电机端，不仅可作为发电机内部匝间短路的主保护，还可作为发电机内部相间短路及定子绕组开焊的保护。

（3）定子接地保护。作为发电机定子回路单相接地故障保护，当发电机定子绕组任一点发生单相接地时，该保护按要求的时限动作于分闸或信号。

基波零序电压保护发电机从机端算起的 85%～95%的定子绕组单相接地；三次谐波电压保护发电机中性点附近定子绕组的单相接地。

（4）转子一点接地保护。该保护主要反映转子回路一点接地故障。

（5）低励、失磁保护。发电机励磁系统故障使励磁降低或全部失磁，从而导致发电机与系统间失步，对机组本身及电力系统的安全造成重大危害。因此，大、中型机组要装设失磁保护。

（6）失步保护。适用于大型发电机–变压器组，当系统发生非稳定振荡即失步并危及机组或系统安全时，动作于信号或分闸。本保护采用三阻抗元件，通过阻抗的轨迹变化来检测滑极次数并确定振荡中心的位置。

（7）负序过电流保护。负序过电流保护可作为发电机不对称故障的保护或非全相运行保护（定时限）。

（8）低阻抗保护。当电流、电压保护不能满足灵敏度要求或根据网络保护间配合的需要，发电机和变压器的相间故障后备保护可采用低阻抗保护。

（9）负序反时限过电流保护。作为发电机不对称故障和不对称运行时，负序电流引起发电机转子表面过热的保护，可兼作系统不对称故障的后备保护。

（10）发电机对称过负荷保护。发电机对称过负荷保护用于大中型发电机组，作为对称过流和对称过负荷保护，接成三相式，取其中的最大相电流判别。主要保护发电机定子绕组的过负荷或外部故障引起的定子绕组过电流，由定时限过负荷和反时限过流两部分组成。

（11）过电压保护。过电压保护可作为过压启动、闭锁及延时元件。保护取三相线电压，当任一线电压大于整定值，保护即动作。

（12）变压器（发电机–变压器组、励磁变压器）差动保护。比率制动式差动保护是变压器（发电机–变压器组、励磁变压器）的主保护，能反映变压器内部相间短路故障、高压侧单相接地短路及匝间层间短路故障；保护能正确区分励磁涌流、过励磁故障。

（13）过励磁保护。该保护主要用于变压器因频率降低或电压升高引起的铁芯工作磁密过高时的保护。

（14）零序（方向）过电流保护。零序（方向）过电流保护作为变压器或相邻元件接地故障的后备保护，保护可以配置成多段多时限。

（15）间隙零序过电流保护。通常间隙零序过电流保护应用于中性点接地系统中的中性点不接地（或中性点有时接地有时不接地）且中性点有对地放电间隙的变压器，作为变压器中性点不接地运行时单相接地故障的后备保护，当过电压间隙被击穿时，间隙零序过流元件动作，经 0.3～0.5s 延时分闸。

（16）过流保护。作为变压器过流故障或过负荷的灵敏启动及延时元件。保护判断三相电流中最大值大于整定值时动作。

二、装置的运行维护

（一）对运行人员的要求

（1）熟悉保护装置回路接线。

（2）熟悉保护面板各指示灯意义。

（3）能操作保护出口回路连接片，动作信息的复归。

（4）管理好打印机和打印报告，防止其卡纸和报告丢失，熟悉打印信息。

（5）了解保护装置现有定值。

（6）熟悉保护装置的运行环境要求。

（二）装置的投运

（1）修后或新安装的保护装置投运前，继电人员对运行人员的交待应包括如下内容：

1）校时准确。

2）定值核对无误，必要时，运行人员打印一份各模块的保护定值清单存档。

3）二次操作回路检查无异常，保护试验对应的断路器应能正确跳开，操作回路指示灯指示正确。

（2）系统工频电压、电流加入保护屏后，其三相电压、电流相序及相位检查无异常。

（3）系统工频电压、电流加入保护屏后，差动保护差流值正常。

（4）对电压互感器开口三角的 L、N 线校核，装置接入开口三角的极性端正确。

（5）通过开口三角试验电压确定 $3U_0$ 极性的正确。

三、装置的运行

（1）装置正常运行信号。保护装置的运行指示灯（绿灯）有规律闪动（闪动频率约为 5Hz），管理机液晶显示内容正确，无任何告警灯信息，电源插件上+5、±15V 及

+24V 指示灯指示正常。

（2）保护动作信号及报告。每次保护动作，无论是否分闸，均有信号指示，同时打印一份动作报告，在装置面板上相应的指示灯点亮，该指示灯一直保持点亮，直至信号被复归。

（3）装置正常运行时的注意项。

1）运行中不允许修改定值，按规定在修改定值时要先断开分闸连接片，输入固化定值后要等核对正确并恢复正常运行时，重新投入分闸连接片。

2）保护全停，要先断开分闸连接片，再停直流电源，不允许用仅停直流的方法代替。

3）运行人员不允许不按规定操作程序随意按动装置插件上的键盘、开关。

（4）当一套装置出现 TV 断线，有断线报警，此时退出该套装置 TV 所带的差动保护，另一套保护可以运行。

（5）当任一套保护的信号 CPU、分闸 CPU 故障，该套装置无法分闸，将该套保护的分闸、灭磁、停机连片退出；另一套保护可以运行。

（6）正常时，只有一套转子一点接地保护投入运行。转子测绝缘时，防止转子一点接地保护误动，需将转子一点接地保护连接片退出。

（7）当进行连接片投、退操作时，装置出现相应的显示及打印报告，运行人员可通过盘上复归按钮复归上述显示。

四、装置的巡回检查项目

（1）检查面板，各指示应正常。

1）所有保护插件及通信管理接口插件上运行指示灯（绿灯）有规律闪动（闪动频率为 5Hz）。

2）单元管理机液晶显示内容正确。

3）无任何告警灯点亮。

4）电源插件上+5、±15V 及±24V 指示灯指示正常（盘后）。

（2）打印机有无输出，若有输出应立即取出打印报告，操作有困难时，应及时通知检修人员设法取出报告。

（3）检查装置所处环境是否符合装置运行要求，不符合要求时应联系有关人员进行清洁处理。

（4）其他检查内容按继电保护定期巡检要求项目进行。

五、保护装置动作后的处理

（1）保护动作后，单元管理机液晶屏保自动取消，若未取消，可按"+"或"−"键进行取消，不得按其他按键。

（2）收集和保存动作打印报告：保护动作后，打印机自动记录打印动作报告，记录动作类型、动作时间及动作参数。保存好动作报告。

（3）复归信号：值长允许后，方可进行信号复归。信号复归手动进行，需按装置面板上的复归按钮，复归该装置的信号指示灯。

（4）若怀疑不正确动作时，信号不可忙于复归，应准确记录好装置动作的各个信号及异常现象，同时联系继电人员立即到现场检查，待检查完毕后，方可进行信号复归。

1）按表计监视该 CPU 提供观察的有关参数，并作记录。

2）随机打印一次实时运行参数。

3）该 CPU 复位一次后重复以上两项。

4）集中所有报告、记录，分析装置动作原因，进行事故处理。

六、装置异常及紧急处理

装置发出装置故障信号或出现运行指示灯不正常、显示器不正常等现象时，应作以下紧急处理：

（1）根据装置故障情况，能产生严重后果者须立即退出有关保护的出口连接片。

（2）保留全部打印数据，记录有关现象。

（3）立即通知继电人员前来检查处理。

（4）观察自检闪光是否正常，若不正常则可判断为 CPU 插件故障。

（5）若非 CPU 故障则可根据打印信息判断故障插件。

（6）若打印机异常，而微机保护装置无异常时，不必停用保护装置，只需对打印机作适当处理。

【思考与练习】

1. WFB 型微机发电机-变压器组成套保护装置发出装置故障信号或出现运行指示灯不正常、显示器不正常等现象时，应如何处理？

2. WFB 型微机发电机-变压器组成套保护装置修后或新安装的保护装置投运前，继电人员对运行人员交待哪些内容？

▲ 模块 3　CSC 型数字式发电机-变压器组保护装置运行 （Z49I1003）

【模块描述】本模块介绍 CSC 型数字式发电机-变压器组保护装置运行维护及故障。通过知识讲解，掌握 CSC 型数字式发电机-变压器组保护装置运行维护项目及故障现象分析处理。

【模块内容】

一、装置运行

（一）装置投运前检查

（1）装置上电后，面板运行灯应亮，其他灯应不亮。

（2）装置面板液晶显示的电流和电压幅值及角度应与运行状态相符。

（3）检查面板显示交流量是否正确、差动电流是否在规定范围内。

（4）三相差流平衡且均小于 20%最小动作电流；否则，应进一步检查接线或保护定值。

（5）检查保护装置显示屏上定值区号应显示正确。

（6）检查定值区和定值，保护装置存入的定值与定值单应定值一致。

（7）按调度命令投入保护连接片（一次只能投一个连接片）。

（8）检查面板显示的保护连接片状态应与投入的一致。

（9）检查出口连接片位置应正确。

（10）屏上各操作箱应运行正常。

（11）屏上本体保护应运行正常。

（二）运行情况下注意事项

（1）运行中，禁止不按指定操作程序随意按动面板上键盘。

（2）严禁随意操作如下命令：

1）开出传动。

2）修改定值，固化定值。

3）设置运行 CPU 数目。

4）改变定值区。

5）改变本装置在通信网中的地址。

（三）常见异常情况及对策

装置可以检查到所有硬件的状态，包括开出回路的继电器线圈。值班人员可以通过告警灯和告警光字排发现装置是否处于故障状态，并可以通过液晶显示和打印报告（故障信息为汉字）知晓故障位置和性质。

消除故障的方法为更换故障插件和消除外部故障（如 TA 断线、差流告警、TV 断线等）。

（四）保护动作后处理

保护动作后应注意以下事项：

（1）勿急于对装置断电或拔出插件检查，也不要急于对装置做模拟试验。

（2）完整、准确记录灯光信号、装置液晶循环显示的报告内容。

（3）检查后台机（或打印机）的保护动作事件记录。

（4）向调度及保护人员报告。如有打印机，应立即从 CPU 和 MMI 板分别复制保护动作报告。

（5）如果无打印机或工程师站，应通知制造厂来人处理。在此之前不应断开装置的直流电源或做模拟试验。

（6）收集、整理动作报告。

（7）如有录波，及时取出录波数据。

（8）集中所有报告、记录，分析动作原因。

（9）通知制造厂并将报告记录及时传真至制造厂。

（10）查明动作原因，必要时对装置做模拟试验。

二、装置维护

（一）电源损坏

电源经长期运行后可能会发生以下问题：

（1）芯片由于过热而提前老化。

（2）电解电容老化引起电解液干涸，引发滤波效果差、纹波系数过大。

（3）电解电容老化引起电解液渗漏而发生短路。

（4）个别电阻由于过热而烧毁。

（5）电压超差。

电源故障最直接的处理方法就是更换电源插件。电源插件不宜长期储备，建议每 4～6 年购置一次电源备件。发现电源损坏时应立即更换，并重购备件或修理已损坏的电源。

（二）微机系统插件故障

装置的自检功能可及时查出主要芯片及其相关电路的功能故障，从而及时发出报警，其打印的信息一般将故障部位定位于插件。

可根据相关信息检查、排除故障或直接更换插件。各插件更换时的注意事项如下：

1. CPU 插件

（1）更换时应关闭电源。

（2）更换后应重新固化定值。

（3）更换后应重新观察模拟量。

（4）更换后应重新进行开出测试。

2. MMI 面板

可整体更换。

3. 微机部分其他插件

主要注意有无连线短路。若有，在更换插件时，应按被替换的插件的接线要求进行连接。

4. 交流插件更换

更换此插件时应注意插件中各小 TA、小 TV 数量和位置是否正确，小 TA 的额定电流规格是否正确，所用电阻是否与原来一致。更换后应检查所有通道的零漂、刻度及极性。

5. 开入插件

更换后，应重新进行开入测试。

6. 分闸插件

更换后，应重新进行分闸测试。

7. 信号插件

更换后，应重新进行信号灯显示的正确性测试。

8. 打印机

打印机卡纸或字迹模糊时，应调整打印机装纸机构，重新装纸。字迹淡即需要更换色带。打开打印机防尘盖，换上新色带（盒）。

注意：带盒要压到位，色带要嵌到位。

三、保护装置动作后的处理

（1）保护动作后，液晶屏保自动取消，若未取消，液晶屏电源开关启动液晶屏。

（2）收集和保存动作打印报告：保护动作后，打印机自动记录打印动作报告，记录动作类型、动作时间及动作参数。保存好动作报告。

（3）复归信号：值长允许后，方可进行信号复归。信号复归手动进行，需按装置面板上的复归按钮，复归该装置的信号指示灯。

（4）若怀疑不正确动作时，信号不可忙于复归，应准确记录好装置动作的各个信号及异常现象，同时联系继电人员立即到现场检查，待检查完毕后，方可进行信号复归。

1）按表计监视该 CPU 提供观察的有关参数，并作记录。

2）随机打印一次实时运行参数。

3）该 CPU 复位一次后重复以上两项。

4）集中所有报告、记录，分析装置动作原因，进行事故处理。

四、装置异常及紧急处理

装置发出装置故障信号或出现运行指示灯不正常、显示器不正常等现象时，应作以下紧急处理：

（1）根据装置故障情况，能产生严重后果者须立即退出有关保护的出口连接片。

（2）保留全部打印数据，记录有关现象。

（3）立即通知继电人员前来检查处理。

（4）观察自检闪光是否正常，若不正常则可判断为 CPU 插件故障。

（5）若非 CPU 故障则可根据打印信息判断故障插件。

（6）若打印机异常，而微机保护装置无异常时，不必停用保护装置，只需对打印机作适当处理。

【思考与练习】

1. CSC 型数字式发电机–变压器组保护装置运行严禁随意操作哪些命令？

2. CSC 型数字式发电机–变压器组保护装置更换 CPU 插件时应注意哪些内容？

▲ 模块 4　RCS 型发电机–变压器组微机保护装置运行（Z49I1004）

【模块描述】 本模块介绍 RCS 型发电机–变压器组微机保护装置运行维护及故障。通过原理讲解和故障分析，掌握 RCS–985 发电机–变压器组微机保护装置运行维护项目，熟悉故障现象分析处理。

【模块内容】

一、概述

RCS–985 采用了高性能数字信号处理器 DSP 芯片为基础的硬件系统，并配以 32 位 CPU 用作辅助功能处理。是真正的数字式发电机–变压器保护装置。

RCS–985 为数字式发电机–变压器保护装置，适用于大型汽轮发电机、燃汽轮发电机、核电机组、水轮发电机组等类型的发电机–变压器组单元接线及其他机组接线方式，并能满足发电厂电气监控自动化系统的要求。

RCS–985 提供一个发电机–变压器单元所需的全部电量保护，保护范围：主变压器、发电机、高压厂用变压器、励磁变压器（励磁机）。根据实际工程需要，配置相应的保护功能。对于一个大型发电机–变压器组单元或一台大型发电机，配置两套 RCS–985 保护装置，可以实现主保护、异常运行保护、后备保护的全套双重化，操作回路和非电量保护装置独立组屏。两套 RCS–985 取不同组 TA，主保护、后备保护共用一组 TA，出口对应不同的分闸线圈，因此，具有以下优点：

（1）设计简洁，二次回路清晰。

（2）运行方便，安全可靠，符合反事故措施要求。

（3）整定、调试和维护方便。

二、配置说明

1. 差动保护配置说明

（1）配置方案1：对于300MW及以上机组，A、B屏均配置发电机-变压器组差动、主变压器差动、发电机差动、高压厂用变压器差动。发电机-变压器组差动范围一般差至高压厂用变压器低压侧，也可选择差至高压厂用变压器高压侧。

（2）配置方案2：对于100MW以上、300MW以下机组，A、B屏配置主变压器差动、发电机差动、高压厂用变压器差动。

（3）差动保护原理方案：对于发电机-变压器组差动、变压器差动、高压厂用变压器差动，需提供两种涌流判别原理，如二次谐波原理、波形判别原理等，一般一套装置中差动保护投二次谐波原理，另一套装置投波形判别原理。

2. 后备保护和异常运行保护配置说明

A、B屏均配置发电机-变压器组单元全部后备保护，各自使用不同的TA。

（1）对于零序电流保护，如没有两组零序TA，则A屏接入零序TA，B屏可以采用套管自产零序电流。此方式两套零序电流保护范围有所区别，定值整定时需分别计算。

（2）转子接地保护因两套保护之间相互影响，正常运行时只投入一套，需退出本屏装置运行时，切换至另一套转子接地保护。

3. 外加20Hz电源定子接地保护配置

配置外加20Hz电源定子接地保护时，需配置20Hz电源、滤波器、中间变流器、分压电阻、负荷电阻附加设备，RCS-985U定子接地保护辅助电源装置可单独组屏，也可与保护一起组屏。

4. 电流互感器配置说明

（1）A、B屏采用不同的电流互感器。

（2）主后备共用一组TA。

（3）主变压器差动、发电机差动均用到机端电流，一般引入一组TA给两套保护用，对保护性能没有影响。RCS-985保留了两组TA输入，适用于需要两组的特殊场合。

（4）主变压器差动、高压厂用变压器差动均用到厂用变压器高压侧电流，由于主变压器容量与厂用变压器容量差别非常大，为提高两套差动保护性能，一般保留两组TA分别给两套保护用，RCS-985通过软件选择，可以适用于只有一组TA的情况。

（5）220kV侧最好有一组失灵启动专用TA。

5. 电压互感器配置说明

（1）A、B 屏尽量采用不同的电压互感器或互相独立的绕组。

（2）对于发电机保护，配置匝间保护方案时，为防止匝间保护专用 TV 高压侧断线导致保护误动，一套保护需引入两组 TV。如考虑采用独立的 TV 绕组，机端配置的 TV 数量太多。一般不能满足要求。发电机机端建议配置 3 个 TV 绕组：TV1、TV2、TV3，A 屏接入 TV1、TV3 电压，B 屏接入 TV2、TV3 电压。正常运行时，A 屏取 TV1 电压，TV3 作备用；B 屏取 TV2 电压，TV3 作备用；任一组 TV 断线，软件自动切换至 TV3。

（3）对于零序电压，一般设有两个绕组，同时接入两套保护装置。

6. 失灵启动

《反事故措施实施细则》对失灵启动提出了详细的规定，失灵启动含有发电机–变压器组保护动作触点，由于断路器失灵保护的重要性，具体实施方案如下：

（1）失灵启动不应与电量保护在同一个装置内，以增加可靠性。

（2）失灵启动只配置一套。

三、智能化操作

1. 人机对话

正常时，液晶显示时间、机组单元的主接线、各侧电流、电压大小和差电流大小。键盘操作简单，采用菜单工作方式，仅有+、−、↑、↓、←、→、RST、ESC、ENT 9 个按键，易于学习掌握。人机对话中所有的菜单均为简体汉字，打印的报告也为简体汉字，以方便使用。

2. 装置的全透明

运行时，保护装置可以显示多达 500 个各种采样量、差流、相角值，通过专用软件可以监视多达 1500 个装置内部数据，实现保护装置的全透明。

3. 大容量录波功能

由于一台 RCS–985 装置引入了一个发电机–变压器组单元（或发电机）的全部模拟量，因此，保护启动后，装置同时录下全部模拟采样量、差流及保护动作情况，连续录波时间长达 4s。

4. 通信接口

4 个与内部其他部分电气隔离的 RS485 通信接口，其中有两个可以复用为光纤接口；另外有一个调试通信接口和独立的打印接口；利用通信接口还可共享网络打印机；通信规约使用 IEC60870–5–103《继电保护设备信息接口配套标准》、MODBUS 规约和 LFP 规约。

四、保护装置的运行

1. 装置正常运行状态

信号灯说明如下：

（1）"运行"灯为绿色，装置正常运行时点亮，熄灭表明装置不处于工作状态。

（2）"TV 断线"灯为黄色，TV 异常或断线时灯亮。

（3）"TA 断线"灯为黄色，TA 异常或断线、差流异常时灯亮。

（4）"报警"灯为黄色，保护发报警信号时灯亮。

（5）"分闸"灯为红色，当保护动作时灯亮，并磁保持；在保护返回后，只有按下"信号复归"或远方信号复归后才熄灭。

2. 运行工况及说明

（1）保护出口的投、退可以通过分闸出口连接片实现。

（2）保护功能可以通过屏上连接片或内部连接片、控制字单独投退。

（3）装置始终对硬件回路和运行状态进行自检，当出现严重故障时（备注带"*"），装置闭锁所有保护功能，并灭"运行"灯，否则只退出部分保护功能，发告警信号。

（4）启动风冷、闭锁调压等工况，装置只发报文，不发报警信号（备注带"#"）

3. 装置闭锁与报警

（1）当 CPU 检测到装置本身硬件故障时，发装置闭锁信号，闭锁整套保护。硬件故障包括 RAM（随机存取存储器）异常、程序存储器出错、EEPROM（可擦可编程只读存储器）出错、定值无效、光电隔离失电报警、DSP（能够实现数字信号处理技术的芯片）出错和分闸出口异常等。此时装置不能够继续工作。

（2）当 CPU 检测到装置长期启动、不对应启动、装置内部通信出错、TA 断线、TV 断线、保护报警信号时发出装置报警信号。此时装置还可以继续工作。

五、保护装置动作后的处理

（1）保护动作后，液晶屏保自动取消；若未取消，用液晶屏电源开关启动液晶屏。

（2）收集和保存动作打印报告：保护动作后，打印机自动记录打印动作报告，记录动作类型、动作时间及动作参数。保存好动作报告。

（3）复归信号：值长允许后，方可进行信号复归。信号复归手动进行，需按装置面板上的复归按钮，复归该装置的信号指示灯。

（4）若怀疑不正确动作时，信号不可忙于复归，应准确记录好装置动作的各个信号及异常现象，同时联系继电人员立即到现场检查，待检查完毕后，方可进行信号复归。

1）按表计监视该 CPU 提供观察的有关参数，并作记录；

2）随机打印一次实时运行参数；

3）该 CPU 复位一次后重复以上两项；

4）集中所有报告、记录，分析装置动作原因，进行事故处理。

六、装置异常及紧急处理

装置发出装置故障信号或出现运行指示灯不正常、显示器不正常等现象时，应作以下紧急处理：

（1）根据装置故障情况，能产生严重后果者须立即退出有关保护的出口连接片。

（2）保留全部打印数据，记录有关现象。

（3）立即通知继电人员前来检查处理。

（4）观察自检闪光是否正常，若不正常则可判断为 CPU 插件故障。

（5）若非 CPU 故障则可根据打印信息判断故障插件。

（6）若打印机异常，而微机保护装置无异常时，不必停用保护装置，只需对打印机作适当处理。

【思考与练习】

1. RCS 型发电机–变压器组微机保护装置正常运行时哪些信号灯在亮？哪些信号灯在灭？具体有什么含义？

2. 当 RCS 型发电机–变压器组微机保护装置出现严重故障时应如何处理？

▲ 模块 5 RCS 型变压器非电量及辅助保护装置运行
（Z49I1005）

【模块描述】 本模块介绍 RCS 型变压器非电量及辅助保护装置运行维护及故障。通过原理讲解和故障分析，掌握 RCS 型变压器非电量及辅助保护装置运行维护项目，熟悉故障现象分析处理。着重介绍 RCS–974A 变压器的非电量保护、非全相保护及断路器失灵启动保护装置。

【模块内容】

一、应用范围

RCS–974A 装置为变压器的非电量保护、非全相保护及断路器失灵启动保护装置，用于 220kV 及以上电压等级的不分相式变压器，满足变电站综合自动化系统的要求；RCS974AG 装置的逻辑端子定义等均与 RCS–974A 相同，用于发电厂用变压器压器，非电量名称定义由原来的具体名称变为非电量 X，具体接入什么非电量信号由用户自定。其中 RCS974AG 机箱包括两种型号：RCS974AG 和 RCS974AG2，RCS974AG2 具有硬件分闸矩阵功能（最后一块插件和 RCS974AG 不同）。RCS974AG 机箱和 RCS974AG2 机箱的软件版本是一致的。

二、保护配置

RCS-974A（AG）装置可提供：

（1）非电量保护装置设有 7 路非电量信号接口、5 路非电量直接分闸接口、3 路非电量延时分闸接口。所有的非电量信号均可通过 RS485 通信接口传送给上位机。

（2）非全相保护。非全相一时限可整定选择经过零序或负序电流闭锁，二时限还可整定是否经相电流、发电机-变压器组保护动作触点闭锁，可整定选择使用两组 TA，可选用强电或弱电三相不一致开入节点。

（3）失灵保护。可整定选择经过零序、负序电流闭锁，可整定是否经变压器保护动作触点、断路器三相不一致触点、断路器合闸位置触点闭锁，可整定选择使用两组 TA。

三、性能特征

（1）非电量中央信号触点以及信号灯为磁保持。

（2）具有非电量电源监视功能。

（3）非电量保护与辅助保护相互独立。

（4）装置采用整体面板、全封闭机箱，强弱电严格分开，取消传统背板配线方式，同时在软件设计上也采取相应的抗干扰措施，装置的抗干扰能力大大提高，对外的电磁辐射也满足相关标准。

（5）完善的事件报文处理。

（6）友好的人机界面、汉字显示、中文报告打印。

（7）灵活的后台通信方式，配有 RS485 通信接口（可选双绞线、光纤）或以太网。

（8）支持 DL/T 667《远动设备及系统　第 5 部分：传输规约　第 103 篇：继电保护设备信息接口配套标准》的通信规约。

（9）与 COMTRADE 格式兼容的故障录波。

（10）RCS974AG 支持 MODBUS 通信规约。

四、装置运行说明

1. 装置正常运行状态信号灯说明如下：

（1）"运行"灯为绿色，装置正常运行时点亮，熄灭表明装置不处于工作状态。

（2）"报警"灯为黄色，装置有异常时点亮。

（3）"电量分闸"灯为红色，当非全相保护动作并出口时点亮。

（4）"非电量延时分闸"灯为红色，当非电量延时保护动作并出口时点亮。

（5）"1，2，3，…，16"等灯为红色，当外部非电量信号触点闭合时，对应的红色信号灯点亮。

（6）当装置"报警"点亮后，待异常情况消失后会自动熄灭。"电量分闸""非电量延时分闸"和"1，2，3…16"等信号灯只在按下"信号复归"或远方信号复归后才熄灭。

2. 运行工况及说明

（1）保护出口的投、退可通过分闸出口连接片实现。

（2）保护功能可以通过屏上硬连接片或软件控制字单独投退。

（3）装置始终对硬件回路和运行状态进行自检，当出现严重故障时（带"*"），装置闭锁所有保护功能，并熄灭"运行"灯。若出现其他故障时，装置只退出部分保护功能。

3. 装置闭锁与报警

（1）当 CPU 检测到装置本身硬件故障时，发装置闭锁信号且闭锁整套保护。硬件故障包括存储器出错、程序区出错、定值区无效、定值出错、光耦失电、DSP 定值出错、DSP 采样异常、CPU 采样异常和分闸出口异常等，此时装置不能够继续动作。

（2）当 CPU 检测到装置长期启动、TA 异常、失灵第二时限启动、非电量外部重动触点信号等时，发出装置报警信号。此时装置还可以继续工作。

【思考与练习】

1. RCS–974A 变压器的非电量保护、非全相保护及断路器失灵启动保护装置正常运行时哪些指示灯在亮？含义是什么？

2. RCS–974A 装置为变压器的非电量保护、非全相保护及断路器失灵启动保护装置硬件故障有哪些？

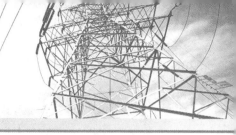

第二章

母 线 保 护 运 行

◢ 模块 1　母线保护运行规定（Z49I2001）

【模块描述】本模块介绍母线保护装置运行规定。通过原理讲解，掌握固定结线式母差、比率式母差、单母线母差的运行规定。

【模块内容】

一、母线差动保护运行规定

（一）母线差动保护现在常用的基本类型

1. 固定结线式母差

（1）固定结线式母差保护要求两条母线通过母联断路器并列运行，两条母线联结的元件按规定方式固定联结。

（2）下列运行方式下，固定结线式母差投入"有选择"方式运行：

1）双母线通过母联断路器并列，母线元件按固定方式联结。

2）母联断路器断开，两条母线元件仍按固定方式联结。

（3）下列方式中固定结线式母差投无选择位置运行。

1）母线倒闸操作，元件隔离开关双跨两条母线。

2）母线固定联结方式被破坏。

3）母联断路器代送元件时。

4）单母线运行时。

（4）下列方式下固定联结式母差必须停用：

1）母联断路器断开，两条母线固定联结方式被破坏。

2）母联兼旁路当作旁路代送，但其交、直流回路不能切换时。

2. 比率式母差

（1）这种母线差动保护的构成原理与固定结线式母差相类似：也有一组启动元件和两组选择元件。但它不受双母线元件必须固定联结的限制。为了在母线元件倒闸操作后，即破坏固定结线方式后仍具有选择性，专门设置了由元件隔离开关辅助触点控制的自动切换回路，在元件由一条母线倒至另一条母线运行时，自动切换回路能对其二次交流回路、分闸回路与断路器失灵启动回路自动进行切换，使其与元件所在母线相对应。

这种母差保护与固定结线式母差保护有相似的性能，但运行灵活，用于 220kV 及以上电网母线保护装置。

（2）下列运行方式装置能自动实现"有选择"分闸：

1）双母线通过母联断路器并列运行，母线元件按固定联结或破坏固定联结时。

2）母联断路器断开，两条母线元件仍按固定联结或破坏固定联结时。

（3）下列运行方式装置能自动实现"无选择"分闸：

1）母线倒闸操作，隔离开关双跨母线。

2）单母线运行。

3. 单母线母差

单母线母差一般用于单母线或 3/2 接线方式的变电站。

（二）母差保护运行规定

（1）当母差保护的断线监视毫安表出现下列情况时，要请示上级调度将其停用，并立即进行检查处理：

1）毫安表指示大于 100mA 时；

2）毫安表指示虽不大于 100mA，但突然增长值大于 30mA 时。

（2）当母差保护断线信号出线时，要立即将母差保护停用；然后报告网调，并通知主管继电部门检查处理。

（3）为防止母差保护误动，除 3/2 接线方式母差保护外，母差保护分闸回路均经"电压闭锁"元件控制；电压应引自元件所在母线电压互感器，当电压互感器停电时，要相应地切换电压闭锁元件连接片。

（4）当电压断线信号出现时，母差保护可继续运行，但此期间不准在母差保护回路上进行作业。

（5）断路器停电后，断路器的电流互感器二次有作业时，必须将该电流互感器接母差的二次线自母差回路中脱离后方可工作。在进行断开或接入母差电流互感器二次时，应做好标志与安全措施，防止恢复时误接线。若不能保证作业时的安全性，应将母差保护停用后，再进行母差电流互感器二次作业，母差保护投入前应测相位及差流差压无问题后方可投入运行。

（6）新投入的母差保护或运行中的母差保护回路有较大变动时，必须检查回路结线的正确性，特别是出口分闸回路和交流回路接线的正确性；母差保护投入前，必须先检测断线监视毫安表的指示小于正常规定值。

（7）母差保护停用是指断开装置出口连片。在母差屏上作业时除应断开各元件分闸连片外，还应断开与母差有关的其他回路。

（8）用母联向不带电的空母线充电时，母差保护动作必须满足瞬时切开母联，切其他元件回路自动退出，否则在合母联前，必须断开母差保护跳其他元件连接片与高频停信（或发信）连接片。

（9）母差保护出口回路的切换片与断路器失灵保护启动回路切换片的位置，必须与母线当时运行的实际连接方式相对应。

二、母线保护的主要功能

（1）母线区内发生各种故障时正确动作。

（2）在各种类型区外故障时，不应发生误动作。

（3）不应受电流互感器暂态饱和的影响而发生不正确动作。

（4）正确切除由区外转区内的故障。

（5）适应被保护母线的各种运行方式，并保证其原有的选择性与快速性。

（6）装用于保护分段单母线时，分段断路器不迟于其他母线连接元件的断路器分闸；当分段兼旁路断路器用于代路时保证选择性。

（7）保护双母线时，其交流电流回路及分闸回路能随母线连接元件的运行位置的改变而自动切换。

（8）在双母线同时或相继故障时装置瞬时切除母线全部连接元件。

（9）在母线连接元件倒闸操作的过程中正确判断并瞬时切除故障。

（10）在母线充电时正确判断并瞬时切除故障。

（11）在母联断路器或分段兼旁路断路器用于代路运行时装置保证选择性。

（12）母线故障时母联断路器或分段断路器不迟于其他母线连接元件的断路器分闸。

（13）对构成环路的各类母线，装置不因母线故障时有流出母线的短路电流而拒绝动作。

（14）母线解列或分段运行时正确判断并瞬时切除故障。

（15）适用于电流互感器变比不一致的场合。内含补偿措施，并调整方便且准确。

（16）通过失灵保护装置或后备回路，在母联及分段断路器拒绝动作或当母联及分段断路器与电流互感器之间故障时，能带时限切除另一段母线。

（17）具有在线自检功能，并有闭锁元件或其他措施以防止装置在交流电流回路断线或装置单一功能异常时误动，并且发出告警信号。

（18）具有硬件闭锁回路，只有在电力系统发生故障，保护装置启动时，才允许开放分闸回路。

【思考与练习】

1. 当母差保护的断线监视毫安表出现哪些情况时，要请示上级调度将其停用？
2. 母线差动保护现在常用的基本类型有哪些？

▲ 模块 2 BP 型微机母差保护装置运行（Z49I2002）

【模块描述】本模块介绍 BP 型微机母差保护装置运行。通过原理讲解，掌握 BP 型微机母差保护装置的运行维护规定。

【模块内容】

BP 型微机母差保护装置适用于 500kV 及以下电压等级的单母线、单母分段、双母线、双母单分段、双母双分段和 3/2 接线等各种主接线方式。

一、BP–2B 型母差保护装置的概述及配置

BP–2B 型微机母差保护的保护功能由保护元件、闭锁元件和管理元件三个系统构成。保护元件主要完成各间隔模拟量、开关量的采集，是各保护功能的逻辑判别出口；闭锁元件主要完成各电压量的采集，实现各段母线的闭锁逻辑；管理元件的主要工作是实现人机交互、记录管理和后台通信。

该母差保护的构成原理与固定接线式母差保护相似：有一组启动元件和两组选择元件，但它不受双母线元件必须是固定连接的限制。为了在母线元件倒闸操作后即破坏固定结线方式后仍具有选择性，专门设计了由元件隔离开关触点控制的电压自动切换回路，在元件由一条母线倒至另一条母线运行时，自动切换回路能对其二次交流回路、分闸回路与断路器失灵启动回路自动进行切换，使其与元件所在母线相对应。

二、BP–2B 型微机母差

（1）一次系统用隔离开关进行上下母线倒闸操作时，应拉开母联开关操作直流后方可进行，操作后应检查切换继电器切换正常。

即应在相应元件保护辅助盘检查取电压重动指示灯指示正常，上隔离开关合时，L1 灯应亮；下隔离开关合时，L2 灯应亮。

（2）当 220kV 系统按固定联结正常运行时，母线微机保护母差保护动作各元件分闸引出连接片投入运行，启动失灵保护投入运行。

（3）当 220kV 系统母线上各元件未破坏固定联结，但母联开关在开位，Ⅰ、Ⅱ母线分开运行时，投入双母分列保护连接片，恢复正常固定联结，合母联开关前将双母分列保护连接片退出。

（4）当 220kV Ⅰ、Ⅱ母线通过上、下隔离开关双跨运行或单母线运行及在母联操作直流拉开前时应投入母线互联保护连接片，其他任何状态不需投入该连接片，在母线恢复正常双母线运行后退出互联连接片。

（5）当用母联开关给任一母线充电时，使用母线充电保护，充电完毕后将充电保护退出运行。

三、BP-2B 型微机母差保护装置运行操作

（1）BP-2B 型微机母差保护装置退出运行操作步骤如下：

1）退出各元件差动及失灵引出连接片。

2）退出母线保护、信号电源即可（不需操作保护屏本屏电源）。

（2）BP-2B 型微机母差保护装置投入运行操作步骤如下：

1）检查各元件差动及失灵引出连接片在退出状态。

2）检查保护屏本屏交、直流电源开关位置正确。

3）投入母线保护、信号电源。

4）确认各应使用保护的控制字设置为投入状态。

5）将差动保护切换把手切至相应的使用位。

6）投入各元件差动及失灵引出连接片。

（3）在进行直流电源接地查找等作业时，可短时断开该装置直流电源。

四、BP-2B 型微机母差保护装置巡视检查项目

装置正常运行时，应该仅键盘左侧的三列绿色状态指示灯闪亮。当保护动作时，相应的分段动作信号灯（红色）和出口分闸信号灯（红色）应该灯亮。当装置报警时，相应的报警灯（红色）应该灯亮。

（1）"差动动作Ⅰ""差动动作Ⅱ""失灵动作Ⅰ""失灵动作Ⅱ"灯为红色，装置正常运行时灯灭，保护动作后灯亮。

（2）"差动开放Ⅰ""差动开放Ⅱ""失灵开放Ⅰ""失灵开放Ⅱ"灯为红色，回路开放后灯亮，装置恢复闭锁运行时灯灭。

（3）"保护电源""闭锁电源""管理电源""保护运行""闭锁运行""操作电源"灯均为绿色，正常运行时灯亮；"保护通信""闭锁通信"灯为绿色，正常运行时闪亮；说明见表 5-2-2-1。

（4）键盘左侧的每列指示灯下方的隐藏按钮，是各自复位按钮；说明见表 5-2-2-1。

（5）"差动动作""失灵动作""充电保护""母联过电流"等保护出口信号灯为红色，当保护动作时灯亮。

（6）"TA 断线""TV 断线""互联""开入异常""开入变位""闭锁异常""保护异常""出口退出"等告警信号灯为红色，当告警信号动作时灯亮。

（7）保护屏上差动保护切换把手和保护连接片位置正确，隔离开关显示位置与隔离开关实际运行位置相符。

表 5-2-2-1 装置状态指示灯与按钮

项目	说明
保护电源	保护元件使用的＋5、±15V 电平正常
保护运行	保护主机正常上电、开始运行保护软件
保护通讯	保护主机正与管理机进行通信
保护复位	内藏按钮、正直按下使保护主机复位
闭锁电源	闭锁元件使用的＋5、±15V 电平正常
闭锁运行	闭锁保护主机正常上电、开始运行保护软件
闭锁通信	闭锁保护主机正与管理机进行通信
闭锁复位	闭锁内藏按钮、正直按下使保护主机复位
管理电源	管理机与液晶显示使用的＋5V 电平正常
操作电源	操作回路使用的＋24V 电平正常
对比度	内藏按钮、平口起左右旋转可调节液晶显示对比度
管理复位	内藏按钮、正直按下使管理机复位

（8）液晶屏显示主接线与实际运行主接线相符，差流（大差、小差）不大于 0.1A。

（9）当母线所连接的断路器停电后，断路器的电流互感器有作业时必须将该电流互感器接入母差回路的二次接线自母差回路中脱离后方可工作。

五、BP-2B 型微机母差保护故障处理

BP-2B 型母线微机保护告警红灯亮时，应首先复归信号，复归不良时按信号性质进行处理，见表 5-2-2-2。

表 5-2-2-2 BP-2B 型微机母差保护的处理

告警信号	含义	处理方法
TA 断线	电流互感器二次断线，发"断线报警"信号，闭锁母差保护	立即退出保护，检查 TA 二次回路
TV 断线	母线电压互感器二次断线，发"电压断线报警"，不闭锁保护	检查 TV 二次回路
互联	母线互联状态，保护无选择，大差比率动作则切除互联母线所有元件	确认是否符合当时的运行方式，是则不用干预，否则将强制母线互联软、硬连接片退出；确认是否互联 TA 断线
开入异常	隔离开关位置或启动失灵触点与实际不符	（1）进入参数-运行方式设置，使用强制功能保护与系统的对应关系；复归信号，检查出错的隔离开关辅助触点输入回路或"母线分列运行连接片"。 （2）断开与错误触点相对应的失灵启动连接片；复归信号，检查相应的失灵启动回路

续表

告警信号	含义	处理方法
开入变位	隔离开关位置或启动失灵触点变位	确认触点状态显示是否符合当时的运行方式，是则复归信号，否则检查开入回路
出口退出	保护软件控制字中出口触点被设置为退出状态，此时保护只能投信号，不能出口分闸	装置需要投入正式运行时，联系维护将控制字设为投入状态
保护异常	保护装置硬件异常	立即退出保护，通知维护人员
闭锁异常	保护装置硬件异常	立即退出保护，通知维护人员

【思考与练习】

1. 如何将 BP-2B 型微机母差保护退出运行？

2. 当 BP-2B 型微机母差保护出现"互联"报警时如何处理？

模块 3　BUS 型母线差动和断路器失灵保护运行（Z49I2003）

【模块描述】本模块介绍 BUS 型母线差动和断路器失灵保护运行。通过原理讲解，掌握 BUS 型母线差动和断路器失灵保护的运行维护规定。

【模块内容】

一、装置概述

BUS-1000 型母线差动保护装置为 GE 公司产品。该保护装置是一种高速静态保护装置，主要元件是一套带有比例制动和稳定电阻的三相差动过流继电器。保护动作分闸由差动单元和差动监控单元共同完成，差动单元带有比例制动特性，差动检测单元只与差流有关，只有两个元件同时动作，才能产生一个分闸输出。此保护适用于各种接线方式。对于 3/2 接线系统，配置单母线差动保护，失灵保护按断路器配置。双母线接线系统，母差保护中包含复合电压闭锁元件和断路器失灵保护。

二、保护交流回路的特点

1. 差电流切换回路

双母线接线系统中，专门设置了由元件隔离开关辅助触点控制的自动切换回路，在元件由一条母线倒至另一条母线运行时，自动切换回路能对其二次交流回路、分闸回路与断路器失灵启动回路自动进行切换，使其与元件所在母线相对应。元件停用时，由切换回路自动将TA回路短接并退出差回路。

2. 倒闸操作时的"内联回路"

（1）为保证在倒闸操作过程中差电流回路与一次方式相对应，利用操作单元两组母线隔离开关辅助触点同时闭合启动"内联中间"实现：

（2）将两组差动合为一组差动，即退出一组分差动，保留一组分差动，并将退出分差动的交直流回路切换到保留的一组分差动上去。将母联断路器 TA 短接退出差回路。

3. 母联断路器的"不联回路"

"不联回路"是在母联断路器断开后，自动将本断路器的 TA 回路短接并退出差回路，目的是在此方式下，能以较短的时间切除母联断路器与其电流互感器之间的故障。

4. 母联断路器合闸闭锁回路

母联断路器合闸闭锁回路的作用是在确保母联断路器电流回路差接完好的情况下才允许合闸，以保证手合于故障母线时母差保护的选择性。

5. 电流回路断线闭锁

继电器内有一个非常灵敏的差动过流元件，用于检测 TA 断线及差动单元与差动检测单元输出不一致，告警并闭锁保护。

三、保护装置面板信号灯及复归按钮

1. 差动分闸信号

位于每一相差动元件板（DDF）的面板上，为红色发光二极管。

2. 告警单元动作信号

位于告警元件板（DAL）的面板上，为 3 只红色发光二极管（每相一只）。当 TA 断线及差动单元与差动检测单元输出不一致时，红色发光二极管亮。

3. 断路器失灵分闸信号（双母线保护选用）

位于断路器失灵元件板（SFI）的面板上，为红色发光二极管（FI）。

上述信号均为保持信号，通过面板上的复归按钮（RESET），手动复归。

4. 过电流元件动作信号（双母线保护选用）

位于断路器失灵元件板（SFI）的面板上，为红色发光二极管（＞＞I）。该信号为非保持信号，当元件复归时自动复归。

5. 复合电压闭锁元件信号（双母线保护选用）

（1）低电压元件：装置运行时，元件面板上绿色发光二极管（Vaux）亮。母线电压降低到动作值时，红色发光二极管（Vs）亮，继电器动作时，红色发光二极管（TRIP）亮。

（2）零序过电压元件：装置运行时，元件面板上绿色发光二极管（Vaux）亮。零序电压达到动作值时，红色发光二极管（Vs）亮，继电器动作时，红色发光二极管（TRIP）亮。

6. 装置总复归按钮

装置设有总复归按钮，用于复归中央信号和保护动作信号。

四、运行和操作注意事项

（1）母差投运前，运行人员应认真检查所在母线相关回路的母线隔离开关双位置切换继电器是否切换到相应的位置上，各信号是否正常。

（2）正常运行时，母差保护随母线投入运行，各信号均应正常。

（3）当连接元件倒母线操作时，要先合上手动互连连接片和电压闭锁回路的电压互连连接片，操作结束后，再将它们打开，并要检查对应的切换回路模拟信号指示是否正确。

（4）回路母线隔离开关操作后，必须检查母差保护屏上该回路的母线隔离开关双位置切换继电器切换到相应的位置，并且模拟图上母线隔离开关位置指示灯与实际设备状态相符。

（5）母差保护的投运、退出。

1）正常情况下，母线保护在被保护母线充电前投入，在被保护母线停电后退出。

2）母差投运时，先确认装置信号正常，再按下闭锁复归按钮，然后将分闸连接片用上。

3）当母差保护装置出现异常或需停运时，先按下闭锁试验按钮，然后打开所有相关的分闸连接片。

4）检修停用母差时，应停用全部母差分闸连接片及各回路的总启动失灵连接片，拉开盘后直流电源和信号电源，拉开电压开关。在恢复母差保护时，先合上电压开关、各信号电源开关、直流电源开关。检查盘内无异常信号，保护正常后，最后用上所有回路的母差分闸连接片及回路的总启动失灵连接片。

（6）当母联或分段断路器远控失灵时，严禁近控操作，应通知检修，派专人前来处理。

（7）当母差有异常信号时，应立即汇报调度，停用母差，并通知继电保护人员到现场查勘。在母差装置正常后才可恢复运行。

（8）任一组母线电压互感器单独停役检修，母差保护仍可继续运行。即母联运行，正副母电压互感器二次联络开关合上。一组母线电压互感器停役改检修，电压闭锁回路的电压互连连接片不需用上。

五、异常情况及处理

1. 正母交流电流断线或副母交流电流断线

母联控制盘上的光示牌是由正母差动回路（或副母差动）中的断线闭锁中间动作而亮出。当正母差动（或副母差动）电流回路断线或差流大于整定值时，正母（或副母）分相差动回路中的相应断线报警继电器动作，启动正母（或副母）分差的断线闭锁时间，经延时后动作断线闭锁中间双位置继电器。一方面将正母（或副母）差闭锁，另一方面亮此光示牌，同时使正母（或副母）差直流回路常励磁继电器失磁，亮正母装置异常（或副母装置异常）光示牌。即正母差交流电流回路断线时亮正母交流电流断线及正母装置异常两块光示牌；副母差交流电流回路断线时亮副母交流电流断线及副母装置异常两块光示牌。检查母差保护电流回路和端子无窜火、装置无异常声。若复归不了，则为母差电流二次回路断线或不正常，应汇报调度停用母差，通知检修处理，待电流互感器二次回路正常后方可重新投入母差。

2. 切换电源失压

如母联开关控制盘上该光示牌亮，应检查母线隔离开关直流开关是否分闸。

3. 正母差动作或副母差动作

母联控制盘上正母差动作或副母差动作光示牌亮出，且相应母线上断路器均分闸表示正母故障。正母差动作（或副母故障、副母差动作），此时正母差动作、正母复合电压动作光字牌均亮（或副母差动作、副母差复合电压动作光字牌均亮）。母差动作，断路器分闸后需将分闸出口中间继电器手动复归。

4. 正母装置异常或副母装置异常

当正母装置异常或副母装置异常光示牌同时亮出，说明母差保护直流失去，应检查母差保护直流开关是否分闸。

5. 互联动作

（1）在母联控制盘上，在回路进行倒母线操作过程中此光示牌亮属正常。

（2）母线无倒闸操作时此光示牌亮属异常，检查互联连接片应停用，检查各回路母线隔离开关双位置继电器位置及母差保护屏上各回路运行指示是否正确。

（3）倒母线操作时此光示牌不亮应停止操作，查找原因。若短时间内不能处理好，应恢复原来的运行状态再继续处理缺陷。

6. 正母复合电压动作或副母复合电压动作

当母线故障时，在母联控制盘上的正母复合电压动作或副母复合电压动作光示牌亮；母差保护电压开关、母线电压互感器二次电压开关分闸或母差复合电压继电器损坏时，正母复合电压动作或副母复合电压动作光示牌也亮。若正常运行中出现正母复合电压动作或副母复合电压动作光字牌，应检查母差保护电压开关是否分闸或其交流电压回路是否断线。

【思考与练习】

1. BUS 型母线差动和断路器失灵保护差电流切换回路的特点有哪些？

2. BUS 型母线差动和断路器失灵保护复合电压闭锁元件有哪些？

▲ 模块 4　RCS 微机型母差保护装置（Z49I2004）

【模块描述】本模块介绍 RCS 微机型母差保护装置。通过原理讲解，掌握 RCS 微机型母差保护装置的运行维护规定。

【模块内容】

一、装置概述

RCS-915 系列微机型母差保护装置中，RCS-915AB 适用于各电压等级的单母线、单母分段、双母线等主接线方式；RCS-915CD 适用于各电压等级的双母单分段主接线方式；RCS-915AS 适用于各电压等级的双母双分段主接线方式；RCS-915E 适用于 3/2 接线方式。差动回路由分相式比率差动元件构成，包括母线大差回路和各段母线小差回路，能实现母线差动、母联充电、母联死区、母联及分段失灵、元件失灵等保护功能。

二、保护装置信号说明

（1）装置正常运行时，应该仅运行灯亮（绿色）。

（2）当保护动作时，相应的分闸信号灯（红色）灯亮：

1）母差保护动作跳母线时，相应的跳母线信号灯灯亮；

2）母差跳母联、母联充电、母联非全相、母联过电流保护动作或失灵保护跳母联时，"母联保护"信号灯灯亮（AS 型在失灵跳分段和启动分段失灵时灯亮）。

3）断路器失灵保护动作时，AB/AS 型保护，"线路跟跳""Ⅰ母失灵"或"Ⅱ母失灵"灯灯亮；CD 型保护，"线路跟跳""断路器失灵"及相应的跳母线信号灯灯亮。

4）母联失灵保护动作时，AB/AS 型保护，"Ⅰ母失灵"及"Ⅱ母失灵"灯点亮；CD 型保护，"母联保护"及相应的跳母线信号灯灯亮。

（3）当装置报警时，相应的报警灯（黄色）灯亮：

1）当发生交流电压或电流回路异常时，"断线报警"灯灯亮。

2）当发生隔离开关位置变位、双跨或自检异常时，"位置报警"灯灯亮。

3）当发生装置其他异常情况时，"报警"灯灯亮。

三、切换把手及按钮说明

（1）1QK 电压切换把手的使用：AB/AS 型保护机柜正面左上部为 1QK 电压切换把手，TV 检修或故障时使用，开关位置有双母、Ⅰ母、Ⅱ母 3 个位置。当置在双母位置时，引入装置的电压分别为Ⅰ母、Ⅱ母电压互感器的电压；当置在Ⅰ母位置，引入装置的电压都为Ⅰ母电压；当置在Ⅱ母位置，引入装置的电压都为Ⅱ母电压。正常运行时置在双母位置。当Ⅰ母或Ⅱ母单母线运行后，打在运行母线位置，停用母线送电前打回双母线位置。

（2）AB/AS 型保护机柜正面右上部有 3 个按钮，分别为 1FA 信号复归按钮、1QK 隔离开关位置确认按钮和 1YA 打印按钮（RCS-915E 为信号复归和打印两个按钮）。隔离开关位置确认按钮用于运行人员在确认隔离开关位置无误后复归位置报警信号。

四、保护连接片

（1）机柜正面下部为连接片，主要包括保护投入连接片和各连接元件出口连接片。

（2）保护停用需退出保护投入连接片和各出口连接片。

（3）当运行中母联断路器不能进行分闸操作时，需将"投单母方式连接片"投入。

（4）当母联断路器检修时，需将"母联检修连接片"投入。

（5）用于母联兼旁路主接线系统时，投退母联带路功能过程中必须保证投退母联带路连接片时母联断路器空载无流。

五、异常处理

（1）保护装置发"装置闭锁"和"其他报警"信号，表示保护装置出现严重故障，闭锁装置。应立即退出保护，通知继电人员处理。

（2）电流互感器二次断线，发"断线报警"信号，支路 TA 断线时，装置报"TA 断线"，闭锁母差保护。应立即退出保护，通知继电人员检查 TA 二次回路。

（3）电流互感器二次回路异常，发"其他报警"信号，装置报"支路 XXXXTA 异常"，不闭锁母差保护。通知继电人员检查 TA 二次回路。

（4）母线电压互感器二次断线，发"断线报警"信号，装置报"X 母 TV 断线"，不闭锁保护。通知继电人员检查 TV 二次回路。

（5）隔离开关位置双跨、变位或与实际不符，发"位置报警"信号，不闭锁保护。运行人员应检查隔离开关辅助触点是否正常，在保证隔离开关位置无误的情况下，再按屏上隔离开关位置确认按钮复归报警信号。当隔离开关位置发生异常时，应通过模拟盘用强制开关指定相应的隔离开关位置状态，然后按屏上"隔离开关位置确认"按钮通知母差保护装置读取正确的隔离开关位置，对异常隔离开关位置，检修结束后必须及时将强制开关恢复到自动位置。

（6）装置发"其他报警"信号，不闭锁装置，通知继电人员检查相关元件与回路。

【思考与练习】

1. RCS 微机型母差保护装置 AB/AS 型保护 1QK 电压切换把手有哪些位置？分别有哪些作用？

2. RCS 微机型母差保护装置停用时应如何操作？

第三章

线 路 保 护 运 行

▲ 模块 1　WXB 型微机保护装置运行（Z49I3001）

【模块描述】本模块介绍 WXB 型微机保护装置运行维护及故障。通过原理讲解和故障分析，掌握 WXB 型微机保护装置运行维护项目，熟悉故障现象分析处理。

【模块内容】

一、装置概述

装置采用了多个单片机并行工作方式的硬件结构，配置了 4 个硬件完全相同的 CPU 插件，分别完成高频保护、距离保护、零序保护、综合重合闸等功能。另外配置了一块人机对话插件，完成对各保护 CPU 插件的巡检、人机对话和系统微机联机等功能。

高频保护可通过控制字构成闭锁式或允许式高频保护。相间故障由高频相间距离动作去分闸，单相接地故障由高频零序方向动作去分闸，零序电压由 U_a、U_b、U_c 相加产生。

距离保护由Ⅲ段式相间距离和Ⅲ段式接地距离组成。当经大电阻或弧光电阻短路时，接地阻抗和相间阻抗都用高阻算法进行计算。当发生转换性故障时，由两个非故障相的相电流差突变量 DI_2 启动，经 E 段阻抗控制分闸。在振荡过程中发生区内故障由 dR/dt 鉴别延时 0.2s 分闸。

零序电流保护包括零序Ⅰ段至零序Ⅱ段、不灵敏Ⅰ段和不灵敏 E 段。零序各段都可由控制字整定是否经零序功率方向闭锁。另可由控制字控制是否加速Ⅱ、Ⅲ、Ⅳ段。为了防止在电流互感器二次断线时零序保护误动，可由控制字投入零序保护经 $3U_0$ 突变量控制。在 U_a、U_b、U_c 三相电压平衡时，发生接地故障由 U_a、U_b、U_c 相加产生 $3U_0$，故障的 U_a、U_b、U_c 已不平衡，则零序方向保护用外部 $3U_0$。

重合闸装置包括重合闸、外部保护选相分闸两部分。重合闸由三跳或单跳启动置合闸开关量输入启动或由断路器位置不对应启动。为了与外部不能选相的保护配合，本装置设有 N、M、P3 种端子。

当电压互感器二次回路断线时，重合闸装置自动将距离保护和高频保护中的高频距离退出，而零序保护及高频保护中的零序保护并不退出。

在系统故障时能通过打印机打印出多种信息。例如故障时刻（年、月、日、时、分、秒）、故障类型、短路点距保护安装处距离、各种保护动作情况和时间顺序及每次故障前20ms和故障后40ms的各相电压和各相电流的采样值（相当于故障录波）。

二、WXB–11型微机保护装置的键盘操作

1. 键盘设置

微机型继电保护装置通常设有装在面板上的简易键盘，作为人机对话手段的输入

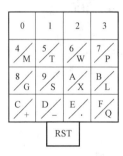

图5-3-1-1　11型微机保护装置的键盘设置

设备，键盘应设有数字键、命令键，为简化键盘电路，可使数字控和命令键复用。为了输入16进制地址和数据，通常设有"0～F"16个数字键。对11型微机保护装置，在人机对话插件面板上设有16个触摸按键，分别表示"0～F"16个数。其中"4～F"'12个键又作为命令键和一些特殊符号键，例如+、−等。命令键的作用由软件规定。11型微机保护装置的键盘设置见图5-3-1-1。

2. 运行方式下的命令

运行方式下，对CPU0有两个命令，对CPU1～CPU4有4个命令。

（1）T命令——对时命令，只对CPU0有效。

按下T键，打印当时的时间，并提示输入格式。例如：

00　09　15　08 30　15

YY　MM　DD　HH MM　SS

如需修改时间，另输入12位数，顺序表示年、月、日、时、分、秒的值，如不修改，则应按大于9的键，则又打印出当时时间值。

（2）P命令——打印采样值命令，只对CPU1～CPU4有效。

按下P键，则打印出：

P（1，2，3，4）？

再输入1～4中的任一数字，则打印出一份采样报告。

（3）S命令——打印定值命令，对CPU1～CU4有效。按下S键，打印出：

S（1，2，3，4）？

输入1～4中的任一数字，则打印出一份定值单。

（4）X命令二——复制报告命令。

按下X键后，打印机打印出：

X（0，1，2，3，4）？

当输入 0 时，可重新复制总报告。当输入 1（或 2，3，4）时，可复制该插件的事件报告及采样报告。

（5）Q 命令——停止打印命令，此命令单独使用无意义。在执行 P 命令时，打印机打印采样报告过程中按下 Q 键，可停止打印。

在执行 X 命令时，打印当前报告过程中按下 Q 键则停止打印当前报告，而将前一次故障的报告打印出来。

三、装置的运行规定

（一）保护屏上应具备的连接片

（1）WXB–11 型微机保护组屏方式：可整屏切换到旁路的线路微机保护的组屏方式，屏的型号为 P（G）XW–32Q/**型。

其中，各部分含义如下：

P——微机保护的组屏为屏式；

G——微机保护的组屏为柜式；

X——线路保护；

W——微机保护；

Q——可整屏切换到旁路；

**——生产厂家代号。

（2）微机保护屏上配置的出口连接片及把手。

1）P（G）XW–32Q/**型微机保护应配置的连接片及把手。出口切换连接片有 A 相分闸连接片、B 相分闸连接片、C 相分闸连接片、三相分闸连接片、分闸正电源连接片、重合闸出口连接片、重合闸正电源连接片，切换连接片具有"线路""旁路""断开" 3 个位置。

出口连接片有启动线路失灵保护连接片、启动旁路失灵保护连接片。

切换把手有 1QK1、1QK2 两个切换把手，分别用于切换交流电压量、直流量，把手具有"线路""旁路""断开" 3 个位置。

电流试验端子用于切换交流电流量，标明"线路"及"旁路"位置。

2）P（G）XW–32/**型微机保护应配置的连接片及把手。出口连接片有 A 相分闸连接片、B 相分闸连接片、C 相分闸连接片、三相分闸连接片、重合闸出口连接片、启动失灵保护连接片。

3）P（G）XW–42 型微机保护应配置的连接片及把手。出口连接片有 A 相分闸连接片 1、B 相分闸连接片 1、C 相分闸连接片 1、三相分闸连接片 1、启动 A 相失灵保护连接片 1、启动 B 相失灵保护连接片 1、启动 C 相失灵保护连接片 1、启动重合闸连接片 1，A 相分闸连接片 2、B 相分闸连接片 2、C 相分闸连接片 2、三相分闸连接片 2、启动 A 相失灵保护连接片 2、启动 B 相失灵保护连接片 2、启动 C 相失灵保护连接片 2、启动重合闸连接片 2。

4）P（G）XW–31/**型微机保护应配置的连接片及把手。出口连接片有 A 相分闸连接片、B 相分闸连接片、C 相分闸连接片、三相分闸连接片、重合闸出口连接片、启动失灵保护连接片。

（3）微机保护屏上应配置开入量连接片有高频保护投入连接片、距离保护投入连接片、零序 I 段投入连接片、零序保护投入连接片、零序反时限投入连接片、重合闸时间控制连接片。

重合闸方式选择开关位置"综合重合闸""单相重合闸""三相重合闸""停用重合闸"。

（4）P（G）XW–32Q/**型微机保护屏在进行整屏切换操作时，应将各切换连接片及切换把手端子切换到相应位置，电流试验端子也应切至相应位置，如在本线断路器运行应切换到"线路"位置，如在旁路断路器运行应切换到"旁路"位置。保护装置在正常运行时，各切换连接片、切换把手及电流试验端子不应在"断开"位置或状态。在电流试验端子由本线切换到旁路或由旁路切换到本线时，应严格按现场运行交代执行，不应将电流回路开路。

（5）各连接片及重合闸方式选择断路器位置应按调度令执行。

（二）装置面板上信号灯含义

1. 装置动作信号灯含义

（1）"跳 A"灯——A 相分闸。

（2）"跳 B"灯——B 相分闸。

（3）"跳 C"灯——C 相分闸。

（4）"永跳"灯——手动重合闸故障线路，重合不良或断路器拒动分闸。

（5）"重合"灯——重合闸动作。

2. 装置异常信号灯含义

（1）"CPU1 告警"灯——高频保护异常。

（2）"CPU2 告警"灯——距离保护异常（除 TV 断线）。

（3）"CPU3 告警"灯——零序保护异常。

（4）"CPU4 告警"灯——重合闸异常。

（5）"总告警"灯——装置异常。

（6）"巡检中断"灯——人机对话插件异常。

（三）运行中的一般规定

（1）运行人员巡视时必须检查装置下列各指示灯及开关位置：

1）各保护 CPU 插件。各插件中"运行"灯亮、"有报告"灯不亮；方式开关在"运行"位置，固化开关在"禁止"位置。定值选择拨轮开关在所带线路相对应运行方式的保护定值号码位置上。

2）人机对话插件。"运行"灯亮，"待打印"灯不亮；方式开关在"运行"位置。CPU1、CPU2、CPU3、CPU4 的巡检开关均在"投入"位置。

3）信号插件。"跳 A""跳 B""跳 C""永跳""重合""启动""呼唤"灯均不亮。

4）告警插件。"CPU1""CPU2""CPU3""CPU4""总告警""巡检中断"灯均不亮。

5）稳压电源插件。"+5V""+15V""-15V""+24V"灯均应亮。

（2）中央信号。

保护动作——表示保护出口动作。

重合闸动作——表示重合闸出口动作。

呼唤——表示启动元件启动或输入开关量变化或电流互感器回路断线。

装置异常——表示装置自检发现问题或直流消失或电压回路异常。

当 4 个控制屏光字牌灯光信号任意一个表示时，应记下时间，并到微机保护屏前记下装置面板信号灯表示情况，做好记录，然后按照下述方法处理：

1）保护动作同时呼唤表示或保护动作、重合闸动作、呼唤同时表示。

检查"跳 A""跳 B""跳 C""永跳""重合"5 个信号灯至少有 1 个灯亮，以及"呼唤"灯亮。表示本保护动作，应详细记下信号表示情况，包括分闸相别、重合、永跳。检查当时线路开关位置及打印机是否打印出一份完整的故障报告（此时应打出一份事故报告，说明故障时间、保护动作情况、测距结果及 60ms 的录波）。记录复查无问题后按屏上"信号复归"按钮复归信号，向调度汇报记录结果及故障电流数值。

2）呼唤表示。装置面板的"呼唤"灯亮，且打印"DLBBH"，表示三相电流不平衡，检查打印出的采样报告，若一相、二相或三相电流明显增大时，表示区外故障；若仅有一相无电流，表示电流互感器回路断线。

若装置面板的"启动"灯和"呼唤"灯一直亮，且打印"CTDX"，按屏上"信号复归"按钮不能复归，则为电流回路断线，应立即断开本装置的分闸连接片，并汇报调度及通知继电人员处理。

3）装置异常表示。告警插件仅巡检灯亮（或巡检灯、总告警灯及信号插件中呼呼灯亮），不必停用保护，但应立即通知继电人员处理。

告警插件中总告警灯亮，同时高频、距离、零序、重合闸告警灯之一亮时（不论信号插件中呼唤灯是否亮），应将高频、距离、零序、重合闸所对应的保护投入连接片断开。

告警插件所有信号灯均亮时，应立即断开微机保护屏上的所有分闸连接片。

告警插件中总告警灯亮，信号插件的呼唤灯亮时，检查打印的报告，若打印出"CPUXERR"（X 为 1、2、3、4 中的某一个数），断开微机保护屏上该 CPU 所对应的保护投入连接片。

告警插件中 CPU2 告警、总告警灯亮，且打印"PTDX"，表示可能电压回路断线。此时立即退出距离保护投入连接片，通知继电人员处理。

【思考与练习】

1. WXB–11 型微机保护装置如何打印各 CPU 定值？

2. WXB–11 型微机保护装置各动作信号灯含义是什么？

▲ 模块 2 　 LFP 型微机保护装置运行（Z49I3002）

【模块描述】本模块介绍 LFP 型微机保护装置运行维护及故障。通过原理讲解和故障分析，掌握 LFP 型微机保护装置运行维护项目，熟悉故障现象分析处理。

【模块内容】

一、装置概述

LFP–900 型微机保护是由微机实现的数字式超高压线路成套快速保护装置。它设置有工频变化量方向元件和零序方向元件为主体的快速主保护，由工频变化量距离元件构成的超快速Ⅰ段主保护，有三段式相间和接地距离及两个延时段的零序方向过电流作为全套后备保护。保护装置有分相出口并配置了重合闸出口，根据需要可实现单相、三相重合和综合重合闸方式。

二、键盘的操作说明

（一）管理面板图示说明（见图 5–3–2–1）

（1）a 为高亮度的 4X16 点阵式液晶显示器（LCD），用以显示正常运行 c 状态、分闸报告、自检信息以及菜单。

（2）b 定值分页拨盘用来选择定值号，若保护有一种以上的运行方式，有一套以上的整定值时，将每一套定值存放在不同的定值分页内。如将拨盘拨至"1"，此时定值菜单中显示的定值号也应是"1"，整定好的定值将存放于"1"区。拨盘有 0～9 十个数字，故可存放十套定值。

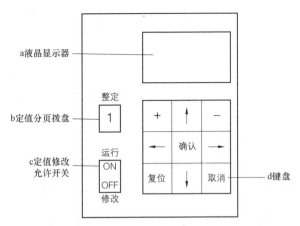

图 5-3-2-1 LFP-900 型微机保护管理面板图示

当需要在运行中切换定值区时,在选择了所希望的定值整定号后(按拨盘上的"上、下"两个小按钮,上面的是减,下面的是加),此时短时闭锁保护,再按键盘上的红色"复位"键,使程序运行在新定值区。

(3)c 定值修改允许开关,当保护装置正常运行时,此开关应在"运行"位置。需要修改定值时,先将该开关打在"修改"位置,此时保护装置的"OP"灯全灭,保护闭锁报警,液晶屏幕上出现"EEPROMWR"。修改完定值后必须将开关再恢复到"运行"位置,并按小键盘上的红色复位键,使保护程序恢复正常运行。若开关在"运行"位置时,修改定值无效,此时定值区数据处于受保护状态,液晶屏幕上出现"WRITE PROTECT"。

(4)d 为 3X3 键盘,英语选择命令菜单和修改定值。

(二)保护运行时液晶显示说明

装置上电后,装置正常运行,液晶屏幕光标闪动,稍后将显示信息,如图 5-3-2-2 所示。

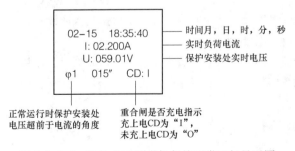

图 5-3-2-2 LFP-900 型微机保护正常运行显示图

当保护动作时，液晶屏幕在保护整组复归后 15s 左右，将自动显示最新一次分闸报告，如图 5-3-2-3 所示。

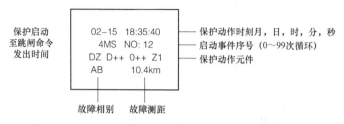

图 5-3-2-3 LFP-900 型微机保护整组复归显示图

保护动作元件可能有多个，超过 4 个时，将由右向左循环显示分闸元件名称。同一次序号的分闸显示可对应于同一序号的打印报告，更详细的信息可见打印报告。保护装置运行中，自检出硬件出错或二次回路出错，将立即自动转为显示故障报告，格式如图 5-3-2-4 所示。

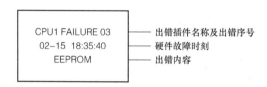

图 5-3-2-4 LFP-900 型微机保护故障报告图

同样，同一序号的硬件出错显示可对应于同一序号的硬件出错打印报告。除以上 3 种自动切换显示方式外，保护还提供了若干命令菜单，供继电保护工程师调试保护和修改定值用。

三、装置的运行规定

（一）装置连接片的运行规定

（1）保护屏上设有 A 相分闸连接片、B 相分闸连接片、C 相分闸连接片、三相分闸连接片、启动失灵连接片、合闸连接片、主保护投入连接片、零序电流保护投入连接片、距离保护投入连接片。

（2）保护装置停用方法：断开分闸、合闸及启动失灵连接片。

（3）高频保护停用方法：断开主保护投入连接片（停用工频突变量高频保护和零序方向高频保护）。

（4）零序电流保护停用方法：断开零序电流保护投入连接片（停用零序电流保护Ⅱ、Ⅲ段和零序方向高频保护）。

（5）距离保护停用：断开距离保护投入连接片（停用Ⅲ段相间距离和Ⅲ段接地

距离）。

（6）屏上的重合闸把手有"综合重合闸""三相重合闸""单相重合闸""停用重合闸" 4 个位置，本线如有两套重合闸，两套重合闸把手必须一致，但只投入一套重合闸连接片。

（二）装置面板上信号灯含义

1. 装置正常信号灯含义

（1）"CPU1 0P"灯——该灯不亮表明高频和零序保护异常。

（2）"CPU2 0P"灯——该灯不亮表明距离保护和重合闸异常。

（3）"SIG OP"灯——该灯不亮表明装置异常。

2. 装置动作信号灯含义

（1）"TA"灯——A 相分闸。

（2）"TB"灯——B 相分闸。

（3）"TC"灯——C 相分闸。

（4）"CH"灯——重合闸动作。

（三）运行中的一般规定

（1）运行人员巡视时必须检查装置下列指示灯及开关位置：

1）电源插件（DC），"DC"运行灯亮。

2）主保护插件（CPU1），"OP"运行灯亮，TV 断线灯"DX"不应亮。

3）后备保护插件（CPU2），"OP"运行灯亮，"CD"灯亮（重合闸方式开关在投入位）。

4）管理机插件（MON），正常运行时液晶显示当前时间，实时负荷电流二次值，保护安装处实时电压二次值及二次电压超前电流角度，重合闸充电情况（完成充电后"CD"为"1"，未充满电时"CD"为"0"），并应无任何异常信息显示。

5）信号输出插件（SIG），"OP"运行灯亮，跳 A（TA）、跳 B（TB）、跳 C（TC）、重合（CH）灯均不亮。

（2）中央信号。

保护动作——表示保护出口动作；

重合闸动作——表示重合闸出口动作；

装置闭锁——表示装置自检出错闭锁保护；

装置异常——表示装置自检发现问题或直流消失或电压回路异常。

当 4 个控制屏光字牌灯光信号任意一个表示时，应记下时间，并到微机保护屏前记下装置面板信号灯表示情况，做好记录，然后按照下述方法处理：

1）保护动作或重合闸动作表示。检查"TA""TB""TC""重合" 4 个信号灯至少有一个灯亮，表示本保护动作，详细记下信号表示情况，包括分闸相别、重合、测距情况，检查当时线路断路器位置及打印机是否打印出一份完整的故障报告，记录复查无问题后按屏上"信号复归"按钮复归信号，向调度汇报记录结果及故障电流数值。

2）装置异常表示。管理机（MON1）液晶将显示异常信息。

a. CPU1 自检出错时，显示"CPU1 FAILURE"，同时该插件"OP"运行灯灭，此时应断开投主保护连接片和投零序保护连接片。

b. 当 CPU1 插件上"OP"运行灯灭，同时"DX"TV 断线灯亮，可不用立即停用保护，但应立即通知继电保护专业人员及时处理。

c. CPU2 自检出错时，显示"CPU2 FAILURE"，同时该插件"OP"运行灯灭，此时应断开投距离保护连接片和重合闸连接片。

d. MON1 自检出错时，显示"MONITOR FAILURE"。

e. SIG 插件上"OP"灯熄灭时，应立即上报调度整屏脱离保护，同时立即通知继电人员处理。

3）装置闭锁表示。装置自检出错时将会闭锁对应保护，此时应通知继电人员处理。

（3）保护全部停用是指将保护的分闸连接片全部断开，不允许用停直流的方式来代替。

（4）必须在两侧的高频保护停用后，才允许停用保护直流。合直流前，应先将两侧的高频保护停用，待两侧高频保护测试正常后，再汇报调度将高频保护同时投入运行。

（5）应按现场继电保护运行交待的方法定期检查机内时钟，并及时校准机内时钟，保证与标准时钟相差 5min 以内。

（6）装置电流、电压、开关量输入回路或屏内作业前，必须先向调度申请断开所有分闸连接片。恢复时，继电保护人员应配合运行人员在检查各部分正确无误后，由运行人员投入分闸连接片。

（7）装置正常运行时，不得停直流。一旦直流消失后再恢复，应进行时钟校准。

（8）可整屏切换的微机保护在进行切换操作时，线路断路器和旁路断路器均不得失去保护，否则不可直接进行切换操作。

（9）"信号复归"按钮与"整组复归"键不能用混。"信号复归"按钮是复归面板上信号灯和控制屏信号光字牌的，"整组复归"键是程序从头开始执行的命令。运行人员严禁按"整组复归"键。

（10）运行人员每天应检查打印机的运行状态是否正常、备用打印纸是否足够。

【思考与练习】

1. LFP-900 型微机保护如何进行全停操作？

2. LFP-900 型微机保护装置正常信号灯含义是什么？

◢ 模块 3 　 CSL 型微机保护装置运行（Z49I3003）

【模块描述】本模块介绍 CSL 型微机保护装置运行维护及故障。通过原理讲解和故障分析，掌握 CSL 型微机保护装置运行维护项目，熟悉故障现象分析处理。

【模块内容】

一、装置概述

CSL-101（2）A（B）微机高压输电线路成套保护装置包括高频保护、距离保护、零序保护、故障录波。CSL-100 系列中所有 A 型保护均不带重合闸功能，以便于保护设计时方便地实现"保护随线路配置，重合闸随开关配置"的原则；B 型保护增加了一个重合闸插件，减少了一个分闸插件。

其中高频保护作为全线速动的主保护，瞬时切除全线路各种类型的故障，以保证系统安全稳定的运行。距离保护、零序保护为后备保护。而其中的故障录波对保护的各路模拟量，以及开入、开出进行监视、录波，以便于事故后对事故过程及保护的动作情况进行分析。

二、键盘的操作说明

（一）人机接口功能及其操作

1. 正常运行显示

CSL型微机保护装置面板上设有一个双行，每行 16 字符的液晶显示器。正常运行时第一行显示装置的实时时钟。按四方键盘中央的"SET"键，显示器立即转为显示装置功能键的"一级菜单"。在任何时刻按左下角的 Q 键（英文 Quit 的缩写）可以退出当前状态或回到正常显示。在执行任何菜单命令时，如持续 30s 不按任何键，也将自动返还到正常显示。

2. 各种功能键一级菜单分以下 8 项（VFC、SET、RPT、CLK、CRC、PC、CTL、ADR），用四方键的移动光标至所选的项目后再按 SET 键，即可进入。

以下分项对一级菜单进行说明：

（1）VFC：此项功能包括调整及检验 VFC 型模数变换器有关的各项命令，以及系统电压、电流、有功、无功及各保护元件连接片等，进入后 LCD 将显示 4 个菜单：DC、VI、ZK 和 SAM。

可用左、右键及 SET 键选择：

1）DC——用于调整及检验零漂，进入后 LCD 将显示各模入通道的零漂值。

2）VI——用于调整及检验各电压、电流通道的刻度，以及用于显示系统电压、电流、有功、无功及各保护元件的连接片等，进入后 LCD 将显示各模拟量的有效值及连接片投入情况。

I_A——A 相电流输入；

I_B——B 相电流输入；

I_C——C 相电流输入；

$3I_0$——零序电流输入；

U_A——A 相电压输入；

U_B——B 相电压输入；

U_C——C 相电压输入；

$3U_0$——零序电压输入；

DI——CPU 各开入量及对应端子；

I_2——折算到二次侧的系统三相电流值；

V_2——折算到二次侧的系统三相电压值；

PQ_2——系统有功、无功；

S——各保护元件连接片投、退状况和当前定值区号；

IV9——从打印机打印三相电压、电流值；

3）ZK——用于显示阻抗值，以便检验阻抗元件的精确工作电流和电压。

4）SAM——用于打印采样值，以便查看各模拟量输入的极性和相序是否正确。

VFC 菜单下各命令显示的数值均为二次值，即装置端子入口处的电压、电流等数值。

（2）SET：此项功能包括了与定值有关的各种命令，进入后显示 3 个子菜单：LST、SEL 及 PNT。

1）LST——用于逐行显示和修改定值。

2）SEL——此功能对 CSL100 系列装置不起作用。

CSL 100 装置的定值 EEPROM 中可同时固化 8 套定值，可以用装设在屏上的拨轮开关通过 3 线开入量来选择定值区号，为了满足综合自动化站的要求，适用于综合自动化的装置，如 110kV 保护装置 CSL163A 等可以利用 MMI 的 SEL 功能改变定值区号，也可以在远方操作。对于本装置，为了保证 220kV 及以上保护的独立性，目前暂不考虑由远方操作切换定值区，因此，SEL 命令将不起作用。

3）PRT—用于利用网络上的打印机打印整定值。这时液晶上不显示定值。

用左、右键移动光标选择上述 LST、SEL、PNT3 个分菜单并用 SET 键确认后，液晶显示指示输入要操作的定值区号，这时可用上、下键改变定值区号，选定后用 SET 确认。选择定值区号时液晶显示若显示"."，表示选择缺省的定值区号，它总是指向当前的定值区号。

（3）RPT：这是用于显示记忆在存储器中本装置历次动作的记录，分两个子菜单，一是调用存放在 MMI 的 EEPROM 中的事件记录；另一个是调用存放在 CPURAM 区中的记录。主要应使用前者，因为它在失电后不会丢失，而且存储量大，可记忆不低于 5 次故障的动作记录。每次故障的第一行总是发生故障的时间，此后是按动作先后排列的各事件。注意本装置仅记录导致分闸出口的事件，区外故障启动而不分闸不记录。每次故障后，动作事件可能大于一行，因而两行的 LCD 将不停地将完整的报告翻滚显示，一直至按 Q 键才恢复正常显示。在报告翻滚显示时，可以按上、下键选择本次故障前后的各次故障动作信息。选择调存放在 CPU RAM 区的报告时，LCD 显示 RPT–NO：XX，用上、下键可以改变 XX 处显示的数字，选择要求的数字后按 SET 键确认即可。XX 显示 01，表示选择最后一次故障动作信息，XX 显示 02，表示选择往前第二次故障动作信息，依次类推。

（4）CLK（英文 CLOCK 的缩写）：用于整定 MMI 电路板上的硬件时钟的时间。

（5）CRC：用于显示软件版本号及 CRC 检验码，进入后将同时显示 MMI 及 CPU 的版本号及检验码，多 CPU 时还将逐行显示各 CPU 的信息，可用上、下键移动观察。

因为 MMI 的软件对各种不同保护装置是通用的，可以利用 CRC 命令设置有几个 CPU 进入 CRC 后选 RUN 项，LCD 将显示当前设置。

```
1  2  3  4  5  6
X  X  X  X  X  X
```

X 显示 0 或 1。

此时可用左、右键移动光标，至某一 CPU 号相应位置，按上、下键，置"I"表示也置，置"0"则取消，最后按 SET 键确认。

如果某一号 CPU 不存在，而又未取消，则 MMI 将告警并显示"CPU*COMMERR！"

表示对该 CPU 巡检不响应。如所有的 CPU 均未设置，装置一上电立即告警，LCD 显元"SET CPUS，PLEASE"，提醒用户设置投入运行的 CPU 号。

CSL101（2）A 基本配置仅 4 个 CPU，高频为"1"号，距离为"2"号，零序为"3"号，分散录波为"6"号，CSL101（2）B 基本配置为 5 个 CPU，其中 1、2、3、6 号 CPU 同 CSL101（2）A 型保护，重合闸为"4"号 CPU。所有 CPU 序号在出厂时均已设置好。

（6）PC：用于将人机对话功能由面板上的 MMI 切换至同面板上 RS–232 串口连接的 PC 机。实际上切换至 PC 机只是通知 MMI 将选通端（上电时为低电平）变为高电平，从而使 CPU 的 RXD 端选择 PC 机的 TXD 端。

切换后 MMI 的 LCD 将显示："Press Q to return"（按 Q 键使 MMI 重新得到控制权），切换后 MMI 的 RXD 端仍可收到 CPU TXD 端的发信。在 MMI 发现 CPU 持续

60s 不发信时（表示 PC 机未问话）自动再切换重新取得控制，以免工作人员工作完毕后忘记按 Q 键，使 MMI 长期不工作。

（7）CTL（英文 Control 的缩写）：进入 CTL 功能后，将显示两个子菜单，DOT 和 EN 分述如下：

1）DOT（开出传动）用于检验装置的各路开出是否完好，进入后显示器将询问要检验哪一路开出，可用四方键盘的上、下键选择编号再用 SET 键确认。

2）EN（连接片投退）只适用于为综合自动化站设计的装置，同样考虑到保证 220kV 及以上保护的独立性，目前暂不考虑由远方切换连接片，所以 EN 命令对本装置不起作用。

（8）ADR（英文 address 缩写）：这是在将本装置接入通信网时，用于设置本装置在网中地址的功能键。由制造部门在初始化时使用，一般用户不会涉及。

（二）连接片确认及改变定值区号确认

鉴于 220kV 以上电压等级线路的重要性，本系列装置的连接片一律采用硬连接片，定值区号也采用开关量输入装置。

当连接片由退出到投入时，面板上会显示："DI—CHG？ P—RST."此时需现场人员手动按复归按钮，确认连接片由退出转为投入。此时，面板上应显示"DIN XX OFF—ON"，即第 XX 号连接片由退出转入投入位置，此 XX 号均为该连接片接人的装置端子号。此时方表示此连接片已投入。

当连接片由投入到退出时，同样，面板上会显示："DI—CHG？P—RST."，现场人员按复归按钮确认后，面板上应显示："DIN XX ON—OFF"，即第 XX 号连接片由投入状态变为退出状态。

若改变连接片位置而未确认，经过一定延时后，装置将告警，并显示："DIERRXXXX"。

当改变定值区号时，把定值选择按钮调到所需区号后，面板上将显示："Setting changed, press reset ok"。此时按复归按钮确认后，面板上显示："SCHG0 XXl——XX2"（XXl 为改前区号，XX2 为改后区号）。若调整定值区号而不确认，经一定延时后，装置将告警并显示："Setting error, press reset ok"。

投退连接片和改变定值区号操作后，要求操作人员按信号复归按钮（可以按装置面板上的按钮，也可以按屏上的按钮）确认，是总结 11 型保护运行经验提出的改进措施，它可以防止连接片或定值拨轮触点接触不良而导致错误地改变定值或退出保护。

CSL 100 系列装置提供了一个非常方便的检验手段，即 VFC 菜单下的Ⅵ菜单下的 S 菜单。此菜单显示当前定值区号及连接片状态。建议现场人员改变连接片或定值区号后能够打开此菜单，以确认连接片状态和定值区号。

以下列出 S 菜单中连接片的状态表示:

(1) GP——高频连接片投入。

(2) J1——距离Ⅰ段连接片投入。

(3) J23——距离Ⅱ、Ⅲ段连接片投入。

(4) L1——零序Ⅰ段连接片投入。

(5) L234——零序其他段投入（包括零序Ⅱ、Ⅲ、Ⅳ段）。

(6) ZC——综合重合闸方式。

(7) DC——单相重合闸方式。

(8) SC——三相重合闸方式。

(9) TY——重合闸停用方式。

(10) LONG——重合闸延时为长延时。

三、装置运行的一般规定

(1) 运行人员巡视时必须检查项目

1) 保护装置面板上的"运行监视"灯应亮，液晶显示屏幕上显示当前时间和"CHZREDAY"（重合闸充满电）字样，当重合闸把手切至"停用"位置时无此显示，而只显示当前时间，面板上"告警"灯应不亮，"A 相分闸""B 相分闸""C 相分闸""重合闸动作"各灯均应不亮。

2) 屏上定值切换区所显示的定值区号应与继电保护人员交代相同。

(2) 中央信号:

保护动作——表示保护出口动作。

重合闸动作——表示重合闸出口动作。

告警——表示装置异常及呼唤。

当 3 个控制屏光字牌信号任意一个信号表示时，应记下时间，并到微机保护屏前记下装置面板信号灯表示及液晶显示屏显示情况，做好记录，然后按照下述方法处理:

1) 保护动作或重合闸动作信号表示:检查面板上"A 相分闸""B 相分闸""C 相分闸""重合闸动作"4 个信号动作情况，记下信号表示及液晶显示屏显示情况，包括分闸相别、重合闸及相应的动作时间，检查此时线路开关位置及打印机是否打印出一份完整的故障报告（说明故障时间、故障相别、保护动作情况、测距结果及故障录波图形）。记录复查无问题后按屏上"微机保护信号复归"按钮复归信号，向调度汇报记录结果及故障电流数值。

2) 装置异常信号表示:装置失去直流电源，属于失电告警，此时应检查失电原因并及时处理。

装置面板上"告警"灯亮，这时检查装置液晶显示屏幕显示的异常信息为 CPU*X*——

COMM.ERR（*X*=1，2，3，4，6）时，表示"*X*"号 CPU 与人机对话（MMI）插件之间的通信异常，此时不必停用保护，但应立即通知继电人员处理。

装置面板上"告警"灯亮，这时检查装置液晶显示屏幕显示的异常信息为"PTDX"时，按屏上的"微机保护信号复归"按钮不能复归，表示装置电压回路断线，此时应立即退出距离保护连接片，通知继电人员处理。

装置面板上"告警"灯亮，这时检查装置液晶显示屏幕显示的异常信息为"CTDX"时，按屏上的"微机保护信号复归"按钮不能复归时，则为电流回路断线，此时应立即断开本装置的分闸连接片并汇报调度及通知继电人员处理。

装置面板上"告警"灯亮，这时检查装置液晶显示屏幕显示的故障信息为"DIERR"，同时显示当前开入状态并复归不掉时，表示开入回路异常，此时不必停用保护但应通知继电人员立即处理。

（3）当线路配有两套微机保护时，两套微机保护的重合闸方式把手投用方式应保持一致。运行时，无论是两套运行还是单套运行，只投一套微机保护的重合闸连接片。

（4）当线路配有微机保护和常规重合闸保护时，两套保护的重合闸方式把手投相同位置，只投常规重合闸保护的重合闸连接片，微机保护的重合闸连接片停用。

（5）装置中高频、距离、零序 3 种保护中任两种保护停用时，则断开微机保护屏上的所有分闸连接片。

（6）保护全部停用是指将保护的分闸连接片全部断开，不允许用停直流的方式来代替。

（7）必须在两侧的高频保护停用后，才允许停用保护直流。合直流前，应先将两侧的高频保护停用，待两侧高频保护测试正常后，再汇报调度将高频保护同时投入运行。

（8）应按现场继电保护运行交待的方法定期检查机内时钟，并及时校准机内时钟，保证与标准时钟相差 5min 以内。

（9）在装置电流、电压、开关量输入回路或屏内作业前，必须先向调度申请断开所有分闸连接片。恢复时，继电保护人员应配合运行人员在检查各部分正确无误后，由运行人员投入分闸连接片。

（10）装置正常运行时，不得停直流。一旦直流消失后再恢复，应进行时钟校准。

（11）可整屏切换的微机保护在进行切换操作时，线路断路器和旁路断路器均不得失去保护，否则不可直接进行切换操作。

（12）"信号复归"按钮与整组复归的"QUIT"键不能用混。"信号复归"按钮是复归面板上信号灯和控制屏信号光字牌的，整组复归的"QUIT"键是程序从头开始执行的命令。运行人员严禁按"整组复归"键。

（13）运行人员每天应检查打印机的运行状态是否正常，打印纸备用是否足够。

四、异常状态

（1）101A、102A 装置有任何异常现象时显示屏均会显示相关异常报文且告警灯亮。

（2）121A 装置有任何异常现象时显示屏均会显示相关异常报文且告警灯亮。

（3）收发信机：LFX—912（与102A配合）、SF—600（与101A配合）异常现象有通道异常、载供异常、余度告警。其相应的信号灯亮。

五、注意事项

（1）投退保护功能连接片后，必须对装置手动复归一次，具体操作顺序是：

1）投入相关连接片。

2）液晶显示：DI—CHG？P—RST。

3）按信号复归按钮数秒。

4）按 Q 键切至正常显示。

（2）重合闸长.短延时依据定值单要求均投在短延时状态，长延时退出。

（3）PT 断线，此时保护仍在运行，但已失去方向性，应及时查找处理。

六、装置投运前检查

（1）选择定值拨轮开关后核对保护定值清单无误，投入直流电源，装置面板 LED 的"运行监视"绿色灯亮，其他灯灭；液晶屏正常情况下循环显示（H 型）"四方线路保护装置 年 月 日 时 分 秒；当前定值区号为00；重合闸为充满电（B 型）"的运行状态，按 SET 键即显示主菜单。按一次或数次《QUIT》，可一次或逐级退出当前菜单，返回正常显示状态。拉合一次直流电源再核对装置时钟。

（2）接入电流和电压，在正常循环显示状态下按 SET 键进入主菜单，依次进入 VFC–VI（"模拟量—刻度"）查看各模拟量输入的极性和相序是否正确；由菜单进入 VFC–SAM（"模拟量—采样打印"），核对保护采样值与实际相符。

（3）核对保护定值，由菜单进入 SET–PNT（"定值—定值打印"），打印出各种实际运行方式可能用的各套定值，一方面用来与定值通知单核对，另一方面留做调试记录。

（4）由菜单进入 VFC–VI–S（"控制—连接片投退"），核对各连接片投退情况及核对其他开入量的位置与实际相符合，并做好记录。

七、运行情况下注意事项

（1）投入运行后，任何人不得再触摸装置的带电部位或拔插设备及插件，不允许随意按动面板上的键盘，不允许操作如下命令：开出传动、修改定值、固化定值、设置运行 CPU 数目、改变装置在通信网中地址等。

（2）运行中面板上＜运行监视＞灯亮，液晶屏正常情况下循环显示"四方线路保护装置 年 月 日 时 分 秒；当前定值区号为 00；重合闸为充满电（B 型）"的运行状态。运行中要停用装置的所有保护，要先断分闸连接片，再停直流电源。运行中要停用装置的一种保护，只停该保护的连接片即可。

（3）运行中系统发生故障时，若保护动作分闸，则面板上相应的分闸信号灯亮，MMI 显示保护最新动作报告，若重合闸动作合闸，则"重合闸动作"信号灯亮，应打印保护动作总报告、分报告和分散录波报告，并详细记录信号。不要轻易停保护装置的直流电源，否则部分保护动作信息将丢失。

（4）运行中直流电源消失，应首先退出分闸连接片。

（5）运行中若出现告警 I，应停用该保护装置，记录告警信息并通知继电保护负责人员，此时禁止按复归按钮。若出现告警 II，应记录告警信息并通知继电保护负责人员进行分析处理。

（6）整套保护上电应先投辅助屏操作箱电源，后投保护屏保护装置电源；整套保护停电应先停保护装置电源，后停辅助屏操作箱电源。

八、设备更换 CPU 和 MMI 后的操作

（1）设备在运行中出现不能处理的问题须更换 CPU 板，更换 CPU 板后应：

1）重新输入并固化定值；

2）检查 CPU 软件版本号及 CRC 检验码；

3）对于更换软连接片的 CPU，若出现"*SZONER"（相应保护定值区出错），须重新固化定值、切换定值区及投退连接片。

（2）更换 MMI 板后应：

1）设置与 MMI 通信的 CPU 号；

2）设置装置在网络中的地址；

3）重新设置时钟。

【思考与练习】

1. CSL—100 型微机保护装置如何打印定值区？

2. CSL—100 型微机保护装置如何正确投退保护功能连接片？

▲ 模块 4 PSL 型微机保护装置运行（Z49I3004）

【模块描述】本模块介绍 PSL 型微机保护装置运行维护及故障。通过原理讲解和故障分析，掌握 PSL 型微机保护装置运行维护项目，熟悉故障现象分析处理。

【模块内容】

一、装置概述

PSL-600 数字式超高压线路保护装置以纵联距离和纵联零序作为全线速动主保护、以距离保护和零序方向电流保护作为后备保护。可用作 220kV 及以上电压等级的输电线路的主保护和后备保护。

保护功能由数字式中央处理器 CPU 模件完成，其中 CPU1 完成纵联保护，CPU2 完成距离保护和零序电流保护功能，对于单断路器接线的线路保护装置中还增加了实现重合闸功能模件 CPU3，可根据需要实现单相重合闸、三相重合闸、综合重合闸或者退出。

二、键盘操作说明

检查面板上"跳 A""跳 B""跳 C""重合闸"4 个信号动作情况，记下信号表示情况，包括分闸相别、重合闸及相应的动作时间，检查此时线路开关位置及液晶显示屏显示情况。

如图 5-3-4-1 所示，液晶显示包括标题栏、状态栏、一组事件的开始事件、事件条目（相对事件、事件名称和事件来源）以及可能的事件参数。在面板的右侧是功能键，分别是"运行""重合允许""保护动作""重合动作""TV断线"，还有"告警""复归"键。若操作人员不操作键盘，则可能将若干次故障的事件显示在一个列表中，中间以空行和起始时间分割，可以用"＜"键"＞"键翻页或"∧""∨"键滚屏。而"+""–"键则用来修改整定值。

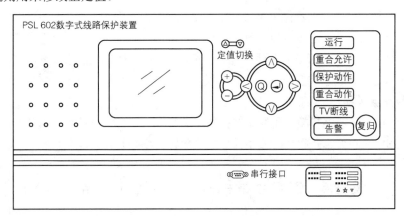

图 5-3-4-1　面板布置图

三、装置运行使用规定

1. 微机保护屏上配置的开入量连接片

微机保护屏上配置的开入量连接片有高频保护连接片、相间距离连接片、接地距离连接片、零序Ⅰ段连接片、零序Ⅱ段连接片、零序保护总连接片、重合闸时间控制。

2. 装置面板上信号灯含义

（1）"运行"——指示装置处于运行状态，闪烁时指示装置启动。

（2）"重合允许"——重合闸充电满指示灯，闪烁时指示正在充电。

（3）"保护动作"——分闸动作指示灯。

（4）"重合动作"——重合闸动作指示灯。

（5）"TV断线"——表示 TV 断线。

（6）"告警"——装置异常告警。

3. 正常运行时，液晶显示画面内容

装置正常运行状态下有两个典型的显示画面。画面 1 显示三相电压和三相电流的有效值和角度；画面 2 显示保护连接片投退状态。（●=投入，○=退出）

4. 运行中的一般规定

（1）运行人员巡视时应检查项目：

1）微机保护面板上的"运行"灯应亮。

2）投重合闸时，"重合允许"灯应亮。

3）面板上"告警"和"TV 断线"灯应不亮。

4）"保护动作""重合闸动作"各灯均应不亮。

5）装置面板上的液晶显示画面是否正常。

（2）中央信号：

1）保护动作——表示保护出口动作，此时面板的"保护动作"灯应亮。

2）重合闸动作——表示重合闸出口动作，此时面板的"重合动作"灯应亮。

3）TV断线——表示 TV 断线，此时面板的"TV 断线"灯应亮。

4）告警——表示装置异常，此时面板的"告警"灯应亮。

【思考与练习】

1. PSL–600 数字式超高压线路保护装置运行人员巡视检查项目有哪些？

2. PSL–600 数字式超高压线路保护装置配置有哪些开入量连接片？

▲ 模块 5 CSC 型微机保护装置运行（Z49I3005）

【模块描述】本模块介绍 CSC 型微机保护装置运行维护及故障。通过原理讲解和故障分析，掌握 CSC 型微机保护装置运行维护项目，熟悉故障现象并分析处理。

【模块内容】

一、装置概述

CSC–101A/B、CSC–102A/B 数字式超高压线路保护装置（简称 CSC–101、CSC–102

装置），适用于 220kV 及以上电压等级的高压输电线路，主保护包括纵联距离保护、纵联方向保护、CSC–103A/103B 主保护（纵联电流差动保护）、后备保护（Ⅲ段式距离保护）、Ⅳ段式零序电流保护，B 型保护增加了重合闸功能。

二、键盘的操作说明

（一）键盘连接片等操作说明

1. 装置上电设置

（1）在断电情况下，按说明书中装置插件位置图插入全部插件，连接好面板与管理板之间的扁平电缆线。

（2）合上直流电源，若装置告警，需要对装置保护 CPU 进行初始化设定，设定步骤如下：

QUIT 和 SET 键同时按下，进入出厂调试菜单。

1）进入"CPU 设置"菜单下，将 CPU1 和 CPU2 都投入，按 SET 键保存。并将装置重新上电。

2）进入"连接片模式"菜单下，选择装置需要的连接片模式即可。分为硬连接片和软硬连接片串联，对于硬连接片，将连接片对应的端子接入+24V 电源。对于软硬连接片串联，首先要确保装置后背板的连接片开入均已给入，然后进入装置主菜单—测试操作—投退连接片菜单中，根据要求投入相应保护连接片。

注意：一次只能投退一个连接片；否则，只最后一个连接片的投退成功。

（3）装置设定。进入装置主菜单—修改时钟，用"↑、↓、←、→"键盘将装置时钟设定为当前值。回到液晶正常显示下，观察时钟应运行正常。拉掉装置电源 5min，然后再上电，检查液晶显示的时间和日期，在掉电时间内装置时钟应保持运行，并走时准确。

2. 软件版本检查

进入装置主菜单—运行工况—装置版本菜单，记录装置型号、CPU 版本信息；进入装置主菜单—运行工况—装置编码菜单，记录管理板等其他版本信息。检查其与有效版本是否一致。

3. 打印功能检查

（1）装置主菜单—打印—定值菜单中，选择定值区打印定值。打印机应正确打印。

（2）装置主菜单—打印—报告菜单中，选择报告或操作记录应打印正确。

（3）分别进入装置主菜单—打印—装置设定（工况、装置参数、打印采样值）菜单选定后都能打印。

（4）快捷键打印功能试验：操作面板上的快捷键应打印正常。

4. 连接片检查

进入装置主菜单—测试操作—查看连接片状态，检查所有连接片投退是否正常。硬连接片符号对应的连接片名称如表 5–3–5–1 所示。

表 5–3–5–1　　　　　　　　硬连接片符号对应的连接片名称

序号	连接片符号	连接片名称
1	GP（CSC–103 保护 CD）	纵联连接片（CSC–103 保护差动连接片）
2	JLI	距离 I 段连接片
3	JL II、III	距离 II、III 段连接片
4	LX I	零序 I 段连接片
5	LXqt	零序其他段连接片
6	LXfs	零序反时限连接片
7	DZ	单相重合闸
8	SZ	三相重合闸
9	ZZ	综合重合闸
10	TY	重合闸停用
11	ZCYS	重合长延时控制

5. 面板上各元件说明

（1）液晶左侧为运行、跳 A、跳 B、跳 C、重合、充电、通道告警、告警灯。A 型装置无重合功能，所以重合、充电两灯均为备用。

1）运行灯：正常为绿色光，当有保护启动时闪烁。

2）跳 A、跳 B、跳 C 灯：保护分闸出口灯，动作后为红色，正常灭。

3）重合灯：B 型装置重合闸出口灯，动作后为红色，正常灭。

4）充电灯：B 型装置重合闸充满电后为绿灯亮，当重合闸停用、被闭锁或合闸放电后为灭。

5）通道告警灯：正常灭，当通道异常时亮，为红色。

6）告警灯：此灯正常灭，动作后为红色。有告警 I 时（严重告警），装置面板告警灯闪亮，退出所有保护的功能，装置闭锁保护出口电源；有告警 II 时（设备异常告警），装置面板告警灯常亮，仅退出相关保护功能（如 TV 断线），不闭锁保护出口电源。

（2）液晶右侧四方按键的说明：

1）SET：确认键，用于设置或确认。

2）QUIT：循环显示时，按此键，可固定显示当前屏幕的内容（显示屏右上角有一个钥匙标示，即定位当前屏），再按即可取消定位当前屏功能；菜单操作中按此键后，装置取消当前操作，回到上一级菜单；按此键，回到正常显示状态时可进行其他按键操作。

3）↑、↓、←、→：选择键，用于从液晶显示器上选择菜单功能命令。选定后用←、→移动光标，↑、↓改动内容。

4）"信号复归"按钮：用来复归信号灯和使屏幕显示恢复正常状态。

5）液晶屏显示可以根据运行单位要求由调试人员使用 CSPC 工具软件选择配置显示内容，出厂时一般配置为电流、电压量及其角度和连接片投入情况。

6）液晶屏下部 4 个快捷键及两个功能键，主要为运行人员的操作接口，可以实现运行人员的简单操作，按键后将提示如何操作：

a. F1 键：按一下后提示是否打印最近一次动作报告。选"是"提示：录波打印格式，图形、数据、可选择图形格式或数据格式打印，在定值菜单下可以向下翻页

b. F2 键：按一下后提示是否打印当前定值区定值。在定值菜单下可以向上翻页。

c. F3 键：按一下后提示是否打印采样值。

d. F4 键：按一下后提示是否打印装置信息和运行工况。

e. 十键：功能键，使定值区加 1。按一下后提示选择要切换到的定值区号、当前定值区号：XX；切换到定值区：XX。

f. 一键：功能键，使定值区减 1。按一下后提示选择要切换到的定值区号、当前定值区号：XX；切换到定值区：XX。

7）SIO 插座：连接外接 PC 机用的九针插座，为调试工具软件"CSPC"的专用接口。

（二）正常运行显示与特殊说明

（1）CSC–10l 保护装置面板正常显示运行状态的光字灯"运行"绿灯亮，对 B 型装置"充电"灯充满电后为绿色亮，其他灭，液晶屏循环显示顺序如下：

1）年–月–日　时：分：秒；

2）I_a、I_b、I_c、$3I_0$、U_a、U_b、U_c、P、Q 的大小及相位角；

3）已投连接片、当前定值区；

4）对 B 型装置还显示：重合闸检定方式，右下角显示"已充满"或"充电中"字样；刷新时间为 2～3s。

上电 5min 后若无操作，液晶显示器变暗，按 SET 或 QUIT 又恢复到正常状态。

（2）CSC–103 装置面板正常显示运行状态的光字灯"运行"绿灯亮，对 B 型装置"充电"灯绿色亮，其他灭，液晶屏循环显示顺序如下：

1）年–月–日　时：分：秒；

2) U_a、U_b、U_c、I_a、I_b、I_c、$3I_0$、U_X、P、Q 的大小及相位角;

3) 已投连接片;当前定值区;通道状态及丢帧数、电容电流值;

4) 对 B 型装置还显示:重合闸方式、检同期方式,右下角常住显示"已充满";刷新时间为 2～3s。

(3) 特殊说明:

1) CSC-100 系列提供两种连接片方式,即软硬连接片串联方式和硬连接片方式(屏上连接片),出厂默认配置为软硬连接片串联方式。若仅需软连接片,则在屏上需将相应硬连接片投入(给上+24V 电源);若仅需硬连接片,将相应软连接片全部投入。

软硬连接片串联模式时,可以通过监控后台进行软连接片投退,也可以在连接片操作—软连接片投退菜单中,进行软连接片投退。

在连接片操作—查看连接片状态菜单中,可以查看连接片投入情况。第一列为连接片名称,第二列为软连接片状态,第三列为总连接片状态。

硬连接片方式下,操作软连接片投退菜单会显示"切连接片操作失败"。

2) 若投入检修状态连接片,动作报告不上送监控后台也不保存,只输出打印和面板显示。

三、装置的运行规定

(一)装置投运前检查

(1) 核对保护定值清单无误,投入直流电源,装置面板 LED 的运行绿灯亮、充电绿灯亮(B 型),其他灯灭;液晶屏正常情况下循环显示"年 月 日 时:分:秒;模拟量的大小和相位;当前定值区号:00;已投连接片;重合闸方式,检同期方式,已充满(B 型)"的运行状态,按 SET 键显示主菜单。按一次或数次 QUIT,可一次或逐级退出当前菜单,返回正常显示状态。拉合一次直流电源再核对装置时钟。

(2) 接入电流(CSC-101 要求带负荷电流大于 $0.1I_n$,CSC-103 要求带负荷电流大于 $0.08I_n$)和电压,在正常循环显示状态下按 SET 键进入主菜单,依次进入各菜单,查看各模拟量输入的极性和相序是否正确;核对保护采样值与实际相符。

(3) 核对保护定值,打印出各种实际运行方式可能用的各套定值,用来与定值通知单核对。

(4) 注意纵联通道是否完好。

(5) 核对各连接片投退情况及核对其他开入量的位置与实际相符合,并做好记录,尤其注意液晶屏右上角正常情况应无"小手"显示(说明检修状态连接片已退出)。

(6) 若装置已连接打印机,用 F4 快捷键打印装置信息和运行工况

(二)运行中的注意事项

(1) 投入运行后,任何人不得再触摸装置的带电部位或拔插设备及插件,不允许

随意按动面板上的键盘，不允许操作如下命令：开出传动、修改定值、固化定值、装置设定、改变装置在通信网中地址等。

（2）运行中要停用装置的所有保护，要先断分闸连接片、再停直流电源。运行中要停用装置的一种保护，只停该保护的连接片即可。

（3）运行中系统发生故障时，若保护动作分闸，则面板上相应的分闸信号灯亮，MMI 显示保护最新动作报告，若重合闸动作合闸，则"重合"信号灯亮，应自动或手动打印保护动作报告、录波报告，并详细记录各信号。

（4）运行中直流电源消失，应首先退出分闸连接片。

（5）运行中若出现告警Ⅰ，应停用该保护装置，记录告警信息并通知有关人员，此时禁止按复归按钮。若出现告警Ⅱ，应记录告警信息并通知有关人员进行分析处理。

（三）几点说明

（1）如果重合闸连接片都未投，重合闸装置按"停用"对待，面板上充电灯灭；如果重合闸方式未设定，面板上显示"重合闸方式：非同期"，即按非同期重合。

（2）装置背板左上角设有测试端口，接有 24V（开出）、±12、5V 电源和 CAN 网接口，供检查电源插件及自动测试使用。

（3）运行定值区的选择方法：使用面板左下部的快捷键"＋""－"即可选择切换定值区。

【思考与练习】

1. CSC 型微机保护装置如何打印当前定值区？

2. CSC 型微机保护装置有哪些运行注意事项？

◢ 模块 6　RCS 型微机保护装置运行（Z49I3006）

【模块描述】本模块介绍 RCS 型微机保护装置运行维护及故障。通过原理讲解和故障分析，掌握 RCS 型微机保护装置运行维护项目，熟悉故障现象并分析处理。

【模块内容】

一、装置概述

RCS-900 型微机保护是由微机实现的数字式超高压线路成套快速保护装置。其中，RCS-901、RCS-902、RCS-931 型微机保护可用作 220kV 及以上电压等级输电线路的主保护及后备保护。

RCS-901A（B、D）型微机保护包括以纵联变化量方向和零序方向元件为主体的快速主保护、由工频变化量距离元件构成的快速一段保护。RCS-901A 由三段式相间和接地距离及两个延时段零序方向过电流构成全套后备保护；RCS-901B 由三段式相间和接地距离及 4 个延时段零序方向过电流构成全套后备保护；RCS-901D 以 RCS-901A 为基础，仅将零序Ⅲ段方向过电流保护改为零序反时限方向过电流保护。RCS-901A（B、D）型保护有分相出口，配有自动重合闸功能，根据需要可实现单相、三相重合和综合重合闸方式。

RCS-902A（B、C、D）包括以纵联距离和零序方向元件为主体的快速主保护、由工频变化量距离元件构成的快速一段保护。RCS-902A 由三段式相间和接地距离及两个延时段零序方向过电流构成全套后备保护；RCS-902B 由三段式相间和接地距离及 4 个延时段零序方向过电流构成全套后备保护；RCS-902C 设有分相命令，纵联保护的方向按相比较，适用于同杆并架双回线，后备保护配置同 RCS-902A；RCS-902D 以 RCS-902A 为基础，仅将零序Ⅲ段方向过电流保护改为零序反时限方向过电流保护。RCS-902A（B、C、D）保护有分相出口，配有自动重合闸功能，RCS-902XS 适用于串联电容补偿的输电系统。

RCS-931 型微机保护设置有以分相电流差动和零序电流差动为主体的快速主保护、由工频变化量距离元件构成的快速一段保护、由三段式相间和接地距离及多个零序方向过电流构成的全套后备保护。保护装置有分相出口并配置了重合闸出口，根据需要可实现单相、三相重合和综合重合闸方式。RCS-931 系列保护根据功能有一个或多个后缀，各后缀的含义如下：

（1）A——两个延时段零序方向过电流。

（2）B——3 个延时段零序方向过电流。

（3）D——1 个延时段零序方向过流和 1 个零序反时限方向过电流。

（4）L——过负荷告警、过电流分闸。

（5）M——光纤通信为 2048kbit/s 数据接口（缺省为 64kbit/s 数据接口）；

（6）S——适用于串补线路。

二、键盘的操作说明

1. 面板图示

RCS-900 型保护面板布置图见图 5-3-6-1。

2. 保护运行时液晶显示说明

（1）正常运行时液晶显示说明。装置上电后，正常运行时液晶屏幕显示主画面如图 5-3-6-2 所示。

（2）保护动作时液晶显示说明。当保护动作时，液晶屏幕自动显示最新一次保护动作报告，当一次动作报告中有多个动作元件时，所有动作元件及测距结果将滚屏显示，格式如图 5-3-6-3 所示。

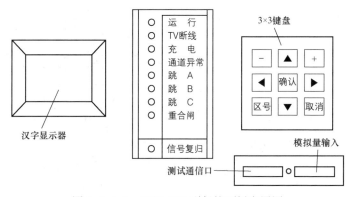

图 5-3-6-1　RCS-900 型保护面板布置图

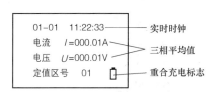

图 5-3-6-2　正常运行时液晶屏显示主界面

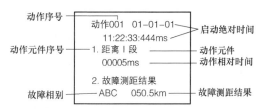

图 5-3-6-3　保护动作时，液晶屏显示

（3）异常状态时液晶显示说明。保护装置运行中，硬件自检出错或系统运行异常将立即显示自检报告，当一次自检报告中有多个出错信息时，所有自检信息将滚屏显示，格式如图 5-3-6-4 所示。

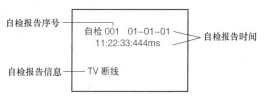

图 5-3-6-4　硬件自检出错或系统运行异常时液晶屏显示

按装置或屏上复归按钮可切换显示分闸报告、自检报告和装置正常运行状态。

3. 命令菜单结构

命令菜单采用如图 5-3-6-5 所示的树形目录结构。

4. 命令菜单的操作

（1）在主画面状态下，按"▲"键可进入主菜单，通过"▲""▼""确认"和"取消"键选择子菜单。

（2）按菜单的树形目录结构可逐步进入所需要的菜单。

1）"保护状态"用来显示保护装置电流电压实时采样值和开入量状态，它全面地反映了该保护运行的环境，只要这些量的显示值与实际运行情况一致，则保护能正常运行，RCS-931 型增加"通道状态"显示。

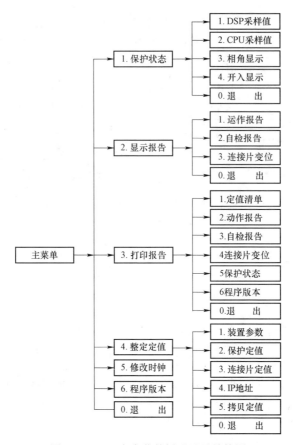

图 5-3-6-5 命令菜单树形目录结构图

2）"显示报告"显示保护动作报告、自检报告及连接片变位报告。首先显示的是最新一次报告，按"▲"键显示前一个报告，按"▼"键显示后一个报告，按"取消"键退出至上一级菜单。

3）"打印报告"选择打印定值清单、动作报告、自检报告、连接片变位、保护状态、程序版本。打印动作报告时需选择动作报告序号，动作报告中包括动作元件、动作时间、动作初始状态、开关变位、动作波形、对应保护定值等。

4）"修改时钟"显示当前的日期和时间。按"▲""▼""◀""▶"键用来选择位，按"十"和"一"键来修改数值。按"取消"键不修改返回，按"确认"键修改后返回。

5）"程序版本"用来显示程序的版本、校验码以及程序生成时间。

6）修改定值区号。按键盘的"区号"键，液晶显示"当前区号"和"修改区号"，按"+"或"-"来修改区号，按"取消"键不修改返回，按"确认"键完成区号修改后返回。

三、装置的运行规定

1. 装置连接片的运行规定

（1）保护屏设有：A 相分闸、B 相分闸、C 相分闸、重合闸、失灵启动、主保护投入、距离保护投入、零序保护投入、检修状态投入连接片。

（2）保护装置停用：断开分闸、重合闸、失灵启动等连接片。

（3）高频保护停用：断开主保护投入连接片（RCS-901 型停用变化量方向和零序方向高频保护、RCS-902 型停用距离方向和零序方向高频保护）。

（4）电流差动保护：断开主保护投入连接片（RCS-931 型停用电流差动保护）。

（5）零序电流保护停用：断开零序保护投入连接片（停用零序电流保护、零序方向高频保护、TV 断线下零序电流保护）。

（6）距离保护停用：断开距离保护投入连接片（停用相间和接地距离保护、快速一段保护）。

（7）检修状态投入连接片设备检修时投入，保护报文不上传。正常运行时断开。

（8）屏上重合闸方式开关有"单相重合闸""三相重合闸""综合重合闸""停用"4 个位置，线路如有两套重合闸，两套重合闸开关位置必须一致。

2. 装置面板指示灯含义

（1）"运行"灯：绿色，装置正常运行时灯亮。

（2）"TV 断线"灯：黄色，发生电压回路断线时灯亮；"充电"灯为黄色，重合充电完成时灯亮。

（3）"通道异常"灯：黄色，通道故障时灯亮。

（4）"跳 A""跳 B""跳 C""重合闸"灯为红色，保护动作时灯亮，信号复归后熄灭。

3. 运行人员巡视时应检查装置下列指示灯

（1）"运行"灯亮。

（2）满足充电条件时，"充电"灯亮。

（3）"跳 A""跳 B""跳 C""重合闸""TV 断线""通道异常"灯应不亮。

4. 装置异常信息及处理

（1）中央信号：

1）保护动作——表示保护出口动作；

2）重合闸动作——表示重合闸出口动作；

3）装置闭锁——表示装置自检出错闭锁保护；

4）装置异常——表示装置自检发现问题或电压回路异常等；

5）通道异常——表示通道故障或两端数据无法同步。

（2）当上述 5 个控制屏光字牌信号任意一个信号表示时，应记下时间，并到微机保护屏前记下装置面板信号灯表示情况及液晶显示屏显示的内容，做好记录，然后按照下述方法处理：

1）保护动作或重合闸动作信号表示。检查面板上"跳 A""跳 B""跳 C""重合闸" 4 个信号动作情况，记下信号表示情况，包括分闸相别、重合闸及相应的动作时间，检查此时线路断路器位置及液晶显示屏显示情况，当一次动作报告中有多个动作元件时所有动作元件及测距结果将滚屏显示。格式内容为动作序号、启动绝对时间、动作元件序号、动作元件、动作元件分闸相别、动作相对时间，故障测距结果。

记录复查无问题后按屏上"信号复归"按钮复归信号，汇报调度记录结果及故障报告内容。

2）装置闭锁信号表示。此时装置将退出运行，应立即将保护装置全部停用，汇报调度并通知继电人员处理。

3）装置异常信号表示。装置在电压回路断线、分闸位置继电器异常、电流回路断线等情况下发出告警信号，此时仍有保护在运行。汇报调度并通知继电人员处理。

4）通道异常信号表示。装置发通道异常信号，应汇报调度，停用主保护，并通知相关人员处理。

四、装置异常处理

装置异常告警及其处理见表 5-3-6-1。

表 5-3-6-1　　　　　　　　装置异常告警及其处理

信号灯	显示	故障现象	故障原因	异常处理
运行	不发光	通信中断，无报告打印，但不影响保护运行和出口分闸	（1）接口程序紊乱或丢失。 （2）接口板芯片坏	（1）关断装置直流电源。 （2）按面板上复位按钮。 （3）重新写程序。 （4）更换接口板
巡检	发红光	接口板与保护板不通信	接口板与保护通信中断	（1）更换接口板。 （2）更换保护板
告警Ⅰ	发红光	切断保护出口回路+24V 电源	（1）开出自检错。 （2）定值错	更换保护板
告警Ⅱ	发红光	发本地及中央告警信号	（1）TV 断线或交流回路失压。 （2）开关量错。 （3）TA 断线	（1）检查交流回路是否正常。 （2）检查开入是否异常

出现上述告警时，运行值班人员应详细记录各指示灯显示情况和有关事件打印报告，并及时应通知调度或有关人员及时处理。

【思考与练习】

1. RCS-900 型微机保护装置"保护动作"光子牌亮时如何处理？
2. RCS-900 型微机保护装置如何打印保护定值？

模块 7　WXH 型微机保护装置运行（Z49I3007）

【模块描述】本模块介绍 WXH 型微机保护装置运行维护及故障。通过原理讲解和故障分析，掌握 WXH 型微机保护装置运行维护项目，熟悉故障现象并分析处理。

【模块内容】

一、装置概述

WXH-801（802）系列数字式保护适用于 220kV 及以上输电线路，包括 WXH-801（/A）、WXH-802（/A）、WXH-8Ol/D、WXH-802/D 六种型号的保护。其中 WXH-801（/A）由带补偿的正序故障分量方向元件和零序方向元件构成全线速动主保护，具有近端故障快速分闸不依赖通道的快速距离保护；WXH-80l/D 型纵联保护与收发信机采用单触点形式，具有通道自检及远方启信功能，其他配置同 WXH-801；WXH-802（/A）由综合距离元件和零序方向元件构成全线速动主保护，具有近端故障快速分闸不依赖通道的快速距离保护；WXH-802/D 型纵联保护与收发信机采用单触点形式，具有通道自检及远方启信功能，其他配置同 WXH-802。后备保护都由三段式相间距离和接地距离、六段零序电流方向保护构成，并配有自动重合闸功能。A 型保护无重合闸并满足双断器分闸要求，部分开入采用强电，适用于 330kV 及以上电压等级输电线路。此外，本保护还设置了带延时的过流保护Ⅰ段及过流保护Ⅱ段，仅在 TV 断线时由控制字选择投退。

二、键盘操作说明

本装置采用带自动开启和关闭背景光的显示液晶。

键盘有 6 个小按键，其示意图如图 5-3-7-1 所示。

"←""→"键的主要功能是左右移动光标。

"↑""↓"键主要功能是在出现大光标时移动光标，在出现小光标时修改数据。

"ENTER"键主要功能表示确认和进入菜单。

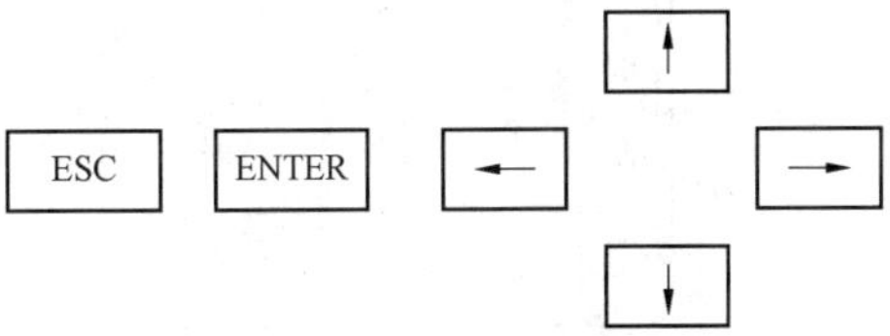

图 5-3-7-1　键盘

"ESC"键主要功能是取消修改和返回上一级菜单。

"ESC"+"ENTER"键主要功能是复位接口。

正常显示时，显示界面共三屏，分别显示各CPU登录的状态、模拟量的实时采样值和连接片的投切状况，如图5-3-7-2、图5-3-7-3、图5-3-7-4所示。按"ESC"键固定显示一状态，屏幕左下角显示"STOP"。

 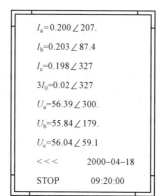 

图5-3-7-2　CPU登录状态显示　图5-3-7-3　模拟量实时显示　图5-3-7-4　连接片投切状况显示

再按"ESC"键取消固定显示一状态。在下角的"<<<"对应三个通信口的通信状况，通信正常时相应的"<<<"会闪烁。

正常状态下，按"ENTER"键进入"主菜单"，用"↑、↓"键移动光标至所选的项目。主菜单如图5-3-7-5所示。用"↑、↓"键移动光标至所选的项目后，再按"ENTER"键，即可进入相应功能的子菜单。

1. 系统设置

系统设置菜单如图5-3-7-6所示。用"↑、↓"键移动光标至所选的项目后，再按"ENTER"键，即可进入相应功能的子菜单。

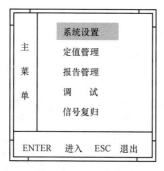 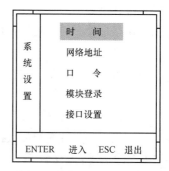

图5-3-7-5　主菜单　　　　　图5-3-7-6　系统设置菜单

（1）时间设置。时间设置菜单如图5-3-7-7所示。

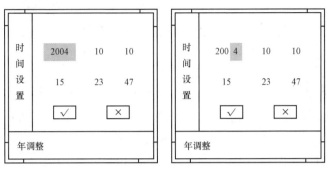

图5-3-7-7　时间设置

"时间"菜单中，在大光标的状态下可以通过"↑""↓"或"←""→"键移动光标至所要修改的时间项上，按"ENTER"键可把大光标变成小光标，如图5-3-7-8所示的状态，这时可通过"↑""↓"键，对数据进行修改。按"↑"键数据增大，按"↓"键数据减少，数据是循环显示的。在小光标的状态下按"ENTER"或"ESC"键都会回到大光标状态下。当光标移到［√］时，按"ENTER"键将保存所设置的时间，若在［X］上按"ENTER"键将不保存修改内容。按"ESC"键也将不保存修改内容，返回上一级菜单。

（2）区号修改。在"定值管理"菜单中选择"区号修改"，按"ENTER"键进入，液晶显示如图5-3-7-8所示。

当光标停在保护模块右边的CPU上时按"ENTER"键能产生一个下拉菜单，下拉菜单显示已登录的CPU号，通过"↑""↓"键选择要修改定值区号的CPU号，按"ENTER"键选定该CPU，如图5-3-7-8所示。通过"↑""↓"键把光标移至［√］按钮上，按"ENTER"键确认，接口就与保护CPU通信，通信完后显示如图5-3-7-9所示的界面。

图5-3-7-8　时间设置（大光标变成小光标）

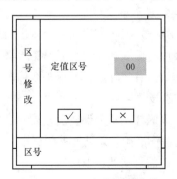

图5-3-7-9　定值区号修改

此时光标停在区号上，按"ENTER"键，光标在最后一位数字上闪烁，这时，可用"→""←"键移动光标，用"↑""↓"键修改数字大小，按"ENTER"键结束本次修改。再将光标移动到 [√] 按钮上，按"ENTER"键确认本次修改，并固化定值区号；否则，取消本次修改。

2. 定值打印

在"定值管理"菜单中通过"↑""↓"键选择"定值打印"菜单，按"ENTER"键进入后，接口会要求选择 CPU 号，选择完 CPU 号把光标移到 [√] 按钮上，按"ENTER"键就能打印定值。若把光标移到 [X] 上按"ENTER"键或直接按"ESC"键，则取消定值打印；若在打印中按"ESC"键将停止打印，并返回到上一级菜单。

3. 信号复归

在"主菜单"中选定"信号复归"菜单，按"ENTER"键能复归面板右侧的 7 个红色信号灯。

4. 复位接口

同时按 ESC 及 ENTER 键，MMI 复位。

三、装置正常运行使用规定

1. 正常运行信号

装置面板上设有"运行""告警Ⅰ""告警Ⅱ"等信号灯。正常时"运行"灯发绿光，装置启动时，闪亮；"告警Ⅰ""告警Ⅱ"及其他分闸灯均不亮。

2. 中央信号反映装置异常信号

中央信号反映装置发中央信号有保护动作、重合闸动作、告警Ⅰ、告警Ⅱ，前两种信号为保护动作和重合闸动作信号。"告警Ⅰ"在某 CPU 定值自检出错、开出自检出错时发出；"告警Ⅱ"为一般的异常监控信号。

3. 运行注意事项

（1）修改定值时应先断开分闸出口连接片，修改完毕，核查无误后，再重新投入分闸连接片，正常运行时，不得随意修改定值。

（2）装置有故障或需将保护全停时，应先断开分闸出口连接片，再断开直流电源开关。装置发"告警Ⅰ"信号时，应通知调度或有关人员及时处理。

（3）纵联（差动）保护的投入、退出，两侧保护应同时进行。高频通道异常或故障时应将两侧高频（差动）保护退出。

（4）若需将某保护退出运行时，只需将对应保护的投入连接片断开即可。

（5）本装置重合闸退出时，只断开重合闸出口连接片，且重合方式应与另一套运行的重合闸的重合方式一致，不能单独置于"停用"位置。

【思考与练习】

1. WXH 型微机保护装置定值如何打印？

2. WXH 型微机保护装置如何修改定值？应注意什么？

第四章

励 磁 系 统 运 行

▲ 模块 1　水轮发电机组励磁系统的巡回检查（Z49I4001）

【模块描述】本模块介绍水轮发电机组励磁系统的巡回检查。通过原理讲解，掌握励磁系统的巡回检查项目和内容。

【模块内容】

一、励磁系统的巡回检查

运行人员应按有关规定对励磁系统进行定期的巡回检查，在大负荷、夏天、雨天和设备有缺陷时要加强巡回检查。巡回检查时应该认真观察、仔细辨听，判断励磁系统是否处于正常运行状态，并不得误碰运行设备。发现设备处于非正常状态时，要及时通知检修人员进行处理。

1. 励磁系统主要的巡回检查项目

（1）检查励磁系统各表计指示是否正常、各报警指示是否正常、信号显示与实际工况是否相符。

（2）检查励磁盘周围清洁，地面无积水，棚顶无漏水。

（3）检查有关励磁设备、元器件，应在运行对应位置。

（4）检查磁系统的有关设备、元器件、一次接线、二次接线和端子无明显松脱、放电及烧焦现象，无异味、异常响动及振动现象。

（5）检查励磁母线及各通流部件的触点、导线、元器件无过热现象，各分流器无变色，各熔断器是否异常。

（6）检查通风元器件、冷却系统工作是否正常。

（7）检查励磁装置的工作电源、备用电源、起励电源和操作电源等应正常可靠，并能按规定要求投入或自动切换。

（8）定期检查励磁系统的绝缘状况。

2. 滑环和励磁机整流子电刷的巡回检查

（1）检查整流子和滑环电刷有无冒火现象。

（2）电刷在刷框内应能自由上下活动，并检查电刷有无摇动、跳动或卡住的情形，电刷是否过热；同一电刷应与相应整流子片对正。

（3）检查电刷连接软线是否完整，接触是否紧密良好，弹簧压力是否正常，有无发热、碰机壳的情况。

（4）检查电刷的磨损程度，刷块边缘是否存在剥落现象。如果电刷磨损厉害或刷块有剥离现象，就必须更换电刷。

（5）检查刷框和刷架上有无灰尘积垢，有则用刷子扫除或用吹风机吹净。

（6）检查整流子或滑环表面应无变色、过热现象，其温度应不大于120℃。

3. 励磁调节器的巡回检查

（1）检查励磁调节器运行状态正常，运行指示灯应有指示。

（2）检查励磁调节器电源单元的交流、直流电源是否投入。

（3）检查励磁调节器各信号灯正常，开关位置正确。

（4）检查励磁调节器柜无报警信号，各仪表指示正常。

（5）检查励磁调节器各部元器件无过热、焦味和异常声音。

（6）检查励磁调节器柜门均在关闭状态，冷却风机运行正常。

（7）检查励磁调节器风机电源投入，风机转动正常。

（8）检查励磁调节器运行参数与实际工况相符，励磁电流平稳、无异常波动。

4. 励磁变压器的巡回检查

（1）检查励磁变压器运行电磁声正常，无异声，无焦味。

（2）检查励磁变压器各部温度正常，无局部过热现象，温控、温显装置工作正常。

（3）检查励磁变压器各接头紧固，无过热、变色现象，导电部分无生锈、腐蚀现象。

（4）检查励磁变压器本体无杂物，外部清洁，电缆无破损、过热现象。

（5）检查励磁变压器套管、各部支持绝缘子清洁，无开裂、爬电现象。

（6）检查励磁变压器前后柜门均应在关闭状态。

（7）检查励磁变压器无漏水、积水现象，照明充足，周围消防器材齐全。

5. 励磁功率柜的巡回检查

（1）检查功率柜信号指示正确，异常报警灯不亮。

（2）检查功率柜内各开关、隔离开关位置正确，接触良好，脉冲输出控制开关在合，熔断器无熔断，各操作把手位置正确。

（3）检查正常运行时功率柜输出正常，电流基本保持平衡且无摆动，阳极电压表、直流电流表等指示正常。

（4）检查阳极过电压保护熔断器无熔断，阻容无损坏及过热现象。

（5）检查功率柜冷却系统工作正常，风机运行时无异声、转动良好，空气进出风口无杂物堵塞，停运风机的热继电器未动作。

（6）检查机组运行中功率柜晶闸管及各开关触头、电缆有无过热现象，晶闸管温度在 20～45℃范围内。

6. 转子过电压保护柜的巡回检查

（1）检查转子电流、电压是否在正常范围。

（2）检查面板指示灯状态是否正常，过电压信号灯有无指示。

（3）检查盘内各元件无损坏现象。

（4）检查过电压吸收器及非线性灭磁电阻串联熔丝是否熔断，如已熔断，应联系检修更换，并检查该路非线性电阻。

（5）检查过电压及灭磁计数器的显示值，为准确记录灭磁、过电压动作次数，计数器不能随意清零。

（6）过电压或灭磁装置动作后，应及时复归信号，以保证下次能再次动作。

（7）检查电缆无发热现象，各端子引线无明显松脱现象。

（8）检查非线性电阻无裂纹及破碎现象，巡回时注意防止误碰电阻及构架引线。

7. 灭磁开关柜的巡回检查

（1）检查灭磁开关柜电流、电压表指示正常。

（2）检查灭磁开关分合闸指示正确，各部连接件无明显松脱、发热和烧焦现象。

（3）检查灭磁开关时，不要太靠近消弧室，以免分闸烧伤或误碰机构，并不要触及灭磁开关（MK）支架。

二、励磁系统故障的处理

励磁系统运行中发生故障时，运行值班人员应根据具体故障情况采取得力措施，及时通知检修人员，报告有关领导，做好运行记录，并加强监视。记录故障或事故发生的时间，所有警报信号、表计指示、设备动作顺序及运行人员的事故处理过程。

1. 励磁系统在下列故障情况下应退出运行

（1）励磁装置或设备的温度明显升高，采取措施后仍超过允许值。

（2）励磁系统绝缘下降，不能维持正常运行。

（3）灭磁开关、磁场断路器或其他交、直流开关触头严重发热。

（4）励磁功率柜故障。

（5）冷却系统故障，短时不能恢复。

（6）励磁调节器自动单元故障，手动单元不能投入。

2. 转子滑环、励磁机整流子发生强烈火花的处理

转子滑环、励磁机整流子发生强烈的火花时，不必立即停下发电机，值班人员可

以进行擦拭处理，同时应减少发电机的有功及无功负荷，直至消除不正常现象为止。如果所采取的措施无效，应将发电机从电网解列。当励磁机着火冒烟时，值班人员应立即紧急停机灭磁，并按消防规程规定进行灭火。

3. 发电机转子一点接地故障的处理

（1）如果转子回路有作业，立即停止在转子回路上的工作。

（2）测量转子对地电压并换算成绝缘电阻值，判断保护装置动作是否正确。

（3）检查转子回路，如有接地点应设法排除。如是一点金属性接地，应立即报告调度，同时启动备用机，尽快移负荷停机，不允许继续运行。

（4）如果一点非金属性接地时，应报告调度，同时设法处理，用压缩空气吹净整流子或滑环，以恢复绝缘电阻。注意处理过程中防止两点接地，有条件时应做好停机准备，转移负荷或启动备用机组。

4. 转子过电流保护动作的处理

（1）检查励磁装置，确认是否调节器或励磁功率柜失控。

（2）检查转子回路，确认是否有短路点。

（3）若调节器或励磁功率柜失控可退出主励，用备励升压并网。

5. 励磁功率柜故障的处理

（1）可以分柜运行的励磁功率柜发生故障，则监视励磁系统运行情况，在励磁调节器操作面板上查找故障信息，并联系检修人员检查。必要时可以减负荷运行，退出故障的励磁功率柜进行处理。

（2）不能分柜运行的励磁功率柜发生故障时，有备励系统者切换到备励系统运行，无备励系统者向调度申请停机处理。

6. 励磁功率柜里面某一支路快速熔断器熔断

（1）现场检查，确定是哪一个快速熔断器熔断，检查快速熔断器熔断指示弹出。

（2）检查对应的硅元件是否损坏。

（3）通知检修处理。

（4）退出该功率柜。

7. 功率柜风机部分停运

检查风机、电源情况，如无异状，立即恢复电源手动启动风机运行，恢复功率柜运行。无法恢复风机运行时，在不影响机组运行情况下，退出该功率柜，联系检修处理。

8. 功率柜风机全部停运

（1）检查风机、电源情况，如无异状，立即恢复电源手动启动风机运行。无法恢复风机运行时，注意测量晶闸管温度，必要时调节励磁电流，降低无功负荷。

（2）单柜、独立冷却装置的励磁功率柜发生故障时，退出故障的励磁功率柜，联系检修人员处理。

（3）集中冷却方式的功率整流系统发生故障时，应立即减少发电机的无功负荷，并自动切换至备用冷却装置或倒换至备励运行，否则应将机组解列灭磁。

9. 晶闸管任一功率柜着火

（1）切功率柜脉冲，断开功率柜交、直流开关闸刀，退出功率柜。

（2）断开故障功率柜风机电源、励磁操作电源。

（3）用干式灭火器、二氧化碳灭火器灭火。

（4）通知检修人员处理。

10. 起励失败

（1）检查励磁系统的阳极开关、直流输出开关是否合上，灭磁开关合闸是否到位。

（2）检查机组转速大于90%。

（3）检查起励电源、脉冲电源和稳压电源等是否投入，熔断器是否完好。

（4）检查励磁操作控制回路是否正常。

（5）检查自动励磁调节器的各种反馈调节信号是否接入。

（6）检查微机励磁调节器是否进入监控状态。

（7）原因不明时，通知检修人员处理，未查明原因之前不得再次起励。

11. 励磁 TV 断线

（1）主通道发生 TV 断线时，如果只有一个自动调节通道应切至手动运行。多调节通道励磁调节器应自动或手动切换至备用调节通道运行。

（2）检查调节器动作情况及运行情况，并察看是否切换至备用通道运行，并记录调节器的信号。

（3）备用通道发生 TV 断线后，对主通道无影响。若出现该故障信号时，调节器正处在备用通道运行，应人工切换到主通道运行。

（4）检查 TV 熔断器及回路，更换相同型号熔断器。如不能恢复，通知检修人员处理。运行中处理断线的 TV 二次回路故障时，应采取防止短路的措施，无法在运行中处理的应提出停机申请。

12. 励磁调节器异常情况及处理

（1）励磁调节器发生故障时，在强行励磁、强行减磁装置均正常的情况下，允许短时间将励磁切换至手动状态运行。自动灭磁装置故障退出运行时，不得将发电机投入运行。

（2）主通道发生脉冲丢失故障时，将自动切换到备用通道运行。脉冲丢失故障消除后，可手动切换到主通道运行。

（3）电源故障时，将自动切换到备用通道运行。此时应检查调节器电源模块输出的+5V电源是否正常。

（4）机组运行中励磁调节器主通道故障时，主通道运行信号灯灭，故障信号灯亮，调节器将自动切换至备用通道运行。应该检查调节器具体故障信号，查看通道切换是否正常，通知检修人员处理。故障消除后，可手动切换到主通道运行。

（5）机组运行中励磁调节器备用通道故障时，调节器备用通道故障信号灯亮，备用信号灯灭，退出备用状态。应该检查调节器具体故障信号，通知检修人员处理，故障消除后，手动恢复到备用状态。

13. 强励限制、过励限制

（1）现象：中控室计算机有励磁调节器对应限制动作信息，现场调节器柜有对应限制故障信号，此时为电流闭环控制或恒无功运行。

（2）处理：首先检查调节器工作情况及功率柜电流是否正常，检查一次系统有无异常。稳定后，调整励磁电流使其返回。发生励磁系统误强励时，应立即减少励磁电流，减少励磁无效应立即灭磁或停机。

14. U/f限制

（1）现象：中控室计算机有调节器U/f限制动作信息，现场调节器柜有U/f限制故障信号，此时按曲线限制电压给定值运行，并闭锁增磁操作。

（2）处理：首先检查调节器工作情况及功率柜电流是否正常，检查一次系统电压及频率。

同时进行减磁，直到"U/f限制"信号消失，待发电机转速达额定时再增加励磁电压；若减磁无效，可发停机令逆变灭磁或直接跳灭磁开关灭磁。

15. 励磁变压器差动保护动作

（1）现象：励磁系统有报警信号，机组分闸、灭磁、停机。主变压器差动保护可能动作，励磁变压器可能有温度报警信号。

（2）处理：检查机组灭磁、停机是否正常，汇报调度。全面检查励磁变压器本体及差动保护范围内设备是否有明显故障，摇测励磁变压器对地绝缘，联系检修人员检查是否保护误动。

16. 励磁变压器过流保护动作

（1）现象：励磁系统有报警信号，发励磁变压器过电流保护信号，机组分闸、灭磁、停机。

（2）处理：检查机组停机、灭磁和保护动作情况，汇报调度。详细检查励磁变压器至各功率柜交流侧的电缆是否有异常，确认是否有短路点。检查励磁装置，确认是否励磁功率柜失控或转子回路有短路点。测量励磁变压器绝缘及转子绝缘电阻是否合格。联系检修人员检查励磁变压器本体进行处理。如查明非转子回路故障，可用备励恢复运行。故障消除或未发现明显故障点，在检查励磁变压器绝缘电阻正常情况下，可以用手动方式对机组带励磁变压器零起递升加压，无异常后再正式投运。

17. 励磁变压器温度升高报警

（1）现象：励磁系统有报警信号，励磁变压器温升高达报警值。

（2）处理：检查励磁变压器温度是否确实升高；检查环境温度是否过高；检查励磁系统是否过负荷运行，如果无功负荷太大引起，调整机组无功；检查是否温控器误发信号，联系检修人员处理；检查励磁变压器冷却系统工作是否正常；检查励磁功率柜是否缺相运行；若未查出问题，但励磁变压器温度确实升高，且温度仍有升高趋势，应及时向调度申请倒备励或停机处理。

18. 励磁变压器温度升高分闸

（1）现象：励磁系统有报警信号，励磁变压器温升高达分闸值，发电机-变压器组的保护盘有保护分闸信号，机组分闸、灭磁、停机。

（2）处理：检查机组灭磁停机，汇报调度。对励磁变压器本体进行全面检查，测量励磁变压器对地绝缘，联系检修人员检查保护是否误动。若励磁变压器着火，应立即将励磁变压器隔离进行灭火。

19. 运行中晶闸管励磁装置误强励或全开放

（1）现象：励磁调节器有报警信号，发电机定子电流、转子电流、无功功率剧增，各功率柜输出电流指示最大，励磁变压器声音异常。

（2）处理：立即减少励磁电流至正常，监视励磁系统运行情况，并通知检修人员处理。减转子电流及无功功率无效时，立即按紧急停机按钮进行紧急停机。若转子电流保护或其他保护动作分闸，按机组保护动作处理。

20. 晶闸管励磁装置失控全关闭

（1）现象：励磁调节器有报警信号，机组无功负荷突然下降至负值，定子电流上升，定子电压降低，机组失磁。

（2）处理：若失磁保护动作分闸，按机组保护动作处理；若失磁保护未动作，应立即解列，联系检修人员处理。

21. 发电机失磁

（1）现象：转子电流等于或接近零，发电机母线电压通常降低，电压表指示较正常值低，定子电流表指示升高，功率因数表指示进相，无功功率表指针越过零位，即发电机由系统吸收无功功率，定子电流和转子电压有周期性摆动。瞬间保护动作，机组分闸停机，上位机发出事故告警信号和失磁保护动作光字牌。

（2）处理：发电机失去励磁时，如失磁保护未动作停机，应立即手动将发电机解列。首先检查判断是励磁装置故障还是灭磁开关分闸引起，并注意检查转子回路及励磁功率柜功率电源回路是否存在短路故障点，励磁回路是否有断线、两点接地故障。若为励磁装置故障引起失磁，应尽快通知维护人员查找原因，经调试合格后方可运行，短时不能处理好，在转子绝缘电阻值及回路正常情况下可用备励升压并网。

22. 灭磁开关分闸的处理

（1）现象：有灭磁开关分闸信号，伴随保护动作信号。

（2）处理：灭磁开关分闸应查明原因，消除故障后方可升压并网。若为灭磁开关误分闸引起，应重点检查灭磁开关机构和操作回路，在未查清原因并修复前不许送电。如果是误碰、误操作引起，可立即升压并网。

【思考与练习】

1. 励磁系统的巡回检查项目有哪些？

2. 说明本模块中励磁系统某个部分出现故障时的现象及处理方法。

▲ 模块 2　励磁控制单元运行（Z49I4002）

【模块描述】本模块介绍励磁控制单元运行维护及故障。通过原理讲解和故障分析，掌握励磁调节器运行维护项目，熟悉故障现象并分析处理。

【模块内容】

励磁控制单元在同步发电机的运行中有着重要的作用。在正常运行或发生故障时调节励磁电流，控制发电机的端电压、无功功率、功率因数等参数，以满足安全运行的需要，通常称作励磁控制部分（或励磁调节器）。

一、微机励磁调节器的优点

1. 可靠性高

由于大规模数字集成电路制造质量的提高和硬件技术的成熟，也由于可以用软件对电源故障、硬件及软件故障实行自动检测，对一般软件故障自动恢复，使微机励磁调节器具有很高的可靠性。

2. 功能多

微机励磁调节器不仅可以实现模拟式励磁调节器的全部功能，而且实现了许多模拟式励磁调节器难以实现的功能，如各种励磁电流限制及保护功能等。

3. 通用性好

微机励磁调节器可以根据用户的不同要求选取硬件和软件模块，构造出不同功能的微机励磁调节器，来满足不同发电机及其励磁功率单元以及电力系统对发电机励磁的要求。一台设计良好的微机励磁调节器可以适用于各种不同的励磁系统。

4. 性能好

微机励磁调节器可以很方便地在机组运行过程中，根据机组和电力系统的运行状态实时地在线修改励磁控制系统的控制结构和参数，以提高励磁控制系统的性能。

5. 运行维护方便

微机励磁调节器的发展方向是使硬件尽量简化，调节功能尽量由软件实现。如电压给定、控制参数整定等用数字式代替了模拟式励磁调节器中的电位器，使维护量大大减少。

二、微机励磁调节器的技术要求

（1）微机励磁调节器采用两套调节通道时，应能自动或手动切换，互为热备用，以保证当运行调节通道故障时，能正确、自动地切换到备用调节通道。由于故障引起的自动切换（如 TV 断线）或人工切换时，为保证通道间相互切换平稳、无冲击扰动，装置应设有自动跟踪功能，备用通道总是跟踪运行通道，跟踪的依据是两通道的调节输出（控制信号）相等。

（2）励磁系统某个调节器通道如设有自动、手动运行方式，则应具有双向跟踪、切换功能。跟踪部件应能正确、自动地跟踪。切换应具有手动和 TV 断线自动切换能力，切换时保证发电机端电压和无功功率无大幅度的波动。

（3）独立运行的自动调节通道电压给定或励磁电流给定应带有限位功能，发电机解列后应能自动返回至空载额定电压位置。

（4）励磁调节器应备有通信接口，能输出励磁有关数据到上级计算机或监控装置，并能接受其增、减磁等命令。

（5）励磁调节器应有两路供电电源，其中至少一路应由厂用蓄电池组供电。

（6）微机调节器还应有以下功能：

1）励磁系统参数的显示和在线整定；

2）故障的检测和诊断；

3）调试和试验功能；

4）状态、事件的记录和故障录波的功能。

三、微机励磁调节器的基本构成

微机励磁调节器的硬件系统一般由稳压电源部分、测量部分、控制信号输入部分、控制与报警信号输出部分、脉冲放大部分、显示部分及 CPU 部分等构成。微机励磁调节器硬件系统原理框图如图 5-4-2-1 所示。

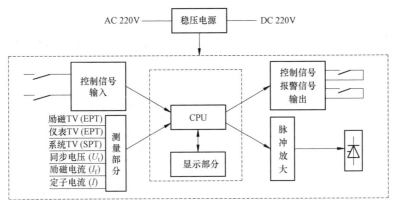

图 5-4-2-1　微机励磁调节器硬件系统原理框图

（一）电气参数测量部分

励磁信号采集分电气模拟量信号采集和开关量信号采集两部分。励磁调节器需要的电气参数一般有直接测量的机端电压 U、定子电流 I、系统电压 U_s、转子电流 I_f、同步电压信号 U_t，间接测量的有功功率 P、无功功率 Q、机组频率 f 等。

1. 机端电压信号

机端电压是重要的模拟量，主要用于微机调节器 AVR 单元的反馈电压测量，FCR 单元的过压限制输入信号及机组频率的检测。通常取两路机端 TV 信号，一路励磁 TV 用于反馈调节，另一路仪表 TV 用于辅助判断 TV 断线，防止电压互感器断线时产生误调节。当有两套调节通道时，第一路 TV 信号对应于 A 调节通道电压反馈信号，第二路 TV 信号对应于 B 调节通道电压反馈信号。

2. 发电机定子电流信号

定子电流一般为一路机端 TA 信号，三相四线制输入，与机端电压互感器信号一起计算有功、无功和功率因数。

3. 系统电压信号

一般取自系统 TV 信号，用于测量电网电压信号，与机端 TV 比较后，在调节器"系统电压跟踪"功能投入后，可以调节发电机组的端电压，使发电机电压和系统电压尽可能保持一致，实现自动准同期并网时减小并网冲击。

4. 发电机转子电流信号

发电机转子电流信号可以取自晶闸管整流电路的交流侧 TA 信号，也可以取自晶闸管整流电路的直流侧转子电流分流器信号。

5. 同步电压信号

同步电压 U_t 的信号源取自阳极电压或机端电压互感器的副方，主要用于自复励系统，作为同步中断信号。

6. 发电机有功功率、无功功率信号

通过机端电压和定子电流配合后，可以计算发电机组的有功、无功功率，用于实现发电机组的过负荷限制。

7. 发电机频率信号

通过同步电压或机端电压采用数字测频方法获得发电机频率当前值，以供控制及显示用。

（二）稳压电源部分

一般励磁调节器均采用交、直流双路并联供电方式，任何一路电源失去，都不影响调节器的正常工作，具有较高可靠性。电源单元结构图如图 5-4-2-2 所示。

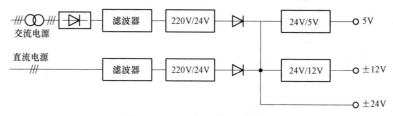

图 5-4-2-2　电源单元结构图

交流电源取自厂用电交流 380V 或取自功率整流柜的交流输入端，经变压、整流成为直流 220V，然后通过抗干扰滤波器进入电源模块。直流电源取自厂用电直流 220V 电源，经抗干扰滤波器进入另一个电源模块。电源模块的作用是将 220V 直流电压转换成+24、±12、+5V。±12、+5V 为励磁调节器工控机的工作电源，+24V 电源用作内部 DC 24V 继电器的操作电源。

（三）控制信号输入部分

开关量输入原理如图 5-4-2-3 所示。

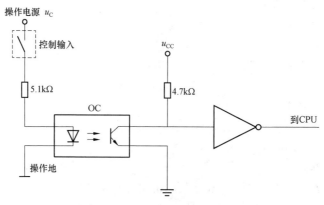

图 5-4-2-3　开关量输入原理图

当外部输入触点接通时，光耦输出三极管的集电极为低电平，经反相驱动后，送入 CPU 的数据为高电平。当外部输入触点断开时，光耦输出三极管的集电极为高电平，经反相驱动后，送入 CPU 的数据为低电平。

励磁调节器一般有以下开关量输入信号：增磁、减磁命令，手动起励命令，开、停机命令，出口断路器状态，灭磁开关状态，功率柜故障，功率柜停风，本机故障等。

（四）控制与报警信号输出部分

励磁调节器输出的开关量信号由 CPU 控制，具有励磁控制（如投起励电源）、异常运行情况报警、脉冲输出等功能。开关量输出原理如图 5-4-2-4 所示。

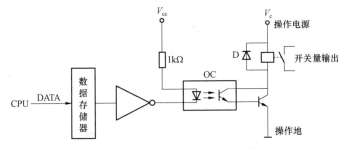

图 5-4-2-4 开关量输出原理图

CPU 数据将传送到数据寄存器，经反相后驱动光耦，再经功率放大后驱动输出继电器。

励磁调节器有以下开关量输出信号：励磁 TV 断线、仪表用 TV 断线、强励限制动作、欠励限制动作、无功功率过载、U/f 限制、功率柜故障、起励失败、同步回路故障、通道切换、投起励电源、励磁调节器故障、+A 相脉冲、-C 相脉冲、+B 相脉冲、-A 相脉冲、+C 相脉冲、-B 相脉冲等。

四、微机励磁调节器的调节通道和运行方式

1. 磁调节器的通道结构

微机励磁调节器的通道结构形式主要有单微机、双微机和多微机三种方式。通常在大、中型机组上可采用双通道方式，在小型机组上可采用单通道方式。

单微机调节器通道是由单微机及相应的输入输出回路组成一个自动调节通道（AVR）和一个手动调节通道（FCR，以励磁电流作为反馈量），这种结构形式在国内外的中小型水电厂中广泛采用。

多微机调节器通道以多微机构成多自动调节通道，比较典型的是三通道，工作输出采用三取二的表决方式。

双微机调节器通道是由双套微机和各自完全独立的输入输出通道构成两个自动调

节器通道（AVR）和两个手动通道（FCR）。正常工况下以主从方式工作，一个通道工作，另一个通道处于热备用状态。当主通道故障时，备用通道自动无扰动接替主通道工作。

2. 励磁调节器的运行方式

恒定机端电压运行方式（自动运行方式），它对发电机端电压偏差进行最优控制调节，并完成自动电压调节器的全部功能，是调节器的主要运行方式。

恒定励磁电流运行方式（手动运行方式），它对励磁电流偏差进行常规比例调节，由于只能维持励磁电流的稳定运行，故无法满足系统的强励要求，是调节器的备用和试验通道。这种运行方式，一般在恒定机端电压运行下出现强励限制、TV 断线、功率柜故障等情况时，调节器自动转换，故障消除后又自动恢复。

恒无功运行方式对发电机无功偏差进行常规比例调节，其投入也是自动的。比如调节器过励或欠励动作后，调节器就自动由恒定机端电压运行转入恒无功运行，起稳定无功的作用。当这些限制复归后，其运行方式也自动恢复到恒定机端电压运行方式。

五、微机励磁调节器的限制保护功能

励磁调节器除了具有电压调节（AVR）、调差功能、励磁电流调节（FCR）等基本调节功能外，大型发电机励磁调节器还应具有下列辅助限制、保护功能单元。

1. 最大励磁电流限制

限制励磁电流不超过允许的励磁顶值电流，以保护发电机（励磁机）转子的绝缘及发电机的安全。功率整流桥部分支路退出或冷却系统故障时，应将励磁电流限制在预设的允许值内。

2. 强励反时限限制

为了保证转子绕组的温升在限定范围之内，不因长时间强励而烧毁，在强行励磁到达允许持续时间时，限制器应自动将励磁电流减到长期连续运行允许的最大值。强励允许持续时间和强励电流值按发热量大小成反时限特性，并应在强励原因消失后，能自动返回到强励前状态。

3. 欠励限制

欠励限制也就是发电机无功进相的限制，即限制发电机进相吸收无功功率的大小。发电机并网运行，由于系统电压变高，调节器就减少励磁电流，当励磁电流减少过多时，定子电流就会超前端电压，发电机开始从系统吸收滞后无功功率即进相运行。如果进相太深，则有可能使发电机失去稳定而被迫停机。为了保证发电机运行的稳定性，并综合考虑发电机的端部发热和厂用电电压降低等诸多因素，当发电机输出有功一定时，进相的无功功率是有一定限制的。

4. 无功过载限制

设置无功过载限制的目的是防止人为或计算机监控系统自动增加无功过多。当发电机过无功或定子过电流时，微机励磁调节器自动闭锁增磁操作，并自动适当减磁，使无功功率或定子电流回到正常允许范围之内，保证发电机的安全稳定长期连续运行。

5. U/f 限制

设置 U/f 限制的目的是防止机组在低转速下运行时过多地增加励磁，以致发电机、变压器电压过高，铁芯磁通密过大，同时可作为主变压器的过磁通保护，U/f 限制特性如下：

1）当 f>47Hz 以上时不限制。

2）当 f 在 45～47Hz 时，限制机端电压最大值为 1.1 的额定电压。

3）当 f≤45Hz 时，自动逆变灭磁。

发电机空载运行且励磁调节器在自动方式下运行时，若机端电压与频率的比值达到调节器设定的 U/f 限制值，则调节器 U/f 限制将动作，限制发电机机端电压，保持机端电压与频率的比值在 U/f 限制值以下，同时自动闭锁增磁指令，机组并网后 U/f 限制无效。运行人员若监测到机组 "U/f 限制" 动作，应立即进行减磁，直到 "U/f 限制" 信号消失，待发电机转速额定时再增加励磁电压；若减磁无效，可发停机令逆变灭磁或直接跳灭磁开关灭磁。

6. TV 断线保护

TV 断线保护功能是检测励磁 TV 或仪表 TV 是否断线，以防止由于 TV 断线而导致的误强励。因为 TV 断线后，若励磁调节器误认为发电机端电压低，仍然按照电压闭环反馈调节，则会造成误强励。TV 断线保护动作后，将恒电压运行方式自动转换为恒励磁电流运行方式，并报警输出，同时快速切换励磁调节器到备用通道运行。

7. 在线检测

微机系统自身具有自我诊断能力，软件时刻对硬件系统进行在线诊断，能及早发现问题，发现故障立即通过硬件自动切换。

8. 电力系统稳定器 PSS 附加控制

电力系统稳定器 PSS 作为励磁调节器的一种附加功能，它的控制作用是通过励磁调节器的调节作用而实现的。它能够有效地增强系统阻尼，抑制系统低频振荡的发生，提高电力系统的稳定性。

【思考与练习】

1. 励磁控制单元的作用是什么？

2. 励磁调节器的运行方式有哪几种？

3. 微机励磁调节器的有哪些限制保护功能？

▲ 模块 3 励磁功率单元运行（Z49I4003）

【**模块描述**】本模块介绍励磁功率单元运行维护及故障。通过原理讲解和故障分析，掌握励磁功率柜运行维护项目，熟悉故障现象并分析处理。

【**模块内容**】

励磁功率单元是向同步发电机转子绕组提供直流励磁电流的电源部分，如直流励磁机、交流励磁机、励磁变压器、硅二极管整流装置、晶闸管整流装置等。

一、励磁功率整流桥

早期励磁系统的功率整流柜通常采用多路串、并联结构。近年来，大功率、高参数晶闸管整流元件的研制有了飞跃的发展，晶闸管整流元件参数的提高，大大简化了功率整流柜的结构。当励磁系统采用多个励磁功率柜并联运行时，每个功率柜内安装一套三相全控整流桥，并配有脉冲投切开关，可以方便地将功率柜退出运行状态。当其中一个整流桥退出运行时，励磁装置仍能保证发电机在所有工况下连续运行。对于多个并联运行的功率柜，应考虑均流措施，实现柜间及相间均流。当一个或多个功率柜退出后，运行的功率柜之间仍可实现均流，在发电机额定励磁电流情况下，均流系数不应低于 0.85。

励磁功率整流桥的接线方式一般为全控或半控整流桥，大中型发电机较普遍采用晶闸管全控桥，以提高动态响应性能和实现逆变灭磁功能。其接线特点是 6 个桥臂元件全都采用晶闸管，靠触发换流。它既可工作于整流状态，将交流变成直流；也可工作于逆变状态，将直流变成交流。三相全控整流桥电路原理接线如图 5-4-3-1 所示。

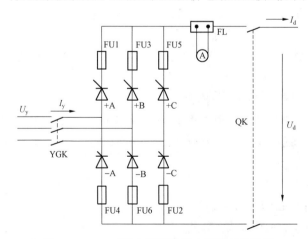

图 5-4-3-1　三相全控整流桥电路原理接线图

每个晶闸管串联一个带触点指示的快速熔断器 FU，起保护晶闸管的作用。YGK 表示三相电源隔离开关或电动开关，由于功率柜都是先切脉冲后跳开关，所以一般都使用开关；QK 表示直流输出隔离开关；FL 和 A 为检测电流的分流器和直流电流表，所谓分流器就是一个大电流低阻值的分流电阻。

二、励磁功率柜的冷却方式

现代大型水轮发电机励磁系统多采用大功率晶闸管整流器，为发电机提供强大的转子励磁电流。过去需要五、六套功率柜并联的，现在可用一两套完成，大大简化了设备结构。如此高性能的晶闸管整流元件，必须配备一个能力相当的冷却系统，才能保证它的工作状态最佳、效率最高。励磁功率柜冷却方式有自然冷却方式（含热管散热方式）、强迫风冷方式（开启式，密闭式）和水内冷冷却方式。

自然冷却方式应考虑空气自然环流、防尘和屏柜防护等级的关系，必要时应加装温度越限报警装置和后备风机。水内冷冷却方式应有进、出口水温，冷却水流量和水压检测和报警装置。

强迫风冷方式应用得比较广泛，风机应采用双路供电，两路电源互为备用，能自动切换。采用开启式强迫风冷方式时，进风口应设滤尘器；也可采用双风机备用方案，冷却风扇经常保持一台工作，一台备用，两台风扇的供电来自两个不同的电源。当主风机出现故障时，如风机断相、风压过低等，备用风机自动投入，同时切除主风机。两台风机应定期轮换使用，通过控制面板上的操作按钮选择主、备用风机，可以提高风机的利用率，延长风机的使用寿命。运行中，功率柜门应关闭严密，不得长时间打开，以免影响冷却效果，并应安装门开关的信号显示。

三、阻容保护装置

励磁变压器或交流励磁机供电的晶闸管整流励磁系统中，由于整流元件之间存在着周期性的换相，在换相结束和退出工作的相应相整流元件关断瞬间，在电源侧将引起过电压，过电压的出现，可能会导致晶闸管整流元件击穿，因此必须设置过电压保护回路。

功率柜交流侧过电压保护阻容吸收原理回路如图 5-4-3-2 所示。

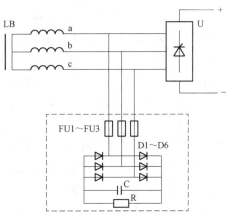

图 5-4-3-2　功率柜交流侧过电压
保护阻容吸收原理回路

功率柜交流侧过电压保护是在三相全控桥阳极输入侧并联一个三相全波整流桥电路，其输出侧并联电阻 R 和电容 C。电容 C 起滤波作用，电阻 R 既是电容 C 的放电电阻，又是整个保护的主要吸收耗能电阻。二极管整流桥的交流侧由带触点指示的熔断器保护。励磁变压器 LB 二次绕组任意两相电流突变产生过电压时，都可以经过二极管 D1～D6 对电容 C 充电，从而得到缓冲，降低 dI/dt，减小了过电压。过电压消失后，电容 C 上的电荷向电阻 R 释放，等待下一个周期再次吸收。二极管 D1～D6 的作用一是可使三相共用一组 R、C，节省高压电容；二是防止电容 C 上的电荷向励磁回路释放，避免在晶闸管换相重叠瞬间两相短路时，电容 C 突然放电，产生极大的 dI/dt，损坏晶闸管；三是避免电容 C 和回路电感产生振荡。

【思考与练习】

1. 励磁功率单元的作用是什么？

2. 励磁功率柜的冷却方式有哪些？

3. 阻容保护装置中电容和电阻各起什么作用？

▲ 模块 4 发电机灭磁及过压保护单元运行（Z49I4004）

【模块描述】本模块介绍发电机灭磁及过压保护单元运行维护及故障。通过原理讲解和故障分析，掌握灭磁过压保护装置运行维护项目，熟悉故障现象并分析处理。

【模块内容】

一、发电机的灭磁方式

灭磁就是将转子励磁绕组的磁场尽快减弱到最小程度，最简单的办法是将励磁回路断开，但由于发电机励磁绕组是个储能的大电感，所以励磁电流突变势必在励磁绕组两端引起相当大的暂态过电压，危及转子绕组绝缘，因此，励磁绕组回路必须装设灭磁装置。通常在发电机转子回路设置灭磁开关，配备相应的线性或非线性灭磁电阻，保证在任何需要灭磁的工况下灭磁装置都能可靠灭磁。

对于一个理想的发电机灭磁系统，应具备当发电机内部及外部发生诸如短路及接地等事故时，能迅速切断发电机的励磁，并且不得危及相应的设备；并将蓄藏在励磁绕组中的磁场能量快速消耗在灭磁回路中，而且灭磁时间要尽可能短，以便使发电机的冲击减到最低程度。灭磁装置动作时，励磁绕组两端承受的过电压不应超过转子试验电压的 50%，从而使转子过电压水平尽可能低；最后吸能装置或是灭磁电阻要有足够大的热容量，能把发电机磁场中的能量全部或大部分消耗掉，而不会使其过热而损坏。实现发电机灭磁的方式有很多，目前常用的灭磁方法如图 5-4-4-1 所示。

图 5-4-4-1 目前常用灭磁方法

（一）正常停机灭磁

正常停机采用逆变灭磁方式，由晶闸管把励磁绕组的能量从直流侧反送到交流侧，而不需要用电阻或电弧来消耗磁能。这种方式简单、经济，但在执行过程中要防止逆变颠覆，因此配备灭磁电阻以防不测。当处于逆变工作状态时，晶闸管移相触发控制角在 140°～150°，晶闸管整流输出电压方向和转子电流方向相反，转子线圈所储藏的能量通过逆变向外释放，随发电机励磁电流的衰减直至到零，逆变过程结束。此逆变过程的持续是短暂的，从而实现了快速逆变灭磁，逆变时间约需 6s。

（二）事故停机灭磁

故障情况下可以采用带灭弧栅的灭磁开关灭磁，它对灭磁开关提出了很高的要求，这属于串联式耗能灭磁；也可采用线性或非线性电阻灭磁，也称移能灭磁，这属于并联放电灭磁方式。

1. 灭磁开关加线性电阻灭磁

灭磁开关加线性电阻灭磁如图 5-4-4-2 所示。

采用带有动合主触头和动断副触头的传统直流灭磁开关灭磁。灭磁时它的动断触头先合上，将线性灭磁电阻 R 接入，随后灭磁开关的主触头分开，切除励磁电源并将磁场电流转移至灭磁电阻回路，使发电机的磁场能量主要消耗在灭磁电阻上，减轻主触头的负担。这种方法在中、小发电机中至今仍有应用，是十分有效的；缺点是灭磁速度取决于灭磁电阻的大小，灭磁电阻越

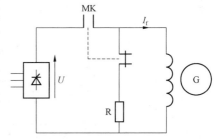

图 5-4-4-2 灭磁开关加线性电阻灭磁

大，灭磁越快，但引起的反电压也越高，因而导致灭磁速度不够快，灭磁时间较长。

2. 耗能型灭磁开关灭磁

耗能型灭磁开关灭磁原理如图 5-4-4-3 所示。

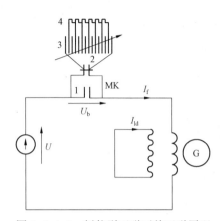

图 5-4-4-3 耗能型灭磁开关灭磁原理

灭磁开关有主触头 1、灭弧触头 2 和灭弧栅 3。灭磁时，主触头 1 先分开，这时不产生电弧，因为与它并联的还有灭弧触头，通过操作机构上的机械连接，在经极短时间后灭弧触头 2 紧接着分开，便产生了电弧，在磁场的作用下电弧进入灭弧栅 3 燃烧。灭弧栅将电弧分割成串联短弧，这些短弧一直要烧到励磁绕组中的电流到零。它的灭磁速度快，曾经得到广泛采用，但这种类型的开关要有一定的开断容量，如果磁场能量超过开关允许值，将引起开关烧毁。随着同步发电机容量增大，这类开关的尺寸也越来越大，制造复杂、困难，因此，在大型发电机组上不宜采用。

3. 灭磁开关加非线性电阻灭磁

为了加快发电机灭磁过程，灭磁电阻由过去的线性电阻改为非线性电阻。所谓非线性电阻是指加于此电阻两端的电压与通过的电流呈非线性关系，其电阻值随电流值的增大而减少。非线性电阻可以是氧化锌非线性电阻，也可以是碳化硅非线性电阻。它的灭磁速度远比用线性电阻要快，灭磁时磁场能量主要由非线性电阻吸收，灭磁开关主要起开断作用。灭磁开关加非线性电阻灭磁方式优点之一，可根据发电机磁场能量的大小，灵活地配置非线性电阻的容量，其灭磁回路原理接线如图 5-4-4-4 所示。

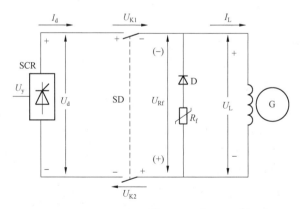

图 5-4-4-4 灭磁开关加非线性电阻灭磁回路原理接线图

二极管 D 为正向阻断二极管，它的作用：一是在正常运行时，转子绕组两端的电压为上正下负，由于二极管 D 的反向阻断作用，使得氧化锌非线性电阻 R_f 上不承受正向电压，降低其正向荷电率，以延长 R_f 的使用寿命；二是保证只在发电机励磁电压 U_L 反向时即下正上负时投入。

二、发电机转子过电压保护

为防止发电机运行和操作过程中产生危及励磁绕组的过电压，应装设励磁绕组过电压保护装置。正常运行时电阻不投入；当转子回路出现过电压时，在转子励磁绕组两端自动接入电阻，以抑制转子回路的过电压，保护发电机转子绝缘和励磁装置的安全运行。氧化锌非线性电阻转子过电压保护装置原理如图 5-4-4-5 所示。

图 5-4-4-5 中 FU 为熔断器，R 为氧化锌非线性电阻，可以直接并接在转子绕组两端，单独作为发电机转子过电压保护使用，也可与灭磁开关配合起到快速灭磁的作用。

非线性电阻的伏安特性曲线如图 5-4-4-6 所示。

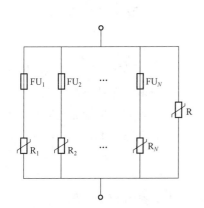

图 5-4-4-5　氧化锌非线性电阻转子
过电压保护装置原理

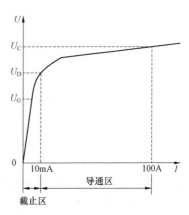

图 5-4-4-6　非线性电阻的伏安特性曲线

电阻在截止区呈现很小的漏电流，进入导通区后，随电压的上升，电流迅速呈指数增加，具有很显著的非线性特性，可见电压的恒稳定性很好。

三、发电机灭磁及过电压保护原理框图

发电机灭磁柜的主要部件包括灭磁开关、灭磁及保护用灭磁电阻（线性或非线性电阻）、晶闸管跨接器及触发单元等部件。典型的发电机灭磁及过电压保护典型原理框图如图 5-4-4-7 所示。

其中 FR1～FR3 均为非线性氧化锌电阻，FR1 用于灭磁过电压保护，FR2 用于非全相及大滑差运行情况下的过电压保护，FR3 用于励磁电源侧过电压保护，SD 为灭磁开关，FU 为快速熔断器，D1、D2 为二极管，KPR 为晶闸管，CF 为晶闸管触发器，

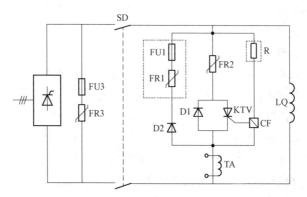

图 5-4-4-7 典型的发电机灭磁及过电压保护典型原理框图

TA 为过电压动作检测器。当过电压保护动作时，可以通过监测电流互感器 TA 的电流信号向监控系统发出相应的指示信号。发电机运行时，所有的 ZnO 非线性电阻的漏电流都很小，相当于开路状态。

1. 灭磁过电压保护

励磁系统在正常停机时，调节器自动逆变灭磁，灭磁开关不分闸，非线性氧化锌电阻不参与工作，无电流通过。当逆变失败或者事故停机时，灭磁开关快速跳开，产生足够高的断弧电压，使 FR1 的反向端电压升高很多，达到 FR1 的导通电压值，其阻值迅速下降到很小，励磁电流通过反向二极管 D2 流向灭磁电阻 FR1，将磁场能量转移到耗能电阻 FR1 中进行灭磁。

2. 非全相及大滑差异步运行过电压保护

非全相及大滑差异步运行过电压保护由图 5-4-4-7 中的 FR2、线性电阻 R、晶闸管触发器 CF、晶闸管 KTV、二极管 D1 组成。当发电机断路器发生非全相或非同期合闸时，会使发电机非全相运行或大滑差异步运行。在这两种运行状况下，定子负序电流产生的反转磁场以两倍同步转速切割转子绕组，在转子绕组中产生剧烈的过电压，能量远超过通常灭磁装置的灭磁能量，产生的过电压将会击穿转子绕组的绝缘。在这种情况下，FR2 快速动作投入运行，构成转子续流通道，避免转子绕组开路，将转子绕组两端的电压限制在安全范围以内，有效防止转子绝缘击穿事故发生。

当非全相或大滑差异步运行而产生剧烈正向过电压时，灭磁氧化锌非线性电阻 FR1 由于二极管 D2 的阻断作用而不会动作。R 和 CF 所组成的过电压测量回路将动作，发出触发脉冲，晶闸管 KTV 导通，FR2 进入导通状态，限制发电机转子的过电压，保护转子不受损害。过电压消失后，FR2 两端电压下降，由于 ZnO 压敏电阻的非线性特性好，续流急剧下降，当降到小于 KTV 的维持电流时，KTV 自动截止。

当非全相或大滑差异步运行产生反向过电压时，保护器不需要触发器，通过 D1 支路 FR2 即进入工作状态。与此同时，灭磁电阻 FR1 也参与工作，使转子过电压被限制在允许范围内。在转子灭磁工况下，因保护器 FR2 导通电压远高于灭磁氧化锌非线性电阻 FR1 的导通电压，故不会灭磁。

3. 励磁电源侧过电压保护

励磁电源侧过电压保护由图 5-4-4-7 中的快速熔断器 FU3 和氧化锌非线性电阻 FR3 组成，能够可靠限制正常运行中出现的过电压和灭磁开关分断后电源侧产生的过电压。

【思考与练习】

1. 发电机的灭磁方式有哪些？各有什么优缺点？

2. 发电机灭磁过电压保护原理是什么？

▲ 模块 5 励磁变压器运行（Z49I4005）

【模块描述】本模块介绍励磁变压器运行维护及故障。通过原理讲解和故障分析，掌握励磁变压器运行维护，熟悉故障现象分析处理。

【模块内容】

一、励磁变压器

1. 励磁变压器的作用

励磁变压器作用是将发电机机端电压降至晶闸管整流桥所需的输入值，为发电机提供足够的励磁功率。励磁变压器为静止部件，一般一次接到发电机机端，二次接整流装置。励磁变压器就设计和结构来说，与普通配电变压器一样。考虑到励磁变压器必须可靠，强励时要有一定的过载能力，且励磁电源一般不设计备用电源，因此宜选用维护简单、过载能力强的干式变压器。安装在户外可采用油浸式变压器，安装在户内一般采用环氧树脂浇注干式三相变压器。变压器绝缘的温度等级一般考虑 B 级以上，当选用干式环氧变压器绝缘等级为 F 级时，温升按 B 级考核。

2. 励磁变压器额定容量

励磁变压器额定容量应根据发电机参数和强励电压顶值倍数确定，满足强励运行要求，并留有适当裕度。一次侧额定电压与发电机额定输出电压参数相同，二次侧额定电压根据发电机参数和强励电压顶值倍数确定。为改善晶闸管整流桥电压波形，接线方式多采用 Yd11 接线。励磁变压器高、低压侧各相均装一个电流互感器，高压侧电流互感器用于励磁变压器保护，低压侧电流互感器用于励磁调节器测量回路。

3. 励磁变压器的冷却方式

一般采用空气自然冷却，不配外壳，户内使用；也可根据实际情况加装外壳，配置风冷系统。对励磁变压器的运行温度的监测及其报警控制是十分重要的，一般应装有温控温显装置，通过预埋在低压绕组最热处的 TV100 热敏测温电阻来进行温度检测，直接显示各相绕组温度，进行风机自动控制，并引出超温报警、分闸触点。温度上升至 110℃ 时，自动启动风机；温度低于 90℃ 时，自动停止风机；130℃ 时发出警告信号；155℃ 时，发出事故信号同时跳发电机断路器和灭磁开关并停机。

二、励磁变压器运行维护

（1）检查励磁变压器运行中无异声、异味，温度正常，现地温控装置工作正常，无故障报警。

（2）检查励磁变压器周围环境清洁、干燥，通风良好。

（3）检查励磁变压器外壳接地牢固，接地线完好，接地端无氧化、腐蚀及放电现象。

（4）检查励磁变压器进、出线完好，接头无过热发红或烧焦现象。

（5）检查励磁变压器柜内清洁，无杂物，柜门关闭严密并上锁。

（6）检查励磁变压器低压侧开关外壳、触头清洁，无放电痕迹。

三、励磁变压器绕组温度高报警

1. 现象

（1）监控显示。

（2）励磁控制盘相应报警。

2. 原因

（1）励磁变压器过负荷。

（2）励磁变压器内部故障。

（3）励磁变压器冷却不足。

（4）励磁变压器温控装置故障误报警。

3. 处理

（1）现地检查励磁变压器运行状况，确认有无火情发生。

（2）检查晶闸管输入电流和转子电流。

（3）根据具体情况减小转子电流，观察励磁变压器绕组温度变化。

（4）降低励磁变压器周围环境温度。

（5）通知检修人员检查。

【思考与练习】

1. 励磁变压器的作用是什么？
2. 励磁变压器采用什么冷却方式？
3. 励磁变压器的故障有哪些？

第五章

同 期 系 统 运 行

▲ 模块 1　水轮发电机同期装置运行（Z49I5001）

【模块描述】本模块介绍水轮发电机同期装置运行维护及故障。通过原理讲解或案例分析，掌握机组同期装置运行维护、故障现象并分析处理。

【模块内容】

一、发电机并列操作的基本要求

发电机的同期并列应满足下列两个基本要求：

（1）并列断路器合闸瞬间产生的冲击电流不超过允许值。

（2）断路器合闸，发电机能迅速进入同步。

如果不能满足（1）要求，则并列机组将承受很大的电动力冲击，造成机组的损害，同时与并列机组电气距离很近（特别是在机端母线与之并联）的机组也将承受部分冲击电流而承受电动力的冲击。

如果不能满足（2）要求，发电机同步电动势与系统电压的夹角不断摆动，甚至进入稳定的异步运行状态，将造成发电机有功与无功的强烈振荡，对机组及系统均造成危害，甚至危及系统运行的稳定性，其危害随机组容量的增加而增加。

二、发电机并列操作的方式

同期方法有准同期方式和自同期方式。

1. 准同期并列

（1）准同期并列的优点：在满足准同期条件时并列，产生的冲击电流比较小，对系统和待并发电机均不会产生什么危害，因而在电力系统中得到广泛采用。

（2）准同期并列的缺点：因同期时需调整待并发电机的电压和频率，使之与系统电压、频率接近。这就要花费一定时间，使并列时间加长，不利于系统发生事故，出现功率缺额时及时投入备用容量。另外，如果并列操作不准确（误操作）或同期装置不可靠时，可能引起非同期并列事故。

2. 自同期并列

（1）自同期的优点：并列过程迅速，操作简便，避免了误操作的可能性。当系统发生事故，要求备用机组迅速投入时，采用这种并列方式比较有效。

（2）自同期的缺点：并列过程出现较大的冲击电流，对发电机不利；此外，自同期并列将从系统吸取无功功率，从而导致系统电压突然降低，影响供电质量。因此，对自同期的应用规定了严格的限制条件。

三、准同期并列条件

发电机并列的理想条件为并列断路器两侧电源电压的频率、电压幅值、相角差 3 个状态量全部相等。

四、SYN 3000/2 型同期装置

（一）设备规范

（1）SYN 3000/2 型同期装置技术数据见表 5–5–1–1。

表 5–5–1–1　　　　　　　　SYN 3000/2 型同期装置技术数据

额定电压	DC、AC 220V
频差闭锁	0.1Hz
压差闭锁	±10V
停机继电器（TJJ）闭锁	±15°
相角差闭锁	

（2）SYN300/2 型同期装置盘面说明见表 5–5–1–2。

表 5–5–1–2　　　　　　　　SYN300/2 型同期装置盘面说明

左组灯		右组灯	
Ready	准备	Δu Low	ΔV 低
●aTAiVe	启动	Δf Low	Δf 低
★Frequency increase	开频	ΔΦ low	ΔΦ过低
★Frequency decrease	减频	I nitfal time delay	初始化时间延时
★VoVltage increase	升压	DeaTAiVation——out of time	无效——时间超出
★VoVltage decrease	降压	C.B.dose	合闸脉冲触发
●system 1 aTAiVe	系统 1 启动	Total sysl，time	总合闸时间
●system 2 aTAiVe	系统 2 启动	Warning /erroVr	告警/故障

注　1. 同期装置启动待并列时、带有"●"号的指示灯恒亮，带有"★"号的指示灯随机机组与系统并列条件而明暗不同。

　　2. 如带有"★"号的指示灯不随机组与系统并列条件而闪按 ESC 键复位。

SYN 3000/2 型同期装置故障时，装置面板上的 Warning/error 灯亮。此时应改手动并列，并通知检修处理。

（二）同期装置说明

（1）采用下列同期方式：

1）微机程控准同期。

2）手动准同期。

主机高压断路器正常情况下，应用自动准同期，自动准同期不能进行并列时，方可用手动准同期并列。机组同期无自同期并列方式。

（2）微机准同期控制信号有均频、均压、增减导叶开度合闸和低周启动机组等。

（3）报警信号有自检出错、失电和装置故障。

（4）全厂有下列同期点：

1）自动准同期并列点：各主机高压断路器。

2）手动准同期并列点：各主机高压断路器、220kV 母联及旁路断路器、线路断路器。

（三）自动准同期并列

（1）发电机自动准同期采用 SYN 3000/2 型装置，每台机 1 套，全厂装设 2 套。

（2）发电机自动准同期并列顺序如下：

1）发电机自动准同期并网应满足如下要求：

a. 机组同期屏：同期转换开关在"自准"位。

b. 机组同期屏：远方/现地控制开关在"远方"位。

c. 机组开机画面中上位机/现地控制开关在"上位机"位，检查准同期并列开机条件完备后，上位机下达开机令。

2）输出电流接近于空载时，自动投入同期栓（注意本侧无其他同期栓）。

3）自动准同期装置自动调整机组的频率、电压与系统接近。

4）并列完毕，准同期装置自动复归同期回路。

（3）重新启动准同期装置时，需要重新下达开机令。

（4）同期并列用的仪表变压器二次曾打线头作业，则在并列前，必须测定相位。同期装置检修后，第一次需试并一次。

（5）同期装置试并时，如发现装置发出合闸脉冲一瞬间，距同期点在整定角以外或已超过同期点，应停用自动准同期方式，改用手动准同期方式并列，并通知检修人员处理。

（6）同期装置超前时间变更，禁止使用，应改为手动同期并列。

（7）同期装置失灵，拒绝工作时，应停用。并通知检修人员处理。

（8）机组同期并列时，电压差不得大于10%，系统之间并列，最大允许电压差为20%。

（四）手动准同期并列

（1）手动准同期并列人员，必须经过严格培训，熟悉掌握各种断路器性能及同期注意事项，经总工程师批准后，方可担任。

（2）并列前，用同期盘上的仪表检查并列点两侧电压相差不超过规定（机组并列不超过10%，系统并列不超过20%，环状并列不超过30%），两侧周率接近相等。

（3）发电机高压220kV断路器手动准同期并列，机组同期转换开关切至"手准"位。利用机旁机组同期屏有功调整开关和无功调整开关调整发电机转速与电压，使Δf、$\Delta u \rightarrow 0$。在合适的导前相角时，在机组同期屏上操作断路器操作开关1KK合闸，视主开关红灯亮。并列成功后复归同期转换开关。

（4）计算机监控系统操作220kV系统断路器进行并列时，首先进入监控台开关站画面中，在对应操作开关右击弹出对话框，将断路器同期开关TK切至手动，同期转换开关TQK切至"手投"或"切闭锁"位，操作开关KK合闸。

（5）手动准同期并列时，应注意下列事项：

1）必须在同期表移动一周以上，证明同期表无故障，才可进行正式并列。

2）在同期表转速太快，或有跳动情况，或停在正当中位置不动时，不得进行合闸。

3）握住操作把手后，不得再调整电压及周率，以免误合闸。如需要调整时，应将操作把手松开。

4）各断路器合闸时间不同，手动同期时，应根据频率差和断路器合闸时间适当选择提前角度。当频率差为0.125～0.143Hz（即同期表每转一周为7～8s）时HPL245B1型开关的提前合闸角度为±3°～4°。并列操作的滑差周期必须大于2s，其合闸提前角度按下式计算，即

$$a=(t_d/t_s) \times 360°$$

式中 a——提前角度；

t_d——开关固有合闸时间及操作回路动作时间总和，一般为0.15～0.2s；

t_s——导前时间。

【思考与练习】

1. 准同期并列的优点有哪些？

2. 手动准同期并列时的注意事项有哪些？

3. 准同期并列条件有哪些？

◢ 模块 2 全厂同期装置运行（Z49I5002）

【模块描述】本模块介绍全厂同期装置运行维护及故障。通过原理讲解或案例分析，掌握全厂同期装置运行维护、故障现象并分析处理。

【模块内容】

一、同期概况

某厂安装有两套同期系统，分为甲、乙侧分别独立运行。同一侧不允许同时插两个同期栓进行并列，防止电压互感器二次侧非同期并列，每台机能有自己独立的同期装置。设置手动甲、乙侧母线联络 TQK 隔离开关及甲、乙侧同期闭锁母线联络 TBK 隔离开关，机组分别实现了自动准同期、手动准同期、自同期并列方式，线路可以手动找同期并列。

二、同期电压取得

1. 机组

（1）高压侧开关机组侧同期电压取自机组出口 3 号电压互感器（AB 线电压）。

（2）高压母线侧同期电压经各机组母线切换 QK 开关取母线电压互感器（AB 线电压）。

（3）低压侧开关机组侧同期电压取自机组出口 1 号电压互感器（A 相电压）

（4）低压母线侧同期电压取自低压母线电压互感器（VAB 电压）

2. 线路

（1）开关线路侧同期电压取自各线路电压抽取装置（A 相电压）。

（2）220kV 母线侧同期电压：由各线路母线侧隔离开关转换触点带的电压切换继电器，它们受 110V 直流控制，其动合触点闭合后，将母线电压互感器电压量引来。

三、同期向量图

（1）主变压器 Yd5 接线与电压互感器 1TV Dy7 接线同期电压相量如图 5-5-2-1 所示。

（2）某号机组 TV 为 Yy 接线，故增加两个 180°转角变后同期电压相量图如图 5-5-2-2 所示。

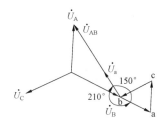

图 5-5-2-1　主变压器 Yd5 接线与电压互感器　　图 5-5-2-2　某号机组 TV 为 Yy 接线增加
1TV Dy7 接线同期电压相量图　　　　　两个 180°转角变后同期电压相量图

四、同期器具说明

（1）1TQma：甲侧母线元件待并系统二次电压母线。

（2）1TQma′：甲侧母线运行系统二次电压母线。

（3）2TQma：乙侧母线元件待并系统二次电压母线。

（4）2TQma′：乙侧母线运行系统二次电压母线。

（5）1TBM、2TBM：甲侧手动同期闭锁母线。

（6）3TBM、4TBM：乙侧手动同期闭锁母线。

（7）TQK：甲、乙侧同期电压母线联络隔离开关（两相）。

（8）TBK：甲、乙侧同期闭锁母线联络隔离开关（两相）。

（9）1TJJ：甲侧手动同步检定继电器（共用一个）。

（10）2TJJ：乙侧手动同步检定继电器（共用一个）。

（11）3TJJ：机组手动同步检定继电器（共用一个）。

（12）1JJ：甲侧手动电源监视继电器（正常励磁）。

（13）3JJ：机组手动电源监视继电器（正常励磁）。

当上述 1JJ、2JJ、3JJ 3 个继电器任何一个失磁，中控室电铃响，同时《甲侧手动电源消失》或《乙侧手动电源消失》光字牌亮，警报回路见图 5-5-2-3。

（14）YMb：所有电压互感器二次 B 相公共接地小母线。

（15）SB：变比为 115V/100V。将低压母线电压互感器二次电压变为 100V，机组共用一个，同时在低压母线电压互感器二次 A 相装设一个熔断器。

（16）1TQK、2TQK：同期表计转换开关触点见图 5-5-2-4。

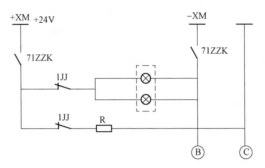

图 5-5-2-3 警报回路

TQK 位置	接点号		1~2	3~4	13~14	19~20	23~24	27~28	31~32
	Z	↑	×	—	×—	—	—	×	×
	Y	↖	×	—	×	—	—	—	—
	Q	←	—	—	—	—	—	—	—
	S	↙	—	—	—	×	×	—	×
	QB	↓	—	×	—	—	—	—	—

图 5-5-2-4 1TQK、2TQK:同期表计转换开关触点图
注:"×"为接通,"—"为不接通。

1TQK、2TQK 正常放切除(Q)位置,当机组采用自动准同期并列放自动(Z)位置,当机组采用手动准同期并列或线路找同期并列时放手动(S)位置。当机组断路器检修做合上、拉开试验或线路断路器作为充电端给线路充电时放"切除闭锁"(QB)位置。

(17)MZ—10 型组合同步表:它由频率表、电压表和同步表 3 部分组成,频率差表反应两个并列系统间的频率之差,当两侧频率相同时,则指针不偏转;当频率不同时,则指针偏转。当待并系统频率大于运行系统频率时指针顺时针方向偏转;反之,则向反方向偏转。电压差表指针在两并列系统电压相等时不偏转,当电压不相等时指针偏转,当待并系统电压大于运行系统电压时,指针向正方向偏转;反之,则向反方向偏转。

(18)T1ZJ:准同期重复继电器(各台机组均有)。

(19)TJJ:同步检查继电器(各台机组均有)。

(20)HJ:同期合闸中间继电器(各机都有)。

五、自动准同期图纸说明

以一台台机组为例,回路图见图 5-5-2-5~图 5-5-2-7。

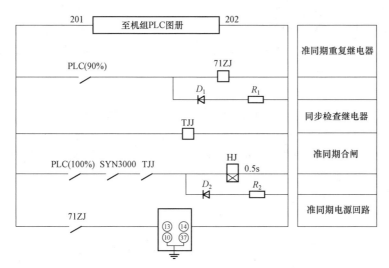

图 5-5-2-5　机组水车自动控制准同期部分回路原理图

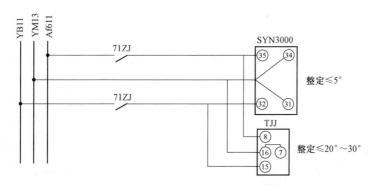

图 5-5-2-6　SYN3000 及 TJJ 中比较回路接线图

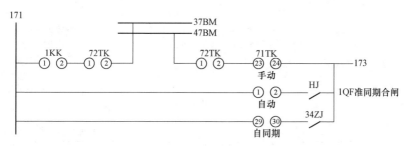

图 5-5-2-7　机组高压断路器合闸回路同期部分接线图

中控室操作员站（或操作台）给开机令后，机组转速达 90%时，机旁盘 PLC 模块

（90%）触点闭合，71ZJ 励磁两个动合触点闭合。分别将机组电压量、系统电压量引入 SYN 3000 及 TJJ 中进行比较，同时另一个动合触点将水车 110V 直流引入 SYN 3000 中，当同期条件满足时，SYN 3000 及 TJJ 的动合触点分别闭合，接通自动准同期合闸回路，合闸继电器 HJ 励磁动合触点闭合，接通 IDL 准同期合闸回路，并延时 0.5s 返回。

另外，从准同期合闸回路中可以看出，当同期装置 SYN300 失灵误发脉冲，此时同期条件不满足，如没有同步检定继电器 TJJ 闭锁，将会误合闸，因此，相当于有两个闭锁条件，任一个不满足机组断路器都合不上。

六、手动准同期

以机组手动同期为例，全厂同期系统图见图 5-5-2-8。

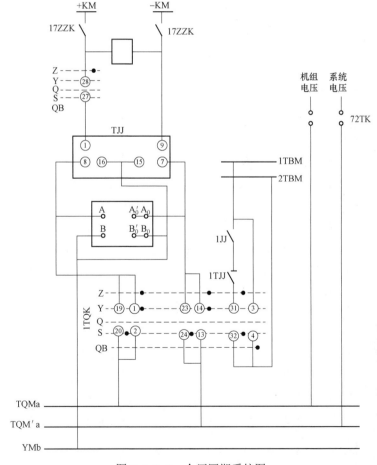

图 5-5-2-8 全厂同期系统图

机组开机转速达额定后，插入同期栓 72TK，将机组侧电压与系统侧电压分别引至同期母线 2TQma、2TQma′上，然后 1TQK 切至"手动"位置，将 2TQma 与 2TQma′上的电压量分别引至同步表 1S 及手动同步检查继电器 TJJ 中进行比较，同时将直流工作电源也引入 TJJ 中，当母线电压与机组电压差ΔU 小于整定值，动断触点 1TJJ 闭合，将同期闭锁母线 3TBM 与 4TBM 短接，允许合闸，当母线电压与机组电压差ΔU 大于整定值时，动断触点 TJJ 断开，同期闭锁母线 3TBM、4TBM 断开了，闭锁合闸回路，即此时合闸把手在合闸位置也合不上，同理低压断路器同高压断路器一样，只不过合闸回路中与同期转换 71TK 开关无关。

七、手动准同期并列的规定

（1）手动准同期并列人员必须经过严格培训，熟悉掌握各种断路器性能及同期注意事项，经总工程师批准后，方可担任。

（2）并列前，应保持直流操作电压在 105～115V；蓄电池电磁开关在合闸状态；用仪表检查并列点两侧电压相差不超过规定（机组并列不超过 10%，系统并列不超过 20%，环状并列不超过 30%），两侧周率接近相等。

（3）手动准同期并列，同期开关放"手动"位置。

（4）并列完了后，同期开关放"切除"位置。

（5）手动准同期并列时，应注意下列事项：

1）必须在同期表移动一周以上，证明同期表无故障，才可进行正式并列。

2）在同期表转速太快，或有跳动情况，或停在中间位置不动时，不得进行合闸。

3）握住操作把手后，不得再调整电压及频率，以免误合闸。如需要调整时，应将操作把手松开。

4）因各断路器合闸时间不同，手动同期时，应根据频率差和断路器合闸时间适当选择提前角度。

八、运行中的注意事项

（1）TQK、TBK 作用：当一侧同步表及其手并回路有作业或故障时，投入 TQK、TBK 隔离开关，用另一侧手动同期装置检验同步条件。

（2）TQK、TBK 操作注意事项：联络隔离开关 TQK、TBK 正常在拉开位置，需要启动时应同时投入，并注意联络后的同期母线上只能有一个同期栓，使用另一侧同期表时，应将同一侧的 TQK 切换至手动位置。

（3）SYN-3000 同期装置被闭锁后的复归。

当 SYN-3000 同期装置启动后，面板上 Warning/error 红灯亮时，装置被闭锁，此时可在面板上按 Ese 复位键，或在操作台上将该机 71TK 开关切除一次，进行复归。

（4）同期装置检修措施及注意事项。当某台机组同期装置定检做措施时，应将该机组水车直流拉开，通知检修人员断线；交待断线后，再将该机组水车直流合上。同理，当该装置定检完事后，恢复接线前，将该机水车直流拉开，检修交待接线完毕后，将水车直流合上。在进行上述工作时，运行人员一定要与检修人员配合好，防止感电。

【**思考与练习**】

1. 同期联络隔离开关 TQK、TBK 的作用是什么？
2. 自动准同期回路是如何实现双重闭锁的？
3. 手动准同期并列时，应注意哪些事项？

第六章

水电厂安全控制装置运行

▲ 模块 1 水轮发电机电气制动装置运行（Z49I6001）

【模块描述】本模块介绍水轮发电机电气制动装置运行维护及故障。通过原理讲解和案例分析，掌握电气制动装置运行维护、注意事项、故障现象并分析处理。

【模块内容】

一、电制动装置说明

1. 发电机制动过程

电制动停机时，投入主变压器中性点，主机高压开关与系统解列，经 PLC 判断自动切断电子开关，测残压合格时，三相短路隔离开关投入，直流开关投入，当转数下降到 50%额定转数时，三相交流开关投入，三相 400V 交流经整流后加到发电机转子内部进行电制动加闸，当发电机转数降至零后，以上电制动器具自动复归到加闸前状态。

2. 电制动控制把手的 3 个位置

（1）电制动：电制动停机时使用。

（2）混合制动位置：停机时电制动与机械同时使用，防止高水位情况下机组长时间低转数运行。

（3）机械制动：机械加闸时使用。

二、电制动运行与操作

（1）正常电制动变压器应在充电状态。

（2）正常发电机制动方式选择开关 64QK 放"混合"制动位置。

（3）正常停机电制动未投入自动转为机械制动加闸停机。备用置入后要查明原因，联系检修处理。

（4）电制动失败时，到现场手动复归电制动时，先切交流开关、直流开关，后切三相短路隔离开关投入，防止大电流拉三相短路隔离开关投入，现场检查后帮助处理。

（5）电制动在电气或机械保护动作停机时，电制动自动退出工作，机械回路自动加闸。

(6) 电制动用短路开关、直流开关、交流开关现场手动分、合按钮，正常时禁止操作，仅当电制动拒动时，方可操作。

(7) 发电机发生电气事故停机时，电制动自动转为机械制动加闸停机。

(8) 电制动每动作一次，应检查灭磁开关 MK、三相短路隔离开关等器具的情况。

三、电制动装置投入、退出操作

1. 电制动装置退出运行操作

(1) 检查短路隔离开关，交、直流侧开关在开位。

(2) 拉开交、直流侧隔离开关。

(3) 拉开机组电制动电源隔离开关。

(4) 拉开电制动装置交、直流电源。

(5) 制动方式选择开关 QK 切至"机械制动"。

2. 电制动装置投入运行操作

(1) 合上机组电制动电源隔离开关。

(2) 检查短路隔离开关 JDK，交、直流侧开关在开位。

(3) 投入电制动装置交、直流电源。

(4) 制动方式选择开关 QK 切至"电制动"。

3. 停用电制动的情况

(1) 发电机做各种试验。

(2) 电制动器具不良。

(3) 400V 厂用电失去。

(4) 定子绕组内部异常。

4. 电制动停止使用时的技术措施

(1) 检查三相短路隔离开关、直流开关、交流开关在分闸位置。

(2) 电制动操作电源拉开并挂牌。

(3) 电制动控制盘内三相短路隔离开关操作交流拉开挂牌。

(4) 机旁动力屏电制动操作电源开关拉开挂牌。

(5) 102 接地开关机构处加锁，防止误动。

四、电制动正常巡回检查项目

(1) 电制动停机终止备用后，要对电制动短路隔离开关进行检查，检查项目如下：

1）发电机短路开关是否拉到位。

2）连杆、齿轮有无扭曲和脱齿现象。

3）锁锭是否投入。

（2）三相出口短路隔离开关三相均在断开位置，断口距离符合要求，操作电流投入良好，操作电源隔离开关投入。

（3）直流开关、交流开关正常时均在断开位置，机构完好，操作电流在投入状态，操作把手位置正确。

（4）检查各导线、引线、器具有无过热现象，各端子有无松动，电制动控制盘内熔断器、电源开关、选择开关位置正常，器具完好。

（5）整流变压器、整流器及各接线端子有无松动和过热现象。

五、电制动失败故障处理

1. 现象

中控"电制动失败及电源消失"光字牌亮。

2. 处理

（1）现场检查电制动失败指示灯亮。

（2）检查转换为机械制动良好。

（3）检查短路隔离开关 JDK，交、直流侧开关 611YK、612YK 位置，若短路隔离开关 JDK 已投入，停机后手动将其拉开。

（4）检查电制动交、直流电源是否良好。

（5）检查短路隔离开关操作电动机及接触器有无烧损。

（6）制动方式选择开关 1QK 切至"机械制动"。

（7）联系检修处理。

【思考与练习】

1. 电制动正常巡回检查项目有哪些？

2. 电制动装置退出运行应如何操作？

3. 电制动失败故障如何处理？

▲ 模块 2　励磁系统非线性控制装置运行（Z49I6002）

【模块描述】本模块介绍励磁系统非线性控制装置运行维护及故障。通过原理讲解或案例分析，掌握励磁系统非线性控制装置运行维护、故障现象并分析处理。

【模块内容】

一、GEC–2 型全数字非线性励磁装置

（一）基本配置

GEC–2 型全数字非线性励磁装置主要适用于自并励励磁系统。自并励励磁系统一般由励磁调节器柜、功率柜、灭磁开关柜、操作柜等构成。励磁调节柜内安装的是励磁控制器，是励磁反馈控制的核心部分。功率柜内安装的是由大功率晶闸管组成的三相全控整流桥，根据发电机励磁电流的大小，可由若干个功率柜向发电机提供励磁电流。灭磁开关柜中安装的是灭磁开关和非线性或线性过电压吸收装置。操作柜主要完成逻辑操作、起励等功能。

对 100MW 以上大型发电机组，GEC-2 的基本配置是全双置，即配备完全独立的两个控制器及相应的电源回路。两套调节器互为备用运行，每套调节器均能满足包括强励在内的发电机各种运行工况对励磁的要求。对于 50MW 及以下的发电机组，综合性能/价格的考虑，GEC-2 控制器也可以以单置的形式提供。

（二）各部分名称

GEC-2A 励磁控制器的柜体尺寸为 800mm×800mm×2260（2360）mm（宽×深×高）。GEC-2A 前门上安装有"机端电压表""阳极电压表"、平板显示器 PPC 及操作按钮、铭牌等。

柜内有 A、B 两套控制器，从上而下分别为逻辑单元、控制单元 A、控制单元 B、电源单元 A、电源单元 B、脉冲连接箱、开关单元及脉冲放大电源层。

"机端电压表"：指示发电机机端电压，额定时约为 100V。

"阳极电压表"：指示晶闸管整流桥输入处的三相交流电压，即励磁变压器二次侧电压的大小。

平板显示器 PPC ：指示励磁控制器的运行状态及内部参数等。

"增磁"按钮：同时增加 A、B 套励磁（增加电压给定为 U_r）。

"减磁"按钮：同时减少 A、B 套励磁（减少电压给定为 U_r）。

"故障"指示：指示 A 套或 B 套发生故障。

"手动逆变"按钮：手动逆变灭磁。

1. 逻辑单元

逻辑单元中主要安装的是隔离、驱动继电器，完成现场强电信号与微机弱电信号的隔离，以及执行相应的跳、合闸。逻辑单元面板如图 5-6-2-1 所示。

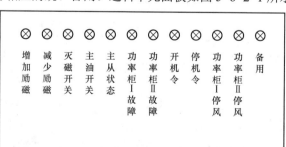

图 5-6-2-1 逻辑单元面板图

图 5-6-2-1 中安装 1 个指示 LED，从而可以很直观地看出输入开关量的动作情况。

2. 控制单元

控制单元内主要安装的是核心部件：STD 总线控制器和信号转换 JKB。STD 控制器完成 GEC-2 的控制功能，JKB 完成 TV 和 TA 的强、弱电隔离。控制单元面板图如图 5-6-2-2 所示。

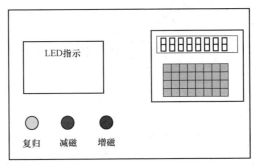

图 5-6-2-2 控制单元面板图

（1）LED 指示：指示 GEC 的状态及报警信息。

（2）键盘：完成状态显示及参数修改功能。

（3）"增磁"按钮：本柜增加励磁（增加给定为 U_r）。

（4）"减磁"按钮：本柜减少励磁（减少给定为 U_r）。

（5）"复归"按钮：本柜报警信号复归。

3. 电源单元

电源单元内安装的是电源变压器及电源板，GEC 控制器是交、直流双路供电的，任何一路电流有电即可保证 GEC 的运行，电源单元面板图如图 5-6-2-3 所示，正常时交、直流双路并列供电。

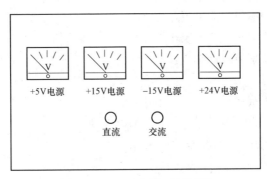

图 5-6-2-3 电源单元面板图

（1）+5V 电源：+5V 电源指示；

（2）+15V 电源：+15V 电源指示；

（3）–15V 电源：–15V 电源指示；

（4）+24V 电源：+24V 电源指示；

（5）"直流" LED：直流供电指示；

（6）"交流" LED：交流供电指示。

4. 脉冲连接箱

脉冲连接箱用于将 A、B 两套控制器的脉冲并联，然后分配到各个功率柜中；另外，交流励磁电流的检测部件也安装在脉冲连接箱内。

5. 开关单元

开关单元面板图如图 5-6-2-4 所示。

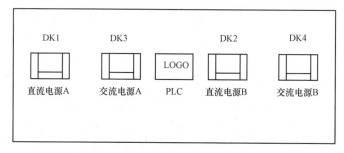

图 5-6-2-4 开关单元面板图

开关单元安装了 STD 工控机的直流电源开关及操作回路的电源开关，以及跟踪切换 PLC 等：

（1）DK1：A 组微机直流电源开关。

（2）DK3：A 组微机交流电源开关。

（3）DK2：B 组微机直流电源开关。

（4）DK4：B 组微机交流电源开关。

（5）PLC：跟踪切换逻辑 PLC。

6. 脉冲放大电源

脉冲放大电源面板图如图 5-6-2-5 所示。

图 5-6-2-5 中，供给脉冲放大回路的双路电源：

（1）DK5：直流电源 220V 开关；

（2）DK6：交流电源 380V 开关；

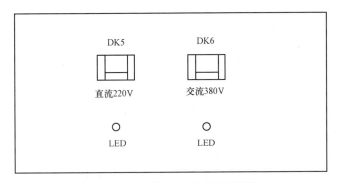

图 5-6-2-5　脉冲放大电源面板图

（3）开关下方的 LED 分别指示直流、交流电源的有无。

二、状态设置与基本操作

为了保证运行的可靠性，GEC 装置一般采用全双置结构，分为相对独立的 A 套和 B 套。对 GEC-2 而言，A、B 套一般运行在跟踪切换方式。在控制器的内部，还设置了一些运行状态，如主从状态、自动状态、手动状态、监控状态、等待状态、运行状态等。

（一）运行状态

1. 并列运行方式

指 A、B 套相对独立地运行，并同时发出脉冲，承担负载电流（理想状况下各带 50%负荷）。若单套发生故障，则自动将故障套切除（通过封锁脉冲输出实现），另外，正常运行的一套自动带满 100%负荷。在故障切换时一般没有明显波动。GEC-1 一般采用并列运行方式。

2. 跟踪切换方式

A 套中有一套控制器在主状态下运行，另外一套处于备用状态（从状态）下跟踪主状态下的控制器。主状态一套发出控制脉冲并承担全部负荷，从状态一套不发脉冲。若主状态控制器发生故障，则通过故障检测及切换部件切换成备用状态，而原来备用的控制器此时则作为主控制器运行。在正常无故障运行时，也可以通过 "主从切换" 按钮切换 A、B 套的主、从状态。GEC-2 的故障检测及切换部件是用开关单元的跟踪逻辑 PLC 完成的。PLC 的输入信息是 A、B 套的运行信息（正常或是故障），"主从切换" 按钮状态，PLC 的输出信息主、从状态图如图 5-6-2-6 所示。

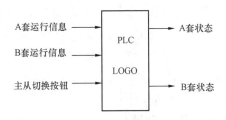

图 5-6-2-6　PLC 的输出信息主、从状态图

（1）主从状态：指示 A、B 套控制器运行在主状态或是备用从状态，可以从逻辑单元的 LED 指示加以区分。若"主从状态"LED 亮，则表明 A 套控制器处于主状态，B 套控制器处于从状态；若 LED 灭，则表明 B 套控制器处于主状态，A 套控制器处于从状态。

（2）自动状态：指 GEC–2 按发电机端电压闭环反馈方式运行，自动状态运行时控制单元的 LED 状态指示的"自动状态"指示灯亮。在正常状况（或默认状况）下，GEC 均是运行在自动状态，增、减磁操作改变的是电压给定值 Ur。

（3）手动状态：GEC–2 的手动状态是指恒励磁电流运行状态，增、减磁操作改变的是励磁电流给定 I_r。一般若是发生了故障（如 TV 断线、A/D 故障等），GEC 无法按电压反馈闭环方式运行时会自动切换到手动状态。手动状态运行时控制单元的 LED 状态指示的"自动状态"指示灯熄灭。对 GEC–1，手动状态指运行在开环状态下，即运行在恒定 SCR 控制角 a 的状态下。在手动状态下，增、减磁操作直接改变 a 角。对自并励系统而言，开环运行是不稳定的，因此，恒 a 角开环状态运行只是在调试、实验时使用。

（4）监控状态：指 GEC–2 在试验、调试时的一种状态。在监控状态下，键盘的所有功能对操作者开放，并且可以不经过等待状态直接进入运行状态，控制单元的 LED 状态指示的报警指示切换到 DIO 试验功能。设置监控状态可以通过控制单元箱内的 OPTION 拨码开关设置。

（5）等待状态：对应用于自并励系统的 GEC–2 控制器而言，等待状态是指微机上电后没有接到起励升压的开机令时的状态，或是停机逆变后到下次开机前的等待过程。在等待状态下，GEC–2 控制器不发脉冲。

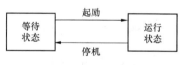

图 5–6–2–7　平板显示 PPC 图

（6）运行状态：或者叫正常状态，指 GEC–2 正常调节、正常控制、正常发脉冲时的运行状态。GEC–2 起励成功后即由等待状态进入运行状态，停机逆变后则由运行状态返回到等待状态。GEC–2 的运行/等待状态可以从平板显示 PPC 图看出，如图 5–6–2–7 所示。

正常状态（非监控状态）是指 GEC 在无同步信号（停机状态或 ADK、BDK 未合），微机上电时所处在的状态。因为微机在非监控状态下上电自检后，必须检测到同步信号才进入运行状态，否则就处在不断检测同步信号的等待状态。在等待状态下 GEC–1 键盘上的数码管将显示"GEC 98XX"，显示的后 4 位为软件版本号。

（二）上电状态

GEC 上电或复位后，首先对控制器的内部插板及连线等进行自检，若自检有故障不能通过，则 GEC 会在键盘上指示错误代码"Err 00XX"节，并且控制单元的 LED

状态指示灯的报警部分全亮，提示运行、检修人员进行检查，这时 GEC 停止运行。

GEC 通过自检后会显示软件版本代号"GEC 98XX"，并且进入等待状态，接到开机令后，GEC 进入运行状态，按控制流程采样计算，发脉冲。若在调试时，希望直接进入运行状态，可将 OPTION 开关设置在监控状态（OPTION.1=ON）。

GEC 上电复位后的默认设置如下：

（1）运行指示：投入。

（2）运行状态：自动。

（3）主从状态：先上电的一套为主状态。

（4）控制规律：NEC（非线性控制）。

（5）控制参数：按内部设定的参数表。

（6）电压给定值：$U_r = 1.05$。

若 GEC 带电运行状态下按复位"REST"键，U_r 将保持复位前的值。

（7）上电复位：指 GEC 控制器在未带电情况下，合微机的交流（DK3、DK4）或直流（DK1、DK2），使控制器在带电、复位、运行状态。GEC 控制器上电首先复位、初始化、自检。

（8）带电复位：指 GEC 控制器在带电的情况下，按键盘上的复位键"REST"，使控制器复位重新运行。带电复位与上电复位最大的区别是前者数据存储器 RAM 中的数据保持不变，因而可以取得复位前的电压给定值 U_r。

（三）基本操作

操作前发电机已具备升压条件（3000r/min 恒速，灭磁开关等均已合上），GEC 控制器的各开关均在断开位置。

1. 开机操作

（1）合各电源开关 DK1～DK5。

（2）用"手动起励"或开机令起励升压，GEC 将自动投起励电源。

（3）通过远方增、减磁按钮调整电压、并网。

开机或"手动起励"条件：GEC 在等待状态，灭磁开关在合上位置，无"起励失败"报警，开机令或"手动起励"有效。

若起励成功，GEC 开机后将从等待状态进入运行状态。若起励失败（在起励后 5s 内发电机机端电压 U_t 小于设定的起励成功电压 U_{ts}），则报"起励失败"，这时应检查相关的回路；特别是起励回路；然后用"信号复归"按键清除报警信号后再起励。

2. 停机操作

（1）发电机解列到空载运行。

（2）用"手动逆变"按钮或停机令停机。

（3）分各电源开关 DK1～DK5。

GEC 在运行状态并且满足以下条件之一者逆变灭磁停机：逆变灭磁信号有效；在空载状态下停机令有效；正常运行状态（非监控状态）下电压给定值 Ur 小于 0.3；在空载状态下发电机的频率 f 小于 45Hz。

GEC 停机逆变时将触发角推至 140°逆变区。逆变后 GEC 将退出运行状态回到等待状态。运行与等待关系的逻辑框图如图 5-6-2-8 所示。

3. 励磁操作

励磁操作模块主要完成对参考电压 Ur 的各种操作，如增加、减少励磁，增减励磁继电器节点防粘处理，参考电压最大、最小位置限位，以及在保护、限制动作时自动进行闭锁或自动进行增加、减少励磁，在调试状态下做 ±10%阶跃或零起升压，自动灭磁等功能均可通过直接修改参考电压值实现。因为微机励磁一般都是数字给定，参考电压只是内存中的一个变量，操作人员可以在外部对它进行修改操作，另外，计算机内部也可以根据需要对 U_r 进行修改，这使得涉及励磁操作功能的实现非常简单可靠，这也是微机励磁的优点之一。

电压给定值 U_r 的调整是通过计算机读取外部的增、减磁节点的闭合情况进行的，节点闭合的时间越长，U_r 的调整量就越大。

励磁操作控制单元面板图如图 5-6-2-9 所示。

图 5-6-2-8 运行与等待关系的逻辑框图

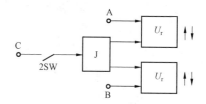

图 5-6-2-9 励磁操作控制单元面板图

励磁操作可通过"增磁""减磁"按钮实现。这时是分别增、减相应套 U_r，如图 5-6-2-9 中的 A、B 点，也可以通过在中控室操作"增磁""减磁"按钮吸合相应的继电器实现，这时同时增减 A、B 套的 U_r，如图 5-6-2-9 中的 C 点。一般而言，为了保持 A、B 套 U_r 的一致，增、减磁应在中控室操作，只有在故障恢复时，才分别在就地的 A、B 套进行调整。正常运行时 A、B 套的电压给定值 U_r 应相等或大致相等。

4. 故障后再投入

（1）假设 B 套故障检修，A 套单独运行（主状态）。B 套检修完成后再投入操作步骤如下：

1）跳开 DK2、DK4，令 B 套控制器断电；

2）合 DK2、DK4，使 B 套控制器上电复位，检查故障是否消除；

3）操作 B 套控制单元上的"增磁""减磁"按钮使 B 套的电压给定值 U_r 与 A 套的一致，B 套恢复运行（从状态）。

（2）假设 A 套故障退出检修，检修完以后的再投入操作如下：

1）跳开 DK1、DK3，令 A 套控制器断电；

2）合 DK1、DK3，使 A 套控制器上电复位，检查故障是否消除；

3）操作 A 套控制单元上的"增磁""减磁"按钮，使 A 套的电压给定值 U_r 与 B 套的一致，A 套恢复运行（从状态）。

三、常规操作

常规操作是指键盘第二行的 8 个按键，主要完成选择显示，电压给定值的微调、信息复归及手动录波等功能，此键盘功能无须进入监控状态也有效。

（1）"显示后翻"（./CR）键：选择显示下一个量。

（2）"显示前翻"（,）键：选择显示前一个量。

（3）"—"键：电压给定值 U_r 微调，减 0.001p.u.。

（4）"+"键：电压给定值 U_r 微调，增 0.001p.u.。

（5）"信号复归"（:）键：复归 LED 报警信号，消除错误代码 Err，其作用与前面板上的按键"信号复归"作用相同。

（6）"手动录波"（SP/REG）键：手动启动录波。

（7）"INTR"键：暂时无定义，为后续版本预留。

（8）"REST"键：GEC 复位键：此键按下后系统重新运行（带电复位），主要用于调试时清除不可预料的状态，或在参数设置默认值时使之有效，一般运行时不应操作。

【思考与练习】

1. GEC–2 型全数字非线性励磁装置各部分名称是什么？

2. GEC–2 型全数字非线性励磁装置有哪些状态？

3. 简述 GEC–2 型全数字非线性励磁装置基本操作步骤。

◢ 模块 3 低频自启动装置运行（Z49I6003）

【模块描述】本模块介绍低频自启动装置运行维护及故障。通过原理讲解或案例分析，掌握低频自启动装置运行维护、故障现象并分析处理。

【模块内容】

一、概述

在电力系统中，考虑运行的经济性，机组的旋转备用容量不可能很大，因此当系统发生事故时，希望备用机组迅速启动并网投入电网运行，以提高运行的可靠性。由于水轮发电机启动较快，所以在电力系统中它具有特殊的任务——作为紧急投入运行之用。当系统发生功率缺额、频率降低时，要求水轮发电机迅速启动并投入运行。因此，它是提高电力系统安全可靠运行的主要控制对象，在其上装设了频率自动启动及快速并列的自动装置，以适应电力系统安全运行的控制需要。

水轮机在启动过程中，转速随时间而变化的曲线为启动特性，它取决于水轮机的型式、调速器的特性、调速机件的位置和叶门开度限制器的开度等。

正常启动时，水轮发电机按照调速器机件位置的不同有 3 种不同的启动特性，如图 5-6-3-1 所示。

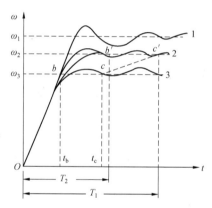

图 5-6-3-1 中，1 为高特性，2 为中特性，3 为低特性。按照中特性启动时，转速的稳定值为额定转速；按高特性或低特性起动时，则转速的稳定值高于或低于额定转速的 5%～10%。启动过程中由于调速器的作用，转速经振荡而逐渐达到稳定值。

水轮发电机低频自启动时在系统事故情况下的一种反事故对策，要求迅速可靠地进行并列操作。目前，大多数采用子同期投入运行，因而水轮机组的启动特性要与同期并列的要求相适应。

由于水轮发电机异步力矩较小，在自同期并列过程中，如果动力元素的剩余力矩较大，将影响它被拉入同步的过程。所以需要控制水轮机的加速度。

图 5-6-3-1 水轮发电机 3 种不同的启动特性

由图 5-6-3-1 可知：1、2 两条特性曲线，在同步速度附近时，水轮发电机的加速度较大，特别是在系统频率低于 48Hz 时，水轮发电机组有可能出现不允许的加速度。这对发电机的同步过程极为不利，因此低频启动水轮发电机组时，一般按低特性启动。在实际应用中，自动控制装置往往还要根据各电厂机组本身的特点进行调整，以求既快速又安全地把机组运行。

二、低频自启动的管理

（1）低频自启动机组是电网频率异常下降时为迅速恢复正常频率而设定的机组，因此，该类机组应随时处于可靠状态。

（2）机组低频自启动功能因故障退出运行时，网调应下令电厂手动代替，电厂值班人员发现频率下降到规定值时，应不待调度指令立即开机，以使频率恢复正常。

【思考与练习】

1. 什么是低频自启动装置？作用是什么？
2. 水轮发电机 3 种不同的启动特性各有什么特点？
3. 低频自启动的管理内容是什么？

▲ 模块 4　自动切机装置运行（Z49I6004）

【模块描述】本模块介绍自动切机装置运行维护及故障。通过原理讲解和故障分析，掌握自动切机装置运行维护、故障现象并分析处理。

【模块内容】

一、概述

在系统发生事故时，为提高静稳定、动稳定和防止事故扩大，可在送端系统中采取自动切除发电机的措施。远离负荷中心的坑口电厂和水电厂经长距离输电线送电，当线路永久性故障时，虽然继电保护正确动作，但仍有可能引起动稳定破坏或事故后静稳定破坏。为了提高电力系统的稳定性，自动快速切除发电机是送电系统普遍采用的一种控制策略、紧急措施情况下采用的一种措施，对水电厂的机组来说容易做到。

二、快速切机的基本依据

根据系统接线方式，确定快速切机动作的基本依据。快速切机的基本方式一般有如下 3 种。

（1）由输电线送电侧断路器辅助触点或继电保护装置联动跳开发电机。

（2）远方切机方式。

（3）按电流大小判断切机。

三、自动切机装置分类

以某电网的自动切机装置为例，主要有以下几类：

（1）远方切机装置。某电网与主网之间通过一条 220kV A 线路和另一条 110kV B 线路构成电磁环网而联网。在某 220kV 变电站装设远方切机装置，当 A 线路或 B 线路故障分闸重合不成后，切除 A 水电厂或 B 水电厂机组，防止系统振荡。

（2）大小电流切机装置。A 水电厂一条 220kV 出线与一条 110kV 出线构成高低压电磁环网，因无法解环运行，装设了大小电流切机装置，防止了 220kV 线路分闸引起系统振荡和烧断 110kV 线路的不良后果。

（3）联锁切机装置和逻辑切机装置。它装于 C 发电厂和 D 发电厂，都是防止高压线路分闸引起低压线路过载或系统振荡的主要措施。

（4）高频切机装置。在 C、D 发电厂，因出线回路数不能满足 N-1 的原则，装设高频切机装置可以防止当某一条出线故障分闸，引起机组频率突然升高时，不会造成其他线路过负荷，或引起系统振荡。

【思考与练习】

1. 什么是自动切机装置？
2. 自动切机装置分几类？

▲ 模块 5　自动解列装置运行（Z49I6005）

【模块描述】本模块介绍自动解列装置运行维护及故障。通过原理讲解或案例分析，掌握自动解列装置运行维护、故障现象并分析处理。

【模块内容】自动解列装置

从经济和安全出发在正常情况下实行并联运行是有利的，所以各地区之间、甚至国家之间的电网（如有条件的话）根据互利原则一般都实行联网运行。

然而当处理系统振荡性事故时，有时被迫采取解列方法，然后再并列操作，使电网恢复并联运行。有时在事故情况下，为了不使事故扩大并把事故控制在有限地区以内，"解列"也是一种有效的措施。

1. 厂用电系统"解列"的应用

当系统出现严重功率缺额时，将引起系统频率大幅度下降。系统频率过低会引起厂用机械出力下降，威胁着电厂本身电能生产的安全，因此，使厂用电系统供电频率维持在额定频率附近运行，则可避免上述事故进一步恶化。

在电力系统运行中，某些发电厂的厂用电系统具备独立供电运行的可能性，以确保发电厂自身的安全运行。发电厂厂用电系统与系统解列原理图如图 5-6-5-1 所示。

正常运行时厂用电由 I、II 组母线供电，并经主变压器 T 与系统相联。1、2 号机的容量与全厂厂用电功率基本平衡，因此，当系统频率大幅下降时，断开断路器 QF1；使厂用电与电力系统解列。这时厂用电系统由本厂 1、2 号机单独供电，不受电力系统的影响，提高了电厂运行的可靠性，对整个电力系统的安全是有利的。

2. 系统解列的应用

在联合电力系统运行中，各区域电网之间经联络线相连，系统容量越大，承受功率缺额能力越强，所以联网运行的优点是明显的，但在某些情况下，当存在约束条件时，联合系统的优势就受到了限制，电力系统图示例图如图 5-6-5-2 所示。

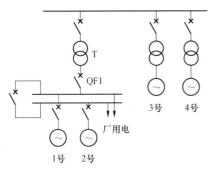

图 5-6-5-1　电厂厂用电系统与系统解列原理图

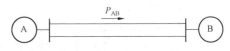

图 5-6-5-2　电力系统图示例图

A 系统向 B 系统输送的功率为 P_{AB}，输电线路的极限功率为 P_{ABM}，设系统 B 由于事故发生了严重的功率缺额，引起整个系统频率下降，这时 A 系统虽有足够的旋转备用容量，由于受到 P_{ABM} 的约束而不能发挥其支援作用，这时如果频率下降严重，也将威胁着系统 A 的安全运行。此时，为了控制事故范围，不致使它波及邻近区域，将两系统被迫解列运行是有利的。

在实行解列操作时，必须注意功率平衡问题，解列点的选择，应尽量使解列后本系统发电量既满足本系统用户的需要，又不致造成发电功率过剩。图 5-6-5-1 中，设 1、2 号机组的容量与全厂厂用电所需的功率基本平衡，因此，选择 QF1 为解列点。图 5-6-5-2 所示的系统中，如在联络线处解列，使解列后系统 B 又损失了 P_{AB} 的功率，以致使事故更为严重，这对系统运行是不利的，应在其他合适地点解列。解列点选择应按如下原则：

（1）尽量保持解列后各部分系统（子系统）的功率平衡，以防止频率、电压急剧变化，因此，解列点应选在有功功率、无功功率分点上或交换功率最小处。上例中，一旦解列后，系统 A 应继续承担系统 B 的一部分功率。

（2）适当地考虑操作方便，易于恢复，具有较好的远动通信条件。解列点选好后，对它的解列条件应进行周密分析，因为这是构成控制装置逻辑判断的依据。在图 5-6-5-1 中，装置动作的判据就是频率 f_N 的数值，即不论什么原因只要系统频率低于整定值，自动装置就启动 QF1 断路器分闸。自动解列装置的逻辑图如图 5-6-5-3 所示。

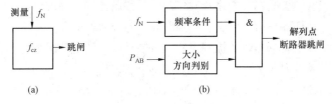

图 5-6-5-3　自动解列装置的逻辑图

如果还有其他条件，那么应接入相应的信号，构成所需的控制逻辑。在图 5-6-5-3（a）所示的系统解列的例子中，若系统 B 发生故障，系统频率 f_N 下降，则 P_{AB} 增加。这时为了保证系统 A 的安全运行，需要进行解列操作。但是没有必要进行这样的解列操作。自动解列装置的控制逻辑中除了接入频率信号外还需要接入 P_{AB} 的大小和方向等信号，它的控制逻辑如图 5-6-5-3（b）所示。

【思考与练习】

1. 电力系统为什么采用自动解列装置？
2. 结合本厂电力主接线图说明解列点的设置。

◢ 模块 6 自动低频减载装置运行（Z49I6006）

【模块描述】本模块介绍自动低频减载装置运行维护及故障。通过原理讲解或案例分析，掌握自动低频减载装置运行维护、各种故障现象并分析处理。

【模块内容】

一、概述

电力系统的频率反映了发电机所发出的有功功率与负荷所需有功功率之间的平衡情况。当电厂发出的有功功率不满足用户要求出现差额时，系统频率就会下降。

当电力系统发生较大事故时，系统出现严重的功率缺额，即使系统中运行的所有发电机组都发出其设备可能胜任的最大功率，仍不能满足负荷功率的需要，功率缺额所引起的频率下降，将远远超出系统安全所允许的范围。为了保证系统安全和重要用户供电，切除部分负荷，使系统频率恢复到可以安全运行的水平内。

电力系统因事故而出现严重的有功功率缺额时，频率将随之急剧下降，频率降低较大时，对系统运行极为不利，甚至会造成严重后果。

二、自动低频减载装置的工作原理

当电力系统发生严重功率缺额时，自动低频减载的任务是迅速断开相应数量的用户，恢复有功功率的平衡，使系统缺额不低于某一允许值，确保电力系统安全运行，防止事故的扩大。

自动低频减载装置是在电力系统发生故障时系统频率下降的过程中，按照频率的不同数值按顺序地切除负荷。根据启动频率的不同分为若干级。

自动低频减载装置动作时，原则上应尽可能地快，这是延缓系统频率下降的最有效措施。但考虑系统发生故障，电压急剧下降有可能引起装置误动作，往往采用延时（0.3～0.5s）以躲过减载过程可能出现的误动作。

三、自动低频减载装置的接线与运行

电力系统自动低频减载装置的接线原理图如图 5-6-6-1 所示。

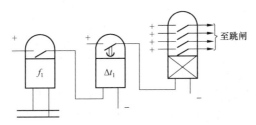

图 5-6-6-1　电力系统自动低频减载装置的接线原理图

自动低频减载装置由 N 级基本段以及若干级后备段所组成，每一级就是一个低频减载装置。低频测量元件的任务是当电力系统频率降低至启动频率值时，立即启动，由图 5-6-6-1 中频率继电器 f 的触点闭合来实现，延时元件由时间继电器组成，并由中间继电器控制这一级用户的断路器分闸。

四、低频减载装置运行中存在的问题

自动低频减载装置是通过测量系统的频率来判断系统是否发生功率缺额事故的，在系统实际运行中往往会出现使装置误动作的例外情况。如地区变电站某些操作可能造成短时间供电中断，该地区的旋转机组如同步电动机、同步调相机和异步电动机等的动能仍短时反馈输送功率，且维持一个较高的电压水平，而频率则急剧下降，因而引起低频减载装置的错误启动。当该地区变电站很快恢复供电时，用户负荷功率已被错误地断开了。

当电力系统容量不大，系统中有很大冲击性负荷时，系统频率将瞬时下跌，同样也可能引起低频减载装置的错误判断。

上述自动低频减载装置误动作，如其他信号进行闭锁，将使装置复杂化。实际应用中可采用自动重合闸来补救。即当系统频率恢复时，将被自动低频减载装置所断开的用户按频率分批地进行自动重合闸，恢复供电。

【思考与练习】

1. 什么是自动低频减载装置？
2. 自动低频减载装置为什么分级实现？
3. 画出自动低频减载装置原理接线图，并说明其工作原理。

▲ 模块 7　电网安全稳控装置运行（Z49I6007）

【模块描述】本模块介绍电网安全稳控装置运行维护及故障。通过原理讲解或案例

分析，掌握电网安全稳控装置运行维护、各种故障现象并分析处理。

【模块内容】

电网的安全自动装置就是当电力系统发生故障或异常运行时，为防止电网失去稳定和避免发生大面积停电，而在电网中普遍采用的自动保护装置。如自动重合闸、备用电源和备用设备自动投入、自动切负荷、按频率（电压）自动减负荷、发电厂事故减出力或切机、电气制动、水轮发电机自动启动和调相改发电、抽水蓄能机组由抽水改发电、自动解列及自动快速调节励磁等装置。其作用就是以最快的速度恢复电力系统的完整性，防止发生和终止已开始发生的足以引起电力系统长期大面积停电的重大系统事故，如使电力系统失去稳定、频率崩溃和电压崩溃等。

安全自动装置按其在电网中的作用① 维持系统稳定的有快速励磁、电力系统稳定器、电气制动、快关导叶及切机、自动解列、自动切负荷、串联电容补偿、静止补偿器及稳定控制装置等；② 维持频率的有按频率（电压）自动减负荷、低频自启动、低频抽水改发电、低频调相转发电、高频切机、高频减出力等；③ 预防过负荷的有过负荷切电源、减出力、过负荷切负荷等。

一、安全稳定装置的配置

（1）FWK-300 分布式安全稳定控制装置由 A、B 两套硬件相同、原理相同，接线、通信上互相独立的装置组成。A、B 系统分别组屏安装，每个系统设置独立的打印机，两套系统共用一块通信屏，负责与变电站的安全稳定控制装置通信。附属设备包括稳压电源、电源插板、复归按钮、功能连接片、电源空气断路器、电压回路空气断路器、接线端子等。

（2）FWK-300 分布式安全稳定控制装置主要功能是采集 4 台机组的电压电流、500kV 出线电压电流，并计算其功率，自动判断各种故障和设备状态并将其信息上传到 500kV 变电站，为安稳系统切机提供依据；同时，作为执行站接受变电站切机命令。

（3）控制策略。多数水电厂是安全稳定控制装置的执行站，无系统策略，仅有高周切机策略。

二、装置操作

（1）装置指示灯作用及说明。

1）"运行"灯：绿色，装置正常运行时闪烁；

2）"启动"灯：红色，装置进入启动状态后灯亮，启动状态退出时自动熄灭；

3）"动作"灯：红色，装置动作出口后灯亮，按"信号复归"后熄灭；

4）"异常"灯：红色，装置异常时灯亮，异常状态消失后自动熄灭；

5）"TV 断线"灯：红色，装置发生电压回路断线时灯亮，电压正常后自动熄灭；

6）"过载告警"灯：红色，装置判别有过载时该灯灯亮；

7）"通信异常"灯：红色，当装置出现通信异常时，该灯灯亮，异常状态消失后自动熄灭。

（2）装置加电或复位后自动进入主菜单，光标停留在第一行的开始处，按"上移"或"下移"可进行菜单选择，选定菜单后按"确认"进入子菜单。按"返回"退回到主菜单。

（3）装置各插件的作用及说明。

1）SCM-102 中央决策模块上位机处理单元，决策单元；

2）SCM-110 单元处理模块下位机处理单元，数据采样，故障判断；

3）SCM-1232M 通信模块 2M 光纤通信单元；

4）为 SCM-141 电源模块提供 24V 电源；

5）SCM-171 交流采样模块电压电流采集单元；

6）为 SCM-160B 控制出口模块提供 8 轮出口继电器；

7）SCM-150 输出中间模块信号回路，启动回路；

8）PC104 人机接口模块定值设定、状态显示、异常监视及实验。

（4）装置投退操作步骤。

1）退出操作步骤。

a. 退出切机总出口连接片；

b. 退出 4 台机组切机分闸连接片；

c. 退出 4 台机组允切连接片；

d. 退出与变电站通道连接片、高周功能连接片、本柜主运连接片；

e. 拉开相应的电压回路的空气断路器 1-8JK。

2）投入操作步骤。

a. 合上电压回路空气断路器 1-8JK；

b. 投上变电站通道连接片、高周功能连接片、本柜主运连接片；

c. 投上 4 台机组允切连接片；

d. 投上 4 台机组切机分闸连接片；

e. 投上切机总出口连接片。

（5）安全稳定控制装置检修或实验时的安全措施。

1）向上级调度申请装置退出运行；

2）按照装置退出运行的程序将装置退出；

3）安全稳定控制装置的电流回路若是串接在最后一级，实验时直接短接；若是在中间，不能让 TA 开路影响其他保护装置；若是独立的 TA，直接短接。

（6）其他保护装置检修或实验时安全稳定的安全措施。其他保护装置检修或实验时，若电流回路和安全稳定控制装置是在同一 TA 回路中，应注意电流回路的短接，不能让安全稳定控制装置误动作。

三、装置的巡视检查

（1）装置电源指示灯均应灯亮，运行灯应闪烁。

（2）模件指示灯应显示正确，没有异常信号。

（3）液晶显示屏上显示的时间基本正确，电压、电流、功率、相位角及频率测量，功率累加结果应正确。如果时间误差较大，应按照说明书的方法重新设定时间。如果测量误差较大或功率累加不对应，应检查 TA、TV 回路，进行排除。

（4）如装置与其他安全稳定控制装置有通信，应查看通信是否正常，是否有通道异常信号发出。发现装置异常，应立即处理。必要时应及时与生产厂家联系，以便尽快解决问题。同时应及时上报主管部门，由主管部门决定是否退出安全稳定控制装置。装置出现异常信号时，应及时检查装置的显示结果，查明是哪一部分异常，并尽快排除。如果是 TV 回路断线引起的异常，应尽快查清断线原因，使 TV 回路恢复正常。如果装置指示灯紊乱或显示不正常，在一时无法查清原因时，应及时上报并申请将装置退出，同时通知继电保护维护人员进行处理。

（5）安控装置高周切机装置送电投运时，应先投入装置电源，检查装置上电正常，再启用装置切机功能。

（6）当发现装置判出的运行方式与实际运行方式不一致时，应立即向调度部门汇报，查明原因。

（7）各连接片位置按照调度要求在投入。

（8）打印机电源正常，打印纸张具备。

（9）光纤通信电源正常。

四、运行注意事项

（1）未经调度值班调度员的批准，不得擅自修改安全稳定控制装置定值或改变装置的运行方式。

（2）安全稳定控制装置动作以后，应及时向调度汇报，并根据值班调度员的命令处理，不得自行恢复分闸开关。

（3）装置正常运行时，务必将第二层"定值允许写"开关拨到"禁止"位置。

（4）装置正常运行时，务必确认第三层交流头上小开关拨到"运行"位置。

（5）校正单元处理机 DCJ 精度后需复位上位机 SWJ 信号。

（6）修改单元处理机 DCJ 定值后，装置 30s 后才进行故障判断，且最好复位 SWJ一次。

（7）修改单元处理机 DCJ 定值时断开所有出口连接片及通道连接片，确保定值的正确性，如修改不成功，一定要查明原因后重新修改，修改完成后再投入各连接片。

（8）定值表。

（9）做好安全稳定控制装置的缺陷记录，必要时向调度申请退出并联系厂家进行处理。

（10）做好调试时图纸修改记录，特别是安全稳定控制装置电流回路图。

（11）切勿带电插拔装置的模件。

五、保护连接片投退的规定

1. 保护连接片的名称及作用

（1）1 号机组允切：该连接片投入后安全稳定控制装置在切机时才会把 1 号机组纳入切机考虑，正常运行时投入。

（2）总出口连接片：该连接片投入后才能接通分闸回路，正常运行时投入。

（3）跳 1 号机组：该连接片投入和总出口连接片投入后接通 1 号机组分闸回路，正常运行时投入。

（4）本柜主运：该连接片投入时表示该柜安全稳定控制系统是主系统，正常运行时按调度要求投入其中一套安全稳定控制系统的连接片。

（5）高周功能：该连接片投入时表示就地高频切机功能有效，正常运行时按调度要求投入。

（6）允许自试：装置自检功能连接片，需要自检时投入该连接片，正常运行时退出。

2. 安全稳定控制装置运行状态的定义

（1）投信号状态：指本控制站安全稳定控制装置正常运行且对外通信正常，本站装置能够正常进行策略判断并实现就地出口功能。此状态下装置所有通道连接片均投入，所有出口连接片均不投入。该状态主要运行于挂网期间。

（2）投正常运行状态：指本控制站安全稳定控制装置正常运行且对外通信正常，本站装置能够正常进行策略判断并实现就地出口功能。此状态下装置所有通道连接片均投入，所有出口连接片均投入。

（3）退出状态：本站的安全稳定控制装置运行正常，但对外通道全部退出，所有功能连接片退出，所有出口连接片退出。

（4）停运状态：退出安全稳定控制装置，拉开直流电源。

六、装置异常处理

1. 电压异常及处理方法

（1）低电压异常：三相电压平均值小于 $50\%U_n$ 且持续时间大于 5s，闭锁装置。

（2）高电压异常：三相电压平均值大于 $120\%U_n$ 且持续时间大于 5s，闭锁装置。

（3）零序电压过大异常：零序电压值大于 $10\%U_n$ 且持续时间大于 5s，闭锁装置。

（4）电压差过大异常：电压差值大于 $10\%U_n$ 且持续时间大于 5s，闭锁装置。

处理方法：先检查出现电压异常的母线、线路、主变压器或机组单元接入装置的二次电压回路，如果二次电压回路接线正常且电压正常，那么可能是装置的交流变换或采样回路出现异常，应及时联系调度并通知生产厂家处理。

2. 电流异常及处理方法

（1）零序电流过大异常：零序电流值大于 $10\%I_n$ 且持续时间大于 5s，闭锁装置。

（2）电流差过大异常：电流差值大于 $10\%I_n$ 持续时间大于 5s，闭锁装置。

（3）处理方法：先检查出现电流异常的线路、主变压器或机组单元接入装置的二次电流回路，如果二次电流回路接线正常且电流正常，那么可能是装置的交流变换或采样回路出现异常，应及时联系调度并通知生产厂家处理。

3. 分闸信号异常及处理方法

分闸信号时间过长异常：分闸信号持续时间大于 5s，闭锁装置。

处理方法：先检查出现异常的线路接入装置的保护分闸信号回路以及保护分闸信号触点是否闭合，如果外回路都正常，那么可能是装置的强电开入回路或弱电开入回路出现异常，应及时联系生产厂家处理。

4. 电源电压异常及处理方法

电源电压异常：

（1）SWJ 电源电压异常：闭锁装置。

（2）DCJ 正负 12V 电压消失异常：闭锁所有判断。

处理方法：先检查装置主控单元机箱的稳压电源的输出电压：+12、−12V 以及+5V 是否在正常范围之内，如果电源电压正常，那么可能是装置的电源监测回路或插件出现异常，应及时联系生产厂家处理。

5. 上、下位机通信异常及处理方法

上、下位机通信异常：装置上位机（SWJ）与任一单元处理机（DCJ）或通信处理机（TCJ）通信异常，闭锁装置。

处理方法：如果是 SWJ 与所有下位机皆通信异常，则可能是 SWJ 与下位机通信回路出现异常；如果是某一下位机与上位机通信异常，则可能是此下位机与上位机通信回路出现异常。应及时联系生产厂家处理。

6. 同步启动异常及处理方法

同步启动异常：装置持续启动 20s，SWJ 报同步启动异常。

处理方法：先检查装置是否处于持续启动状态，如线路过载启动、突变量启动等。如果装置没有持续启动，那么可能是装置的某一单元处理机（DCJ）同步启动回路出现异常，应及时联系生产厂家处理。

7. SWJ 开入异常及处理方法

SWJ 开入异常：上位机持续 15s 检测到单元处理机的故障信号，则报 SWJ 开入异常。装置如果已经启动，则不闭锁装置，否则闭锁装置。

处理方法：先检查装置是否有单元处理机（DCJ）判出有线路存在持续故障信号（如过载、过频、过压、低频、低压等），如果没有，那么可能是单元处理机（DCJ）至上位机（SWJ）的开出开入回路出现异常，应及时联系生产厂家处理。

8. 方式连接片异常及处理方法

电源电压异常：投入两个或以上特殊方式连接片，装置则报方式连接片异常，闭锁装置。

处理方法：先检查装置是否投入两个或以上特殊方式连接片，否则可能是装置的弱电开入回路出现异常，应及时联系生产厂家处理。

9. 稳控通信异常及处理方法

稳控通信异常：装置的"与变电站通道投"连接片投入，但收不到此站发来的信息，则报稳控通信异常，通常的通信异常是不会闭锁装置的。

处理方法：先检查装置的"装置正常数据显示"菜单中的子菜单"1TCJ"和"2TCJ"显示菜单，查看装置与哪些相关厂站通信异常，如果是"每秒接收帧数"为 0，那么可能是通道已经断开，此时应首先与主管部门确认通道上是否存在异常或操作；若无异常和相关操作，再询问对侧厂站安全稳定控制装置的运行情况（装置的"总功能投连接片""通道投连接片"是否已经可靠投入）；若以上两种情况均排除在外，则需要对安全稳定控制装置及外部通道回路进行分段自环测试，以确认断点所在的位置。如果是"每秒接收错误帧数"比较多，那么可能是通道上误码率较大或通道接口处存在松动（导致接触不良）或光电转换设备、通信模板存在问题（后者可能性较小），此时应先询问对侧安全稳定控制装置是否也存在通信异常（查看其误码率是否也很大），若对站也存在通信异常，则需两站分别给对站自环，以便查明是通道上误码率大的问题还是站内安全稳定控制装置设备的问题；若对站装置无通信异常，应及时查明本站装置各接收端口处及对站装置各发送端口处是否存在松动或接触不良等问题。

【思考与练习】

1. 安全自动装置按其在电网中的作用包括哪 3 点?

2. 安全稳定控制装置电压异常如何处理?

3. 安全稳定控制装置电流异常如何处理?

国家电网有限公司
技能人员专业培训教材　水轮发电机组运行

第七章

静止变频器运行

◢ 模块 1　静止变频器运行操作（Z49I7001）

【模块描述】本模块介绍静止变频器系统基本工作原理及要求。通过原理讲解，掌握静止变频器系统基本工作原理、结构。以下内容还涉及运行操作的基本要求。

【模块内容】

静止变频器是由晶闸管换流桥及直流电抗器等设备组成的具有一定功率的静止式（非旋转电机式）频率变换设备，一般由变频单元、输入/输出单元、控制保护单元、冷却单元组成。

一、静止变频器一般要求

（1）静止变频器应能在定额铭牌参数下可靠运行。

（2）静止变频器投运前应完成相关的试验，试验内容及结果应符合 GB/T 18482《可逆式抽水蓄能机组试验运行规程》、GB 50150《电气装置安装工程电气设备交接试验标准》的规定。

（3）应按期开展静止变频器的电气预防性试验，试验内容及结果应符合 DL/T 596《电力设备预防性试验规程》的规定。

（4）变频单元、输入/输出单元、控制保护单元、冷却单元等主辅设备完好，保护装置、测量仪表和信号装置等应可靠、准确。

（5）配备单台静止变频器的电站，其输入的两路独立电源应具备相互闭锁功能。

（6）配备两台静止变频器的电站，应具备两台静止变频器能同时工作和单台静止变频器能启动电站任一台机组的能力。

（7）静止变频器应满足机组频繁启停的要求，单台静止变频器应能连续逐一起动电站所有机组，其连续运行时间及运行间隔时间应符合产品技术要求。

（8）静止变频器室应设置影响心脏起搏器正常工作的警示标牌。

二、变频单元

（1）运行环境应满足：

1）周围空气温度：-10～40℃之间。

2）湿度：相对湿度日平均值不大于95%，月平均值不大于90%。

3）周围空气应不受腐蚀性或可燃性气体、水蒸气等明显污染。

（2）变频单元功率柜及控制回路的绝缘电阻应满足产品技术要求。

（3）静止变频器运行产生的谐波电压和谐波电流应不影响继电保护、励磁、调速器、同期装置、电站监控系统等设备，不会引起相关回路的谐波放大和谐振，结果应符合 GB/T 14549《电能质量　公用电网谐波》的规定。

（4）变频单元的脉冲分配卡和光电转换卡运行正常。

（5）晶闸管每桥臂中单个晶闸管故障，静止变频器应能继续运行，并报警；多个晶闸管故障时，静止变频器应按规定退出运行。

三、输入/输出单元

（1）在低频运行等情况下发生故障时，输入/输出断路器应能迅速、可靠断开。

（2）输出断路器远方控制应具备与输入断路器、启动母线隔离开关、机组被拖动隔离开关和机组出口断路器的联动闭锁功能。

（3）输入/输出变压器、电抗器运行中温度应满足产品技术要求。

四、控制保护单元

（1）应能满足机组从静止至 110%额定转速的时间和频率变化的要求，机组升速时间符合产品技术要求。

（2）应保证在正常工作及各种故障情况下，晶闸管元件不因过电压或过电流而损坏。

（3）晶闸管元件应具备的温度、工作状态、触发脉冲等监测、控制与保护功能，其整定应符合产品技术要求。

（4）应具备两路独立可靠的控制电源，故障时可自动切换并报警。

（5）与电厂监控系统、励磁系统、继电保护通信正常，满足机组启动要求。

（6）在机组启动初始阶段，应能正确检测转子初始位置；低速运行阶段，应能控制晶闸管实现强迫换相；高速运行阶段，应能控制晶闸管平滑过渡至自然换相；同期调整阶段，应能控制机组转速稳定，并能根据电网电压和机端电压频率的差值，闭环调节机组转速；机组同期装置发出合闸命令时，应能立即关断晶闸管，闭锁触发脉冲，并断开输出断路器。

五、冷却单元

（1）静止变频器冷却单元分为外循环水冷却单元和内循环晶闸管元件冷却单元。

（2）外循环水冷却水源应取自机组技术供水系统，其供水泵应冗余配置并可自动切换。

（3）内循环晶闸管元件冷却单元一般采用去离子水冷却和强迫风冷冷却两种方式：

1）采用去离子水冷却方式时，去离子水温度、水压、流量和电导率应符合产品技术要求，去离子水泵及其交流电源应冗余配置并可自动切换，其热交换器应能防止外循环水与去离子水在热交换器中相互渗漏。运行中，外冷却水流量可根据去离子水温度变化自动调整。

2）采用强迫风冷冷却方式时，风压和风量应符合产品技术要求，风机及其交流电源应冗余配置并可自动切换。

（4）冷却单元水管路应装设控制阀门及测量、控制元件。

（5）冷却水管路无渗漏，并采取防结露措施。

六、运行操作

（一）一般要求

（1）机组电动方向启动宜选择静止变频器启动方式。

（2）正常情况下，静止变频器应选择远方自动方式启动机组。

（3）静止变频器投产或改造后调试时，宜采用现地手动方式运行。

（二）基本启动条件

（1）静止变频器电气隔离措施已恢复，电气回路上所有接地线、短路线已全部拆除，所有接地隔离开关已拉开，输入隔离开关合上，输入/输出断路器及启动回路各隔离开关处于断开位置，各断路器及隔离开关操作电源、控制电源投入正常。

（2）控制保护单元的控制电源正常投入，无运行闭锁报警信号。

（3）静止变频器所有保护正确投入，保护控制面板无报警信号。

（4）冷却单元去离子水泵、风机交流电源投入正常，水泵或风机控制方式处于"自动"状态，外循环冷却水电动阀处于"远方自动"方式。

（5）静止变频器处于"冷备用"状态。

（三）远方自动运行

（1）检查静止变频器满足远方自动启动条件，控制方式处于"远方自动"。

（2）通过电厂监控系统选择机组电动方向启动方式为"静止变频器启动"，并预设机组启动完成后静止变频器的状态为"冷备用"或"热备用"。

（3）向电厂监控系统下达机组电动方向启动命令。

（4）监视静止变频器按自动控制流程动作正常。

（5）机组同期装置发出合闸命令后，监视静止变频器运行至预设状态，检查输出断路器和输出隔离开关已断开。

（四）现地手动运行

（1）将控制方式切至"现地手动"，检查静止变频器满足现地手动启动条件。

（2）检查机组换相隔离开关合于电动方向，启动母线隔离开关、机组被拖动隔离开关已合上，励磁系统运行在电动方向启动模式。

（3）现地启动冷却单元。采用去离子水冷却方式的，监视冷却水温度、流量、压力以及去离子水电导率；采用强迫风冷冷却方式的，监视风压。

（4）合上输入断路器，检查静止变频器处于"热备用"状态。

（5）启动静止变频器。监视输出断路器、输出隔离开关合上，变频单元投入运行。

（6）监视机组转速逐步上升至额定值，同期装置投入。

（7）机组同期装置发出合闸命令后，监视静止变频器处于"热备用"状态，检查输出断路器和输出隔离开关已断开。

（8）若不需启动其他机组，断开输入断路器，停止冷却单元，监视静止变频器转为"冷备用"状态。

（五）隔离操作

（1）检查静止变频器处于"冷备用"状态。

（2）拉开并隔离输入/输出断路器、滤波器断路器。

（3）拉开并隔离输入/输出隔离开关。

（4）验明无电压后，在隔离设备的各侧合上相关接地隔离开关或装设接地线。

（5）变频单元维护和检修应按照产品维护要求装设接地线和短路线，在未进行电气隔离的情况下，严禁对晶闸管功率单元进行维护和检修。

（六）恢复操作

（1）拉开接地隔离开关或拆除接地线。

（2）恢复输入/输出隔离开关隔离措施，并处于正常备用状态。

（3）恢复输入/输出断路器、滤波器断路器隔离措施，并处于正常备用状态。

（4）将静止变频器恢复至"冷备用"状态，检查其满足基本启动条件。

【思考与练习】

1. 简述静止变频器基本启动条件。

2. 简述静止变频器的隔离操作。

▲ 模块 2　静止变频器巡视检查、运行监视和运行分析（Z49I7002）

【模块描述】本模块介绍静止变频器系统的巡回检查。通过原理讲解，掌握静止变频器系统的巡回检查项目和内容。

【模块内容】

一、巡视检查一般要求

（1）巡视检查应按规定的时间、内容和路线进行，发现设备异常应及时记录和处理。

（2）巡视检查应结合当前运行状况，确定重点巡视部位和重点巡视内容。

（3）下列情况应增加巡视检查次数：

1）设备新投运或检修后恢复运行。

2）设备运行参数异常变化或超过规定值。

3）静止变频器故障分闸或运行中发现异常现象。

二、巡视检查

巡视检查应按表 5-7-2-1 执行。

表 5-7-2-1　　　　　　　　巡视检查项目和技术要求

序号	单元	巡检项目	技术要求
1	变频单元、控制保护单元	盘柜门	正常关闭，且上锁
2		盘柜	指示灯完好，信号正确，无异常告警信号，无异声，无异味
3		电气元件	无过热
4	控制保护单元	控制盘柜	电源投入正常，控制方式正确
5	输入/输出单元	断路器	状态正确
6		变压器	参见 DL/T 572《电力变压器运行规程》
7		电抗器、谐波滤波器	表面清洁，外观完好，连接牢固，运行中无异声、异味，无振动、过热，接头无氧化、腐蚀和放电痕迹
8			外壳及金属支架接地牢固，接地线完好，接地端无氧化、腐蚀及放电痕迹
9		绝缘子、连接导体	表面清洁，外观完好，连接牢固，运行中无异声、异味，无振动、过热，接头无氧化、腐蚀和放电痕迹
10	冷却单元	冷却水管路、阀门及连接部分	无渗漏，冷却水流量、压力满足规定的要求
11		去离子水冷却系统设备	工作正常，去离子水温度、压力、电导率满足规定的要求
12		强迫风冷却系统设备	工作正常，风量、风压满足规定的要求

三、运行监视

（1）监视输入/输出断路器及各隔离开关状态正确，静止变频器无报警信号。

（2）静止变频器启动机组过程中应监视：

1）启动回路各断路器和隔离开关动作正确。

2）机组启动瞬间转向正确。

3）启动回路电流正常，机组转速上升均匀、连续。

4）同期调整阶段，监视机组转速、电压调节稳定。

（3）机组同期装置发出合闸命令后应监视：

1）输出断路器正确断开。

2）输入断路器和启动回路各隔离开关动作正确。

3）静止变频器运行至预设状态

四、运行分析

（1）定期进行设备运行分析，内容应包括：

1）启动成功率；

2）异常现象和缺陷产生的原因、趋势变化、存在的问题和处理对策。

（2）应对设备检修或技术改进前后的运行状况、重大缺陷和隐患开展专题分析。

（3）根据运行分析结果和处理对策，改进日常运行和维护工作。

【模块内容】

1. 静止变频器启动机组过程中应监视什么？

2. 巡视检查一般要求有哪些？

◢ 模块 3 静止变频不正常运行和事故的处理（Z49I7003）

【模块描述】本模块介绍静止变频器系统故障。通过原理讲解或案例分析，掌握静止变频器系统各种故障现象并分析处理。

【模块内容】

一、不正常运行和事故的处理

（一）一般要求

（1）静止变频器启动前存在启动闭锁报警，应到现场查明原因、消除故障、复归报警后方可投入运行。

（2）静止变频器运行中报警，应加强监视。发现影响设备安全运行的重大缺陷时，应立即停止运行。

（3）机组启动过程中，发生静止变频器外部故障分闸时，应查明外部分闸原因、确认静止变频器无异常报警后，方可重新投入运行。

（4）机组启动过程中，发生静止变频器内部故障分闸时，根据控制器显示信息查找并消除故障原因，必要时进行隔离处理，在原因查明、故障消除、报警复归后，方可重新投入运行。

（5）输入/输出变压器不正常运行和事故处理应按照 DL/T 572《电力变压器运行规程》的规定执行。

（二）不正常运行的处理

1. 整流/逆变桥空气温度高

（1）检查静止变频器是否过负荷运行。

（2）采用去离子水冷却方式的，检查去离子冷却水的温度、压力、流量及电导率是否正常。

（3）采用强迫风冷冷却方式的，检查风压是否正常、风机是否运行。

（4）检查温度传感回路是否正常。

2. 去离子水温度高

（1）确认表计指示无误。

（2）检查去离子流量是否正常。

（3）检查外循环冷却水的温度、压力及流量是否正常。

（4）检查外循环冷却水温控阀是否打开。

（5）检查静止变频器是否过负荷运行。

（6）检查温度传感器回路是否正常。

（7）检查水/水热交换器有无漏水。

3. 去离子水压力或流量低

（1）确认表计指示无误。

（2）检查去离子水泵运行情况是否正常。

（3）检查去离子水各阀门位置是否正确。

（4）检查去离子滤过器是否堵塞。

（5）检查去离子水管路及水/水热交换器有无漏水。

（6）检查传感器回路有无故障。

（7）补充去离子水。

4. 去离子水电导率高

（1）确认表计指示无误。

（2）检查去离子水泵是否启动。

（3）检查去离子水电磁阀是否打开。

（4）检查电导率传感器回路是否正常。

5. 去离子水水泵故障

（1）检查备用水泵是否投入。

（2）检查主用水泵控制方式是否在"自动"。

（3）检查主用水泵操作电源及控制电源是否正常。

（4）检查主用水泵本体是否故障，必要时隔离水泵并处理。

（5）检查主用水泵控制回路是否正常，必要时隔离水泵并处理。

6. 整流/逆变桥风机故障

（1）检查风机控制方式是否在"自动"。

（2）检查风机操作电源和控制电源是否正常。

（3）检查风机电动机工作是否正常，必要时隔离风机并处理。

（4）检查风机启动回路是否正常，必要时隔离风机并处理。

二、事故处理

1. 控制器无响应

（1）拉开控制器电源开关。

（2）重新合上控制器电源开关。

（3）检查控制器重启正常，复归故障信号。

（4）若重启无效，将控制方式切至"停止"状态。

2. 控制器模块故障

（1）查看故障列表。

（2）检查控制器模块各指示灯运行情况。

（3）拉开控制器电源开关。

（4）重新合上控制器电源开关。

（5）检查控制器重启正常，复归故障信号。

（6）若重启无效，更换故障模块。

3. 晶闸管故障

（1）检查晶闸管触发回路、监视回路是否正常。

（2）隔离输入/输出回路，检查晶闸管是否击穿。

（3）更换故障的晶闸管桥臂。

4. 整流/逆变桥电流保护动作

（1）检查保护动作信号。

（2）检查保护动作是否正确。

（3）检查保护范围内一次设备是否存在短路、接地现象。

5. 转子初始位置故障

（1）检查转子位置传感器间隙是否正常。

（2）检查励磁系统反馈信号是否正常。

（3）检查逆变桥电压回路是否正常、电压互感器熔丝是否熔断。

6. 整流桥低电压保护动作

（1）检查保护动作信号。

（2）检查保护动作是否正确。

（3）检查输入变压器一次、二次侧及本体是否存在接地和短路。

（4）检查整流桥电压回路是否正常、电压互感器熔丝是否熔断。

【思考与练习】

1. 静止变频器去离子水温度高如何处理？

2. 静止变频器整流/逆变桥空气温度高如何处理？

第六部分

监控系统与安全经济运行

第一章

计算机监控系统

▲ 模块1　计算机监控系统基本工作原理（Z49J1001）

【模块描述】本模块介绍计算机监控系统基本工作原理及要求。通过原理讲解，掌握计算机监控系统基本工作原理、监控系统的结构模式及基本要求。

【模块内容】

一、计算机监控系统基本要求

一个大型的水电厂，只有在计算机的监视和控制下，才能获得优良的技术经济指标。那么，怎样的计算机系统才能满足水电厂监控的需要呢？

具体的要求是很多的，这里仅提出对计算机监控系统的基本要求。

1. 实时响应性

水电厂监控任务中有许多是实时性要求非常高的，如全厂成千上万的实时参数和状态的定时收集、事件动作顺序的分析、输电线路稳定监控、调频和最优运行方式计算等，都要求有很高的实时响应性能。为了满足水电厂监控任务的需要，计算机必须具有足够高的速度、足够大的容量、完善的多优先级中断系统和功能强而灵活的总操作系统。此外，还有一项很重要的是要选择设计先进的计算机监控系统结构。

2. 可靠性

大型水电厂生产的经济价值很大，连续生产的短时间中断也会造成很大的经济损失，因此，要求计算机系统有很高的可靠性。计算机系统高可靠性的实现，有着多种途径。在水电厂监控系统中，要求采用可靠性高的器件和部件，采用冗余技术以及系统重构技术等，来获得整个监控系统的高可靠性。

3. 适应性

适应性又称可扩充性或灵活性。一般情况下一个系统的设计不可能一开始就考虑得十分完善，由于主客观因素、系统规模、功能配置等不可避免地发生变化，开始一般要实现的功能不一定很多，以后随着系统的扩大而逐渐增加，要适应这种不断增加的扩展要求。为此，一般采用了模块化结构，不但硬件可以实现模块化，软件也可以实现模块化，每种模块均具有一定的功能，不同模块的组合可以实现复杂的多功能。

4. 可维修性

当系统某个部件发生故障时，要求能及时发现故障点，尽快地进行更换，并要求能不停机维修。为此，系统所采用的模块种类应尽量少，并具有自诊断和报警功能。

5. 经济性

随着计算机技术的飞速发展，计算机内硬件和软件应不断降低成本，当然也要保证高的性能价格比，以利于计算机监控系统在水电厂得到推广应用。

6. 分散的控制对象与综合的控制功能

大型水电厂的机组、开关站、大坝闸门、上游水库水文系统等，分散在地理面积广阔的区域内，甚至机组也可能安装在有相当距离的不同厂房内，控制对象是分散的。计算机系统要对全厂主、辅设备进行监控，还要实现电厂一级综合控制功能，以至和电力系统及梯级水电厂运行有关的综合监控。计算机监控系统的结构、功能、硬件和软件特点，都需适应水电厂监控的这方面要求。

7. 灵活的人机联系功能

大型水电厂的计算机监控系统，最终仍是为运行人员所使用，必须具有良好的人机对话功能，使操作员很方便地输入其命令及清晰、有条理、醒目地输出结果。这需要完善的硬件配置和强大的软件支持。

8. 良好的抗干扰、防振等性能

水电厂的环境有一些对计算机监控系统不利的工作条件。一般有高电压、大电流形成的强电磁干扰，整个厂房包括中控室及计算机房均有显著的机械振动，湿度较高等。这些环境条件对计算机监控系统提出附加的要求，需要在计算机系统和装置的设计阶段妥善解决。

水电厂计算机监控系统除了担任计算任务之外，还承担数据收集、数据处理、显示、报警、记录和数据通信等任务，计算机监控系统的硬件和软件构成，也能适应这些任务的需求。

二、水电厂计算机监控系统基本结构

（一）开放、分布式计算机监控系统结构

按水电厂控制对象或系统功能分布设置多台计算机装置，它们连接到资源共享的网络上实现分布处理。

（二）开放、分层分布式计算机监控系统结构

按水电厂控制层次和对象设置电站级和现地控制单元级：

（1）电站级根据要求可以配置成单机、双机或多机系统。

（2）现地单元控制级按被控对象（如水轮发电机组、开关站、公用设备、闸门等）

由多台现地控制单元（LCU）装置组成。

（3）电站级和现地控制单元级间一般采用星形网络或总线网络结构。

（三）现地控制单元级结构

（1）现地控制单元级可以选用下列设备配置：

1）工业控制微机；

2）高性能的可编程控制器；

3）工业控制微机加可编程控制器。

（2）现地控制单元是实现水电厂计算机监控的关键设备，根据计算机监控系统实用要求，其结构配置可为：

1）双重化冗余结构；

2）局部双重化冗余结构；

3）多处理器非冗余与简化常规设备相结合的结构。

（3）现地控制单元应能独立运行，具有现地监控手段。

【思考与练习】

1. 简述计算机监控系统的基本要求。

2. 现地控制单元级可以选用哪些设备配置？

▲ 模块 2 计算机监控系统功能（Z49J1002）

【模块描述】本模块介绍计算机监控系统功能。通过功能介绍，掌握计算机监控系统的主要功能，不同水电厂对计算机监控系统的功能要求也不同，但有些功能是必备功能。

【模块内容】

水电厂计算机监控系统的性能，主要决定于功能设置、结构形式以及硬件和软件的配置。上述三方面，通常是根据电厂的规模（包括单机容量和机组台数）及电厂在电力系统中的地位等因素决定的。对于不同类型的水电厂，计算机监控系统的功能有所不同，一般来说应有以下功能的部分或全部。

一、水电厂主设备运行参数与状态监测

计算机监控系统通过各类交送器和设备状态触点，周期地采集电厂运行设备的参数和状态，经分析处理后，按要求存放于系统实时数据库，供各功能模块（例如画面显示、制表打印、优化计算等）调用。当有运行参数超越（或恢复）限值的，设备发生故障或运行状态异常时，应立即发出报警信息，彩色屏幕显示器显示，打印机打印记录。采集的主要参数和状态数据类型有以下 3 项。

1. 模拟量的收集和处理

计算机监控系统定时巡测、采集全厂机组和开关站的电气量和非电气量，通常包括机组的有功功率、无功功率、电压、定子电流、转子电流、定子绕组及铁芯温度、热冷风温度、推力轴瓦与导轴瓦的瓦温和油温、导叶开度、转桨式水轮机轮叶角度、蜗壳流量、机组转速、摆度等；变压器油温、开关站母线电压、各送电线路电流、有功功率、无功功率等，这些量常称为模拟量。通过传感器把各种模拟量变为±5V、10V 或 10～20mA 的电气量接入计算机监控系统，再经模拟量/数字量转换装置变为二进制数字量送入计算机。对所采集数据应先进行辨伪计算，再存入数据库中。据现有资料介绍，为满足实时监控需要，采集数据的周期应在 0.5～2s 范围内。

存于数据库中的模拟量供运行方式和状态分析计算、对外数据通信、屏幕显示以及打印制表等使用。当设备运行不正常时，相应的模拟量会有反映，计算机对模拟量可提供以下几种处理方式：

（1）越限报警。当参数值超过允许的上、下限时，屏幕显示报警、打印报警，显示出越限参数名称、越限值和越限时间等内容。当参数恢复正常值时，作复归通知。

（2）趋势分析。计算机计算部分参数对时间的变化率，当变化率超过预定限值时报警，屏幕以参数实际变化曲线和标准变化过程相比较的方式，显示参数变化趋势。

（3）相关量同步记录。当电厂的某些运行参数和状态发生异常变化时，计算机在记录该参数状态变化时，同步地记录其他相关参数的变化过程，它们有助于分析参数出现异常变化的原因。

2. 脉冲量的收集和处理

水电厂发电机、输电线路及变压器等设备的有功电能和无功电能，常以脉冲量形式送入计算机监控系统，通过脉冲量累加电路对脉冲量进行计数，并转为二进制信息后进行计算。日累计和月累计的计算结果，可通过显示器屏幕作实时显示，并可按规定格式定时打印，自动记录于运行日志报表中。

3. 开关量的收集和处理

断路器、隔离开关和继电器等装置的触点状态，称为开关量。一个触点的状态用一位二进制数字即可表达，故也称为数字量。通常有计算机定时巡测和开关量变位申请中断服务两种方式收集开关量。

计算机定时巡测方式是由计算机以巡视检测的方式，周期地顺序收集各触点状态。高速的巡测方式，可收集到继电器保护动作和断路器分闸等快速开关变化信号。

开关量变位申请中断服务方式是水电厂断路器和一部分继电器触点，在状态发生变化时立即向硬件申请中断逻辑要求计算机响应并给予中断服务。由中断方式进入计算机系统的开关量，一般是电厂事故动作引起继电器和断路器触点变化。这类开关量由计算机监控系统中的事件记录子系统处理。

二、机组及其他设备的自动顺序操作

1. 水轮发电机组的自动顺序操作

对水轮发电机组的启、停过程实行自动顺序控制，在开机过程中，当监控系统发出开机命令后，水轮发电机组按照命令启动旋转达到额定转速后，自动起励加入发电机励磁，并调节定子电压至额定，自动投入自动准同期并列装置，并根据运行系统的频率及电压状况，适时调整机组（待并机组）的转速和电压，完成并网。在停机过程中，当计算机监控系统发出停机命令后，自动完成减有功功率至空载状态，适时调整机组无功功率，以使机组解列对系统造成的电压波动最小，自动解列机组，退出励磁，自动投入机组制动装置，直至水轮发电机停机完成。

2. 其他设备的自动顺序操作

水电厂的计算机监控系统除了上述的水轮发电机组自动控制操作外，还必须具备对其他运行设备的远方操作和自动控制。主要包括发电机出口断路器、隔离开关的分、合操作；线路断路器、隔离开关的分、合操作；厂用系统断路器的分、合操作；空气压缩机、漏油泵、检修泵、主变压器冷却系统对其他所有泵、阀、电磁铁等被控对象的远方控制操作及各项定期切换、排污等功能，从而为水电厂的高度自动化控制创造条件。

三、自动发电控制（AGC）

所谓自动发电控制就是按预定条件和要求，自动控制水电厂有功功率的技术。它是在水轮发电机组自动控制的基础上，实现全厂自动化的一种方式。根据水库上游来水量或电力系统的要求，考虑电厂及机组的运行限制条件。以经济运行为原则，确定电厂机组运行台数、运行机组的组合和机组间的负荷分配。其内容包括按电网调度的发电要求，设置水电厂的运行方式；在给定全厂总功率的情况下，进行优化运行计算，包括根据机组效率特性及安全运行约束条件，确定参加运行机组的台数及最优组合方式，并在运行机组间进行最优负荷分配计算；按计算结果自动调整各机组负荷，自动实现开、停机操作；并按要求进行自动频率偏差调整等。

1. 自动发电控制的依据

（1）按上游来水量。它适用于无调节水库的径流电厂，使电厂最大限度地利用上游来水量，以不弃水或少弃水为原则，尽量保持电厂在较高水头下进行。

（2）按给定的发电负荷曲线或实时给定的水电厂总有功功率。这是在电力系统统一调度下，电厂参加电力系统的有功功率和频率的调节，完成上级调度下达的计划性或随机性的发电任务。

（3）按维持电力系统频率在一定水平下运行。根据电力系统的频率瞬时偏差的积分值，确定电厂的总出力，直接参加电力系统的调频任务。

（4）按综合因素。诸如按给定功率和电力系统频率偏差、按电力系统对功率的要求和下游用水量的需要等。

2. 自动发电控制的限制条件

（1）机组主要设备的健康状况。

（2）机组的出力限制、空蚀振动区等的工作条件。

（3）电力系统对水电厂要求的备用容量。

（4）上、下游水位限制及下游用水量要求等。

四、自动电压控制（AVC）

所谓自动电压控制就是按预定条件和要求，自动控制水电厂母线电压或全厂无功功率的技术。其内容包括按电网的要求，自动调整水电厂的无功功率，保持水电厂高压母线电压在规定的范围之内；按经济原则分配机组间的无功功率。机组间无功功率的分配一般要考虑：

（1）无功功率的调整首先由调相运行的机组承担。

（2）运行机组间的无功功率一般按机组承担无功负荷的能力成比例地分配。

（3）考虑各机组有功负荷的大小，按一定的功率因数分配机组的无功功率。

（4）当水电厂的升压变压器带有有载调压抽头时，机组的无功功率的调整要与变压器的抽头调节相配合，一般在调整变压器的抽头之前，应最大限度地利用发电机电压调整范围。

（5）要考虑机组的最大和最小无功功率的限制。

五、画面显示

通过彩色屏幕显示器，以画面的形式反映水电厂的运行情况。画面切换一般有对象式、菜单式和菜单与对象联合式。常用的画面有水电厂运行主接线、各类数据表、操作控制画面、报警及操作提示语句等。画面可通过操作键盘、鼠标召唤调看，也可在故障时自动推出。画面上故障设备的图形符号应有闪光或变色；画面一般要求根据故障性质的不同（设备事故或运行异常）有不同的音响报警，手动或延时自动复归，另外还有语音报警。

六、制表打印

按电厂运行规定的要求，将电厂运行参数自动定时制成各种报表并打印记录下来，如运行日志、操作记录、报警记录、发电机和输电线路有功电能累积记录及事件顺序记录等。这些数据报表或记录，也可由运行人员通过操作键盘随时召唤打印。

七、历史数据存储

对于需要较长时间保存的电厂及其设备的某些运行参数，例如电厂事故状态及过程记录、设备运行小时、开关设备动作次数等，加以自动分类保存，并可随时调出。

八、人机联系

运行人员通过计算机系统外部设备了解和干预水电厂的生产过程。常用的人机联系设备是计算机控制终端和系统操作控制台输入、输出设备，包括操作键盘、鼠标器、光笔和跟踪球等输入器件，彩色屏幕显示器和打印机等输出器件。

九、事件顺序记录

水电厂发生事故或设备进行操作时，监控系统以最快的响应速度将机组开、停，断路器合、切和保护继电器触点状态改变的顺序记录下来，以供分析事故之用。事件顺序记录的要求是所有由自动装置动作或由运行人员下达命令而引发的一切事件，只要需要都应自动记录备查，并标明事件发生的时间；电力系统事故以及必要时厂内事故分析需要的有关事件的开关量均应引入特定的事件自动顺序记录功能。

十、事故追忆和相关量记录

当水电厂发生事故或设备发生异常时，其运行参数会发生较大的变化，计算机将与事故异常相关的一些量，在事故或异常发生前后一段时间内，以常速或加速采集的方式同步记录，供运行人员对事故或异常运行工况原因进行分析。

十一、运行指导

运行指导主要指典型操作指导和典型事故处理指导。对于电厂的某些典型操作，事先将其操作方法和步骤存在计算机内，当要进行某项操作时，可自动或人工召唤调出，结合当时电厂的运行情况，形成显示画面，指导运行人员进行操作。随着计算机技术的飞速发展，典型操作指导这一功能逐步完善，自成一体，形成了操作票专家系统。即对水电厂的常规操作票由计算机生成，并可进行模拟操作与操作票制定方面的培训等工作。典型事故处理指导即将水电厂有关典型事故的处理方法事先存入计算机内，一旦事故发生，即自动或召唤推出相应的预案，指导运行人员进行处理。典型事故处理方法是运行人员和专家经验的总结。为充分发挥计算机的作用，许多水电厂的计算机监控系统在运行指导功能方面不断开拓，相继设置了发电机各运行电气参数趋势分析，机械参数（如轴承温度）趋势分析，将运行实时参数监测、显示与事件追忆、报警等功能相结合，从而为水电厂提高电能质量，保证满足电网要求，更好地实现厂内经济运行创造了更为便利的条件。

十二、数据通信

在计算机监控系统中，数据通信包括系统内部实时数据及命令的传送、外部与电网调度或地区调度以及其他有关方面的远动信息交换，例如厂内计算机监控系统内各单元、站之间的信息交换，监控系统与厂内信息管理系统的信息交换，厂内监控系统与远方其他厂、站及调度间的信息交换。系统内部通信常用星形或总线的结构形式，采用抗干扰性强的屏蔽双绞线、同轴电缆或光缆作通信介质，使用实用性较高的专用通信规约。系统与外部的通信则常用电力线载波和微波方式，使用较为通用的通信规约。

十三、系统自检

监控系统对自身的设备，包括硬件和软件，定时进行检测，发现故障时立即报警提示或作自动处理，例如切换某个部件或终止某个任务的执行等。常设的功能有计算机内存自检、外部设备检查、通信通道检测、I/O过程通道故障检测、软件看门狗和双机系统故障检测及自动切换等。

【思考与练习】

1. 自动发电控制的限制条件有哪些？

2. 什么时 AGC？什么是 AVC？

◢ 模块 3 计算机监控系统分类（Z49J1003）

【模块描述】本模块介绍计算机监控系统分类。通过原理讲解，掌握计算机监控系统分类方法，包括按作用、系统结构、配置、构成、控制层次、控制方式、操作方式的不同分类方法。

【模块内容】

一、以控制方式分

1. 常规控制为主、计算机为辅

由于早期计算机设备非常昂贵，可靠性也不尽如人意，水电厂的直接控制功能仍由常规控制装置来完成，计算机只用来监视、记录打印、经济运行计算和指导。

2. 计算机控制为主、常规控制为辅

随着计算机设备的性能价格比和可靠性的不断提高，以计算机控制为主，保留常规控制设备作后备和辅助的方式，在老水电厂改造中采用较多。

3. 完全由计算机控制

随着计算机技术的进一步发展，尤其是采用冗余技术使可靠性大大提高，已能满足水电厂的可靠性要求；计算机控制成为水电厂的唯一控制和监视手段。

二、以系统结构分

1. 集中式监控系统

早期计算机设备昂贵，一般全厂只设一台计算机对所有设备进行集中控制和监视。全厂所有的信息采集和控制命令都经此出入，一旦计算机出故障，整个控制系统将瘫痪，控制系统的可靠性太低，是其致命性的弱点。目前，水电厂已不采用集中式计算机控制系统。

2. 功能分散式监控系统

由于水电厂控制系统的可靠性要求，随着计算机技术的发展，价格下降，为采用多台计算机分别完成某一项或几项成为可能，如数据采集、调整控制、事件记录、通信可分别在几台计算机上完成，功能作横向分散，即使有一台计算机故障，只影响某一功能，而其他功能仍可实施。克服了集中式的一些弱点，但仍未解决集中式的所有问题；如多台机组的调节功率功能集中在调节计算机上，一旦出故障全厂无法调节功率。所以功能分散式计算机监控系统除老电站仍有使用外，已很少在新建或改造工程中采用。

3. 分层分布式监控系统

分层分布式监控系统可解决前述两种系统的问题。分层分布式监控系统在物理位置上是分散的，即按控制对象设备所在位置进行分散。水电厂的控制对象主要是水轮发电机组、变压器、开关站、溢洪闸门、公用辅助设备。按控制对象设立单独的现地控制单元，厂级控制层设立多台计算机，它负责一些全厂性的工作，厂级控制层本身也是一个功能分散系统，且多为冗余配置。这样当控制某个现地单元时仅影响它自身控制的设备，而不会影响全厂的运行。由于信息是分布处理，各被控设备的信息就近接入现地控制单元，而不必敷设大量电缆将信息送到一处集中处理，节省相应的投资。现地控制层与厂级控层之间的信息交换完全是计算机之间的通信工作，目前已大量采用计算机网络形式，如光纤以太网（TCP/IP 协议），传输速率已达 $100\sim1000$Mbit/s，具有安全、高速、可靠的特性。

【思考与练习】

1. 计算机监控系统以控制方式分哪几类。
2. 计算机监控系统以系统结构分哪几类。

▲ 模块 4　水电厂计算机监控系统控制方式（Z49J1004）

【模块描述】本模块介绍计算机监控系统控制方式和工作原理。通过原理讲解，掌握计算机监控系统控制方式，包括数据处理控制、运行指导控制、监督控制方式、双重控制方式的控制示意图和工作原理。

【模块内容】

水电厂计算机控制方式与水电厂装机容量、在电力系统中的地位以及是对新建水电厂还是对已建成的电厂进行技术改造等因素有关。目前，比较流行的控制方式有以下几种：

一、数据处理控制

数据处现控制是计算机用于水电厂生产过程的一种早期采用的形式，它是水电厂计算机其他控制方式的基础，各国的水电厂计算机控制几乎都是从这种方式开始的。这种控制方式是通过传感器、多路开关、转换器、接口电路等部件组成的输入、输出通道，对运行中的水电厂的有关电量及非电量进行数据采集，并送到计算机中去，由计算机按照人们的要求运算、判断后,进行显示、打印、事件记录及越限报警,如图6-1-4-1所示,这种控制方式只是水电厂计算机控制的初级形式,它只是为运行人员提供水电厂生产过程的各种数据,为安全和经济运行提供资料,不参与对运行设备的直接控制。电厂的操作控制由布线逻辑装置完成。尽管如此,这种控制方式仍然比传统的仪表监视有不可比拟的优越性,因此,目前仍然得到较广泛的应用。这种控制方式在数据采集处理、打印显示、事件记录等功能方面显得很出色,能够补充常规控制系统的不足。

二、运行指导控制

运行指导控制是在数据处理的方式上发展起来的。这种控制方式不仅做一些必要的计算和数据处理,而且还要按一定的要求,在一定的时间内计算出有关控制量的最佳值,并打印显示出来,为运行人员进行操作提供指导性的数据。运行人员可以根据计算机提供的数据,改变有关控制设备的给定值,以达到最佳的控制目的。如果运行人员认为计算机提供的数据不一定合理,可以不进行参数调整或操作,其过程如图6-1-4-2所示。

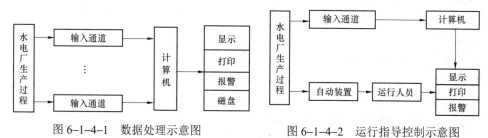

图 6-1-4-1　数据处理示意图　　　　图 6-1-4-2　运行指导控制示意图

这种控制属于在线的开环控制方式,其特点是计算机的输出不直接作用在被控对象的控制元件上,完成操作或控制的是运行人员而不是计算机。

三、监督控制方式

监督控制方式是一种闭环控制方式,它是在运行指导控制方式的基础上发展起来的。它通过输入通道对被控对象的有关参数进行采集之后,根据运行过程的数学模型,由计算机算出控制的最佳给定值,并通过输出通道直接改变前一状态的给定值。控制是否合理,取决于过程的数学模型和算法是否合理。生产过程的数学模型往往是很复杂的,但要实现闭环控制,必须解决过程的数学模型和算法问题。目前,我国已在微机调速器、微机励磁调节器、微机同期装置等方面,取得了可喜的科研成果。监督控制示意图见图6-1-4-3。这种控制方式是今后水电厂计算机控制

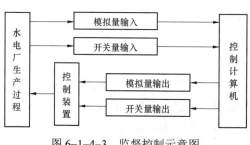

图 6-1-4-3　监督控制示意图

的主要方式。这种控制方式会给水电厂经济运行、安全运行以及提高供电质量带来最佳的效果。但这种控制方式对控制系统的可靠性要求也很高。因为当计算机控制系统发生故障时，水电厂的正常运行就无法维持，因此，当采用这种控制方法时，一般应配置双机系统。双机同时投入运行，但其中一台机作为工作机，直接进行在线监控；另一些作为热备用机，即备用机除了控制输出通道是悬空之外，其余的和工作机一样投入工作。

四、双重监控方式

采用双重监控方式的水电厂要设置两套控制系统。一套是以计算机为主体构成的控制系统，另一套是常规的自动控制系统。它们之间基本是各自独立的，但又可以互为备用。通常由计算机控制系统担任主要监控工作，一旦计算机出现故障，常规自动控制系统便迅速投入。这种控制方式的可靠性比较高，但投资比较大，经济上不够合理。但对于已建成的用传统布线逻辑控制的水电厂进行技术改造时，可以考虑采用这种控制方式：一方面，可以保留原有的自动控制系统的作用；另一方面，又增加计算机控制系统。

【思考与练习】

1. 什么是数据处理控制？
2. 采用双重监控方式的水电厂要设置几套控制系统？

▲ 模块 5 计算机监控现地控制单元及硬、软件设置 (Z49J1005)

【模块描述】本模块介绍计算机监控现地控制单元及硬、软件设置要求。通过功能介绍，掌握计算机监控现地控制单元的作用组成和基本结构，计算机监控系统硬件的构成、系统软件和应用软件的设置。

【模块内容】

一、现地控制单元（LCU）

一般每台机组设置一台 LCU，布置在机房；开关站设置一台 LCU，一般布置在继电保护及辅助屏室内；全厂公用辅助设备设置一台 LCU，一般布置在中央控制室邻近的继电保护及辅助屏室内。对于地下式厂房的水电厂，如开关站、集中控制室布置在厂外，论证在地面和地下厂房分设全厂公用设备 LCU 是否合理，从而确定是否分别设置。有时开关站与全厂公用设备的 LCU 都布置在同一地点，且输入、输出量不多，一般将两者并入一个现地控制单元。每台机组前的快速闸门监控一般包括在机组现地控制单元范围以内。对于监控量不多、距离在允许范围内，且功能要求简单的闸门，现地控制单元可以不单独设置，其功能可由其他单元（如全厂公用设备单元）兼管，也可采用远方 I/O 设备。

现地控制单元设备（基本结构）一般采用：① 以微机为基础，带智能 I/O 模块；

② 以可编程序控制器为基础；③ 微机数据采集处理装置加仅供顺序操作用的小型可编程控制器。有时，为降低造价，温度量也采用小型自动巡回检测装置。大型水电厂多采用①②两种方式。

二、软件配置

监控系统软件是系统实现监控功能的计算机程序的集合，主要可分为两大类，即计算机系统软件和生产过程应用软件。

（1）计算机系统软件。计算机基础软件用以提供给用户软件的运行环境和开发应用软件的手段。主要有实时多任务操作系统；系统支持软件（包括编辑、编译、汇编、连接等开发支持软件和运行程序库、数据库等运行支持软件）；编程语言通常是 C++、VB、FOXPRO 汇编等，随着软件技术的发展，相继出现 WINDOWS97、WINDOWS98、WINDOWS2000、WINDOWSXP 等高级方便的系统软件。

（2）生产过程应用软件。用户编制或购置的软件，是实现水电厂生产过程监控功能的计算机程序。程序以模块形式组成，每个模块完成一定的功能，可按需要选择模块组成各种应用软件（即组态软件），在实时操作系统环境下运行。应用软件按系统功能要求配置，用户可对之进行修改或增减其内容。

三、硬件配置

在计算机监控系统配置中，大型水电厂多采用分层分布式结构，电厂（中央）控制级均采用多机功能分布；中型水电厂的电厂控制级根据电厂的具体条件可以采用双机或三机。

1. 电厂控制级设备

以计算机监控系统为主控手段的水电厂，通常采用两台主机或厂机，互为热备用。根据控制调节要求，设置主机或厂机、值班员工作站、工程师站。值班员控制台采用两席值班员工作站，各由一台图形工作站组成，各带 1~2 台高密度彩色屏幕显示器。工程师工作站设置与图形工作站相间，各带有 1 台高密度彩色屏幕显示器，通常兼有培训开发功能。另外，相应配置两台打印机记录设备（如打印机）。根据需要配置供生产副厂长、总工程师及其他人员使用的监视，终端及与其他计算机系统通信联系的通信工作站或其他设备口。

2. 网络

计算机监控系统电厂控制级与现地控制单元的连接采用以太网总线，令牌环网、令牌总线、MB+网络总线、其他工业控制总线成星形接线。网络的设备使用光缆、同轴电缆或双绞线。

四、案例［监控系统实例］

图 6-1-5-1 所示为我国某大型水电厂计算机监控系统结构框图。监控对象包括所有机组和其他主要设备。系统的特点为采用全分布式系统、高度冗余配置、开放性网络系统以及光缆连接，具有完善的监视和诊断功能。

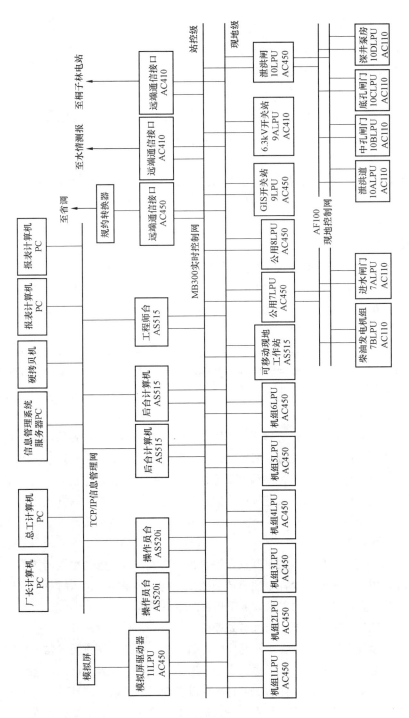

图 6-1-5-1 某大型水电厂计算机监控系统结构框图

【思考与练习】

1. 监控系统软件主要分为哪两大类?
2. 现地控制单元设备基本结构分为哪几大类?

▲ 模块 6 水电厂计算机监控系统的维护及故障处理
(Z49J1006)

【模块描述】本模块介绍水电厂计算机监控系统的维护及故障处理。通过原理讲解和故障分析,掌握水电厂计算机监控系统的正常监视检查和维护,了解计算机监控系统故障的现象和处理。

【模块内容】

一、操作员工作站系统的维护

应定期清扫系统各部分,如主机外壳、显示器、鼠标、键盘等。注意清扫前应关闭系统。当用湿布清洗时,不能让水或其他清洗液渗入主机键盘、鼠标等的内部,并应等系统各部分变干后再加电。

(1)清扫主机。有时系统的一些问题是由于灰尘或液体所引起的,为了保持主机清洁需定期地使用软布沾少许中性清洁剂擦拭主机外部,用以清除灰尘,不要使用溶剂或研磨剂。如果不小心将液体洒入主机,则应立即关闭主机,擦干多余的液体,并与技术支持联系。

(2)清扫显示器。如果屏幕变脏了可用海绵或软布沾少许中性清洁剂擦拭,不能使用溶剂或研磨剂,不要将清洁剂直接泼到屏幕上。

(3)清洁鼠标。如果鼠标移动不畅或在屏幕上跳动则应清洁鼠标内的滚动球,步骤如下:先将鼠标翻过来,按逆时针方向拧开底部的盖板。然后移开固定环,拿出橡胶滚动球。再用棉球沾少许中性清洁剂擦洗滚动球和鼠标内的滚动轴。最后将鼠标球重新装好,盖好盖板。

(4)清洁键盘。使用一段时间后,键盘也会变脏,为了保持键盘清洁需将键盘与主机分开,用干净软布沾少许中性清洁剂擦拭各键。如果将水洒入键盘,立即擦干多余的水,将键盘翻转几小时以后,等干后再与主机相连。

二、系统异常现象记录、测试与处理

凡是在监控系统运行中由于不明原因导致系统退出或个别进程异常退出时,在控制台窗口中会出现一些系统提示语句,应随时记录这些语句及当时的状态,以便系统开发单位查找原因。当出现异常现象时,可以进行以下各项测试且记录:

(1)监视系统进程。当监控系统投入后,共有多个进程,为确认系统当前已在运

行的进程信息，可检查系统列出正在运行的进程信息，若缺少一个，则监控系统都不能正常运行。

一般当某一进程异常退出后，self-reboot.dxe 进程就会检测到，并将其恢复。当不能自动恢复时，在控制台窗口中会出现一些系统提示语句，应记录这些语句及当时的状态，以便分析原因；为恢复正常运行，应先按监控系统退出步骤将监控系统退出，然后再重新投入监控。

（2）测试 swap 交换空间。检查系统已占用的交换空间和可用的交换空间，其中 Freespace 应在 10%～50%之间。当 swap 交换空间小于 10%，则表明系统已无足够的交换空间，系统运行将会明显变慢，这是因为运行的进程过多，且有些进程非正常退出，未能释放占用的交换空间造成的，为恢复系统正常运行，必须重新引导系统。待系统引导完毕，注册进入 ems，再重新投入监控。

（3）测试网络状态。可在总目录下按系统设备管理按钮查看各 LCU 设备状态和网络设备状态是否为在线，若为离线，则系统无法正常监控 LCU 功能的操作，可进行在线操作，测试系统和网络能否重新成为在线状态。

（4）测试数据库。查看数据库各类数据是否完整、正确。为恢复正常运行，应先按监控系统退出步骤将监控系统退出，然后再重新投入监控。

三、操作员工作站系统故障诊断

主机出现故障时，按下列步骤进行：

（1）查看电源指示灯是否亮且风扇在转。

（2）查看显示器上电源指示灯是否亮，检查显示器、键盘和鼠标等与主机的连接电缆，确保它们正确连接。

（3）按复位按钮如果系统不能引导，则关电等 20s 然后再加电。

（4）确保所有电缆连牢固。

（5）如果操作系统 2min 后仍没能装载则查看诊断 LED（发光二极管）的状态。

（6）与厂家服务部或技术支持联系。

四、LCU 中 PLC 软、硬件故障处理

LCU 中 PLC 故障是通过一个软件报警，处理器在 PLC 和 I/O 故障表中，记 I/O 变化和系统故障，这些故障可以显示在编程器的屏幕上。用户可查找故障 PLC 在线运行模式，如 PLC 或 I/O 有故障可以按时间显示在 PLC 或 I/O 故障表中。

（1）PLC 故障分为内部故障、外部故障和操作故障。内部故障有电池电压低和存储器校和错误。外部故障有基架或模块损坏和基架或模块多于原配置。操作故障有通信故障、模块位置与配置不符合。

（2）PLC 故障按其作用有致命性故障、诊断性故障和提示性故障。

1）致命性故障将停止系统运行并记录故障内容和时间地址。诊断性故障会记录在故障表中，设置故障给定地址，例如 CPU 板电池电压低记录为 0.1 电池电压低。而提示性故障只记录在故障表中，如 PLC 故障表满的提示。

致命性故障 PLC 会自动记录故障，故障表给出故障给定地址，转入停止模式。例如故障表记录 PLC 的 CPU 软件故障时，处理方法为断电并复位 PLC，当故障表记录时序存储故障时，应使 PLC 在停止模式重新进行程序存储。

2）诊断性故障 PLC 自动记录故障会给出故障给定地址。例如 PLC 电池电压低，故障表中指定地址是 0.1 或 0.3，决定是 CPU 板电池还是 PCM 电池电压低。处理方法是将新电池接入电池替换处并安装就位，然后清除故障表，为了使运行人员巡视时更直观，在应用程序中使用开出第二块的 D3 灯亮为 PLC 有故障。

3）提示性故障 PLC 自动记录故障，例如 I/O 或 PLC 故障表满。

处理方法是每次有故障发生，处理后应清故障表。

五、网络常见硬件故障及处理

（1）网络的故障大多数是由于网络的传媒体发生机械断裂或接触不良造成的。如：

1）电缆与网络中断设备及网卡的接头虚接、松落。

2）电缆线受到外界老化、锈蚀、机械受力等原因损坏，或电缆线非良好接地。

3）网卡或接收发送器等网络元件故障。

4）网络附近存在能够产生强电磁辐射的设备或系统电源不稳也可能引起网络故障。

系统网络运行异常时（下位机 3min 内无任何信息传给上位机或上位机命令无法下达），系统会报警。

（2）LCU 与上位机网络联结状态故障，排查方法：

1）用 PING 命令分析查找与排除物理故障点：

a. pmg 本地地址：如果使用该命令成功，则表明本地系统 E 层功能正常。

b. ping 目标地址：如果使用该命令成功，则表明与远方系统通信硬件正常。

2）若非硬件故障，查看下位机是否脱机运行或关机。

3）重投网络进程。

作为运行人员监视和控制电厂的主要手段，运行人员与计算机监控系统的交互作用通过操作台使用显示器、键盘和打印机来实现。

六、计算机监控系统异常处理

计算机监控系统异常处理见表 6-1-6-1。

表 6-1-6-1　　　　　　　　　　计算机监控系统异常处理

故障名称	故障现象	原因分析	故障处理方法
数据大于 3min 不刷新	数据大于 3min 不刷新	（1）LCU 与上位机通信中断； （2）LCU 与 PLC 断电； （3）元器件损坏，通道中断； （4）LCU 或 PLC 故障； （5）上位机故障； （6）软件系统不运行	若为 LCU 与上位机通信中断，则恢复通道，查监控画面，看 LCU 是否为红色； 若为 LCU 与 PLC 断电，则查找断电原因，恢复供电；若为其他原因则通知专业人员处理
上位机操作失灵	上位机操作失灵	查用户级别；上位机故障	检查重新处理；通知专业人员处理
自动化元件不动作故障	自动化元件不动作	（1）元件失效； （2）控制条件不满足； （3）计算机故障	查找各条件是否满足，通知专业人员处理
断路器位置信号与现场不对应	断路器位置信号与现场不对应	（1）二次回路故障； （2）上、下位机通信中断； （3）监控系统故障	通知专业人员处理
AVC、AGC 故障	AVC、AGC 故障	功能控制失效	（1）切除全厂 AVC、AGC； （2）通知专业人员处理
开机条件不具备	开机条件不具备	（1）快速闸门（主阀）没全开，或二次回路故障； （2）无出口断路器跳开入信号，转换触点不良； （3）制动器上、下腔有压力，电磁阀未复归或压力控制器触点不良； （4）制动器未落下，机械故障或制动器落下辅助触点不良； （5）出口断路器合闸开入信号不良； （6）机组电气保护动作后未复归； （7）停机没有完成； （8）开机令已先前下达； （9）短路开关未分闸或分闸而信号未上送到 PLC； （10）事故配压阀动作后没复归，信号上送二次回路故障	（1）打开快速门（主阀），通知二次专业人员处理二次回路故障； （2）查找二次回路故障； （3）检查处理电磁阀或压力控制器触点； （4）检查处理辅助触点或处理机械故障； （5）检查处理合闸开入信号； （6）检查电气、机械保护并复归； （7）检查停机是否完成，并完成停机过程； （8）完成停机后再次开机； （9）跳开短路开关，并检查开入信号； （10）复归事故电磁配压阀，查找二次回路故障
同期装置自动投不上故障	同期装置自动投不上	（1）无开机令； （2）机组转速没有达到 95%，或转速 95%开入信号故障； （3）出口断路器跳、合闸开入信号故障； （4）灭磁开关没有合闸或二次回路故障； （5）电子开关没有合闸； （6）上导冷却水、推力冷却水、水导冷却水、空冷器冷却水、主轴密封水有一个以上中断； （7）自动准同期开关位置不对； （8）准同期装置故障； （9）PLC 本身故障	（1）检查是否有开机令； （2）检查处理转速开入信号； （3）检查开关辅助触点的二次回路； （4）排除灭磁开关合闸回路故障，将灭磁开关合闸； （5）检查电子接头及回路； （6）检查各冷却水系统并投入冷却水； （7）检查同期开关位置并置于正确位置； （8）检查同期装置及回路； （9）通知计算机专业人员处理

续表

故障名称	故障现象	原因分析	故障处理方法
电子灭磁开关不合闸	电子灭磁开关不合闸	(1) 无开机令; (2) 无转速 95%以上信号,转速测量回路或装置故障; (3) 机组开机方式有误; (4) 调速器反馈机构主令触点及回路不良; (5) 灭磁开关没合闸; (6) 合电子开关条件不具备	(1) 检查开机令; (2) 检查处理转速回路; (3) 检查空转开机连接片位置是否正确; (4) 检查主令触点及回路; (5) 检查机械灭磁开关并合闸; (6) 检查以上 5 条
开机令下达机组不转	开机令下达以后机组不转	(1)锁锭投入及拨出机械或辅助触点不良; (2) 各冷却水有一个以上中断; (3) 主轴密封围带有压力; (4) 调速器有故障	(1) 处理锁锭回路; (2) 投入冷却水; (3) 检查密封围带; (4) 检查调速、电气和机构部分
发电状态红灯不亮	发电状态红灯不亮	(1) 导叶空载以上,主令触点不良; (2) 断路器合闸开入信号不良	(1) 处理主令点; (2) 处理开入信号
下停机令机组不解列	下停机令机组不解列	(1) 有功负荷过大; (2) 无功负荷过大; (3) 监控系统故障	(1) 减负荷至 2MW 以下; (2) 减负荷至 2Mvar 以下; (3) 由计算机专业人员处理
电子开关停机后不分闸故障	电子开关停机后不分闸	(1)断路器合闸、分闸开入信号不良; (2) 0%以下转速信号不良; (3) 调速器电气或机械故障	(1) 检查处理二次回路; (2) 处理转速信号; (3) 由专业人员处理
电制动投入条件不具备	电制动投入条件不具备	(1) 火警信号动作; (2) 转速未降至 50%以下; (3) 机端电压过高; (4) 制动控制电源消失; (5) 出口断路器分闸开入信号不良; (6) 制动方式开关位置错误; (7) 机组有电气事故; (8) 0%以下转速信号不良	(1) 检查火警信号; (2) 等待转速下降; (3) 检查励磁系统; (4) 检查制动电源; (5) 检查开入信号; (6) 制动方式开关置于正确位置; (7) 投入机械制动; (8) 处理转速信号
停机回路不复归	停机回路不复归	(1) 无 0%以下转速信号; (2) 制动器上下腔有压力; (3) 导叶没关至"全关以下"位置; (4) 锁锭投不上; (5) 短路开关没分闸; (6) 电制动交流和直流侧开关没跳; (7) 机组有电气、机械事故没复归; (8) 监控系统故障	(1) 检查转速继电器; (2) 检查制动电磁阀; (3) 检查主令触点; (4) 检查锁锭投入部分的机械、电气和辅助点; (5) 检查短路开关分闸回路; (6) 检查电制动交、直流分闸回路; (7) 复归保护回路; 由计算机专业人员处理

七、计算机监控系统事故处理

计算机监控系统事故处理见表 6-1-6-2。

表 6-1-6-2   计算机监控系统事故处理

事故	原因	处理
监控火灾事故	由于短路或外因引起的监控火灾	断电后灭火，由计算机专业人员采取恢复措施
监控系统误分闸	机组或高压断路器误分闸	查清原因恢复系统运行，不能恢复现场改手动控制
监控系统由于断电等原因停运	控制改为 LCU 控制或手动控制	查清原因尽快恢复系统运行

【思考与练习】

1. 开机条件不具备的原因有哪些？

2. 网络常见硬件故障有哪些？

3. 操作员工作站系统主机出现故障时的处理步骤有哪些？

4. 停机令机组不解列的故障原因是什么？

第二章

抽水蓄能机组控制流程

▲ 模块 1　抽水蓄能机组控制流程（Z49J2001）

【模块描述】本模块介绍抽水蓄能机组控制流程典型设计、抽水蓄能机组控制流程图典型设计。通过抽水蓄能机组控制流程和流程图典型设计的介绍，掌握抽水蓄能机组典型控制流程。

【模块内容】

一、抽水蓄能机组的运行工况及工况转换

与常规水电机组相比，抽水蓄能可逆式机组的运行工况多，工况转换复杂，特别对于水泵工况启动，其过程更为复杂。不同启动方式，其启动程序（流程）又大不一样。抽水蓄能可逆式机组工况转换要求在尽可能短的时间内完成，以满足系统负荷急剧变化和事故应急需要。

常规水电机组只有 3 种基本工况，即静止、

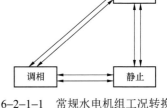

图 6-2-1-1　常规水电机组工况转换图

发电和调相，工况转换有 6 种，如图 6-2-1-1 所示。

对于抽水蓄能机组则具有 5 种基本工况，即静止、发电、发电调相、抽水和抽水调相；而这 5 种工况之间的转换，若按任意排列组合则有 24 种。实际上常用工况转换为如图 6-2-1-2 所示的 12 种。

即静止转发电、静止转抽水、静止转发电调相、静止转抽水调相、发电转发电调相、抽水转抽水调相等 12 种基本工况转换。对于发电→抽水，在正常情况下也是由发电→静止，

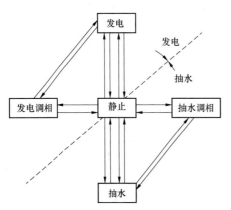

图 6-2-1-2　抽水蓄能机组工况转换图

再由静止→抽水两种转换程序的组合，但对于用同轴电机启动的机组还可以进行发电直接转换到抽水，对系统而言一下子减少相当于单机容量 2 倍的功率。晚峰过后系统负荷急速下降，有可能要采用这种工况转换方式。

二、工况转换所需的时间

抽水蓄能机具有调节电力系统负荷峰谷变化、提供紧急备用、稳定系统频率等功能。抽水蓄能电站和机组的工况转换时间的要求也越来越严，在水力系统、机组机械应力等方面允许条件下，工况转换所需时间应尽可能短，但工况切换过程加快，会使机组承受较大的冲击和振动，使水力系统水击现象加剧。

图 6-2-1-3 给出某抽水蓄能机组工况转换过程中各主要流程所需时间。

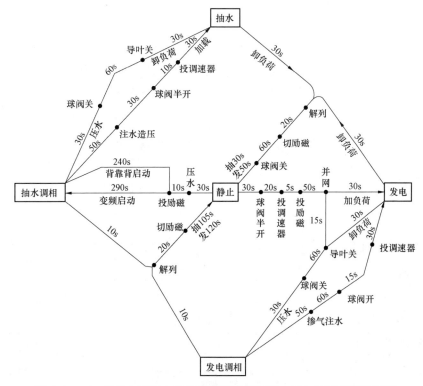

图 6-2-1-3　某抽水蓄能电站机组工况转换过程中各主要流程所需时间

图 6-2-1-3 中标明了各主要流程所经历的时间。例如，机组从静止状态经抽水调相工况转换到抽水工况整个过程，在做好换相开关切换到水泵旋转相序和投入顶转子高压油泵等启动准备工作之后，接下来主要流程所需时间是：转轮室压气排水 30s，投励磁 10s，水泵启动 240s（同步启动）或 290s（变频启动），进入抽水调相工况，紧

接着转轮室排气注水造压 50s，球形阀半开始 s（它表示球形阀半开后即可开导叶），投调速器 10s，机组加载 30s，之后进入正常抽水工况。整个工况转换过程共需 400s 或 450s。

应该指出，图 6-2-1-3 所列的时间，只提供一个量值概念，不同机组不尽相同，这是因为工况转换所需时间是各流程操作所需时间的总和，而有些操作在时间上可能相互搭接，而其准确起始时间及结束时间也难于测定。

迪诺威克抽水蓄能电站能在 10s 内使全厂出力从零增至 1300MW，或在 15s 内使电站达到满出力 1800MW 运行，而在紧急情况下，能在 90s 内从水泵满载运行到发电满载运行。正是这种机动灵活快速的反应能力，使抽水蓄能电站成为给系统提供调峰电力和紧急备用的理想电源。

【思考与练习】

1. 抽水蓄能电站机组主要工况是什么？

2. 请简述抽水蓄能电站机组从静止到抽水各个工况需要的时间。

3. 抽水蓄能电站启动迅速，工况转换灵活对电网系统有何意义？

第三章

机组状态监测系统

▲ 模块 1　机组状态检修系统概述（Z49J3001）

【模块描述】本模块详细介绍机组状态监测与跟踪分析系统的结构、组成、特点。通过原理讲解，掌握允许延长机组大修间隔的 8 个条件，状态监测包括的参量、检测方法、系统功能。

【模块内容】

水力机组状态监测与跟踪分析系统，实现对主机（包括水轮机和发电机）的在线监测、分析与诊断功能；并将数据上网，使得在计算机网络可达到的范围内，都可有效地对机组状态进行监测分析，制作相应的状态报告，以尽早发现潜伏性故障，提出预警，避免发生严重事故，保证机组的安全、经济运行，提高经济效益和社会效益。本系统将充分利用当前国内外先进的监测诊断技术和设备，建立水力机组在线监测诊断系统，同时利用其数据和处理结果，综合 MIS、SCADA、计算机监控系统等信息和专家知识，进行故障分析及诊断（包括数据共享和远方诊断），实时掌握水轮发电机组健康状况，为状态检修提供辅助决策并实现与其他系统的信息共享。

一、状态检修

中国水电机组的检修，一直采用计划检修的模式，即按照检修规程的要求，大修间隔为 3～5 年。这样，在规定的大修年限到达时，无论设备有无大的缺陷和能否安全正常运行，均须按时大修。计划检修存在诸多弊病，如：① 不科学，检修的盲目性大，缺陷和故障不明确，只能在拆解中检查到什么问题再予维修或更换；对无大缺陷部件，反复拆卸，反而对寿命不利；② 不经济，到期必修，可能会造成人才物力的浪费。

状态检修是近 20 年来发展成熟起来的新型技术和管理模式。机组状态，尚无严格明确的定义，它是机组运行状况和现存性能指标以及安全程度的综合描述，是通过机组整体或主要部件的各种性能指标定量或定性地加以反映。

所谓状态检修，就是通过先进的监测分析工具和方法，对机组的运行状况进行检测、记录与分析，采用在线或离线故障诊断系统，尤其是专家系统等，对机组现存状态做出科学评估和趋势分析预测，从而合理地确定大修的必要性和时间。简言之，就是根据机组运行状态制定大修计划。

部颁《发电厂检修规程》规定，允许延长机组大修间隔的条件，即技术状况应满足下列 8 条：

（1）机组运行状况良好，各种参数正常；

（2）水轮机空蚀轻微；

（3）各部轴承运行温度、振动情况正常、无严重漏油渗油；

（4）导水机构动作灵活，摆动不超过规定；

（5）调速系统工作正常，灵活可靠；

（6）蝴蝶阀、压力管道、蜗壳、尾水管等无威胁安全运行的严重缺陷；

（7）定子绝缘良好，运行中温度正常；

（8）定子、转子结构部件良好，铁芯无局部过热和松动。

针对上述 8 条确定机组是否需要大修，主要应研究下述问题：

1）机组轴线是否良好；

2）推力及各部导轴承运行是否正常；

3）定子绝缘与铁芯是否良好；

4）转子磁极绝缘与结构是否良好；

5）水轮机空蚀破坏、叶片裂纹是否严重；

6）尾水管里衬破坏是否严重；

7）水导轴颈偏磨是否严重或是否存在裂纹；

8）机组运行可靠性。

其他方面，如导水机构动作是否灵活、调速系统工作是否正常等，即易于发现，且易解决。最重要的是上述 8 条，是决定水电机组是否大修的主要条件。

我国水电机组状态检修尚无标准。美国、日本、法国和加拿大等国家，水电机组大修间隔一般为 10～15 年。其中主要的保证措施是，具有先进可靠的机组状态监测分析系统，设备性能、寿命、可靠性的大幅度提高，管理水平的现代化以及运行管理人员的素质和经验。因此，开发应用机组状态监测系统，是水电厂自动化和管理水平现代化的关键。

二、状态监测

状态监测是对机组运行参数的实时测量和分析。所需监测的参量尚无统一的标准和自定，宜根据机组的实际状况，本着必要与可能的原则予以确定。所谓必要，是指监测参量应有助于了解机组的运行状态，借鉴其他电站的成功经验，不追求大而全；可能是指须相应监测技术的支持，具有实施的可行性、经济性和可靠性。通常所包括的参量为以下全部或部分：① 功率，包括有功和无功；② 电压，如定子、转子和励磁电压；③ 电流；④ 温度，主要是轴承油温和瓦温、定子温度、冷却器温度、热风温度、冷却水温度；⑤ 液位，包括上、下游水位、油槽油位、集水井水位；⑥ 压力，如水轮机各部位压力（蜗壳、顶盖下、导流锥、密封、尾水管等）、油槽水压、气罐压力、冷却器水压等；⑦ 流量，过机流量、技术供水量；⑧ 位移，如接力器行程或导叶开度，大轴轴向位移，定转子空气间隙；⑨ 振动和摆度，包括大轴摆度、固定部件的振动和结构振动；⑩ 压力脉动，主要是水轮机流道内控制部件的压力脉动；⑪ 绝缘，如定子线圈等处；⑫ 空化和空蚀。

过去采用的运行维护人员巡视检查方法，存在明显的不足：① 属间断性检查，无法实现实时连续监测；② 故障判断取决于人员素质和经验；③ 异常识别报警只能按控制中心约定，无法掌握发展过程和状态；④ 缺少事故过程记录；⑤ 设备多，历时长，巡视检查费时；⑥ 数据人工处理工作量大。为此，必须充分利用现代电子技术，实现自动监测、网络通信和实时分析。能够满足常规需要的监测系统的基本构成如图6-3-1-1所示。

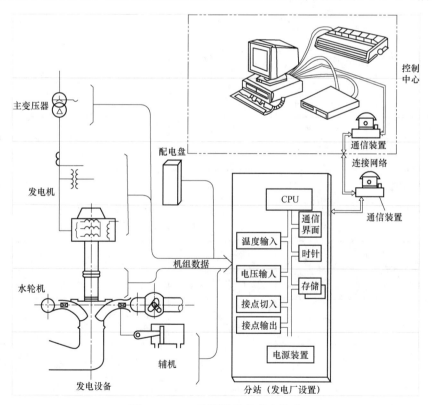

图6-3-1-1　监测系统的基本构成

1. 系统功能

系统是由集中控制的中心站、无人值守的电厂分站及联接网络组成。中心站应易于控制操作，且具有扩展系统、能变更分站的设置。分站为满足无人化要求，功能控制在限度，应大量地标准化。

2. 监视方法

明确监测参量，建立监测程序。测量长期数据，实施事故模拟试验，掌握数据间的影响程度和相互关系，从而制定监测方案。系统应能判断启动、运行、停机等工况状态，为此，须对输入数据的采样频率、相互关系、异常判断、表示方法及人机对话等予以重点研究。

表 6-3-1-1 为检测方案的一个实例。

表 **6-3-1-1**　　　　　　　　检 测 实 施 方 法

序号	监视项目	输入项目	使用传感器	监视内容
1	各轴承	轴承温度 轴承油温 轴承油面 负荷 室温、冷却水温	探测线圈 探测线圈 差压传感器 电流变换器 探测线圈	（1）预测各输入项目启动过程的轴承温度变化率和实测值比较。 （2）按实际停机过程的轴承温度变化率计算并与设定值比较。 （3）从油温预测正常运转时的轴承温度与实测值比较
2	定子绕组	绕组温度 室温 负荷	探测线圈 探测线圈 电流变换器	从室温和负荷预测线圈温度与实测值比较
3	压油装置	油压 集油槽油面 油温 针阀开度	差压传感器 差压传感器 探测线圈 行程电压变换器	（1）从油压和油温预测油槽油面与实测值比较。 （2）依据油压装置型式，监视总油量，进行油槽油压油面有关的监视
4	振动噪声	轴承振动 轴摆度 噪声	加速度计 非接触变位计 微声噪声计	实测振动、轴摆度的绝对值与设定值比较
5	辅助设备	运转时间 运转次数	动作触点 动作触点	从实测值计算运转时间和运转次数与设定值比较
6	工况	程序经过时间	程序继电器	从实测值计算程序经过时间与设定值比较

事故模拟试验是定量掌握机组故障发生发展过程的最佳手段，但受条件限制，往往不易实施。试验时，首先测定正常状态数据，然后模拟电气或机械故障进行测量。

3. 机组故障诊断系统的特点

（1）根据故障发展流程开发诊断程序。

（2）根据因果关系，导入模糊评判。

（3）建立故障流程档案，具备学习功能。

（4）图像显示。

（5）原因判明后提供修复支持。

4. 故障诊断专家系统构成

根据机组故障诊断系统而建立的系统结构如图 6-3-1-2 所示，主要包括知识库、数据库、接口界面、推理软件和工作站等。

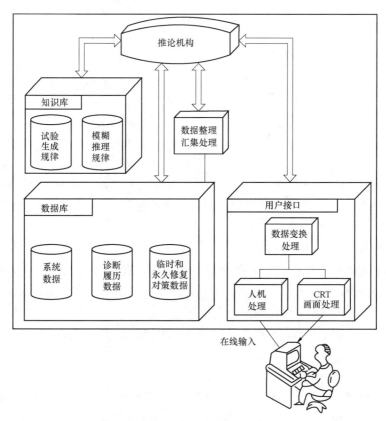

图 6-3-1-2　故障诊断专家系统构成

三、机组状态监测系统

监测技术主要分在线和离线两种。在线监测是监测机组运行状态的主要手段。

下面介绍某抽水蓄能电站机组状态监测系统的设计实例。抽水蓄能机组的监测较常规机组更为重要和复杂，故可以作为借鉴参考。

该机组的状态监测与故障诊断系统是一个集散监测系统，主要由三部分组成，第一部分由若干传感器、数据采集器和下位机组成，完成实时数据采集和数据初级处理；第二部分是网络通信，负责系统内的信息传送和通信；第三部分是上位机系统，完成整个系统的协调管理和机组状态的全面报告及监测、诊断、分析。整套系统包括状态监测、信号分析和故障诊断三个主要功能模块和实用计算、状态报告、帮助等辅助模块。下面对 3 个主要功能模块作简要介绍。

（一）状态监测模块功能

监测模块功能是这个系统的最重要功能。该模块主要用于全面监测机组的工作状态，可测点参量作一级报警、二级报警、物理量上下限报警。实时监测模块的结构如图 6-3-1-3 所示，其中的整机综合状态监测包括结构图监视和数据图监视，从结构图中可以看到各个传感器的安装位置，以及各传感器所监测的部位运行是否正常；而从数据图中可以得到传感器通道所测数据的具体数值以及各参量的状态。每个传感器通道均可有 4 种状态，即信号正常、信号失效、一级报警、二级报警。

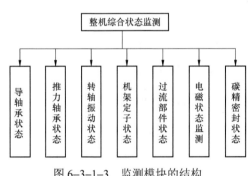

图 6-3-1-3　监测模块的结构

（二）信号分析模块功能

信号分析模块是利用专门的分析方法对状态监测所获取的数据进行分析。工程技术人员可利用该模块对机组的监测数据进行全面深入的分析，以掌握影响机组运行稳定性的关键因素，揭示机组振动的本质原因。同时，根据经验和知识，也可分析出潜在的故障及其原因和确定故障部位。该模块把信号分析分为 5 个部分：转子轴承系统分析、过流部件振动分析、电机气隙和定子振动体分析、机架和结构振动分析、推力轴承系统分析。

（三）故障诊断模块功能

故障诊断模块实际上就是一个专家系统，它以机组的在线监测为基础，根据状态监测所获得的振动信号、过程参数等数据，提取反映机组运行状态的征兆，利用这些征兆可对发生故障的机组进行诊断，确定故障原因、部位、类型、性质，并指导检修；

对正常运行的机组，可选用适当计算模型预测机组运行状态的变化，对机组进行早期故障分析。

机组常见故障包括动不平衡、轴系对中不良、导轴承及润滑故障、推力轴承故障、发电机机械故障、过流部件故障以及结构故障等。根据这些故障的特征，系统可以确认的故障包括质量不平衡、电磁不平衡、导轴承故障、转轴弓形回转、推力轴承故障、机架松动、水力激振、导叶剪断销失效、发电机气隙变化、碳精密封故障、水力密封偏磨或损坏、不稳定负荷区确认等。

在系统的故障诊断模块中，采用事件触发策略，以机组状态评价作为正向推理，在对机组进行深入的模型研究的基础上，将模型知识用形式化的语言表达，构成独立知识库，通过推理机进行故障诊断，输出诊断报告。

水电机组状态检修在程序上一般进行 4 个递进层次，既状态监测-分析诊断-预测判断-决策处理。其中，建立准确的诊断专家系统是整个系统的核心。

专家系统是根据已掌握或监测到的机组实际运行状态（数据库），提取征兆信号经过智能推理（诊断分析），用可靠性理论，按可修复元件和不可修复元件的可靠性分析设备状况，判断机组的实际运行状态，进一步预测机组的运行年限。

机组状态检修专家系统是在全厂机组多功能状态在线监测试验诊断分析系统的基础上，增设机组运行状态预测判断功能，并为状态检修的决策提供参考意见。

【思考与练习】

1. 部颁《发电厂检修规程》规定，允许延长机组大修间隔的条件是什么？

2. 针对允许延长机组大修间隔的条件确定机组是否需要大修，主要研究的问题是什么？

▲ 模块 2 机组状态检修系统技术分析（Z49J3002）

【模块描述】本模块介绍机组状态监测系统技术分析。通过原理讲解，掌握允许延长机组大修间隔的 8 个条件，收集详细机组状态资料，根据资料进行要点分析，为机组是否需要检修提供可靠的技术保证。

【模块内容】

一、机组状态监测与跟踪分析系统的主要工作程序

（1）收集影响机组安全稳定运行的有关资料。

（2）监测机组的运行状态。要通过在线和离线监测技术，监测机组的运行状态。广泛利用计算机监控系统对机组运行稳定性和经济运行指标等参数进行监测、趋势分析。

（3）建立诊断专家系统。专家系统是根据已掌握或监测到的机组实际运行状态（数据库），提取征兆信号经过智能推理（诊断分析），用可靠性理论，分析设备状况，判断机组的实际运行状态。

（4）采用预测技术推断机组运行状态及检修时间。预测技术主要是凭借专家已掌握的资料及经验，综合各方面因素，通过一定的预测方法，对设备的状态进行推论和评估。这项工作开展得如何是决定机组能否真正做到状态检修的关键。

在实际工作中，应借助专家系统提供的资料，凭借多年的实际经验及对预测对象的透彻了解，定期对设备当前的运行状态进行全面分析，正确判断机组的实际运行状态，并对机组未来的运行情况进行推测，使机组实现状态检修。

（5）定期召开状态检修专家论证会。每年召开一次状态检修专家论证会，对全厂机组未来的运行情况进行综合评价及预测，用安全和经济的原则，不检修损失费用与检修费用作比较，然后合理安排机组的检修计划，使机组检修达到受控状态。

二、收集资料与分析要点

状态检修收集资料与分析要点见表6-3-2-1。

表6-3-2-1 收集资料与分析要点

序号	判别条件	收集资料内容	分析要点
1	机组轴线是否良好	（1）日常机组振动摆度测量记录（整理不同水头、不同负荷下的机组振动、摆度变化规律与运行时间的关系）。 （2）机组大修前后轴线盘车记录及两次大修期间机组起停次数及运行小时数。 （3）各部轴承温度记录（主要是汛期满负荷大发电时的记录）。 （4）水导橡胶轴承及其主轴磨偏或裂纹记录	分析运行时间与机组振动摆度之间的关系，特别是注意一些恶劣工况如低水头、低负荷、超负荷发电工况下机组振动摆度情况，并分析机组轴线与运行时间长短的变化规律
2	推力和各部导轴承运行是否良好	（1）机组大修前瓦面磨损记录和修后刮瓦修复记录，以及两次大修期间机组启停次数、运行小时数。 （2）不同水头、负荷下推力和各部导轴承瓦温、油温记录。 （3）推力瓦油膜电阻记录（定期测量）	了解机组启停次数、运行小时数与瓦面磨损之间的关系，从而分析瓦面修复的合理间隔时间
3	定子绝缘和铁芯是否良好	（1）日常定子绕组和铁芯温度记录，特别要了解机组汛期大发电长期满负荷运行时的温度。 （2）历年机组小修预防性试验记录。 （3）历次大修中定子铁芯的检查处理记录。 （4）定子铁芯振动测量记录	了解定子绕组绝缘有无变化、定子铁芯有无松动、绕组绝缘有无偏卡磨损、定子绕组耐压试验有无击穿等

续表

序号	判别条件	收集资料内容	分析要点
4	转子磁极绝缘和结构是否良好	（1）转子磁激线圈温度测量记录（特别应注意汛期大发电额定出力、超出力运行时记录）。 （2）历次大修对磁极和其他结构的检查处理记录（重点是风扇、磁极接头、制动环等）	了解转子绕组绝缘有无变化，磁极接头有无老化
5	水轮机空蚀破坏是否严重	（1）机组大修前空蚀破坏情况和修后修复记录，以及两次大修期间机组运行小时数。 （2）整理机组处于低水头、低负荷和超负荷时运行小时数	了解机组运行小时与空蚀破坏速率之间的关系，并分析恶劣工况下运行对空蚀破坏的影响
6	尾水管里衬破坏是否严重	（1）历次尾水管里衬破坏和修复记录，尾水管里衬两次破坏期间运行小时数。 （2）重点整理分析低负荷运行小时数	尾水管里衬破坏与低负荷运行之间的关系，及对修复质量做出评价
7	导轴承轴颈损坏	（1）整理历次水导轴颈磨偏或裂纹记录（特别是水轮机轴反厂加工）。 （2）轴领处轴电流烧损记录	了解水导轴颈损坏与低负荷运行之间的关系及轴领烧损与轴瓦间隙的关系
8	机组运行可靠性	（1）机组在高、中、低负荷区运行时的运行小时数。 （2）机组正常运行的启、停次数	了解各台机组推力轴承的磨损与启停次数间的关系，掌握机组在不同水头、不同负荷时的压力脉动区

三、系统功能综述

综合而言，状态监测与故障诊断系统在现场的作用主要体现在安全运行、指导检修和优化调度 3 个方面，具体而言可以列述如下：

1. 完备的在线数据记录

按照一定的存储策略实现有效状态信息的在线自动记录，包括过渡过程、稳态过程、工况参数发生变化时等各种信息，为系统分析和诊断提供完备有效的历史数据。在线数据记录是状态监测系统的各项功能的根基。

2. 机组运行状态发生变化时，自动发出预警或报警信息

当机组当前运行状态比同样工况下的历史状态有明显的区别时，系统应给出预警信息，提示现场人员适时进行分析、判断和检查。

3. 提供丰富的信号分析方法和工具

这些方法和技术工具使得专业工程师准确有效地找到故障现象的本质，为问题的进一步解决提供保障。

4. 自动或半自动故障诊断功能

自动诊断完全由计算机在线自动触发、自动推理、自动显示诊断结果，不需任何人的干预。自动诊断技术难度很大，需要逐渐发展和完善。半自动诊断采用人机交互方式，可以充分发挥人的判断力和经验。两种诊断方式共存，才能构筑一个好的诊断系统或专家系统。

5. 水力机组相关性能的在线自动测试

根据在线记录的各工况运行数据，由计算机分析拟合出各种性能曲线、如效率曲线、负荷–振动关系曲线、寿命损伤曲线等。

6. 指导机组的优化运行

通过对机组运行性能的在线跟踪分析，掌握不稳定负荷区等危险运行工况，避开危险点运行，保障机组寿命。也可以利用效率关系等性能测试结果，合理调度机组，优化经济指标。

7. 能对机组安装、调整、检修、改造效果进行评价

状态监测及分析诊断系统可通过机组调整前后的数据记录、分析处理和现场测试，得到各项性能指标，评价调整效果，达到整机验收的目的。

可对大小修后的状态进行比较，全面掌握调修效果。

8. 实用功能

根据传感器的布放情况，在硬件系统可能的情况下，完成动平衡、盘车检查等实用功能。

9. 网络化远程诊断功能

利用网络技术提供便利方式和可靠迅速的技术手段，充分发挥社会力量，共同参与机组的状态监测和分析。

10. 软硬件系统扩展功能

根据实际需要及研究进展情况，系统功能可方便安全地实现模块化增加，不断丰富和完善，最终实现全状态监测。

从上述功能定位可以看出，状态监测与诊断系统的应用领域是非常广泛的，并非只对发生故障的机组才有作用，也不仅仅是保护停机这一点功能。

四、案例

某水电厂运行设备状态监测与诊断系统的功能包括实时状态监测、信号分析、趋势分析与参量预测、故障诊断、实用计算及状态报告输出。其中实时状态监测模块由主机稳定状态、发电机运行状态、主变压器运行状态、高压断路器状态、调速系统状态、励磁调压状态及油、水、气系统状态等监测所组成。如图 6–3–2–1 所示。

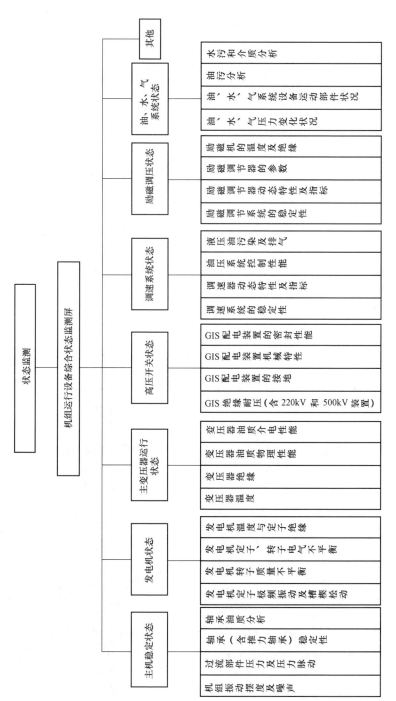

图 6-3-2-1　实时状态监测模块图

【思考与练习】

1. 为了分析机组轴线是否良好应收集哪些资料？

2. 为了分析推力和各部导轴承运行是否良好应收集哪些资料？

3. 为了分析定子绝缘和铁芯是否良好应收集哪些资料？

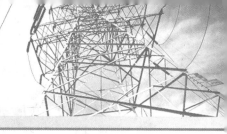

第四章

经 济 运 行

◢ 模块 1　电力系统经济运行（Z49J4001）

【模块描述】本本模块介绍电力系统经济运行。通过原理讲解，掌握增加发（供）电量的方法、提高电力网运行的经济性方法、系统负荷在各台机组的最佳分配、电气设备节能技术几种经济运行。

【模块内容】

电能在生产和输送过程中都要求在最经济的状态下进行，即以最少的消耗取得最多的效益。

厂（站）用电率是考核厂（站）的经济效益的重要生产指标之一，而厂（站）用电的多少全部是以厂（站）的全部运行的电气设备耗电总和为标志。

发电厂、变电站带头节约用电不仅是给企业提高效益，同时还可以带动一大片用电单位创造更多的社会效益。

关于发电机、变压器和电动机等电气设备如何搞好经济运行，不再论述。这里着重从整个系统的角度加以阐述。

一、增加发（供）电量

厂（站）用电率是厂（站）用电量的总和与发（供）电量之比的百分率。很显然，发（供）电量越多，厂（站）用电率就越小。同时，发（供）电量就是发电厂（变电站）的产品，产量增加肯定会带来经济效益的提高。

扩建机组及其输配电设备纵然是增加发（供）电量的有效途径，但要受到资金、时间等条件的限制。充分发挥现有发（供）电设备的能力是重要的措施。

（一）提高发（供）电设备的利用率

发电厂、变电站只有保证安全生产才能创选最大的经济运行。搞好设备检修工作，踏踏实实抓好三件事：

（1）坚持计划检修，应修必修。要从历史上设备失修所造成的恶果中吸取教训，总结经验，坚定决心，坚持实行计划检修。

（2）坚持检修高质量高标准。检修的项目安排、施工管理、工艺要求、质量检验等，都要按部颁检修规程的要求，一丝不苟做好。

（3）下大力抓好主力电厂、主力机组的检修，以稳定电网的大局。对它们存在的问题，要订出措施，限期解决。

（二）挖掘发（供）电设备潜力

目前世界上较发达的国家，电厂的厂用电率平均为 4%～5%；而我国却为 6.54%，单从这个数字也可说明就现有发电设备的挖潜工作还大有可为。这就要求运行人员做好"勤检查、勤操作、勤调整"，搞好发（供）电设备的运行管理。特别是电气设备的防污、防潮、防火等工作必须抓好。例如，在污秽地区，污闪事故比雷害事故约多 10 倍，而且不能像防止雷害事故那样采用自动重合闸来消除事故。

水电厂的设备增容潜力十分显著。如改造水轮机转轮叶片修形、发电机定子绕组换绝缘、铁芯重新叠压、改善通风等。

（三）加强发（供）电设备技术改造

发（供）电设备的技术改造概括起来有以下几个方面：

（1）在今后的基本建设中努力采用先进设备和先进技术，包括高效率大容量的机组、超高压、直流输电、核电站及各种自动化装备等。

（2）对现有陈旧落后的中低压机组进行淘汰和更新，个别有条件的可改为供热。

（3）对部分现有发（供）电设备进行完善化和技术改造，以达到充分发挥设备能力，提高发供电可靠性，改进电能质量，降低能源消耗，减少环境污染等目的。

（四）合理进行电网调度

在用电量一定的情况下，从电网的经济性考虑，一般，效率高的机组应多带，效率低的机组则少带，并且如果能够满足用电量的要求，甚至还可将部分机组停运，以求得整个电网的效益。电网是一个整体，发电厂、变电站是个局部，局部利益必须服从整体利益。

在洪水季节，水库的水位甚高，此时水电厂应该尽力多发，以免造成排洪弃水。火力发电厂则可安排机组检修。如果火力发电厂为了增加发电量，拼命多发，而使水电厂把水库的水白白排掉，那么给电网造成的损失是双向的，水电厂泄洪弃水，火力发电厂无谓耗煤，而且发电量越多，耗煤越多，损失也就越大。因此，经济调度就显得更为重要。

二、提高电力网运行的经济性

降低电力网中的电能损耗，将大大提高电力系统运行的经济性。降低电力网中电能损耗的措施，可分为建设性的和运行性两种。

（1）建设性措施需要增加投资费用，其主要措施如下：

1）加强电力网，即增建线路回路，增设变压器，换大导线截面。

2）装设减小电力网中送无功功率的设备，如同步调相机、静电电容器等。

3）加装能升高电力网运行电压水平的设备，尤其是对因无功功率的不足而在最大无功负荷时期内电压降低运行的电力系统。

4）提高电力网的额定电压。例如把 6kV 升为 l0kV 等。

（2）运行性措施并不需要增加投资费用，其主要措施如下：

1）电力网按最有利的结线方式参加运行。例如在环形电力网中，使所有接入的元件参加运行；在辐射形电力网中，按有功功率损耗最少条件求得的各点把网络分割。

2）切除轻载的变压器，以降低运行变压器中的总功率损耗（铜损或铁损）。

3）尽力减少检修期间停用的输电线路条数，如采用线路的快速检修法、带电检修法、分相检修法等。

4）充分利用发电机和调相机的无功功率并对发电厂和变电站的变压器选择正确的分接头，以便尽可能地提高运行电压水平。

5）对于多端供电的电力网，正确地选择降压变压器的分接头，以便消除多余的无功。

6）消除配电网中电能的过程耗用和泄漏。

7）建立计算发电厂中生产的电能量、销售给用户的电能量，以及发电厂和变电站自用电能量的合理组织。

在大多数情况下，对降压功率损耗来说，建设性措施可能比运行性措施产生较大的效果，但它们需要额外投资费用，不一定总是经济合理的。由于运行性措施不需额外投资，尽管它们的效果并不很大，但仍应充分地实现。

电力系统要达到系统运行的最大经济性，首先应该提高各个机组的经济性来达到，例如提高机组的效率、改善机组的工作状态、增加水轮机的有用落差、正确地装置水轮机叶片的斜度等；其次，是将系统负荷在各个机组间作最佳分配，使得系统内的各台机组均处在最高效率状态下运行；再次，是做好参加运行的发电厂机组和电力网接线方式的最佳选择。因为，空载机组也要消耗燃料，所以从经济的角度看，发电厂的部分机组必须在轻载时停掉。

三、系统负荷在各台机组的最佳分配

电力系统负荷的经济分配即是在一定的运行方式下，把系统负荷在各电厂及各机组间进行分配，使所需的运行总费用为最小。

以往常用的方法：当系统负荷增加时，先使效率最高的机组增加负荷，直至到达它的效率最高时的负荷值，然后再让效率较好的机组带负荷，直至达到它的最大效率时，以此类推；反之，当系统负荷减少时，则先减效率低的机组。这种方法现在已被证明还不是最经济的。

目前认为，最经济的分配方法是所谓等微增率法则。等微增率法则就是让参加运行的所有机组按微增率相等的原则来分配负荷，这样就可使系统总的燃料消耗费用为最小，因而是最经济的。

四、电气设备节能技术

（一）正确使用变压器

（1）变压器是变电设备中重要的装置之一。合理用电及节能的关键问题是如何选择和使用变压器。

关于变压器容量的选择，在一般情况下都是设计者选定的。安装验收交付运行后，着眼点则在于如何使用它。尽量减少变压器的空载损耗以及使它能在发挥最大效率的负荷容量下运行。因为空载损耗是与负荷无关的一定量的损耗，所以在夜间或休息日等轻负荷时将负载轻的变压器退出运行；控制变压器的运行台数；更换成小容量的变压器运行等；发电厂内有的机组停运时，应注意将该台机组的厂用变压器停运，这一点往往被运行人员所忽视。

（2）在线运行的变压器要设法使其处于高效运行的状态，即在尽量减少变压器的电能损耗情况下运行。

（二）电网中变压器分接头的选择

变压器分接头是电压调整系统中的一个重要元件。变压器分接头的正确选择，有助于系统中发电机和调相机无功功率的完全利用，并有助于电力网中适当电压水平的建立。在由某一结点供电的电网中，变压器分接头的正确选择，有助于扩大该结点电压允许变化的范围，因而比较容易解决系统的调压问题。

在无功功率不足或者无功功率备用容量不够的系统中，变压器分接头的选择特别重要。为了增加系统的无功功率配备，升压变压器上的分接头必须这样来选择，以便在有必要完全利用发电机的无功功率时，由发电机定子电流限制值所限定的和由发电机转子电流（或电压）极限值所限定的无功功率值必须同时达到。当电力网电压较低，并且发电机的有功功率满载时，经该升压变压器与系统相联的每一发电机的无功功率可能被定子电流极限值所限定。在这种情况下，变压比的减小，将提高某发电机的端电压，因而在定子电流同样地得到完全利用时，增大了输入电力网的无功功率。当电力网电压较高，而发电机的有功功率并没完全利用时，无功功率通常由发电机转子电流的极限值所限制。在这一情况下，升压变压器变压比的增大，将在每一台发电机转子电流同样地完全利用时，增大输入电力网中的无功功率，原因是这时归算到高压电力网的电动势值增大了。最后，如果发电机的无功功率由定子电流极限值所限定，那么，升压变压器变压比的增大，容许把转子电流增大到它的极限值，从而增大了输入电力网中的无功功率。

如果对每一台发电机，由定子电流极限值和转子电流（或定子电压）极限值所决定的无功功率同时达到，那么这时所要求的变压比，是保证发电机无功功率完全利用的最佳变压比，因而不应加以改变。

（三）装设移相电容器，改善和控制功率因数

在变电设备中，几乎都装设了改善功率因数的移相电容器，这是因为装设移相电容器后可获得如下好处：

（1）通过改善功率因数，可减小线损及变压器的电能损耗。

（2）减小了线路及变压器内的电压降。

（3）可增加变压器、发电机等输配电设备的电能备用容量。

（4）节约电费。

（四）发电机进相运行

发电机进相运行是当系统无功负荷过剩时降低电压的一种调压措施，是发电机的一种特殊运行方式。

当发电厂的电压监视点电压超过调度下达的电压曲线上限值时，可将部分发电机进相运行，即向系统吸收无功功率。

发电机进相运行的深度主要决定于发电机静态稳定性和发电机端部发热温度。发电机能否进相运行及进相运行的深度如何，最好通过试验确定，以不超过发电机铭牌规定的额定电流和发电机端部发热温度不超过允许值为限。值班人员必须定时巡检发电机的各部温度、振动和励磁机运行状态，注意检查发电机窥视孔端部线圈的发热状况，同时还应注意同一母线上运行的其他机组运行情况，以确保发电机系统的安全。

发电机进相运行时，自动励磁、强行励磁及其保护装置应正常投运。

发电机进相运行时，应注意不要发生振荡或失去同期。如由于调整不当或其他原因引起振荡或失去同期时，即定子电流表、电压表、功率表的指针来回大幅度周期性摆动，转子电流表的指针也相应摆动等现象发生时，应立即增加发电机的励磁电流，或同时降低发电机的有功功率，以使发电机转入滞相运行，尽快进入同期状态；如经过采取上述措施仍无法使发电机恢复同期，则可将发电机与系统解列。

发电机进相运行的操作主要是利用发电机的励磁调节器缓慢降低励磁电流进行；发电机由进相转为滞相运行则是利用励磁调节器增加励磁电流进行。

【思考与练习】

1. 提高电力网运行的经济性在运行方面有哪些措施？

2. 电气设备节能技术主要有哪几种措施？

模块 2 水电厂经济运行（Z49J4002）

【模块描述】本模块介绍水电厂经济运行。通过概念介绍，掌握长期经济运行、短期经济运行和厂内经济运行 3 种水电厂经济运行方法。

【模块内容】

一、水电厂经济运行概述

（一）水电厂经济运行的目的和意义

发电厂运行需要考虑供电可靠性和供电经济性两方面的要求。供电可靠性要求电力系统以一定数量和质量的电能对用户不间断地、安全可靠地供电，即满足一定时间段内的负荷要求；供电经济性则要求系统对用户的供电应尽可能经济、便宜。要做到安全可靠地供电，可以通过提高设备的制造、安装、运行维护水平实现；而要做到经济供电，就要努力降低电力系统的运营成本，重点就是降低发电成本，即降低火力发电厂的燃料消耗和水电厂的耗水率，节能增发。要降低水电厂的发电耗水，充分利用有限的水量多发电，就要对水电厂的机组运行进行优化，实现最优经济运行。

水电厂经济运行是指在保证电站安全可靠运行的前提下，使水电厂的水尽可能多发电，或者在完成给定的负荷任务下，水电厂尽可能少用水，以使发电厂或电网调度中心获得最大的经济效益。

水电厂的经济效益可分为发电效益、电网效益和社会效益 3 个部分。从水电厂本身看来，主要是在满足电网效益和社会效益的前提下，尽量取得更多的发电效益。

采用水电厂经济运行的方式可以实现运行工况优化，从而节约用水，增加发电量。一般说来，水电厂采用最优运行机组数可获得效益 1.0%，实现最优组合可获得效益 0.3%，实现机组间负荷最优分配可获得效益 0.3%。对大、中型水电厂来说，开展水电厂厂内经济运行可以增加发电量 0.5%～3%。

（二）水电厂经济运行的任务和内容

水电厂经济运行（最优运行）主要是研究水电厂科学管理的优化技术和调度决策。在保证电能生产的安全可靠、连续优质以及多目标综合利用的要求的条件下，合理地、有效地、最大限度地利用水能，挖掘潜力，节约能源，多发电，以求收到最大的经济效果。

经济运行系统的开发和投入电厂运行，不仅能获得显著经济效益，还可改善电网运行品质和电厂值班人员的工作环境。

水电厂经济运行的任务：在不影响电厂安全可靠运行的条件下，通过改善电厂的运行状态和控制方式，使发电厂获得最大的经济效益。

水电厂经济运行问题分为 3 种方式：长期经济运行、短期经济运行和厂内经济运行。

1. 水电厂长期经济运行

长期经济运行通常指一年及多年较长时间的运行方式，其任务是将一段较长时期（季、年、多年）内的有限输入能量分配到其中较短的时段内（月、周、日），具体内容是以水电厂水库调度为中心，包括电力系统的长期电力电量平衡、检修计划的安排、备用方式、水库来水预报及分析等。

2. 水电厂短期经济运行

短期经济运行主要研究电厂的日（周、旬）电力电量平衡，其任务是将以上长期经济运行所分配的输入能量在短期内的各个更短时段（小时）间合理分配，确定出水电厂逐日、逐小时的负荷分配和机组的运行状态。

3. 水电厂厂内经济运行

水电厂厂内经济运行可以归结为满足安全和电能质量要求，完成规定的日发电任务，使耗水量为最小。通常包括两个方面：一是空间最优，就某一时刻来说，要发出系统规定的某一出力，应合理地决定运转的机组和出力在各机组间的合理分配，以使总耗水量最小；二是时间最优，就整个一天时间来看，机组的启停要合理安排，避免频繁开停机，从而减少开停机过程中水量损失和设备操作，使一天内的总耗水量最小。空间优化和时间优化又是相互关联和相互影响的，统一考虑和合理解决这些问题，就能够以最小的耗水量，完成规定的发电任务。

长期经济运行方式的制定只对长期调节性能水库（季调节以上的水库）的水电厂才有意义；而短期经济运行方式的制定对具有短期（日）调节性能以上的水电厂都有现实意义。为了充分发挥水电厂的作用，最大限度地利用水能，以获得尽可能大的运行效益，应全面开展水电厂的长期、短期经济运行方式及厂内的经济运行调度。

水电厂的厂内、短期和长期经济运行方式三者之间互相制约，相互影响，是一个整体。在理论研究及分析最优运行方式所具有的特点时，应按照先厂内、次短期、后长期的顺序；在实际制定各种经济运行方式用以指导运行管理时，则应与上述顺序正好相反的顺序进行。

二、长期经济运行

根据水库承担的任务与调度规则，在确保大坝安全的前提下，运用水库的调蓄能力，有计划地对天然入库流量进行蓄泄，达到充分利用水能，增加发电量和保证系统安全运行的目的。中长期发电调度的目的是将较长时期的有限输入能量优化分配到较短时段（月、旬）内，力求获得尽可能大的运行效益，实现水电厂的经济运行。

在调度控制期入库（或区间）径流过程已给定，在满足综合利用要求前提下，制定水电厂中长期水库调度方案及发电调度计划。

中长期优化调度主要是针对具有中长期调节能力水库水电厂而言。

（一）常规调度方法

建立水电厂各水库调度规程、调度图数据库。根据调度规程、水电厂发电计划，计算调度期内水库水位过程，泄流过程，并统计调度期内发电量。

（二）优化调度方法

长期优化调度问题可简单表述为在满足各种水库综合利用的约束下，确定水库蓄水过程，使水电系统发电量最大化。其中，水库综合利用的约束主要表现为在各个时期对水库水电厂发电流量以及对水库蓄水位的限制。

在长期水库水电厂优化调度中，假设未来控制期内的径流过程给定，则可采用确定性模型求解。

1. 发电量最大模型

（1）问题描述：给定控制期内径流过程以及控制期末库水位，确定水电厂发电用水（或水库蓄水位）过程，使控制期内系统总发电量最大。

（2）计算方法的选择：在长期调度中目标函数是阶段可分的，因此总体可采用POA算法，它用于求解多状态规划问题较为有效。阶段优化可采用其他优化方法，如可采用逐次逼近二次规划、逐次逼近线性规划等。

1）信息输入：

a. 计算时段初水库蓄水位；

b. 控制期末水库控制水位；

c. 未来控制期内径流过程；

d. 水库物理特性（如水位–库容曲线、泄流量–下游水位曲线等）；

e. 水库设计参数（正常水位、死水位、防洪限制水位等）；

f. 电站出力特性（如发电效率、最大出力限制等）；

g. 电站设计参数（装机容量、装机台数、保证出力等）；

h. 水库综合利用约束；

i. 水电系统保证出力约束。

2）模型输出：

控制期内各水库水电厂最优出力过程、发电流量、弃水流量过程、水库蓄水位过程、控制期梯级水库系统总发电量等。

2. 发电效益最大模型

问题描述：给定控制期内径流过程以及控制期末库水位，确定水电厂发电用水（或水库蓄水位）过程，考虑电网对水电厂调峰要求及分时电价等对水电厂效益的影响，建立优化调度模型，使控制期内系统总发电效益最大。

模型的输入、输出基本同发电量最大模型。

（三）优化调度函数

利用确定性优化调度模型，对水电厂系统长系列历史水文资料进行优化计算，得到理想的过程（出力过程、泄流过程、水位过程等）。对理想决策过程进行回归分析，计算得出调度函数。

给定水电厂系统状态（库水位、入库流量），查优化调度函数，并考虑各种约束条件（水位约束、流量约束、出力约束等），编制水电厂发电调度计划。

三、短期经济运行

在调度期内径流预报、系统总负荷、水电厂可投运机组及水库初始库水位已知的条件下，通过短期经济运行软件，可以制定水电厂的短期优化运行方式和日发电计划。

调度期可变，可以制定 1～3 天调度计划，始、末日期可变，以 15min 为时段，给出调度日内 96 时段各站发电计划。

（一）发电量最大

模型的功能：已知初始库水位、控制期内用水量（或者控制期末库水位）、各直调水电厂来水情况，在满足各种约束条件下，求各电站出力过程，使控制期内发电量最大。

1. 方法的选择与确定

可考虑采用动态规划、整实混合线性规划、直接搜索法等较成熟的算法进行求解。

2. 输入信息

（1）水库的控制期初水位。

（2）入库径流预报过程。

（3）水库物理特性（水位–库容–关系曲线、尾水位–下泄流量关系）。

（4）水电厂出力特性（水头–流量–出力关系、水头–发电流量限制、水头–出力限制）。

（5）水电厂的流量约束。

（6）水库的蓄水位约束。

3. 结果输出

（1）调度期内水电厂日内（96 点）发电出力过程及发电量，过程以图形及表格形式输出。

（2）水库在控制期内的水位变化过程。

（3）水库在控制期内的放水流量过程及用水量。

（4）水库在控制期内的耗水率。

（5）电站在控制期内的发电流量过程。

（6）水库在控制期内的弃水流量过程及弃水量。

（二）短期耗能量最小（蓄能量最大）优化模型

模型功能：在保证完成系统负荷需求的条件下，尽量减少用水量，抬高水头，增加水库系统蓄能，为以后水电系统的安全、稳定、经济运行创造条件。

输入、输出信息基本同发电量最大模型。

（三）短期调峰效益最大优化模型

模型功能：考虑水电系统内各水电厂分时电价差，根据水电系统的运行状况，制定水电系统的运行计划，充分发挥水电操作灵活的特点，使水电系统获得最大的调峰效益，同时也为电网提供更多优质的调峰电能，保证电力系统安全、稳定、经济运行。

模型约束条件、求解方法、输入和输出信息与发电量最大模型近似（增加输出各电厂发电收益及单位水量收益）。

四、厂内经济运行

（一）厂内经济运行和自动发电控制

水电厂厂内经济运行是一类典型的单目标优化问题，通常以水电厂在给定发电负荷下耗流量最小作为最优化目标来探讨这一问题。它包含了两个子优化问题：机组负荷分配优化问题和机组组合优化问题。

这两个问题都是以耗流量最小作为唯一的优化目标。其中，固定机组负荷分配问题要求根据水电厂给定水头下的各台可供发电的机组出力与流量之间的特性曲线，得到这些机组在各种负荷下的机组所要承担的出力状况，并保证在这一负荷要求下，这种分配方案耗流量最少。由于在这个过程中，所依据的机组特性曲线是非线性的，所以这是一个非线性的优化问题。它还必须满足下述约束：

（1）水电厂中每台机组具有最小出力和最大出力限制，即分配在各台机组上的出力不应该超出这个范围。

（2）在各台机组的最小出力和最大出力之间还有空蚀振动区的存在，在机组负荷分配时，必须加以规避，以延长机组的使用寿命。

（3）水电厂所要承担的负荷应该在整个电厂的出力范围之内，同时还应保证各台机组的总出力与该负荷相等。

这是一个连续参数的多约束条件的非线性优化问题。

机组组合优化问题则是根据上级调度部门给出的水电厂日负荷曲线，安排水电厂内某一段时间的机组开停组合。在机组组合问题中，包含有大量的0-1变量和离散变量，在数学上表现为一个包含大量约束条件的大规模非线性混合整数规划问题。它需要满足以下的约束条件：

（1）系统负荷和备用要求。由于水电厂的机动性较好，所以在电力系统中一般都要承担系统的备用要求，以保证在电力系统出现事故或突发事件时能够迅速满足系统的负荷需要，因此，在实行机组组合优化时，必须保证目前处于运行状态的机组能够应付负荷备用的要求。

（2）最小开机时间和最小停机时间。机组频繁地启停会对机组造成损坏，为了避免机组频繁启停，水电厂要设定机组的最小开机时间和最小停机时间，从而限定各台机组在一个调度时段内的开机次数。

（3）机组爬坡速率（功率变化速率）。在电力系统中水轮发电机组及水电厂机动性最好的，一般来说机组从停运状态启动到满负荷一般仅经历 3～5min，而停机过程则更短。因此，在单纯的水电厂厂内经济运行中可以不考虑机组爬坡速率。

（二）水电厂自动发电控制

水电厂自动发电控制的核心内容是实现厂内经济运行，其目标是按预定条件和要求，以安全、迅速、经济的方式自动控制水电厂有功功率，以满足系统需要。它是在水轮发电机组自动控制的基础上，实现全厂自动化的一种方式，根据水库上游来水量或电力系统的要求，考虑电厂及机组的运行限制条件，在保证电厂安全运行的前提下，以经济运行为原则，确定电厂机组运行台数、运行机组的组合和机组间的负荷分配。

1. AGC 功能描述

（1）AGC 软件提供灵活的总出力控制方式。

1）按定值负荷方式控制电厂总有功功率；

2）按负荷曲线方式控制电厂总有功功率；

3）按联络线潮流要求控制电厂总有功功率；

4）在汛期按当前入库流量最大限度安全发电；

（2）按调频运行方式控制电厂总有功功率：根据电网要求的调频偏差系数和电网实际频率控制电厂的总出力。

（3）可选择紧急调频功能。

1）如果当前系统频率低于紧急调频下限频率或高于紧急调频上限频率时，AGC自动进入"紧急调频"状态，从而最大限度、安全、可靠地支援电网的安全运行；

2）提供确定最佳运行机组数功能，根据负荷要求，实现全厂最优机组组合；

3）提供确定运行机组台号的功能，根据运行工况，考虑安全、经济因素，合理地进行机组开停机决策；

4）提供负荷分配功能，按照优化理论，在机组间经济分配负荷，实现全厂优化运行；

5）提供负荷调整策略功能，保证电厂有功的快速平衡和机组出力调节的平稳；

（4）AGC 软件提供简洁的控制选择和相应的控制逻辑功能，包括：

1）AGC 软件的投入/退出；

2）AGC 软件的开环运行/闭环运行；

3）电厂总负荷的远方或现地控制方式；

4）机组参与/退出 AGC，以及参与 AGC 运行等级；

5）机组启停顺序的设定方式，自动/交互；

6）机组出力调整方式设定，自动/交互；

（5）其他。

根据需求，AGC 软件提供相应的特殊工况的处理功能。

1）甩负荷、溜负荷、切机的处理功能。

2）AGC 软件提供计算条件的安全校核与报警功能。

2. AGC 运行约束条件

（1）电厂最大、最小出力约束；

（2）电厂最大、最小泄流量约束；

（3）电厂日运行水位限制；

（4）水库水位变化率约束；

（5）保证机组运行避开空蚀振动区；

（6）功率调节死区要求：

1）各台机组单机调节死区为 1%；

2）全厂总负荷调节死区为 0.1%～0.2%；

3）当全厂单机负荷进入死区范围，而全厂功率在死区以外时，AGC 通过微调功能保证全厂负荷偏差小于 0.1%～0.2%。

3. 机组调节方式和控制方式

（1）机组调节方式：包括开环、闭环、手动三种。手动方式时，AGC 程序将该机组带固定负荷，不进行负荷分配，其负荷值手动给定；开环方式时，AGC 仅给出负荷分配指导，但不作为机组设定值，设定值由运行人员参考 AGC 分配指导值给定；闭环方式下，AGC 程序给出 AGC 机组的有功设定值，通过 LCU 作用至机组。

（2）机组启停控制方式：分为自动、半自动和手动。手动方式下，AGC 仅给出 AGC 机组的启/停指导，但机组启停仍由运行人员完成；机组控制为半自动时，AGC 给出启停指导并启动机组启停顺序流程，但需经运行人员确认才执行；自动方式下人工无法干预或终止流程执行。

（3）水电厂 AGC 软件的模块组成

1）初始信息的校验模块；

2）信息预处理模块；

3）运行逻辑模块；

4）最佳机组数计算模块；

5）最佳运行台号确定模块；

6）最佳机组负荷点计算模块；

7）机组负荷调节模块。

【思考与练习】

1. 什么是短期经济运行？

2. 什么是长期经济运行？

3. 水电厂经济运行问题分为几种方式？

模块 3　水库经济运行（Z49J4003）

【模块描述】 本模块介绍水库经济运行。通过原理讲解，掌握水库调度在水库经济运行中的作用，水库调度在水库防洪、兴利调度中采取的一些措施。

【模块内容】

一、水库调度在水库经济运行中的作用

水库调度是水库经济运行的重要部门，搞好水库调度工作能大大地提高水库的经济运行水平。

水库调度在水库运行中承担着发电计划的制作任务，制作发电计划的依据是对水库流域的长、中、短期水文、气象进行预报，预测流域的来水情况，在满足国民经济各部门（如农灌、航运、城市用水等）对用水的需求，在确保水库防洪安全的前提下，最大限度地提高水库的水能利用率，提高水库的发电效益，从而实现水库发电、防洪双丰收。

因此，水库调度在水库经济运行中，核心工作是搞好短、中、长期的水文气象预报，明确国民经济各部门对水库的需求，在确保大坝安全的前提下，合理制作发电运行计划。

水库调度图是根据保证率较高的历史水文资料，利用径流的时历特性和统计特性，按水电厂水库运行调度总原则，同时遵循一定的最优准则，编制的一组控制水库发电运行的调度线，结合水库的防洪调度线即组成完善的水库调度图。在目前对未来天然径流还不能正确预知的情况下，按调度图运行能使水电厂工作可靠性和经济性之间的矛盾、防洪和发电兴利之间的矛盾得到一定程度的解决，在满足一定的防洪要求的基础上，使水库发挥较大的发电和综合利用效益。因此水库调度图是正确管理水电厂，保证电厂安全经济运行的必要依据。但在偏丰以上的来水年份，按调度图运行往往造成较多的弃水损失，水量利用不够充分。当前水文气象预报水平不高，对未来的径流还不能做到完全正确的预测，但尚有一定精度，特别是短期预报、洪水预报。因此，可利用短期和中期预报与水库调度图相结合的方式来调度水库，弥补了调度图的不足，使水库发挥更大的综合利用效益。

长期预报：一年和月的来水量预报是水电厂制定长期运行调度计划时的依据。来水量的年内分配，结合实际运行库水位在调度图的位置，制定出各月和全年的发电计划。根据各月来水量的预报和月初实际库水位在调度图的位置，逐月修正水库运行计划，调整各时期的控制水位。如预报汛期来水偏多，可有计划地大发水电，使库水位接近正常保证出力区的下限运行，迎接洪水的到来，提高水库的水能利用系数；反之，长期预报来水偏枯时，各月的控制水位要接近调度图的上限，这样可充分利用水头，发挥水库天然来水的不蓄电能，降低发电耗水率。

中期预报是水电厂及时调整水库运行计划的主要依据。如旬预报来水较多，库水位又较高时，可采取大发电措施增发季节电能。在汛后，根据中期预报掌握水库的蓄水，拦蓄洪尾利用防洪库容为兴利蓄水，以达到两种库容重复利用。

短期暴雨和洪水预报，在水库水位接近或达到汛限水位时，是制定水库洪水调度方案的依据，结合水库的调洪原则、调洪控制水位，计算确定下泄流量和水库调洪过程。水位未达到汛限水位前，若洪水预报结果指出水库将调节洪水，可提前开闸放流，控制库水位缓慢上升。短期暴雨预报是用作调整放流量和水库调节水位的参考依据，利用 24、48h 的暴雨预报方案，必要时可根据假想洪水预报结果采取提前预泄措施，腾空库容，减少最大放流量，以利防洪调度。

二、水库调度在水库防洪、兴利调度中采取的一些措施

水库控制运用，逐渐开展了短、中、长期水文气象预报工作，在实际运用过程中，采取长计划、短安排的方法，根据水库调度图的各时期控制水位，参照来水量预报结果不断调整运行方式。

1. 定期提出水库调度运行方案

定期于每年的四月初（全年）、六月初（提汛期）、十月初（提供水期）和每月初及汛期的旬初、每季季中分别研究分析后期的来水形势，并提出相应的发电、防洪调度方案。根据具体情况还提出临时性的调度报告，做好上级领导的参谋。

2. 与中、短期预报相结合

用长期预报对年来水量的多少做出定性的分析，并在一定保证率的条件下确定全年的发电计划，如预报来水偏丰，就用来水保证率 50%；预报来水正常时，用 75% 来水频率做出年发电计划，再由年内各月来水量分配的预报，结合调度图各时期合理的

控制水位和电力系统供电的要求，并考虑水库综合利用部门的要求，对各月、季的用水进行分配，制定出电厂的长期调度运行计划。因长期预报的准确度较低，故要根据中期预报的结果逐月逐旬地修正水库运行计划。特别是汛期来水集中，并变幅大，及时调整整旬的调度运行计划是很必要的。汛情紧张时，还经常对来水形势做进一步分析，及时提出修改水库发电调度和洪水调度的运行方式。用短、中、长期预报相结合，互相补充修正，使水库的控制运用计划切合实际。

3. 汛前大发电措施

汛前采取大发电措施的条件是：

（1）预报后期来水偏丰。

（2）实际库水位较高，近于正常保出力区的中限。

（3）当时来水量较大，库水位处于上升的趋势。

（4）系统有一定的备用容量代替，当丰水预报失效后，能及时减发水电，保证水库蓄水。

按水库调度图规定，丰满水电站的正常保证出力是 16.6 万 kW，相当于日发电量 400 万 kW·h，而装机全出力运行可日发电 2406 万 kW·h，故提前采取大发电措施，发季节电能的效益是很可观的，目前，丰满水库提前进入满发一天可多发季节性电能 2000 万 kW·h。

4. 对汛期防洪限制水位的掌握

为确保大坝安全，应对历年洪水的成因进行了分析，采取了一些有力措施：

（1）加强洪水调度工作中的组织领导。

（2）根据流域特点，对汛限水位进行分期控制，增加季节性防洪库容。

（3）做好预报调度工作，充分使用洪水预报，并适当考虑短期暴雨天气预报，深入分析洪水规律，尽力做到发电库容和防洪库容共用。在来水偏丰年份，适当降低水库水位，提前进入大发电，预先为水库腾空库容。在一般来水年份，根据对后期来水情况的分析和水库实际运行情况，在调度中灵活掌握水库水位，以保证蓄满水库。

5. 水库的汛末蓄水

一个不完全年调节水库不可能每年蓄至正常高水位，掌握汛末蓄水时机，是发挥水库综合效益的关键。如在大水年库水位未消落到汛限水位以前就关闭闸门或调整发电运行方式，抓洪尾充蓄防洪库容，以利于水库的蓄水。能否蓄满水库，关键在于对后期来水条件的识别，中期来水预报和洪水预报是识别后期来水条件的依据，预报成果的好坏，直接影响效益的发挥。为供水期的供电和保证水库下游的农田灌溉、航运及工业用水等综合利用发挥很大的作用。

【思考与练习】

1. 水库调度制作发电计划的依据是什么？
2. 水库调度在水库防洪、兴利调度中采取哪些措施？

▲ 模块 4 水电厂应用软件系统（Z49J4004）

【模块描述】本模块介绍水电厂经济运行软件。通过功能介绍，掌握应用软件设计原则、应用软件系统结构及信息流、水电厂经济运行应用软件的功能及布置、系统运行中的人机交互功能。

【模块内容】

一、水电厂经济运行应用软件的功能及布置

水电厂经济运行，又称作水电厂优化运行或优化调度，研究的是如何利用水库的调蓄能力，最大限度地利用水能资源，发挥或提高水电厂的发电效益。

从不同的角度、不同的层次考虑经济运行问题，发电效益可以有不同的描述方式，即不同的经济运行模型，如发电量最大模型、售电收益最大模型、用水量最小模型、调峰电量最大模型等。

从考虑的时间跨度上划分，水电厂经济运行可分为中长期、短期和实时调度，模型按对径流描述的不同又可分为确定性模型和随机性模型。

在实际工程应用中，根据应用需求和具备的条件，全部实现或部分实现水电厂经济运行的功能，这些功能软件可以组为一个独立的系统运行，也可以作为已有或规划建设的其他系统的一个部分，如水库调度自动化系统的高级应用软件、水电厂计算机监控系统的高级应用功能 AGC。

（一）水电厂中长期常规发电调度功能简述

（1）根据用户输入信息和约束要求，按照水库调度图进行常规发电调度计算，制定中长期发电计划方案。

（2）可根据不同的来水和约束条件制定不同的调度方案，并支持多方案存储。

（3）支持对当前制定的方案结果或历史提取方案的仿真功能。用户可按水库水位（或蓄水量）、电站出力（或电量）、入库出库流量（或水量）分时段进行图形拖动或数据表格修改仿真，实时显示仿真结果。

（4）具有对历史制定的存储方案进行提取查询功能，查看其调度过程值和边界值。

（二）水电厂中长期优化发电调度功能简述

（1）调度模型可进行选择和配置。

（2）按月或旬为时段进行计算，调度期可进行设置。

（3）核查各水库和电站静态资料，确认各电站计算参数。

（4）调度结果可进行多方案存储和查询。

（5）可对调度结果和历史方案进行图表联动的仿真模拟操作。

（6）可进行多方案比较功能（相同调度期和调度时段）。

（7）输出方式：

1）采用图形和表格联动的输出方式；

2）数据表格输出项可选择；

3）图表输出方式支持屏幕输出和打印输出；

4）数据表格输出支持转存为其他文件方式进行存储；

5）可供其他软件调用。

（8）输入方式。

1）调度期的起始时间和结束时间可进行设置；

2）调度时段（旬、月）可进行选择；

3）预报入库来水提供多种手段获得，包括预报提取、历史同期（选择年份）、同倍比缩放、频率分析等，并可对各时段的来水进行人工修正；

4）可对各时段各电站的可利用机组台数按不同机组类型进行设置（默认为已投入运行的机组）；

5）可对调度边界约束条件进行设置。

（三）水电厂短期优化调度功能简述

（1）调度模型可进行选择和配置。

（2）按 1h 或 15min 为时段进行计算，调度期可进行设置。

（3）核查各水库和电站静态资料，确认各电站计算参数。

（4）调度结果可进行多方案存储和查询。

（5）可对调度结果和历史方案进行图表联动的仿真模拟操作。

（6）可进行多方案比较功能（相同调度期和调度时段）。

（7）输出方式。

1）采用图形和表格联动的输出方式；

2）数据表格输出项可选择；

3）图表输出方式支持屏幕输出和打印输出；

4）数据表格输出支持转存为其他文件方式进行存储；

5）可供其他软件调用。

（8）输入方式

1）调度期的起始时间和结束时间可进行设置；

2）调度时段（1h、0.5h、15min）可进行选择；

3）预报入库来水提供多种手段获得，包括预报提取、历史同期（选择相似日）、同倍比缩放等，并可对各时段的来水进行人工修正；

4）可对各时段、各电站的可利用机组台数按不同机组类型进行设置（默认为已投入运行的机组）。

5）可对调度边界约束条件进行设置。

（四）应用系统截图

应用系统截图如图6-4-4-1所示。

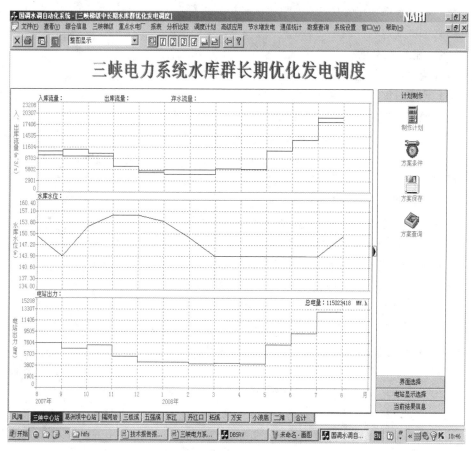

(a)

图 6-4-4-1 应用系统截图（一）

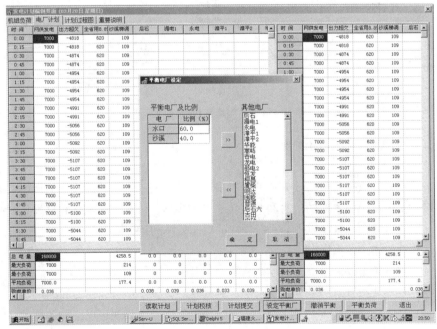

(b)

(c)

图 6-4-4-1　应用系统截图（二）

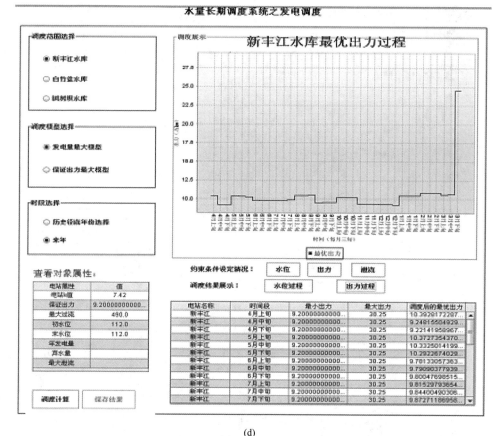

(d)

图 6-4-4-1 应用系统截图（三）

二、经济运行监控系统案例

1. 应用软件设计原则

某经济运行监控系统需要解决的问题多，软件系统庞大，功能模块的调用、组态路径错综复杂，模块之间的信息和数据传递多种多样。因此，在进行软件设计时必须遵循一定的规律和原则，以提高系统模块的组态效率和运行速度。

软件设计的主要原则有：

（1）按计算方法和功能要求实现程序模块化。

（2）各模块按计算方法和功能分类，相对独立，便于增补、修改和调用。

（3）基本模块是软件的最小组成单元，由一系列基本模块可以组成各种各样的功能模块（模块组），程序库中包含有基本模块和一系列功能模块。

（4）所有功能模块均通过提取数据库交换信息，基本模块则通过变量或数据文件传递信息。

（5）建立公用程序库，减少程序设计的重复性。

（6）用汉字菜单或图形进行人机对话，应具很强的防错功能。

（7）在功能模块组之间采用菜单调用方式或预置指令方式连接。

2. 应用软件系统结构及信息流

经济运行系统由以下主要功能模块和子系统组成：

（1）人机交互接口子系统。

（2）数据库及其管理子系统：基础数据库、提取数据库、实时数据库、临时数据库。

（3）负荷优化分配子系统。

（4）运行机组组合优化模块。

（5）经济运行计划控制子系统。

（6）日优化调度子系统。

（7）调频、调功子系统。

（8）调压、调相子系统

（9）日优化调度方案生成子系统。

（10）经济运行计划生成子系统。

（11）定水位控制子系统。

（12）给定负荷优化控制子系统。

（13）经济运行实时监视子系统。

（14）机组特性辨识子系统。

（15）程序诊断模块。

（16）程序组态系统。

（17）综合法负荷分配模块。

（18）机组状态转移耗水量计算模块。

（19）流量插值模块。

（20）D.P 时段函数计算模块。

（21）D.P 决策模块。

（22）公共模块库。

（23）效益分析计算模块。

（24）仿真模拟系统。

经济运行系统结构如图 6-4-4-2 所示，应用软件系统结构如图 6-4-4-3 所示。

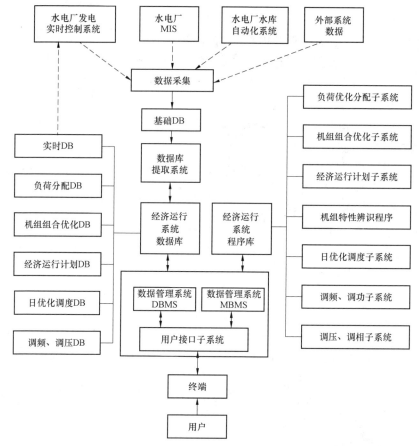

图 6-4-4-2　经济运行系统结构图

MIS—生产管理系统；DB—模块

三、应用软件系统工作过程

采用人机交互接口系统和数据库将各应用软件子系统和模块有机地连接起来，以完成复杂而多样化的经济运行计算和控制任务。其工作过程如下：

进入经济运行系统后，首先显示标题画面，由此可直接进入功能选择主菜单，也可进入资料库，查找所需资料，由资料库可随时进入主菜单。在主菜单上可根据任务要求选择相应功能。其中主要实时控制功能有负荷优化分配控制、给定负荷经济运行、定水位控制、调频调功控制、调相调压控制、经济运行计划控制、日优化调度方案控制。进入这些功能后，即快速进行数据转移和实时计算决策，然后向发电控制系统发出操作、调节指令，并采集指令实施信息，进行闭环控制和实时监视。

主要在线计算功能有经济运行监视——不断采集电厂和机组状态及运行参数，计

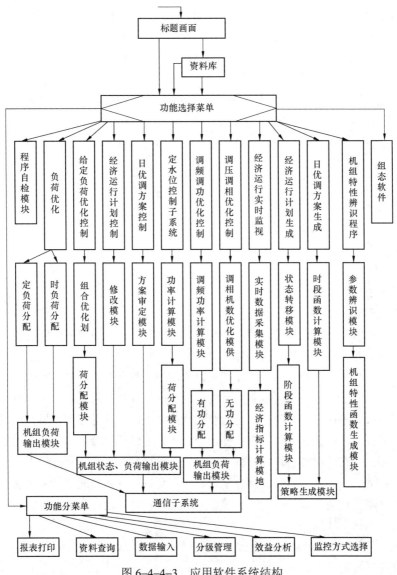

图 6-4-4-3 应用软件系统结构

算实时效益指标和经济运行指标,进行对比性显示;经济运行计划生成——根据在线输入或人工输入的电厂日负荷计划,按最小耗水量原则,编制出一天的开停机计划和各机组的发电计划,经审查修改认定后供经济运行计划控制功能调用;日优化调度方案生成——在给定一天用水量的情况下,按最大经济收入原则,编制水库最优日调度方案,经审查修改认定后供日优调方案控制功能调用;水力机组动力特性辨识——根据机组参数的实时采集数据，辨识出机组动力特性，供各经济运行功能使用。

另外，尚有以下主要辅助功能。

（1）监控方式选择。

系统有 3 种监控方式可供选择。

1）既监又控方式。可进行经济运行控制和监控，实现上述所有功能。

2）只监不控方式。封闭所有实时控制功能，只进行经济运行监视。

3）模拟仿真方式。除封闭控制输出通道外，可实施监控系统的所有功能，该方式可用于培训和系统演示。

（2）运行报表打印。

（3）查询。

（4）分级管理（密码设置）。

（5）程序自检。

（6）程序组态。

（7）效益分析。

（8）资料输入等。

系统在运行中如发生故障，即时报警，若属软件系统问题则进行自恢复处理。

四、系统运行中的人机交互功能

人机交互接口是经济运行监控系统最重要的组成部分之一，是运行人员与经济运行系统联系的纽带。通过它可以将运行人员的意图解释成系统能够理解，并能执行的符号，以便控制系统运行，执行运行人员期望的功能。经济运行问题属于有效理性模式，其涉及面广，因素复杂，具有某些半结构化、非结构化特征，受着动态的社会环境影响。因此，在采用经济运行系统进行运行决策控制时，应特别强调人机之间的交互与友善能力。一个有效的经济运行系统，应当允许运行人员通过与系统的交互接口设定运行环境、期望达到的目标，描述、分析方案，修正运行准则，控制运行过程，提供运行方案试验环境等。

因此，人机交互接口功能的强弱、性能的好坏将直接影响经济运行系统的有效性，关系到系统开发的成败。

"接口就是用户心目中的系统"的提法从某种意义上讲，反映了用户的要求和设想。用户见到的经济运行系统首先是接口及其显示形式，以及在接口上所进行的操作。一般来说，不一定要求用户掌握经济运行系统的内部结构及其实现方法，用户只需从系统接口看到要求输入什么数据，如何输入，如何拟定和生成方案，可以得到哪些信息，如何进行操作控制，使用是否方便、灵活等。

总之，经济运行过程是一个信息输入、处理、输出及应用过程。该过程中的所有任务是分别由人和计算机系统完成的，通过人机交互活动将它们连接成一个有机过程整体。人机交互接口，是在一定硬件支撑环境下设计的一组软件，其作用为实现运行人员与系统之间的通信和对话，沟通人与机器两种不同的语言系统，使运行人员能方便、有效地使用系统，以达到其所期望的目标。

【思考与练习】

经济运行系统数据库及其管理子系统有哪些？

参 考 文 献

[1] 屠强. 现场运行人员继电保护知识实用技术与问答. 2 版. 北京：中国电力出版社，2007.

[2] 寇太明. 变电站值班员技能培训材料. 北京：中国水利水电出版社，2010.

[3] 章品勋. 水电自动装置检修. 北京：中国电力出版社，2003.

[4] 高传昌，汪顺生. 抽水蓄能电站技术. 郑州：黄河水利出版社，2011.

[5] 上海超高压输配变电公司. 变电运行. 北京：中国电力出版社，2005.

[6] 张全元. 变电运行现场技术问答. 北京：中国电力出版社，2009.

[7] 马震岳. 董毓新. 水电站机组及厂房振动的研究与治理，北京：中国水利水电出版社 2004.

[8] 李启荣. 水电站机电设备运行与检修技术问答（上、下册）. 北京：中国电力出版社，1996.

[9] 王铁汉. 水轮发电机组自动化和运行. 北京：中国水利水电出版社，1998.

[10] 李伟清，王绍禹. 发电机故障检查分析及预防. 北京：中国电力出版社，2000.

[11] 陈化钢，张开贤，程玉兰. 电力设备异常运行及事故处理. 北京：中国水利水电出版社，
      2001.

[12] 刘云. 水轮发电机故障处理与检修. 北京：中国水利水电出版社，2002.

[13] 陈化钢. 电力设备运行实用技术问答. 北京：中国水利水电出版社，2002.

[14] 万千云，梁惠盈，齐立新，等. 电力系统运行实用技术问答. 北京：中国电力出版社，2003.

[15] 董毓新，马震岳，李彦硕. 中国水利百科全书水力发电分册. 北京：中国水利水电出版社，
      2004.

[16] 陈国庆，谢刚，吴丹清. 水电厂运行技术问答. 北京：中国电力出版社，2005.

[17] 王明妃. 新编水电厂设备安装、运行、维护、检修与标准规范全书. 北京：中国水利水电
      出版社，2007.

[18] 周统中，郑晓丹. 水电站机电运行. 郑州：黄河水利出版社，2007.

[19] 贾伟. 电网运行与管理. 北京：中国电力出版社，2007.

[20] 吴玮. 张哲太. 大型水轮发电机振荡和失步的处理. 北京：中国科学技术协会出版，2007.

[21] 任煜峰. 水轮发电机组值班. 北京：中国电力出版社，2002.

[22] 廖自强. 电气运行. 北京：中国电力出版社，2007.

[23] 马振良. 变电运行. 北京：中国电力出版社，2008.

[24] 王维俭. 发电机变压器继电保护应用. 北京：中国电力出版社，1998.

[25] 马永翔. 电力系统继电保护. 重庆：重庆大学出版社，2004.

[26] 贺家李，宋从矩. 电力系统继电保护原理. 增订版. 北京：中国电力出版社，2004.

［27］ 张举. 微型机继电保护原理. 北京：中国电力出版社，2004.

［28］ 熊为群，陶然. 继电保护自动装置及二次回路，北京：中国电力出版社，2000.

［29］ 李基成. 现代同步发电机励磁系统设计及应用. 北京：中国电力出版社，2002.

［30］ 邱毓昌. GIS 装置及其绝缘技术. 北京：中国水利水电出版社，1994.

［31］ 杨以涵，唐国庆，高曙. 专家系统及其在电力系统中的应用. 北京：中国水利水电出版社，1994.

［32］ 陈化钢，张开贤，程玉兰. 电力设备异常运行及事故处理，北京：中国水利水电出版社，1999.

［33］ 黄雅罗，黄树红，彭忠泽. 发电设备状态检修. 北京：中国水利水电出版社，2000.

［34］ 陈化钢，潘金銮，吴跃华. 高低压开关电器故障诊断与处理. 北京：中国水利水电出版社，2000.

［35］ 李建基. 高压断路器及其应用. 北京：中国电力出版社，2004.

［36］ 王海. 水轮发电机组状态检修技术. 北京：中国电力出版社，2004.